ANSYS Workbench 2022 有限元分析

入门与提高

CAD/CAM/CAE技术联盟◎编著

清华大学出版社
北京

内容简介

本书以ANSYS的最新版本ANSYS 2022 R2为依据，对ANSYS Workbench分析的基本思路、操作步骤、应用技巧进行了详细介绍，并结合典型工程应用实例详细讲述了ANSYS Workbench的具体工程应用方法。

本书前6章为操作基础，详细介绍了ANSYS Workbench分析全流程的基本步骤和方法：第1章为ANSYS Workbench 2022 R2的基础；第2章为SpaceClaim建模器概述；第3章为草图绘制；第4章为三维建模；第5章为Mechanical应用程序；第6章为网格划分。后11章为专题实例，讲解了各种分析专题的参数设置方法与技巧：第7章为线性静力分析；第8章为模态分析；第9章为响应谱分析；第10章为谐波响应分析；第11章为随机振动分析；第12章为非线性结构分析；第13章为显式动力学分析；第14章为屈曲分析；第15章为热分析；第16章为热-电分析；第17章为静磁分析。

本书适用于ANSYS软件的初中级用户，以及有初步使用经验的技术人员；本书可作为理工科院校相关专业的高年级本科生、研究生及教师学习ANSYS软件的培训教材，也可作为从事结构分析相关行业的工程技术人员使用ANSYS软件的参考书。

图书在版编目(CIP)数据

ANSYS Workbench 2022有限元分析入门与提高/CAD/CAM/CAE技术联盟编著.—北京：清华大学出版社，2022.10

(CAD/CAM/CAE入门与提高系列丛书)

ISBN 978-7-302-61899-7

Ⅰ.①A… Ⅱ.①C… Ⅲ.①有限元分析－应用软件 Ⅳ.①O241.82-39

中国版本图书馆CIP数据核字(2022)第178341号

责任编辑：秦　娜　王　华
封面设计：李召霞
责任校对：欧　洋
责任印制：宋　林

出版发行：清华大学出版社
网　　址：http://www.tup.com.cn，http://www.wqbook.com
地　　址：北京清华大学学研大厦A座　　**邮　　编**：100084
社 总 机：010-83470000　　**邮　　购**：010-62786544
投稿与读者服务：010-62776969，c-service@tup.tsinghua.edu.cn
质量反馈：010-62772015，zhiliang@tup.tsinghua.edu.cn
印 装 者：北京同文印刷有限责任公司
经　　销：全国新华书店
开　　本：185mm×260mm　　**印　　张**：27　　**字　　数**：653千字
版　　次：2022年12月第1版　　**印　　次**：2022年12月第1次印刷
定　　价：99.80元

产品编号：089600-01

前 言

Preface

有限元法作为数值计算方法中在工程分析领域应用较为广泛的一种计算方法，自20世纪中叶以来，以其独有的计算优势得到了广泛发展和应用，已出现了不同的有限元算法，并由此产生了一批非常成熟的通用和专业有限元商业软件。随着计算机技术的飞速发展，各种工程软件也得到广泛应用。

ANSYS软件是美国ANSYS公司研制的大型通用有限元分析(finite element analysis，FEA)软件，能够进行包括结构、热、声、流体以及电磁场等学科的研究，在核工业、铁道、石油化工、航空航天、机械制造、能源、汽车交通、国防军工、电子、土木工程、造船、生物医药、轻工、地矿、水利、日用家电等领域有着广泛应用。ANSYS功能强大，操作简单方便，现已成为国际最流行的有限元分析软件，在历年FEA评比中都名列第一。

Workbench是ANSYS公司开发的新一代协同仿真环境，与传统ANSYS相比较，Workbench有利于协同仿真、项目管理，可以进行双向参数传输，具有复杂装配件接触关系的自动识别、接触建模功能，可对复杂的几何模型进行高质量的网格处理，自带可定制的工程材料数据库，方便操作者进行编辑、应用，支持所有ANSYS的有限元分析功能。

本书以ANSYS的最新版本ANSYS 2022 R2为依据，对ANSYS Workbench分析的基本思路、操作步骤、应用技巧进行详细介绍，并结合典型工程应用实例详细讲述ANSYS Workbench的具体工程应用方法。

本书共17章，前6章为操作基础，详细介绍ANSYS Workbench分析全流程的基本步骤和方法：第1章为ANSYS Workbench 2022 R2基础；第2章为SpaceClaim建模器概述；第3章为绘制草图；第4章为三维建模；第5章为Mechanical应用程序；第6章为网格划分。后11章为专题实例，讲解各种分析专题的参数设置方法与技巧：第7章为线性静力分析；第8章为模态分析；第9章为响应谱分析；第10章为谐波响应分析；第11章为随机振动分析；第12章为非线性结构分析；第13章为显式动力学分析；第14章为屈曲分析；第15章为热分析；第16章为热-电分析；第17章为静磁分析。

随书配送的电子资料包(二维码)中包含所有实例的素材源文件，并制作了全程实例配音讲解动画视频文件。

本书主要由CAD/CAM/CAE技术联盟编写，CAD/CAM/CAE技术联盟是一个CAD/CAM/CAE技术研讨、工程开发、培训咨询和图书创作的工程技术人员协作联盟，包含40多位专职和众多兼职CAD/CAM/CAE工程技术专家。

本书适用于ANSYS软件的初、中级用户，以及有初步使用经验的技术人员；本书可作为理工科院校相关专业的高年级本科生、研究生及教师学习ANSYS软件的培训教材，也可作为从事结构分析相关行业的工程技术人员使用ANSYS软件的参考书。

由于时间仓促，加之作者的水平有限，不足之处在所难免，恳请专家和广大读者不吝赐教。读者如遇到有关本书的技术问题，可以将问题发到邮箱 714491436@qq.com，我们将及时回复。

0-1

0-2

作　者

2022 年 8 月

目 录

Contents

Note

Note

Note

Note

Note

Note

第1章

ANSYS Workbench 2022 R2基础

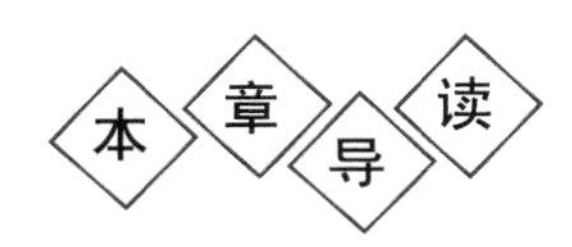

本章首先介绍CAE技术及相关基础知识，并由此引出ANSYS Workbench，详细讲述其功能特点以及ANSYS Workbench 2022 R2程序结构和分析基本流程。

本章提纲挈领地介绍ANSYS Workbench 2022 R2的基础知识，主要目的是让读者对ANSYS Workbench 2022 R2有一个感性认识。

学 习 要 点

- ◆ CAE软件简介
- ◆ 有限元法简介
- ◆ ANSYS简介
- ◆ ANSYS Workbench概述
- ◆ ANSYS Workbench分析的基本过程
- ◆ ANSYS Workbench 2022 R2的设计流程
- ◆ ANSYS Workbench 2022 R2的系统要求和启动
- ◆ ANSYS Workbench 2022 R2的界面
- ◆ ANSYS Workbench文档管理
- ◆ ANSYS Workbench项目原理图
- ◆ ANSYS Workbench材料特性应用程序

1.1 CAE软件简介

Note

如图 1-1 所示，在传统产品设计流程中，各项产品测试皆在设计流程后期方能进行。因此，一旦发生问题，除了必须付出设计成本，相关前置作业也需改动；而且发现问题越晚，重新设计所付出的成本将会越高，若影响交货期或产品形象，损失更是难以估计。为了避免此类情形的发生，预期评估产品的特质便成为设计人员的重要课题。

计算力学、计算数学、工程管理学特别是信息技术的飞速发展极大地推动了相关产业和学科研究的进步。有限元、有限体积及差分等方法与计算机技术相结合，诞生了新兴的跨专业和跨行业的学科。CAE 作为一种新兴的数值模拟分析技术，越来越受到工程技术人员的重视。

图 1-2 所示为引入 CAE 后产品设计流程。

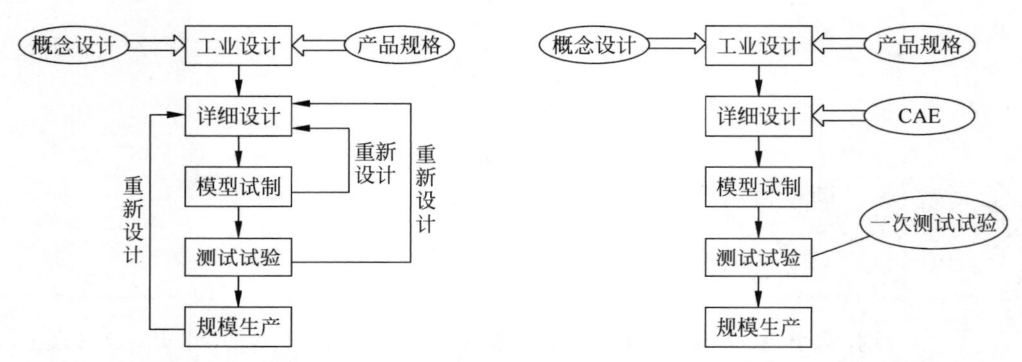

图 1-1　传统产品设计流程

图 1-2　引入 CAE 后产品设计流程

在产品尚未批量生产之前引入 CAE 技术，不仅能协助工程人员做产品设计，在争取订单时，它可以作为一种强有力的工具协助营销人员及管理人员与客户沟通；在批量生产阶段，它可以协助工程技术人员在出现问题时，快速找出问题发生的起点。在批量生产以后，它的相关分析结果还可以成为下次设计的重要依据。

以电子产品为例，80%的电子产品都要经过震动及高速撞击实验，研究人员往往耗费大量的时间和成本，针对产品做相关的质量试验，最常见的如下落与冲击试验，这些不仅耗费了大量的研发时间和成本，而且试验本身也存在很多缺陷，表现在：

（1）试验发生的历程很短，很难观察试验过程和现象。

（2）测试条件难以控制，试验的重复性很差。

（3）试验时很难测量产品内部特性和观察内部现象。

（4）一般只能得到试验结果，而无法观察试验原因。

引入 CAE 后可以在产品开模之前，通过相应软件对电子产品模拟自由落下试验(free drop test)、模拟冲击试验(shock test)以及应力-应变分析、振动仿真、温度分布分析等求得设计的最佳解，进而为一次试验甚至无试验即可使产品通过规范测试提供了可能。

Note

因此，总结CAE的特性如下：

(1) CAE本身就可以看作一种基本试验。计算机计算弹体的侵彻与炸药爆炸过程以及各种非线性波的相互作用等问题，实际上是求解含有很多线性与非线性的偏微分方程、积分方程以及代数方程等的耦合方程组。利用解析方法求解爆炸力学问题是非常困难的，一般只能考虑一些很简单的问题。利用试验方法费用昂贵，还只能表征初始状态和最终状态，无法得知中间过程，因而也无法帮助研究人员了解问题的实质。而数值模拟在某种意义上比理论与试验对问题的认识更为深刻、更为细致，不仅可以了解问题的结果，而且可随时连续动态地、重复地显示事物的发展，了解其整体与局部的细微过程。

(2) CAE可以直观地显示目前还不易观测到的、说不清楚的一些现象，容易让人理解和分析，还可以显示任何试验都无法看到的、发生在结构内部的一些物理现象。如弹体在不均匀介质侵彻过程中的受力和偏转；爆炸波在介质中的传播过程和地下结构的破坏过程。同时，数值模拟可以替代一些危险、昂贵的甚至是难以实施的试验，如核反应堆的爆炸事故、核爆炸的过程与效应等。

(3) CAE促进了试验的发展，对试验方案的科学制定、试验过程中测点的最佳位置、仪表量程等的确定提供更可靠的理论指导。侵彻、爆炸试验费用是昂贵的，并存在一定危险，因此数值模拟不但有很大的经济效益，而且可以加速理论、试验研究的进程。

(4) 一次投资，长期受益。虽然数值模拟大型软件系统的研制需要花费相当多的经费和人力资源，但和试验相比，数值模拟软件可以进行复制移植、重复利用，并可进行适当修改而满足不同情况的需求。据相关统计数据显示，应用CAE技术后，开发期的费用占开发成本的比例从80%～90%下降到8%～12%。

1.2 有限元法简介

有限元的基本概念：把一个原来是连续的物体划分为有限个单元，这些单元通过有限个节点相互连接，承受与实际载荷等效的节点载荷，并根据力的平衡条件进行分析，然后根据变形协调条件把这些单元重新组合成整体并进行综合求解。有限元法的基本思想是离散化。

1.2.1 有限元法的基本思想

在工程或物理问题的数学模型（基本变量、基本方程、求解域和边界条件等）确定以后，有限元法作为对其进行分析的数值计算方法的基本思想可简单概括为如下三点。

(1) 将一个表示结构或连续体的求解域离散为若干个子域（单元），并通过它们边界上的节点相互连接为一个组合体，如图1-3所示。

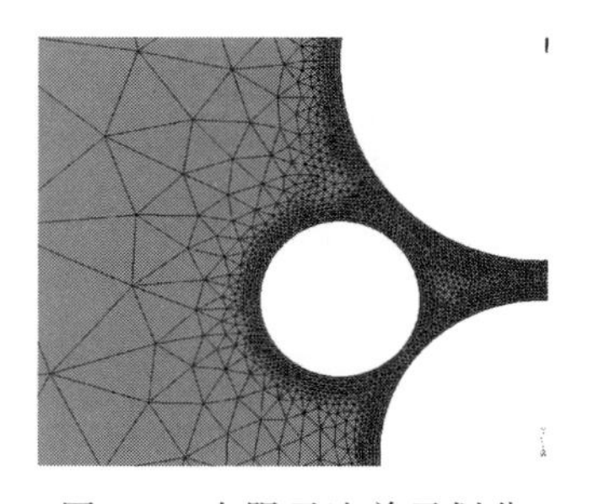

图1-3 有限元法单元划分示意图

(2) 用每个单元内所假设的近似函数来分片地表示

全求解域内待求解的未知场变量，而每个单元内的近似函数由未知场函数（或其导数）在单元各个节点上的数值之上和与其对应的插值函数来表达。由于在连接相邻单元的节点上，场函数具有相同的数值，因而将它们作为数值求解的基本未知量。这样一来，求解原待求场函数的无穷多自由度问题就转换为求解场函数节点值的有限自由度问题。

Note

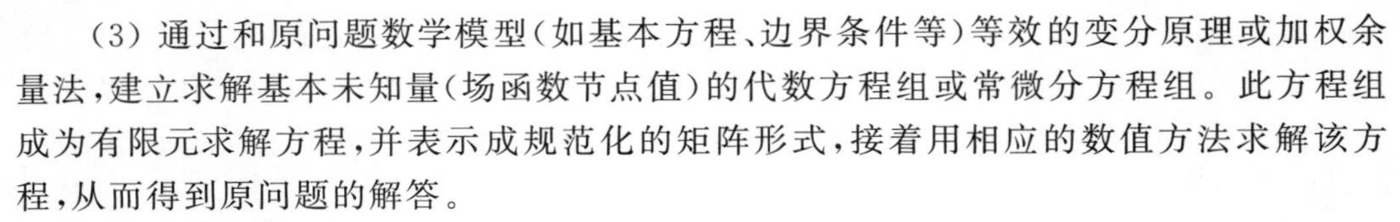

（3）通过和原问题数学模型（如基本方程、边界条件等）等效的变分原理或加权余量法，建立求解基本未知量（场函数节点值）的代数方程组或常微分方程组。此方程组成为有限元求解方程，并表示成规范化的矩阵形式，接着用相应的数值方法求解该方程，从而得到原问题的解答。

1.2.2 有限元法的特点

（1）对于复杂几何构形的适应性：由于单元在空间上可以是一维、二维或三维的，而且每一种单元可以有不同的形状，同时各种单元可以采用不同的连接方式，所以，实际工程中遇到的非常复杂的结构或构造都可以离散为由单元组合体表示的有限元模型。如图 1-4 所示为一个三维实体的单元划分模型。

（2）对于各种物理问题的适用性：由于用单元内近似函数分片地表示全求解域的未知场函数，并未限制场函数所满足的方程形式，也未限制各个单元所对应的方程必须有相同的形式，因此它适用于各种物理问题，例如线弹性问题、弹塑性问题、黏弹性问题、动力问题、屈曲问题、流体力学问题、热传导问题、声学问题、电磁场问题等，而且还可以用于各种物理现象相互耦合的问题。如图 1-5 所示为一个热应力问题。

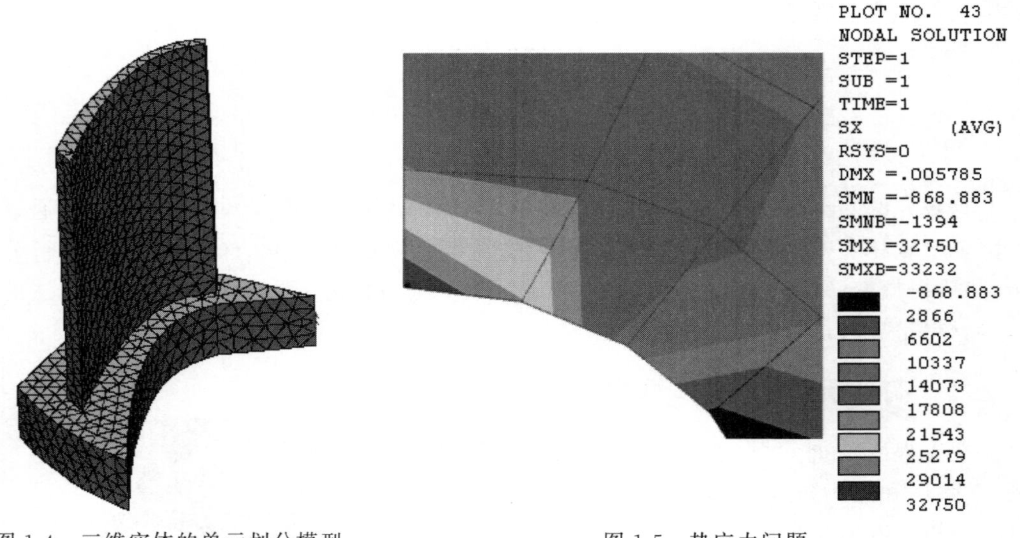

图 1-4　三维实体的单元划分模型　　　　图 1-5　热应力问题

（3）建立于严格理论基础上的可靠性：因为用于建立有限元方程的变分原理或加权余量法在数学上已证明是微分方程和边界条件的等效积分形式，所以只要原问题的数学模型是正确的，同时用来求解有限元方程的数值算法是稳定可靠的，则随着单元数目的增加（即单元尺寸的缩小）或者是随着单元自由度数的增加（即插值函数阶次的提

高),有限元解的近似程度不断地被改进。如果单元是满足收敛准则的,则近似解最后收敛于原数学模型的精确解。

(4) 适合计算机实现的高效性:由于有限元分析的各个步骤可以表达成规范化的矩阵形式,最后导致求解方程可以统一为标准的矩阵代数问题,特别适合计算机的编程和执行。随着计算机硬件技术的高速发展以及新的数值算法的不断出现,大型复杂问题的有限元分析已成为工程技术领域的常规工作。

Note

1.3 ANSYS简介

ANSYS软件是融合结构、热、流体、电磁、声学于一体的大型通用有限元分析软件,可广泛用于核工业、铁道、石油化工、航空航天、机械制造、能源、汽车交通、国防军工、电子、土木工程、造船、生物医学、轻工、地矿、水利、日用家电等领域及科学研究。该软件可在大多数计算机及操作系统中运行,从个人计算机(PC)到工作站再到巨型计算机,ANSYS文件在其所有的产品系列和工作平台上均兼容。ANSYS多物理场耦合的功能,允许在同一模型上进行各式各样的耦合计算,如热-结构耦合、磁-结构耦合以及电-磁-流体-热耦合,在PC上生成的模型同样可运行于巨型机上,这样就确保了ANSYS对多领域多变工程问题的求解。

1.3.1 ANSYS的发展

ANSYS能与多数CAD软件结合使用,实现数据共享和交换,如AutoCAD、I-DEAS、Pro/ENGINEER、Nastran、Alogor等,是现代产品设计中的高级CAD工具之一。

ANSYS软件提供了一个不断改进的功能清单,具体包括结构高度非线性分析、电磁分析、计算流体力学分析、设计优化、接触分析、自适应网格划分、大应变/有限转动功能以及利用ANSYS参数设计语言(ANSYS parametric design language,APDL)的扩展宏命令功能。基于Motif的菜单系统使用户能够通过对话框、下拉式菜单和子菜单进行数据输入和功能选择,为用户使用ANSYS提供“导航”。

1.3.2 ANSYS的功能

1. 结构分析

(1) 静力分析:用于静态载荷。可以考虑结构的线性及非线性行为,如大变形、大应变、应力刚化、接触、塑性、超弹性及蠕变等。

(2) 模态分析:计算线性结构的自振频率及振形,谱分析是模态分析的扩展,用于计算由随机振动引起的结构应力和应变(也叫作响应谱或PSD)。

(3) 谐波响应分析:确定线性结构对随时间按正弦曲线变化的载荷的响应。

(4) 瞬态动力学分析:确定结构对随时间任意变化的载荷的响应。可以考虑与静力分析相同的结构非线性行为。

(5) 特征屈曲分析:用于计算线性屈曲载荷并确定屈曲模态形状(结合瞬态动力

学分析可以实现非线性屈曲分析)。

(6) 专项分析：断裂分析、复合材料分析、疲劳分析。专项分析用于模拟非常大的变形，惯性力占支配地位，并考虑所有的非线性行为。它的显式方程可以求解冲击、碰撞、快速成型等问题，是目前求解这类问题最有效的方法。

2. ANSYS 热分析

热分析一般不是单独的，其后往往要进行结构分析，计算由于热膨胀或收缩不均匀引起的应力。热分析包括以下类型。

(1) 相变(熔化及凝固)：金属合金在温度变化时的相变，如铁合金中马氏体与奥氏体的转变。

(2) 内热源(如电阻发热等)：存在热源问题，如加热炉中对试件进行加热。

(3) 热传导：热传递的一种方式，当相接触的两物体存在温度差时发生。

(4) 热对流：热传递的一种方式，当流体、气体存在温度差时发生。

(5) 热辐射：热传递的一种方式，只要存在温度差时就会发生，可以在真空中进行。

3. ANSYS 电磁分析

电磁分析中考虑的物理量是磁通量密度、磁场密度、磁力、磁力矩、阻抗、电感、涡流、耗能及磁通量泄漏等。磁场可由电流、永磁体、外加磁场等产生。磁场分析包括以下类型。

(1) 静磁场分析：计算直流电(direct current,DC)或永磁体产生的磁场。

(2) 交变磁场分析：计算交流电(alternating current,AC)产生的磁场。

(3) 瞬态磁场分析：计算随时间随机变化的电流或外界引起的磁场。

(4) 电场分析：用于计算电阻或电容系统的电场。典型的物理量有电流密度、电荷密度、电场及电阻热等。

(5) 高频电磁场分析：用于微波及射频(radio frequency,RF)无源组件，波导、雷达系统、同轴连接器等。

4. ANSYS 流体分析

流体分析主要用于确定流体的流动及热行为。流体分析包括以下类型。

(1) 耦合流体动力(coupling fluid dynamic,CFD)：ANSYS/FLOTRAN 提供强大的计算流体动力学分析功能，包括不可压缩或可压缩流体、层流及湍流以及多组分流等。

(2) 声学分析：考虑流体介质与周围固体的相互作用，进行声波传递或水下结构的动力学分析等。

(3) 容器内流体分析：考虑容器内的非流动流体的影响。它可以确定由于晃动引起的静力压力。

(4) 流体动力学耦合分析：在考虑流体约束质量的动力响应基础上，在结构动力学分析中使用流体耦合单元。

5. ANSYS 耦合场分析

耦合场分析主要考虑两个或多个物理场之间的相互作用。如果两个物理场之间相

互影响，单独求解一个物理场是不可能得到正确结果的，因此需要一个能够将两个物理场组合到一起求解的分析软件。例如：在压电分析中，需要同时求解电压分布（电场分析）和应变（结构分析）。

Note

1.4 ANSYS Workbench 概述

Workbench 是 ANSYS 公司开发的新一代协同仿真环境。

1997 年，ANSYS 公司基于广大设计的分析应用需求、特点，开发了专供设计人员使用的分析软件 ANSYS DesignSpace(DS)，其前后处理功能与经典的 ANSYS 软件完全不同，软件的易用性和与 CAD 的兼容性都非常好。

2000 年，ANSYS DesignSpace 更加深受广大用户喜爱，ANSYS 公司决定提升 ANSYS DesignSpace 的界面风格，以供经典的 ANSYS 软件的前后处理均能应用，由此形成了协同仿真环境——ANSYS Workbench Environment(AWE)。其功能定位于：

（1）重现经典 ANSYS PP 软件的前后处理功能。

（2）新产品的风格界面。

（3）收购产品转化后的最终界面。

（4）用户的软件开发环境。

其后，在 AWE 的基础上，又相继开发了 ANSYS DesignModeler(DM)、ANSYS DesignXplorer(DX)、ANSYS DesignXplorer VT(DX VT)、ANSYS Fatigue Module(FM)、ANSYS CAE Template 等。开发这些软件的目的是和 DS 一起为用户提供先进的 CAE 技术。

ANSYS 公司允许以前只能在 ACE 上运行的 MP、ME、ST 等产品，也可在 AWE 上运行。用户在启动这些产品时，可以选择 ACE，也可选择 AWE。AWE 可作为 ANSYS 软件的新一代前后处理，还未支持 ANSYS 所有的功能，目前主要支持大部分的 ME 和 ANSYS Emag 的功能，而且与 ACE 的 PP 并存。

1.4.1 ANSYS Workbench 的特点

ANSYS Workbench 的特点如下：

（1）协同仿真、项目管理。集设计、仿真、优化、网格变形等功能于一体，对各种数据进行项目协同管理。

（2）双向参数传输功能。支持 CAD-CAE 间的双向参数传输功能。

（3）高级装配部件处理工具。具有复杂装配件接触关系的自动识别、接触建模功能。

（4）先进网格处理功能。可对复杂几何模型进行高质量的网格处理。

（5）分析功能。支持几乎所有 ANSYS 的有限元分析功能。

（6）内嵌可定制的材料库。自带可定制的工程材料数据库，方便操作者进行编辑、应用。

Note

(7) 易学易用。ANSYS 公司所有软件模块的共同运行、协同仿真与数据管理环境,工程应用的整体性、流程性都大大增强。完全的 Windows 友好界面,工程化应用,方便工程设计人员应用。实际上,Workbench 的有限元仿真分析采用的方法(单元类型、求解器、结果处理方式等)与 ANSYS 经典界面是一样的,只不过 Workbench 采用了更加工程化的方式来适应操作者,使即使没有多少有限元软件应用经历的人也能很快地完成有限元分析工作。

1.4.2 ANSYS Workbench 应用分类

ANSYS Workbench 应用分类如下:

(1) 本地应用如图 1-6 所示。现有的本地应用有项目原理图、工程数据和工具箱。本地应用完全在 Workbench 窗口中启动和运行。

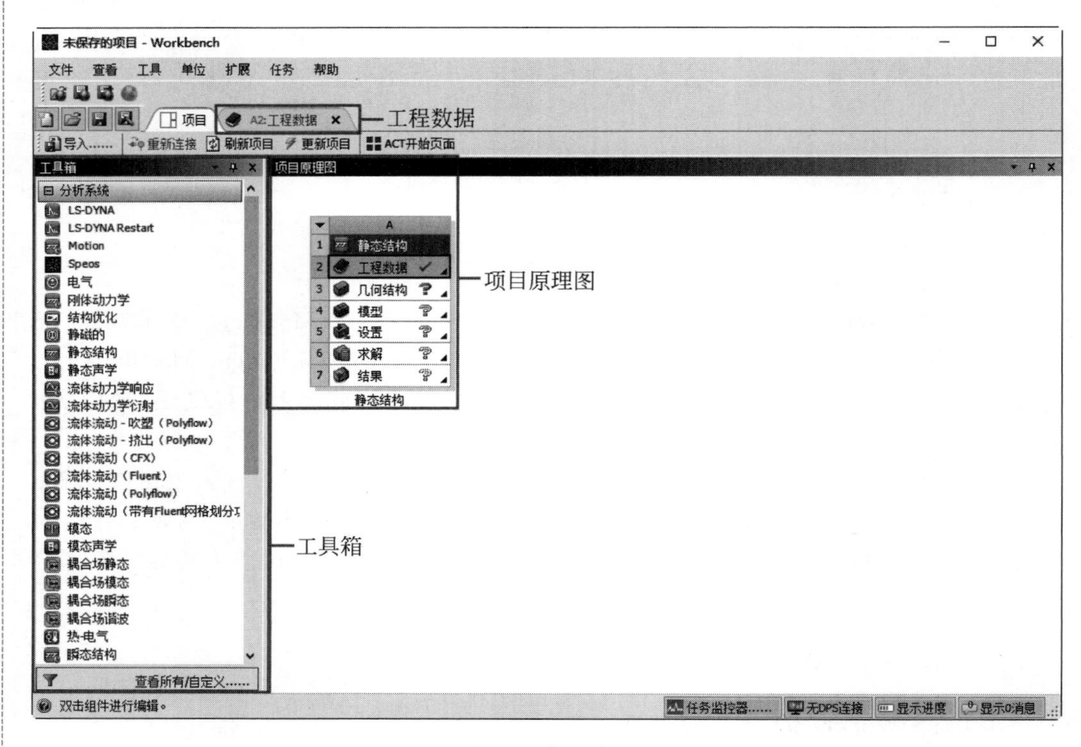

图 1-6 本地应用

(2) 分析系统应用如图 1-7 所示。现有的应用包括静态结构、瞬态结构、流体流动、稳态热、拓扑优化等许多有限元分析应用。数据整合应用是将本地应用作为一个平台,在该平台下进行其他有限元分析的应用,因此我们可以快速、精准地找到所需要的应用程序,在这个平台上进行运算,求解。

在工业应用领域中,为了提高产品设计质量、缩短周期、节约成本,计算机辅助工程(CAE)技术的应用越来越广泛,设计人员参与 CAE 分析已经成为必然。这对 CAE 分析软件的灵活性、易学易用性提出了更高的要求。

Note

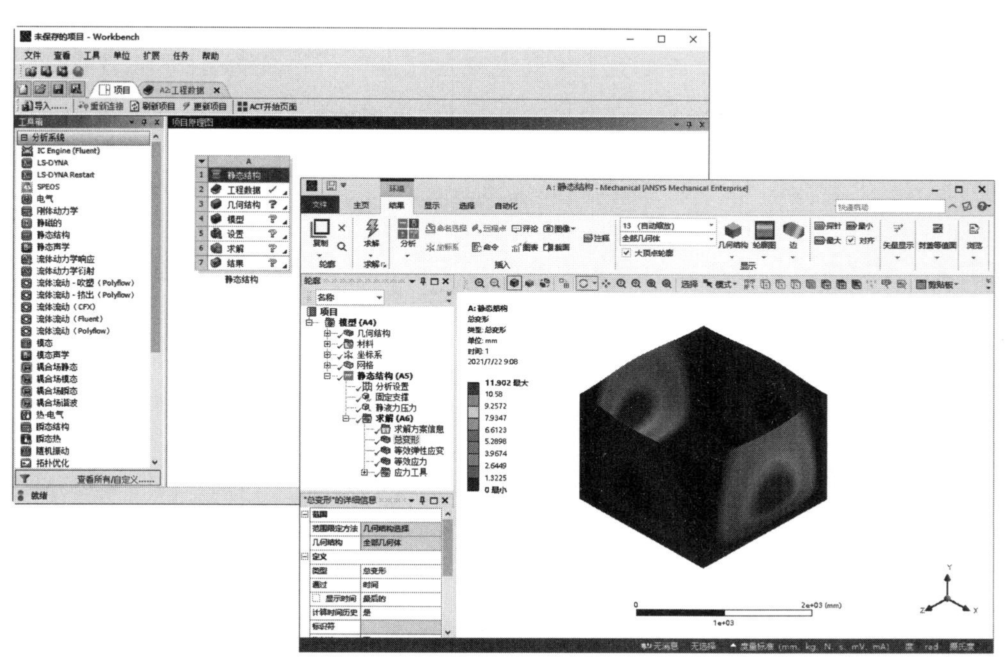

图 1-7　分析系统应用

1.5　ANSYS Workbench 分析的基本过程

ANSYS Workbench 分析过程主要包含 4 个环节：初步确定、前处理、加载并求解、后处理，如图 1-8 所示。其中初步确定环节为分析前的蓝图，后 3 个环节为操作步骤。

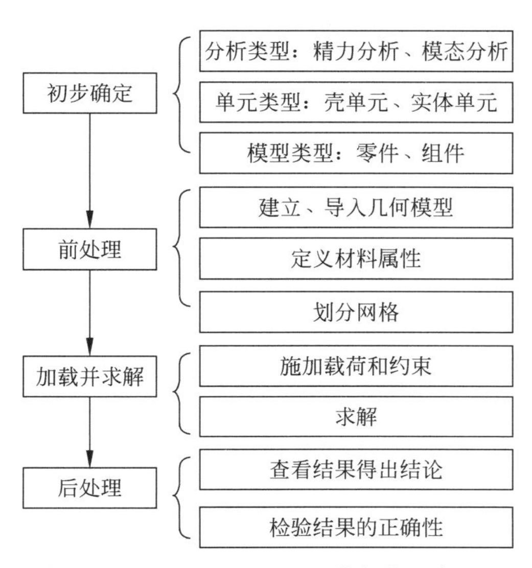

图 1-8　ANSYS Workbench 分析的基本过程

1.5.1 前处理

前处理是指创建实体模型以及有限元模型，包括创建实体模型、定义单元属性、划分有限元网格、修正模型等内容。现今大部分有限元模型都用实体模型建模，类似于CAD，ANSYS以数学方式表达结构的几何形状，然后在里面划分节点和单元，还可以在几何模型边界上方便地施加载荷，但是实体模型并不参与有限元分析，所以施加在几何实体边界上的载荷或约束必须最终传递到有限元模型上（单元或节点）进行求解，这个过程通常是ANSYS程序自动完成的。可以通过4种途径创建ANSYS模型：

（1）在ANSYS环境中创建实体模型，然后划分有限元网格。

（2）在其他软件（如CAD）中创建实体模型，然后读入到ANSYS环境，经过修正后划分有限元网格。

（3）在ANSYS环境中直接创建节点和单元。

（4）在其他软件中创建有限元模型，然后将节点和单元数据读入ANSYS。

单元属性是指划分网格以前必须指定的所分析对象的特征，这些特征包括材料属性、单元类型、实常数等。需要强调的是，除了磁场分析以外不需要告诉ANSYS使用的是什么单位制，只需要自己决定使用何种单位制，然后确保所有输入值的单位制统一即可，单位制影响输入的实体模型尺寸、材料属性、实常数及载荷等。

1.5.2 加载并求解

（1）自由度（degree of freedom，DOF）——定义节点的自由度值（如结构分析的位移、热分析的温度、电磁分析的磁势等）。

（2）面载荷（包括线载荷）——作用在表面的分布载荷（如结构分析的压力、热分析的热对流、电磁分析的麦克斯韦表面等）。

（3）体积载荷——作用在体积上或场域内的载荷（如热分析的体积膨胀和内生成热、电磁分析的磁流密度等）。

（4）惯性载荷——结构质量或惯性引起的载荷（如重力、加速度等）。

在进行求解之前应进行分析数据检查，包括以下内容：

（1）单元类型和选项，材料性质参数，实常数以及统一的单位制。

（2）单元实常数和材料类型的设置，实体模型的质量特性。

（3）确保模型中没有不应存在的缝隙（特别是从CAD中输入的模型）。

（4）壳单元的法向、节点坐标系。

（5）集中载荷和体积载荷、面载荷的方向。

（6）温度场的分布和范围，热膨胀分析的参考温度。

1.5.3 后处理

（1）通用后处理（POST1）——用来观看整个模型在某一时刻的结果。

（2）时间历程后处理（POST26）——用来观看模型在不同时间段或载荷步上的结果，常用于处理瞬态分析和动力分析的结果。

1.6　ANSYS Workbench 2022 R2 的设计流程

现在应用的新版本中，ANSYS 对 Workbench 构架进行了重新设计，全新的“项目视图”功能改变了用户使用 Workbench 仿真环境的方式。在一个类似“流程图”的图表中，仿真项目中的各种任务以相互连接的图形化方式清晰地表达出来，如图 1-9 所示，使用户可以非常方便地理解项目的工程意图、数据关系、分析过程的状态等。

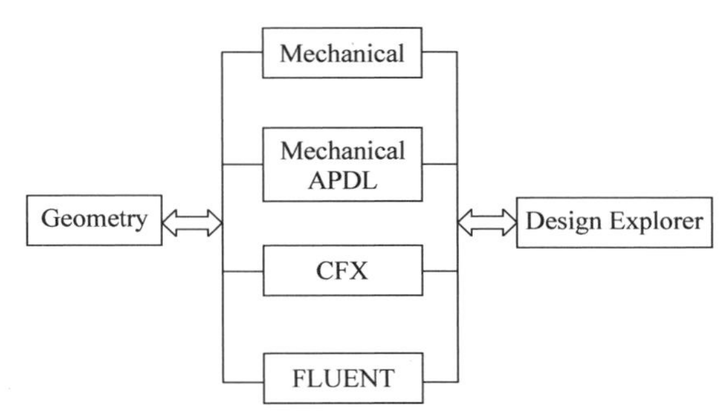

图 1-9　ANSYS Workbench 主要产品设计流程

1.7　ANSYS Workbench 2022 R2 的系统要求和启动

1.7.1　系统要求

1. 操作系统要求

（1）ANSYS Workbench 2022 R2 可运行于 Linux x64（linx64）、Windows x64（winx64）等计算机及操作系统中，其数据文件是兼容的，ANSYS Workbench 2022 R2 不再支持 32 位系统。

（2）确定计算机安装有网卡、TCP/IP 协议，并将 TCP/IP 协议绑定到网卡上。

2. 硬件要求

（1）内存：8GB(推荐 16GB 或 32GB)以上。

（2）硬盘：128GB 以上硬盘空间，用于安装 ANSYS 软件及其配套使用软件。

（3）显示器：支持 1024×768、1366×768 或 1280×800 分辨率的显示器，一些应用会建议高分辨率，例如 1920×1080 或 1920×1200 分辨率。可显示 24 位以上颜色显卡。

（4）介质：可网络下载或 USB 储存安装。

1.7.2　启动

（1）从 Windows“开始”菜单启动，如图 1-10 所示。

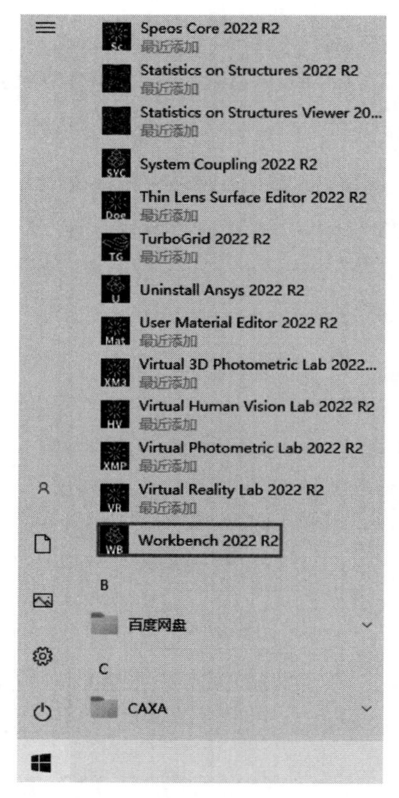

图 1-10　从 Windows“开始”菜单启动

(2) 从其支持的 Inventor 系统中启动，如图 1-11 所示。

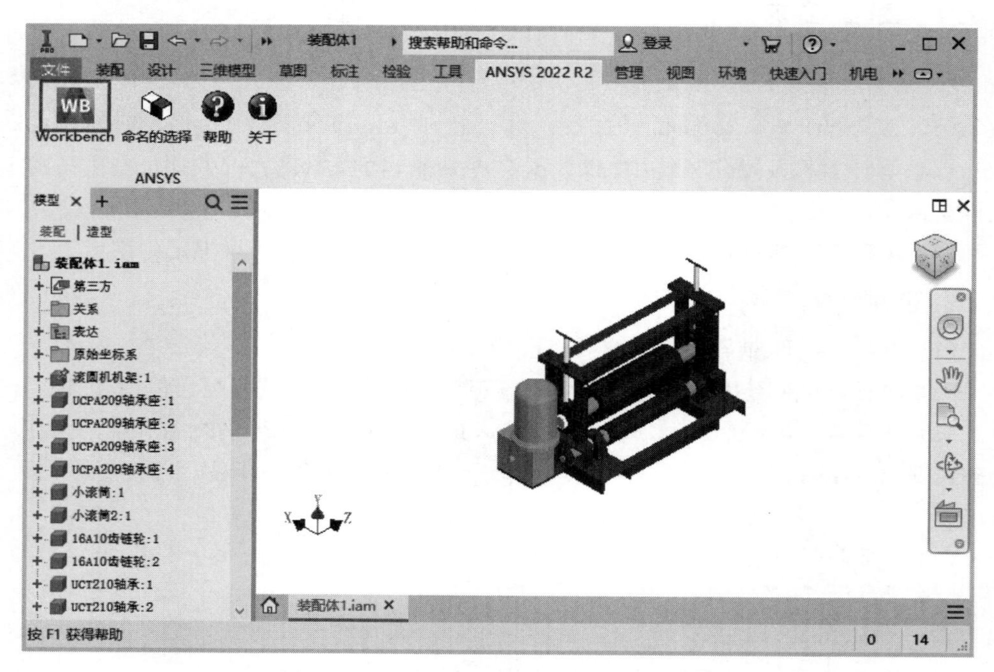

图 1-11　从其支持的 Inventor 系统中启动

1.8　ANSYS Workbench 2022 R2 的界面

启动 ANSYS Workbench 2022 R2，进入如图 1-12 所示 ANSYS Workbench 2022 R2 的项目图形界面。默认情况下 Workbench 的图形用户界面为英文，这里介绍如何将界面设置成中文界面。

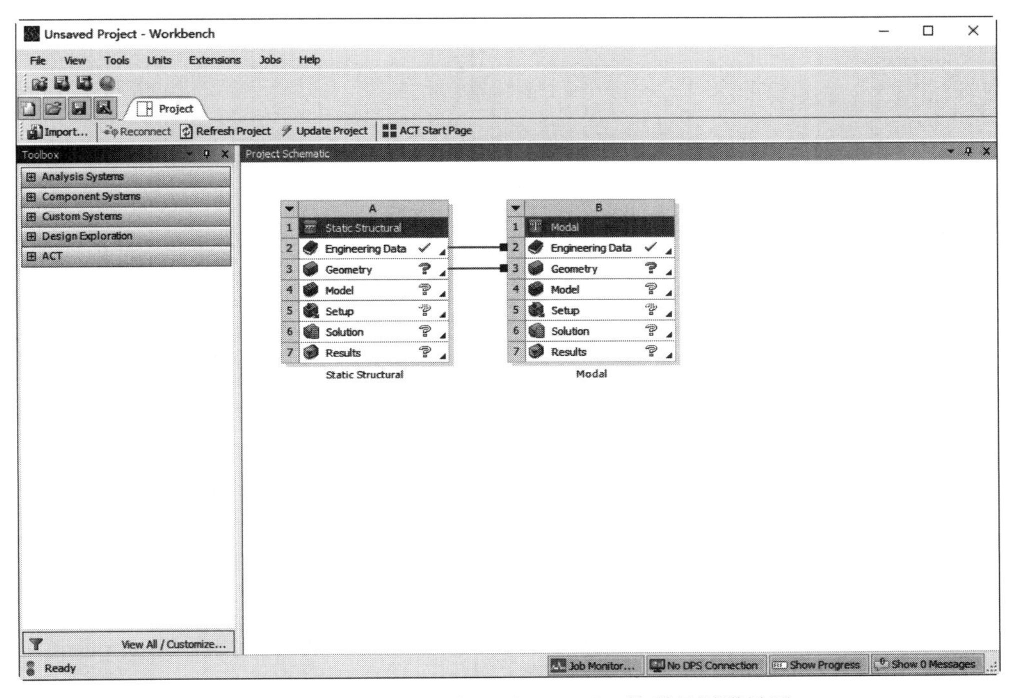

图 1-12　ANSYS Workbench 2022 R2 的项目图形界面

(1) 打开 Options(选项)对话框。单击 Tools(工具栏)下拉菜单中的 Options...(选项)命令，如图 1-13 所示。打开 Options(选项)对话框。

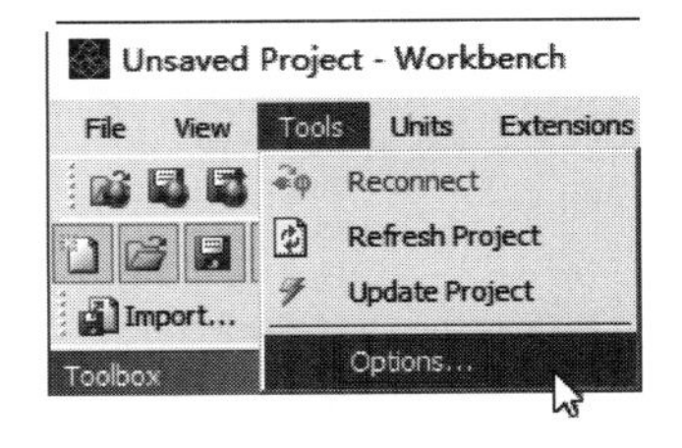

图 1-13　"Options..."命令

(2) 激活测试选项，在 Options(选项)对话框中的左侧选择 Appearance(外观)标签，右侧将 Beta Options(试用版选项)前面的复选框选上，如图 1-14 所示，单击 OK 按钮后激活 Workbench 的测试模式。

(3) 设置中文语言，再次单击 Tools(工具栏)下拉菜单中的 Options...(选项)命令，打开 Options(选项)对话框。在对话框中的左侧选择 Regional and Language Options(区域和语言选项)标签，右侧在 Language(语言)下拉列表中选择 Chinese(中文)选项，如图 1-15 所示，单击 OK 按钮后，弹出如图 1-16 所示的警告窗口，提示需重新启动应用后，语言变更才能生效。这时重新启动 ANSYS Workbench 后进入软件界面，就可以看到中文界面。

Note

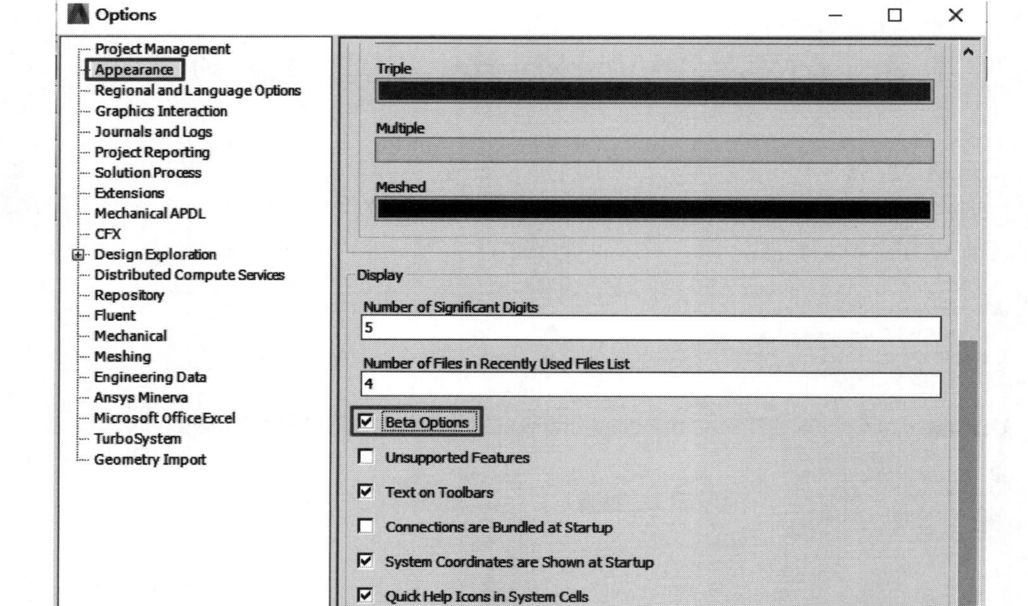

图 1-14　激活测试选项

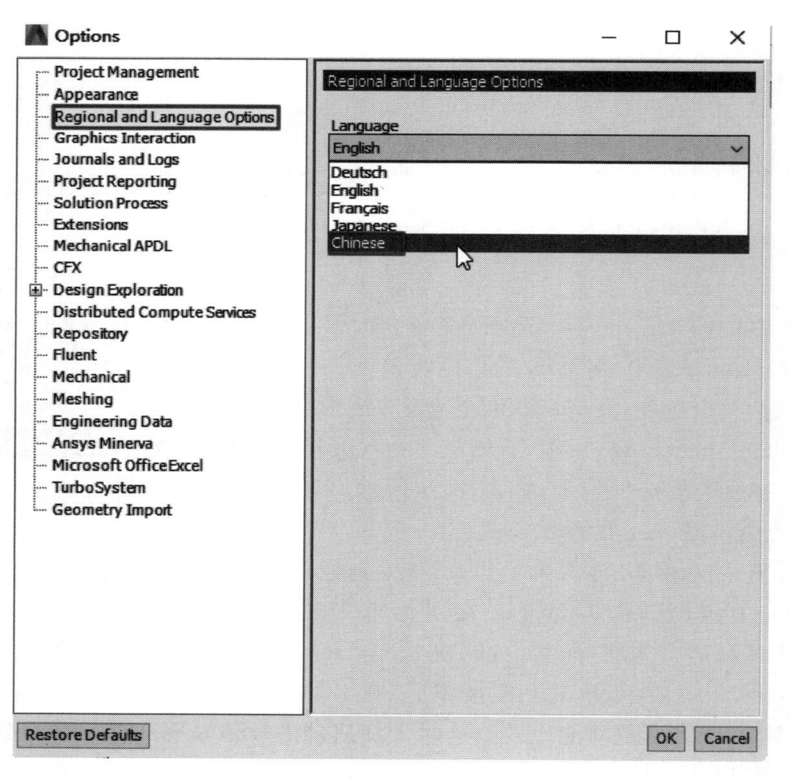

图 1-15　设置中文语言

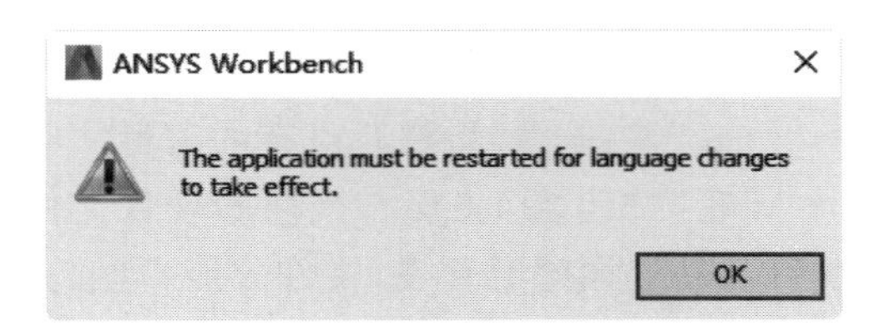

图 1-16　重新启动提示窗口

重启应用启动 ANSYS Workbench 2022 R2，进入如图 1-17 所示的 ANSYS Workbench 2022 R2 的图形用户界面(graphical user interface，GUI)。大多数情况下，ANSYS Workbench 的图形用户界面主要由菜单栏、工具栏、工具箱、项目原理图、自定义工具箱、状态栏等组成。下面具体介绍菜单栏、工具箱和自定义工具箱。

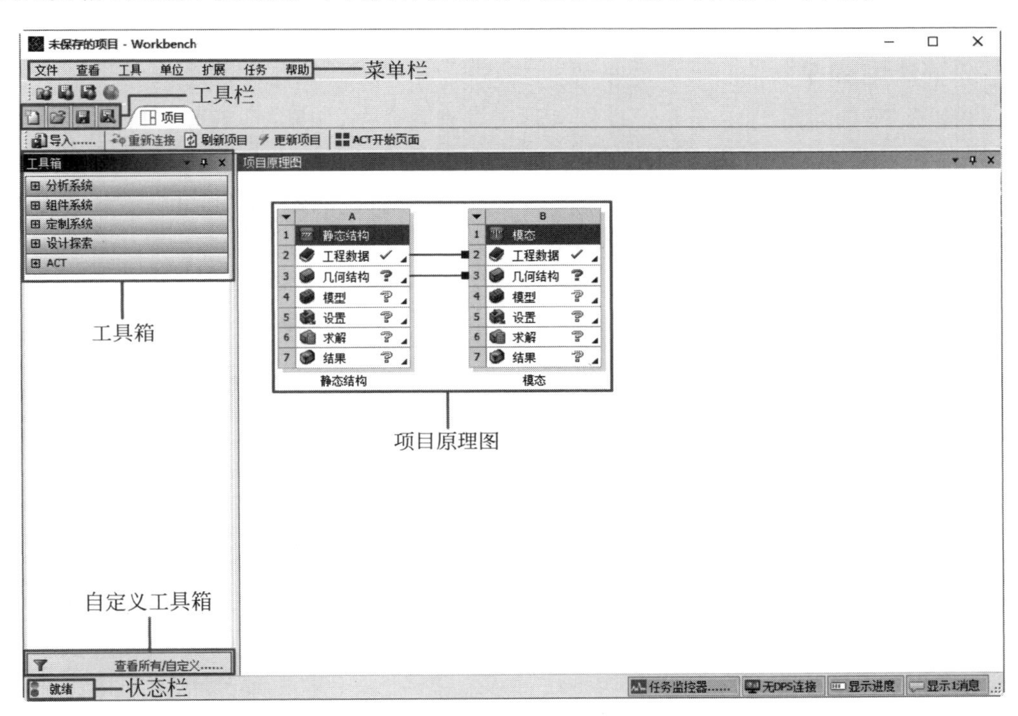

图 1-17　ANSYS Workbench 2022 R2 图形用户界面

1.8.1　菜单栏

菜单栏主要包括文件、查看、工具、单位、扩展、任务、帮助等，用鼠标单击任意一个主菜单，将会弹出相应的下拉子菜单。下拉菜单中的菜单条右侧有箭头的表示该项操作有下一级下拉子菜单，菜单条右侧有省略号的表示单击该菜单条将出现相应的对话框，在这里只对主要的菜单和菜单中的主要命令做说明。

1. “文件”菜单

“文件”菜单如图 1-18 所示。提供各种处理文件的命令，如新、打开、保存、另存为、

Note

保存到库、从库打开、导入、存档、退出等。

新：单击"文件"→"新"按钮，将关闭当前文件并创建一个新的项目文件。

打开：单击"文件"→"打开"按钮，将打开已有的项目文件。

保存：单击"文件"→"保存"按钮，将保存当前的项目文件，包括"*.wbpj"文件和"*_files"文档，两个项目文件必须同时存在，文件才能再次打开。

另存为：单击"文件"→"另存为"按钮，将另存一个项目文件。

导入：单击"文件"→"导入"按钮，将导入一个 Workbench 支持的导入类型的外部文件。

存档：单击"文件"→"存档"按钮，将保存的项目文件压缩成"*.wbpz"格式的压缩包，该压缩包里包含"*.wbpj"文件和"*_files"文档，这样可避免将项目文件发给第三方时因缺失文件，而无法打开。

退出：单击"文件"→"退出"命令，将关闭 Workbench 应用程序。

2. "查看"菜单

"查看"菜单如图 1-19 所示。提供各种窗口查看命令，如刷新、重置窗口布局、工具箱、项目原理图、文件、轮廓、属性、消息、进度、工具栏、显示系统坐标等，单击"查看"菜单中的命令，将弹出相应的显示窗口，如图 1-20 为显示的"属性"窗口，在"属性"窗口中可以查看和调整项目原理图中单元的属性。

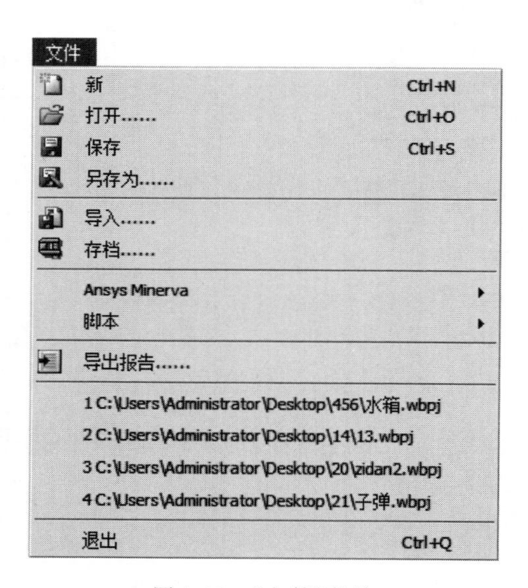

图 1-18 "文件"菜单

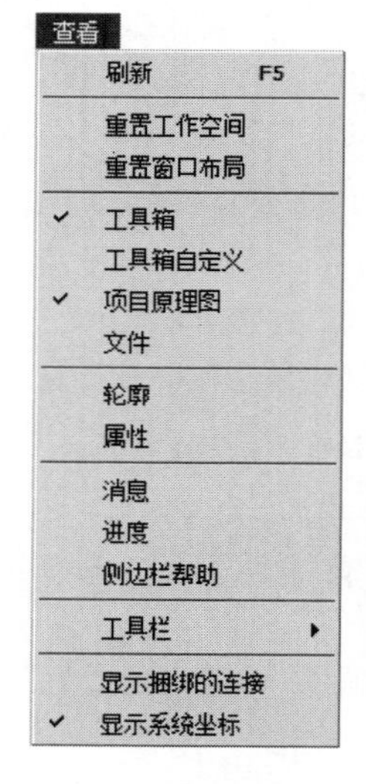

图 1-19 "查看"菜单

3. "工具"菜单

"工具"菜单如图 1-21 所示。包括项目的刷新与更新、重新链接和选项。

选项：单击"工具"→"选项……"命令，将打开"选项"对话框，如图 1-22 所示。在该对话框中可以对 Workbench 做整体设置，包括外观、区域和语言选项、图形交互、项目报告、求解过程等。

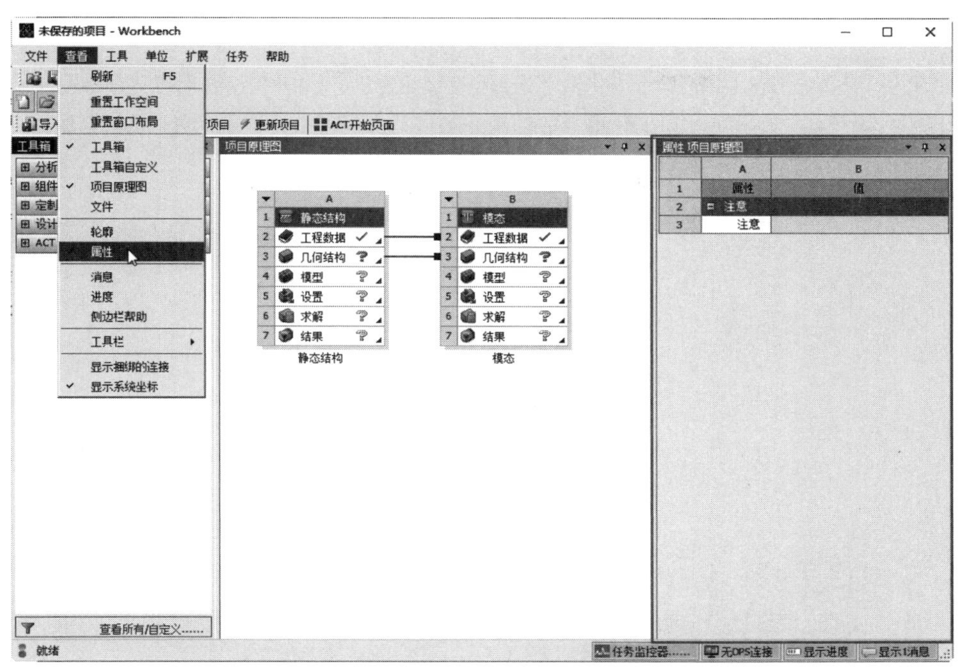

图 1-20　“属性”窗口

图 1-21　“工具”菜单

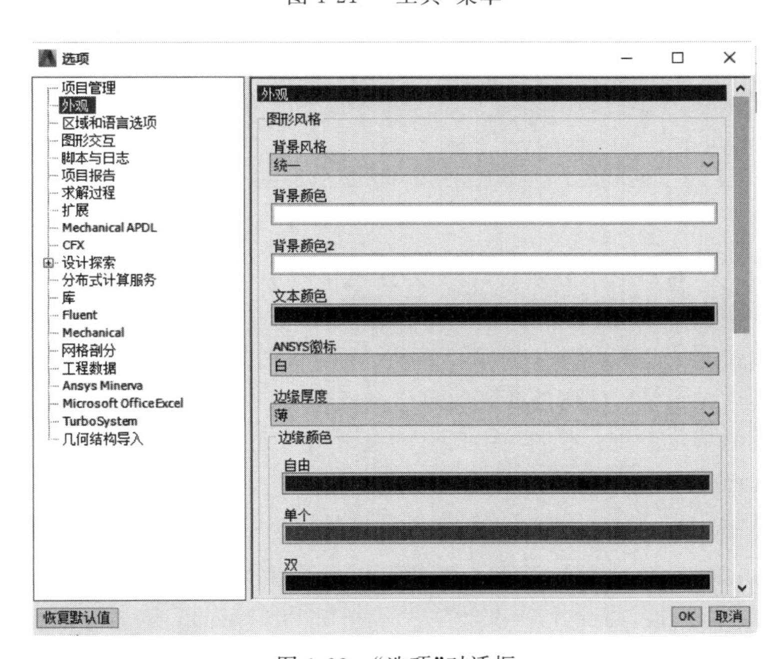

图 1-22　“选项”对话框

4. “单位”菜单

“单位”菜单如图 1-23 所示，提供了国际上常用的度量单位，也有美国惯用单位和工程单位；可以在该菜单中利用“单位系统……”，如图 1-24 所示，调出所需要的单位和隐藏不用的单位。

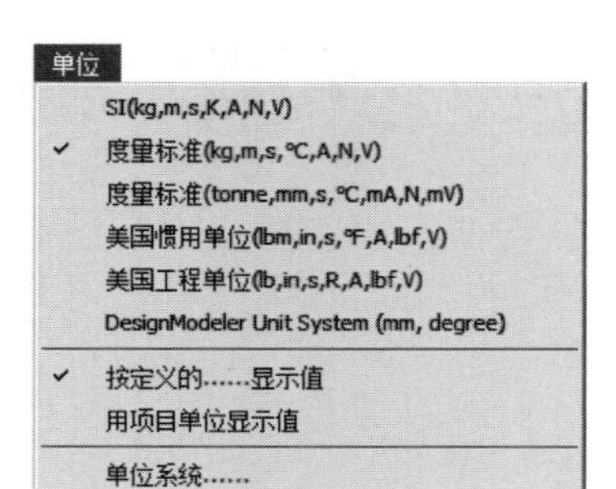

图 1-23 “单位”菜单

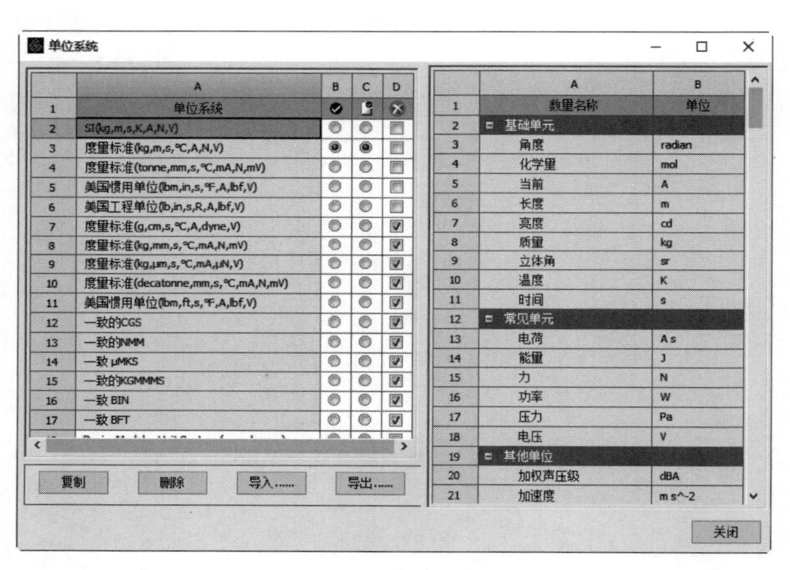

图 1-24 “单位系统”对话框

在“单位系统”对话框中分左右两栏，左侧栏中有 A、B、C、D 四列，A 列是定义好的单位系统；B 列是当前正在使用的单位，想要使用哪个单位系统，就勾选 A 列后面对应的选中单选按钮◉；C 列是默认的单位系统，在默认情况下，每次启动 Workbench，都会选择默认的单位系统；D 列是抑制的单位系统，勾选中的是已经抑制的单位系统，未勾选的是激活的单位系统；右侧栏中列出的是常用单元名称和单位。

5. “扩展”菜单

“扩展”菜单如图 1-25 所示。该菜单是对分析系统的扩展，包括管理扩展……、安装扩展……等，对于高级的有限元分析师，如果想要将编程好的数据扩展安装到 Workbench 中进行衔接，将会用到该功能；另外在 Workbench 有一些已经扩展好的工具，单击“扩展”→“管理扩展……”命令，弹出扩展管理器，如图 1-26 所示，里面用到比较

多的扩展工具有 Blade Interference(桨叶干涉)、MechanicalDropTest(机械跌落试验)、MotionlLoads(运动载荷)等。

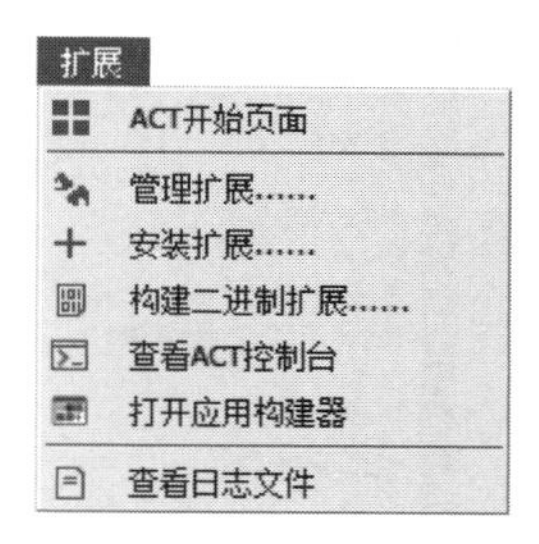

图 1-25　"扩展"菜单

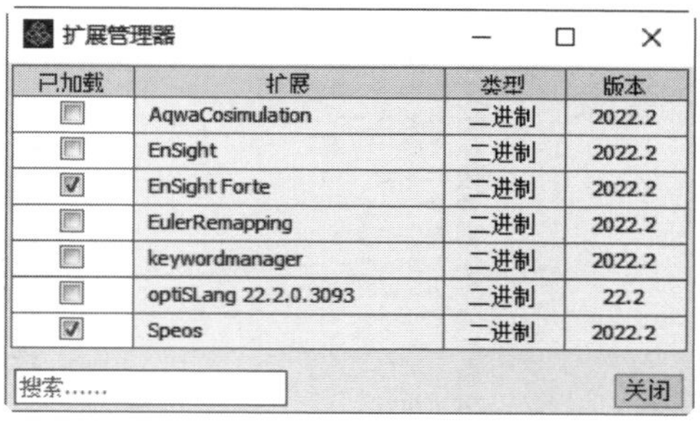

扩展管理器

已加载	扩展	类型	版本
☐	AqwaCosimulation	二进制	2022.2
☐	EnSight	二进制	2022.2
☑	EnSight Forte	二进制	2022.2
☐	EulerRemapping	二进制	2022.2
☐	keywordmanager	二进制	2022.2
☐	optiSLang 22.2.0.3093	二进制	22.2
☑	Speos	二进制	2022.2

搜索……　关闭

图 1-26　扩展管理器

1.8.2　工具箱

ANSYS Workbench 2022 R2 的工具箱列举了可以使用的系统和应用程序，可以通过工具箱将这些应用程序和系统添加到项目原理图中。工具箱由 5 个子组所组成，如图 1-27 所示。它可以被展开或折叠起来，也可以通过工具箱下面的"查看所有/自定义……"按钮来自定义工具箱中应用程序或系统的显示或隐藏。

工具箱包括如下 5 个子组。

(1) 分析系统：可用在示意图中的预定义模板，是已经定义好的分析体系，包含工程数据模拟中不同的分析类型，在确定好分析流程之后，直接使用。

(2) 组件系统：相当于分析系统的子集，包含了各领域独立的建模工具和分析功能，可单独使用，也可通过搭建组装形成一个完整的分析流程。

(3) 定制系统：为耦合应用预定义分析系统(FSI、热-应力、随机振动等)。用户也可以建立自己的预定义系统。

(4) 设计探索：参数化管理和优化设计的探索。

(5) ACT(扩展连接)：是外部数据的扩展接口。

☎ **注意**：工具箱列出的系统和组成取决于安装的 ANSYS 产品。

1.8.3　自定义工具箱

使用"工具箱自定义"窗口中的复选框，可以展开或闭合工具箱中的各项，如图 1-28 所示。不使用工具箱中的专用窗口时一般将其关闭。

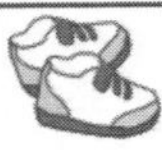

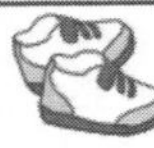

Note

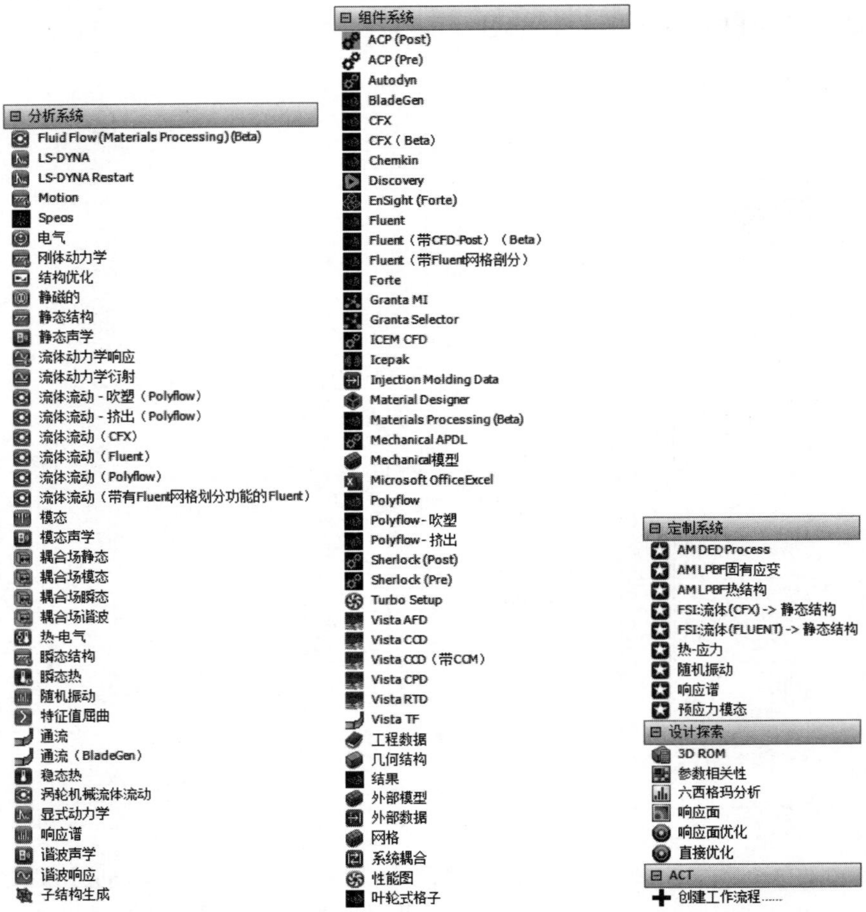

分析系统
Fluid Flow (Materials Processing) (Beta)
LS-DYNA
LS-DYNA Restart
Motion
Speos
电气
刚体动力学
结构优化
静磁的
静态结构
静态声学
流体动力学响应
流体动力学衍射
流体流动 - 吹塑（Polyflow）
流体流动 - 挤出（Polyflow）
流体流动（CFX）
流体流动（Fluent）
流体流动（Polyflow）
流体流动（带有Fluent网格划分功能的Fluent）
模态
模态声学
耦合场静态
耦合场模态
耦合场瞬态
耦合场谐波
热-电气
瞬态结构
瞬态热
随机振动
特征值屈曲
通流
通流（BladeGen）
稳态热
涡轮机械流体流动
显式动力学
响应谱
谐波声学
谐波响应
子结构生成
组件系统
ACP (Post)
ACP (Pre)
Autodyn
BladeGen
CFX
CFX（Beta）
Chemkin
Discovery
EnSight (Forte)
Fluent
Fluent（带CFD-Post）（Beta）
Fluent（带Fluent网格剖分）
Forte
Granta MI
Granta Selector
ICEM CFD
Icepak
Injection Molding Data
Material Designer
Materials Processing (Beta)
Mechanical APDL
Mechanical模型
Microsoft Office Excel
Polyflow
Polyflow - 吹塑
Polyflow - 挤出
Sherlock (Post)
Sherlock (Pre)
Turbo Setup
Vista AFD
Vista CCD
Vista CCD（带CCM）
Vista CPD
Vista RTD
Vista TF
工程数据
几何结构
结果
外部模型
外部数据
网格
系统耦合
性能图
叶轮式格子
定制系统
AM DED Process
AM LPBF固有应变
AM LPBF热结构
FSI:流体(CFX) -> 静态结构
FSI:流体(FLUENT) -> 静态结构
热-应力
随机振动
响应谱
预应力模态
设计探索
3D ROM
参数相关性
六西格玛分析
响应面
响应面优化
直接优化
ACT
创建工作流程......

图 1-27　ANSYS Workbench 2022 R2 工具箱

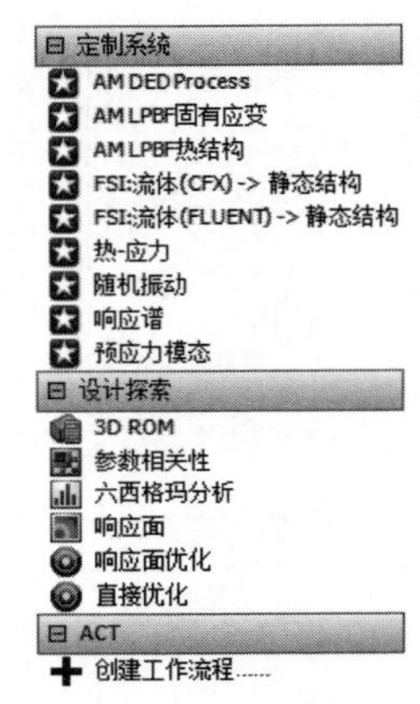

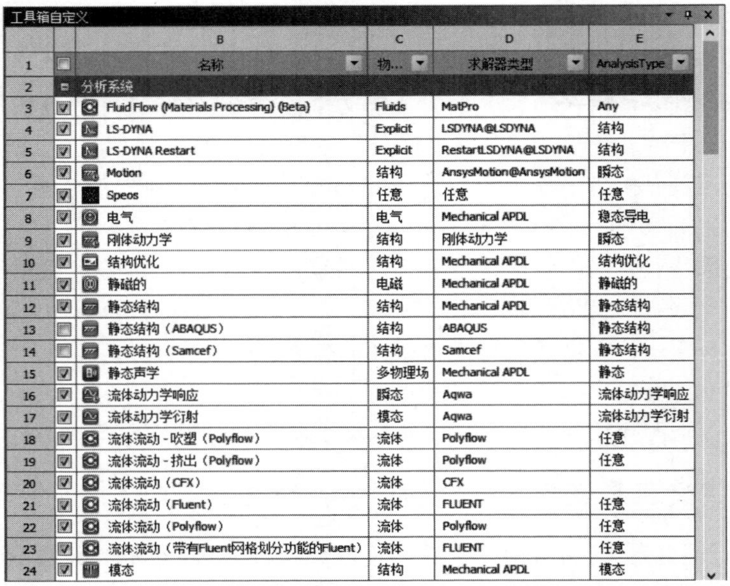

工具箱自定义

A		B	C	D	E
1	☐	名称	物...	求解器类型	AnalysisType
2	⊟	分析系统			
3	☑	Fluid Flow (Materials Processing) (Beta)	Fluids	MatPro	Any
4	☑	LS-DYNA	Explicit	LSDYNA@LSDYNA	结构
5	☑	LS-DYNA Restart	Explicit	RestartLSDYNA@LSDYNA	结构
6	☑	Motion	结构	AnsysMotion@AnsysMotion	瞬态
7	☑	Speos	任意	任意	任意
8	☑	电气	电气	Mechanical APDL	稳态导电
9	☑	刚体动力学	结构	刚体动力学	瞬态
10	☑	结构优化	结构	Mechanical APDL	结构优化
11	☑	静磁的	电磁	Mechanical APDL	静磁的
12	☑	静态结构	结构	Mechanical APDL	静态结构
13	☐	静态结构（ABAQUS）	结构	ABAQUS	静态结构
14	☐	静态结构（Samcef）	结构	Samcef	静态结构
15	☑	静态声学	多物理场	Mechanical APDL	静态
16	☑	流体动力学响应	瞬态	Aqwa	流体动力学响应
17	☑	流体动力学衍射	模态	Aqwa	流体动力学衍射
18	☑	流体流动 - 吹塑（Polyflow）	流体	Polyflow	任意
19	☑	流体流动 - 挤出（Polyflow）	流体	Polyflow	任意
20	☑	流体流动（CFX）	流体	CFX	
21	☑	流体流动（Fluent）	流体	FLUENT	任意
22	☑	流体流动（Polyflow）	流体	Polyflow	任意
23	☑	流体流动（带有Fluent网格划分功能的Fluent）	流体	FLUENT	任意
24	☑	模态	结构	Mechanical APDL	模态

图 1-28　工具箱显示设置

Note

1.9　ANSYS Workbench 文档管理

ANSYS Workbench 2022 R2 可以自动创建所有相关文件，包括一个项目文件和一系列子目录。用户应允许 Workbench 管理这些目录的内容，最好不要手动修改项目目录的内容或结构，否则会引起程序读取出错的问题。

在 ANSYS Workbench 2022 R2 中，当指定文件夹里保存了一个项目后，系统会在磁盘中保存一个项目文件（*.wbpj）及一个文件夹（*_files）。Workbench 是通过此项目文件和文件夹及其子文件来管理所有相关的文件的。图 1-29 所示为 Workbench 所生成的一系列文件夹目录结构。

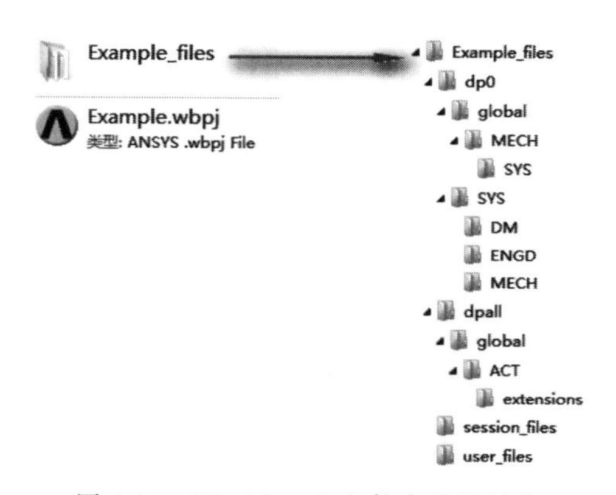

图 1-29　Workbench 文件夹目录结构

1.9.1　目录结构

ANSYS Workbench 2022 R2 文件格式目录内文件的作用如下：

（1）dp0：是设计点文件目录，这实质上是特定分析的所有参数的状态文件，在单分析情况下只有一个 dp0 目录，它是所有参数分析所必需的。

（2）global：包含分析中各个单元格中的子目录。其下的 MECH 目录中包括数据库以及 Mechanical 单元格的其他相关文件。其内的 MECH 目录为仿真分析的一系列数据及数据库等相关文件。

（3）SYS：包括项目中各种系统的子目录（如 Mechanical、Fluent、CFX 等）。每个系统的子目录都包含有特定的求解文件。例如 MECH 的子目录有结果文件、ds.dat 文件、solve.out 文件等。

（4）user_files：包含输入文件、用户文件等，这些可能与项目有关。

1.9.2　显示文件明细

如需查看所有文件的明细信息，在 Workbench 的“查看”菜单中选择“文件”命令，如图 1-30 所示，以显示一个包含文件明细与路径的窗格，如图 1-31 所示。

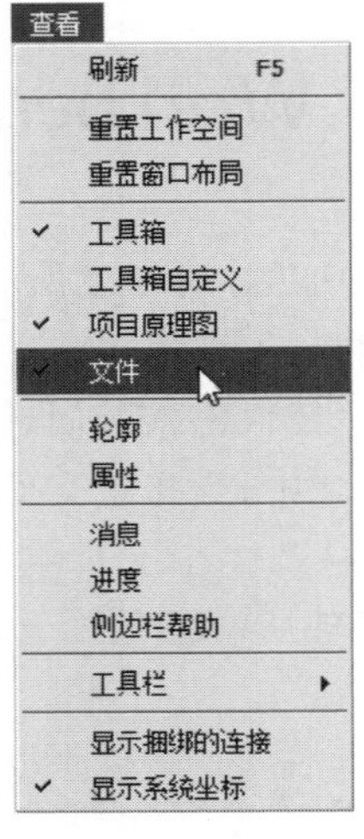

图 1-30 查看文件

文件

	A	B	C	D	E	F
1	名称	单...	尺寸	类型	修改日期	位置
2	SYS.agdb	A3	2 MB	几何结构文件	2021/7/20 16:29:10	dp0\SYS\DM
3	material.engd	A2	27 KB	工程数据文件	2021/7/20 16:28:54	dp0\SYS\ENGD
4	SYS.engd	A4	27 KB	工程数据文件	2021/7/20 16:28:54	dp0\global\MECH
5	水箱.wbpj		42 KB	Workbench项目文件	2021/7/20 17:59:35	C:\Users\Administrator\Desktop\456
6	act.dat		259 KB	ACT Database	2021/7/20 17:59:08	dp0
7	SYS.mechdb	A4	6 MB	.mechdb	2021/7/20 17:59:23	dp0\global\MECH
8	EngineeringData.xml	A2	26 KB	工程数据文件	2021/7/20 17:59:31	dp0\SYS\ENGD
9	CAERep.xml	A1	16 KB	CAERep文件	2021/7/20 16:39:00	dp0\SYS\MECH
10	CAERepOutput.xml	A1	849 B	CAERep文件	2021/7/20 16:39:11	dp0\SYS\MECH
11	ds.dat	A1	1 MB	.dat	2021/7/20 16:39:00	dp0\SYS\MECH
12	file.aapresults	A1	121 B	.aapresults	2021/7/21 14:28:26	dp0\SYS\MECH
13	file.DSP	A1	2 KB	.dsp	2021/7/20 16:39:07	dp0\SYS\MECH
14	file.err	A1	611 B	.err	2021/7/20 16:39:01	dp0\SYS\MECH
15	file.mntr	A1	820 B	.mntr	2021/7/20 16:39:08	dp0\SYS\MECH
16	file.rst	A1	3 MB	ANSYS结果文件	2021/7/20 16:39:09	dp0\SYS\MECH
17	MatML.xml	A1	28 KB	CAERep文件	2021/7/20 16:39:00	dp0\SYS\MECH
18	solve.out	A1	25 KB	.out	2021/7/20 16:39:10	dp0\SYS\MECH
19	designPoint.wbdp		94 KB	Workbench设计点文件	2021/7/20 17:59:36	dp0

图 1-31 文件窗格

1.10 ANSYS Workbench 项目原理图

项目原理图是通过放置应用或系统到项目管理区中的各个区域，定义全部分析项目的。它表示了项目的结构和工作的流程。为项目中各对象和它们之间的相互关系提供了一个可视化表示。项目原理图由一个个单元格所组成，如图 1-32 所示。

项目原理图会因要分析的项目不同而不同，它可以仅由一个单一单元格组成，也可以是含有一套复杂链接的系统耦合分析或模型的方法。

项目原理图中的单元格由将工具箱中的应用程序或系统直接拖曳到项目管理界面中或是直接在项目上双击载入。

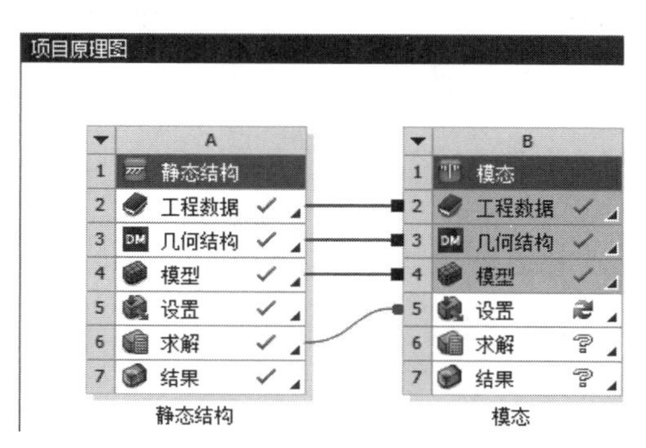

图 1-32 项目原理图

1.10.1 系统和单元格

要生成一个项目，需要从工具箱中添加单元格到项目原理图中形成一个系统，一个系统由一个个单元格所组成。要定义一个项目，还需要在单元格之间进行交互；也可以在单元格中右击，在弹出的快捷菜单中选择可使用的单元格。通过一个单元格，可以实现下面的功能。

(1) 通过单元格进入数据集成的应用程序或工作区。

(2) 添加与其他单元格间的链接系统。

(3) 分配输入或参考的文件。

(4) 分配属性分析的组件。

每个单元格含有一个或多个单元，如图 1-33 所示。每个单元都有一个与它关联的应用程序或工作区，例如 ANSYS Fluent 或 Mechanical 应用程序。可以通过此单元格单独地打开这些应用程序。

图 1-33 项目原理图中的单元格

1.10.2 单元格的类型

单元格包含许多可以使用的分析和组件系统，下面介绍一些通用的分析单元。

1. 工程数据

使用工程数据组件定义或访问材料模型中的分析所用数据。双击工程数据的单元格，或右击打开快捷菜单，从中选择“编辑”命令，以显示工程数据的工作区。可从工作区中定义数据材料等。

2. 几何结构

使用几何结构单元来导入、创建、编辑或更新用于分析的几何模型。

1) 4 类图元

(1) 体(三维模型)：由面围成，代表三维实体。

(2) 面(表面)：由线围成。代表实体表面、平面形状或壳(可以是三维曲面)。

(3) 线(可以是空间曲线)：以关键点为端点，代表物体的边。

(4) 关键点(位于三维空间)：代表物体的角点。

2）层次关系

从最低阶到最高阶，模型图元的层次关系如下：

（1）关键点。

（2）线。

（3）面。

（4）体。

Note

如果低阶的图元连在高阶图元上，则低阶图元不能删除。

3．模型

模型建立之后，需要划分网格，它涉及以下4个方面。

（1）选择单元属性（单元类型、实常数、材料属性）。

（2）设定单元尺寸控制（控制单元大小）。

（3）网格划分以前保存数据库。

（4）执行网格划分。

4．设置

使用此设置单元可打开相应的应用程序，设置包括定义载荷、边界条件等，也可以在应用程序中配置分析。在应用程序中的数据会被纳入ANSYS Workbench的项目中，这其中也包括系统之间的链接。

载荷是指加在有限单元模型（或实体模型，但最终要将载荷转化到有限元模型上）上的位移、力、温度、热、电磁等。载荷包括边界条件和内外环境对物体的作用。

5．求解

在所有的前处理工作完成后，要进行求解，求解过程包括选择求解器、对求解进行检查、求解的实施及解决求解过程中会出现的问题等。

6．结果

分析问题的最后一步工作是进行后处理，后处理就是查看、分析和操作求解所得到的结果。结果单元即为显示的分析结果的可用性和状态。结果单元是不能与任何其他系统共享数据的。

1.10.3　了解单元格状态

1．典型的单元格状态

单元状态包含以下情况：

（1）?：无法执行。丢失上行数据。

（2）?：需要注意。可能需要改正本单元或是上行单元。

（3）⟳：需要刷新。上行数据发生改变，需要刷新单元（更新也会刷新单元）。

（4）⚡：需要更新。数据一改变，单元的输出也要相应地更新。

（5）✓：最新的。

（6）✓：发生输入变动。单元是局部更新的，但上行数据发生变化也可能导致其发生改变。

2. 解决方案特定的状态

解决方案特定的状态如下：

(1) ：中断。表示已经中断的解决方案。此选项执行的求解器正常停止，将完成当前迭代，并写一个解决方案文件。

(2) ：挂起。标志着一个批次或异步解决方案正在进行中。当一个单元格进入挂起状态，可以将与其相关的项目和项目的其他部分退出 ANSYS Workbench 或工作。

3. 故障状态

故障典型状态如下：

(1) ：刷新失败。需要刷新。

(2) ：更新失败。需要更新。

(3) ：更新失败。需要注意。

1.11 ANSYS Workbench 材料特性应用程序

进行有限元分析时，为分析对象指定材料属性是必需的步骤。在 ANSYS Workbench 中，是通过“工程数据”应用程序控制材料属性参数的。

“工程数据”应用程序属于本地应用，进入“工程数据”应用程序的方法如下：首先通过添加工具箱中的分析系统；然后双击或右击系统中的“工程数据”单元格，进入“工程数据”应用程序。进入“工程数据”应用程序中后，显示界面如图 1-34 所示，窗口中的数据是以交互式层叠方式显示的。

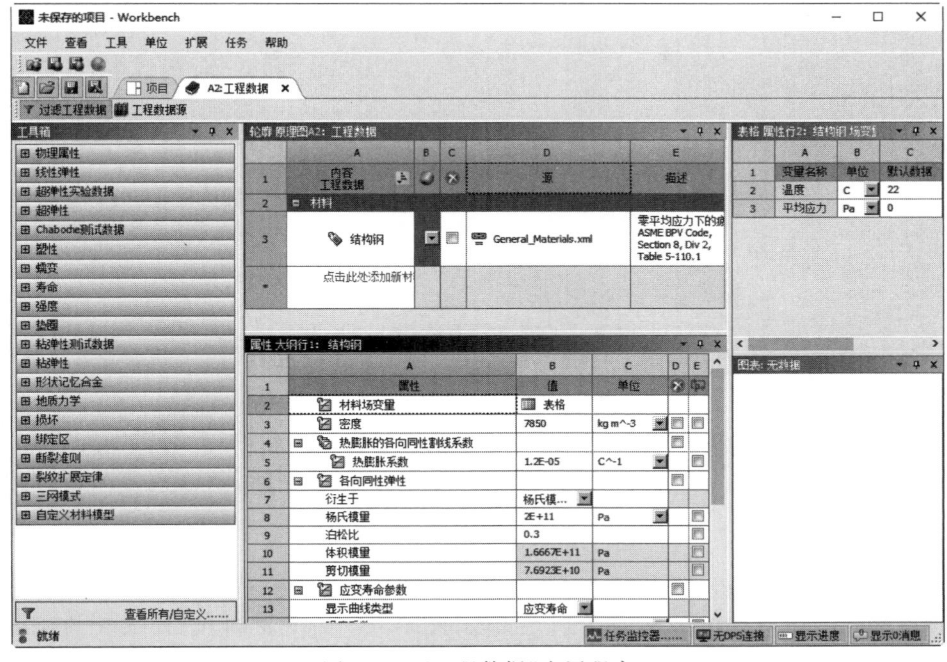

图 1-34 “工程数据”应用程序

Note

1.11.1 材料库

在打开的“工程数据”材料特性应用程序中，单击工具栏中的“工程数据源”按钮，或在“工程数据”材料特性应用程序窗口中右击，在弹出的快捷菜单中选择“工程数据源”命令，如图1-35所示。此时窗口会显示“工程数据源”数据表，如图1-36所示。

图1-35 “工程数据”快捷菜单

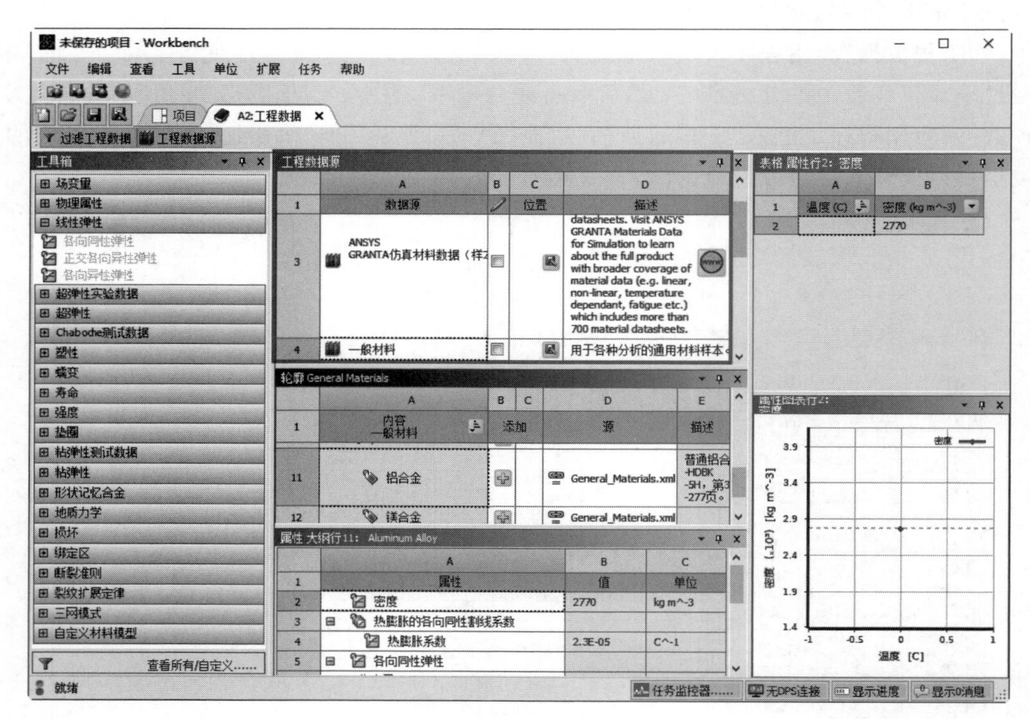

图1-36 “工程数据源”窗格

材料库中具有大量常用材料。在“工程数据源”窗格中选择任一材料库，“轮廓 General Materials”(通用材料)窗格中会显示此库内的所有材料，选择某一种材料后，“属性大纲行”窗格中会显示此材料的所有默认属性参数值，该属性值是可以被修改的。

1.11.2　添加库中的材料

Note

材料库中的材料需要添加到当前的分析项目中才能起作用，向当前项目中添加材料的方法如下：首先打开“工程数据源”，在“工程数据源”窗格中选择一个材料库；然后在下方的“轮廓 General Materials”窗格中单击材料后面B列中的“添加”按钮，此时在当前项目中定义的材料会被标记为，表示材料已经添加到分析项目中。添加的过程如图1-37所示。

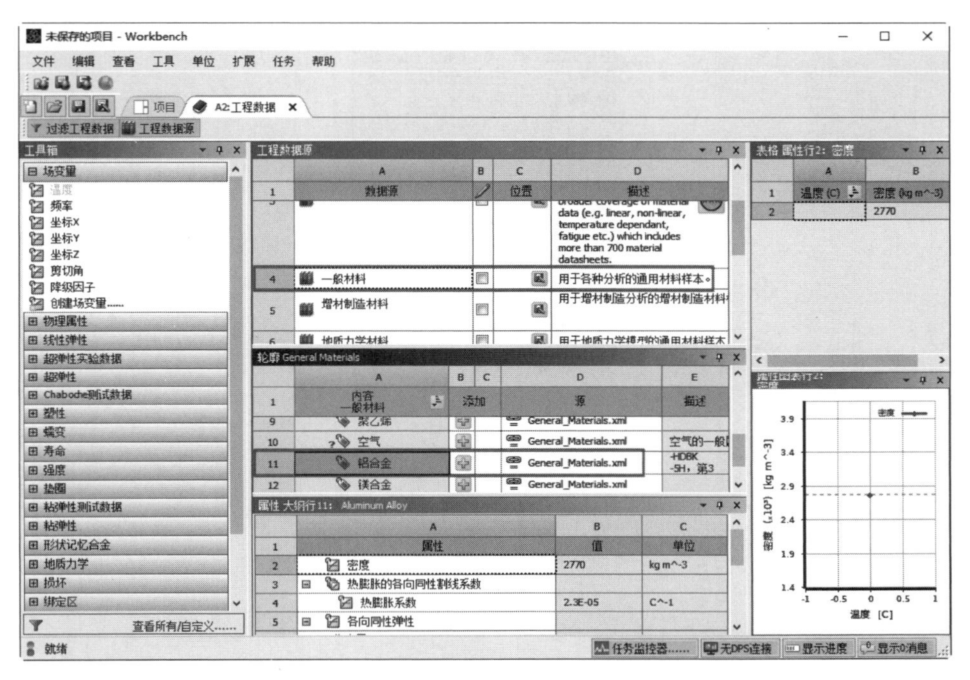

图1-37　添加材料

经常用到的材料可以添加到“偏好”库中，方便以后分析时使用。添加方法如下：在需要添加到“偏好”库中的材料上右击，在弹出的快捷菜单中选择“添加到收藏夹”命令即可，如图1-38所示。

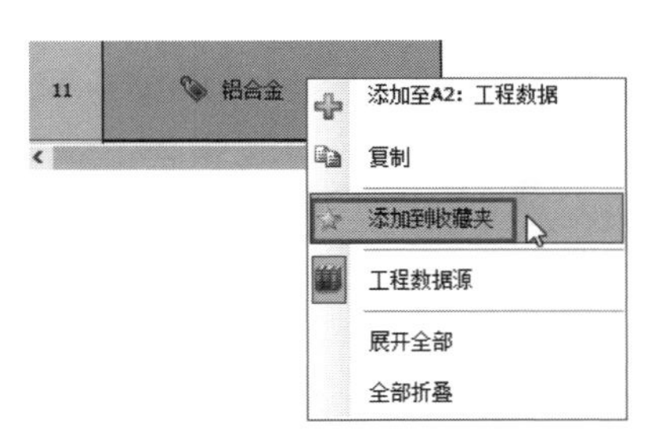

图1-38　将材料添加到收藏夹

1.11.3　添加新材料

材料库中的材料虽然很丰富，但是有些需要用到的特殊材料有可能材料库中是没

有的,这时需要将新的材料添加到材料库中。

Note

在“工程数据”中的工具箱中有丰富的材料属性,在定义新材料时,直接将工具箱中的材料属性添加到新定义的材料中即可。工具箱中的材料属性包括“物理属性”“线性弹性”“超弹性实验数据”“超弹性”“蠕变”“寿命”“强度”“垫圈”等,如图 1-39 所示。

图 1-39　工具箱

SpaceClaim建模器概述

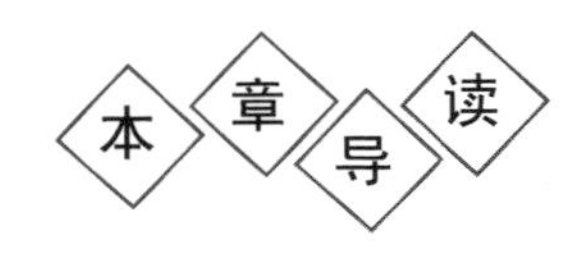

本章主要讲解 SpaceClaim 建模器，概括介绍该建模器的界面及工作面板等。

学习要点

- SpaceClaim 简介
- SpaceClaim 打开方式
- SpaceClaim 界面
- 文件菜单
- 快速访问工具栏
- 面板
- 状态栏
- 选项卡
- 鼠标手势和快捷键

Note

2.1 SpaceClaim 简介

SpaceClaim 建模器是一款高效的三维建模工具，主要面向需要在三维模式下高效工作的工程师。该建模器设计环境灵活，兼容性强，适用于不同行业之间相互合作设计和制造机械产品的工程师使用。

本节重点介绍基础工具和简单概念，SpaceClaim 建模的操作主要是通过拉伸和移动操作实现，可以通过拉伸边来形成面，通过拉伸面来生成体，并且修改简便，使设计变得方便快捷。

2.2 SpaceClaim 打开方式

SpaceClaim 作为 Workbench 的一个组件，既可以在 Workbench 中打开，也可以独自打开。

(1) 在 Workbench“项目原理图”中的分析模块(这里以静态结构模块为例)中右击“几何结构”栏，如图 2-1 所示，在打开的快捷菜单中选择“新的 SpaceClaim 几何结构……”选项，打开 SpaceClaim。

(2) 在 Windows 操作环境下，如图 2-2 所示，单击屏幕左下角的“开始”→“ANSYS 2022 R2”→“SpaceClaim 2022 R2”命令，打开 SpaceClaim。

图 2-1　Workbench 打开 SpaceClaim

图 2-2　开始打开 SpaceClaim

Note

2.3　SpaceClaim 界面

打开 SpaceClaim 后，显示 SpaceClaim 界面，建模后（装配模型），如图 2-3 所示，该界面各功能划分简明清晰，主要包括文件菜单、快速访问工具栏、选项卡、面板、向导工具、图形显示区、小工具栏、状态栏和消息信息等构成，下面介绍主要内容。

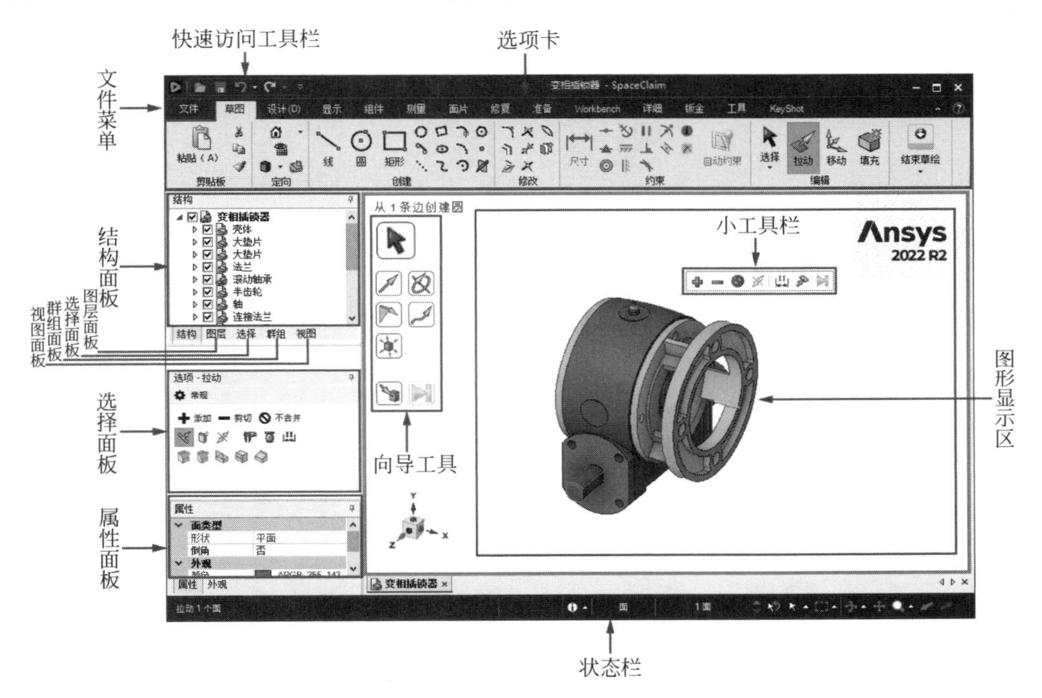

图 2-3　SpaceClaim 界面

2.4　文件菜单

文件菜单包含文件相关的命令及选项设置命令，单击“文件”菜单，系统弹出“文件”的下拉菜单，如图 2-4 所示，包括新建、打开、保存、另存为、打印以及 SpaceClaim 选项等功能。

（1）新建：单击“新建”右侧的扩展箭头，弹出“新建文档”选项卡，如图 2-5 所示，可新建的项目有设计、图纸、清空图纸、设计和图纸、三维标记和脚本选项。

（2）打开：单击“打开”按钮，弹出“打开”对话框，如图 2-6 所示，在该对话框中可以选择要打开的文件，单击右下角的下拉箭头可以显示该软件支持打开文件的类型。

（3）保存：单击“保存”右侧的扩展箭头，弹出“保存文档”选项卡，如图 2-7 所示，包括保存、全部保存和强行全部保存选项。

图 2-4　文件菜单

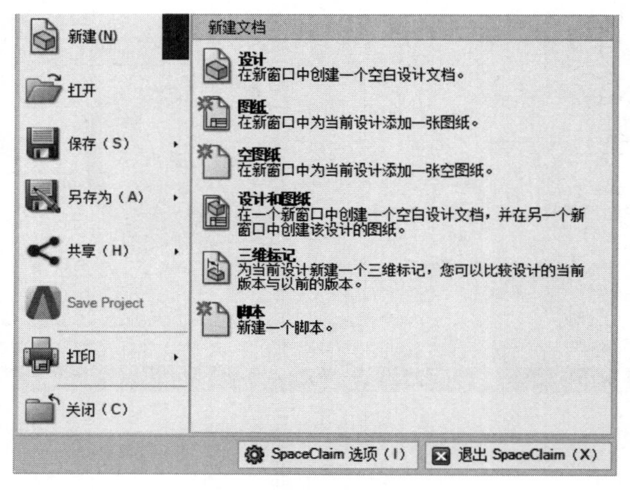

图 2-5　“新建文档”选项卡

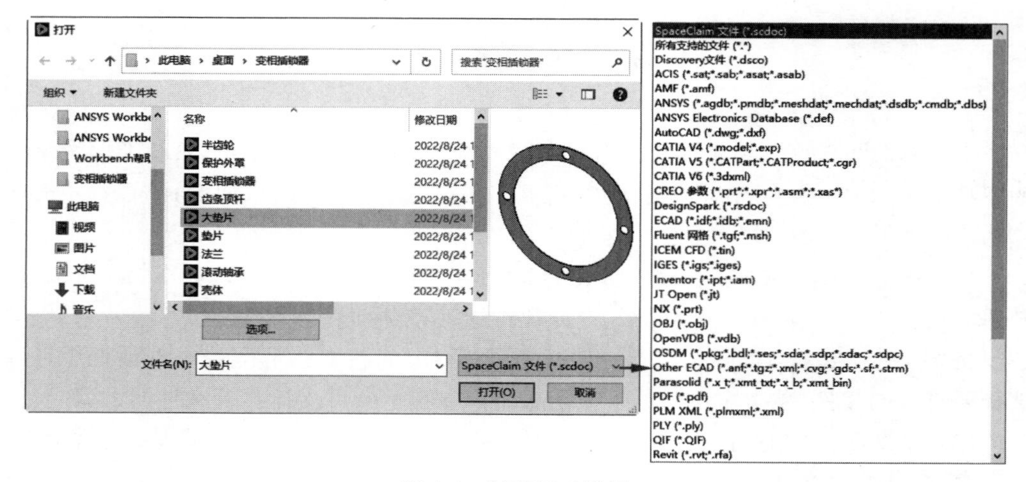

图 2-6　“打开”对话框

Note

（4）另存为：单击“另存为”右侧的扩展箭头，弹出“保存文档副本”选项卡，如图 2-8 所示，包括另存为和另存为新版本选项，可将设计的文件保存为其他名称和格式。

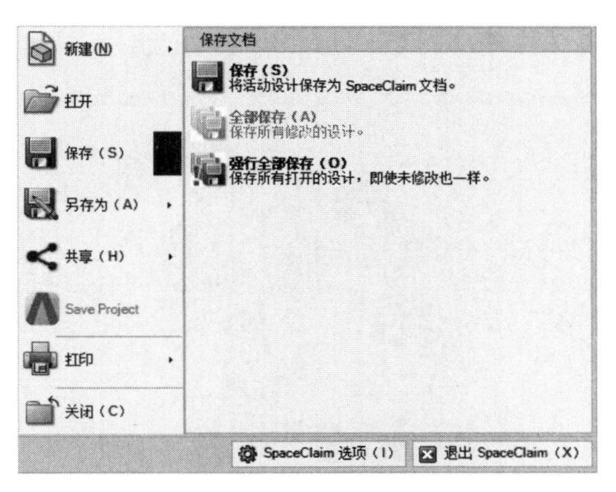

图 2-7　“保存文档”选项卡

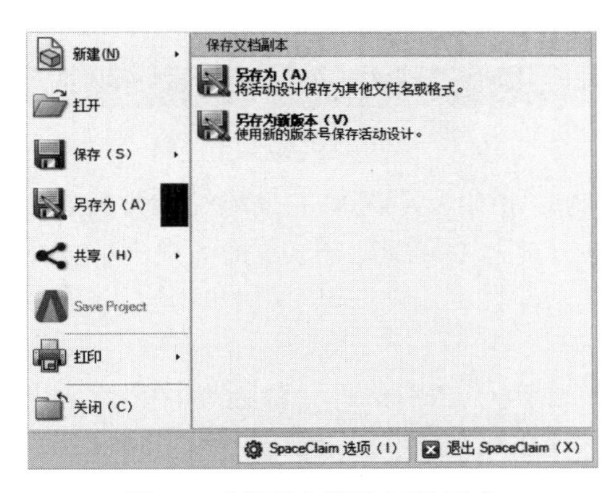

图 2-8　“保存文档副本”选项卡

（5）打印：单击“打印”右侧的扩展箭头，弹出“预览并打印文档”选项卡，如图 2-9 所示，包括打印、打印设置和打印预览选项，单击“打印预览”命令，弹出“打印预览”对话框，如图 2-10 所示。

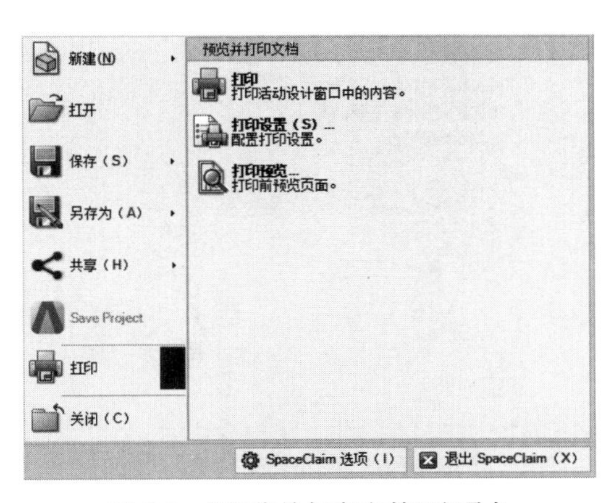

图 2-9　“预览并打印文档”选项卡

Note

图 2-10 “打印预览”对话框

（6）SpaceClaim 选项：单击“SpaceClaim 选项”命令，弹出“SpaceClaim 选项”对话框，如图 2-11 所示，在该对话框中可以设置系统的外观、单位，自定义功能区选项卡和面板等。

图 2-11 “SpaceClaim 选项”对话框

2.5　快速访问工具栏

快速访问工具栏可以自定义常用功能的快捷方式，如图 2-12 所示，单击“快速访问工具栏”右侧的下拉按钮，弹出“自定义快速访问工具栏”，单击想要添加到“自定义快速访问工具栏”的命令，该命令即会出现在“快速访问工具栏”中，如添加“螺纹”“详细”“草图”“拉动”等。

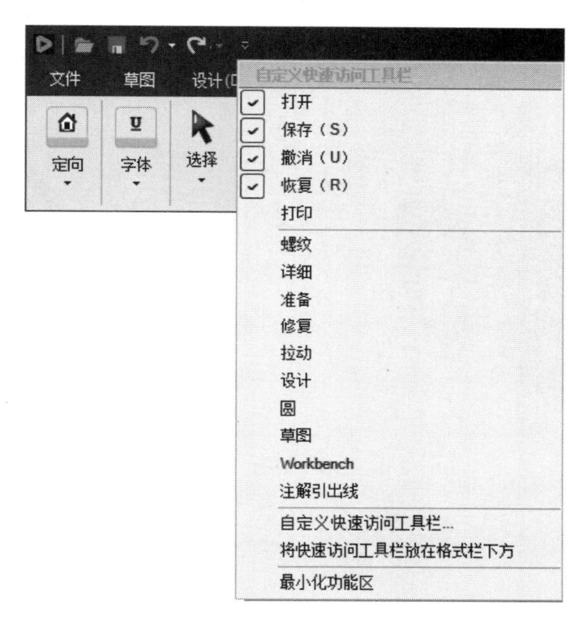

图 2-12　自定义快速访问工具栏

2.6　面　　板

面板位于 SpaceClaim 界面的左侧，包括结构面板、图层面板、选择面板、群组面板、视图面板、选项面板和属性面板等。

2.6.1　结构面板

结构面板相当于结构树，位于界面的左上角，如果文件是一个组件则显示设计中的每一个对象，如图 2-13 所示，如果文件是个零件则只显示零件结构，不显示具体建模过程，如图 2-14 所示。

结构面板可以设置对象的可见性，取消结构树中方框的勾选，则可以隐藏该对象，如图 2-15 所示（操作零件见变相插锁器）。

Note

图 2-13　组件结构面板

图 2-14　零件结构面板

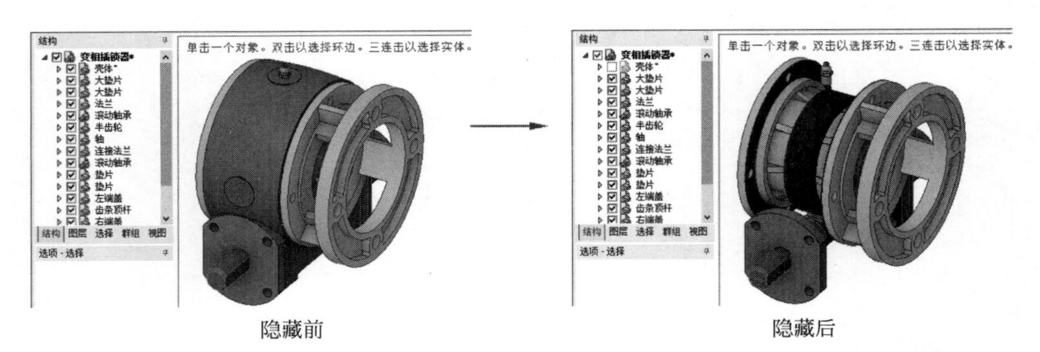

图 2-15　隐藏对象

2.6.2　图层面板

图层可视为视觉特性的一种分组机制，包括可见性、颜色线宽以及线型等，如图 2-16 所示。

（1）在图层上右击，弹出一个快捷菜单，可新建图层或对该图层进行重命名、删除、选择对象等操作，但 0 图层除外。

（2）单击颜色右侧的箭头，弹出"颜色"对话框，设置该图层的颜色，则在该图层上的对象就表现为该图层的颜色。

（3）单击图层上的小灯泡，可以设置图层的显示或隐藏，💡表示显示图层，💡表示隐藏图层。

（4）单击线宽右侧的箭头，弹出"线宽"对话框，可设置线宽。

（5）单击线型右侧的箭头，弹出"线型"对话框，可设置线型。

（6）将对象分配到图层。选择一个实体、曲面或部件，然后右击想要分配到的图层，在弹出的快捷菜单中选择"分配到图层"选项，则会将选择的对象置于该图层上。

2.6.3　选择面板

SpaceClaim 具有强大的选择面板，如图 2-17 所示，可在同一个零件中选择一个特征，然后在选择面板中选择与该特征相关的其他特征(操作零件见变相插锁器——连接法兰)。

Note

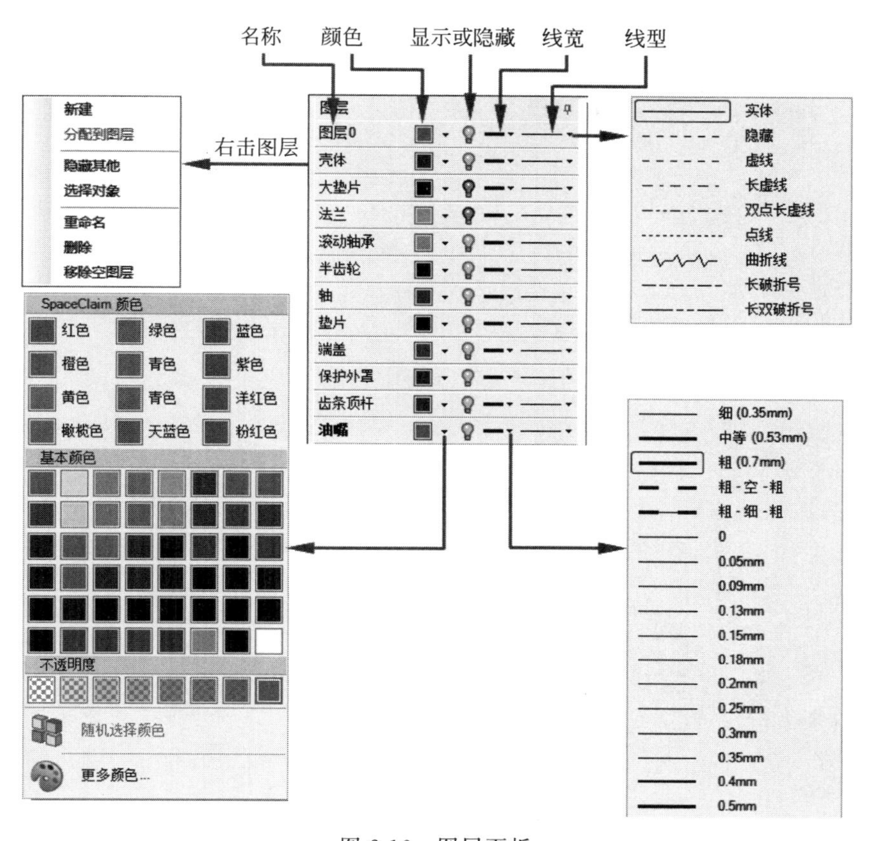

图 2-16　图层面板

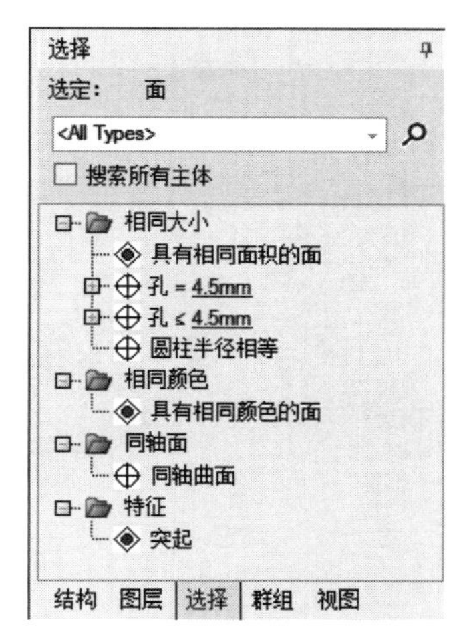

图 2-17　选择面板

(1) 选择相同大小特征。如图 2-18 所示，选择零件的一个孔，再在选择面板中选择“具有相同面积的面”“孔＝4.5mm”或“圆柱半径相等”，则选择相关的其他孔，如图 2-18(b)所示，若选择“孔≤4.5mm”则选择所有直径小于等于 4.5mm 的其他孔，如图 2-18(c)所示。

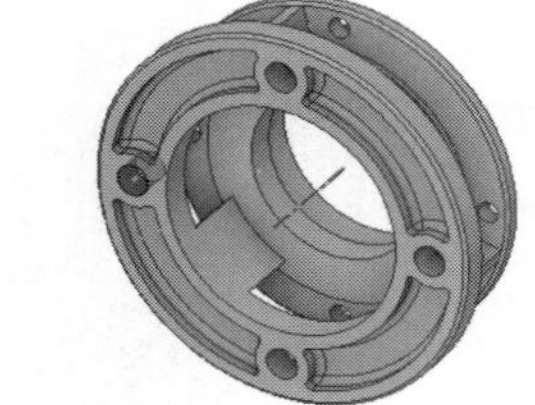

原图

(a)

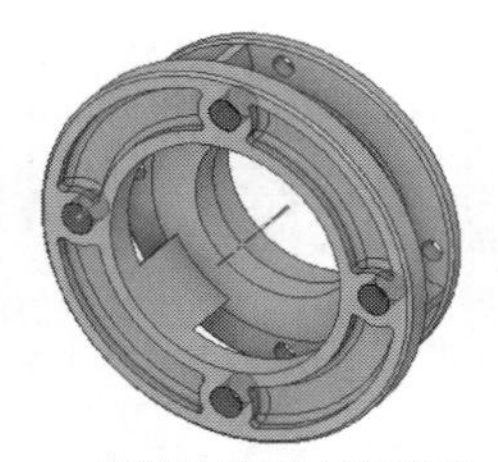

按具有相同面积的面；
孔=4.5mm；
圆柱半径相等选择

(b)

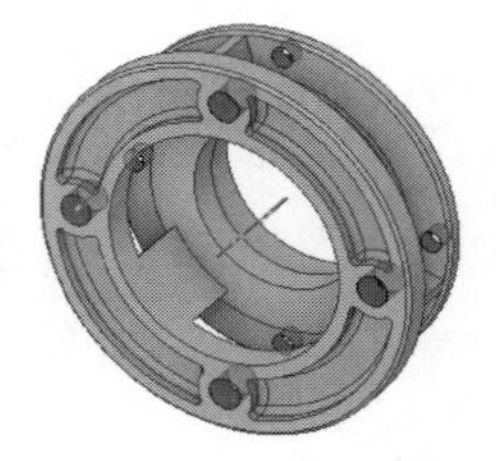

按孔≤4.5mm选择

(c)

图 2-18　选择相同大小特征

（2）选择相同颜色特征。如图 2-19 所示，选择零件的一个特征，然后在选择面板中选择“具有相同颜色的面”选项，则选择与该特征颜色相同的所有特征。

（3）选择同轴面特征。如图 2-20 所示，选择零件的一个特征，然后在选择面板中选择“同轴曲面”选项，则选择与该特征同轴的所有特征。

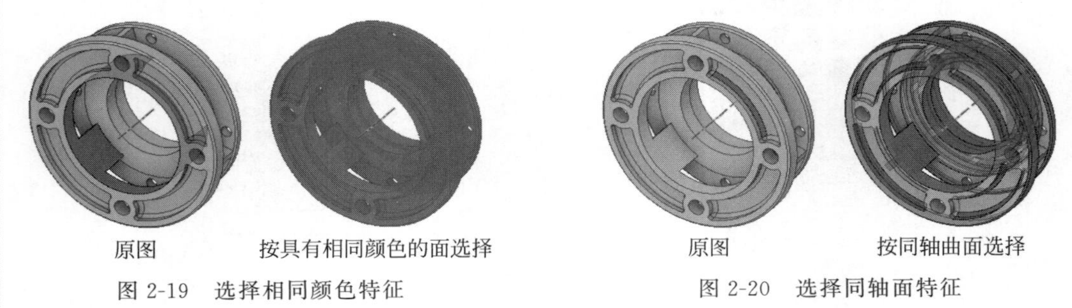

原图　　按具有相同颜色的面选择

图 2-19　选择相同颜色特征

原图　　按同轴曲面选择

图 2-20　选择同轴面特征

（4）选择突起特征。如图 2-21 所示，选择零件的一个特征，然后在选择面板中选择“突起”选项，则选择与该特征所在面突起的所有特征。

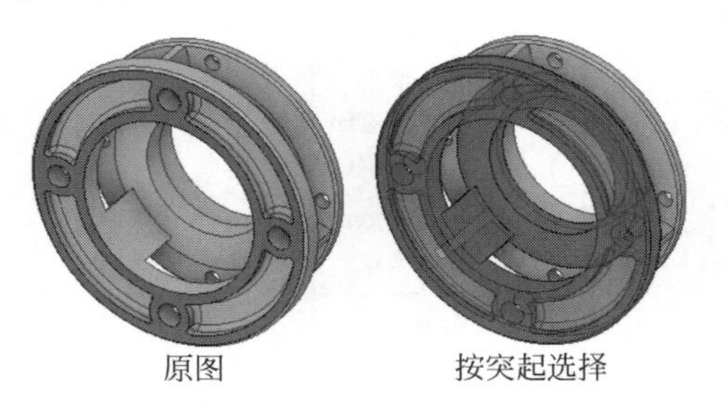

原图　　按突起选择

图 2-21　选择突起特征

注意：选择不同的特征，则选择面板中的内容也不尽相同，应根据选择内容灵活选择。

2.6.4　群组面板

为了方便选择，可以利用群组面板，如图 2-22 所示，将特征相同或者其他任何对象创建为群组。

（1）将相同特征创建为群组。如图 2-23 所示，在零件中选择相同直径的圆，然后在群组面板中单击“创建 NS”按钮 创建NS，创建一个群组，然后右击该群组，在弹出的快捷菜单中选择“重命名”选项，可对创建的群组重命名，完成后选择该群组，则可以同时选择这几个圆。

Note

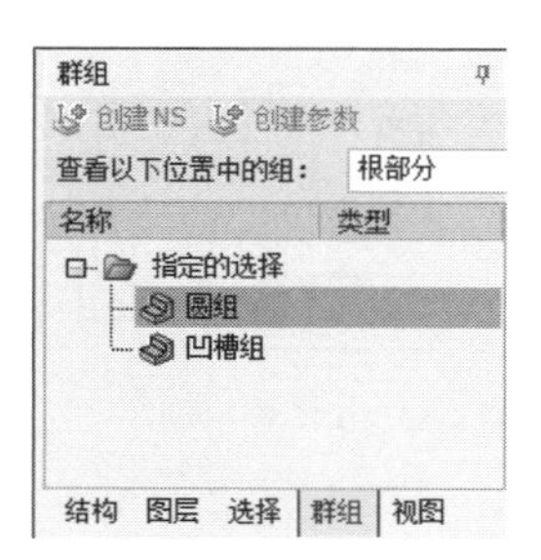

图 2-22　群组面板

图 2-23　相同特征创建群组

（2）将相邻面创建为群组。如图 2-24 所示，在零件中选择相邻的面，然后在群组面板中单击“创建 NS”按钮 创建NS，创建一个群组，然后右击该群组，在弹出的快捷菜单中选择“重命名”选项，可对创建的群组重命名，完成后选择该群组，则可以同时选择这些相邻的面。

（3）将相同的零件创建为群组。如图 2-25 所示，在组件中选择相同的零件，然后在群组面板中单击“创建 NS”按钮 创建NS，创建一个群组，接着右击该群组，在弹出的快捷菜单中选择“重命名”选项，可对创建的群组重命名，完成后选择该群组，则可以同时选择这些相同的零件。

图 2-24　相邻面创建群组

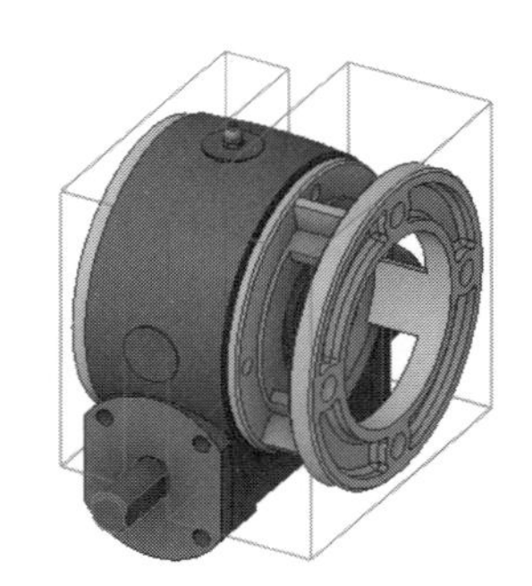

图 2-25　相同零件创建群组

注意： 创建群组命令可将任意对象创建为一个群组，可以是相同的特征、面或零件，也可以是不同的特征、面或零件，可根据需要或习惯自行创建。

2.6.5　视图面板

视图面板比较简单，如图 2-26 所示，主要包括视图方向名称及对应的快捷键，另外还可以创建新的视图，首先调整模型到合适的视图方向，然后单击“视图”面板中的“创建”按钮 创建，弹出一个新建视图的对话框，如图 2-27 所示，包括设置名称、快捷方式以及存储的信息等内容，设置完成后单击“确定”按钮 确定，创建新视图。

Note

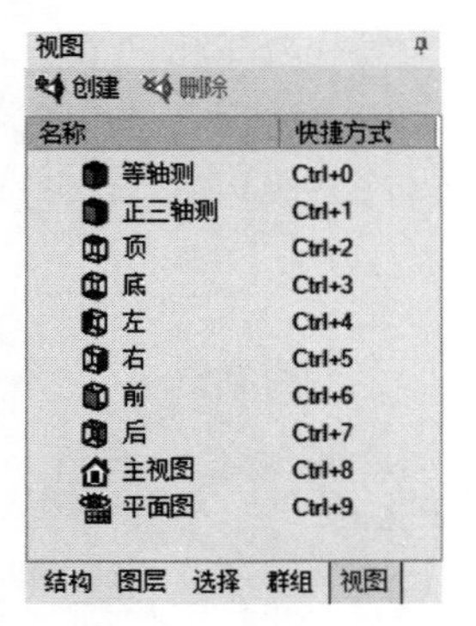

图 2-26　视图面板

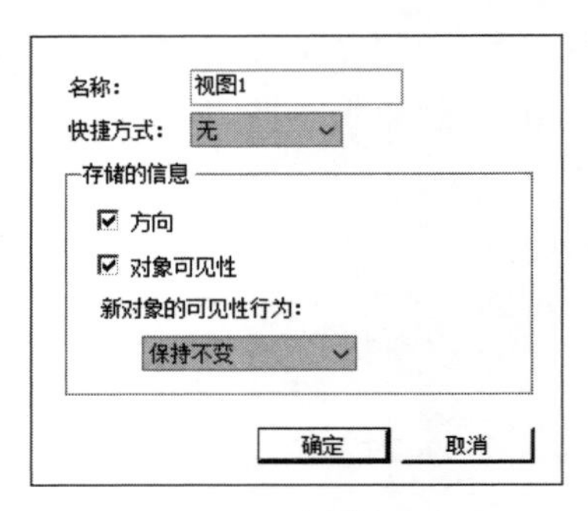

图 2-27　新建视图

2.6.6　选项面板

选项面板是一些命令工具和按钮的附属选项，可以调整和修改这些命令，使操作更加简捷，不同的命令对应的选项面板也不同，例如草绘矩形时，选项面板如图 2-28 所示，默认情况下，是以两角点来绘制矩形，如图 2-29(a)所示，如果勾选选项面板中的“从中心定义矩形”，则可以定义矩形中心来绘制，如图 2-29(b)所示；如果选择拉动工具时，显示为“选项-拉动”面板，如图 2-30 所示，利用该面板可以添加或移除材料，也可以通过选择模型的边线，对模型进行倒圆角或者倒角等操作。

图 2-28　选项-草绘矩形面板

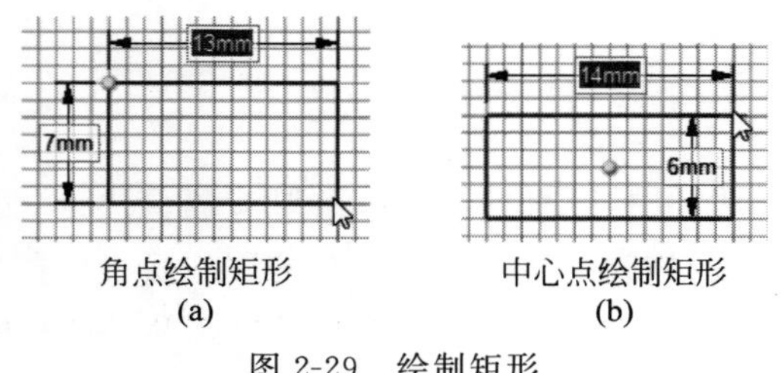

图 2-29　绘制矩形

图 2-30　“选项-拉动”面板

2.6.7　属性面板

当选中一个组件、实体或者曲面时，会在属性面板中显示所选对象的属性，如图 2-31 所示，在属性面板中可以设置模型的材料、外观以及其他属性。

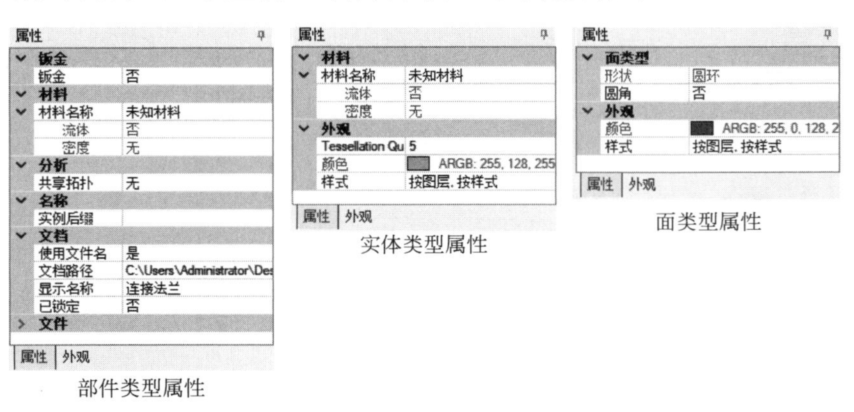

部件类型属性　　实体类型属性　　面类型属性

图 2-31　属性面板

2.7　状　态　栏

状态栏位于界面最下方，如图 2-32 所示，从左至右依次为状态消息、快速测量、错误警告消息、选择列表、父子选项、恢复选项、选择过滤器、选择模式和视图控件项。

图 2-32　状态栏

（1）状态消息：显示与当前工具操作有关的消息和进度信息。

（2）快速测量：显示所选对象的测量值，如两面之间的距离，所选线段的长度、圆弧的半径以及点的坐标值等。

（3）错误警告消息：将生成的消息显示出来，单击该图标以显示当前所有与设计相关的消息。单击一条消息可高亮显示该消息所指的对象。双击一条消息可选择该消息所指的对象。

（4）选择列表：显示当前所选对象的列表。在状态栏的列表区域悬停可查看完整列表。在结构树中选择阵列后，选择列表将更新，以显示包括在设计中的阵列数量。

（5）父子选项：根据选择对象的不同，可以选择当前选定对象的父项或子项。

（6）恢复选项：恢复之前的选择对象。

（7）选择过滤器：设计选择窗口中的可选项，如图 2-33 所示，包括智能选择、所有、轻量化元件和透明对象等。

（8）选择模式：如图 2-34 所示，包括箱、套索和油漆三种选择模式。

（9）视图控件：视图控件可以旋转、平移、缩放和选择上、下视图。其中旋转控件包括围绕中心、围绕光标旋转及顺时针旋转 90°和逆时针旋转 90°，如图 2-35 所示；缩

放控件包括缩放范围、放大框、放大以及缩小，如图 2-36 所示。

图 2-33　选择过滤器

图 2-34　选择模式

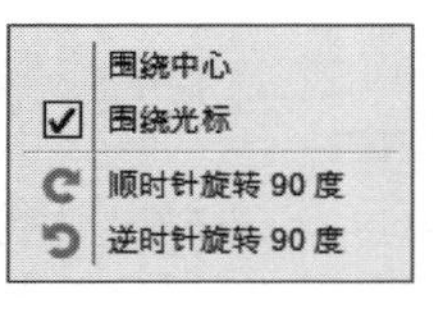

图 2-35　旋转控件

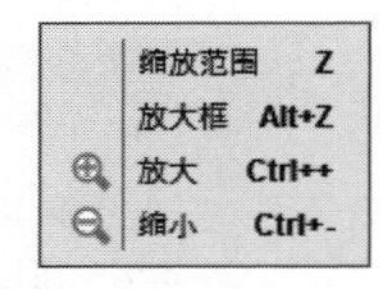

图 2-36　缩放控件

2.8　选　项　卡

选项卡位于界面上方，如图 2-37 所示，包括草图、设计、显示、组件、测量面片、修复、准备、Workbench、详细、钣金、工具、KeyShot 等，包括该软件的绝大部分功能，由于本书主要讲解 Workbench 的有限元分析，而 SpaceClaim 作为一个建模辅助软件，所以接下来主要在第 3 章和第 4 章中分别讲解草图选项卡、设计选项卡、组件选项卡以及和有限元分析相关的准备选项卡和 Workbench 选项卡。

图 2-37　选项卡

2.9　鼠标手势和快捷键

SpaceClaim 对于不同的命令有对应的鼠标手势，在 SpaceClaim 工作界面可以利用鼠标手势，快速激活操作命令，提高操作效率，具体操作为按住鼠标右键，在工作界面拖动，划出所需命令的鼠标手势，激活该命令，不同命令对应的鼠标手势如表 2-1 所示。

表 2-1　与命令对应的鼠标手势和快捷键

分　　类	命　　令	手 势 图 形	快　捷　键
模式	草图模式		D
	剖面模式		X
	三维模式		K

Note

续表

分类	命令	手势图形	快捷键
常规命令	撤销		Ctrl+Z
	恢复		Ctrl+Y
	切割		Ctrl+X
	复制		Ctrl+C
	粘贴		Ctrl+V
	删除		Del
定向命令	放大		Ctrl+ +
	缩小		Ctrl+ −
	范围缩放		Z
	顺时针旋转90°		无
	逆时针旋转90°		无
编辑命令	选择		S
	全选		Ctrl+A
	拉动		P
	移动		M
	填充		F
插入命令	插入平面		无
	插入轴		无
	插入壳体		无
	插入偏移		无
	镜像命令		无
相交命令	组合命令		I
	分割主体		无
	拆分表面		无
草绘命令	线		L
	圆		C
	矩形		R
	投影到草图		无

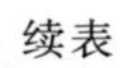

分　　类	命　　令	手势图形	快　捷　键
查看命令	主视图		H
	正三轴测视图		无
	平面图		V
	上一视图		Alt+←
	下一视图		Alt+→
文件命令	新建		N
	新窗口		无
	上一窗口		Ctrl+Tab
	下一窗口		Ctrl+Shift+Tab
	关闭文档		Ctrl+F4
	打印		P
测量命令	测量		E

绘制草图

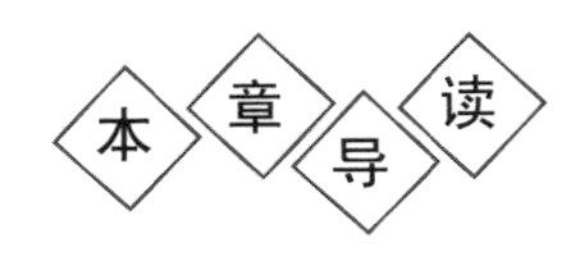

通常情况下,用户的三维设计应该从草图绘制开始。在 SpaceClaim 的草图功能中可以建立各种基本曲线,对曲线建立几何约束和尺寸约束,然后对二维草图进行拉伸、旋转等操作,创建实体与草图关联的实体模型。

本章主要讲 SpaceClaim 的草图绘制。

学习要点

- 草图模式
- 草绘平面
- 创建草图
- 修改草图
- 草图约束
- 草图移动
- 综合实例——草绘零件

第3章

Note

3.1 草图模式

SpaceClaim有三种模式：草图模式、剖面模式和三维模式，如图3-1所示。草图模式主要用来绘制草图，因此在进行草绘之前需要先进入草图模式。

进入草图模式的方法有：

(1) 每次新建一个设计文件时，系统默认为草图模式，如图3-2所示，在该模式下可以绘制二维图形。

(2) 单击“模式”面板中的“草图模式”，然后选择绘制草图的平面，进入草图模式。

图3-1 SpaceClaim模式

(3) 在“草图”选项卡“创建”面板中选择任意一个草绘命令，然后选择绘制草图的平面，进入草图模式。

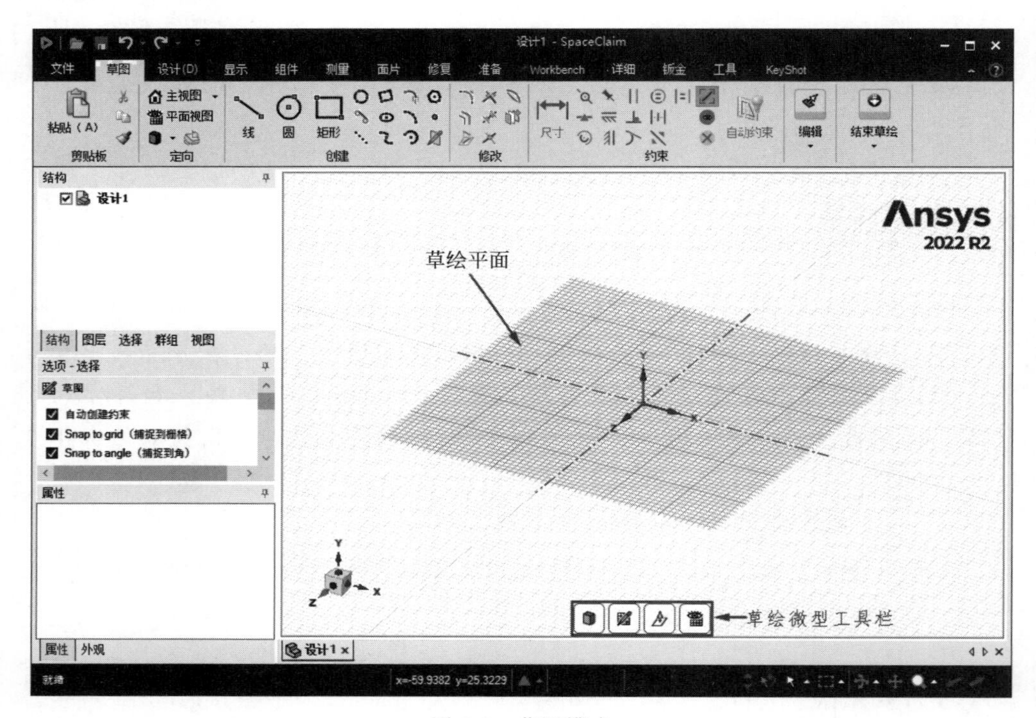

图3-2 草图模式

3.2 草绘平面

在进行草图绘制之前首先要选择草绘平面，开始系统默认的是ZX平面，如果要选择其他草绘平面可以单击“草绘微型工具”栏中的“选择新草图平面”按钮，然后在坐标系中选择“Z轴”，则选择“XY”平面为草绘平面，若选择“X轴”，则选择“YZ”平面为草绘平面，如图3-3所示。选择草绘平面后，单击“草绘微型工具”栏中的“平面视图”按钮

Note

，或者单击“草图”选项卡“定向”面板中的“平面视图”按钮 平面视图，正视草图平面。

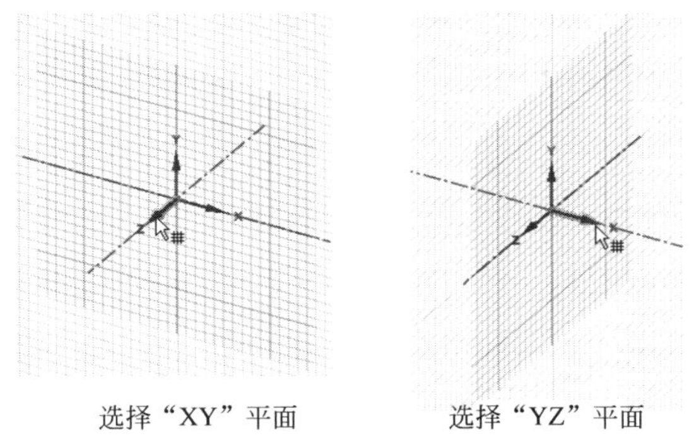

选择“XY”平面　　　　选择“YZ”平面

图 3-3　选择草绘平面

3.3　创 建 草 图

选择好绘图平面后就可以利用“草图”选项卡“创建”面板中的绘图工具来绘制草图了，“创建”面板如图 3-4 所示，包括线、圆、矩形、切线、椭圆、三点弧、多边形等的绘制。

图 3-4　“创建”面板

3.3.1　线

单击“创建”面板中的“线”按钮，在绘图平面上单击一点确定直线的起点，然后移动鼠标，显示绘制直线的角度和长度，可以单击一点确定直线的端点，也可通过输入角度和长度数值来确定直线的端点，如图 3-5 所示；在绘制直线的同时，如果单击鼠标右键，在弹出的快捷菜单中选择“切换为弧”命令，则会绘制圆弧，如图 3-6 所示，若要继续绘制直线，则右击鼠标后，选择“切换为线条”。

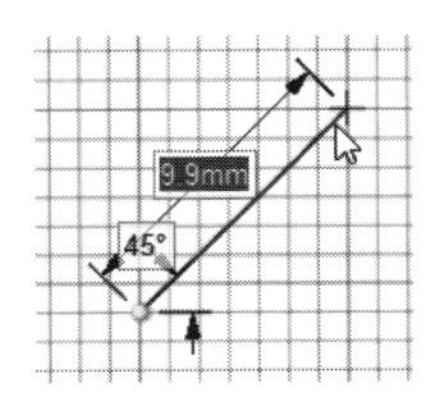

图 3-5　绘制直线

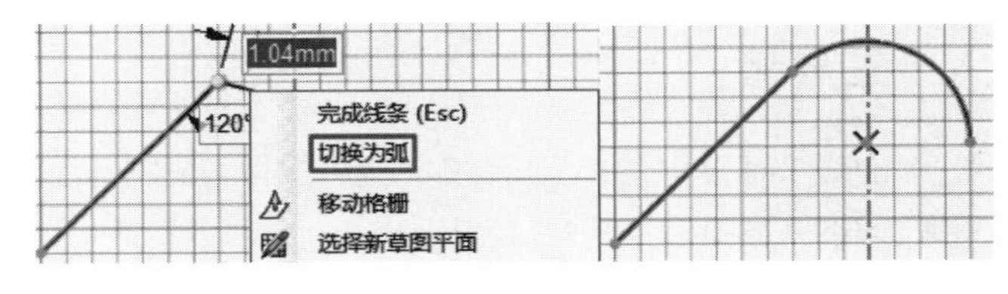

图 3-6　绘制圆弧

3.3.2　圆

单击“创建”面板中的“圆”按钮，在绘图平面上通过确定圆心和直径来绘制圆，

Note

如图 3-7 所示。

3.3.3 矩形

单击“创建”面板中的“矩形”按钮，在绘图平面上可以通过确定两角点来绘制矩形，也可在“选项”面板中选择“从中心定义矩形”命令，通过确定中心和角点来绘制矩形，如图 3-8 所示。

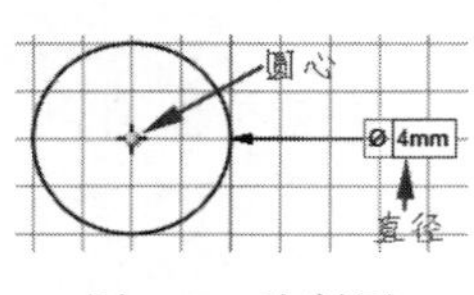

图 3-7 绘制圆

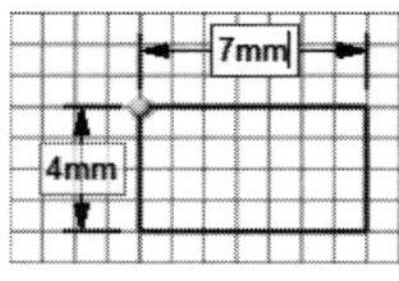

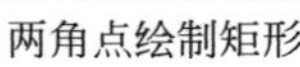

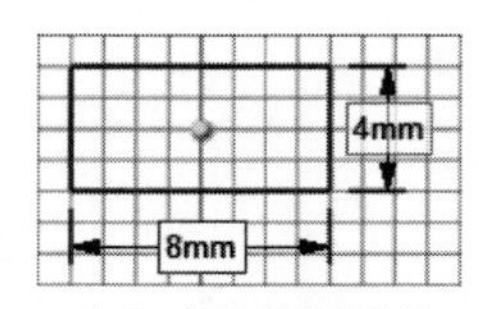

中心-角点绘制矩形

图 3-8 绘制矩形

3.3.4 切线

单击“创建”面板中的“切线”按钮，在绘图平面上选择绘制切线的圆、圆弧或其他曲线，然后拖动鼠标，此时起点会在所选圆弧上移动，确保绘制的直线始终与圆弧相切，可通过单击鼠标或输入尺寸来确定切点，如图 3-9 所示。

3.3.5 椭圆

单击“创建”面板中的“椭圆”按钮，在绘图平面上通过确定圆心，长轴和短轴来绘制椭圆，如图 3-10 所示。

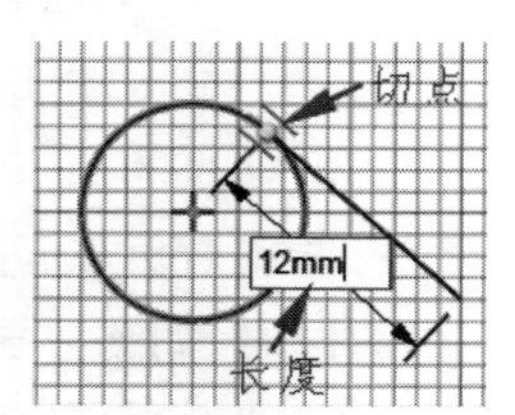

图 3-9 绘制切线

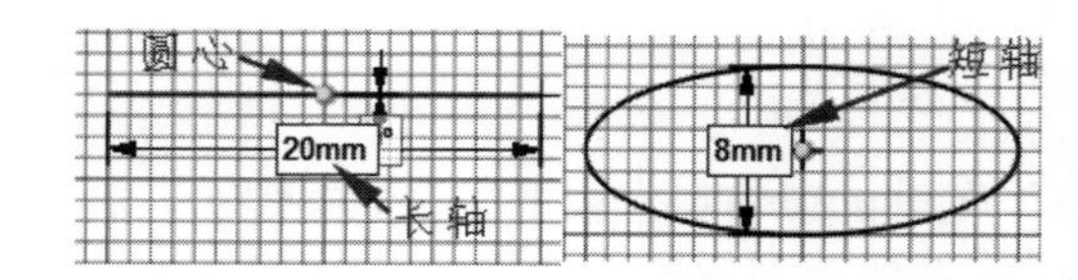

图 3-10 绘制椭圆

3.3.6 三点弧

单击“创建”面板中的“三点弧”按钮，在绘图平面上通过确定起点、终点和半径或弦角来绘制三点弧，如图 3-11 所示。

3.3.7 多边形

单击“创建”面板中的“多边形”按钮，在绘图平面上可以通过确定中心、边数和内切圆直径来绘制，也可在“选项”面板中取消“使用内径”命令，通过确定中心、边数和外接圆直径来绘制，如图 3-12 所示。

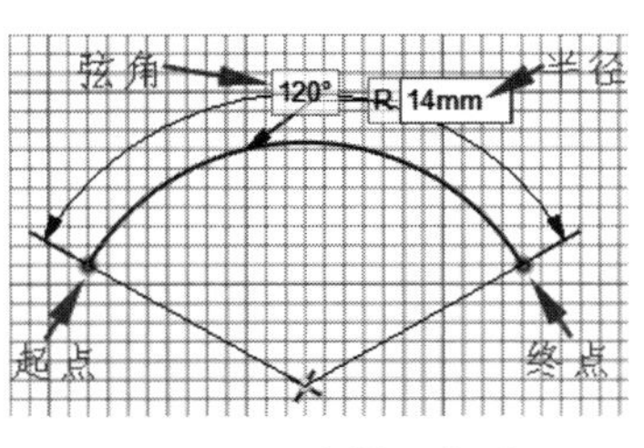

图 3-11 绘制三点弧

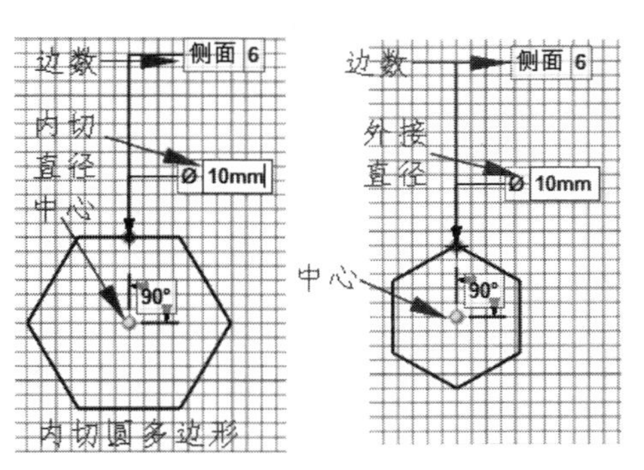

图 3-12 绘制多边形

这里只介绍常用的几种绘图工具，对于其他几种，若感兴趣可自行研究，和其他绘图软件无太大区别，此不赘述。

3.4 修改草图

在草图绘制过程中，可能会对绘制的草图进行修改，这就需要用到“草图”选项卡“修改”面板中的命令，如图 3-13 所示。

图 3-13 “修改”面板

3.4.1 创建圆角

利用创建圆角命令，可以对绘制的草图进行倒圆角或倒角，具体操作可根据下例进行：

01 单击“草图”选项卡“创建”面板中的“矩形”按钮，绘制一个矩形，如图 3-14 所示。

02 单击“草图”选项卡“修改”面板中的“创建圆角”按钮，选择矩形的左侧竖直线，然后移动鼠标到矩形的上端水平线，此时出现半径输入框，如图 3-15 所示，输入数值 3mm，然后单击鼠标或按回车键，进行倒圆角，结果如图 3-16 所示。

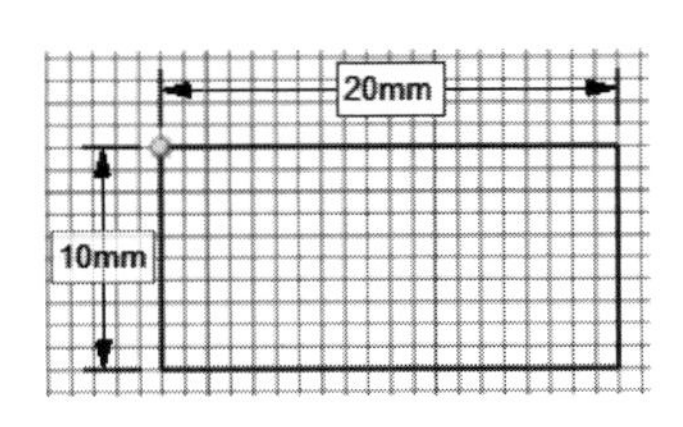

图 3-14 绘制矩形

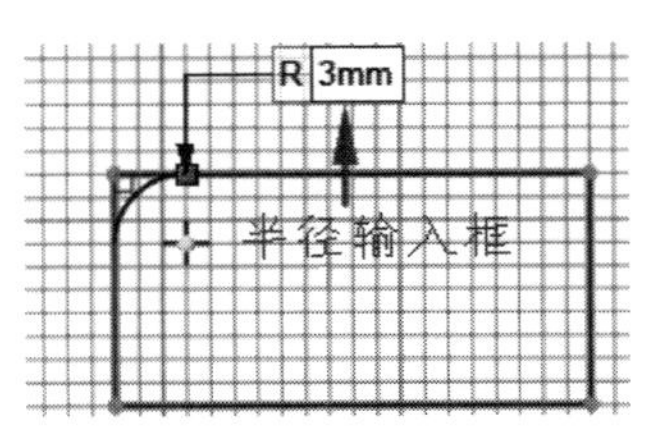

图 3-15 输入圆角半径

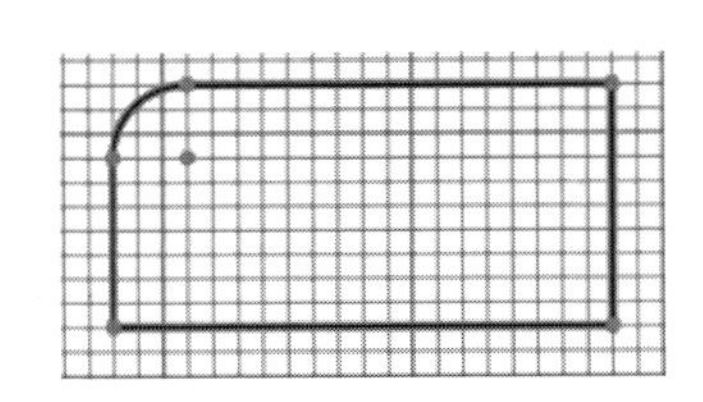

图 3-16 倒圆角

Note

03 单击“草图”选项卡“修改”面板中的“创建圆角”按钮，在“选项-草图”面板中勾选“倒直角模式”，如图 3-17 所示，然后选择矩形的左侧竖直线，再移动鼠标到矩形的下端水平线，此时出现倒角边长输入框，如图 3-18 所示，输入数值 3mm，然后单击鼠标或按回车键，进行倒角，结果如图 3-19 所示。

图 3-17 倒直角模式

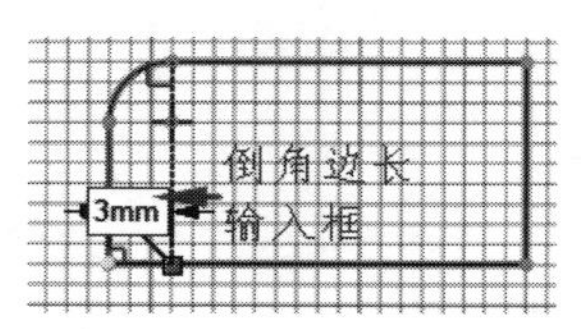

图 3-18 输入倒角边长

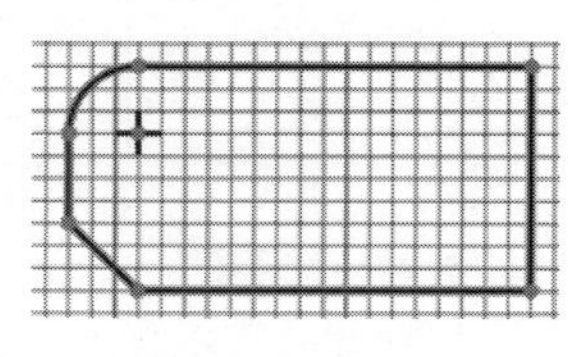

图 3-19 倒角

04 如果在创建圆角或倒角过程中，在“选项-草图”面板中勾选“禁用修剪”，如图 3-20 所示，则创建不修剪边的圆角或倒角，如图 3-21 所示。

图 3-20 禁用修剪模式

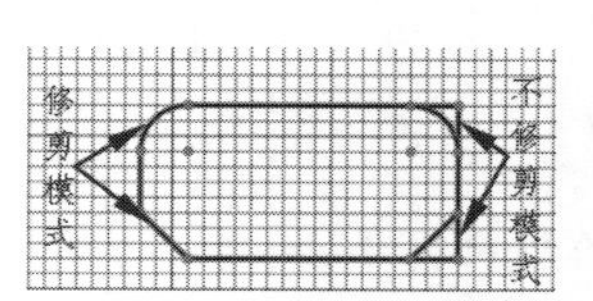

图 3-21 修剪和不修剪模式

3.4.2 偏移曲线

该工具可以将选择的曲线、环或者与其相切的线进行偏移，具体操作可根据下例进行：

01 单击“草图”选项卡“创建”面板中的“线”按钮和“三点弧”按钮，绘制一个如图 3-22 所示的图形。

02 单击“草图”选项卡“修改”面板中的“偏移曲线”按钮，按住 Ctrl 键，选择图中的直线和圆弧，向外移动鼠标，出现距离输入框，如图 3-23 所示，输入数值 3mm，然后单击鼠标或按回车键，进行偏移，结果如图 3-24 所示。

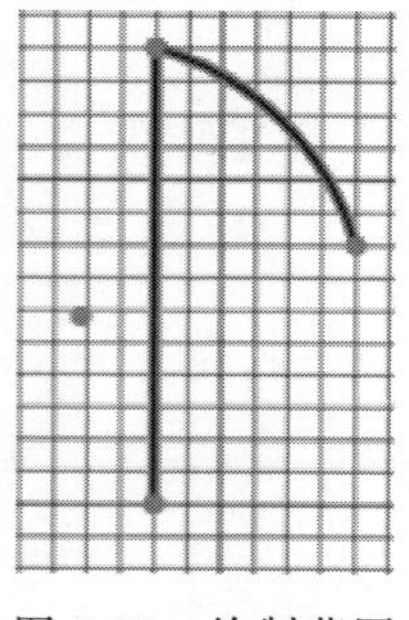

图 3-22 绘制草图

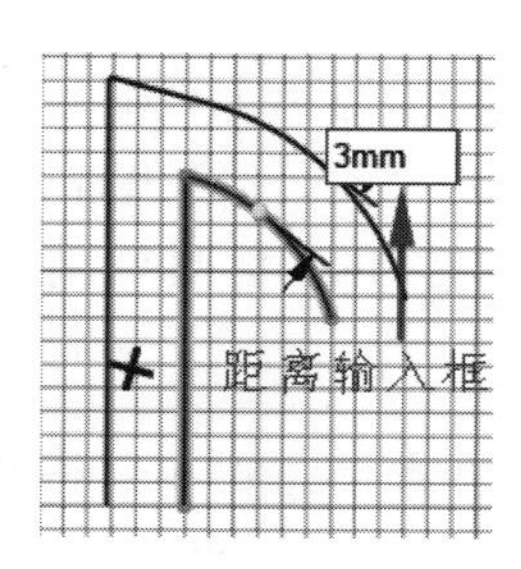

图 3-23 输入偏移距离

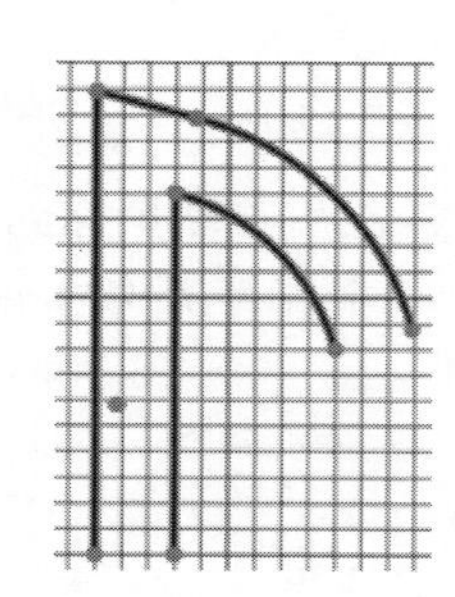

图 3-24 偏移曲线

03 在偏移过程中，如果选择“选项-偏移线”面板中的不同偏移方式，如图 3-25 所示，包括：“夹角封闭”“弧线封闭”“自然封闭”或“双向偏移”可得到不同的偏移结果，

如图 3-26 所示。

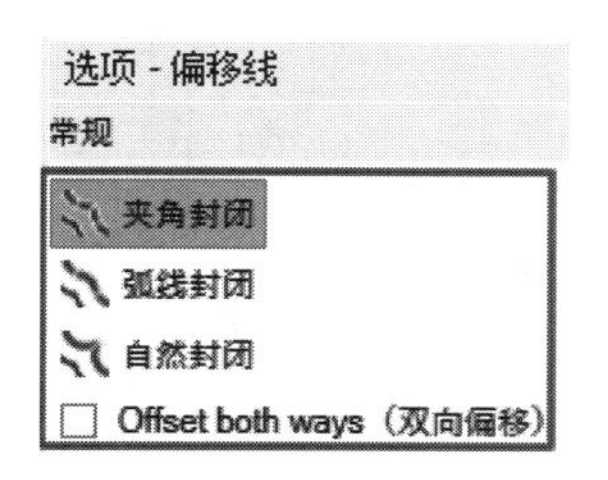

图 3-25 偏移方式

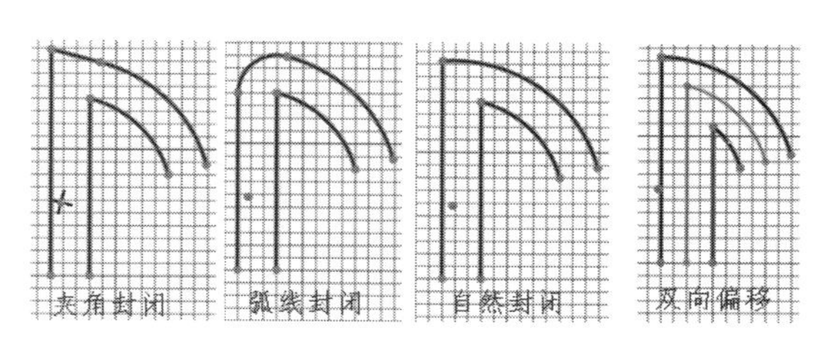

图 3-26 偏移结果

3.4.3 投影到草图

该工具可以将实体上的点、边或面投影到草绘平面上，形成新草图的轮廓，具体操作可根据下例进行（操作样例见源文件——第 3 章“投影到草图”）：

选择图中的平面，如图 3-27 所示，然后单击“草图”选项卡“修改”面板中的“投影到草图”按钮，然后选择模型的圆边线，则该圆就投影到平面上，如图 3-28 所示。

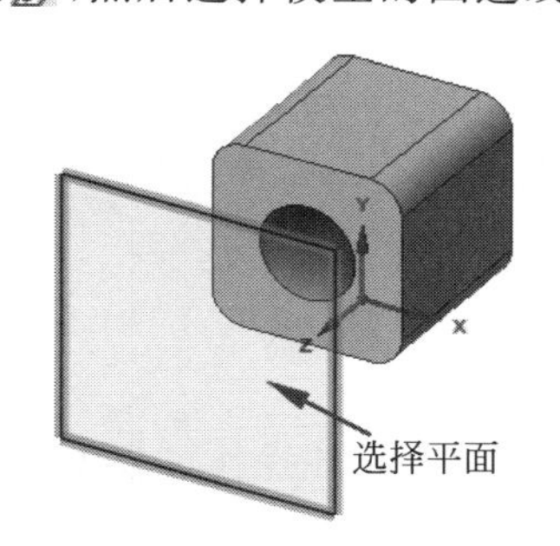

图 3-27 选择平面

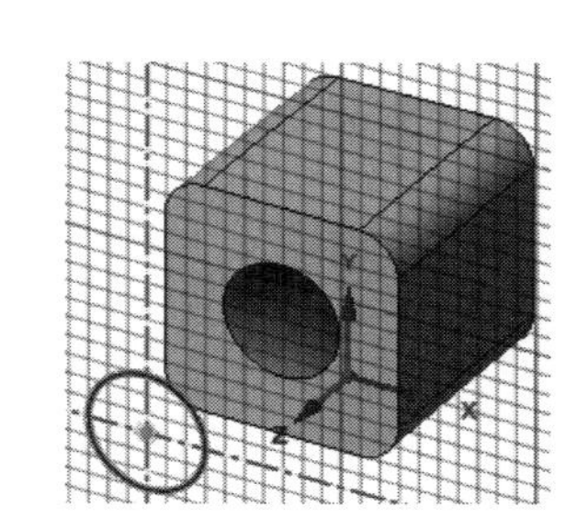

图 3-28 投影到草图

3.4.4 创建角

该工具可以修剪或延伸两条线，在其相交处形成一个角，具体操作可根据下例进行（操作样例见源文件——第 3 章“创建角”）：

在草绘环境下，单击“草图”选项卡“修改”面板中的“创建角”按钮，选择一条线，然后选择另一条线，这两条线就会通过延长或者修剪方式创建角，此过程会出现以下情况：

(1) 如果初始的两条线没有相交，则会同时延长这两条线，创建角，如图 3-29 所示。

(2) 如果初始的两条线相交，则会修剪多余的线，创建角，修剪后保留的线段为所选的部分，如图 3-30 所示。

(3) 如果初始的两条线为相交圆弧线，则会修剪多余的线，创建角，修剪后保留的线段为所选的部分，如图 3-31 所示。

(4) 如果初始的两条线为样条曲线，则会延长或修剪多余的线，创建角，修剪后保留的线段为所选的部分，如图 3-32 所示。

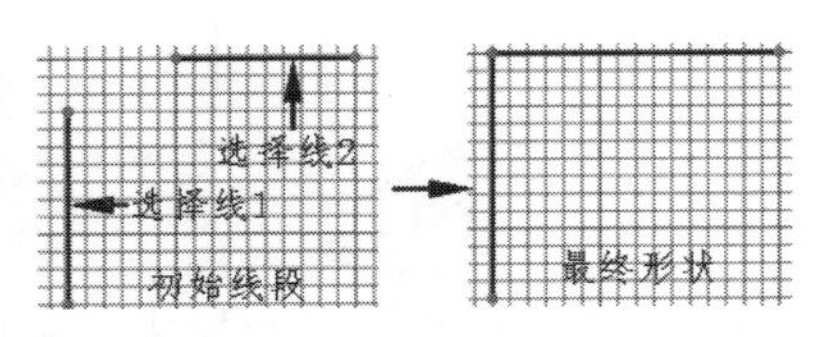

图 3-29　延长线段创建角

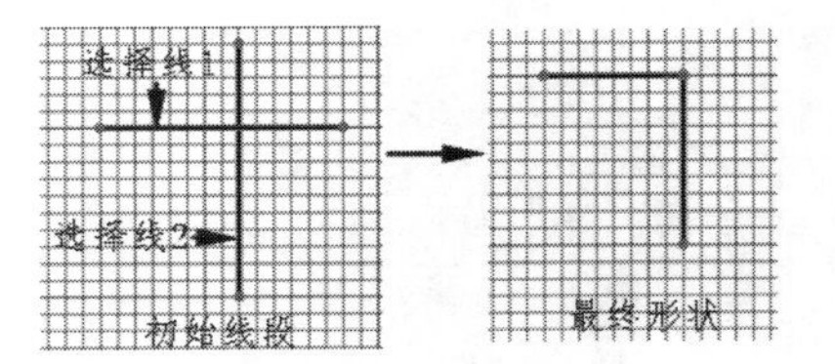

图 3-30　修剪线段创建角

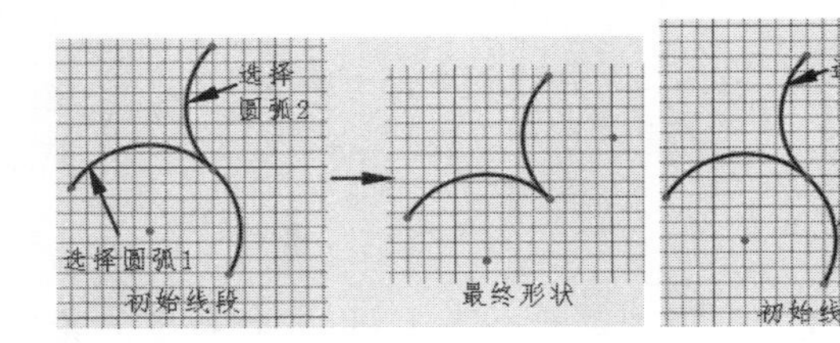

图 3-31　在圆弧之间创建角

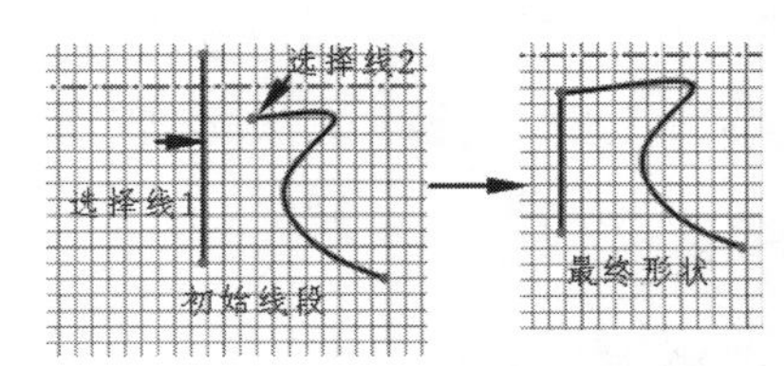

图 3-32　延长样条曲线创建圆角

3.4.5　剪裁

该工具可以在绘制草图的过程中删除多余的边或线，具体操作可根据下例进行（操作样例见源文件——第 3 章“剪裁”）：

如图 3-33 所示，单击“草图”选项卡“修改”面板中的“剪裁”按钮，然后用鼠标单击选择要裁剪的边，则会删除这些边，如图 3-33(b)所示。如果在“选项-修剪草图曲线”面板中勾选“倒转修剪”命令，如图 3-34 所示，此时如果再选择相同的边，则这些边会被保留，结果如图 3-33(c)所示。

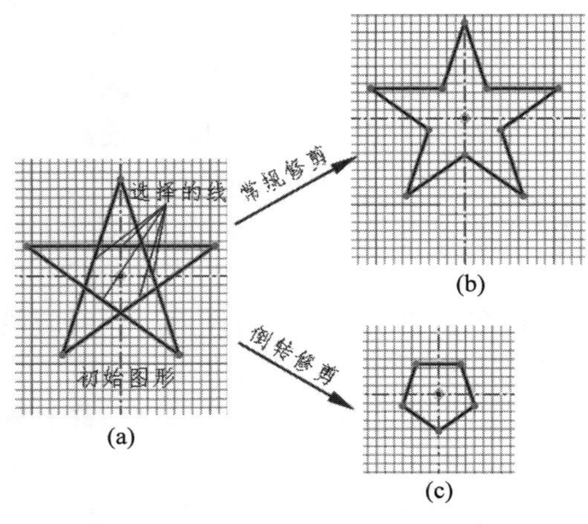

图 3-33　剪裁草图

选项 - 修剪草图曲线
常规
倒转修剪

图 3-34　倒转修剪

3.4.6 分割曲线

该工具可以利用某条线(曲线或直线)或点将另一条线段或曲线打断,具体操作可根据下例进行:

01 在绘图平面上绘制两条相互交叉的线(直线或曲线),如图 3-35 所示。

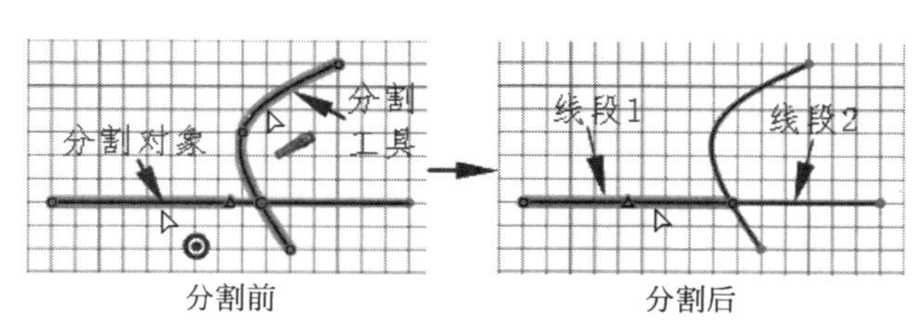

图 3-35 分割曲线

02 单击“草图”选项卡“修改”面板中的“分割曲线”按钮,然后选择其中一条线作为被分割的对象,接下来继续选择另一条线作为分割工具,这样就将第一条线在交点处分割。

注意:除选择一条线作为分割工具外,还可以用鼠标在要分割的线上单击,则该线就会在该单击处被分割。

3.4.7 折弯

该工具可以将直线或边弯曲成圆弧,也可以用来调整弧长或圆弧半径,具体操作可根据下例进行:

01 在绘图平面上绘制一条直线,如图 3-36 所示。

02 单击“草图”选项卡“修改”面板中的“折弯”按钮,然后选择绘制的直线,按住鼠标左键不放开,向垂直于该直线的方向拖动鼠标,出现弦角和半径输入框,可输入弦角或半径的值来对直线进行折弯,参见图 3-36。

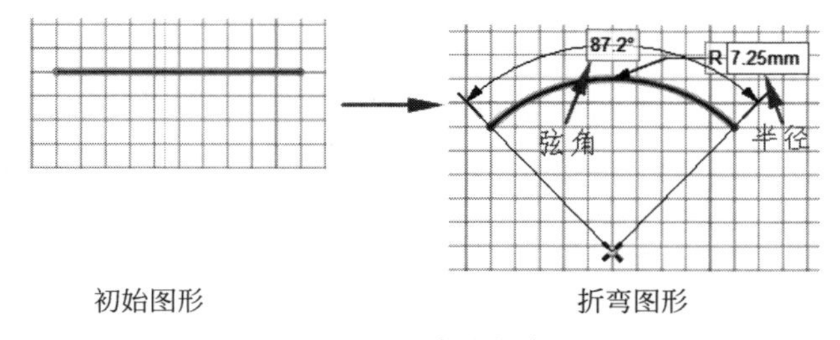

图 3-36 直线折弯

03 利用“三点圆弧”或其他绘制圆弧命令在绘图平面上绘制一条圆弧,如图 3-37 所示。

04 单击“草图”选项卡“修改”面板中的“折弯”按钮,然后选择绘制的圆弧,按住鼠标左键不放开,拖动鼠标,出现弦角和半径输入框,可输入弦角或半径的值来调整圆弧大小,参见图 3-37。

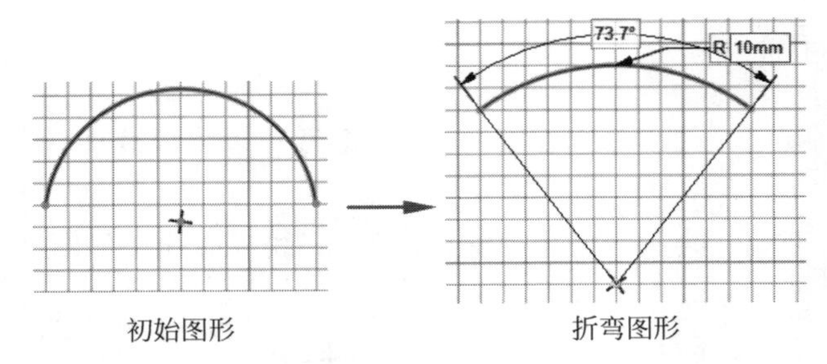

图 3-37　圆弧折弯

3.4.8　镜像

该处指镜像草图，该工具可以将绘制的草图，以选定的直线为镜像线，绘制其镜像图形，具体操作可根据下例进行：

01 在绘图平面上绘制一个圆和一条直线，如图 3-38 所示。

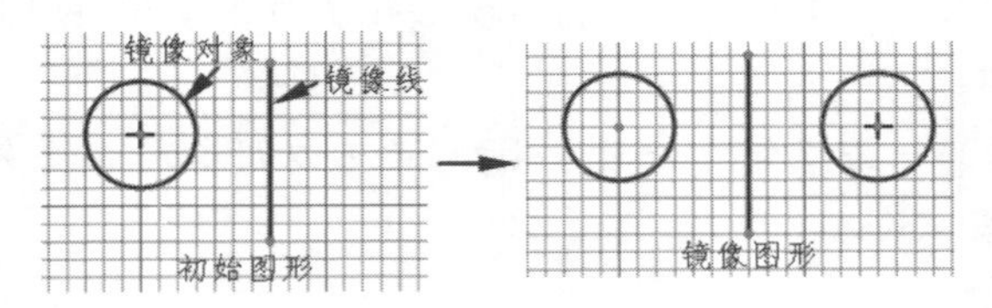

图 3-38　镜像

02 单击"草图"选项卡"修改"面板中的"镜像"按钮，然后选择绘制的直线作为镜像线，选择绘制的圆作为镜像对象，即可绘制出镜像圆。参见图 3-38。

3.5　草图约束

在草图的几何图元绘制完毕以后，往往需要对草图进行约束，主要有尺寸约束和几何约束两种类型。

尺寸约束就是为草图标注尺寸，达到绘制草图尺寸要求。

几何约束的目的是保持图元之间的某种固定关系，这种关系不受被约束对象的尺寸或位置因素的影响。如在设计开始时要绘制一条直线和一个圆始终相切，如果圆的尺寸或位置在设计过程中发生改变，则这种相切关系将不会自动维持。但是如果给直线和圆添加了相切约束，则无论圆的尺寸和位置怎么改变，这种相切关系都会始终维持下去。

草图的约束功能位于"草图"选项卡"约束"面板中，如图 3-39 所示。

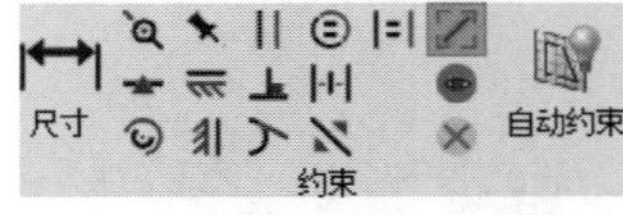

图 3-39　"约束"面板

3.5.1　尺寸约束

尺寸约束，是草图绘制过程中最常用的约束方法，可以进行直线长度标注、两

平行线距离标注、角度标注、直径或半径标注以及弧长标注，如图 3-40 所示(操作样例见源文件——第 3 章“尺寸约束”)。

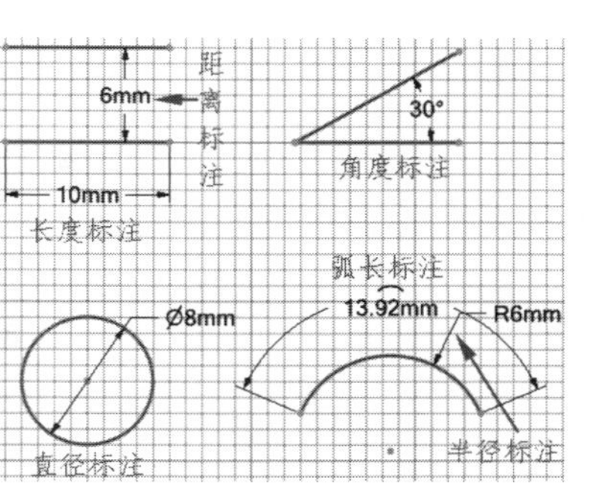

图 3-40　尺寸约束

具体操作如下：

(1) 直线长度标注：选择直线，然后拖动鼠标到适当位置，放开鼠标即可。

(2) 两平行线距离标注：用鼠标选择第一条直线，然后选择第二条直线，拖动鼠标到适当位置，放开鼠标即可。

(3) 角度标注：用鼠标选择第一条直线，然后选择第二条直线，拖动鼠标到适当位置，放开鼠标即可。

(4) 直径、半径的标注：选择要标注的圆或圆弧，然后拖动鼠标到适当位置，放开鼠标即可。

(5) 弧长标注：按住 Ctrl 键，然后选择要标注的圆弧，拖动鼠标到适当位置，放开鼠标即可。

注意：如果要进行尺寸的修改，需要双击该尺寸，激活尺寸输入框，在该框中输入所需的尺寸，然后按回车键，修改尺寸。

3.5.2　一致约束

一致约束，即重合约束，可将两点约束在一起或将一个点约束到曲线上。当此约束被应用到两个圆、圆弧或椭圆的中心点时，得到的结果与使用同心约束相同。使用时分别用鼠标选取两个或多个要施加约束的几何图元即可创建重合约束，这里的几何图元要求是两个点或一个点和一条线。

3.5.3　中点约束

中点约束，主要是讲一条直线的端点约束到另一条直线的中点上，使用此功能时，先选择一条直线，然后选择另一条直线的端点，则该端点会与另一条直线的中点重合。

3.5.4　同心约束

同心约束，可将两段圆弧、两个圆或椭圆约束为具有相同的中心点，其结果与在曲线的中心点上应用重合约束完全相同。使用该约束工具时分别用鼠标选取两个或多个要施加约束的几何图元即可创建重合约束。需要注意的是，添加约束后几何图元的位置由所选的最后一条曲线的中心点确定，未添加其他约束的曲线被重置为与已约束曲线同心，其结果与应用到中心点的重合约束相同。

3.5.5　固定约束

固定约束，将点和曲线固定到相对于草图坐标系的位置。如果移动或转动草图坐标系，固定曲线或点将随之运动。

Note

3.5.6 水平约束

水平约束，使直线、椭圆轴或成对的点平行于草图坐标系的“X 轴”，添加了该几何约束后，几何图元的两点如线的端点、中心点、中点或点等被约束到与“X 轴”相等距离。使用该约束工具时分别用鼠标选取两个或多个要施加约束的几何图元即可创建水平约束，这里的几何图元是直线、椭圆轴或成对的点。

3.5.7 竖直约束

竖直约束，使直线、椭圆轴或成对的点平行于草图坐标系的“Y 轴”，添加了该几何约束后，几何图元的两点如线的端点、中心点、中点或点等被约束到与“Y 轴”相等距离。使用该约束工具时分别用鼠标选取两个或多个要施加约束的几何图元即可创建竖直约束，这里的几何图元是直线、椭圆轴或成对的点。

3.5.8 平行约束

平行约束，将两条或多条直线(或椭圆轴)约束为互相平行。使用时分别用鼠标选取两个或多个要施加约束的几何图元即可创建平行约束。

3.5.9 垂直约束

垂直约束，可使所选的直线、曲线或椭圆轴相互垂直。使用时分别用鼠标选取两个要施加约束的几何图元即可创建垂直约束。需要注意的是，要对样条曲线添加垂直约束，约束必须应用于样条曲线和其他曲线的端点处。

3.5.10 相切约束

相切约束，可将两条曲线约束为彼此相切，即使它们并不实际共享一个点(在二维草图中)。相切约束通常用于将圆弧约束到直线，也可使用相切约束，指定如何约束与其他几何图元相切的样条曲线。

3.5.11 相等半径约束

相等半径约束，将所选圆弧和圆调整到具有相同半径，使用该约束工具时分别用鼠标选取两个要施加约束的几何图元即可创建相等半径约束，这里的几何图元可以是圆弧和圆，添加相等半径的半径大小与后者半径的大小相同，若已经添加了尺寸约束或固定约束，则与添加约束的半径相等。

3.5.12 等距约束

等距约束，添加等距约束使几个点或者几条平行线之间的距离相等，在添加约束时使用屏幕上的向导工具确定目标距离和锚点距离，使目标距离和锚点距离相等，具体操作如下(操作样例见源文件——第 3 章“等距约束”)：

01 单击“草图”选项卡“约束”面板中的“等距”按钮，激活等距命令。此时向导工具中选择的是“目标工具”，然后选择两条直线，如图 3-41(a)所示。

Note

02 选择完毕后向导工具自动切换到"锚点工具"，然后选择另外两条直线，如图 3-41(b)所示。

03 此时向导工具自动切换到"创建约束"，单击该按钮，创建约束，结果如图 3-41(c)所示。

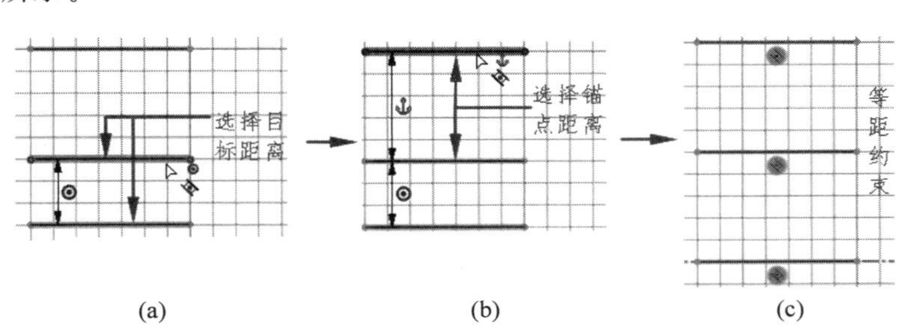

图 3-41 等距约束

3.5.13 显示约束

显示约束，显示所选几何元素所有的几何约束，如果只有一种约束，则直接显示该约束，如果有多重约束，会出现一个约束包，单击约束包的展开箭头才会显示出所有约束，如图 3-42 所示。

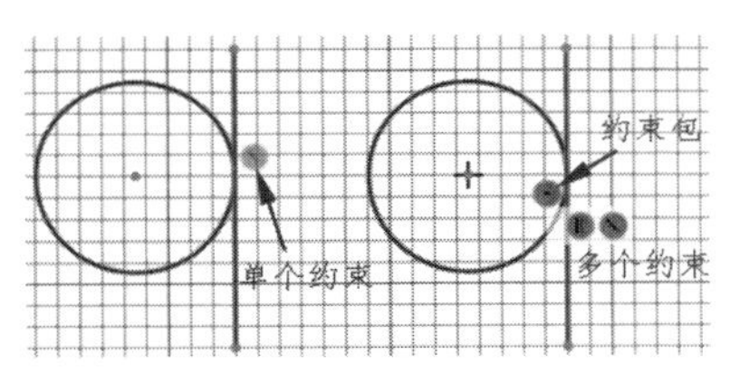

图 3-42 显示约束

3.5.14 删除约束

删除约束，即删除多余的约束。使用该工具，直接单击所要删除的约束即可，该约束会被直接删除。

3.6 草图移动

"草图"选项卡"编辑"面板中的"移动"按钮，可以对三维实体或者二维草图进行移动、旋转、复制、阵列等操作，本节主要讲解针对二维草图的移动功能。

3.6.1 移动草图

01 在绘图平面上绘制一个圆。

02 单击"草图"选项卡"编辑"面板中的"移动"按钮，然后选择绘制的圆作为移动对象，此时出现移动手柄，如图 3-43 所示，然后拖动要移动的方向手柄，出现移动

距离输入框，在输入框中输入要移动的距离，按回车键，即可将圆移动相应的距离。

Note

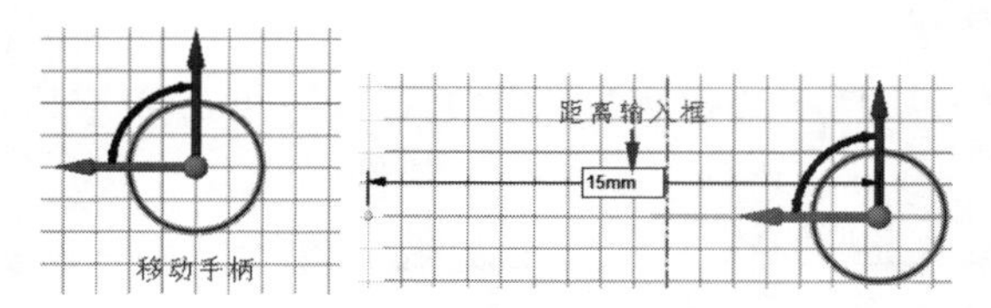

图 3-43　移动草图

3.6.2　复制草图

01 在绘图平面上绘制一个圆。

02 单击“草图”选项卡“编辑”面板中的“移动”按钮，然后选择绘制的圆作为复制对象，此时出现移动手柄，如图 3-44 所示，然后按住 Ctrl 键，再拖动要复制的方向手柄，出现复制距离输入框，在输入框中输入要复制的距离，按回车键，即可将圆复制到相应距离的位置。

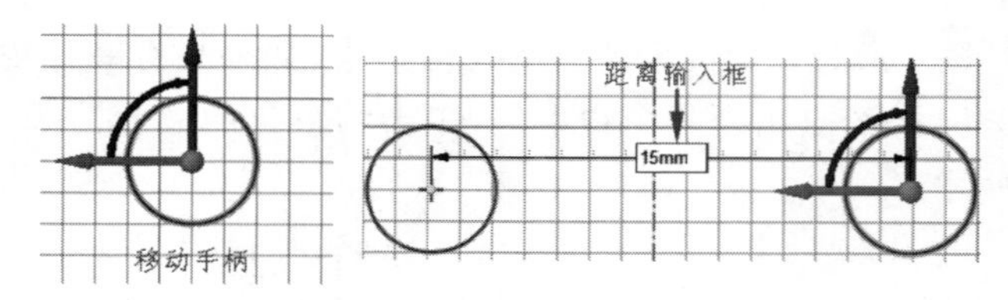

图 3-44　复制草图

3.6.3　旋转草图

01 在绘图平面上绘制一条直线。

02 单击“草图”选项卡“编辑”面板中的“移动”按钮，然后选择绘制的直线作为旋转对象，此时出现移动手柄，如图 3-45 所示，然后在向导工具中选择“定位”按钮，选择直线的右端点，作为旋转中心，再拖动要旋转的方向手柄，出现旋转角度输入框，在输入框中输入旋转角度，按回车键，即可将直线旋转到指定角度。

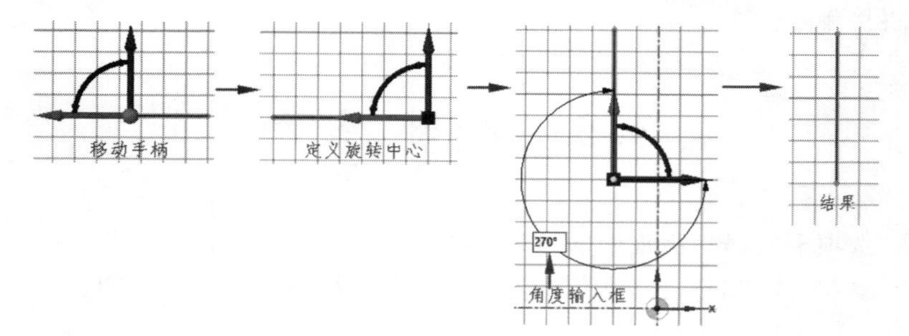

图 3-45　旋转草图

3.6.4　线形阵列草图

01 在绘图平面上绘制一个圆。

02 单击“草图”选项卡“编辑”面板中的“移动”按钮，然后选择绘制的圆作为阵列对象，此时出现移动手柄，如图 3-46 所示，然后勾选“选项-移动”面板中的“创建阵列”命令，如图 3-47 所示，再拖动阵列对象的方向手柄，出现阵列距离输入框和阵列数目输入框，在不松开鼠标的情况下输入阵列距离（阵列的起始和结束距离），按回车键，然后再输入阵列数目，即可创建线形阵列。

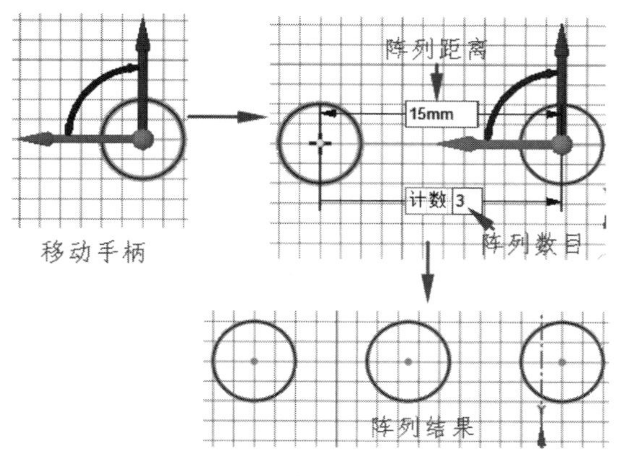

图 3-46　线形阵列草图

图 3-47　创建阵列

3.6.5　环形阵列草图

01 在绘图平面上绘制一个圆。

02 单击“草图”选项卡“编辑”面板中的“移动”按钮，然后选择绘制的圆作为阵列对象，此时出现移动手柄，如图 3-48 所示，勾选“选项-移动”面板中的“创建阵列”命令，如图 3-47 所示，然后在向导工具中选择“定位”按钮，选择坐标系原点，作为阵列中心，再拖动要旋转阵列的方向手柄，出现环形阵列角度输入框和阵列数目输入框，松开鼠标左键直接输入阵列数目，即可创建环形阵列。

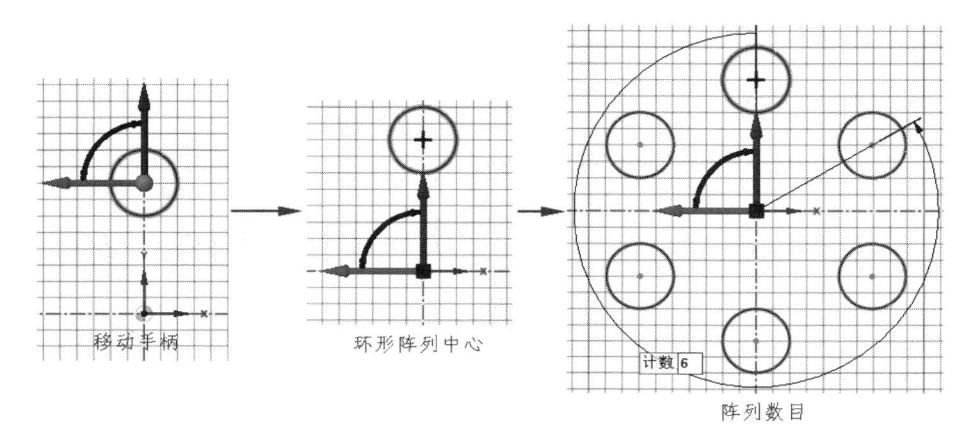

图 3-48　环形阵列草图

Note

3.7 综合实例——草绘零件

如图 3-49 所示，是一个简单的机械零件草图，本例通过绘制该草图，综合讲述利用 SpaceClaim 草图模式进行草图绘制和编辑，为了让读者掌握更多的绘图功能，本例在绘图过程中将最大限度地使用不同的命令。

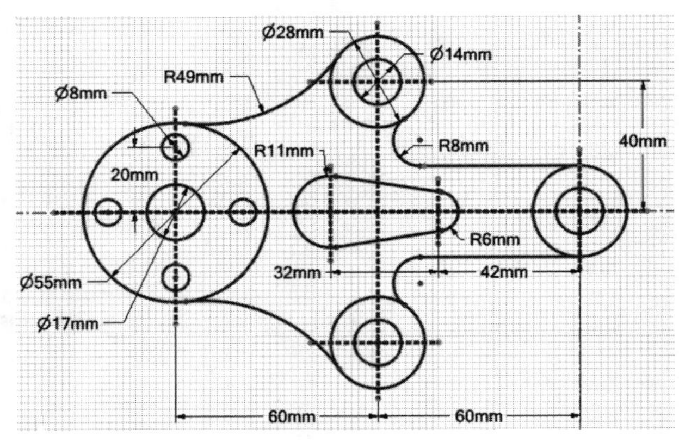

图 3-49　零件草图

操作步骤

3-1

01 新建文件。单击“文件”下拉菜单“新建”右侧的“设计”命令，如图 3-50 所示，新建一个文件。

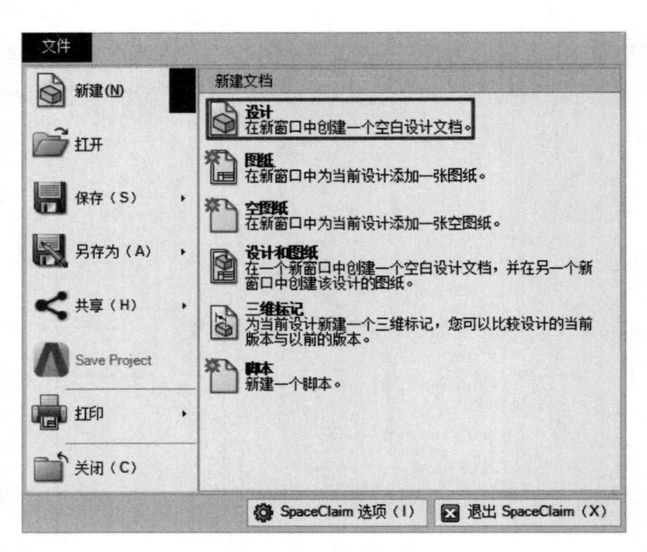

图 3-50　新建文件

02 选择草绘平面。新建文件默认的是草图模式，但需要选择合适的草绘平面。单击“草绘微型工具栏”中的“选择新草图平面”按钮，在原坐标系中选择“Z 轴”，此

Note

时系统选择与“Z 轴”垂直的“XY”平面为草绘平面，如图 3-51 所示，单击“草绘微型工具栏”中的“平面视图”按钮，或者单击“草图”选项卡“定向”面板中的“平面视图”按钮平面视图，正视该平面。

03 草绘设置。勾选界面左侧“选项-选择”面板中的“自动创建约束”命令，如图 3-52 所示，这样在绘图过程中系统会自动为草图创建合适的约束，使草绘更加方便快捷。

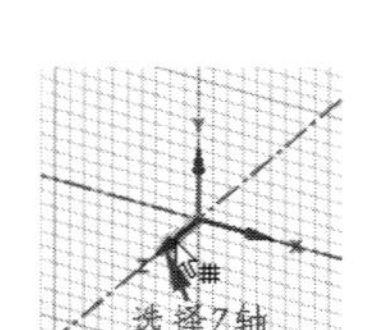

图 3-51 选择草绘平面

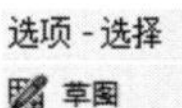

图 3-52 自动创建约束

04 绘制参考线。单击“草图”选项卡“创建”面板中的“参考线”按钮，通过原点绘制一条水平参考线和一条竖直参考线，如图 3-53 所示。然后单击“草图”选项卡“编辑”面板中的“移动”按钮，选择竖直的参考线，然后按住 Ctrl 键，向左拖动方向手柄，在距离输入框中输入 42，将竖直参考线向左复制移动 42mm，同理再将第一条竖直参考线向左分别复制移动 60mm、74mm 和 120mm；将水平参考线向上和向下复制移动 40mm，结果如图 3-54 所示。

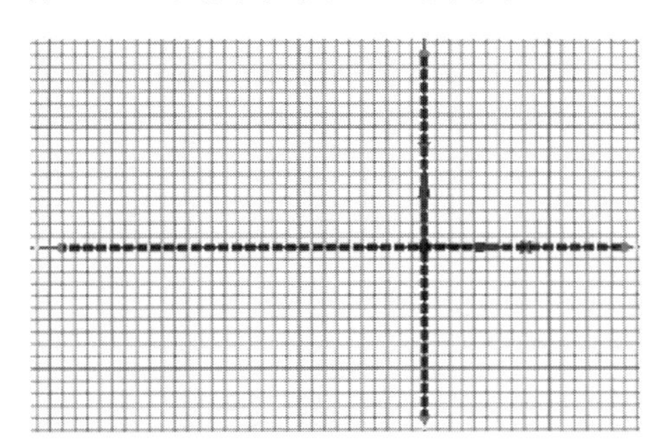

图 3-53 绘制参考线

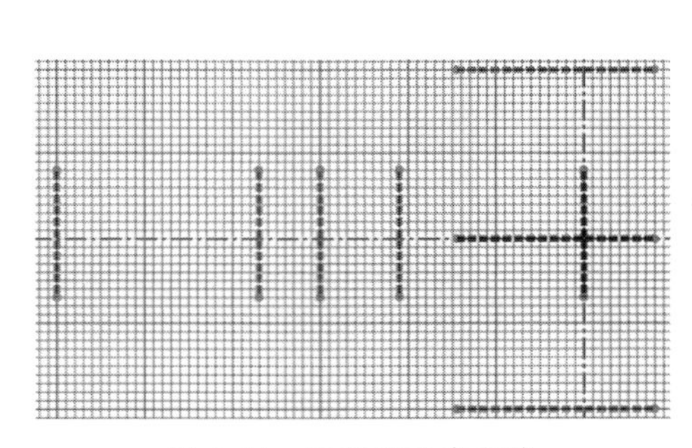

图 3-54 复制移动参考线

05 调整参考线。用鼠标按住中间水平参考线的左端点，向左拖动鼠标，调整该参考线的长度，如图 3-55 所示，同理调整其他参考线，结果如图 3-56 所示(调整结果不唯一，可边画草图边调整)。

06 添加约束。从图中可见绘制的草图颜色有深有浅，深色表示已定义，浅色表示为完全定义。接下来通过标注尺寸和添加约束定义草图。单击“草图”选项卡“约束”面板中的“尺寸”按钮，用鼠标选择最右侧竖直参考线，再选择第二条竖直参考线，拖动鼠标到合适位置，添加尺寸约束，同理添加其他尺寸约束，如图 3-57 所示。从图中可见最下方的水平参考线还没施予完全约束，由于中间水平参考线与两侧参考线距离相等，因此这里为其添加等距约束，单击“草图”选项卡“约束”面板中的“等距约束”按钮，首先选择最下方水平参考线，再选择中间参考线；然后选择最上方水平参考线和

Note

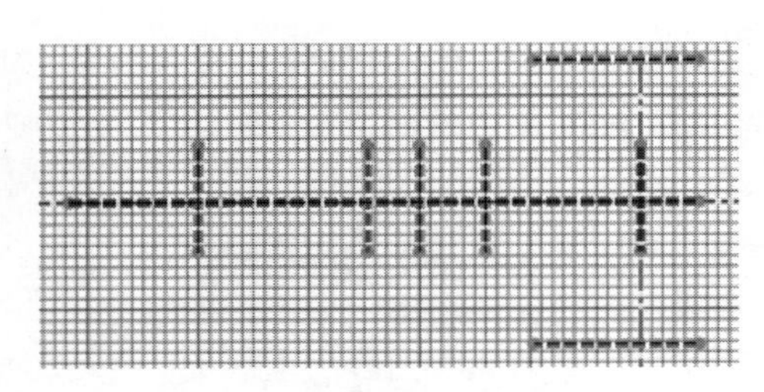
图 3-55　调整参考线

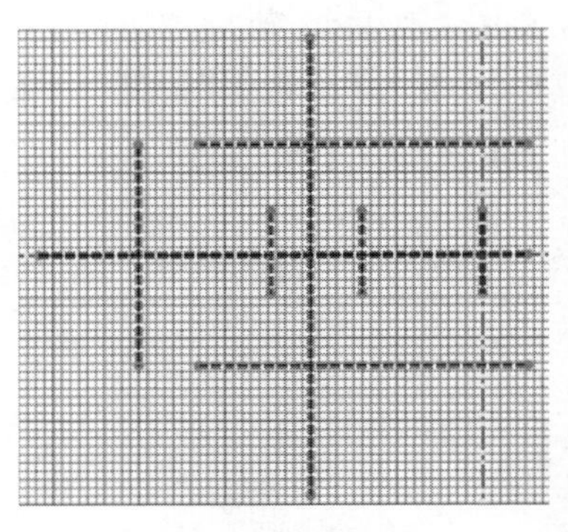
图 3-56　调整结果

中间参考线，选择完毕后单击向导工具中的“创建约束”按钮，添加等距约束，结果如图 3-58 所示。

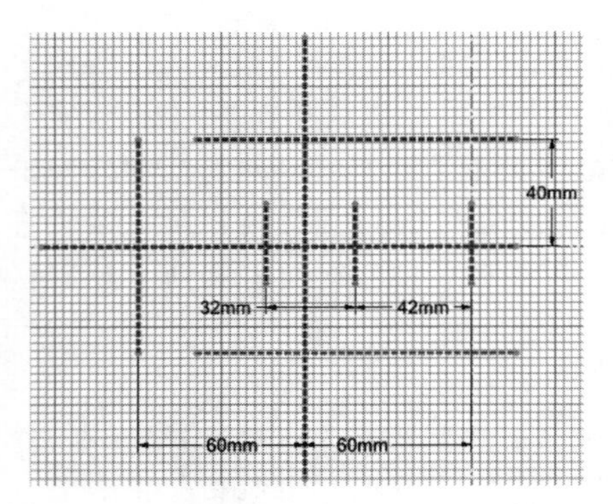

图 3-57　标注尺寸

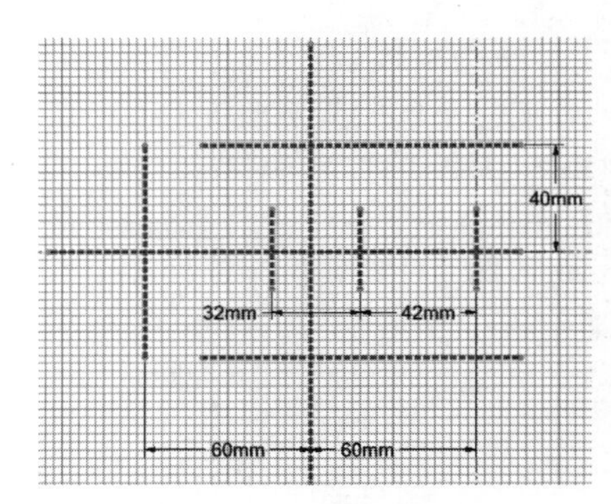

图 3-58　等距约束

07 绘制圆。单击“草图”选项卡“创建”面板中的“圆”按钮，在参考线的交点处绘制圆，在绘制过程中可输入圆的直径，方便后面的尺寸标注以及约束，结果如图 3-59 所示。

08 偏移圆。单击“草图”选项卡“修改”面板中的“偏移曲线”按钮，选择最左端的小圆，然后向外移动鼠标，输入偏移距离为 19mm，如图 3-60 所示。

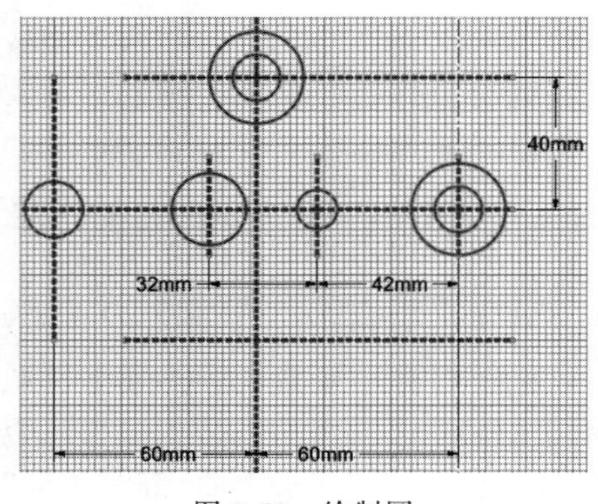

图 3-59　绘制圆

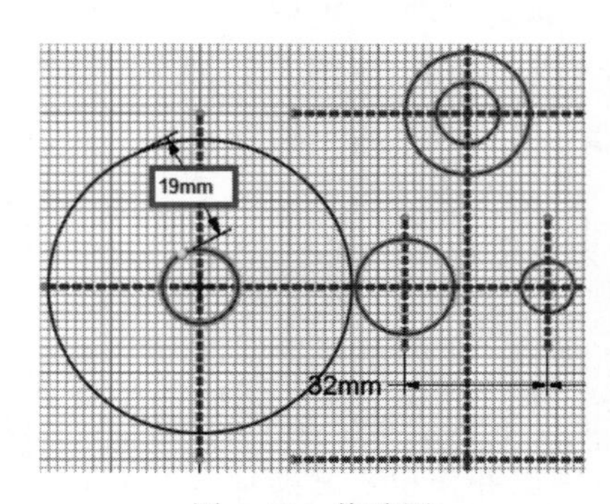

图 3-60　偏移圆

Note

09 添加约束。单击“草图”选项卡“约束”面板中的“相等半径约束”按钮，选择最右端的小圆和最上方的小圆，添加相等半径约束，同理为与这两个圆同心的大圆添加相等半径约束；然后单击“草图”选项卡“约束”面板中的“尺寸”按钮，标注圆的直径，结果如图 3-61 所示。

10 绘制切线。单击“草图”选项卡“创建”面板中的“切线”按钮，选择中间的两个小圆的上方单击，绘制这两个圆的公切线；然后选择最右侧大圆的上部，向左绘制一条水平切线，绘制完成后为该水平切线添加水平约束，结果如图 3-62 所示。

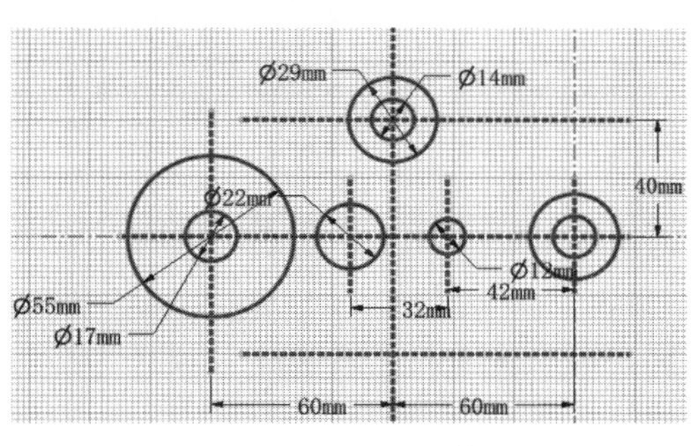

图 3-61　添加约束

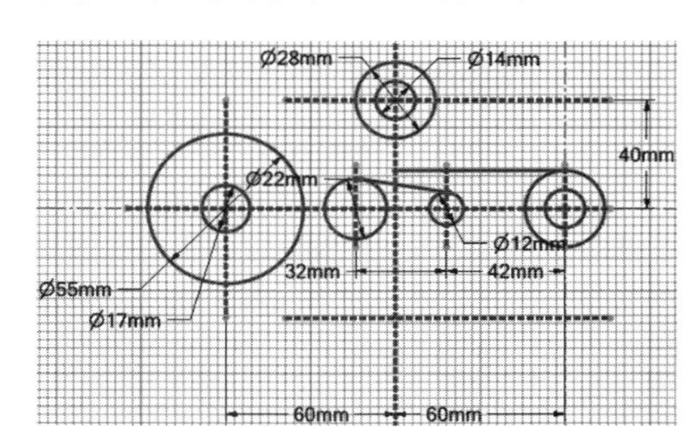

图 3-62　绘制切线

11 绘制切线弧。单击“草图”选项卡“创建”面板中的“切线弧”按钮，选择最右侧大圆的右上侧曲线，再选择最上方大圆的左上侧曲线，在直径输入框中输入直径 98mm，如图 3-63(a)所示；然后绘制水平切线与最上侧大圆的切线弧，标注尺寸和添加相切约束后如图 3-63(b)所示。

3-2

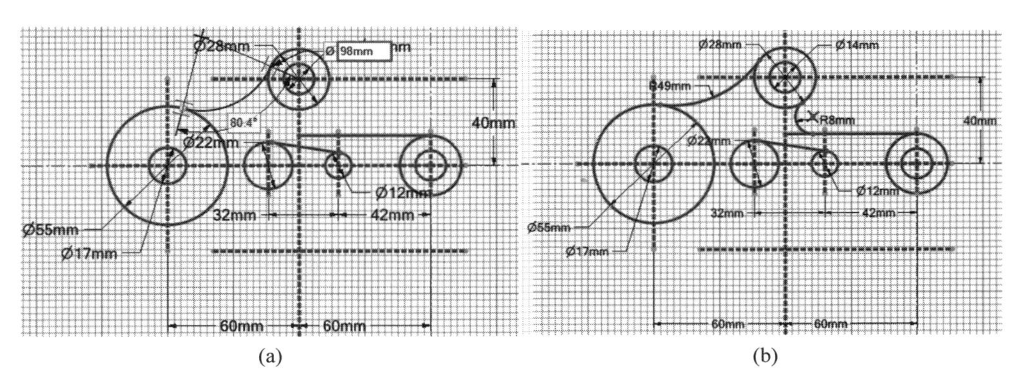

(a)　　(b)

图 3-63　绘制切线弧

12 镜像草图。单击“草图”选项卡“修改”面板中的“镜像”按钮，选择中间水平参考线为镜像线，然后选择该水平线上方的草图，将上方的草图进行镜像，添加相切约束后，结果如图 3-64 所示。

13 绘制圆。单击“草图”选项卡“创建”面板中的“圆”按钮，绘制草图，标注后结果如图 3-65 所示。

14 阵列圆。单击“草图”选项卡“编辑”面板中的“移动”按钮，然后选择步骤 **13** 绘制的圆作为阵列对象，此时出现移动手柄，如图 3-66 所示，然后勾选“选项-移动”

Note

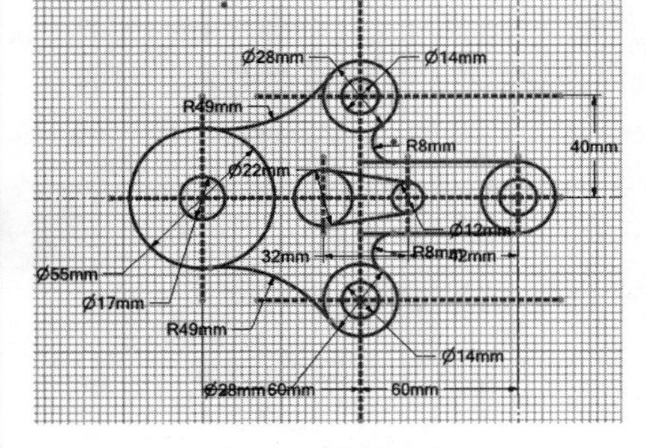

图 3-64 镜像草图

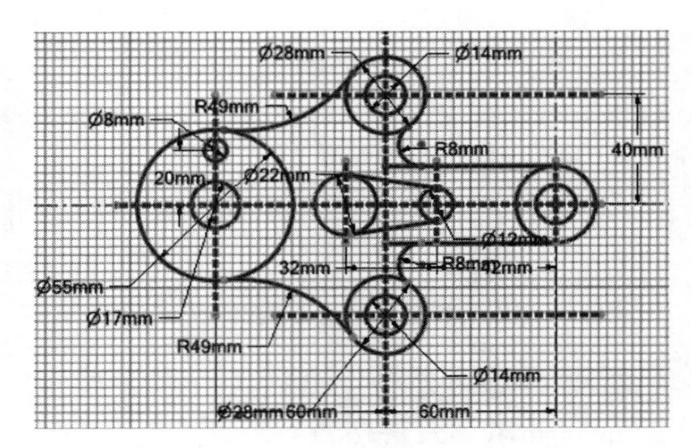

图 3-65 绘制圆

面板中的“创建阵列”命令，如图 3-67 所示，然后在向导工具中选择“定位”按钮，选择参考线的交点，作为阵列中心，如图 3-68 所示，再拖动要旋转阵列的方向手柄，出现环形阵列角度输入框和阵列数目输入框，松开鼠标左键直接输入阵列数目 4，即可创建环形阵列，标注尺寸、添加圆和参考线为“一致约束”，结果如图 3-69 所示。

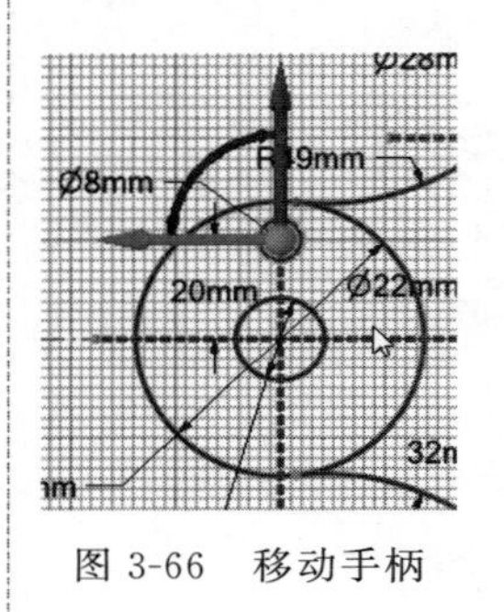

图 3-66 移动手柄

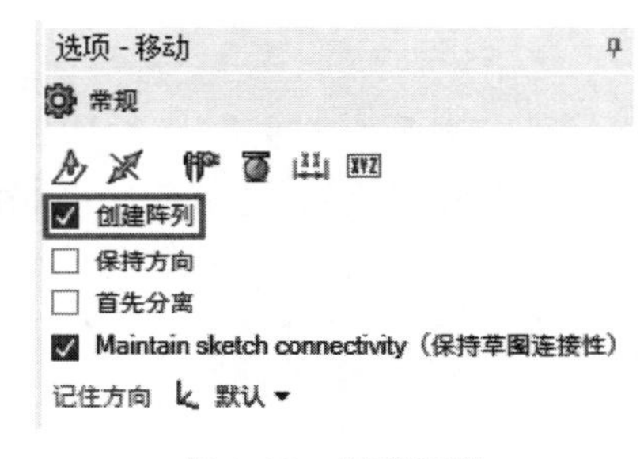

图 3-67 创建阵列

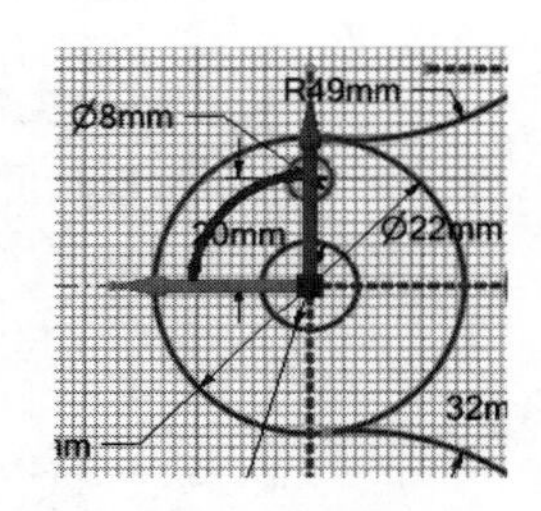

图 3-68 选择阵列中心

15 修剪和调整草图。单击“草图”选项卡“修改”面板中的“剪裁”按钮，修剪多余的线段，标注尺寸，添加约束，调整后如图 3-70 所示。

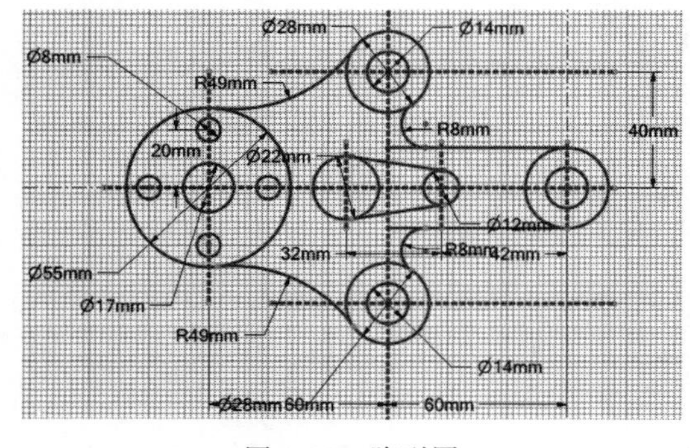

图 3-69 阵列圆

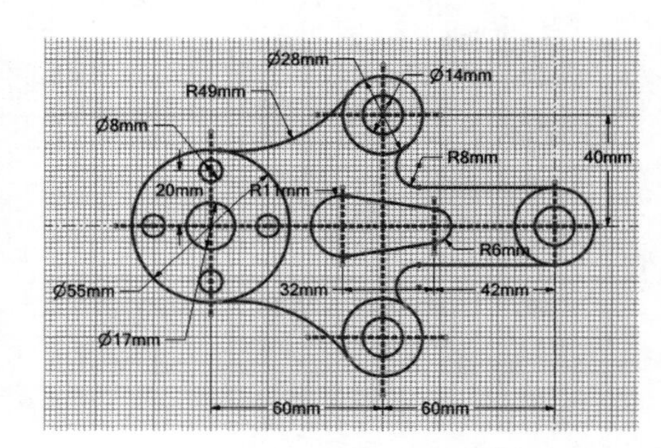

图 3-70 修剪、调整草图

第4章

三维建模

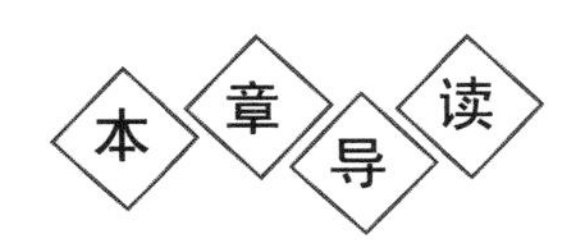

建模是有限元分析的基础，在Workbench中SpaceClaim的主要功能就是为有限元的分析环境提供几何体模型，本章主要介绍SpaceClaim的三维建模模式。

学习要点

- 三维模式
- 移动
- 融合
- 调整面
- 阵列
- 偏移
- 综合实例——壳体
- 拉动
- 填充
- 替换
- 相交
- 壳体
- 镜像

第4章

4.1 三维模式

Note

SpaceClaim 有三种模式：草图模式、剖面模式和三维模式，如图 4-1 所示，三维模式主要用来三维建模，SpaceClaim 的基本三维建模功能主要集中在“设计”选项卡中，如图 4-2 所示。

图 4-1 SpaceClaim 模式

进入三维模式的方法有：

(1)单击“设计”选项卡“模式”面板中的“三维模式”按钮，进入三维模式。

(2) 完成草图绘制后，单击“草图”选项卡“结束草绘”面板中的“结束草绘编辑”按钮，退出草图模式，进入三维模式。

(3) 完成草图绘制后，单击“草图”选项卡或“设计”选项卡“编辑”面板中的“拉动”按钮，进入三维模式。

图 4-2 “设计”选项卡

4.2 拉动

拉动工具位于“设计”选项卡或“草图”选项卡中的“编辑”面板中，可以对面进行偏移、拉伸、旋转、扫掠和拔模；也可以对边进行拉伸、倒圆角、倒角和旋转；还可以对点进行拉伸来绘制线。拉动工具因其功能强大，是建模中最常用的工具。

4.2.1 拉动向导工具

单击“设计”选项卡“编辑”面板中的“拉动”按钮，激活拉伸命令，同时图形显示区域左侧出现拉动的向导工具，包括选择、拉动方向、旋转、脱模斜度、扫掠、缩放主体、直到和完全拉动选项，如图 4-3 所示，不同的向导工具对应不同的拉动效果。

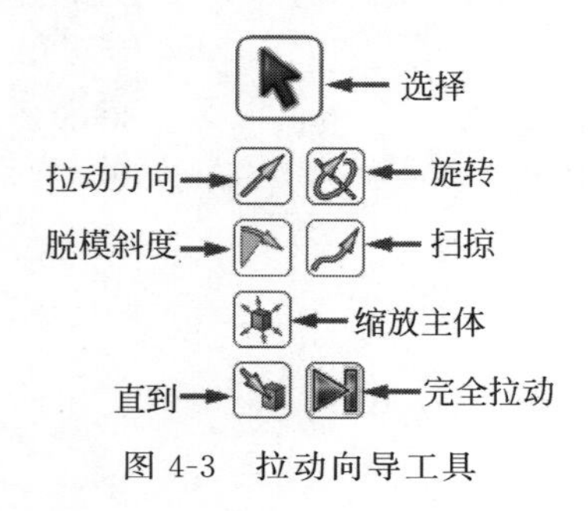

图 4-3 拉动向导工具

(1) 选择：默认情况处于激活状态，用于选择拉动的对象，可以是点、线、边或面，可以同时选择多个对象进行拉动操作。

(2)拉动方向：通过选择直线、边、轴、平面或表面来设置拉伸方向。

(3) 旋转：将拉伸改为旋转创建旋转模型。

(4) 脱模斜度：对三维模型进行拔模处理。

(5) 扫掠：对所选的草图、面或边作为扫掠轮廓

Note

进行扫掠，扫掠轨迹可以是直线、曲线或边，但不能与扫掠轮廓位于同一平面。

(6) 缩放主体：在三维模式下对所选对象进行缩放。

(7) 直到：可使所选的拉伸对象到达所选的拉伸位置，也可使拉伸对象与所选的曲面配合。

(8) 完全拉动：将所选的边或面拉伸至与对象相交的最近的面。

4.2.2 拉动选项面板

单击"设计"选项卡"编辑"面板中的"拉动"按钮，激活拉伸命令，同时左侧选项面板中出现拉动的不同方式，如添加、剪切、不合并、加厚面、保持偏移、同时两侧拉、测量、质量属性、标尺、倒圆角、倒角、拉伸条边、复制边、旋转边等，如图 4-4 所示。

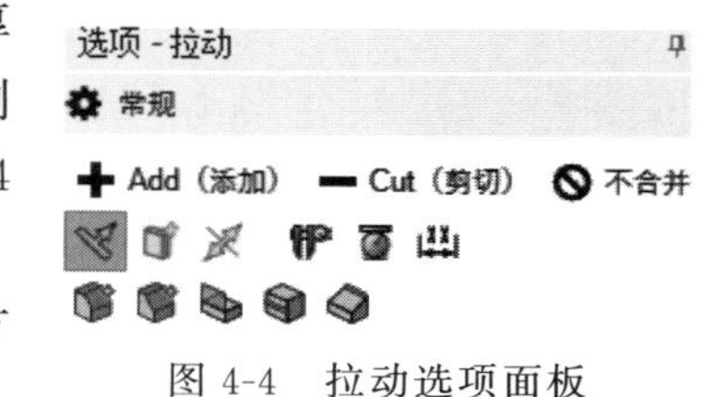

图 4-4 拉动选项面板

(1) 添加：在拉动时添加材料，如果向切除方向拉动，则不会发生改变。

(2) 剪切：在拉动时移除材料，如果向添加方向拉动，则不会发生改变。

(3) 不合并：拉动时不会合并到已有对象，而是创建一个新的对象。

(4) 加厚剖面：选中此选项会将曲面拉伸为实体，如果不选此选项，拉动时将拉伸曲面到新位置，如果按住 Ctrl 键则会复制偏移原有曲面。

(5) 保持偏移：该选项可以在拉动时保持偏移关系。

(6) 同时两侧拉：在拉动时延边、线、面的两个方向同时拉动。

(7) 测量：此选项可以对所选对象进行测量，方便拉伸距离的确定。

(8) 质量属性：此选项可以对所选对象的体积进行测量，如果所选对象具有材料属性或密度属性时，还会显示该对象的质量。

(9) 标尺：选择此选项，然后单击拉动对象，将标尺沿拉动轴方向连接至定位边或定位面。可使用标尺设定拉动尺寸。

(10) 圆角：拉动时选择一条边，可创建圆角特征。

(11) 倒角：拉动时选择一条边，可创建倒角特征。

(12) 拉伸条边：拉动时选择一条边，可将该边拉伸为曲面。

(13) 复制边：拉动时选择一条边，可复制移动该边到指定位置。

(14) 旋转边：拉动时选择一条边，可将该边绕拉动箭头旋转。

4.2.3 拉伸操作

拉伸操作可以进行草图的拉伸，材料的添加和切除，还可以创建圆角或倒角等操作，具体操作可根据下例进行：

01 绘制草图。进入草绘界面后，选择"ZX"面为草绘平面，绘制一个正方形，如图 4-5 所示。

02 激活拉伸命令。单击"草图"选项卡"编辑"面板中的"拉动"按钮，退出草绘界面，激活拉伸命令，此时结构面板自动创建一个剖面，如图 4-6 所示。

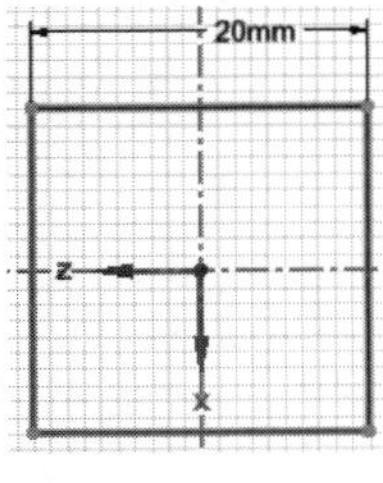

图 4-5　绘制草图

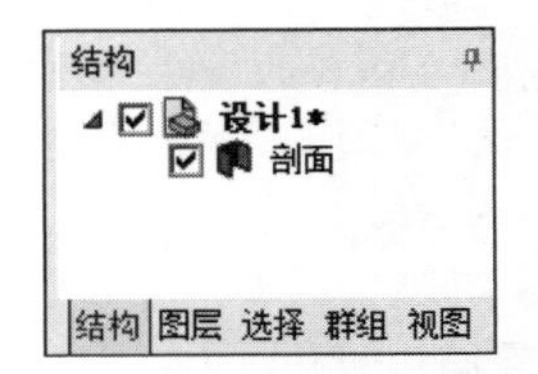

图 4-6　结构面板-剖面

03 拉伸对象。选择该剖面为拉伸对象，然后按空格键，出现拉伸距离输入框，输入拉伸距离为 30mm，如图 4-7 所示，然后按回车键，完成拉伸，结果如图 4-8 所示，此时结构面板中的剖面自动删除，出现拉伸实体，如图 4-9 所示。

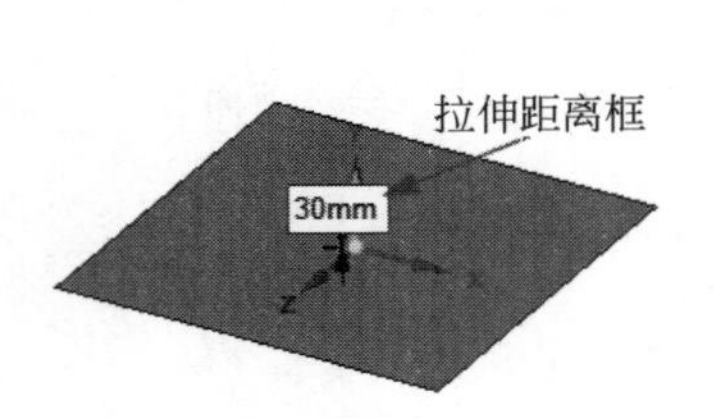

图 4-7　输入拉伸距离

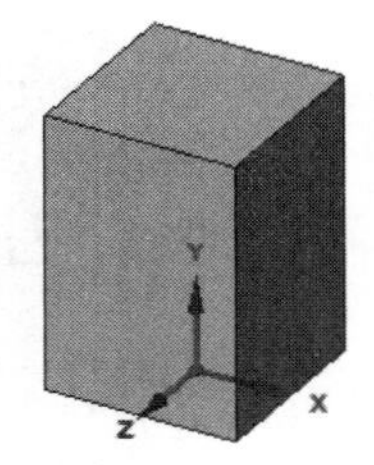

图 4-8　完成拉伸

图 4-9　结构面板-实体

04 添加材料。选择模型的上表面作为草绘平面，单击“草图”选项卡“创建”面板中的“圆”按钮，进入草绘界面，然后单击“草绘”选项卡“定向”面板中的“平面视图”按钮平面视图，正视草绘平面，绘制一个圆，如图 4-10 所示；然后单击“拉动”按钮，退出草绘界面，激活拉伸命令，选择绘制的圆为拉伸对象，在“选项-拉动”面板中选择“添加”按钮，然后向上拖动拉伸箭头，出现距离输入框，输入拉伸距离 20mm，如图 4-11 所示，然后按回车键，完成拉伸，此时结构面仍显示为一个实体，如图 4-9 所示。

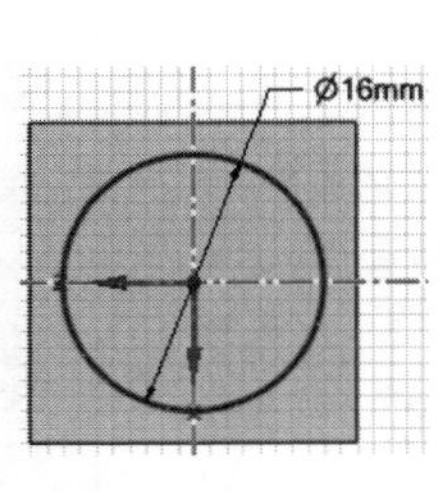

图 4-10　绘制圆

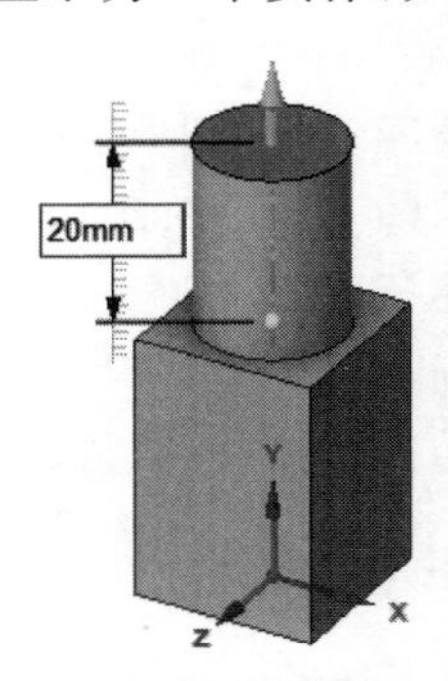

图 4-11　添加材料

05 切除材料。选择模型的前表面作为草绘平面，单击“草图”选项卡“创建”面板中的“矩形”按钮，进入草绘界面，然后单击“草绘”选项卡“定向”面板中的“平面视图”按钮平面视图，正视草绘平面，绘制一个矩形，如图 4-12 所示；然后单击“拉动”按钮，退出草绘界面，激活拉伸命令，选择绘制的矩形为拉伸对象，在“选项-拉动”面板

中选择“剪切”按钮▬，然后在向导工具中选择“直到”按钮，再选择模型的后表面，完成拉伸切除，如图 4-13 所示，此时结构面仍显示为一个实体，如图 4-9 所示。

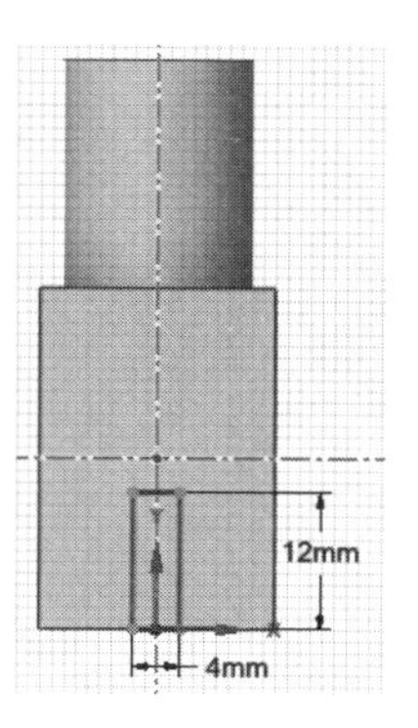

图 4-12　绘制矩形

图 4-13　切除材料

06 不合并材料。选择模型的上方正方形表面作为草绘平面，单击“草图”选项卡“创建”面板中的“圆”按钮，进入草绘界面，然后单击“草绘”选项卡“定向”面板中的“平面视图”按钮平面视图，正视草绘平面，绘制一个圆，如图 4-14 所示；然后单击“拉动”按钮，退出草绘界面，激活拉伸命令，选择绘制的圆所形成的剖面为拉伸对象，在“选项-拉动”面板中选择“不合并”按钮，然后向上拖动拉伸箭头，出现距离输入框，输入拉伸距离 25mm，如图 4-15 所示，然后按回车键，完成拉伸，此时结构面显示为两个实体，如图 4-16 所示，说明所建的拉伸特征与原模型没有合并。

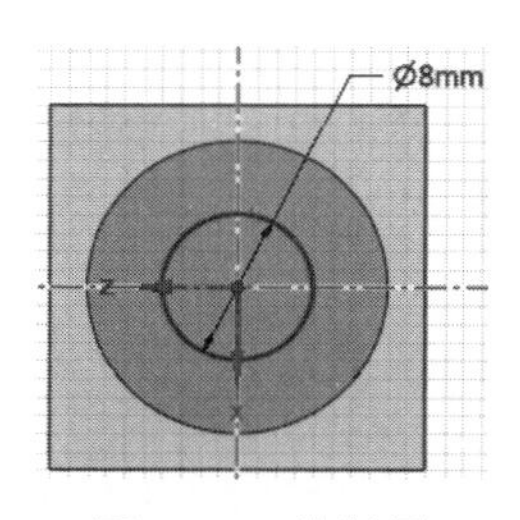

图 4-14　绘制圆

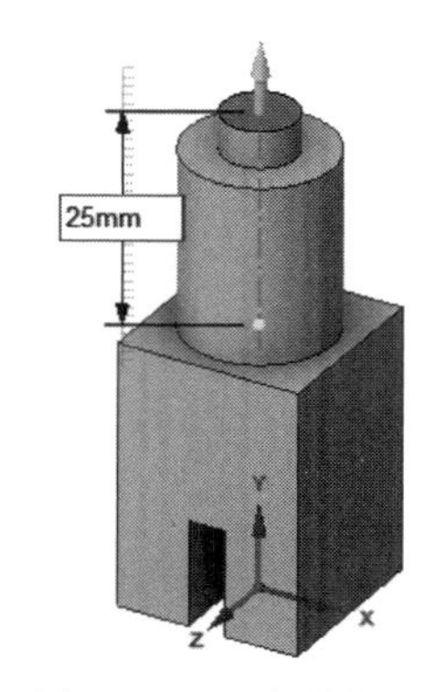

图 4-15　不合并材料

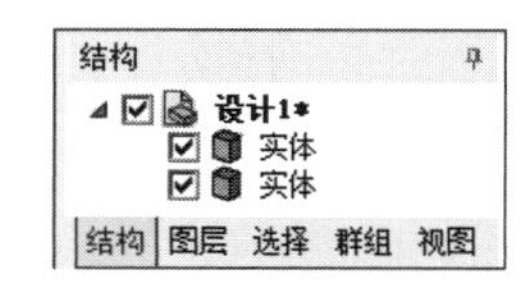

图 4-16　结构面板-实体

07 拉伸圆角。单击“拉动”按钮，选择模型中长方体的 4 条竖直边线，如图 4-17 所示，然后在“选项-拉动”面板中选择“圆角”按钮，沿箭头方向，向里拖动鼠标，然后松开鼠标，出现圆角输入框，输入圆角半径为 3mm，如图 4-18 所示，按回车键，创建圆角。

08 拉伸倒角。单击“拉动”按钮，选择模型中大圆的上边线，如图 4-19 所示，然后在“选项-拉动”面板中选择“倒角”按钮，单击空格键，出现倒角距离输入框，输入距离为 2mm，如图 4-20 所示，然后按回车键，创建倒角，结果如图 4-21 所示。

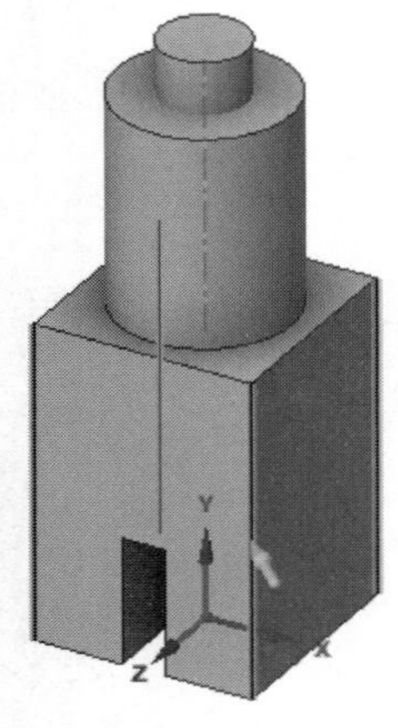

图 4-17 选择圆角边线

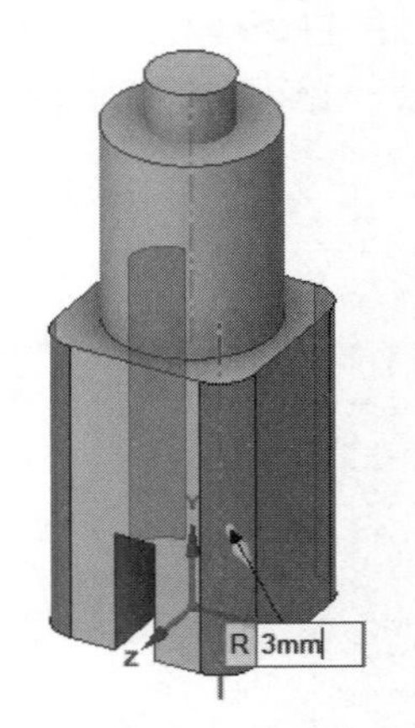

图 4-18 输入圆角半径

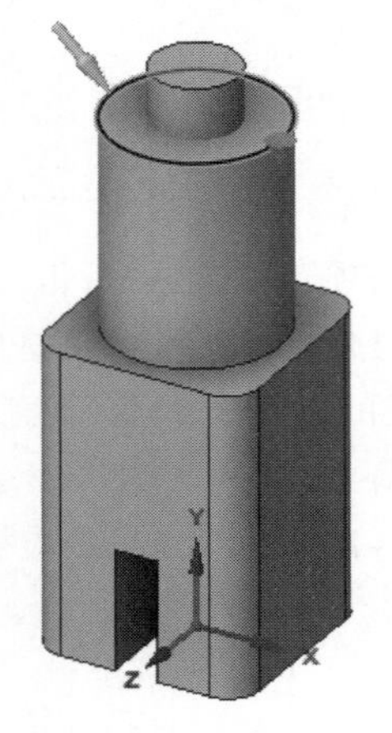

图 4-19 选择倒角边线

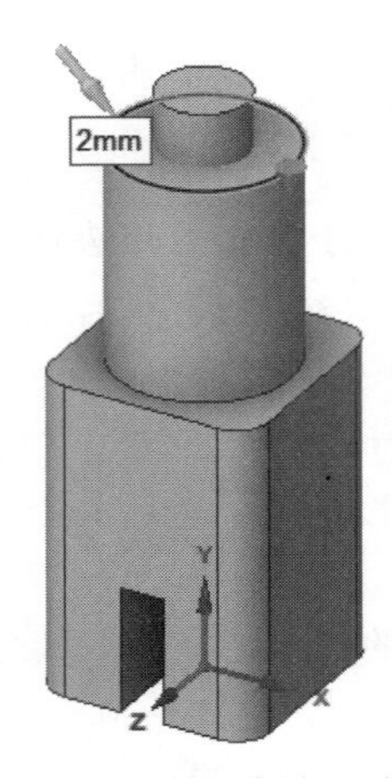

图 4-20 输入倒角距离

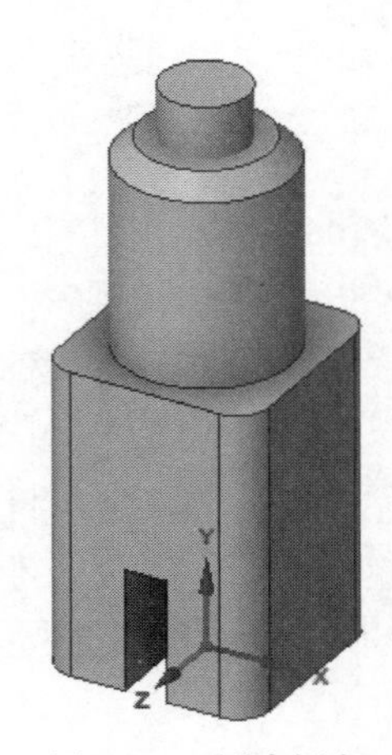

图 4-21 创建倒角

09 复制边。单击“拉动”按钮，选择模型中小圆的上边线，如图 4-22 所示，然后在“选项-拉动”面板中选择“复制边”按钮，拖动指向内侧的箭头，出现偏移距离框，输入 2mm，如图 4-23 所示，按回车键，完成边的复制，结果如图 4-24 所示。

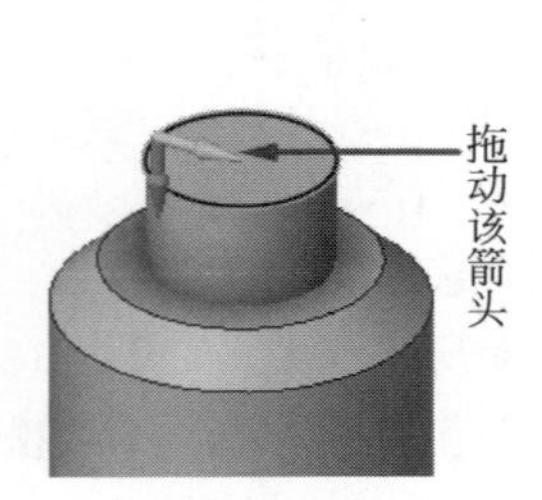

图 4-22 选择复制边

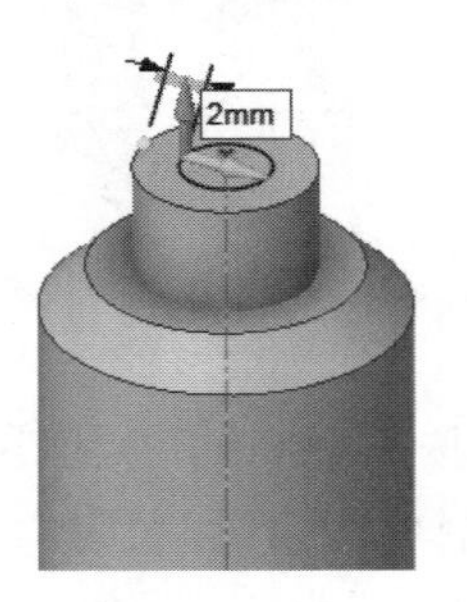

图 4-23 输入偏移距离

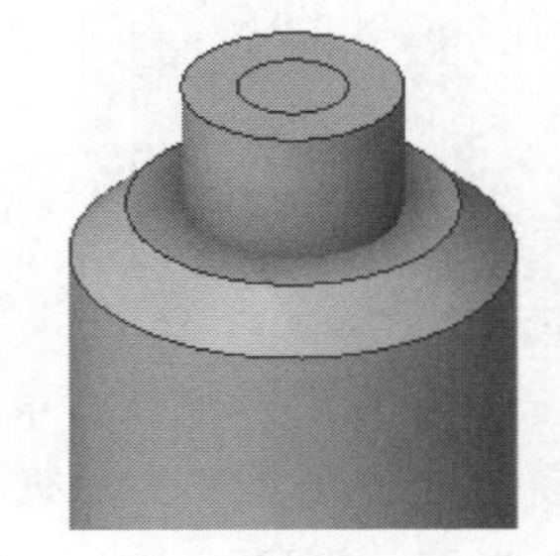

图 4-24 复制边

10 拉伸边。单击“拉动”按钮，选择上步复制的边线，如图 4-25 所示，然后在“选项-拉动”面板中选择“拉伸条边”按钮，向上拉伸箭头，出现偏移距离框，输入

8mm，如图 4-26 所示，按回车键，完成边的拉伸，此时生成的不是实体，而是一个剖面，结构面板如图 4-27 所示。

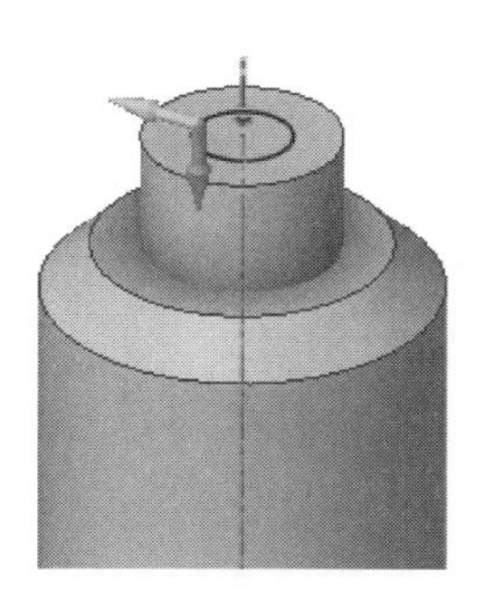

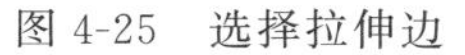

图 4-25　选择拉伸边

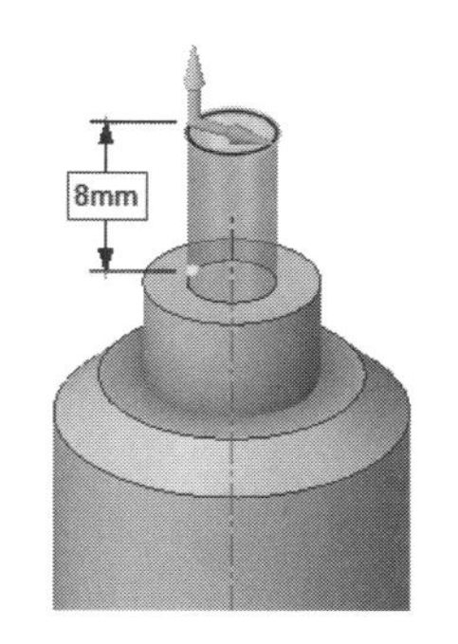

图 4-26　输入拉伸距离

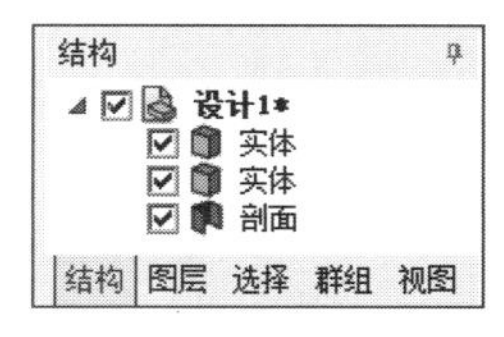

图 4-27　结构面板-剖面

11 旋转边。单击“拉动”按钮，选择上步拉伸边的上边线，如图 4-28 所示，然后在“选项-拉动”面板中选择“旋转边”按钮，选择指向外的箭头，按空格键，出现旋转距离框，输入 5mm，如图 4-29 所示，按回车键，完成边的旋转，结果图 4-30 所示。

注意：旋转边命令还可以对实体的边进行旋转操作，方式和旋转剖面边的操作相同，如图 4-31 所示，就是对实体的边进行旋转后的结果。

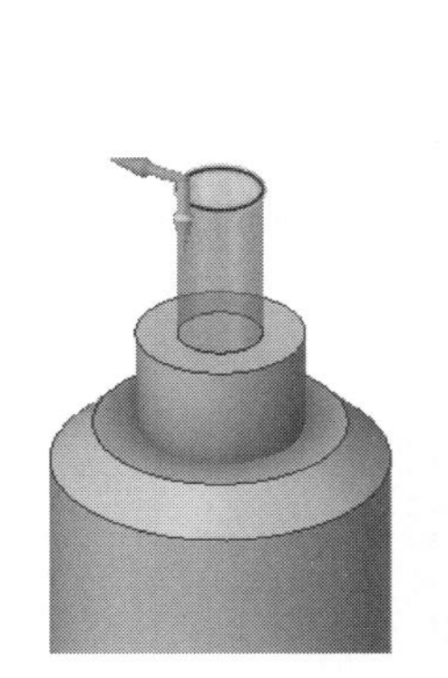

图 4-28　选择拉伸边

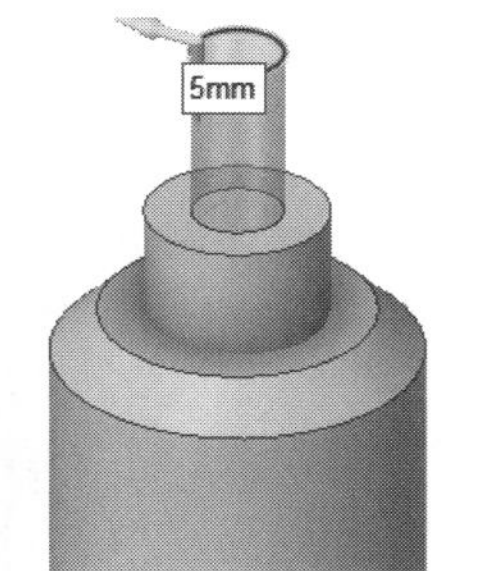

图 4-29　输入旋转距离

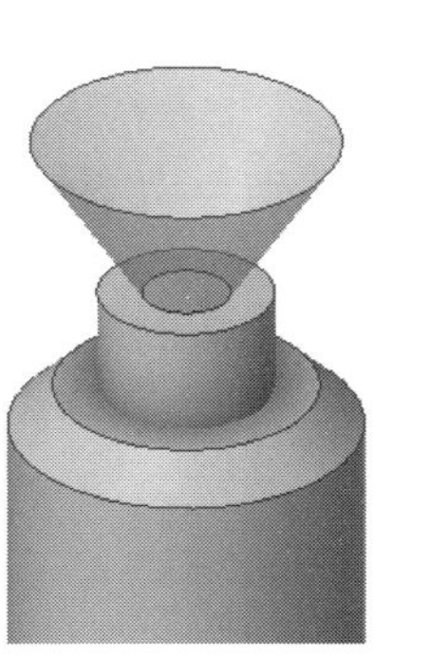

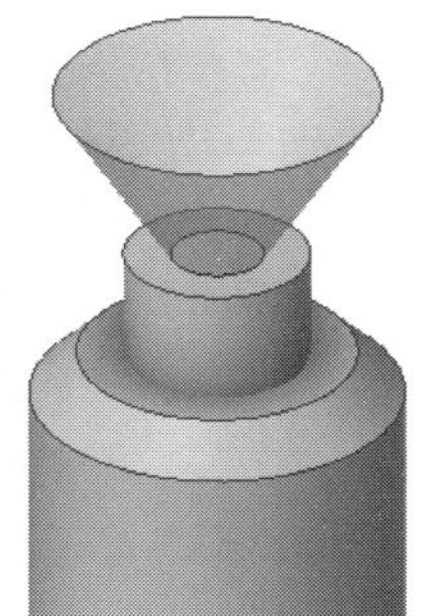

图 4-30　旋转边

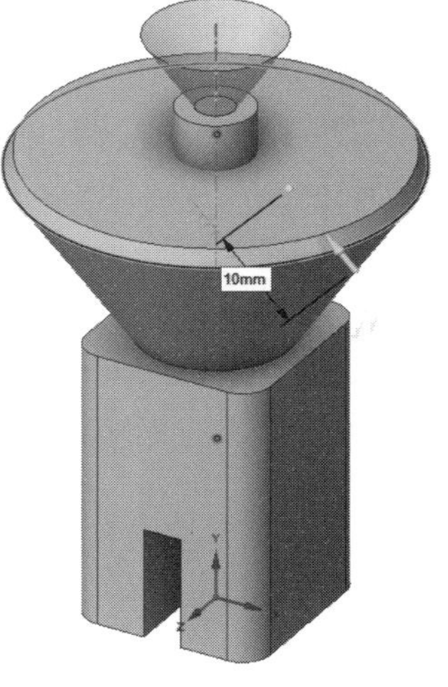

图 4-31　旋转实体边

4.2.4　拉动旋转操作

拉动旋转操作可以使选择的对象（面或边），绕轴旋转，旋转轴为直线、参考线或坐标轴，也可以进行螺旋旋转，具体操作可根据下例进行：

01 绘制草图。进入草绘界面后，选择“XY”面为草绘平面，绘制一个草图，如图 4-32 所示。

02 拉动旋转对象。单击“草图”选项卡“定向”面板中的“主视图”按钮 主视图，切换视图，然后单击“编辑”面板中的“拉动”按钮，退出草绘界面，激活拉伸命令，选

Note

择该剖面为拉动对象，然后选择向导工具中的“旋转”按钮，选择竖直线段为旋转轴，如图 4-33 所示，按空格键，出现旋转角度输入框，输入旋转角度为 360°，或者直接单击向导工具中的“完全拉动”按钮，完成旋转，结果如图 4-34 所示。

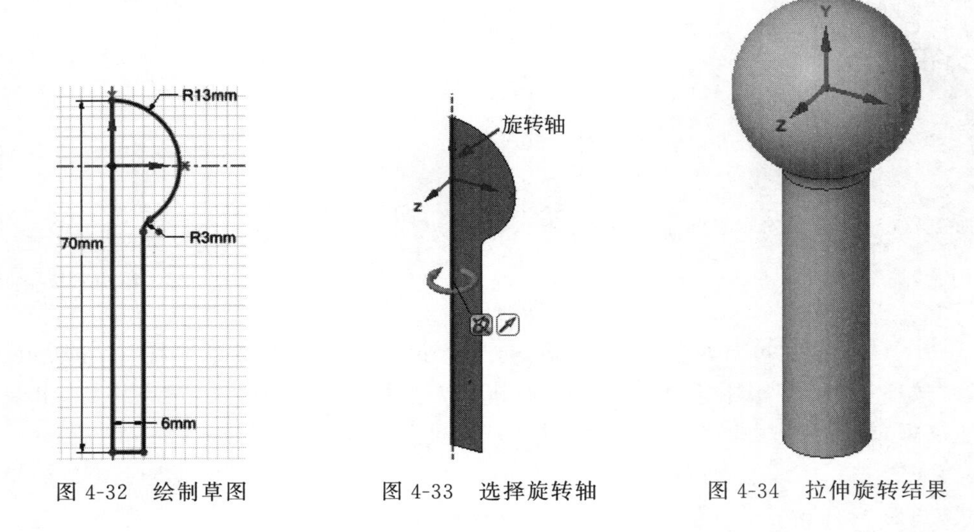

图 4-32　绘制草图　　图 4-33　选择旋转轴　　图 4-34　拉伸旋转结果

03 绘制草图。单击“设计”选项卡“模式”面板中的“草图模式”按钮，进入草绘界面，选择“XY”面为草绘平面，绘制一个草图，如图 4-35 所示。

04 螺旋旋转对象。单击“草图”选项卡“定向”面板中的“主视图”按钮主视图，切换视图，然后单击“编辑”面板中的“拉动”按钮，退出草绘界面，激活拉伸命令，选择该剖面为拉动对象，然后选择向导工具中的“旋转”按钮，选择 Y 轴为旋转轴，如图 4-36 所示，然后在“选项-拉动”面板中选择“剪切”按钮，再勾选“旋转螺旋”和“右手螺旋”命令，如图 4-37 所示，此时出现螺旋旋转输入框，如图 4-38 所示，先输入“节距”为 1.2mm，再输入“高度”为 42mm，按回车键，完成螺旋旋转，结果如图 4-39 所示。

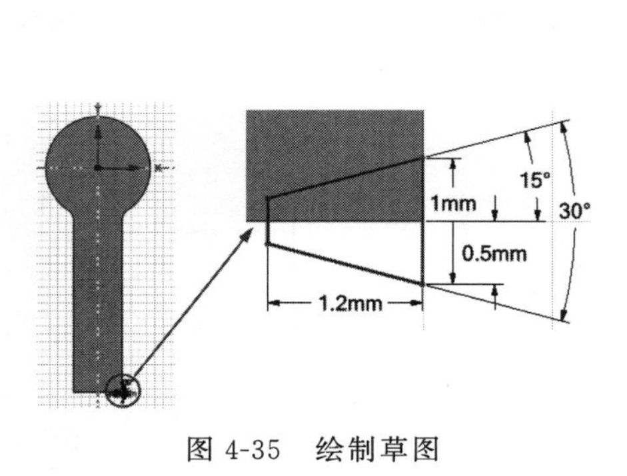

图 4-35　绘制草图

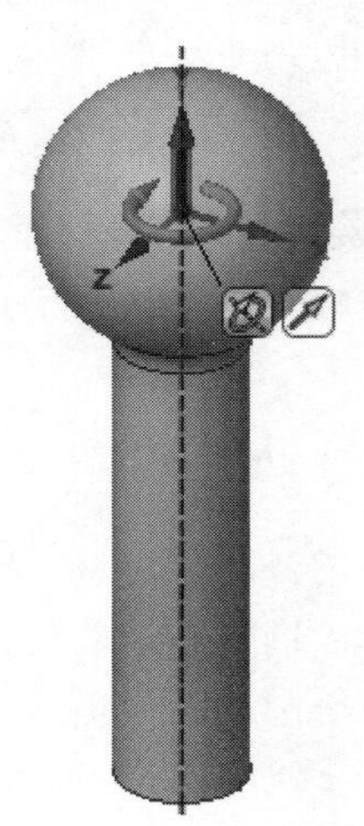

图 4-36　选择旋转轴

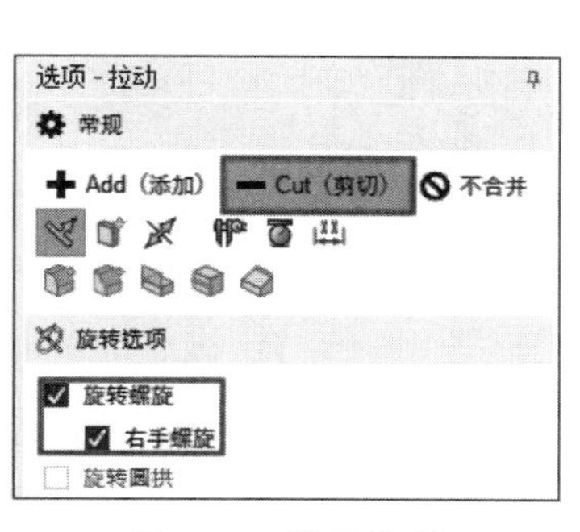

图 4-37 设置选项

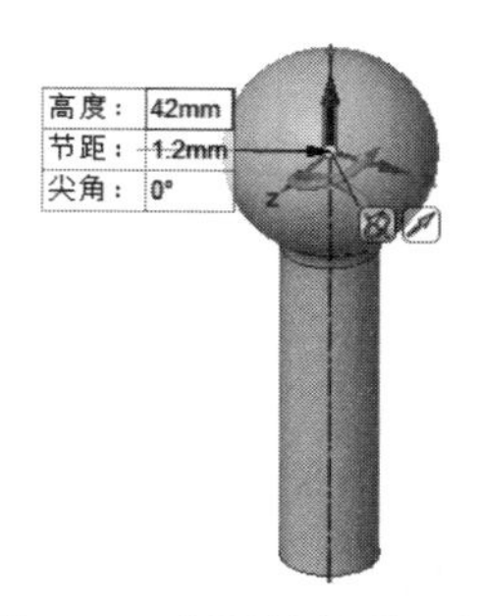

图 4-38 螺旋旋转输入框

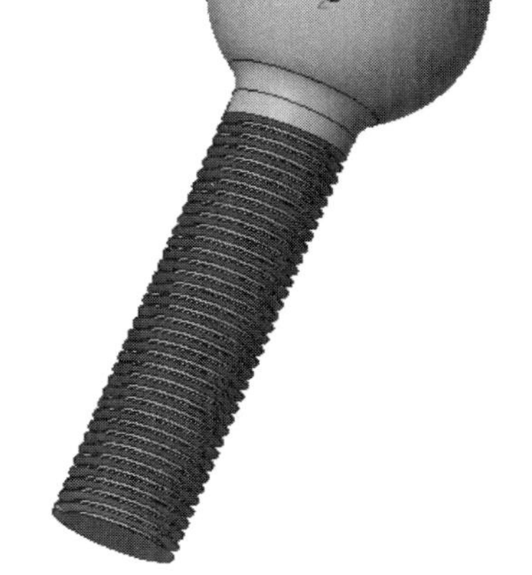

图 4-39 螺旋旋转

4.2.5 拉动脱模操作

拉动脱模操作可以使选择的对象，绕一个平面或另一个面、边或曲面来拔模，具体操作可根据下例进行：

01 绘制草图。进入草绘界面后，选择“ZX”面为草绘平面，绘制一个草图，如图 4-40 所示。

02 拉动对象。单击“草图”选项卡“定向”面板中的“主视图”按钮 主视图，切换视图，然后单击“编辑”面板中的“拉动”按钮 ，退出草绘界面，激活拉伸命令，选择该剖面为拉动对象，然后按空格键，出现拉伸距离输入框，输入拉伸距离为 30mm，然后按回车键，完成拉伸，结果如图 4-41 所示。

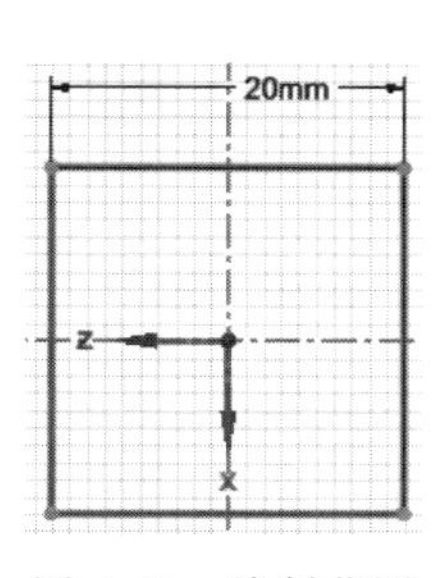

图 4-40 绘制草图

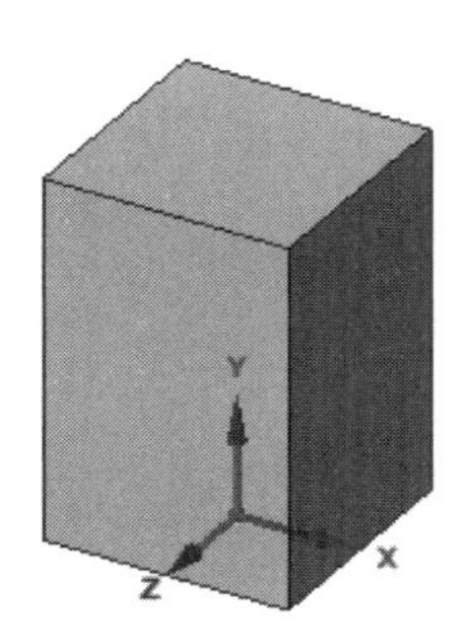

图 4-41 拉伸操作

03 拉动脱模。单击向导工具中的“脱模斜度”按钮 ，然后选择模型的上表面为拔模绕其旋转的面，然后选择模型的右侧面为拔模面，此时出现脱模角度输入框，输入脱模角度为 10°，结果如图 4-42 所示；如果输入脱模角度为 −10°，结果如图 4-43 所示。

Note

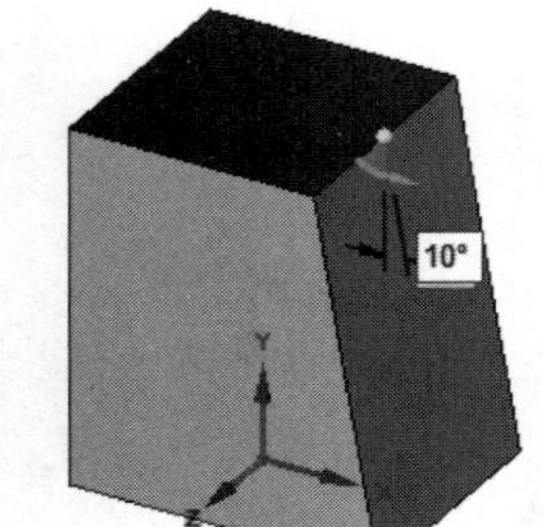

图 4-42　10°脱模角度

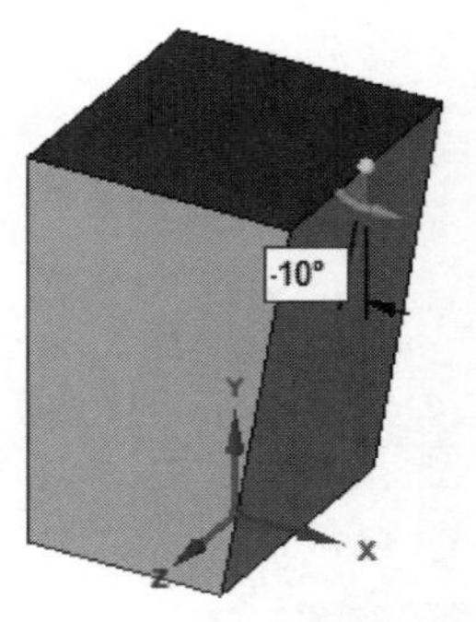

图 4-43　−10°脱模角度

4.2.6　拉动扫掠操作

在对草图、面或边进行拉动时，选择向导工具中的“扫掠”按钮，可将所选元素作为扫掠轮廓进行扫掠，扫掠轨迹可以是直线、曲线或边，但不能与扫掠轮廓位于同一平面。扫掠轨迹可以是一条，也可以是多条扫掠轨迹，还可以沿一条扫掠轨迹和轴进行扫掠，具体操作可根据下例进行：

1．单轨迹扫掠

01 绘制草图 1。进入草绘界面后，选择“ZX”面为草绘平面，绘制一个草图，如图 4-44 所示，然后单击“草图”选项卡“结束草图”面板中的“结束草绘编辑”按钮，退出草绘模式。

02 绘制草图 2。单击“设计”选项卡“模式”面板中的“草图模式”按钮，重新进入草绘界面，选择“XY”面为草绘平面，绘制一个草图，如图 4-45 所示。

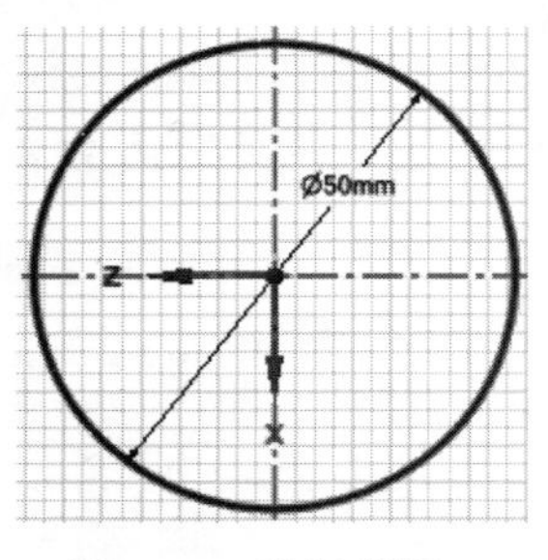

图 4-44　绘制草图 1

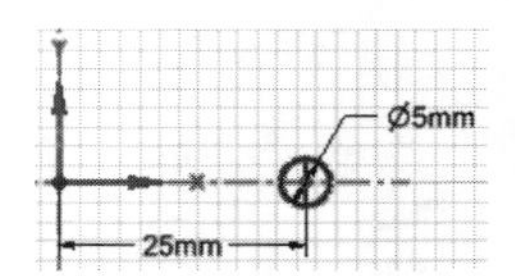

图 4-45　绘制草图 2

03 拉动扫掠。单击“草图”选项卡“定向”面板中的“主视图”按钮主视图，切换视图，然后单击“编辑”面板中的“拉动”按钮，退出草绘界面，激活拉伸命令，先选择草图 2 构成的剖面为扫掠轮廓，然后单击向导工具中的“扫掠”按钮，选择草图 1 为扫掠路径，如图 4-46 所示，最后单击“完全拉动”按钮，进行扫掠，结果如图 4-47 所示。

2．双轨迹扫掠

01 绘制草图 1。进入草绘界面后，选择“ZX”面为草绘平面，绘制一个草图，如图 4-48 所示，然后单击“草图”选项卡“结束草图”面板中的“结束草绘编辑”按钮，退出草绘模式。

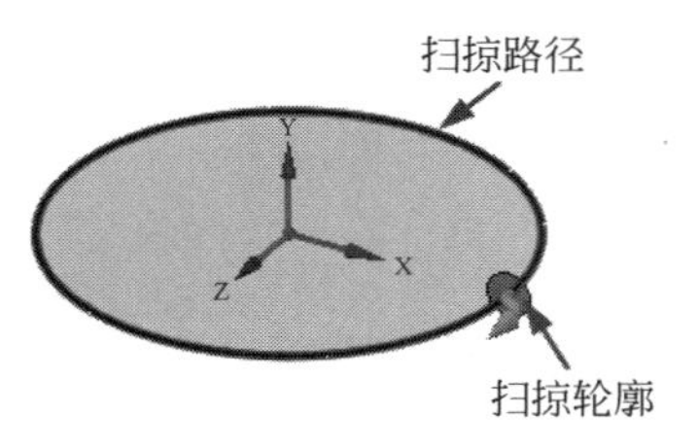

图 4-46　扫掠设置

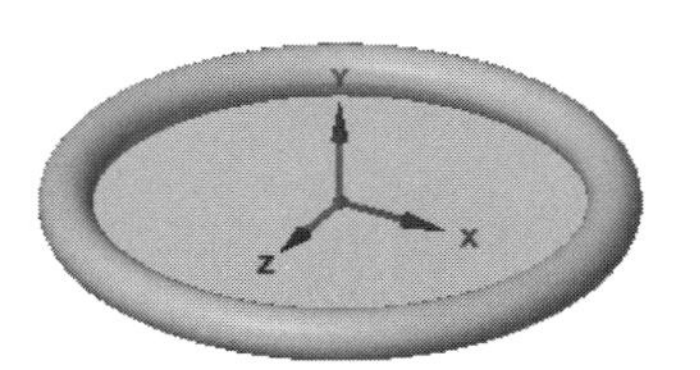

图 4-47　扫掠结果

02 绘制草图 2。单击“设计”选项卡“模式”面板中的“草图模式”按钮，重新进入草绘界面，选择“XY”面为草绘平面，绘制一个草图，如图 4-49 所示。

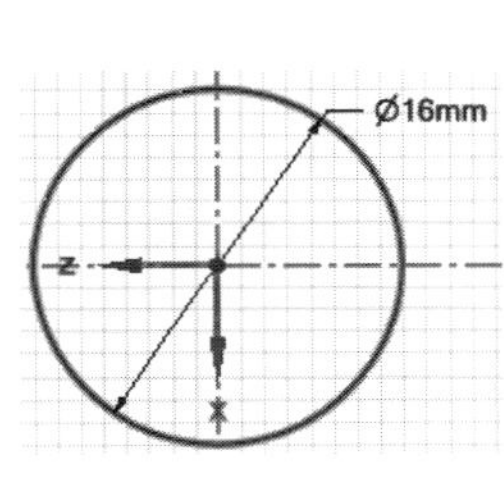

图 4-48　绘制草图 1

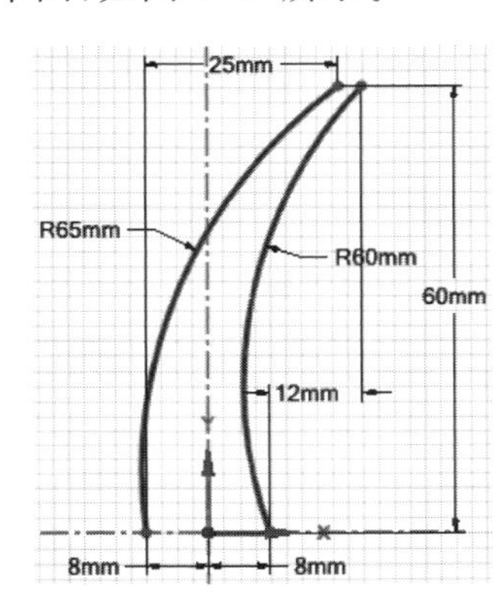

图 4-49　绘制草图 2

03 拉动扫掠。单击“草图”选项卡“定向”面板中的“主视图”按钮 主视图，切换视图，然后单击“编辑”面板中的“拉动”按钮，退出草绘界面，激活拉伸命令，先选择草图 1 构成的剖面为扫掠轮廓，然后单击向导工具中的“扫掠”按钮，选择草图 2 的两条圆弧线为扫掠路径，如图 4-50 所示，最后单击“完全拉动”按钮，进行扫掠，结果如图 4-51 所示。

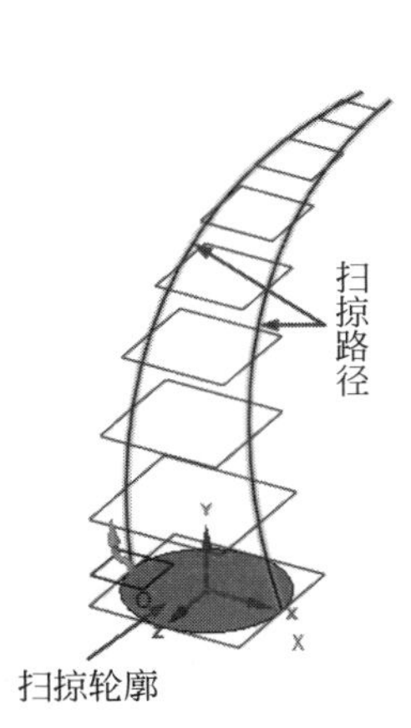

图 4-50　拉动扫掠

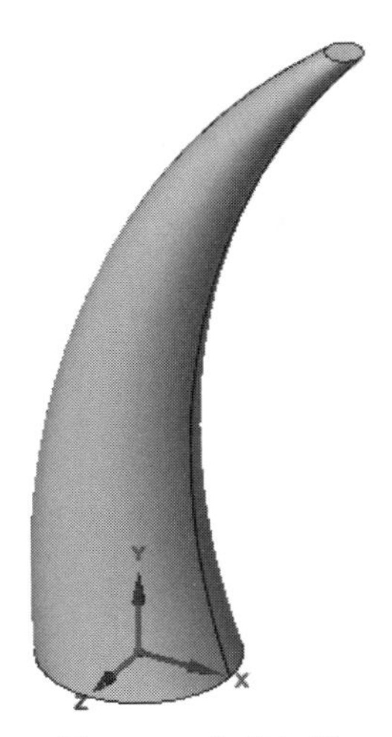

图 4-51　完成扫描

Note

3. 沿轨迹和轴扫掠

01 绘制草图。进入草绘界面后，选择“ZX 面”为草绘平面，绘制一个草图，如图 4-52 所示。

02 拉伸草图。单击“草图”选项卡“定向”面板中的“主视图”按钮 主视图，切换视图，然后单击“编辑”面板中的“拉动”按钮，退出草绘界面，激活拉伸命令，选择草图构成的剖面为拉伸对象，然后单击空格，输入拉伸距离为 50mm，按回车键，完成拉伸，结果如图 4-53 所示。

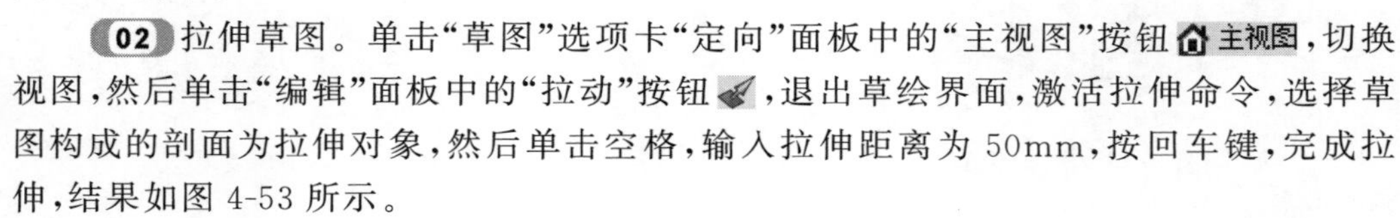

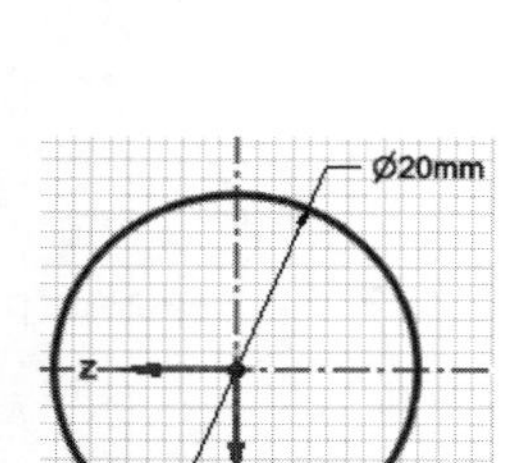

图 4-52　绘制草图

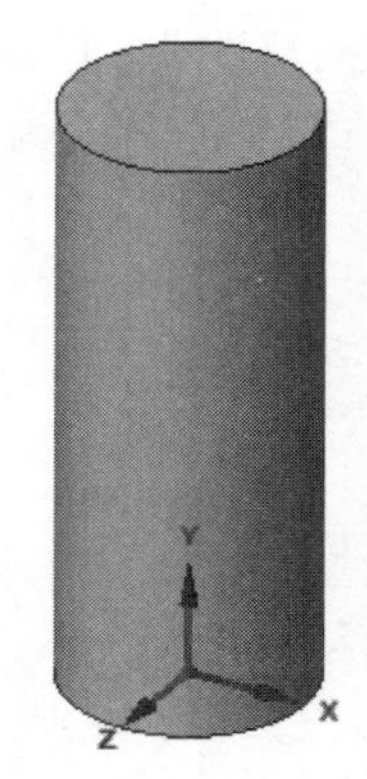

图 4-53　拉伸草图

03 绘制面曲线。选择“X 轴”，然后单击“定向”面板中的“平面视图”按钮 平面视图，正视“YZ”平面，然后单击“草图”选项卡“创建”面板中的“面曲线”按钮，绘制如图 4-54 所示的面曲线，绘制完成后，单击“完成面曲线”按钮，完成绘制。

04 绘制轴线。单击“设计”选项卡“模式”面板中的“草图模式”按钮，重新进入草绘界面，选择“XY”面为草绘平面，绘制一条竖直轴线，如图 4-55 所示，然后单击“草图”选项卡“结束草图”面板中的“结束草绘编辑”按钮，退出草绘模式。

05 绘制扫描轮廓。单击“设计”选项卡“模式”面板中的“草图模式”按钮，重新进入草绘界面，选择圆柱的底面为草绘平面，绘制草图，如图 4-56 所示，然后单击“草图”选项卡“结束草图”面板中的“结束草绘编辑”按钮，退出草绘模式。

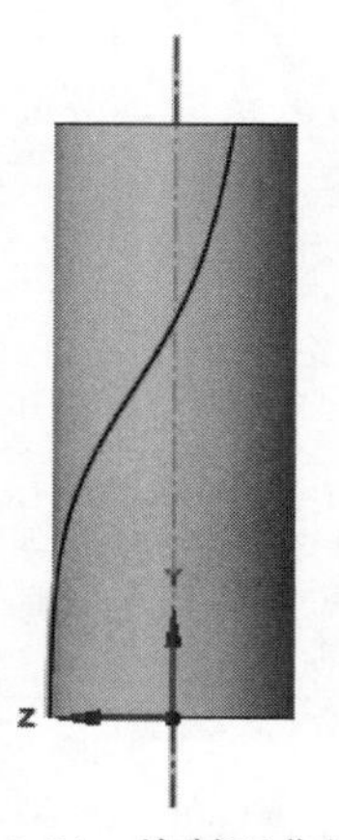

图 4-54　绘制面曲线

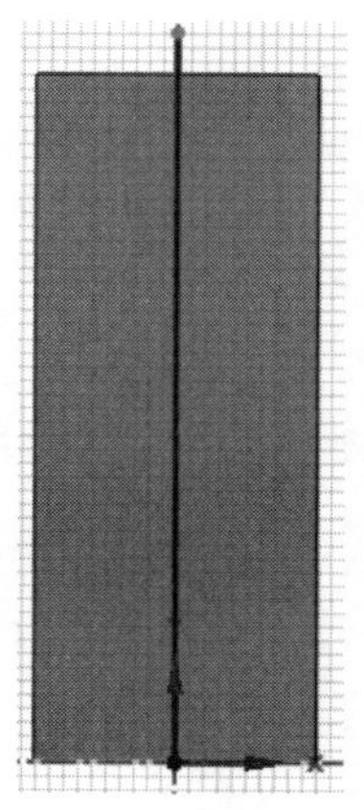

图 4-55　绘制轴线

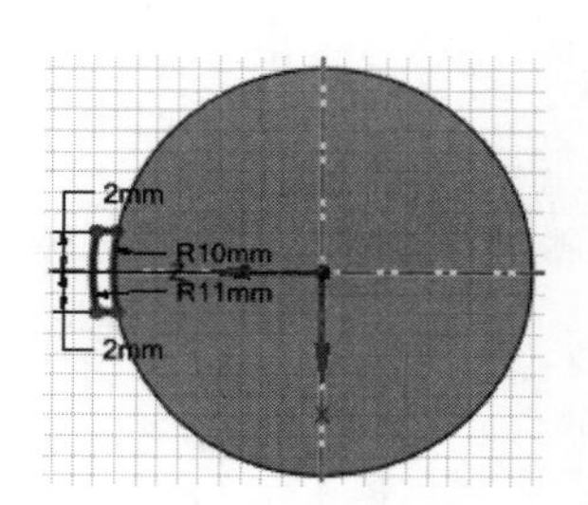

图 4-56　绘制扫描轮廓

06 扫描。单击"草图"选项卡"定向"面板中的"主视图"按钮 主视图，切换视图，然后单击"编辑"面板中的"拉动"按钮，退出草绘界面，激活拉伸命令，先选择步骤 05 绘制的草图为扫掠轮廓，然后单击向导工具中的"扫掠"按钮，选择绘制的轴线和面曲线为扫描路径，如图 4-57 所示，最后单击"完全拉动"按钮，进行扫掠，结果如图 4-58 所示；如果不选择轴，只选择曲线面，则扫描结果如图 4-59 所示。

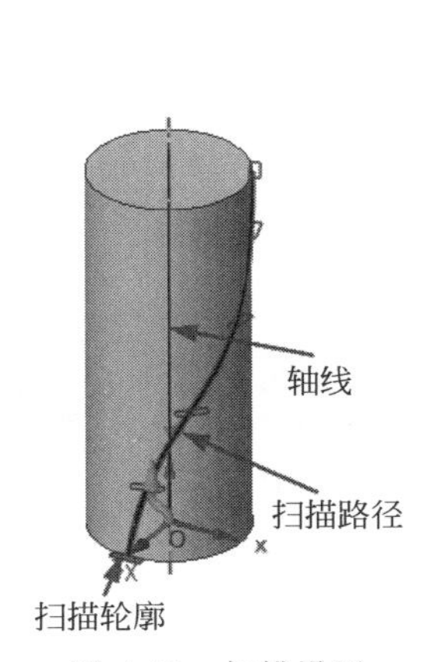

图 4-57 扫描设置

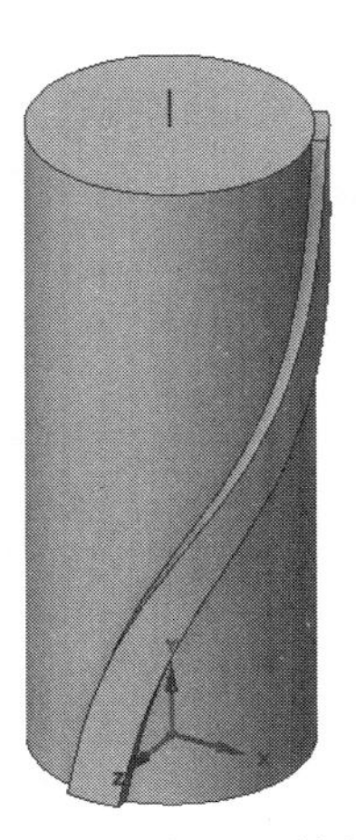

图 4-58 沿轨迹和轴扫掠

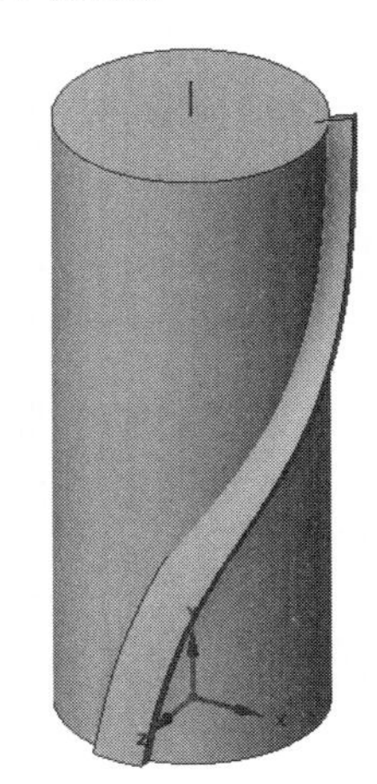

图 4-59 只沿轨迹扫掠

4.2.7 拉动缩放操作

利用拉动命令可以对创建好的面或实体进行缩放，具体操作可根据下例进行：

01 创建实体。首先利用草绘和拉动命令，创建一个边长为 10mm 的正方体，如图 4-60 所示。

02 缩放实体。单击"草图"选项卡"编辑"面板中的"拉动"按钮，然后在向导工具中选择"缩放主体"按钮，然后在正方体上任选一个角点，作为缩放锚点，如图 4-61 所示，然后选择正方体为缩放主体，按空格键，出现缩放倍数输入框，输入 2，按回车键，将正方体放大一倍，结果如图 4-62 所示。

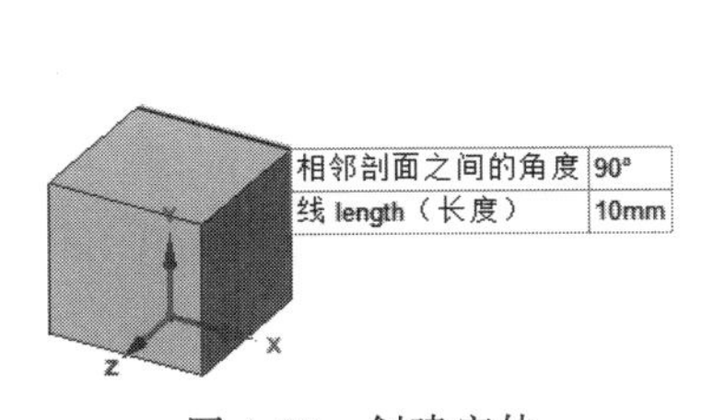

图 4-60 创建实体

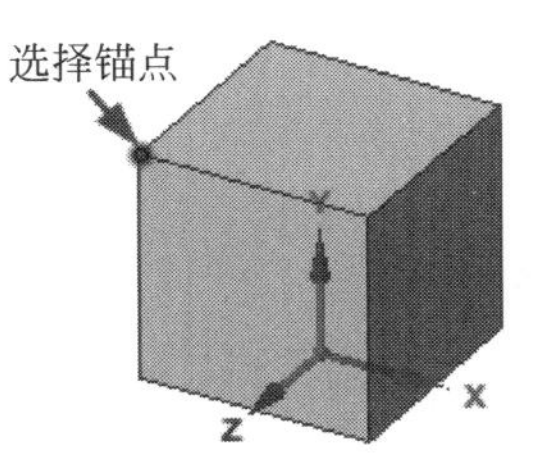

图 4-61 选择锚点

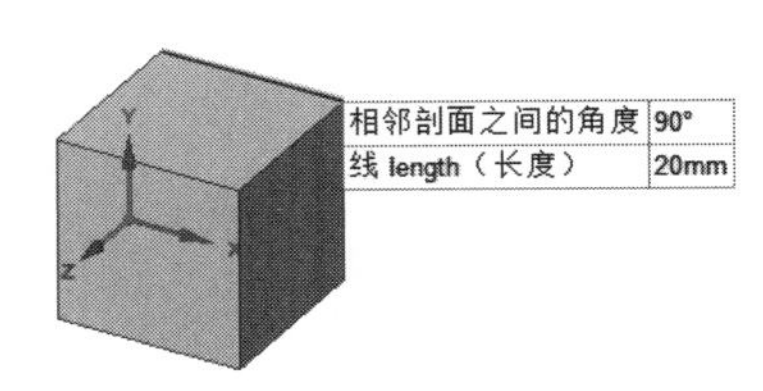

图 4-62 放大实体

注意： 如果输入的缩放倍数为 0～1 的小数，则缩小实体。

4.2.8 拉动创建槽

一般情况下在实体上创建槽，是通过绘制槽形草图，然后通过拉伸剪切来创建，

Note

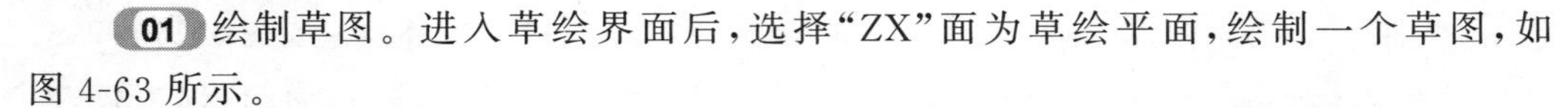

SpaceClaim 可直接利用现有的孔通过拉伸来创建槽，大大提高了工作效率，具体操作可根据下例进行：

01 绘制草图。进入草绘界面后，选择“ZX”面为草绘平面，绘制一个草图，如图 4-63 所示。

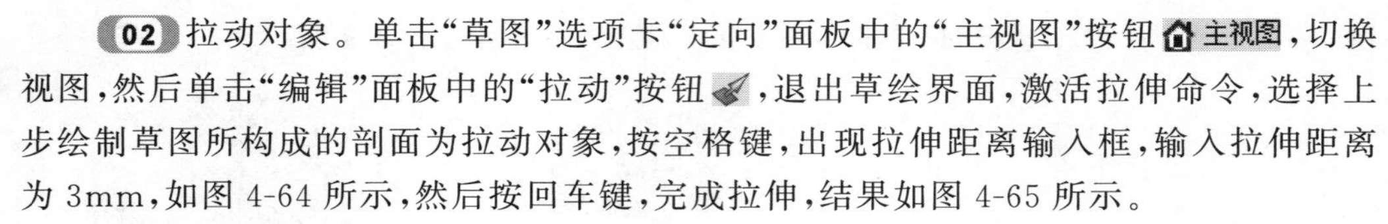

02 拉动对象。单击“草图”选项卡“定向”面板中的“主视图”按钮 主视图，切换视图，然后单击“编辑”面板中的“拉动”按钮，退出草绘界面，激活拉伸命令，选择上步绘制草图所构成的剖面为拉动对象，按空格键，出现拉伸距离输入框，输入拉伸距离为 3mm，如图 4-64 所示，然后按回车键，完成拉伸，结果如图 4-65 所示。

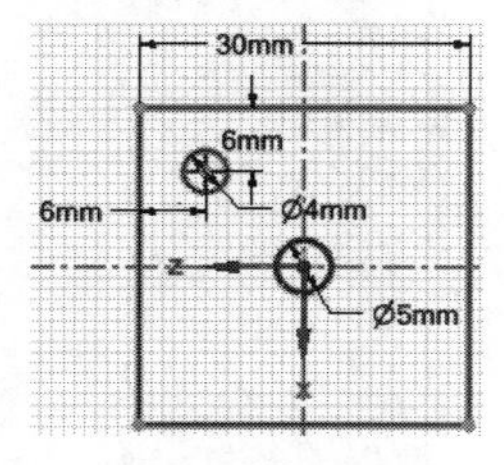

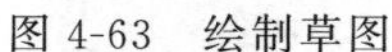

图 4-63　绘制草图

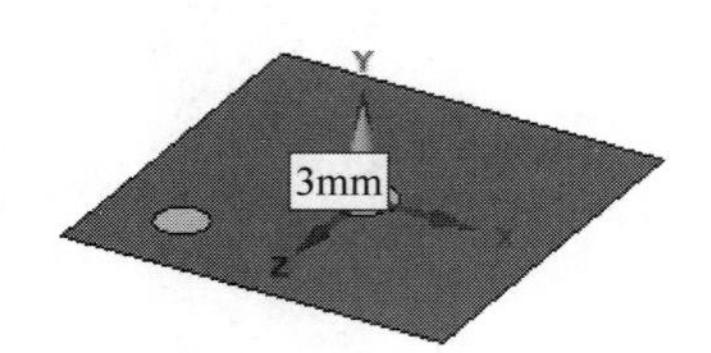

图 4-64　输入拉伸距离

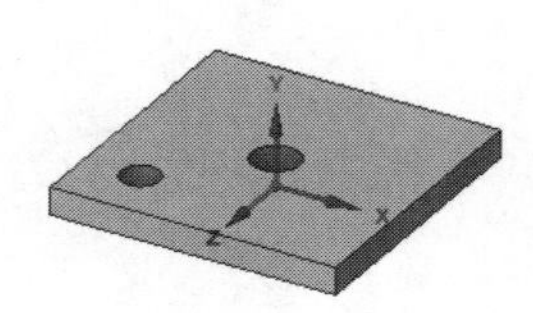

图 4-65　拉伸结果

03 拉伸槽。选择左侧圆孔的轴线，然后选择向导工具中的“拉动方向”按钮，选择最左侧边线为拉伸方向的边线，如图 4-66 所示，然后按空格键，出现拉伸距离输入框，输入拉伸距离为 20mm，按回车键，结果如图 4-67 所示。

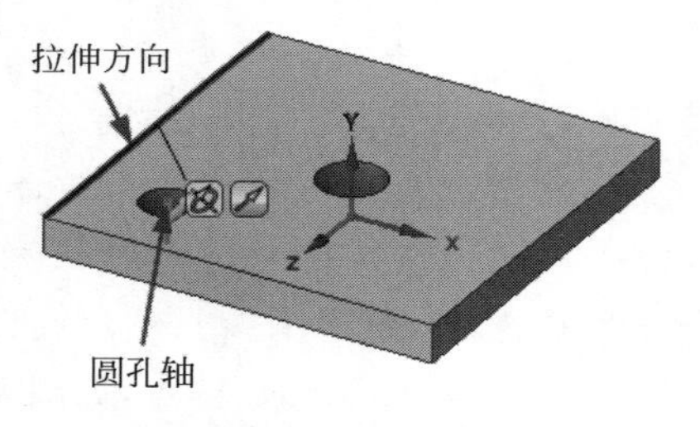

图 4-66　选择拉伸边线和方向

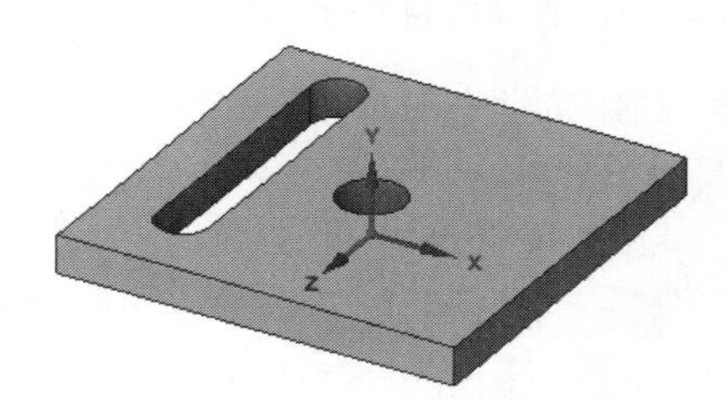

图 4-67　拉伸槽

04 旋转槽。选择中间圆孔的轴线，然后选择向导工具中的“旋转”按钮，选择旋转轴线，如图 4-68 所示，按空格键，出现旋转角度输入框，输入旋转角度为 $-20°$，按回车键，结果如图 4-69 所示。

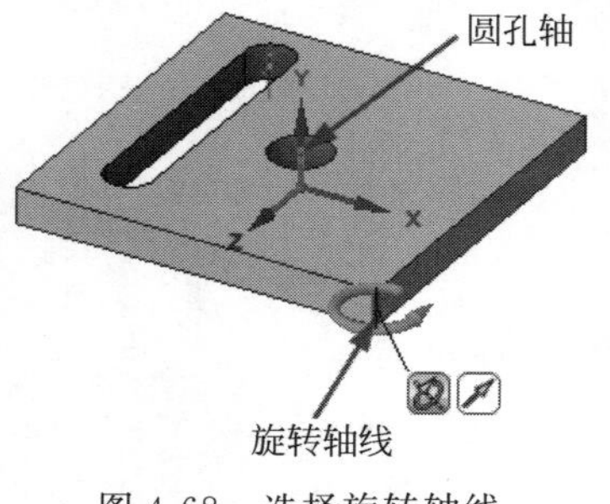

图 4-68　选择旋转轴线

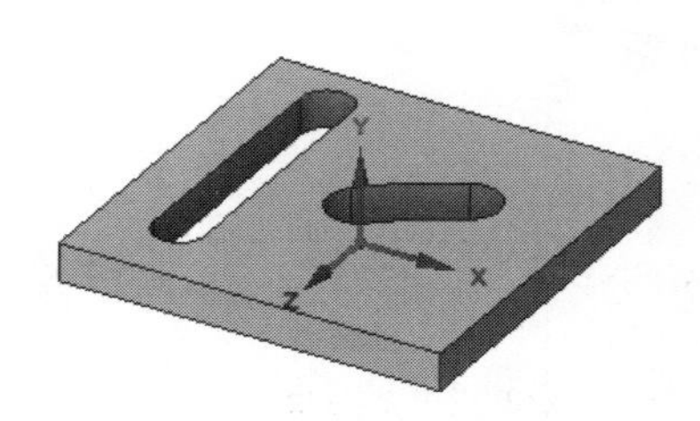

图 4-69　旋转槽

Note

4.3　移　　动

在"草图"选项卡"编辑"面板中的"移动"按钮,可以对三维实体或者二维草图进行移动、旋转、复制、阵列等操作,本节主要讲解对三维草图的移动功能。

4.3.1　移动、复制对象

01 绘制草图。进入草绘界面后,选择"ZX"面为草绘平面,绘制一个草图,如图 4-70 所示。

02 拉动对象。单击"草图"选项卡"定向"面板中的"主视图"按钮主视图,切换视图,然后单击"编辑"面板中的"拉动"按钮,退出草绘界面,激活拉伸命令,选择上步绘制草图所构成的剖面为拉动对象,按空格键,出现拉伸距离输入框,输入拉伸距离为 3mm,如图 4-71 所示,然后按回车键,完成拉伸,结果如图 4-72 所示。

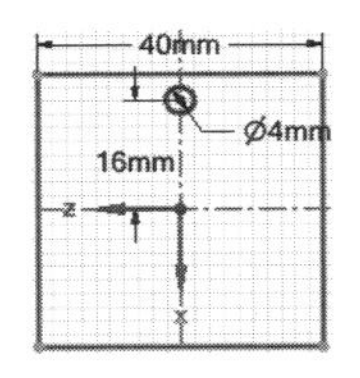

图 4-70　绘制草图

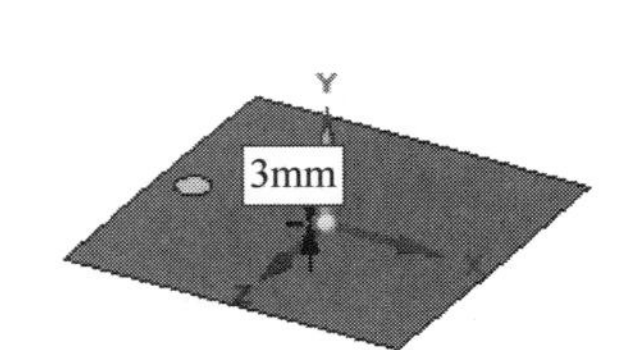

图 4-71　输入拉伸距离

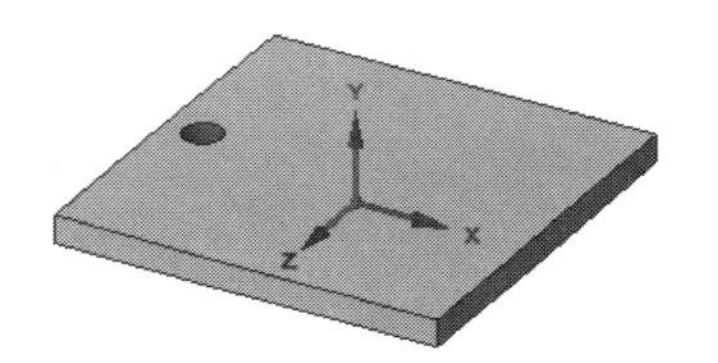

图 4-72　拉伸结果

03 移动圆。单击"编辑"面板中的"移动"按钮,选择模型中圆孔的面或轴线,出现移动手柄,然后向 Z 轴正向拖动箭头,出现移动距离输入框,输入距离 15mm,如图 4-73 所示,按回车键,完成移动,结果如图 4-74 所示。

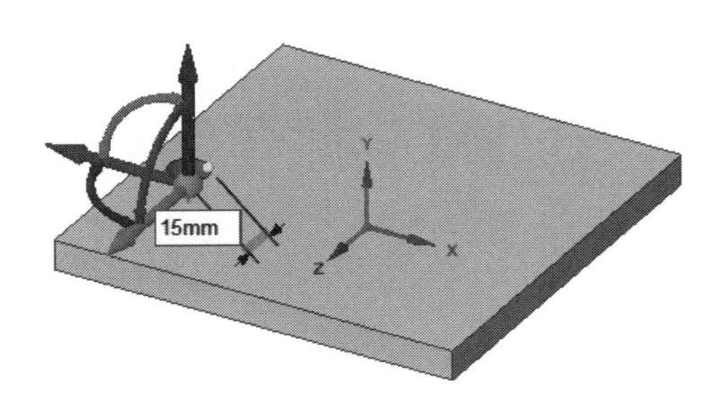

图 4-73　输入移动距离

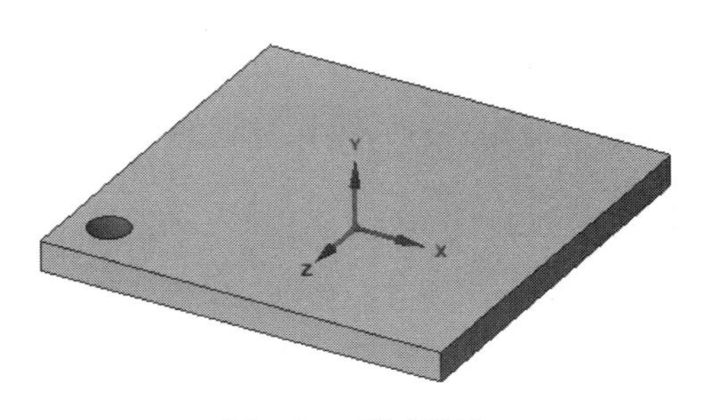

图 4-74　完成移动

04 复制圆。单击"编辑"面板中的"移动"按钮,选择模型中圆孔的面或轴线,出现移动手柄,按住 Ctrl 键,然后向 Z 轴负向拖动箭头,出现复制移动距离输入框,输入距离 30mm,如图 4-75 所示,按回车键,完成移动,结果如图 4-76 所示,同理将得到的两个圆再向 X 轴正向复制移动 30mm,结果如图 4-77 所示。

Note

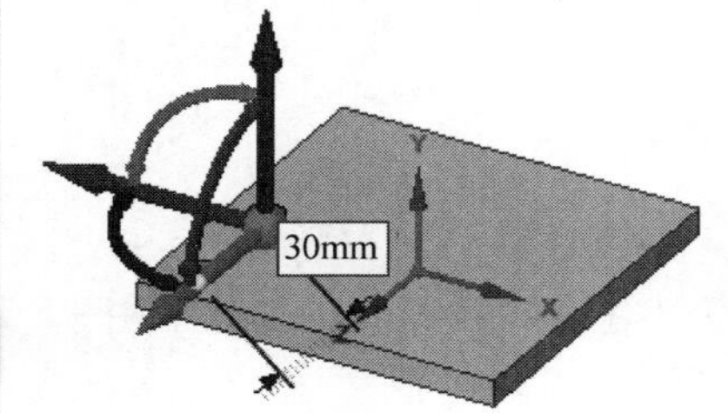

图 4-75　输入复制移动距离

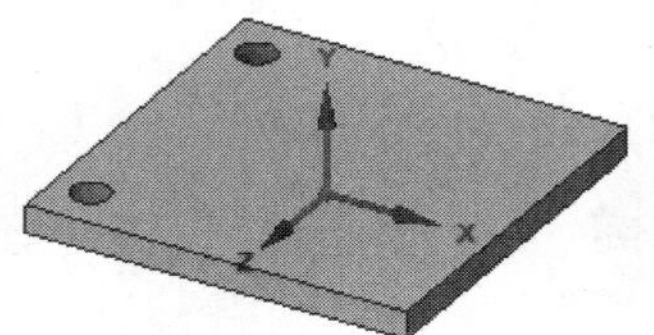

图 4-76　完成复制

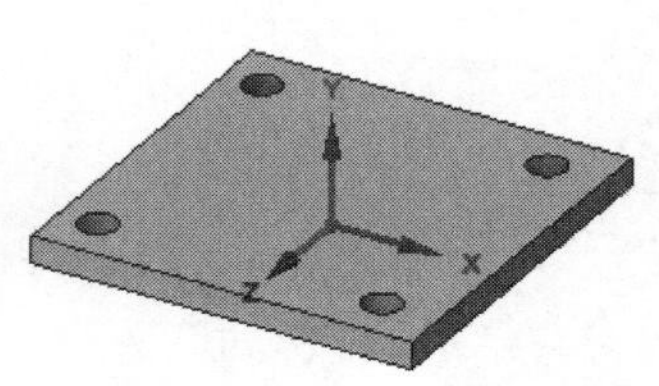

图 4-77　最终结果

4.3.2　移动拉伸、复制面

01 绘制草图。进入草绘界面后，选择“ZX”面为草绘平面，绘制一个草图，如图 4-78 所示。

02 拉动对象。单击“草图”选项卡“定向”面板中的“主视图”按钮 主视图，切换视图，然后单击“编辑”面板中的“拉动”按钮，退出草绘界面，激活拉伸命令，选择上步绘制草图所构成的剖面为拉动对象，按空格键，出现拉伸距离输入框，输入拉伸距离为 5mm，然后按回车键，完成拉伸，结果如图 4-79 所示。

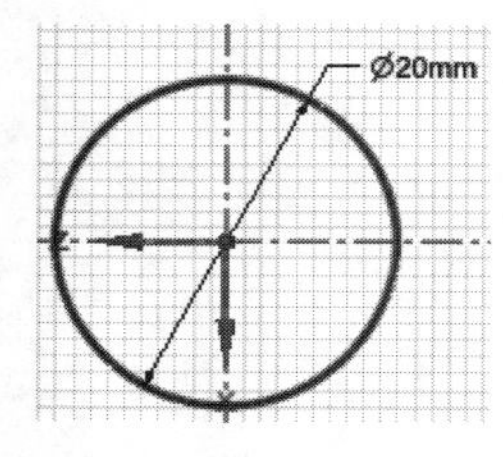

图 4-78　绘制草图

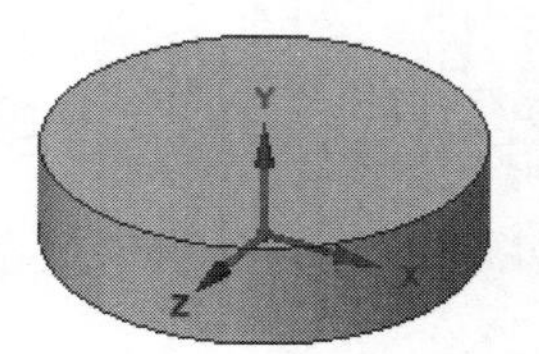

图 4-79　拉伸结果

03 移动拉伸面。如果上一步拉伸的距离不能满足要求，可以利用移动命令，通过拉伸面来满足设置要求。单击“编辑”面板中的“移动”按钮，选择模型的上表面，出现移动手柄，然后向 Y 轴正向拖动箭头，出现移动距离输入框，输入距离 15mm，如图 4-80 所示，按回车键，完成移动，结果如图 4-81 所示。

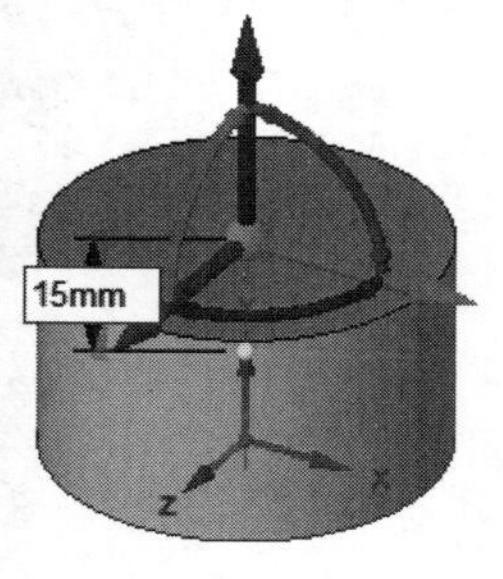

图 4-80　输入距离

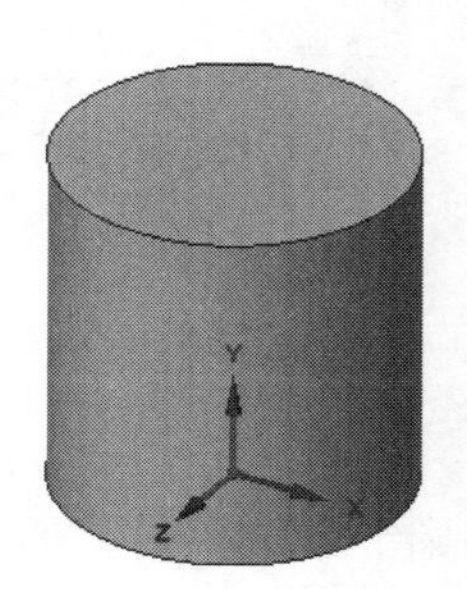

图 4-81　移动拉伸

04 移动复制面。单击“编辑”面板中的“移动”按钮，选择模型的上表面，出现移动手柄，按住 Ctrl 键，然后向 Y 轴正向拖动箭头，出现移动距离输入框，输入距离

10mm，如图 4-82 所示，按回车键，完成上表面的复制移动，结果如图 4-83 所示，此操作有利于草绘平面的创建，对建模十分有利。

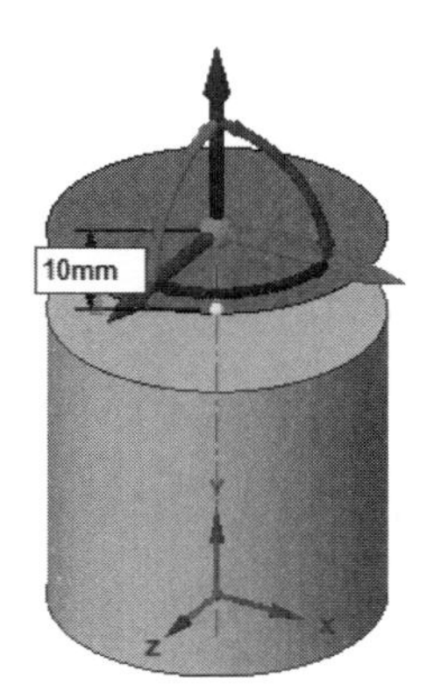

图 4-82 输入复制移动距离

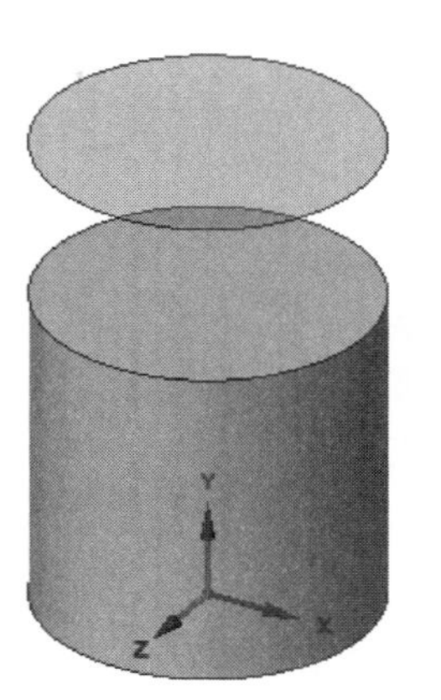

图 4-83 移动复制面

4.3.3 移动旋转

移动旋转操作可以旋转实体以及面等，也可以进行旋转复制，具体操作可根据下例进行：

01 绘制草图。进入草绘界面后，选择“ZX”面为草绘平面，绘制一个草图，如图 4-84 所示。

02 拉动对象。单击“草图”选项卡“定向”面板中的“主视图”按钮 主视图，切换视图，然后单击“编辑”面板中的“拉动”按钮，退出草绘界面，激活拉伸命令，选择上步绘制草图所构成的剖面为拉动对象，按空格键，出现拉伸距离输入框，输入拉伸距离为 1mm，然后按回车键，完成拉伸，结果如图 4-85 所示。

03 旋转实体。如果上一步拉伸的距离不能满足要求，可以利用移动命令，通过旋转来满足设置要求。单击“编辑”面板中的“移动”按钮，选择整个模型，出现移动手柄，如图 4-86 所示，这里让模型绕模型前表面的下边线旋转，需要将移动手柄调整到该处，单击向导工具中的“定位”按钮，然后选择模型前表面的下边，移动手柄自动和该边线的中点重合，如图 4-87 所示，然后拖动要旋转的方向手柄，出现旋转的角度输入框，在输入框中输入 270°，如图 4-88 所示，按回车键，完成旋转，结果如图 4-89 所示。

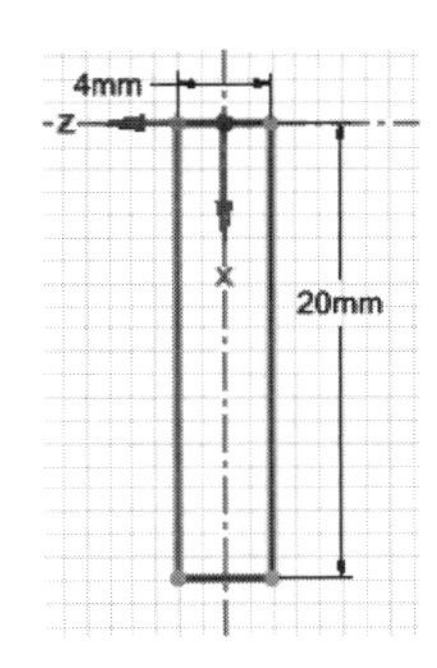

图 4-84 绘制草图

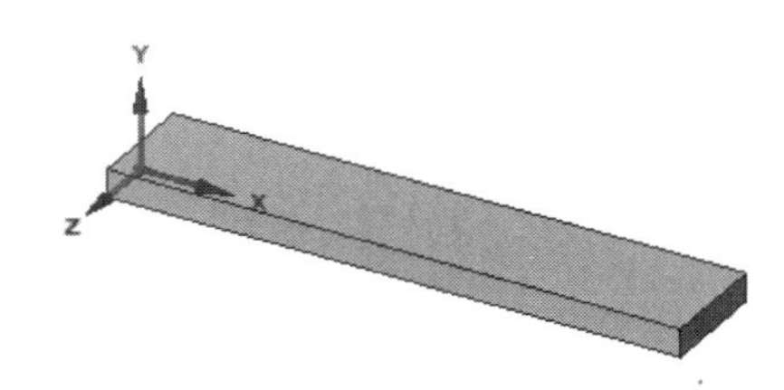

图 4-85 拉伸结果

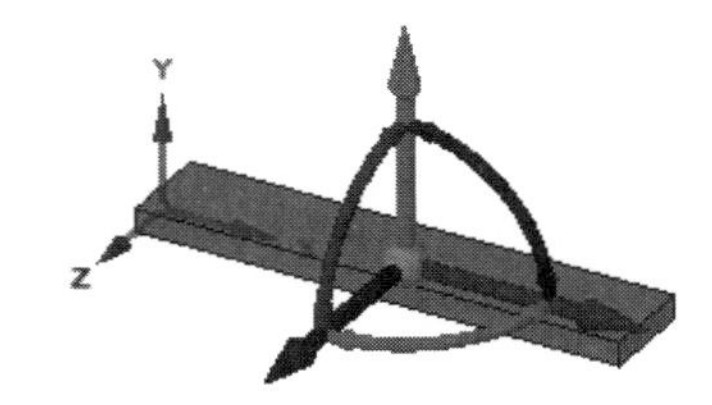

图 4-86 移动手柄

Note

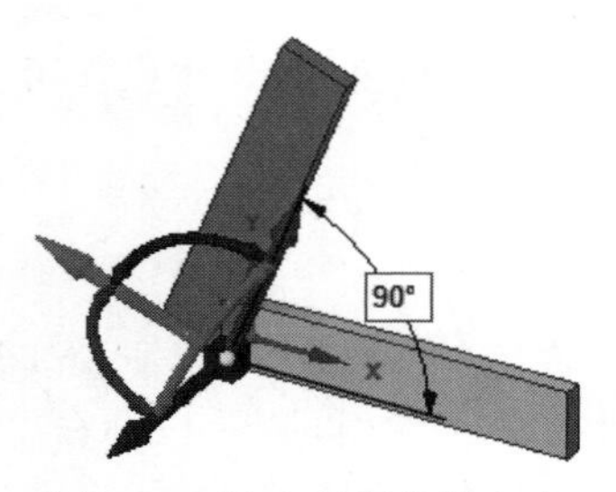

图 4-87　调整移动手柄

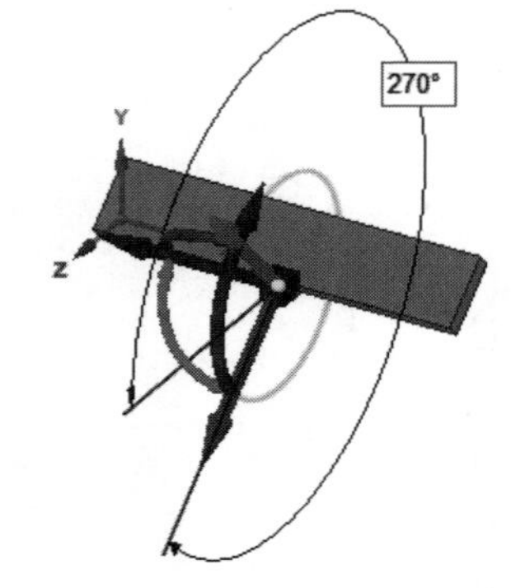

图 4-88　输入旋转角度

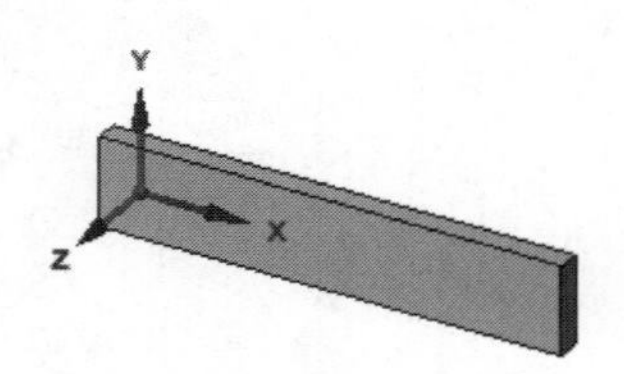

图 4-89　完成旋转

04 旋转复制实体。单击“编辑”面板中的“移动”按钮，选择整个模型出现移动手柄，单击向导工具中的“定位”按钮，将移动手柄调整到左侧面的下边线，按住Ctrl键，然后拖动要旋转的方向手柄，出现旋转的角度输入框，在输入框中输入90°，如图4-90所示，按回车键，完成旋转复制，结果如图4-91所示。

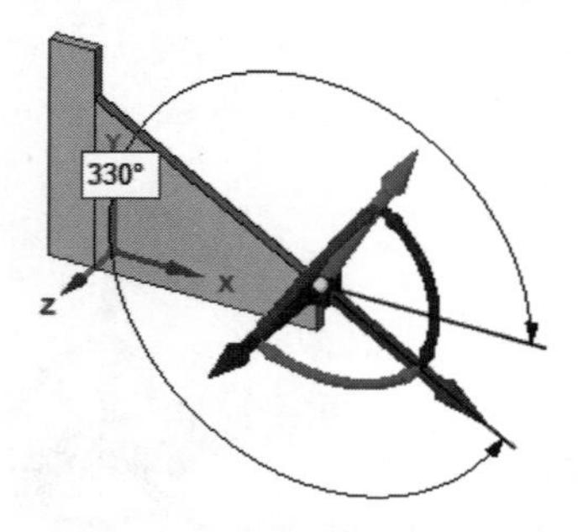

图 4-90　输入复制旋转角度

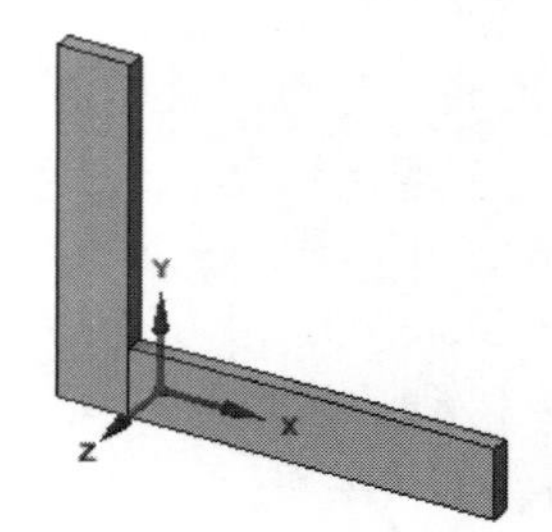

图 4-91　移动复制面

05 旋转面。单击“编辑”面板中的“移动”按钮，选择右侧模型的上表面出现移动手柄，单击向导工具中的“定位”按钮，将移动手柄调整到该表面的右边线，然后拖动要旋转的方向手柄，出现旋转的角度输入框，在输入框中输入330°，如图4-92所示，按回车键，完成面的旋转，结果如图4-93所示。如果在旋转面的同时按住Ctrl键，则可以旋转复制该面到指定角度，这里不再赘述。

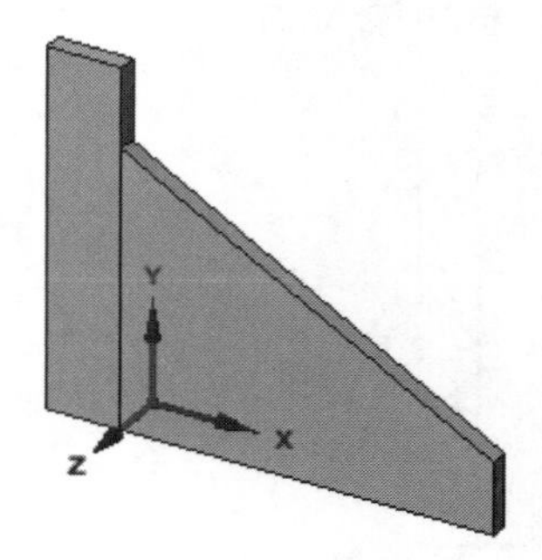

图 4-92　输入复制旋转角度

图 4-93　旋转面

Note

4.3.4 移动阵列

移动阵列操作可以对实体或面进行线性阵列，也可进行环形阵列，具体操作可根据下例进行：

01 绘制草图 1。进入草绘界面后，选择“ZX”面为草绘平面，绘制一个草图，如图 4-94 所示。

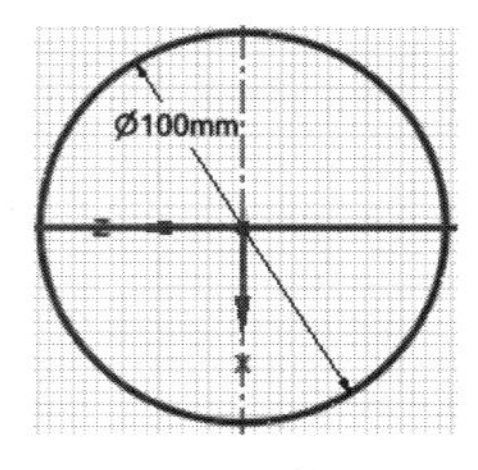

图 4-94　绘制草图 1

02 拉动对象。单击“草图”选项卡“定向”面板中的“主视图”按钮主视图，切换视图，然后单击“编辑”面板中的“拉动”按钮，退出草绘界面，激活拉伸命令，选择上步绘制草图所构成的剖面为拉动对象，按空格键，出现拉伸距离输入框，输入拉伸距离为 3mm，然后按回车键，完成拉伸，结果如图 4-95 所示。

03 绘制草图 2。选择模型的上表面为草绘平面，绘制草图，如图 4-96 所示。

04 拉动对象。单击“草图”选项卡“定向”面板中的“主视图”按钮主视图，切换视图，然后单击“编辑”面板中的“拉动”按钮，退出草绘界面，激活拉伸命令，选择上步绘制草图所构成的剖面为拉动对象，按空格键，出现拉伸距离输入框，输入拉伸距离为 10mm，然后按回车键，完成拉伸，结果如图 4-97 所示。

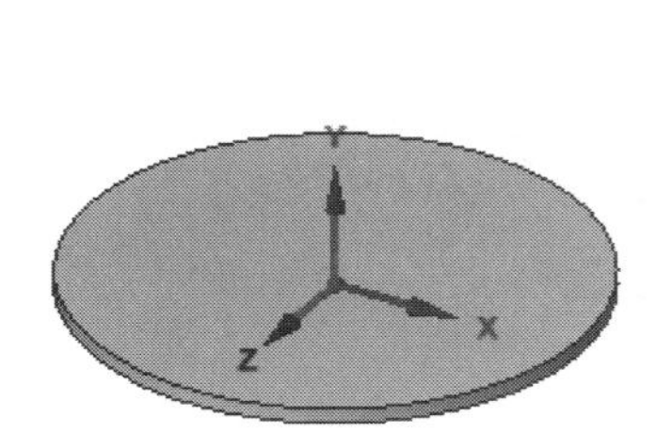

图 4-95　拉伸结果

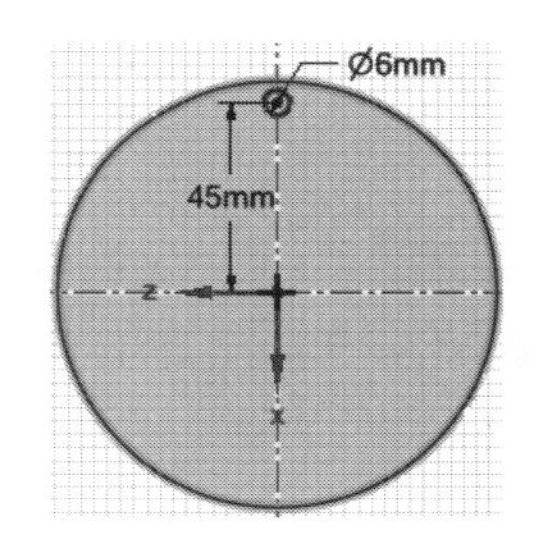

图 4-96　绘制草图 2

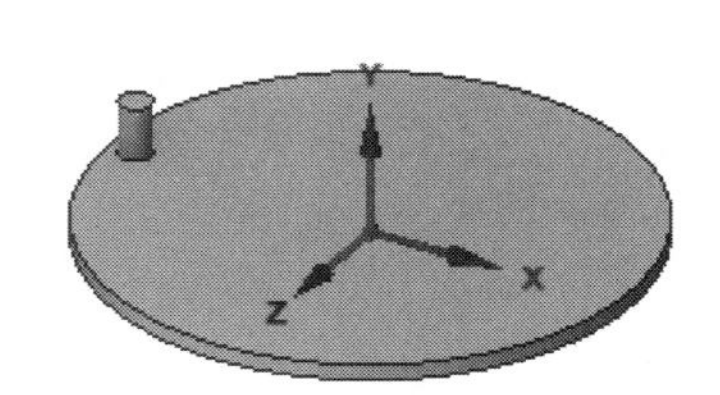

图 4-97　拉伸结果

05 线性阵列。单击“编辑”面板中的“移动”按钮，选择拉伸的小圆的所有面，并在“选项-移动”面板中勾选“创建阵列”命令，如图 4-98 所示，然后沿 X 轴拖动移动手柄，出现移动距离和计数输入框，输入计数为 4，再输入移动距离为 30mm，如图 4-99 所示，按回车键，完成线性阵列，结果如图 4-100 所示。

图 4-98　选择阵列对象

Note

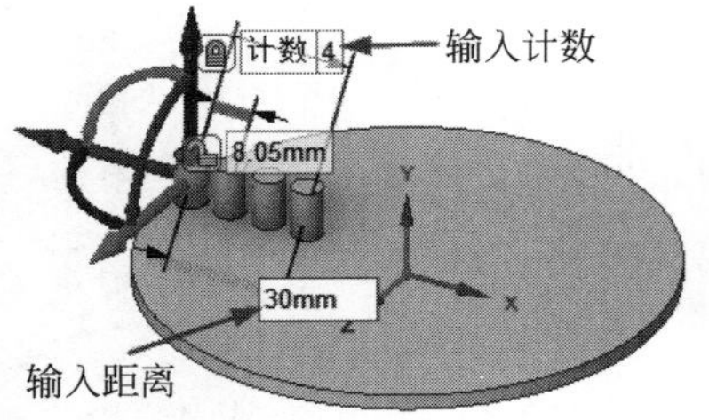

图 4-99　设置阵列参数

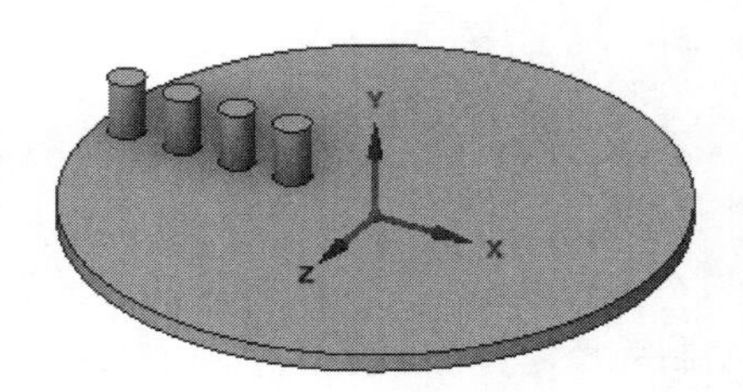

图 4-100　线性阵列

06 环形阵列。单击"编辑"面板中的"移动"按钮，选择上步阵列后所有小圆柱的面，此时图形中仍会显示这些圆柱的几何关系为阵列关系，为方便修改，在此处不予理会，然后在"选项-移动"面板中勾选"创建阵列"命令，如图 4-101 所示，单击向导工具中的"定位"按钮，将移动手柄调整到坐标原点处，再拖动要旋转阵列的方向手柄，出现环形阵列角度输入框和阵列数目输入框，松开鼠标左键直接输入阵列的计数为 6，如图 4-102 所示，按回车键，完成环形阵列，结果如图 4-103 所示。

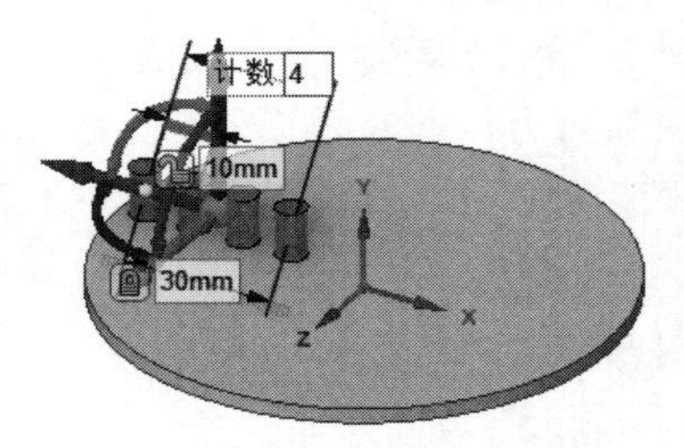

图 4-101　选择阵列对象

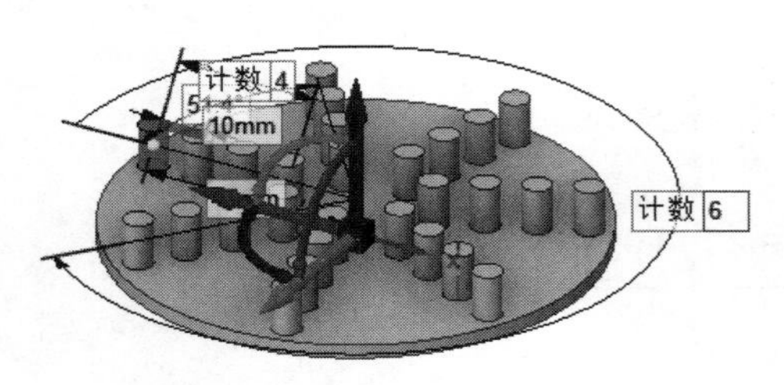

图 4-102　输入阵列数目

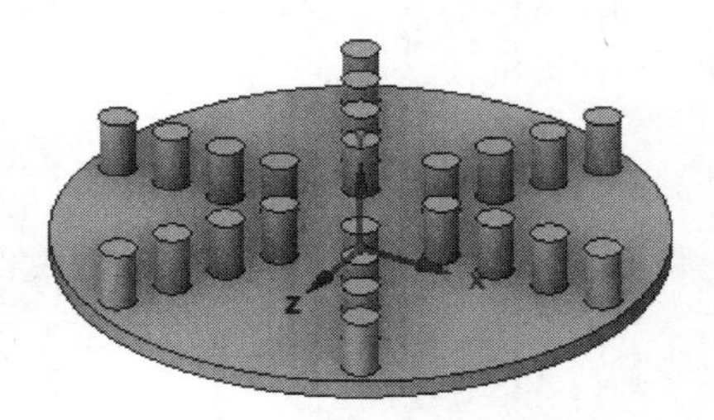

图 4-103　环形阵列

4.4　填　　充

填充工具可以填充具有包围曲面或实体的面，还可以修复许多切口，如倒角和圆角、旋转切除、凸起、凹陷以及通过组合工具删除的区域，具体操作可根据下例进行：

01 打开模型。单击快捷菜单栏中的"打开"按钮，弹出"打开"对话框，打开初始文件"填充"，如图 4-104 所示。

02 填充倒角。单击"草图"选项卡"编辑"面板中的"填充"按钮，选择模型中的倒角，如图 4-105 所示，然后单击向导工具中的"完成"按钮，完成倒角的填充，结果如图 4-106 所示。

03 填充圆角。选择模型中的一个圆角，如图 4-107 所示，然后单击向导工具中的"完成"按钮，完成圆角的填充，同理填充其他圆角，结果如图 4-108 所示。

04 填充圆。选择模型中的一个圆，如图 4-109 所示，然后单击向导工具中的"完成"按钮，完成圆的填充，结果如图 4-110 所示。

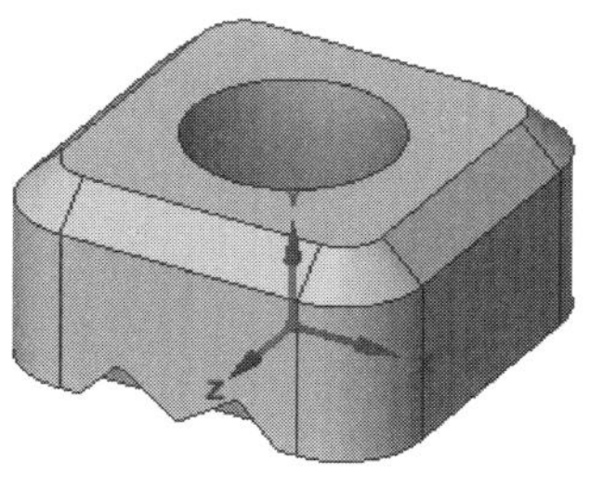

图 4-104　填充初始文件

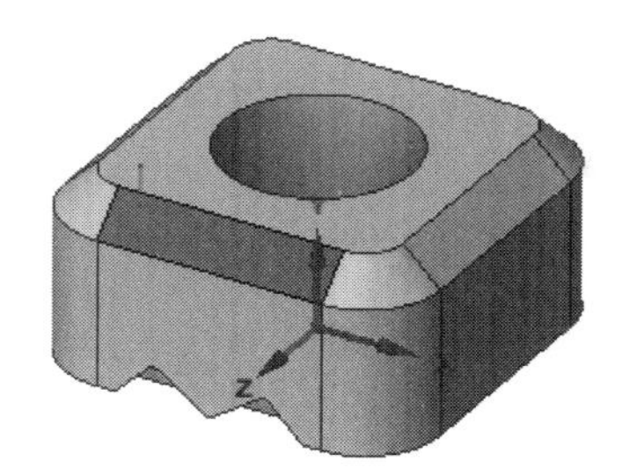

图 4-105　选择倒角

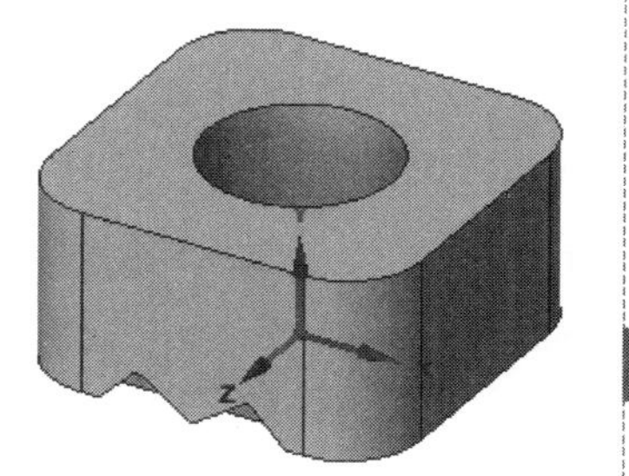

图 4-106　填充倒角

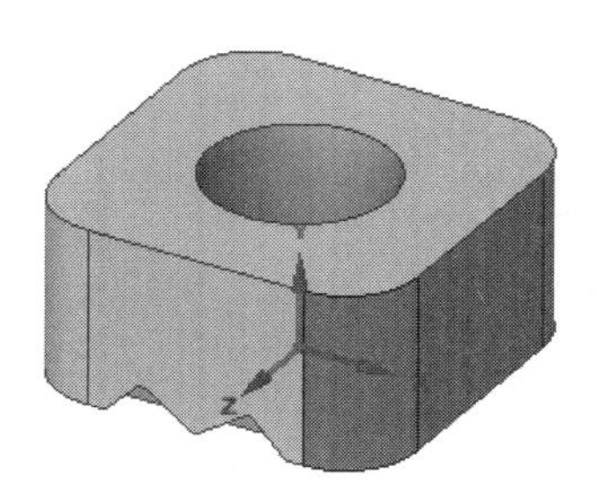

图 4-107　选择圆角

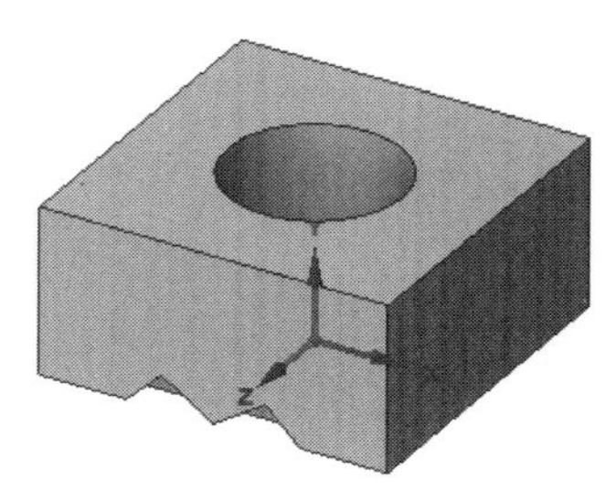

图 4-108　填充圆角

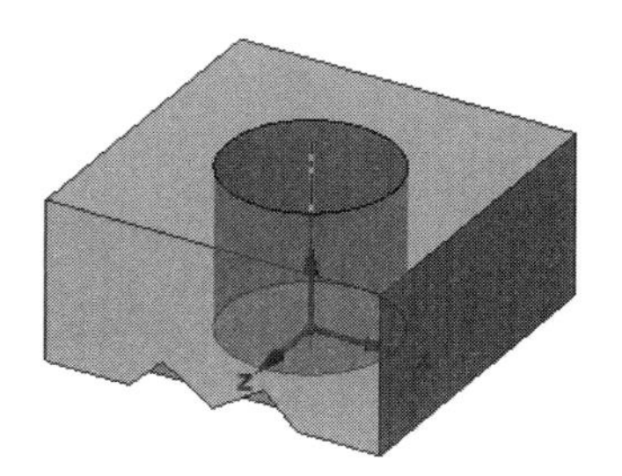

图 4-109　选择圆

05 填充切口。选择模型中的切口，选择的切口需要构成封闭的图形，如图 4-111 所示，然后单击向导工具中的“完成”按钮☑，完成切口的填充，结果如图 4-112 所示。

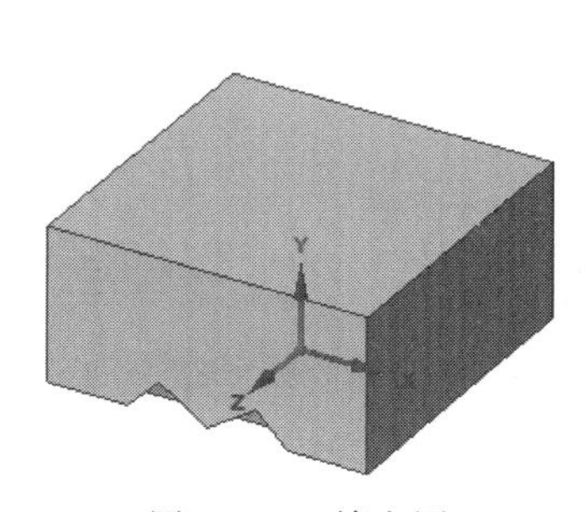

图 4-110　填充圆

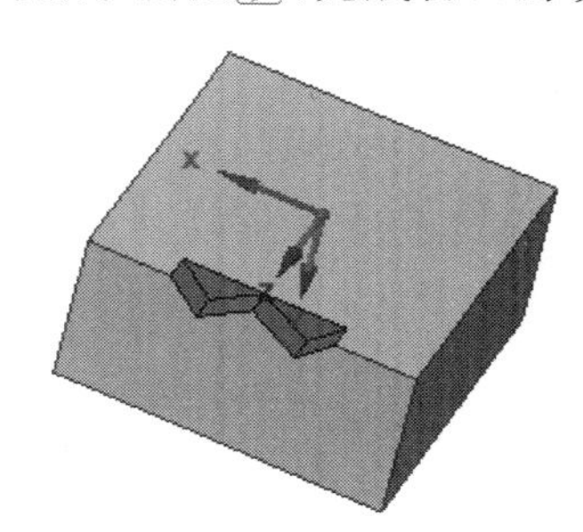

图 4-111　选择切口

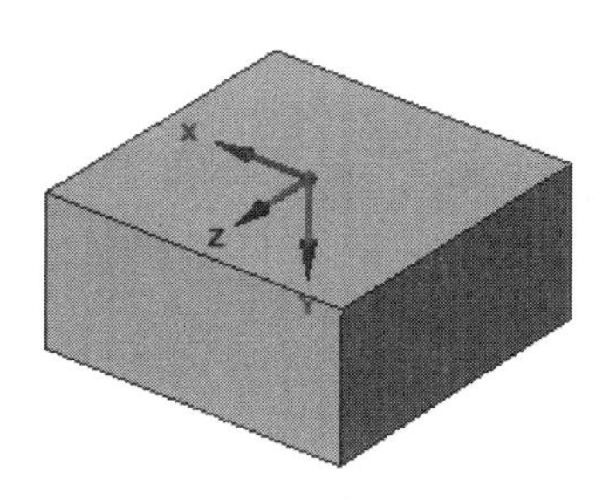

图 4-112　填充切口

4.5 融　合

融合是通过光滑过渡两个或更多工作平面或平面上的截面轮廓的形状来创建模型，它常用来创建一些具有复杂形状的零件，可以创建实体，也可创建曲面，融合过程可以直接融合也可按照指定的融合向导来融合。

4.5.1 融合曲面

融合曲面是通过选择开放的曲线来创建的，具体操作可根据下例进行：

01 绘制草图 1。进入草绘界面后，选择“ZX”面为草绘平面，绘制一条直线，如图 4-113 所示，绘制完成后退出草绘界面。

Note

02 绘制草图 2。单击"设计"选项卡"模式"面板中的"草图模式"按钮，重新进入草绘界面，选择"XY"平面为草绘平面，绘制一个圆弧，如图 4-114 所示，绘制完成后退出草绘界面。

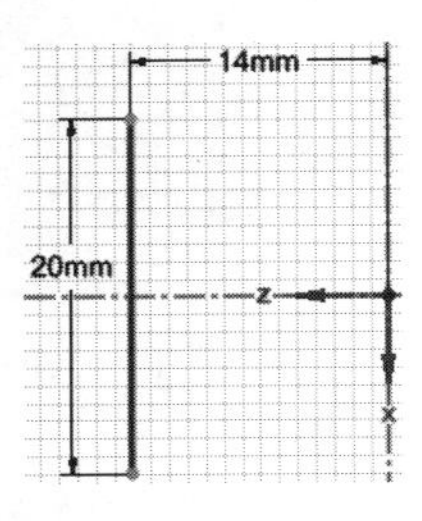

图 4-113　绘制草图 1

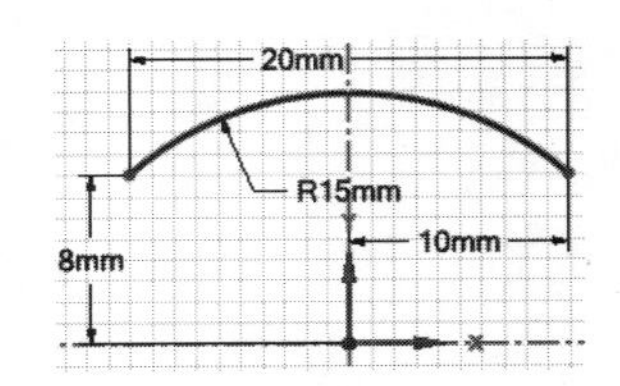

图 4-114　绘制草图 2

03 绘制草图 3。单击"设计"选项卡"模式"面板中的"草图模式"按钮，重新进入草绘界面，选择"YZ"平面为草绘平面，绘制一个圆弧，如图 4-115 所示，绘制完成后退出草绘界面，将视图调整为主视图方向，结果如图 4-116 所示。

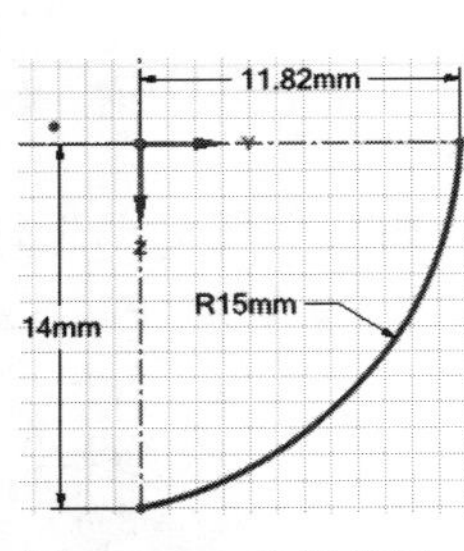

图 4-115　绘制草图 3

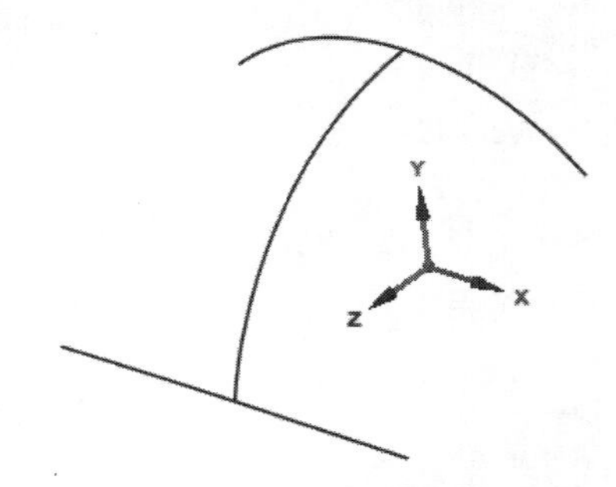

图 4-116　绘制结果

04 融合曲面。单击"设计"选项卡"编辑"面板中的"融合"按钮，按住 Ctrl 键，然后选择草图 1 和草图 2，然后单击向导工具栏中的"选择导轨"按钮，选择草图 3 为导轨，如图 4-117 所示，然后单击向导工具栏中的"完成"按钮，完成曲面的融合，结果如图 4-118 所示。如果不选择导轨，则融合曲面结果如图 4-119 所示。

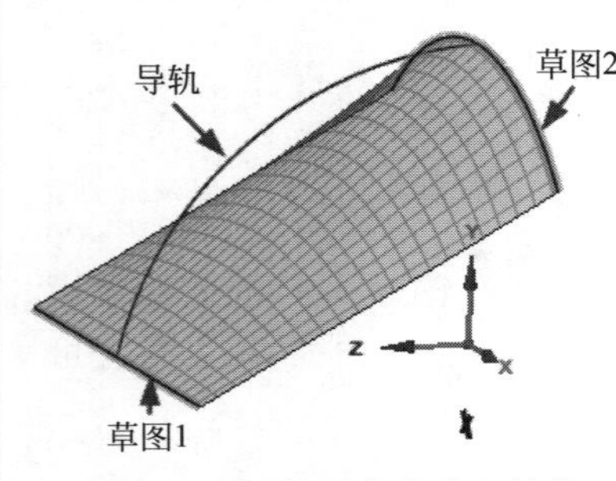

图 4-117　选择融合曲线和导轨

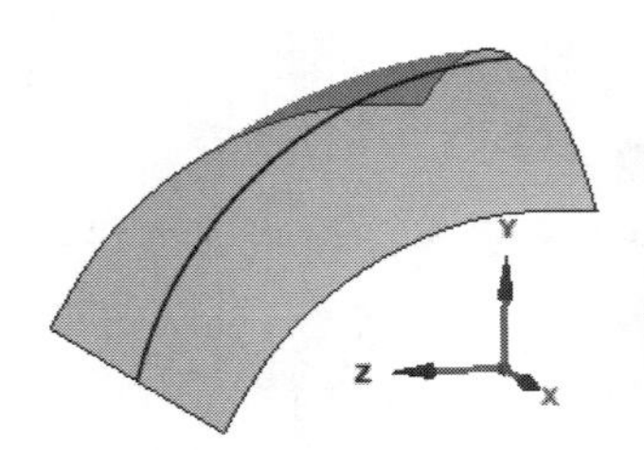

图 4-118　有导轨融合曲面

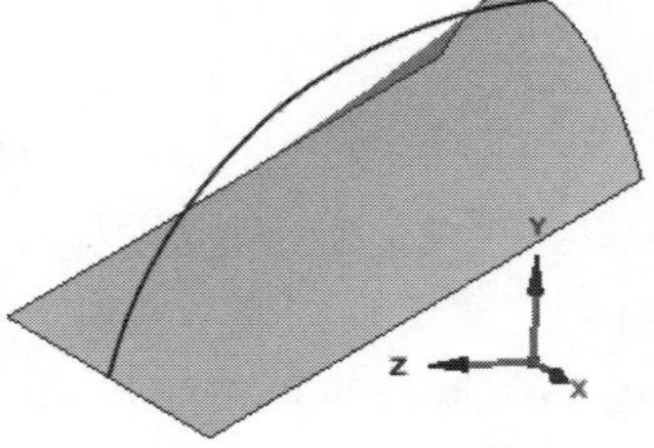

图 4-119　无导轨融合曲面

4.5.2　融合实体

融合实体是通过选择闭合的曲面来创建的，具体操作可根据下例进行：

01 绘制草图 1。进入草绘界面后，选择“ZX”面为草绘平面，绘制一个圆，如图 4-120 所示，绘制完成后退出草绘界面，然后将视图调整为主视图方向。

02 创建新平面。单击“设计”选项卡“创建”面板中的“平面”按钮，选择 Y 轴，创建一个和“ZX”平面重合的平面，如图 4-121 所示，然后单击“编辑”面板中的“移动”按钮，选择新建的平面，将其沿 Y 轴移动 50mm，结果如图 4-122 所示。

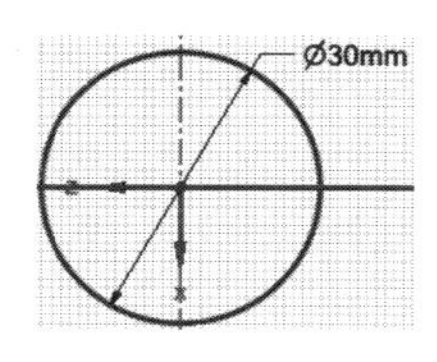

图 4-120 绘制草图 1

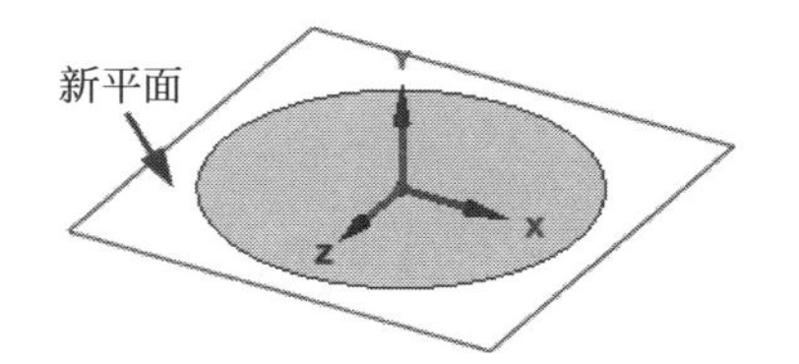

图 4-121 新建平面

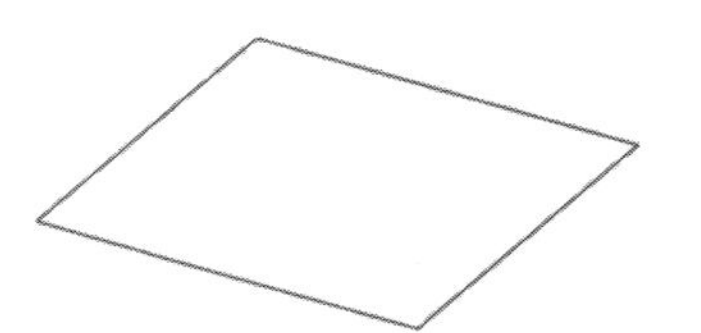

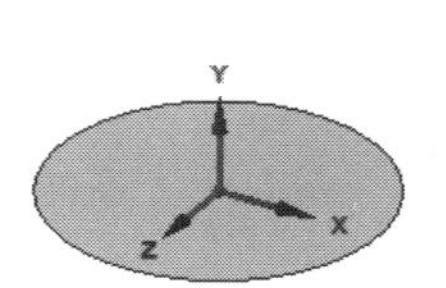

图 4-122 移动平面

03 绘制草图 2。单击“设计”选项卡“模式”面板中的“草图模式”按钮，重新进入草绘界面，选择新建的平面为草绘平面，绘制一个圆，如图 4-123 所示，绘制完成后退出草绘界面。

04 绘制草图 3。单击“设计”选项卡“模式”面板中的“草图模式”按钮，重新进入草绘界面，选择“XY”平面为草绘平面，绘制一个圆弧，如图 4-124 所示，绘制完成后退出草绘界面，将视图调整为主视图方向，结果如图 4-125 所示。

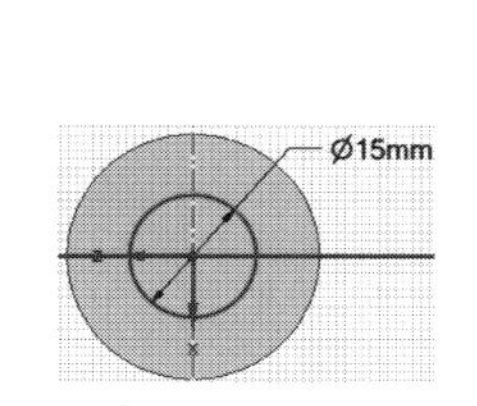

图 4-123 绘制草图 2

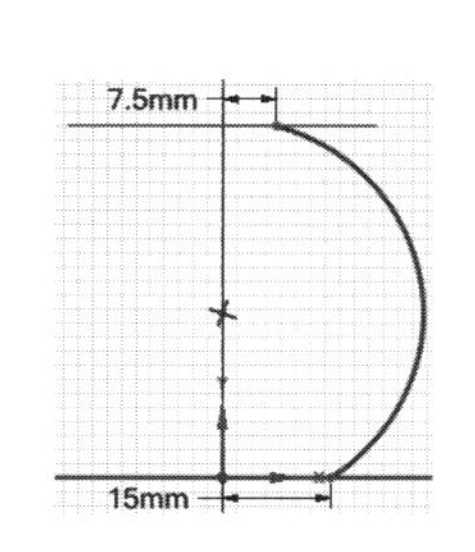

图 4-124 绘制草图 3

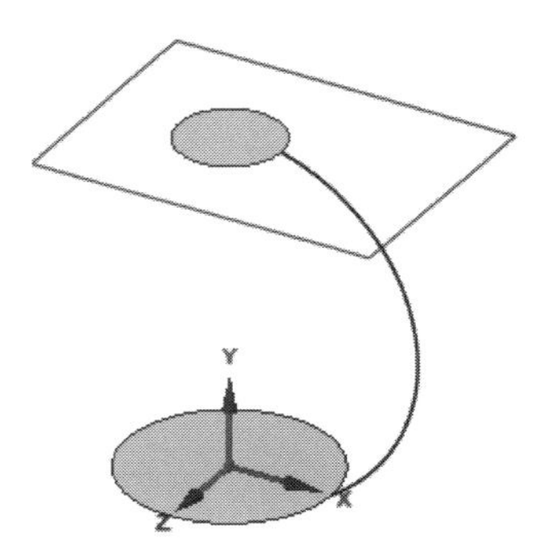

图 4-125 绘制结果

05 融合实体。单击“设计”选项卡“编辑”面板中的“融合”按钮，按住 Ctrl 键，然后选择草图 1 和草图 2 构成的曲面，然后单击向导工具栏中的“选择导轨”按钮，选择草图 3 为导轨，如图 4-126 所示，然后单击向导工具栏中的“完成”按钮，完成曲面的融合，结果如图 4-127 所示。如果不选择导轨，则融合曲面结果如图 4-128 所示。

Note

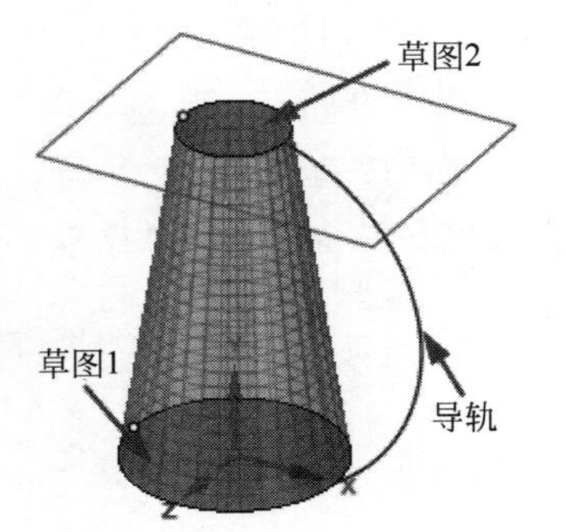

图 4-126　选择融合曲面和导轨

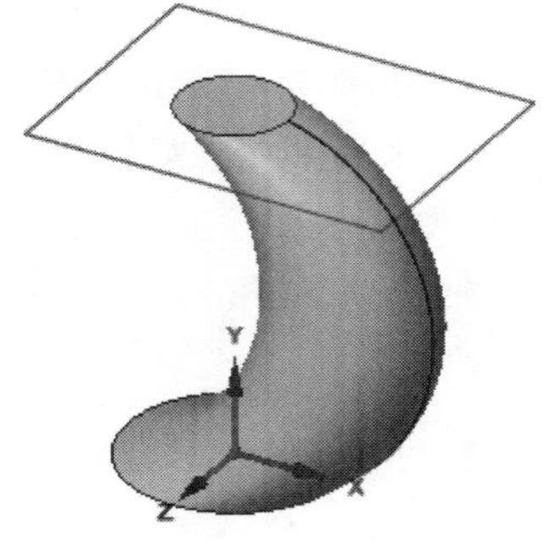

图 4-127　有导轨融合实体

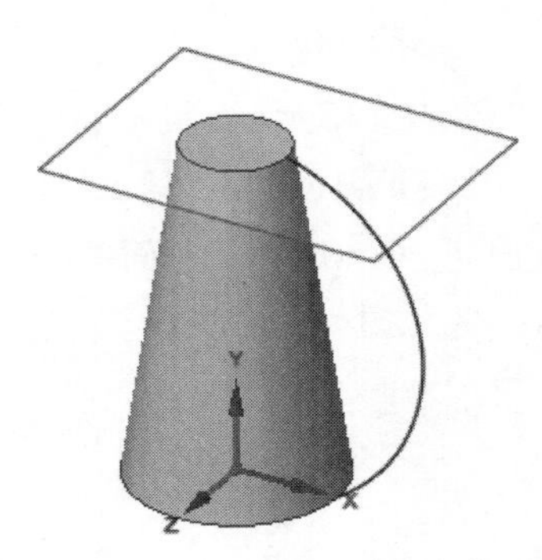

图 4-128　无导轨融合实体

4.6 替　　换

替换是利用源曲面或者平面替换现有的曲面或平面，具体操作可根据下例进行：

01 打开模型。单击快捷菜单栏中的“打开”按钮，弹出“打开”对话框，打开初始文件“替换”，如图 4-129 所示。

02 替换面。单击“设计”选项卡“编辑”面板中的“替换”按钮，选择模型的上表面为目标面，然后单击向导工具中的“源”按钮，选择模型中的曲面为源曲面，然后单击向导工具中的“完成”按钮，完成面的替换，结果如图 4-130 所示。

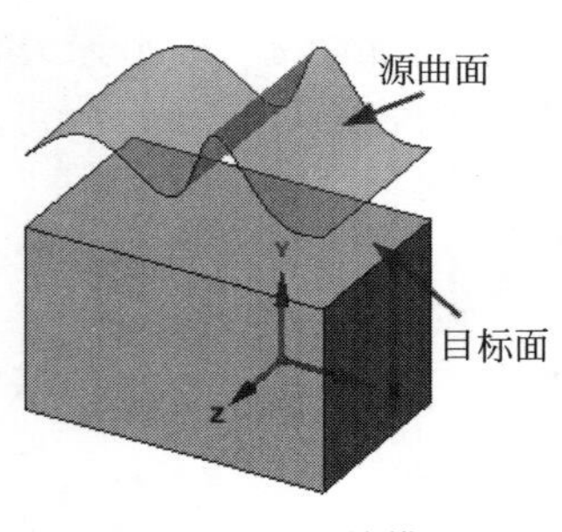

图 4-129　初始模型

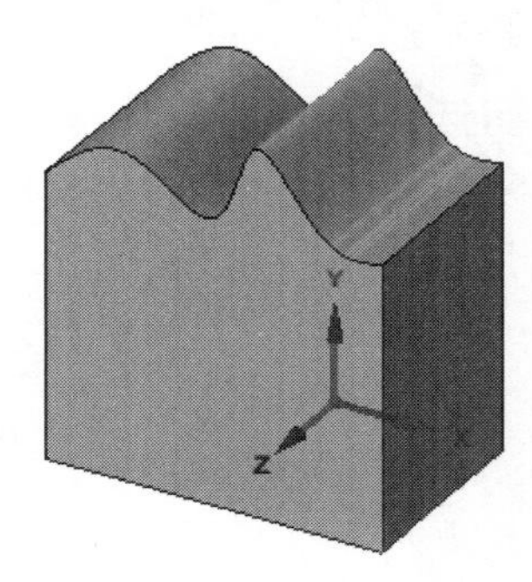

图 4-130　完成替换

4.7 调　整　面

调整面可以编辑任何平面或曲面以改变面的形状，可以通过调整面上的控制点、控制曲线、过渡曲线和扫掠曲线等方式进行调整。

单击“设计”选项卡“编辑”面板中的“调整面”按钮，打开“编辑”选项卡，如图 4-131 所示，包括编辑方法、选择、编辑以及显示面板。

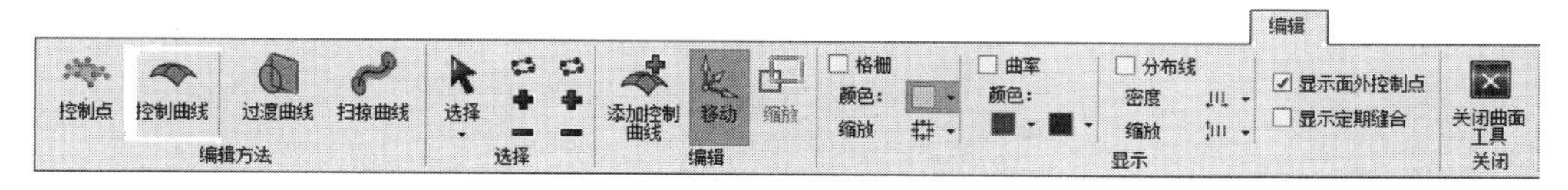

图 4-131　编辑选项卡

编辑方法包括控制点、控制曲线、过渡曲线和扫掠曲线，图 4-132 显示了不同编辑方法的显示方式。

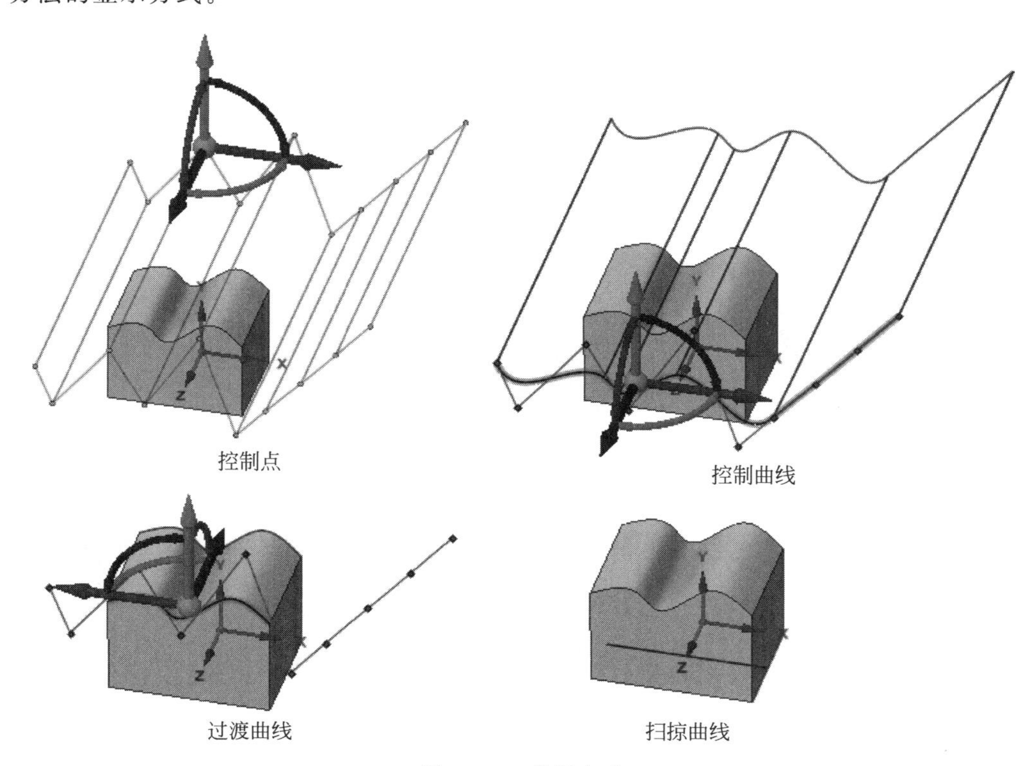

图 4-132　编辑方式

（1）控制点：调出调整曲面的控制点，通过移动控制点调整曲面。

（2）控制曲线：调出调整曲面的控制曲线，通过移动控制曲线调整曲面。

（3）过渡曲面：调整面或曲面的边线，使其几何形状重新融合为新曲面。

（4）扫掠曲线：编辑通过扫掠创建的面或曲面。

编辑方法的具体操作可根据下例进行：

01 打开模型。单击快捷菜单栏中的“打开”按钮，弹出“打开”对话框，打开初始文件“调整面”，如图 4-133 所示。

02 调整面。单击“设计”选项卡“编辑”面板中的“调整面”按钮，弹出“编辑”选项卡，单击“编辑方法”面板中的“控制点”按钮，然后选择模型的上表面，调出该表面的控制点，如图 4-134 所示，然后单击“编辑”面板中的“移动”按钮，选择一个控制点，如图 4-135 所示，向上移动控制手柄，结果如图 4-136 所示。

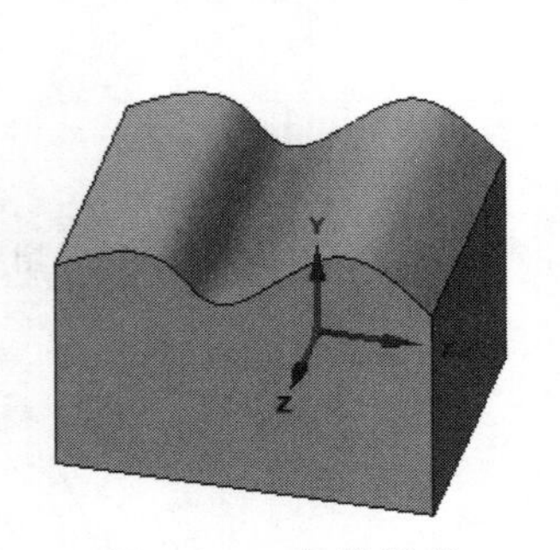

图 4-133　初始模型

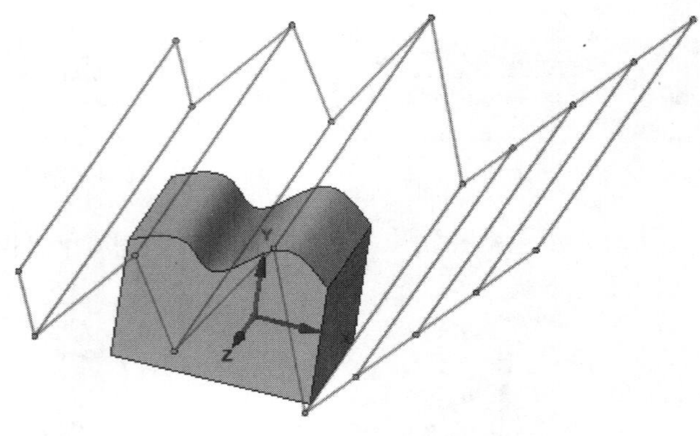

图 4-134　调出控制点

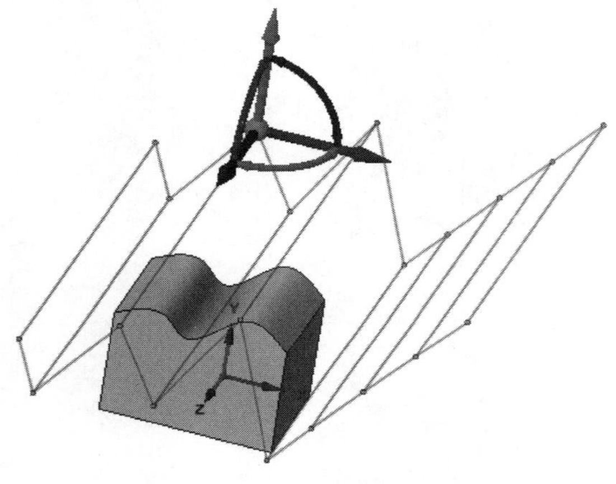

图 4-135　选择控制点

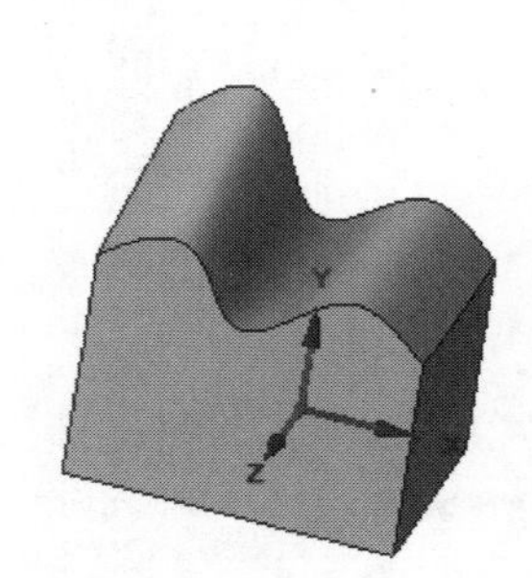

图 4-136　调整结果

4.8　相　　交

相交面板包括组合、分割主体、分割面和投影工具，可以将设计中的模型或曲面进行合并、分割，还可以将面的边投影到设计中的其他实体和曲面上。

4.8.1　组合工具

组合工具可以对实体或曲面进行合并、切割，类似于布尔操作，具体操作可根据下例进行：

01 打开模型。单击快捷菜单栏中的“打开”按钮，弹出“打开”对话框，打开初始文件“组合”，如图 4-137 所示，在结构面板中可以看到该模型包括 3 个实体。接下来通过组合工具来合并和分割，形成一个模型。

02 合并对象。单击“设计”选项卡“相交”面板中的“组合”按钮，选择模型的长方体 1 为目标体，然后单击向导工具中的“选择要合并的主体”按钮，再选择模型

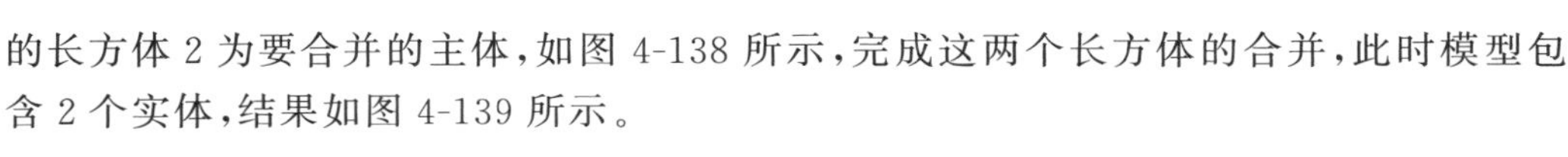

的长方体 2 为要合并的主体，如图 4-138 所示，完成这两个长方体的合并，此时模型包含 2 个实体，结果如图 4-139 所示。

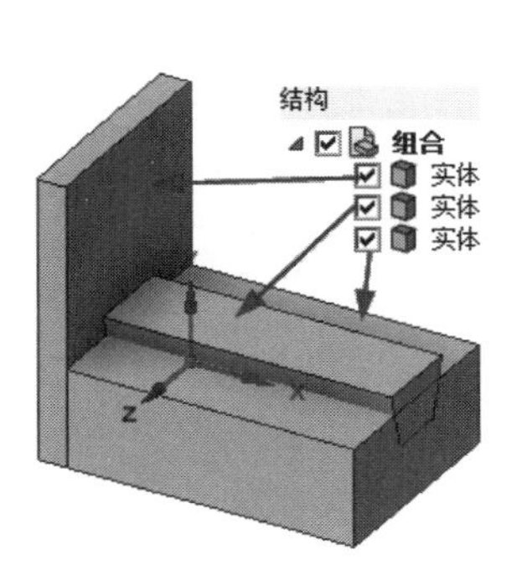

图 4-137　初始图形

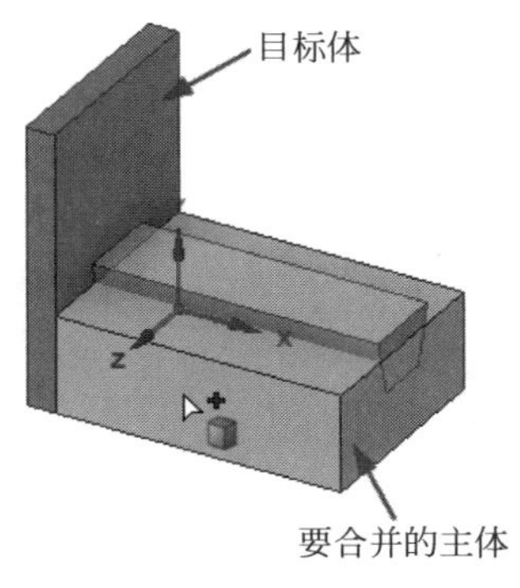

图 4-138　选择合并对象

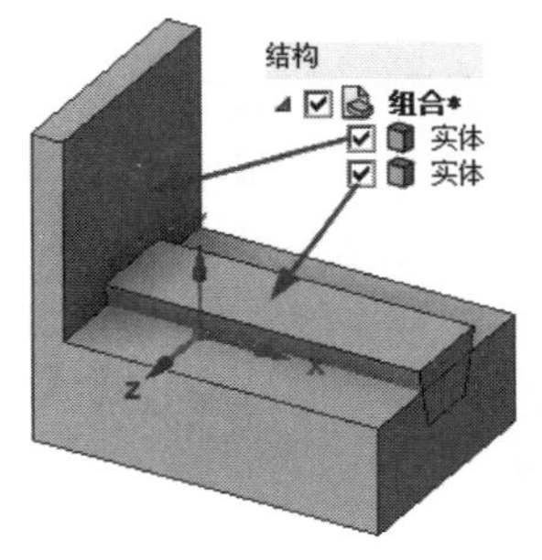

图 4-139　合并对象

03 切割对象。单击“设计”选项卡“相交”面板中的“组合”按钮，选择步骤 **02** 合并的模型为目标体，然后在“选项-组合”面板中取消“保留切割器”命令的选择，如图 4-140 所示，单击向导工具中的“选择刀具”按钮，再选择模型的长方体 2，如图 4-141 所示，此时切割刀具被删除，并把目标体切割，结果如图 4-142 所示，然后单击向导工具中的“选择要移除的区域”按钮，再选择要移除的区域，如图 4-143 所示，此时模型包含 1 个实体，结果如图 4-144 所示，完成切割，如果在选择要移除的区域时，选择图 4-143 的另一部分，结果如图 4-145 所示，相当于布尔操作的求交操作。

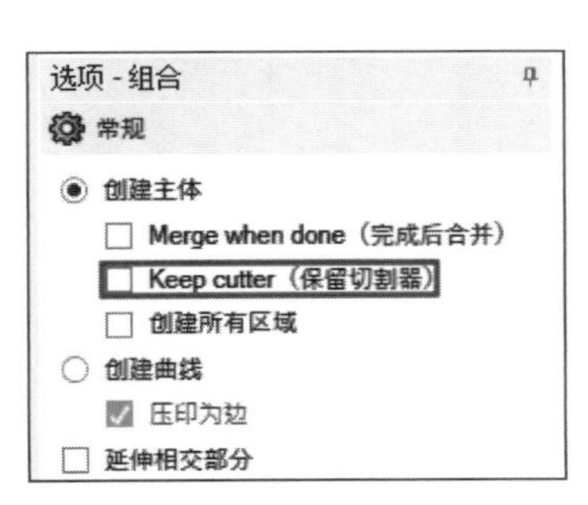

图 4-140　选项-组合面板

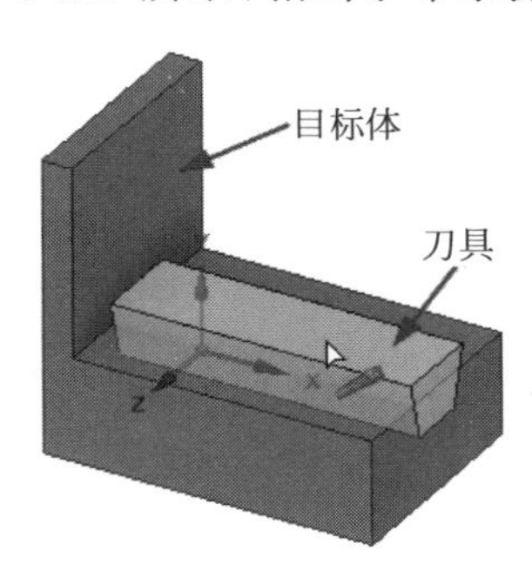

图 4-141　选择切割对象

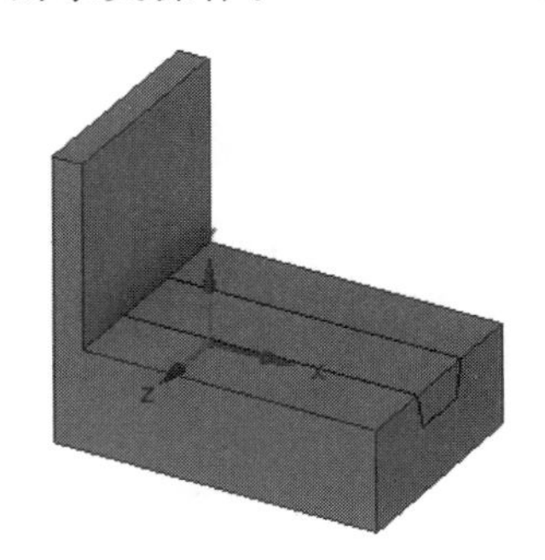

图 4-142　切割对象

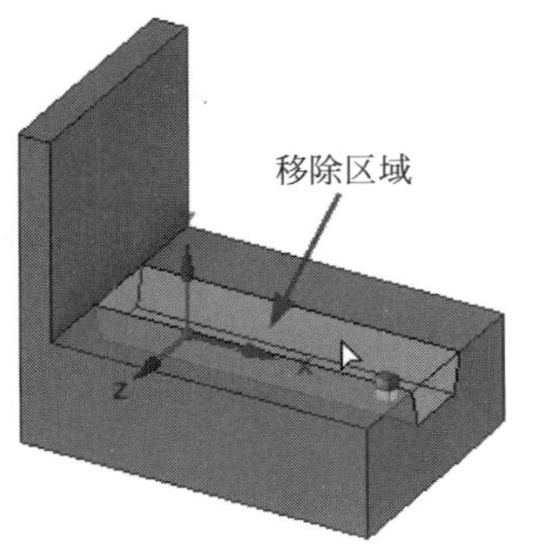

图 4-143　移除区域

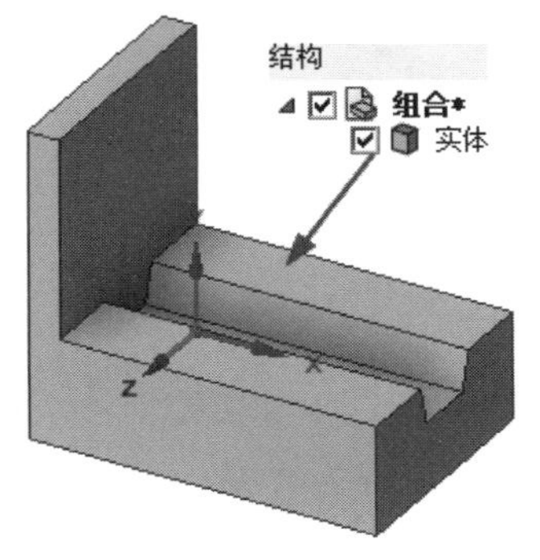

图 4-144　完成切割

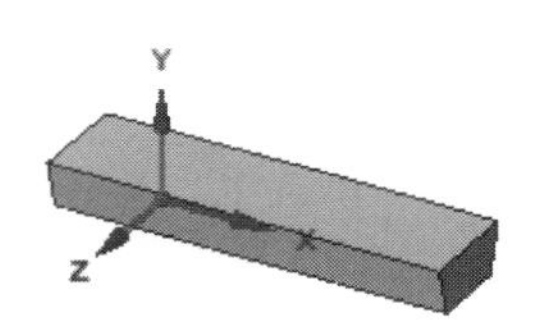

图 4-145　求交

Note

4.8.2 分割主体工具

分割主体工具可以通过模型的面、闭合边或者其他平面对模型进行分割，将模型分割为多个主体，还可以将分割的主体删除，具体操作可根据下例进行：

01 打开模型。单击快捷菜单栏中的"打开"按钮，弹出"打开"对话框，打开初始文件"分割主体"，如图 4-146 所示，在结构面板中可以看到该模型只有 1 个实体。接下来通过分割主体工具编辑模型。

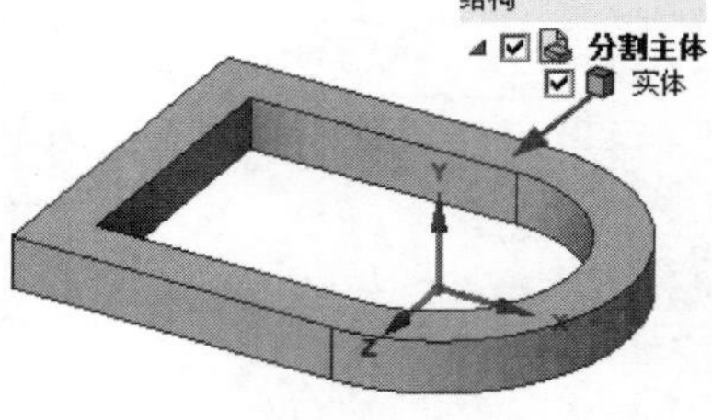

图 4-146 初始图形

02 分割主体。单击"设计"选项卡"相交"面板中的"分割主体"按钮，选择模型为目标体，然后单击向导工具中的"选择刀具"按钮，选择模型底部内侧面为切割面，如图 4-147 所示，此时模型被分割为两部分，如图 4-148 所示，然后单击向导工具中的"选择要移除的区域"按钮，再选择要移除的区域，如图 4-149 所示，完成分割，结果如图 4-150 所示。

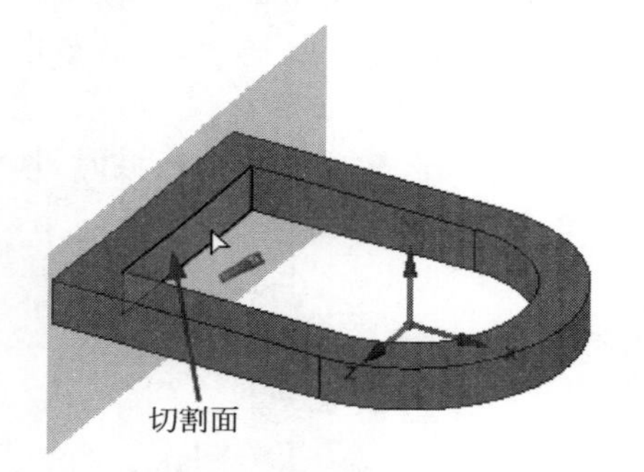

图 4-147 选择切割面

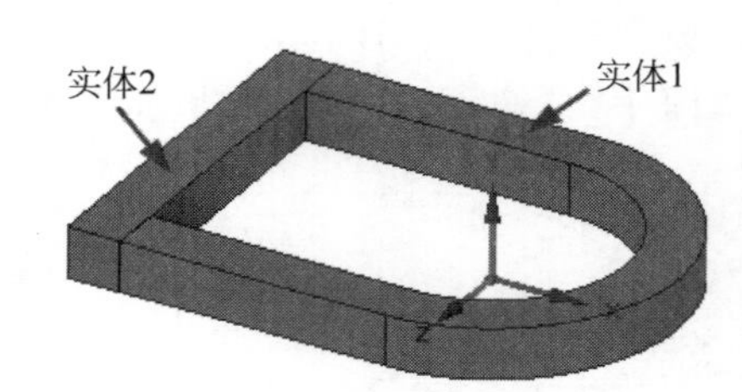

图 4-148 分割实体

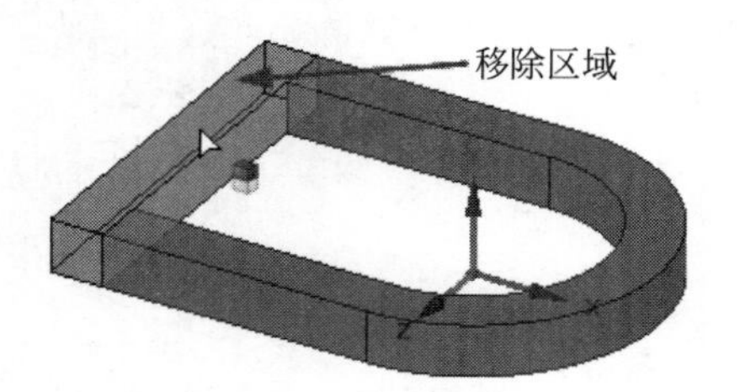

图 4-149 选择移除区域

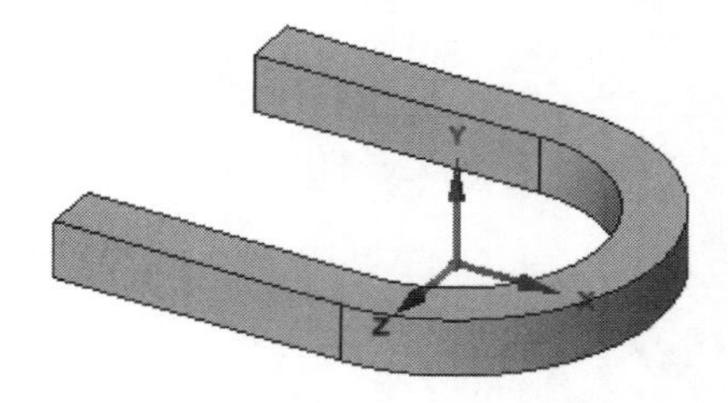

图 4-150 完成分割

4.8.3 分割面工具

分割面工具可以分割面和边，具体操作可根据下例进行：

01 打开模型。单击快捷菜单栏中的"打开"按钮，弹出"打开"对话框，打开初始文件"分割面"，如图 4-151 所示。

02 UV 切割器分割面。单击"设计"选项卡"相交"面板中的"分割"按钮，选

择模型的上表面为要分割的面，然后单击向导工具中的“选择 UV 切割器点”按钮，将鼠标移到切割面上，该面上出现 X 向和 Y 向的十字切割线，可以输入切割位置坐标，如图 4-152 所示，按回车键，放置切割线，如图 4-153 所示，然后单击向导工具中的“选择结果”按钮，删除较短的线段，最后分割结果如图 4-154 所示。

03 垂直切割器分割面。单击“设计”选项卡“相交”面板中的“分割”按钮，选择模型左侧的上表面为要分割的面，然后单击向导工具中的“选择垂直切割器点”按钮，将鼠标移到要切割面的较长边线上，该线上出现切割线及切割距离输入框，可以输入切割位置坐标，如图 4-155 所示，按回车键，放置切割线，最后分割结果如图 4-156 所示。

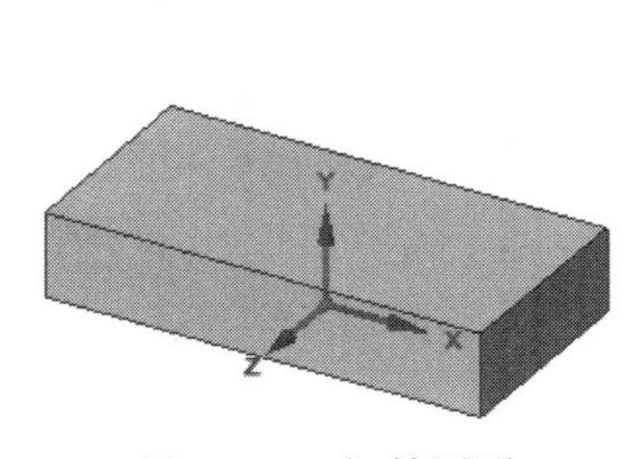

图 4-151　初始图形

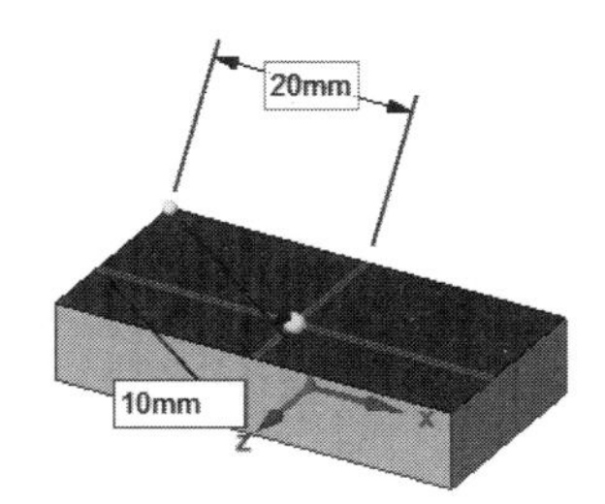

图 4-152　确定切割线

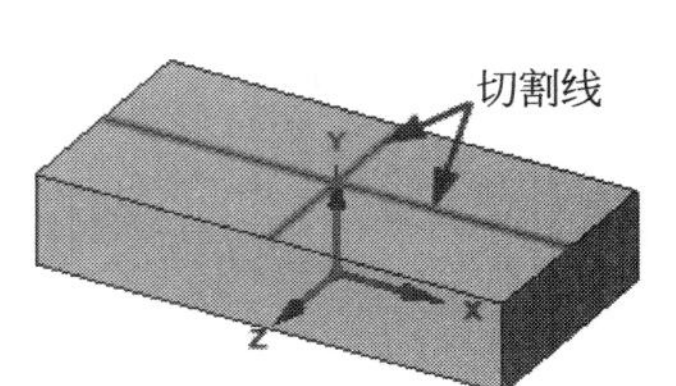

图 4-153　放置切割线

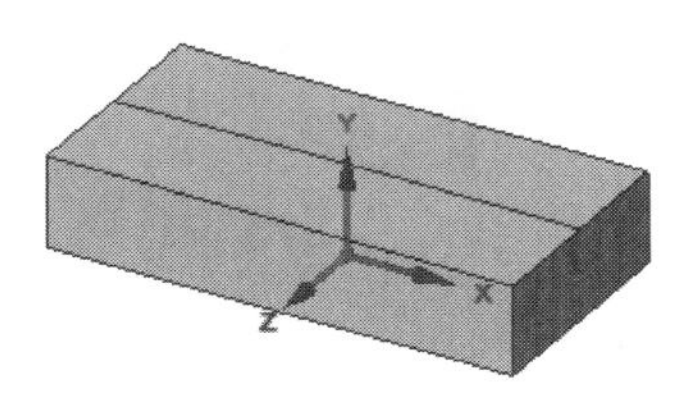

图 4-154　UV 分割器分割面

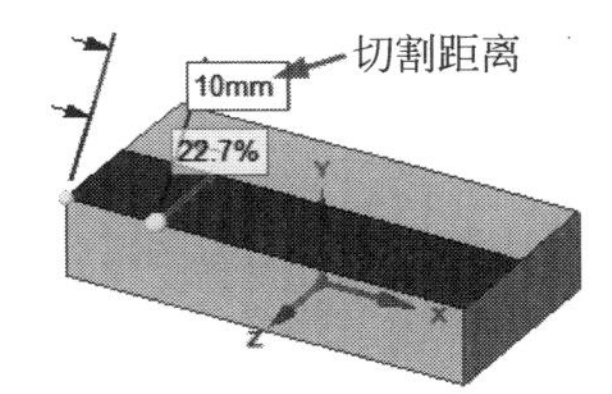

图 4-155　切割距离

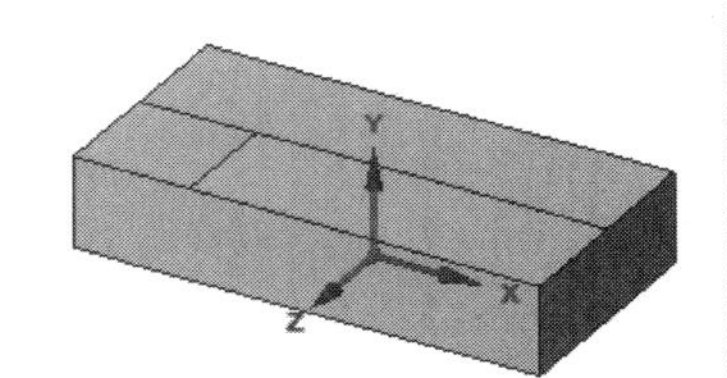

图 4-156　垂直分割器分割面

04 两个刀具点分割面。单击“设计”选项卡“相交”面板中的“分割”按钮，选择模型右侧的上表面为要分割的面，然后单击向导工具中的“选择两个刀具点”按钮，将鼠标移到要切割面的较长边线上，该线上出现切割线及切割距离输入框，可以输入切割位置坐标，如图 4-157 所示，按回车键，确定一个点，然后将鼠标移到要切割面的较短边线上，该线上出现切割线及切割距离输入框，输入切割位置坐标，如图 4-158 所示，按回车键，确定另一个点，放置切割线，最后分割结果如图 4-159 所示。

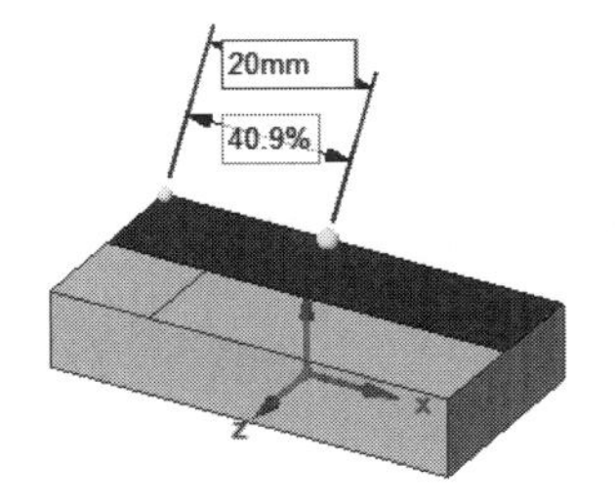

图 4-157　确定分割点 1

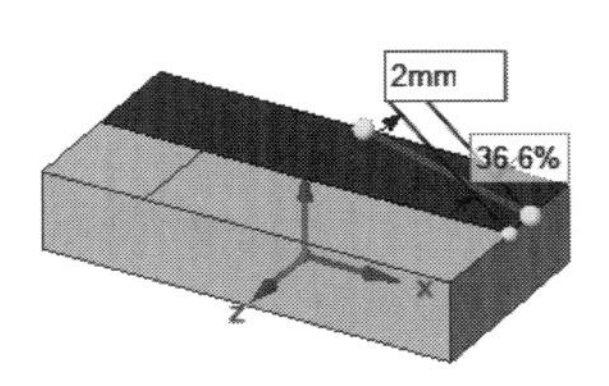

图 4-158　确定分割点 2

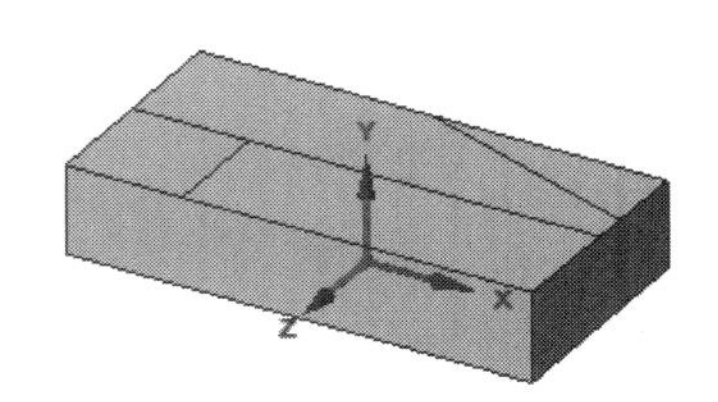

图 4-159　两个刀具点分割面

Note

05 分割边。单击“设计”选项卡“相交”面板中的“分割”按钮，单击向导工具中的“拆分边”按钮，选择模型前表面的下边线，出现计数输入框，在输入框中输入 4，然后按回车键，将该边分为 4 段，如图 4-160 所示，确定另一个点，放置切割线，最后分割结果如图 4-161 所示，如果分割时不输入分割计数，而是将鼠标放到要分割的线上，则会出现分割距离输入框，输入分割距离，如图 4-162 所示，然后按回车键，将该边分割，结果如图 4-163 所示。

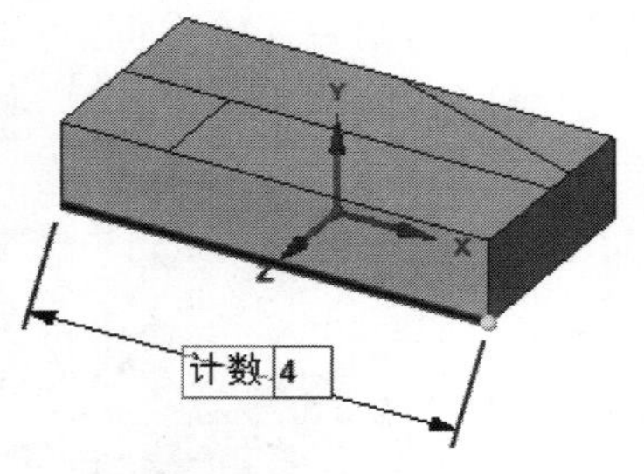

图 4-160 分割数目

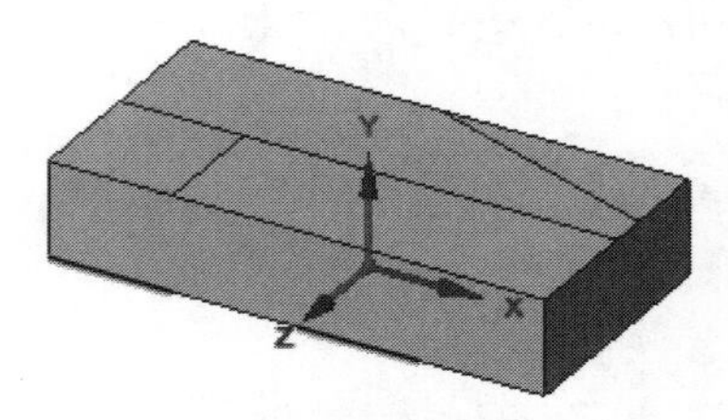

图 4-161 分割结果 1

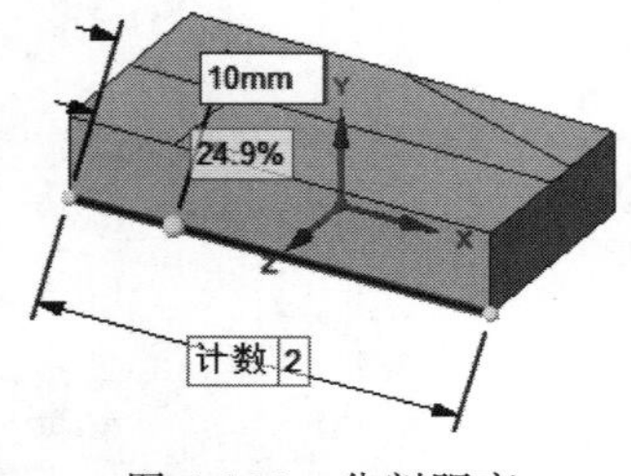

图 4-162 分割距离

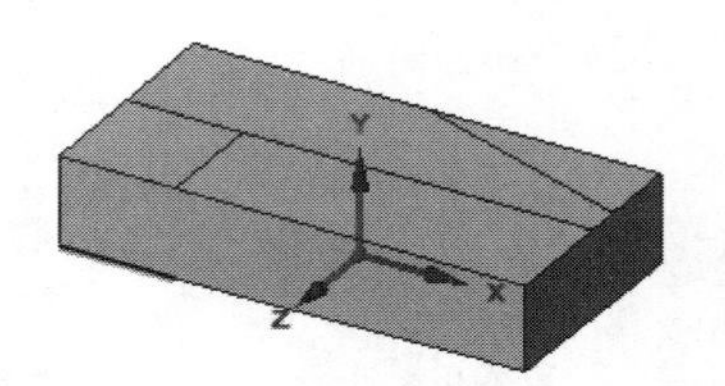

图 4-163 分割结果 2

4.8.4 投影工具

投影工具可以将草图、线、实体或者注释投影到其他实体或曲面上，具体操作可根据下例进行：

01 打开模型。单击快捷菜单栏中的“打开”按钮，弹出“打开”对话框，打开初始文件“投影”，如图 4-164 所示。

02 投影实体。单击“设计”选项卡“相交”面板中的“投影”按钮，选择模型中的球体为投影目标，在“选项-投影到实体”面板中勾选“投影轮廓边”命令，如图 4-165 所

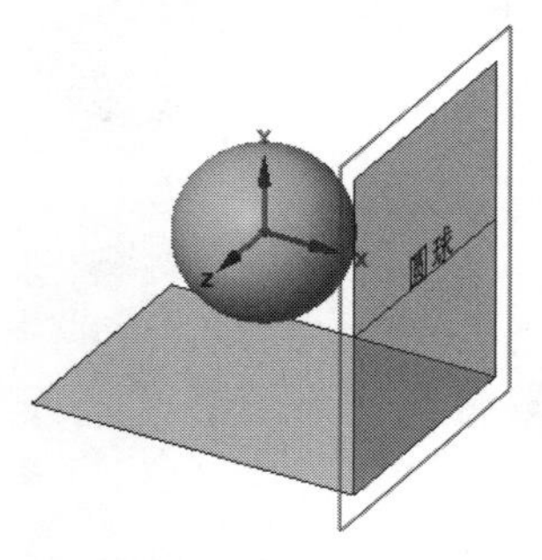

图 4-164 初始图形

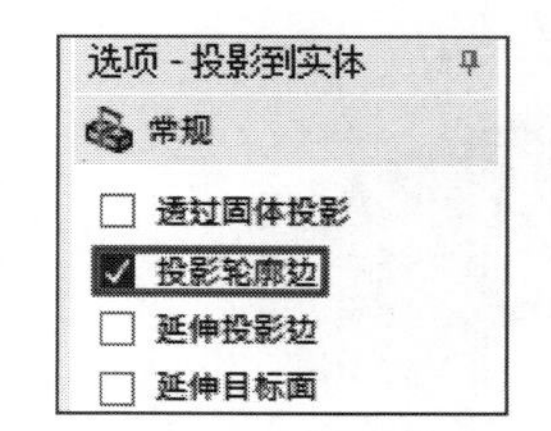

图 4-165 选项-投影到实体面板

示，然后单击向导工具中的“选择方向”按钮，用鼠标选择模型中的下平面，如图4-166所示，然后单击向导工具中的“完成”按钮，完成投影。

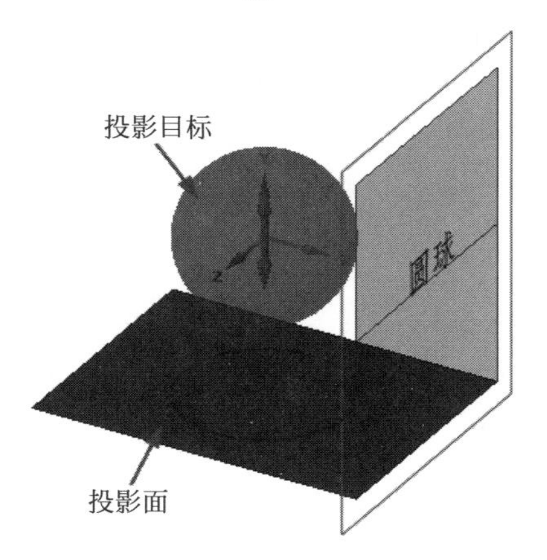

图4-166　投影实体

03 投影线和注释。单击“设计”选项卡“相交”面板中的“分割”按钮，按住Ctrl键选择模型右侧的注解和直线，如图4-167，然后单击向导工具中的“完成”按钮，完成投影，最后结果如图4-168所示。

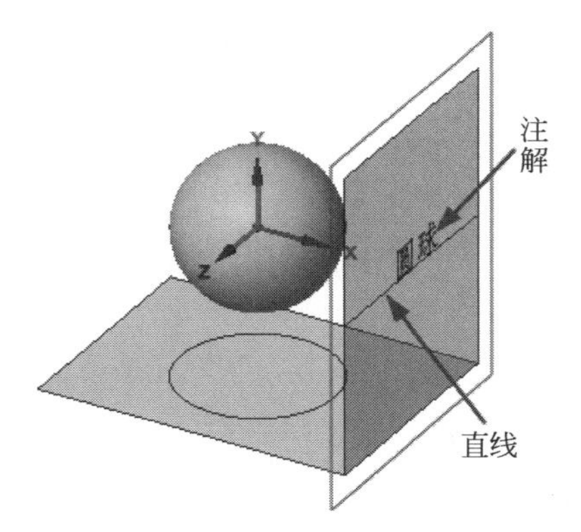

图4-167　选择注解和直线

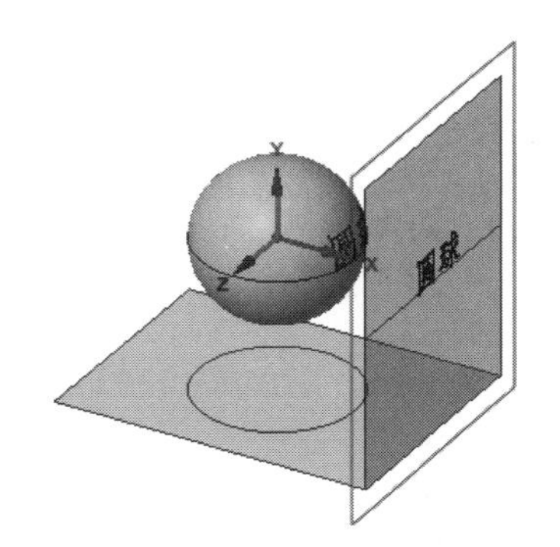

图4-168　投影注解和直线

4.9　阵　　列

阵列特征是创建特征相同的多个副本，并且将这些副本在空间内按照一定的准则排列。特征副本在空间的排列方式有3种，即线性阵列、圆形阵列和填充阵列，具体操作可根据下例进行：

4.9.1　线性阵列

01 打开模型。单击快捷菜单栏中的“打开”按钮，弹出“打开”对话框，打开初始文件“线性阵列”，如图4-169所示。

Note

02 线性阵列。单击“设计”选项卡“创建”面板中的“线性阵列”按钮，选择模型中孔为阵列对象，然后单击向导工具中的“方向”按钮，用鼠标选择模型中较长的边，使选择的孔沿该边的方向阵列，如图 4-170 所示，设置选项面板如图 4-171 所示，单击向导工具中的“创建阵列”按钮，结果如图 4-172 所示；如果设置选项面板如图 4-173 所示，单击向导工具中的“创建阵列”按钮，结果如图 4-174 所示。

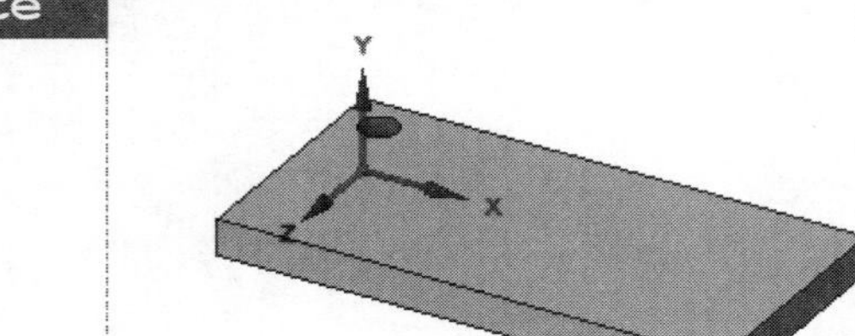

图 4-169　初始图形

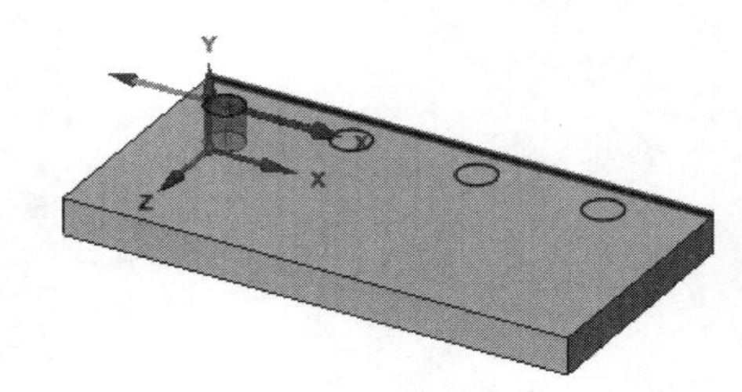

图 4-170　选择阵列方向

选项
常规
图案类型
一维
二维
圆计数： 6
角度： 360°

图 4-171　设置选项面板 1

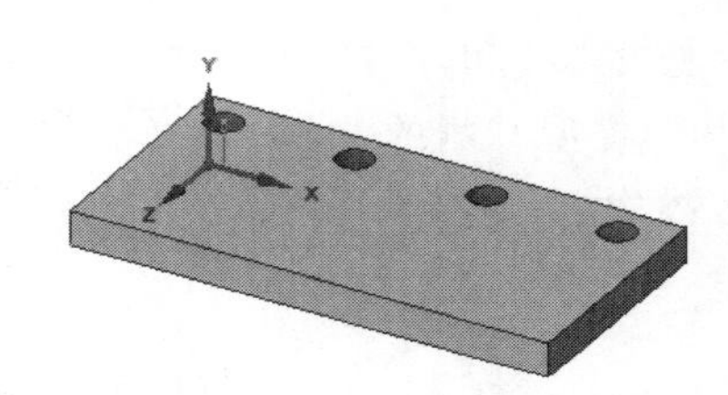

图 4-172　一维线性阵列

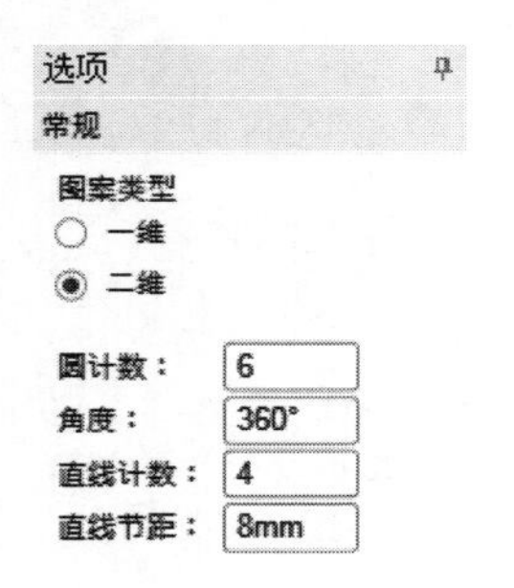

图 4-173　设置选项面板 2

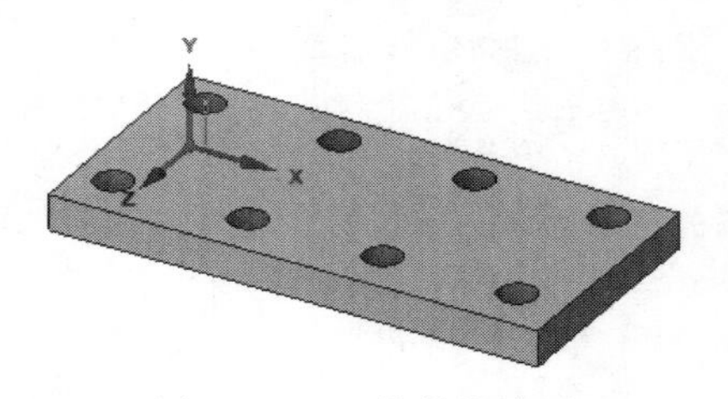

图 4-174　二维线性阵列

4.9.2　圆形阵列

01 打开模型。单击快捷菜单栏中的“打开”按钮，弹出“打开”对话框，打开初始文件“圆形阵列”，如图 4-175 所示。

02 圆形阵列。单击“设计”选项卡“创建”面板中的“圆形阵列”按钮，选择模型中孔为阵列对象，然后单击向导工具中的“方向”按钮，用鼠标选择坐标中的 Y 轴为阵列轴，使选择的孔绕该轴进行环形阵列，如图 4-176 所示，设置选项面板如图 4-177 所示，单击向导工具中的“创建阵列”按钮，结果如图 4-178 所示；如果设置选项面板

如图 4-179 所示，单击向导工具中的“创建阵列”按钮☑，结果如图 4-180 所示。

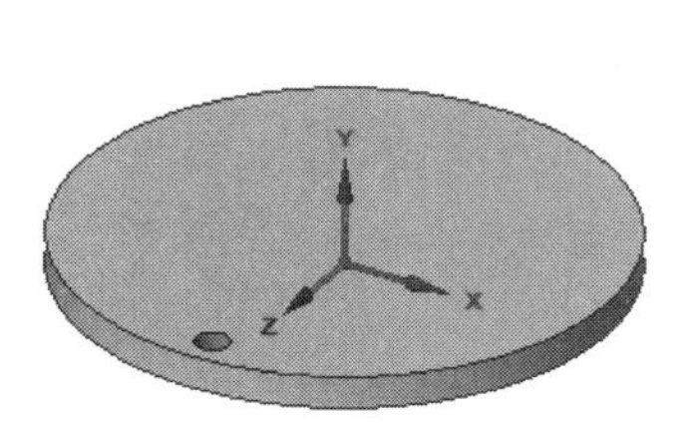

图 4-175　初始图形

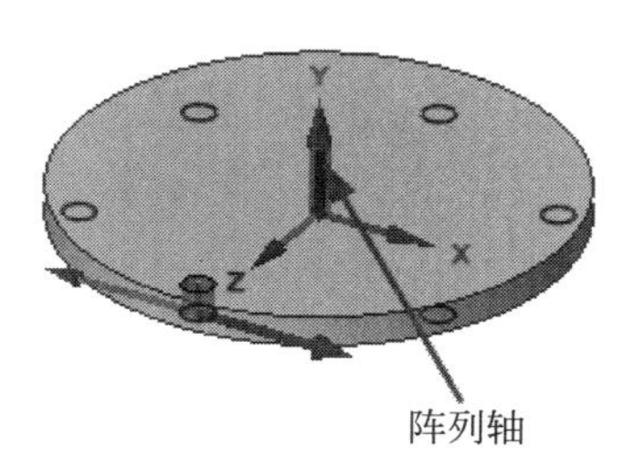

图 4-176　选择阵列轴

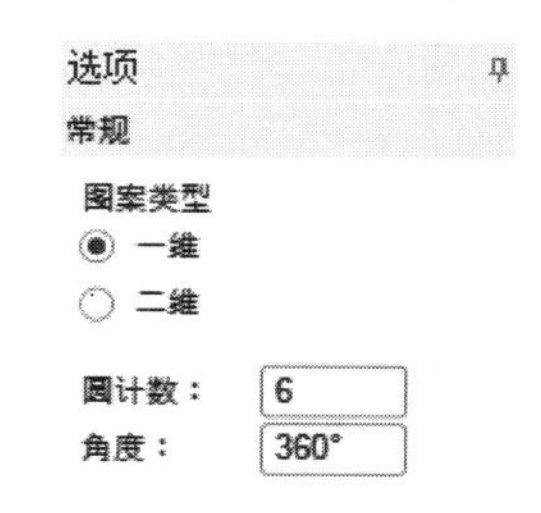

图 4-177　设置选项面板 1

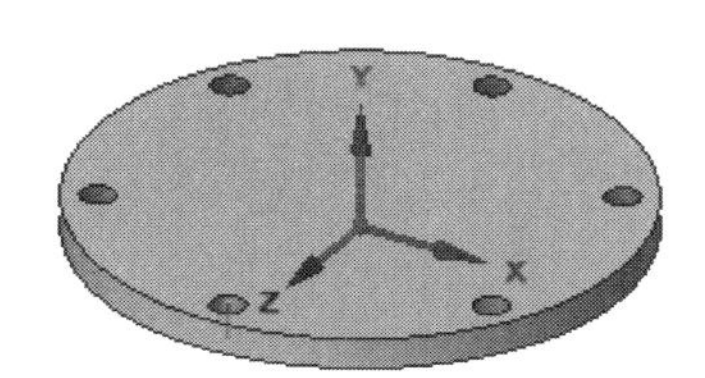

图 4-178　一维阵列

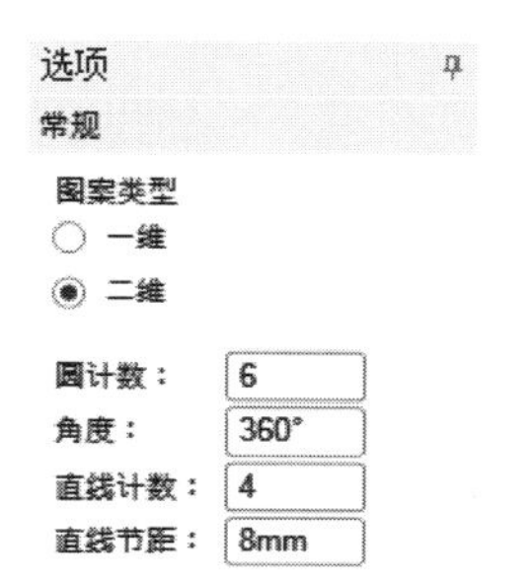

图 4-179　设置选项面板 2

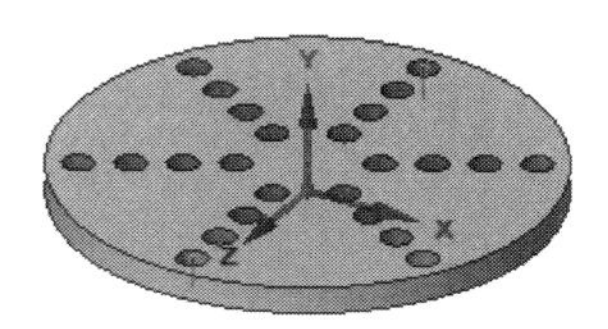

图 4-180　二维阵列

4.9.3　填充阵列

01 打开模型。单击快捷菜单栏中的“打开”按钮，弹出“打开”对话框，打开初始文件“填充阵列”，如图 4-181 所示。

02 填充阵列。单击“设计”选项卡“创建”面板中的“填充阵列”按钮，选择模型中孔为阵列对象，然后单击向导工具中的“方向”按钮，用鼠标选择模型上表面的一条边线，使选择的孔沿该边进行阵列，如图 4-182 所示，设置选项面板如图 4-183 所示，单击向导工具中的“创建阵列”按钮☑，结果如图 4-184 所示；如果设置选项面板如图 4-185 所示，单击向导工具中的“创建阵列”按钮☑，结果如图 4-186 所示；如果设置选项面板如图 4-187 所示，单击向导工具中的“创建阵列”按钮☑，结果如图 4-188 所示。

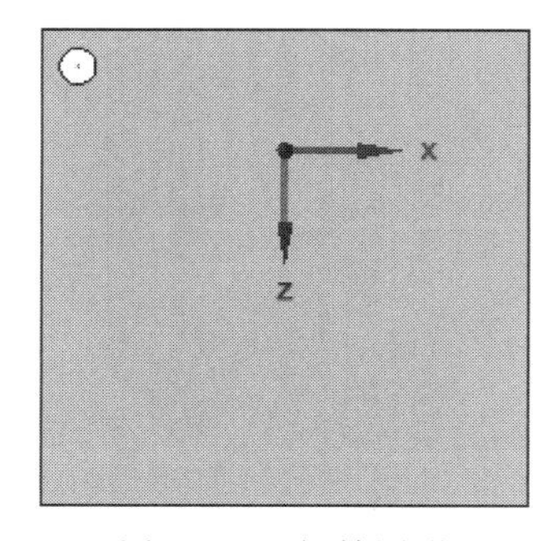

图 4-181　初始图形

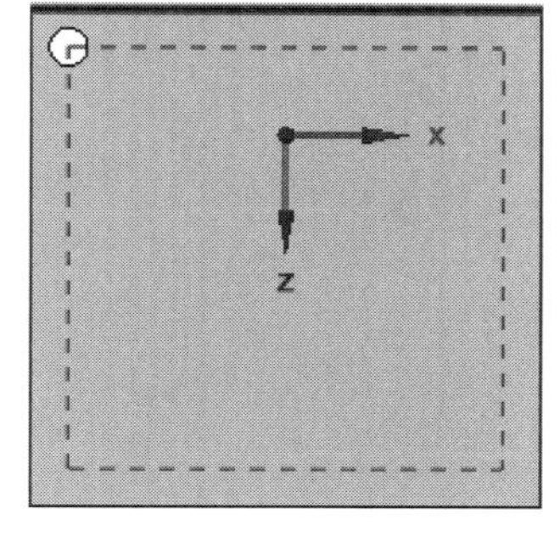

图 4-182　选择阵列方向

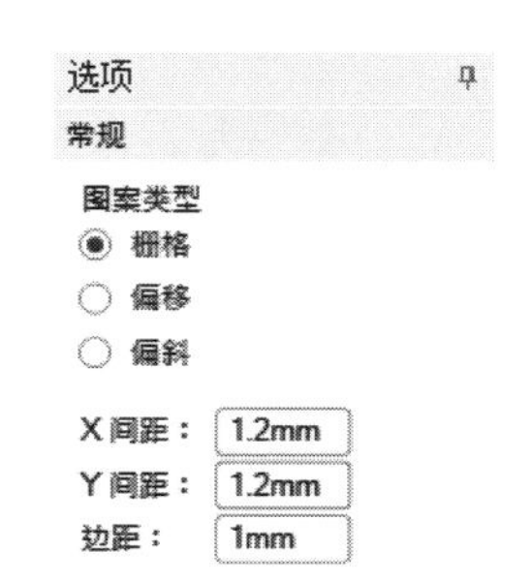

图 4-183　设置选项面板 1

Note

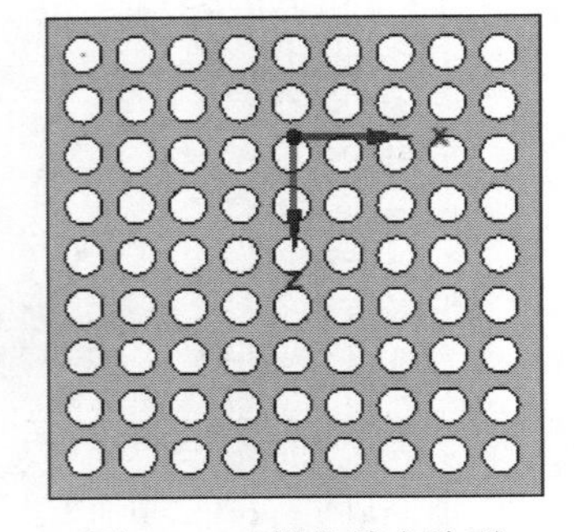

图 4-184　栅格填充阵列

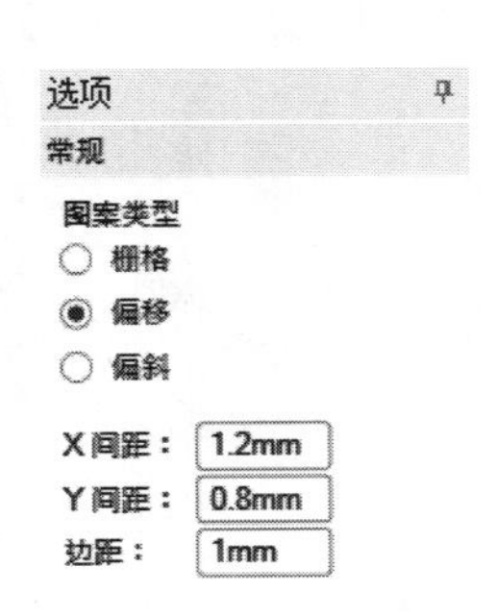

图 4-185　设置选项面板 2

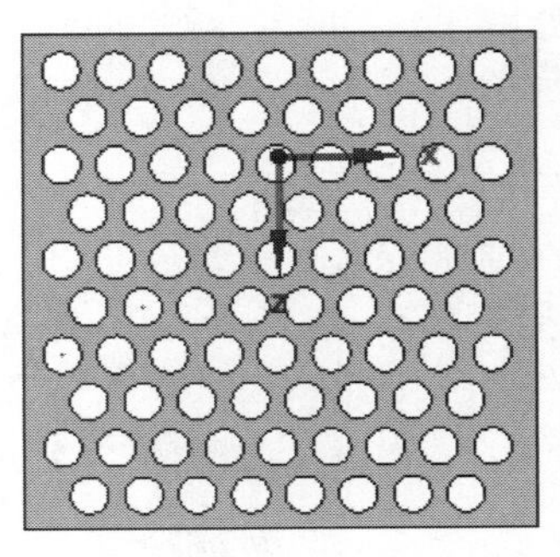

图 4-186　偏移填充阵列

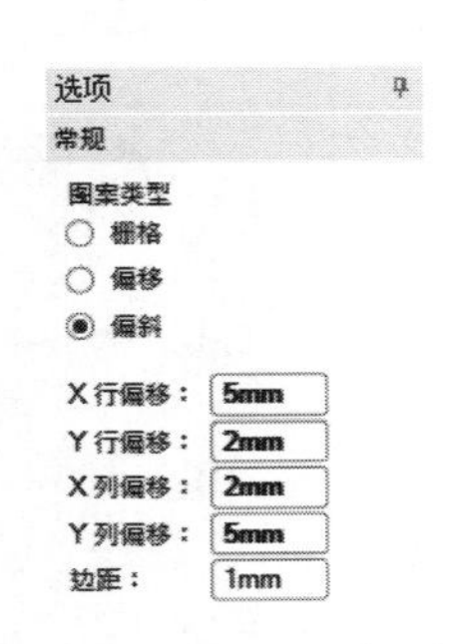

图 4-187　设置选项面板 3

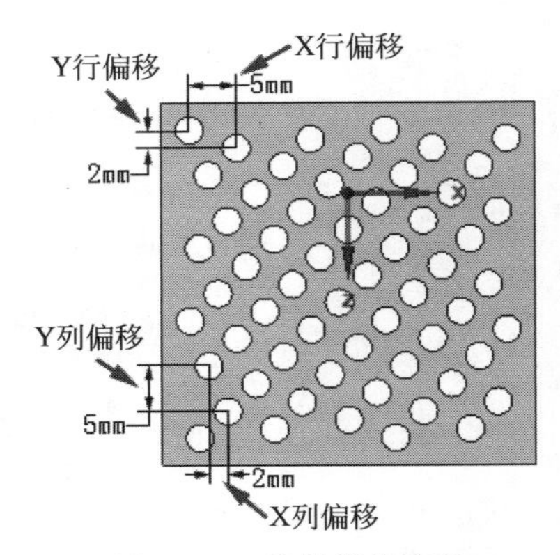

图 4-188　偏斜填充阵列

4.10　壳　　体

壳体命令可以将实体内部挖空，如果选择实体上的一个或多个面则将选择的面作为实体造型的开口，而没有被选择为开口的其他面则以指定值产生厚度；如果选择整个实体，则系统将实体内部挖空，不会产生开口。具体操作可根据下例进行：

01 打开模型。单击快捷菜单栏中的“打开”按钮，弹出“打开”对话框，打开初始文件“壳体”，如图 4-189 所示。

02 创建壳体。单击“设计”选项卡“创建”面板中的“壳体”按钮，选择模型中想要移除的面，如图 4-190 所示，此时选择的面被移除，只剩下壳体厚度输入框，如图 4-191 所示，输入壳体厚度为 2mm，单击向导工具中的“完成”按钮，结果如图 4-192 所示。如果在创建壳体时，不选择要移除的面，而是在“结构”面板中选择整个实体，如图 4-193 所示，则只会将模型的内部掏空，不会移除外表面，结果如图 4-194 所示。

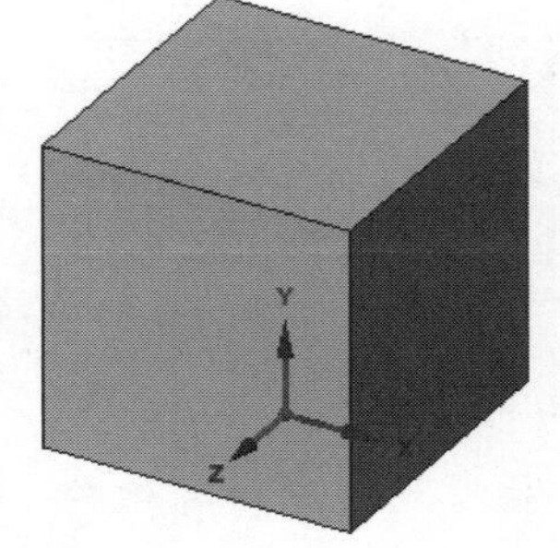

图 4-189　初始图形

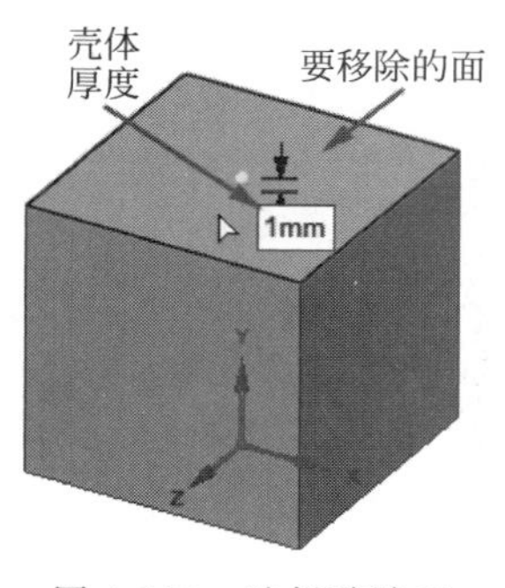

图 4-190　选择移除面

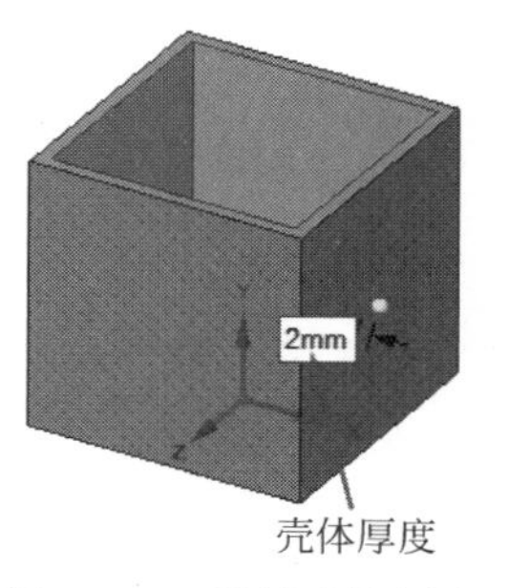

图 4-191　设置壳体厚度

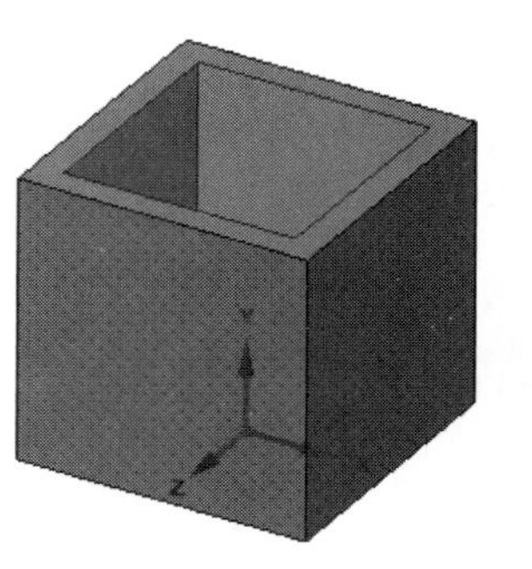

图 4-192　完成壳体

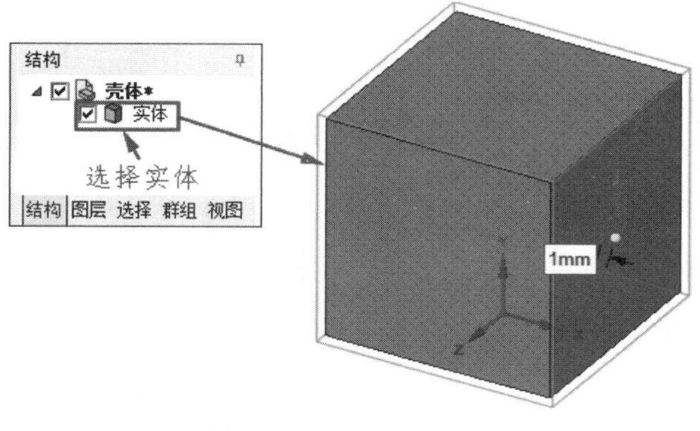

图 4-193　选择整个实体

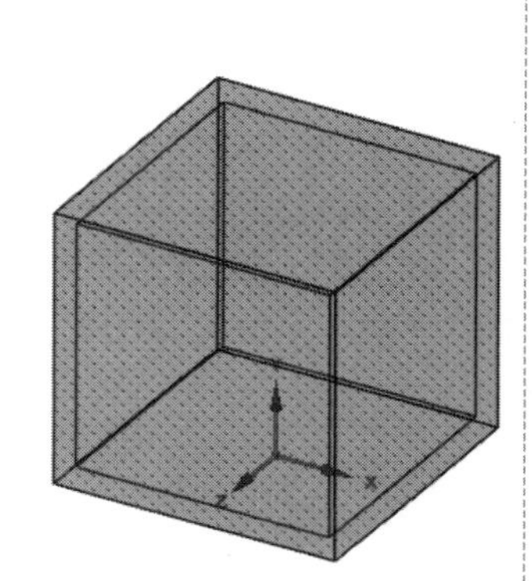

图 4-194　内部壳体

4.11　偏　　移

偏移命令可在两个面之间创建偏移关系，当这两个面的一个面发生偏移时，另一个面也产生相同距离的偏移，使这两个面的关系保持不变。具体操作可根据下例进行：

01 打开模型。单击快捷菜单栏中的“打开”按钮，弹出“打开”对话框，打开初始文件“偏移”，有 3 个台阶面，如图 4-195 所示。

02 拉动面。单击“设计”选项卡“编辑”面板中的“拉动”按钮，选择模型中的面 1，按空格键，出现拉伸距离输入框，输入拉伸距离为 10mm，如图 4-196 所示，然后按回车键，完成拉伸，结果如图 4-197 所示，此时只拉伸面 1，另外两个面没有变化。

03 创建偏移。单击“设计”选项卡“创建”面板中的“偏移”按钮，选择模型中的面 2 和面 3 为面对，这样就为这两个面创建了偏移关系，结果如图 4-198 所示。单击“设计”选项卡“编辑”面板中的“拉动”按钮，选择模型中的面 2，按空格键，出现拉伸距离输入框，输入拉伸距离为 10mm，如图 4-199 所示，然后按回车键，完成拉伸，和面 2 有偏移关系的面 3 也同时拉伸 10mm，两者之间的距离关系不变，结果如图 4-200 所示。

注意： 如果想要解除两个面之间的偏移关系，只需选择这两个面中的基准面，然后按 Delete 键即可。

Note

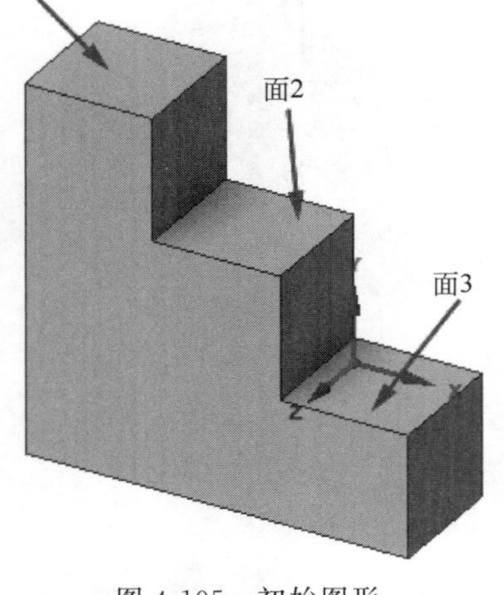

图 4-195　初始图形

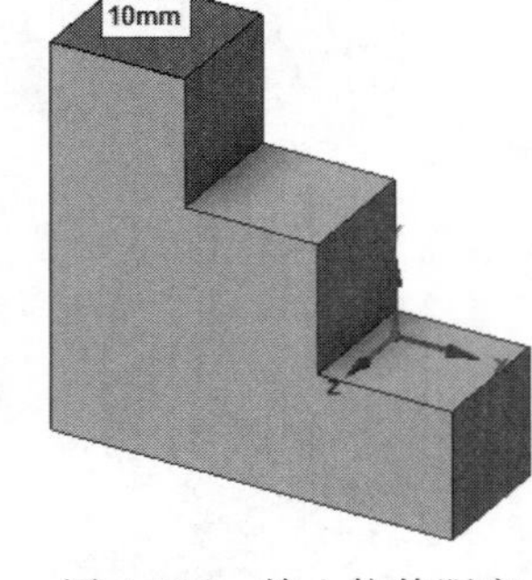

图 4-196　输入拉伸距离

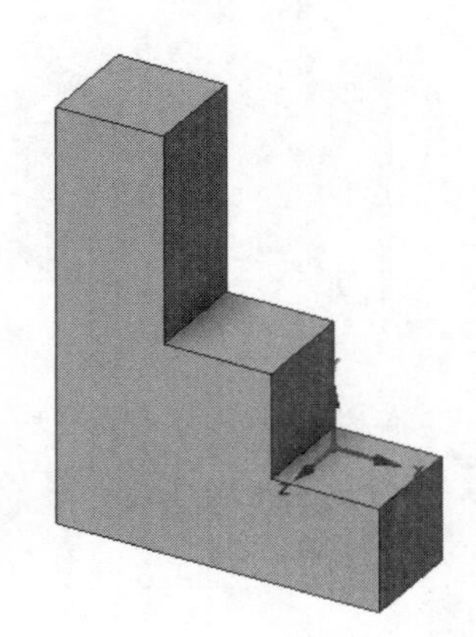

图 4-197　拉伸面 1

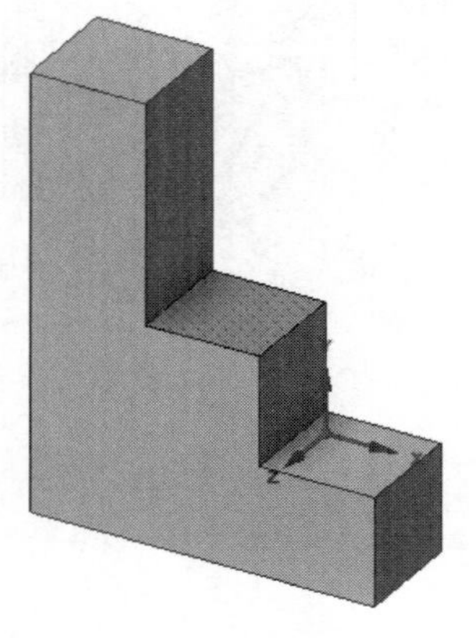

图 4-198　创建面对

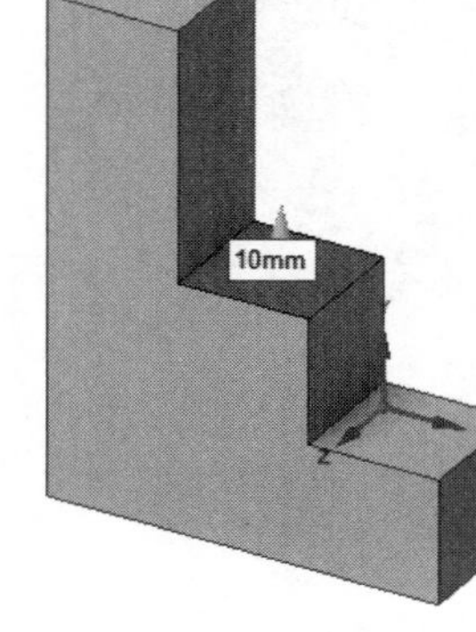

图 4-199　输入拉伸距离

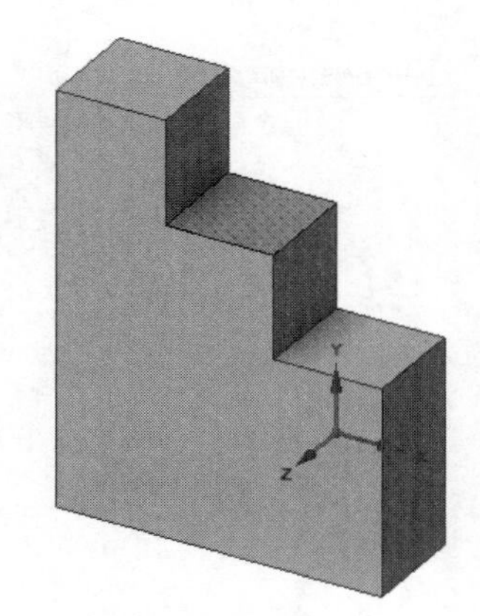

图 4-200　拉伸结果

4.12　镜　　像

镜像命令可以以等长距离在平面的另外一侧创建一个或多个特征甚至整个实体的副本。如果零件中有多个相同的特征且在空间的排列上具有一定的对称性，可使用镜像命令以减少工作量，提高工作效率，具体操作可根据下例进行：

01 打开模型。单击快捷菜单栏中的“打开”按钮，弹出“打开”对话框，打开初始文件“镜像”，如图 4-201 所示。

02 镜像合并实体。单击“设计”选项卡“创建”面板中的“镜像”按钮，弹出“选项-镜像”面板，如图 4-202 所示，选择其中的“合并镜像对象”命令，然后选择模型的上表面为镜像面，如图 4-203 所示，选择整个模型为镜像实体，镜像后两个实体合并为一个实体，如图 4-204 所示。

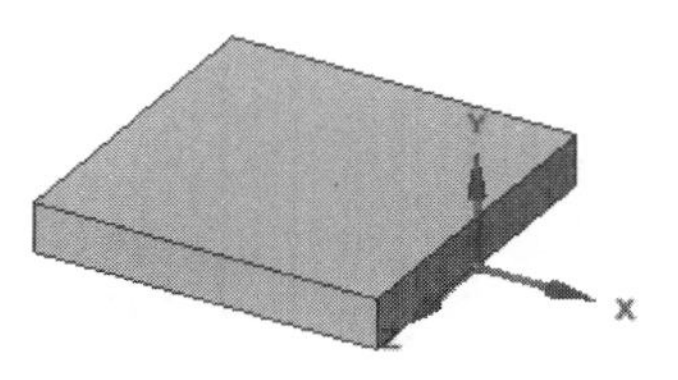

图 4-201　初始图形

选项 - 镜像

常规

☐ 合并镜像对象

☐ 创建镜像关系

图 4-202　选项-镜像面板

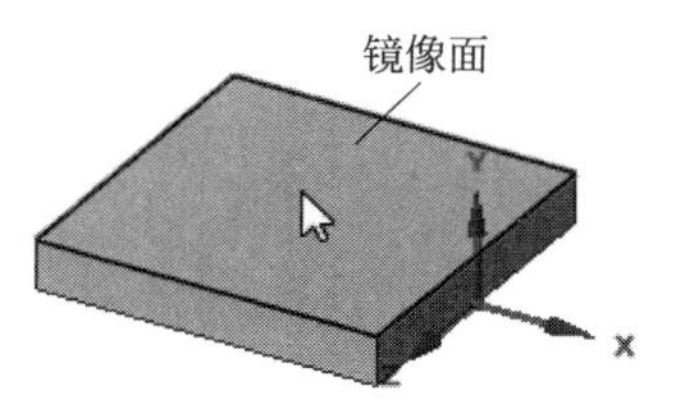

图 4-203　选择镜像面

03 独立镜像实体。单击“设计”选项卡“创建”面板中的“镜像”按钮，弹出“选项-镜像”面板，如图 4-202 所示，不选择其中的“合并镜像对象”命令，然后选择模型的右侧面为镜像面，如图 4-205 所示，选择整个模型为镜像实体，镜像后两个实体相互独立，如图 4-206 所示。

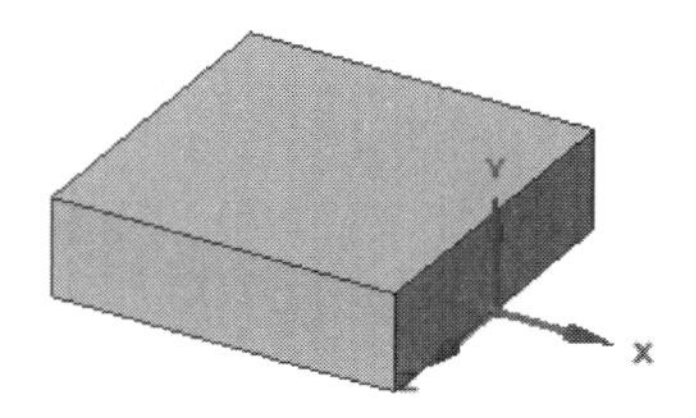

图 4-204　镜像合并实体

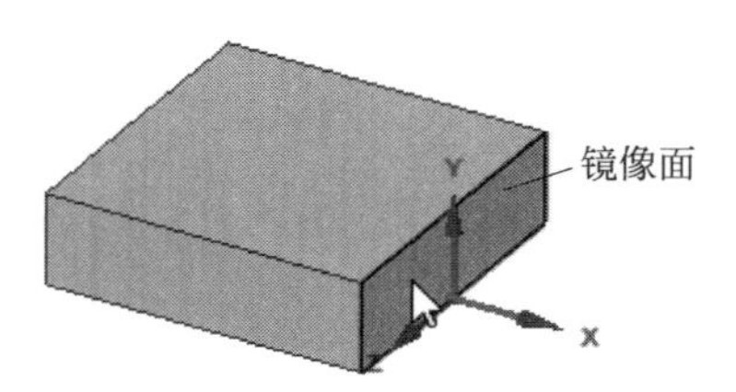

图 4-205　选择镜像面

04 关联镜像实体。单击“设计”选项卡“创建”面板中的“镜像”按钮，弹出“选项-镜像”面板，如图 4-202 所示，选择其中的“创建镜像关系”命令，然后选择模型的右侧面为镜像面，如图 4-207 所示，再选择该面所在的模型为镜像实体，镜像后这两个实体建立镜像关系，如图 4-208 所示，此时如果拉伸这两个实体中的任何一个面，另一个面也自动拉伸相同的距离，如图 4-209 所示。

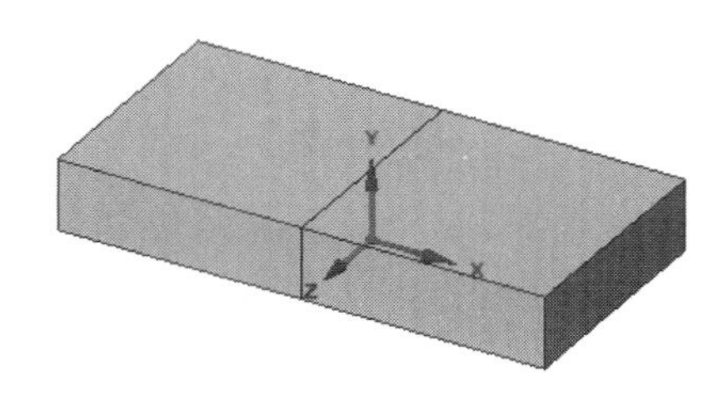

图 4-206　独立镜像实体

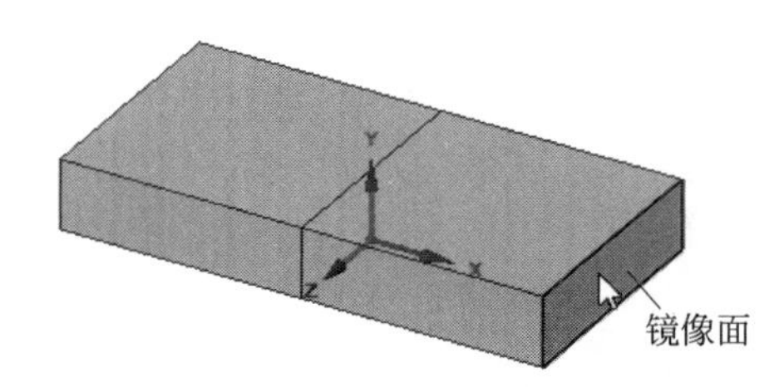

图 4-207　选择镜像面

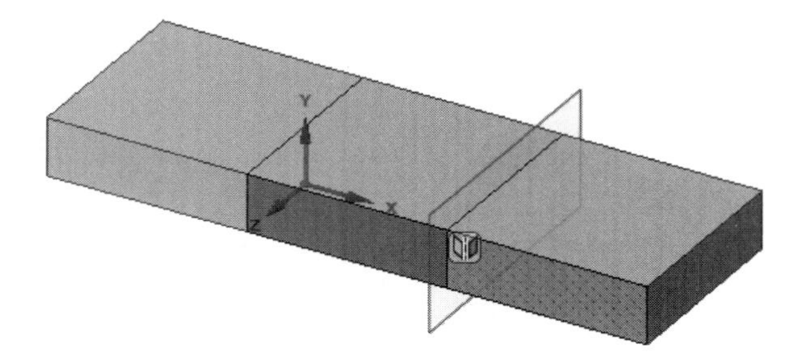

图 4-208　关联镜像实体

Note

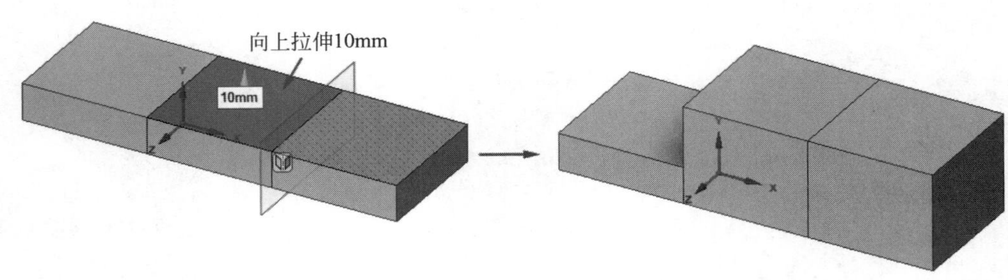

图 4-209　拉伸镜像关联实体

4.13　综合实例——壳体

如图 4-210 所示，为一个机械设备的壳体，内外形状比较复杂，本例通过创建该壳体的模型，综合掌握 SpaceClaim 三维模式的建模过程。

操作步骤

01 新建文件。单击"文件"下拉菜单"新建"右侧的"设计"命令，如图 4-211 所示，新建一个文件。

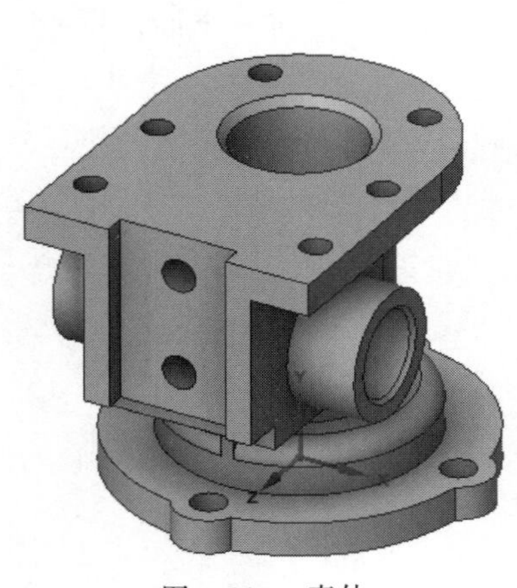

图 4-210　壳体

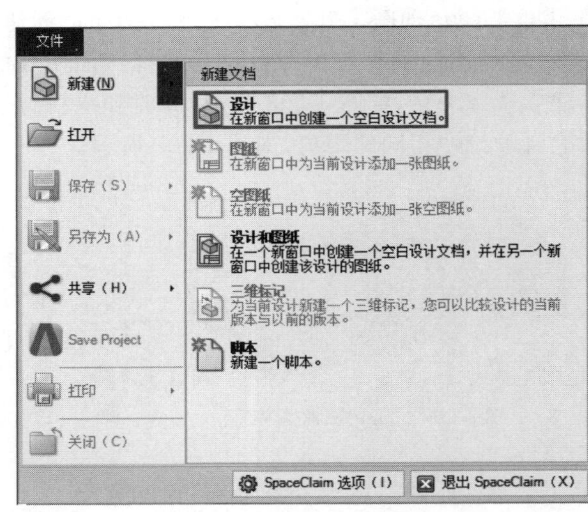

图 4-211　新建文件

02 创建底座主体轮廓。

4-1

（1）绘制草图。在草图模式下，单击"草绘微型工具栏"中的"新草图平面"按钮，然后在原坐标系中选择"Z 轴"，此时系统选择与"Z 轴"垂直的"XY"平面为草绘平面，然后单击"草图"选项卡"定向"面板中的"平面视图"按钮 平面视图，正视该平面，单击"草图"选项卡"创建"面板中的"线"按钮，绘制草图，然后单击"约束"面板中的"尺

寸”按钮⟷，标注草图尺寸，结果如图 4-212 所示。

（2）拉动旋转草图。单击“草图”选项卡“编辑”面板中的“拉动”按钮，选择草图构成的剖面为拉动对象，然后单击向导工具中的“旋转”按钮，选择左侧的竖直线为旋转轴，然后单击向导工具中的“完全拉动”按钮，单击“定向”面板中的“主视图”按钮，调整视图方向，结果如图 4-213 所示。

图 4-212 绘制底座草图

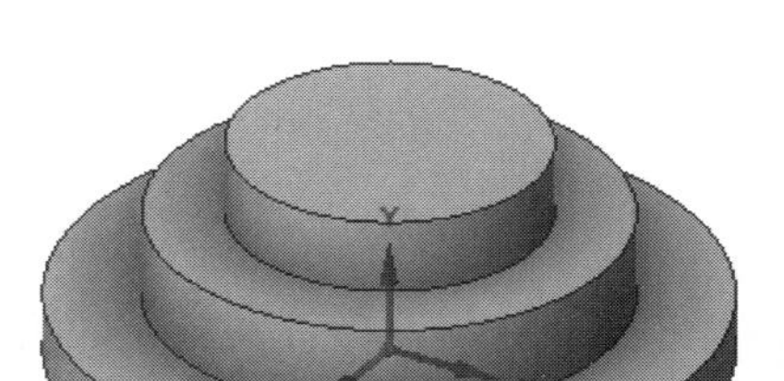

图 4-213 旋转生成底座

（3）绘制草图。单击“草图”选项卡“创建”面板中的“圆”按钮，选择模型的下表面为草绘平面，绘制草图，然后单击“修改”面板中的“剪裁”按钮，修剪草图，再单击“约束”面板中的“尺寸”按钮⟷，标注草图尺寸，结果如图 4-214 所示；然后选择绘制的草图，单击“编辑”面板中的“移动”按钮，再单击向导工具中的“定位”按钮，将移动手柄定位到坐标原点处，如图 4-215 所示，在“选项-移动”面板中选择“创建阵列”命令，然后拖动要旋转阵列的方向手柄，出现环形阵列角度输入框和阵列数目输入框，松开鼠标左键输入阵列数目为 4，结果如图 4-216 所示。

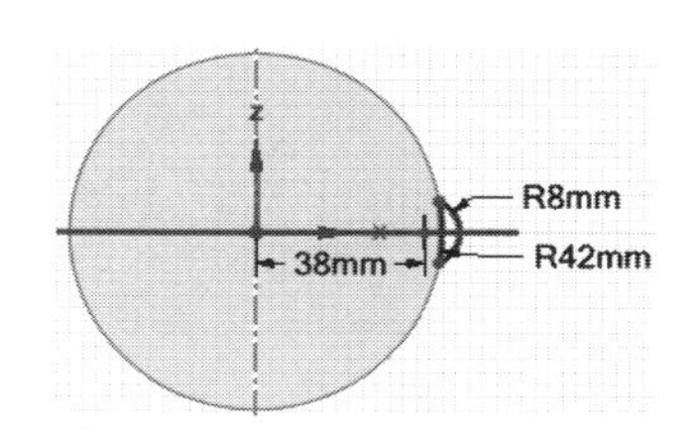

图 4-214 绘制草图 1

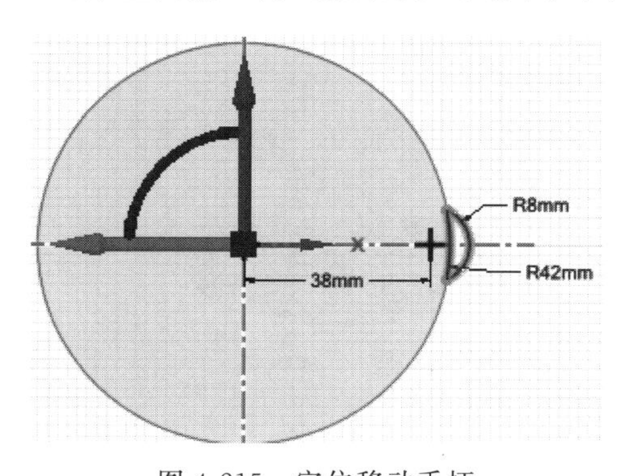

图 4-215 定位移动手柄

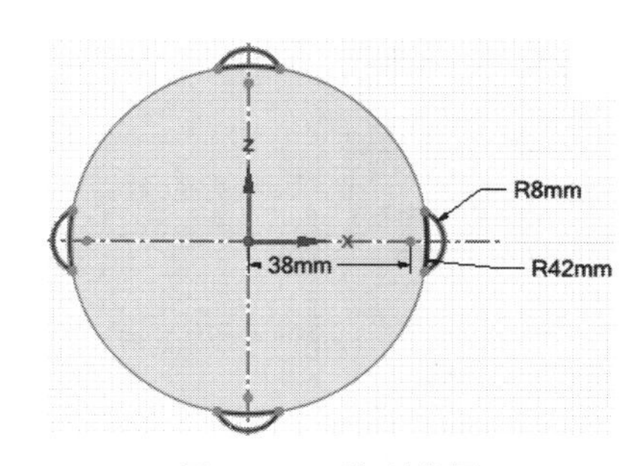

图 4-216 阵列草图

（4）拉动草图。单击“草图”选项卡“编辑”面板中的“拉动”按钮，选择草图构成的剖面为拉动对象，按空格键，在出现的拉伸距离输入框中输入−8mm，按回车键，完成拉伸，然后单击“定向”面板中的“主视图”按钮，调整视图方向，结果如图 4-217 所示。

（5）创建孔。单击“草图”选项卡“创建”面板中的“圆”按钮，选择图 4-217 所示的面 1 为草绘平面，绘制草图，如图 4-218 所示，然后单击“草图”选项卡“编辑”面板中的“拉动”按钮，选择草图构成的剖面为拉动对象，按空格键，在出现的拉伸距离输入

Note

框中输入 8mm，按回车键，通过拉伸创建孔，结果如图 4-219 所示，然后选择创建孔的内表面为阵列对象，如图 4-220 所示，然后单击“设计”选项卡“创建”面板中的“圆形”阵列按钮，选择坐标系的 Y 轴为阵列轴，设置“选项”面板如图 4-221 所示，然后单击向导工具中的“创建阵列”按钮，完成阵列孔，结果如图 4-222 所示。

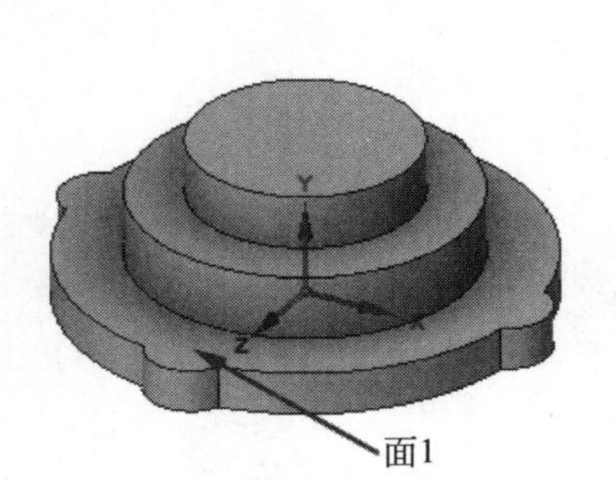

图 4-217　拉伸草图

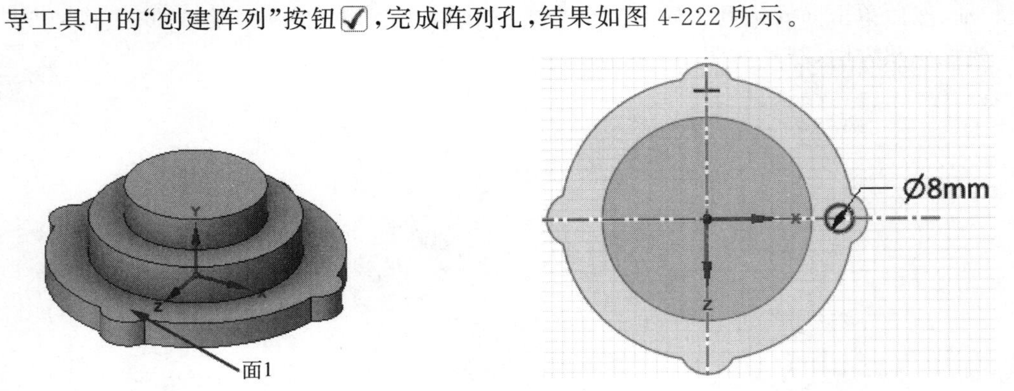

图 4-218　绘制草图 2

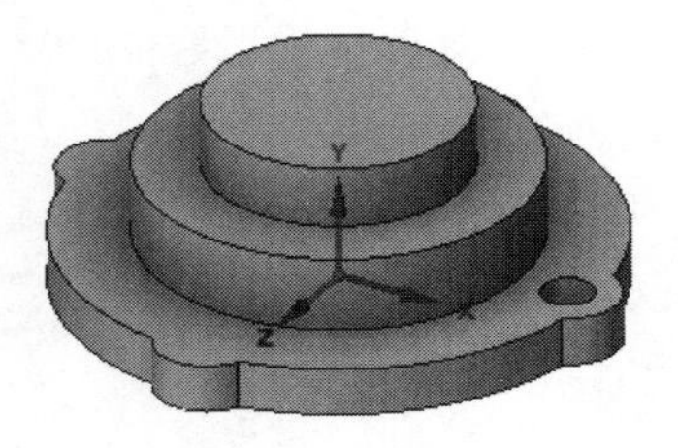

图 4-219　创建孔

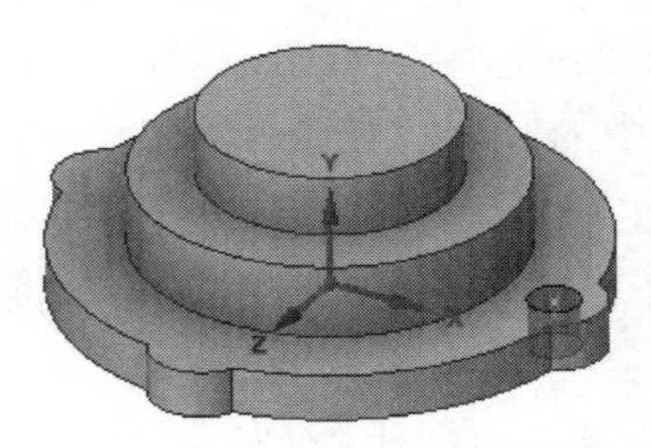

图 4-220　选择阵列对象

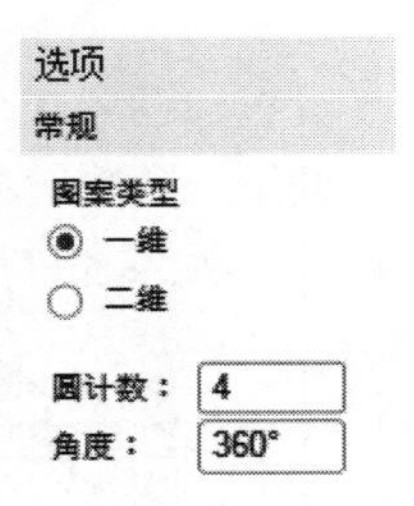

图 4-221　设置“选项”面板

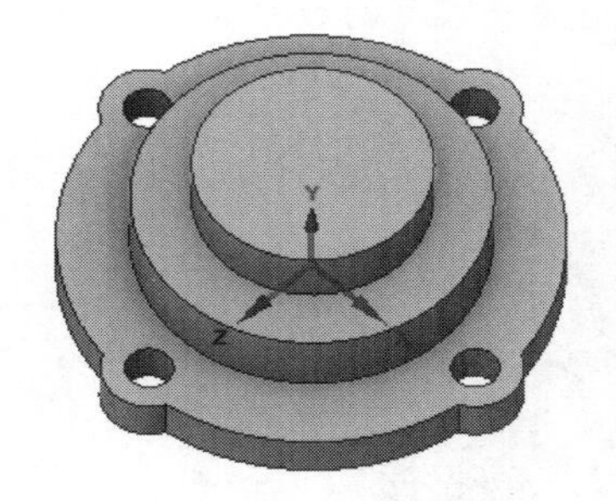

图 4-222　阵列孔

4-2

03 创建壳体上部模型。

（1）绘制草图。选择模型的上表面为草绘平面，单击“草图”选项卡“创建”面板中的“线”按钮和“圆”按钮，绘制草图，并利用“剪裁”按钮和“尺寸”按钮，修改草图，结果如图 4-223 所示。

（2）拉动草图。单击“草图”选项卡“编辑”面板中的“拉动”按钮，选择草图构成的剖面为拉动对象，按空格键，在出现的拉伸距离输入框中输入 6mm，按回车键，完成拉伸，单击“定向”面板中的“主视图”按钮，调整视图方向，结果如图 4-224 所示。

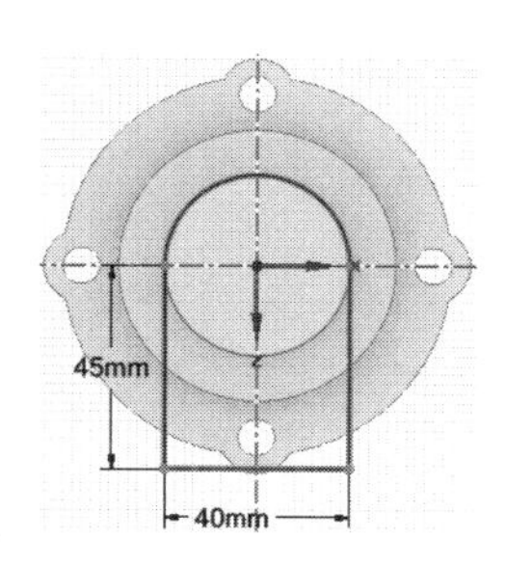

图 4-223　绘制底座草图

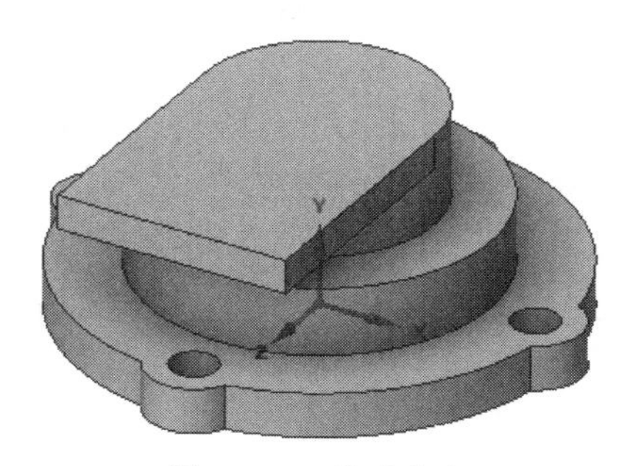

图 4-224　拉动凸台

(3) 绘制草图 1。选择上步拉动凸台的上表面为草绘平面，单击“草图”选项卡“创建”面板中的“线”按钮和“圆”按钮，绘制草图 1，并利用“剪裁”按钮和“尺寸”按钮，修改草图，结果如图 4-225 所示。

(4) 拉动草图 2。单击“草图”选项卡“编辑”面板中的“拉动”按钮，选择草图构成的剖面为拉动对象，按空格键，在出现的拉伸距离输入框中输入 36mm，按回车键，完成拉伸，单击“定向”面板中的“主视图”按钮，调整视图方向，结果如图 4-226 所示。

(5) 绘制草图 2。选择上步拉动凸台的上表面为草绘平面，单击“草图”选项卡“创建”面板中的“圆”按钮，绘制草图 2，并利用“尺寸”按钮，修改草图，结果如图 4-227 所示。

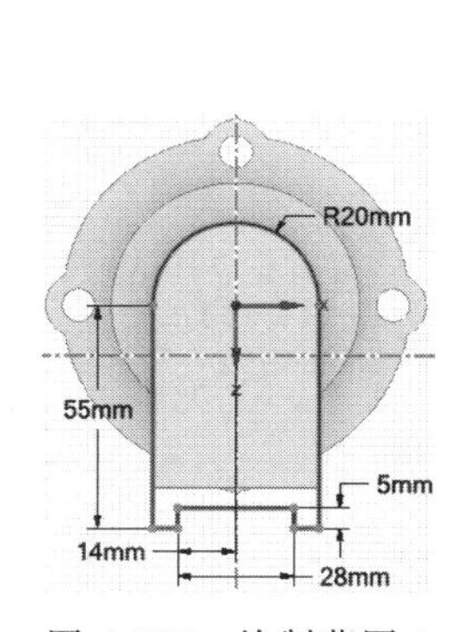

图 4-225　绘制草图 1

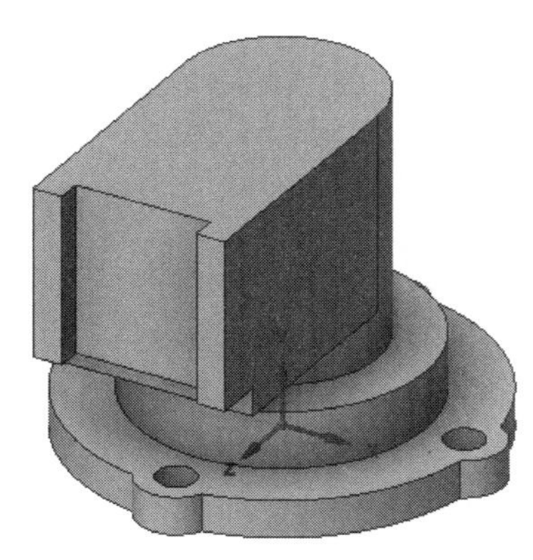

图 4-226　拉动草图 1

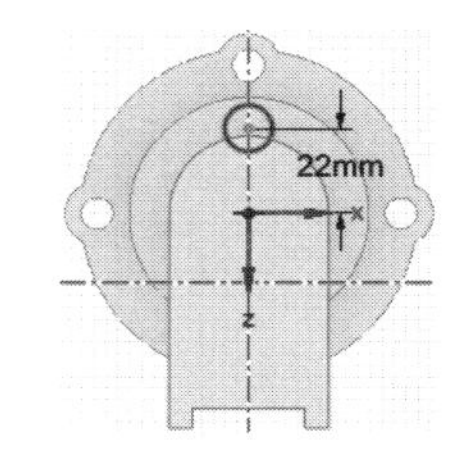

图 4-227　绘制草图 2

(6) 拉动草图 2。单击“草图”选项卡“编辑”面板中的“拉动”按钮，选择草图构成的剖面为拉动对象，按空格键，在出现的拉伸距离输入框中输入 16mm，按回车键，完成拉伸，然后单击“定向”面板中的“主视图”按钮，调整视图方向，结果如图 4-228 所示。

(7) 绘制草图 3。选择上步拉动凸台的上表面为草绘平面，单击“草图”选项卡“创建”面板中的“线”按钮和“圆”按钮，绘制草图 3，并利用“剪裁”按钮和“尺寸”按钮，修改草图，结果如图 4-229 所示。

(8) 拉动草图 3。单击“草图”选项卡“编辑”面板中的“拉动”按钮，选择草图构成的剖面为拉动对象，按空格键，在出现的拉伸距离输入框中输入 8mm，按回车键，完成拉伸，结果如图 4-230 所示。

Note

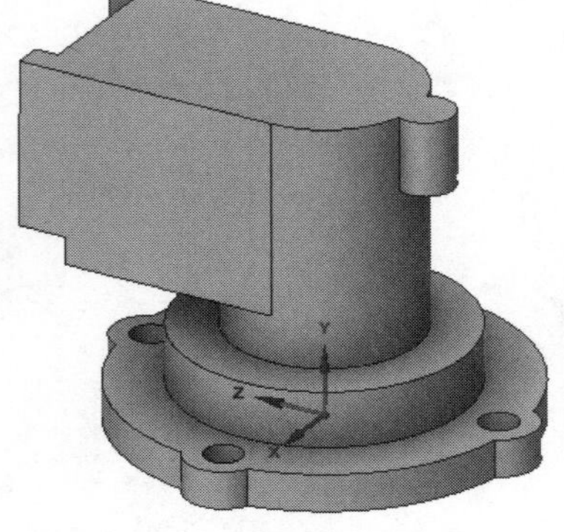

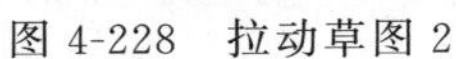
图 4-228　拉动草图 2

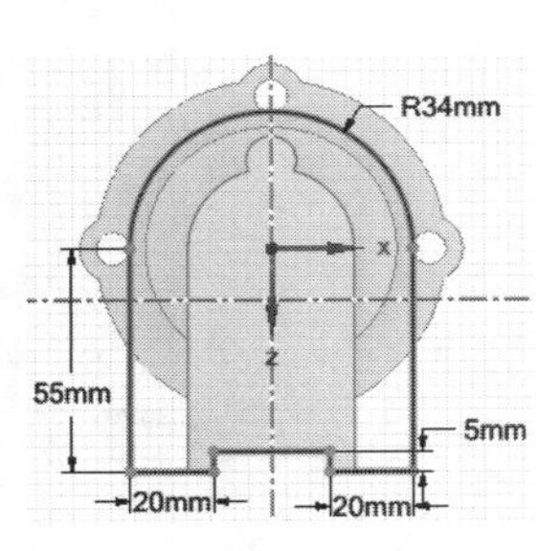

图 4-229　绘制草图 3

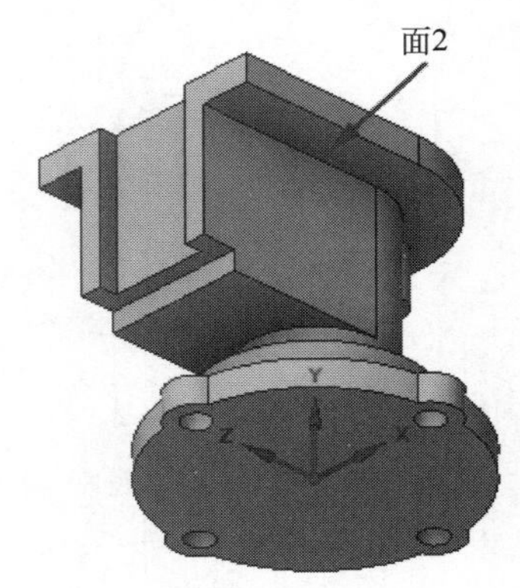

图 4-230　拉动草图 3

4-3

04 创建安装孔。

(1) 绘制并镜像草图。选择模型的上表面为草绘平面，单击“草图”选项卡“创建”面板中的“参考线”按钮，和“圆”按钮，绘制草图，并利用“尺寸”按钮，标注尺寸，结果如图 4-231 所示，然后单击“修改”面板中的“镜像”按钮，选择 Z 轴为镜像轴，然后选择绘制的圆为镜像对象，结果如图 4-232 所示。

(2) 拉动草图 1。单击“草图”选项卡“编辑”面板中的“拉动”按钮，选择草图构成的剖面为拉动对象，按空格键，在出现的拉伸距离输入框中输入 2mm，按回车键，完成拉伸，结果如图 4-233 所示。

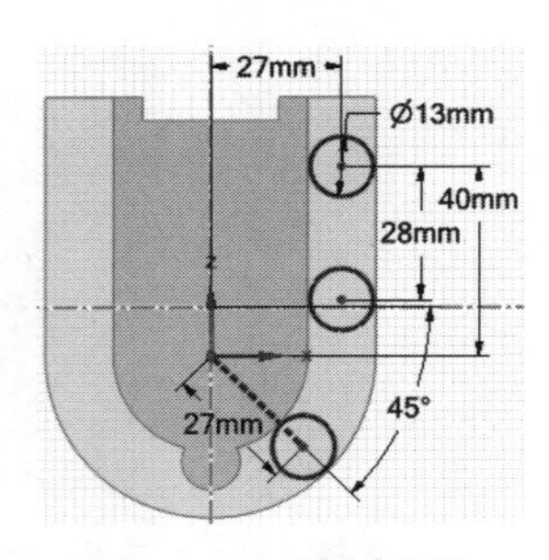

图 4-231　绘制草图

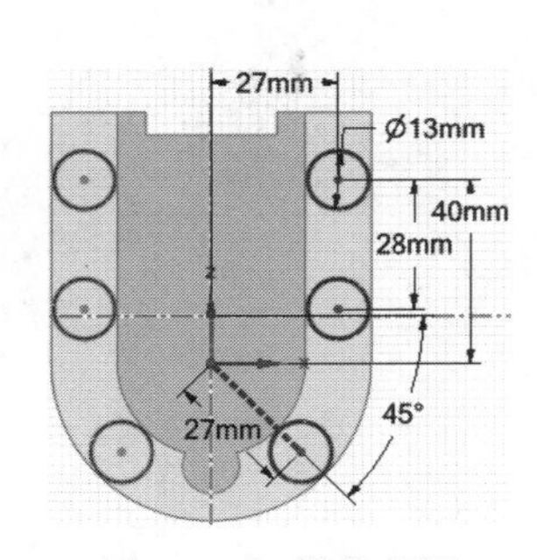

图 4-232　镜像草图

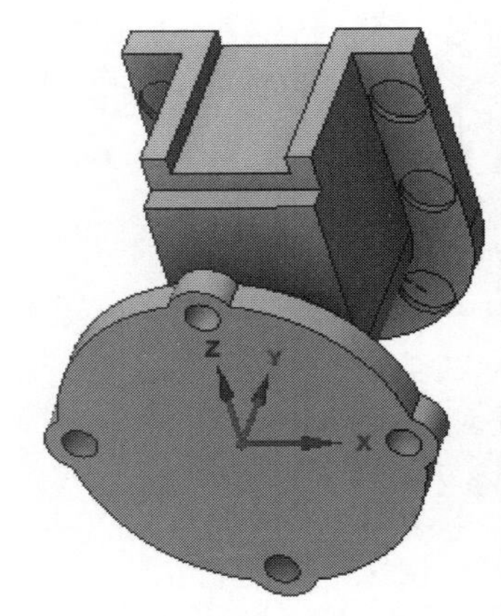

图 4-233　拉动草图 1

(3) 绘制沉头孔草图。选择上步拉动凹槽的底面为草绘平面，单击“草图”选项卡“创建”面板中“圆”按钮，绘制草图，并利用“尺寸”按钮，标注尺寸，结果如图 4-234 所示。

(4) 拉伸沉头孔。单击“草图”选项卡“编辑”面板中的“拉动”按钮，选择草图构成的剖面为拉动对象，按空格键，在出现的拉伸距离输入框中输入 6mm，按回车键，完成拉伸，单击“定向”面板中的“主视图”按钮，调整视图方向，结果如图 4-235 所示。

(5) 绘制内孔草图。选择“XY”平面为草绘平面。单击“草图”选项卡“创建”面板中的“线”按钮，绘制草图，并利用“尺寸”按钮，标注尺寸，结果如图 4-236 所示。

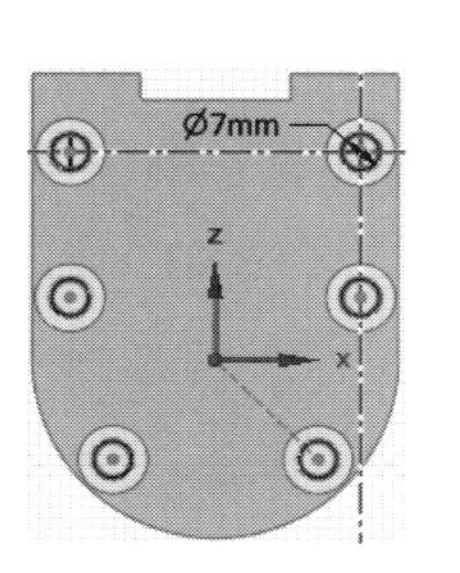

图 4-234　绘制沉头孔草图

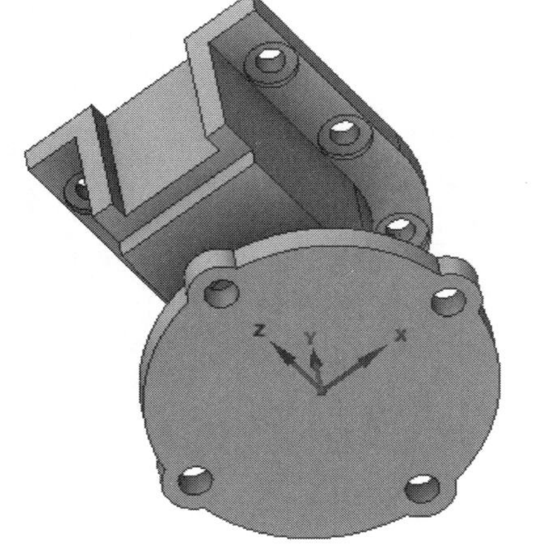

图 4-235　拉伸沉头孔

(6) 拉动旋转草图。单击“草图”选项卡“编辑”面板中的“拉动”按钮，选择草图构成的剖面为拉动对象，然后单击向导工具中的“旋转”按钮，选择左侧的竖直线为旋转轴，选择“选项-拉动”面板中的“剪切”命令，然后单击向导工具中的“完全拉动”按钮，旋转切除，形成内孔单击“定向”面板中的“主视图”按钮，调整视图方向，结果如图 4-237 所示。

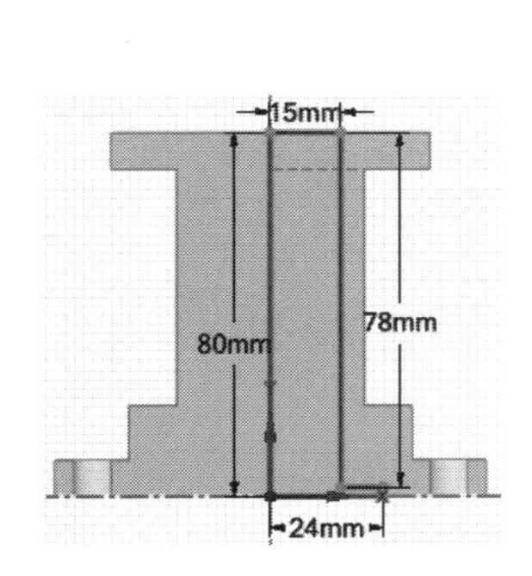

图 4-236　绘制内孔草图

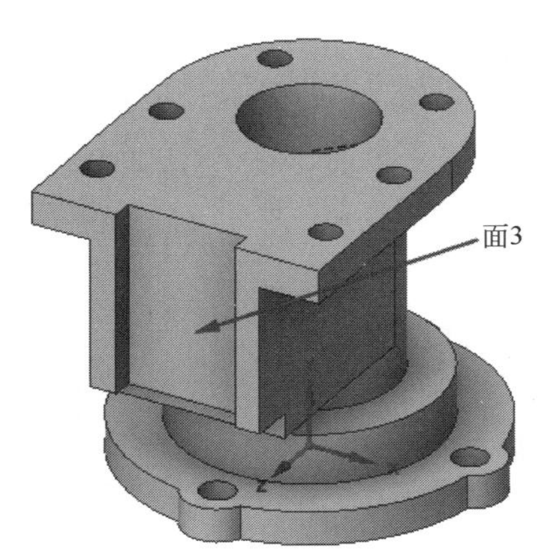

图 4-237　创建内孔

(7) 绘制草图。选择图 4-237 所示的面 3 为草绘平面。单击“草图”选项卡“创建”面板中的“圆”按钮，绘制草图，并利用“尺寸”按钮，标注尺寸，结果如图 4-238 所示。

(8) 拉动草图 2。单击“草图”选项卡“编辑”面板中的“拉动”按钮，选择草图构成的剖面为拉动对象，按空格键，在出现的拉伸距离输入框中输入 15mm，按回车键，完成拉伸，单击“定向”面板中的“主视图”按钮，调整视图方向，结果如图 4-239 所示。

05 创建耳孔。

(1) 绘制耳孔草图。选择图 4-239 所示的面 4 为草绘平面。单击“草图”选项卡“创建”面板中的“圆”按钮，绘制草图，并利用“尺寸”按钮，标注尺寸，结果如图 4-240 所示。

4-4

Note

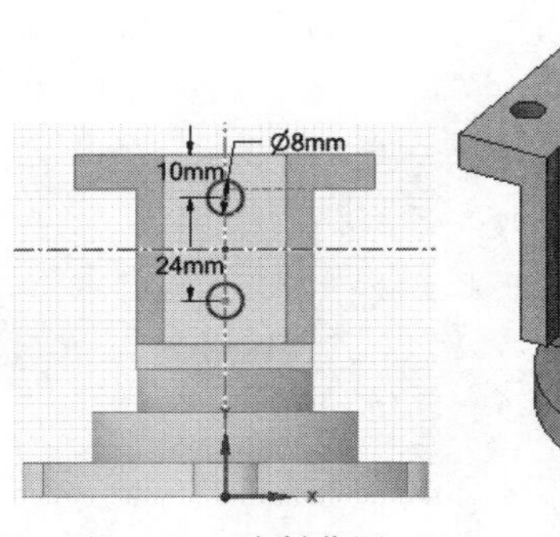

图 4-238　绘制草图

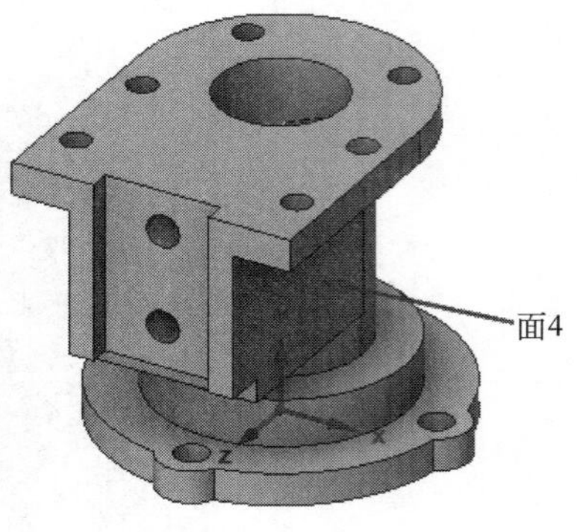

图 4-239　拉动草图 2

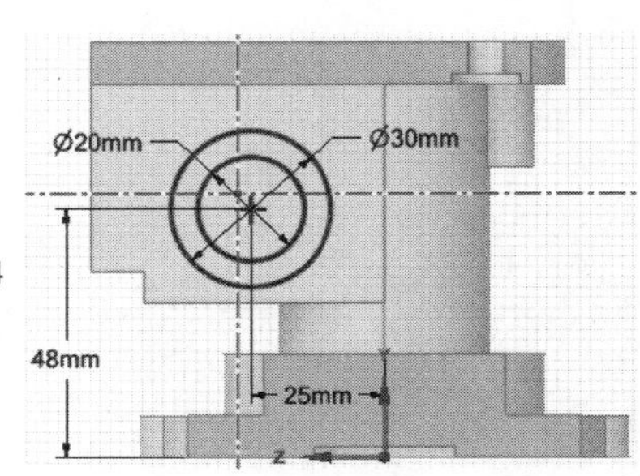

图 4-240　绘制耳孔草图

（2）拉动耳轴。单击“草图”选项卡“编辑”面板中的“拉动”按钮，选择草图构成的剖面为拉动对象，按空格键，在出现的拉伸距离输入框中输入 16mm，按回车键，完成拉伸，单击“定向”面板中的“主视图”按钮，调整视图方向，结果如图 4-241 所示。同理在另一侧创建一个耳轴，结果如图 4-242 所示。

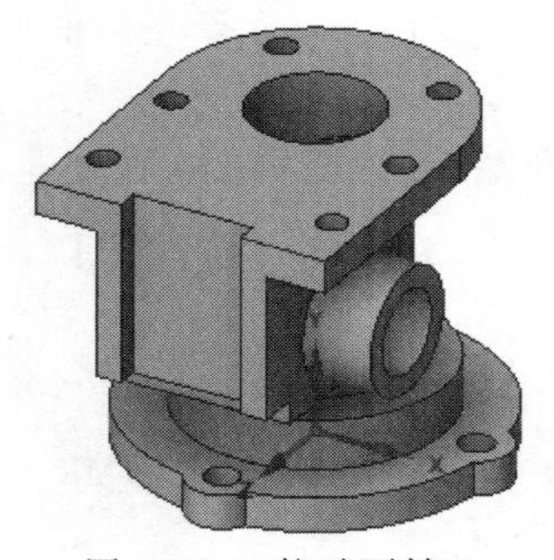

图 4-241　拉动耳轴 1

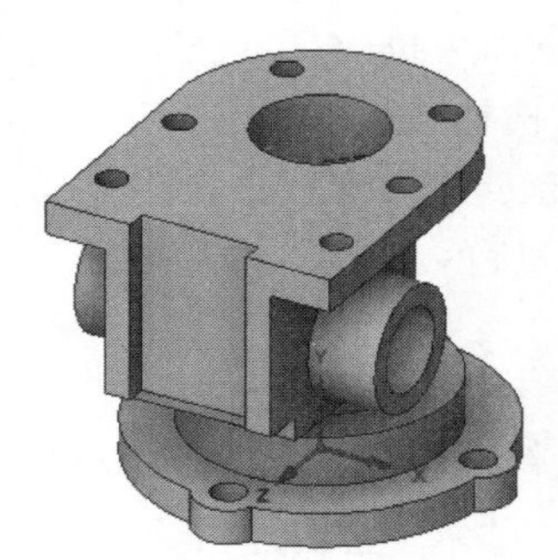

图 4-242　拉动耳轴 2

06 创建筋板。

（1）绘制筋板草图。选择“YZ”平面为草绘平面。单击“草图”选项卡“创建”面板中的“线”按钮，绘制草图，并利用“尺寸”按钮，标注尺寸，结果如图 4-243 所示。

（2）拉动筋板。单击“草图”选项卡“编辑”面板中的“拉动”按钮，选择草图构成的剖面为拉动对象，在“选项-拉动”面板中选择“同时拉两侧”按钮，按空格键，在出现的拉伸距离输入框中输入 3mm，按回车键，完成拉伸，结果如图 4-244 所示。

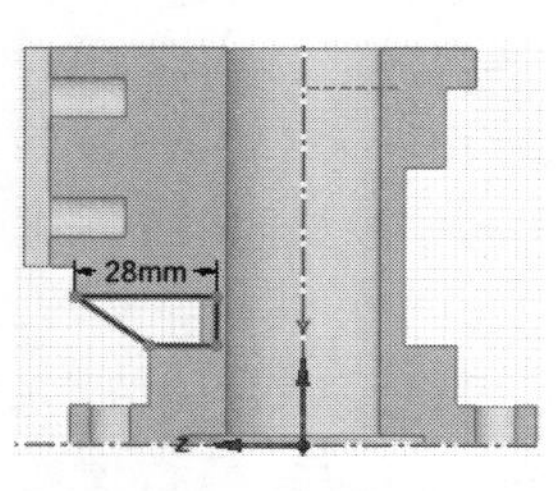

图 4-243　绘制筋板草图

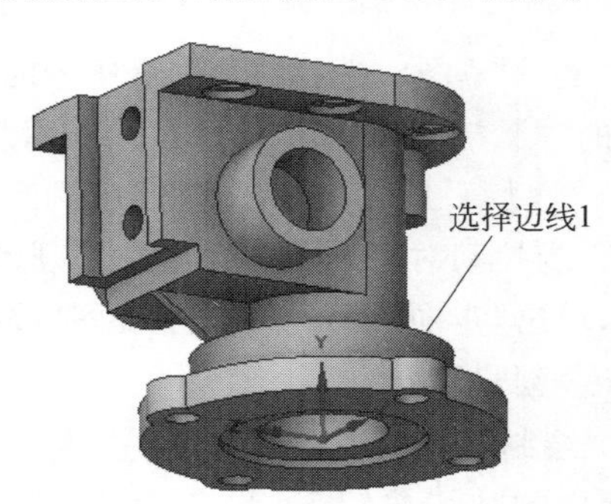

图 4-244　拉动筋板

07 创建圆角和倒角。

（1）创建圆角。单击“草图”选项卡“编辑”面板中的“拉动”按钮，选择图 4-245 所示的边线 1，然后在“选项-拉动”面板中选择“圆角”按钮，按空格键，输入圆角半径为 5mm，按回车键，创建圆角，结果如图 4-245 所示。

（2）创建倒角。单击“草图”选项卡“编辑”面板中的“拉动”按钮，选择图 4-246 所示的边线 2，然后在“选项-拉动”面板中选择“倒角”按钮，按空格键，输入倒角距离为 2mm，按回车键，创建倒角，结果如图 4-247 所示；同理在耳轴孔处创建倒角为 1mm 的角，结果如图 4-248 所示。

08 删除多余曲线。完成模型的创建后，结构面板如图 4-249 所示，右击其中的“曲线”，在弹出的快捷菜单中选择“删除”命令，将其删除，结果如图 4-250 所示。

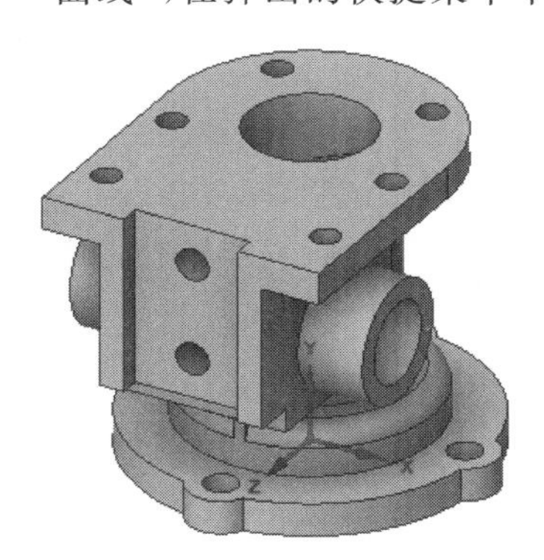

图 4-245　创建圆角

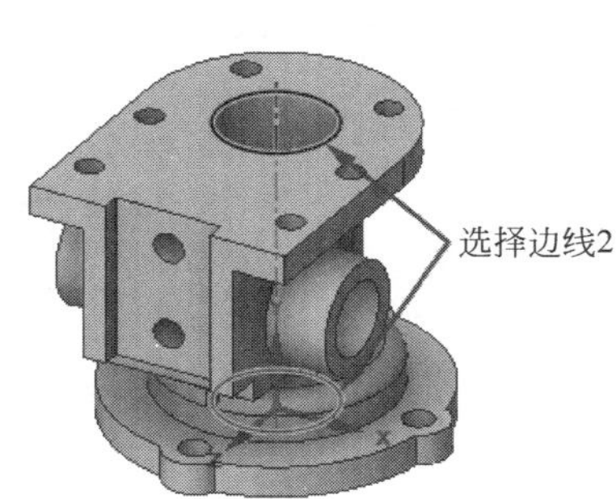

图 4-246　选择倒角边线

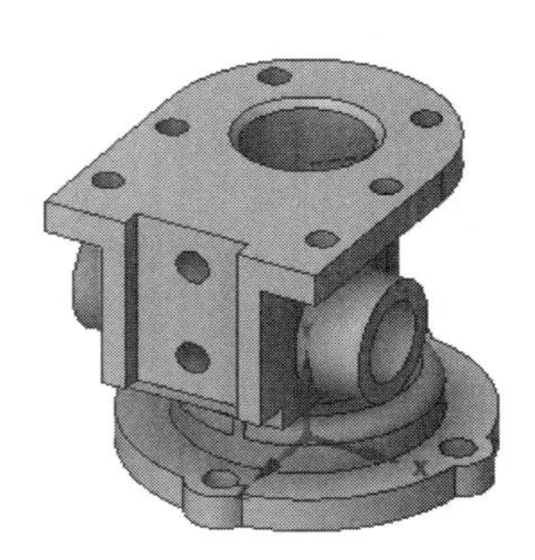

图 4-247　创建倒角

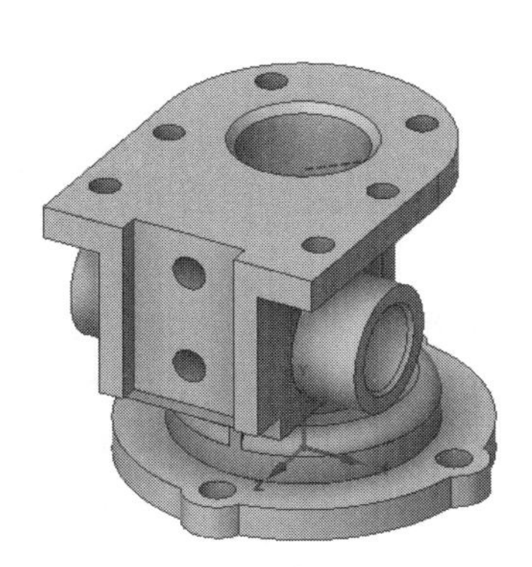

图 4-248　创建耳轴倒角

图 4-249　结构面板

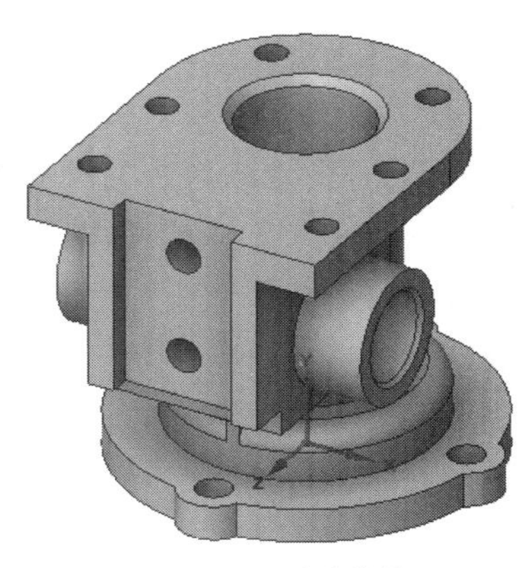

图 4-250　删除曲线

第5章

Mechanical应用程序

与 DesignModeler 一样，Mechanical 是 ANSYS Workbench 的一个模块，主要用于结构产品问题的分析和解决，分析类型包括静力学（线性/非线性）、模态分析、谐波响应分析、响应谱分析、显示动力学分析，同时还提供热分析、压电分析、磁场、电场以及热-结构、电-热、电-热-结构耦合分析等。

在使用 Mechanical 应用程序时，需要定义模型的环境载荷情况、求解分析和设置不同的结果形式。本章主要对 Workbench-Mechanical 分析交互界面、菜单、工具条、导航树等进行讲解。

学习要点

- Mechanical 启动及其界面
- 选项卡
- 详细信息
- 图形、表格数据
- 轮廓树概述
- 图形区域
- 应用向导

5.1 Mechanical 启动及其界面

Workbench-Mechanical 主要用于结构产品问题的分析和解决。能够解决包括静力学(线性/非线性)、模态分析、谐波响应分析、响应谱分析、显示动力学分析、热分析、电场、电热、电热-结构等耦合分析，因此在进行这些有限元分析时，需要首先启动 Mechanical 应用程序，具体步骤如下：

01 创建分析模块。首先在 Workbench 中创建需要的分析模块，这里以“静态结构”项目模块为例讲解。在“分析系统”工具箱中将“静态结构”模块拖到项目原理图中或者双击“静态结构”模块，创建一个“静态结构”的项目模块，如图 5-1 所示。

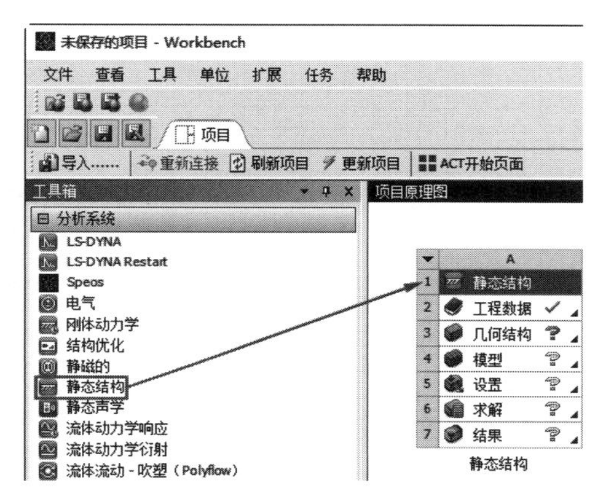

图 5-1 创建“静态结构”项目

02 启动 Mechanical 程序。在项目原理图中右击“模型”命令，在弹出的快捷菜单中选择“编辑”命令，如图 5-2 所示，打开“静态结构-Mechanical”(机械学)应用程序，如图 5-3 所示。

图 5-2 “编辑”命令

Note

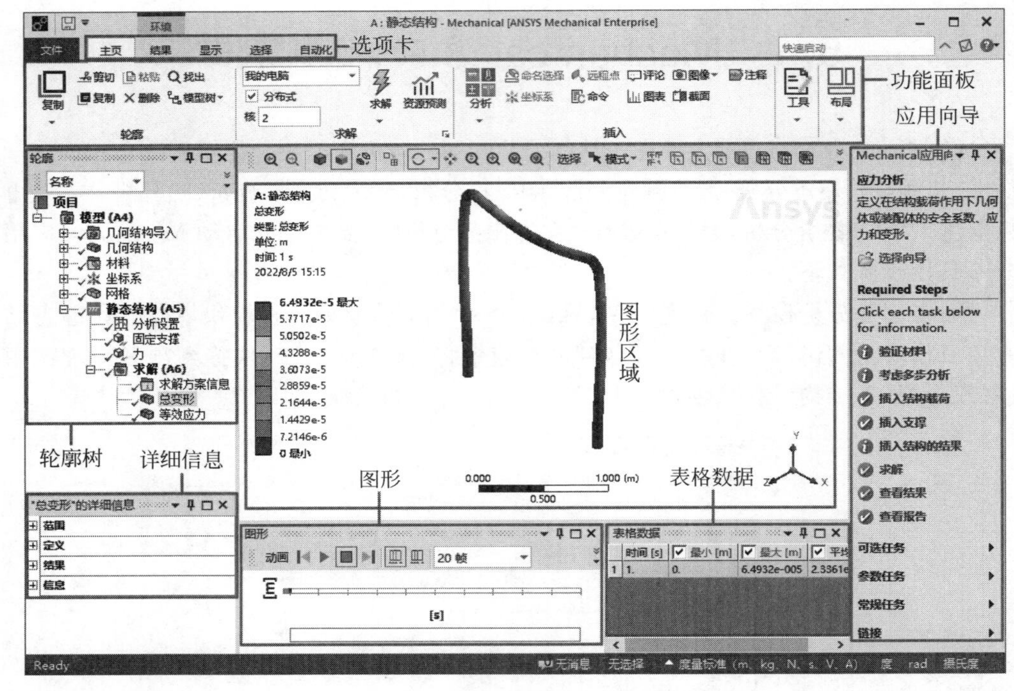

图 5-3　图形用户界面

打开的 Mechanical 界面主要包括选项卡、功能面板、轮廓树、详细信息、图形区域、图形、表格数据、状态栏和应用向导等。

5.2　轮廓树概述

轮廓树位于应用程序的左侧，如图 5-4 所示，这里以静态结构分析为例简要讲解轮廓树各项。

模型树中包括“几何结构”“材料”“坐标系”“网格”“求解环境”(这里为静态结构)“求解”，从上到下排列，这也是进行分析的操作步骤。

(1) 几何结构：该分支可以定义几何材料属性，观察各种物理特征，进行单元控制以及观测网格数量统计等。

(2) 坐标系：该分支可以定义需要的局部坐标系。

(3) 网格：该分支可以对几何模型进行网格设置及划分。

(4) 求解环境：该分支为有限元分析进行分析设置、添加载荷和约束。

(5) 求解：该分支为结果后处理，包括添加变形、应变和应力等后处理结果。

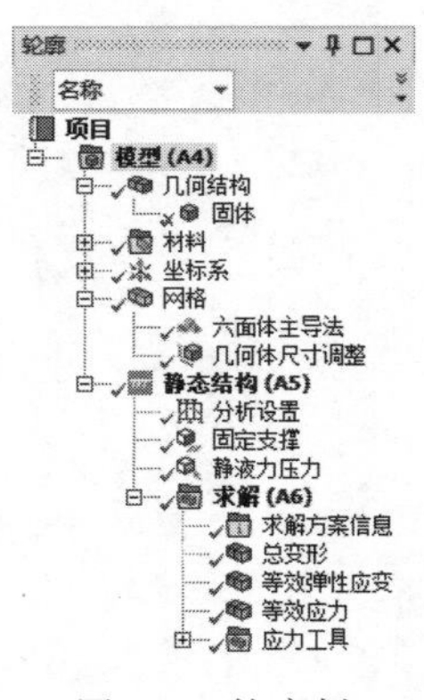

图 5-4　轮廓树

Note

5.3　选　项　卡

Mechanical应用界面中的选项卡位于界面上方，包括“文件”选项卡、“主页”选项卡、“结果”选项卡、“显示”选项卡、“选择”选项卡、“自动化”选项卡等，另外还有一些隐藏的选项卡，包括“模型”选项卡、“几何结构”选项卡、“材料”选项卡、“连接”选项卡、“网格”选项卡、“环境”选项卡、“求解”选项卡、“求解方案信息”选项卡等，这些选项卡依次对应“轮廓树”里的分支，例如选择“轮廓树”中的“模型”，则在上方出现“模型”的选项卡，如图5-5所示；选择“轮廓树”中的“网格”，则在上方出现“网格”的选项卡，如图5-6所示。

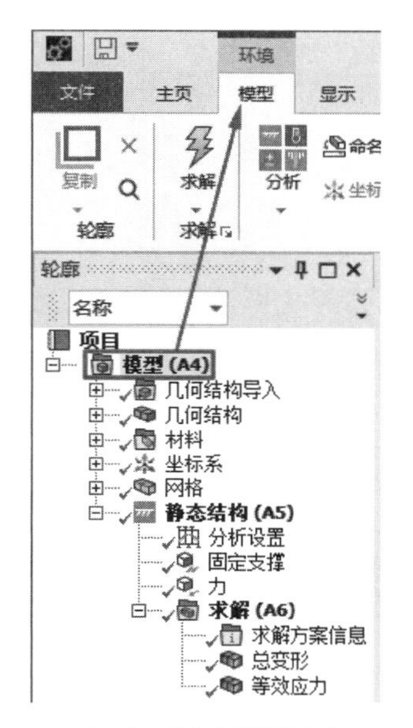

图5-5　“模型”选项卡

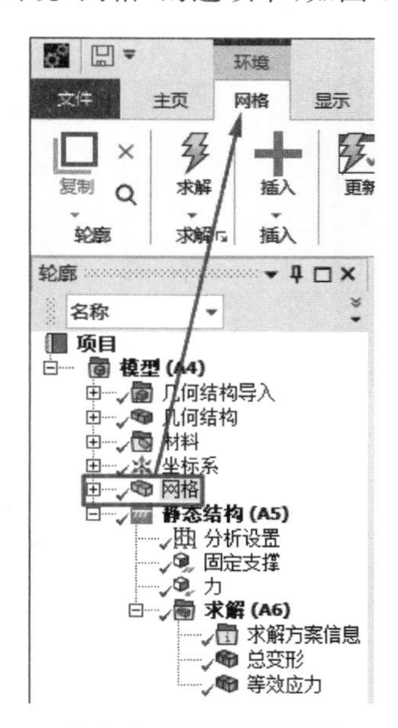

图5-6　“网格”选项卡

5.3.1　“文件”选项卡

“文件”选项卡如图5-7所示，“文件”选项卡包含多个选项，用于管理项目、定义作者和项目信息以及保存项目等功能，这些功能能够更改默认的应用程序设置、集成关联的应用程序或设置模拟，设置运行计算的方法等。

5.3.2　“主页”选项卡

启动Mechanical应用程序后，默认打开的就是“主页”选项卡，如图5-8所示，主要包括“轮廓”“求解”“插入”“工具”“布局”面板。

（1）轮廓面板：主要对模型树中分析载荷、边界条件以及后处理结果进行复制、粘贴和删除操作。

（2）求解面板：可以设置求解选项以及求解类型。

（3）插入面板：选择插入分析类型，如静态结构分析、瞬态分析、响应谱分析、热分

Note

图 5-7 “文件”选项卡

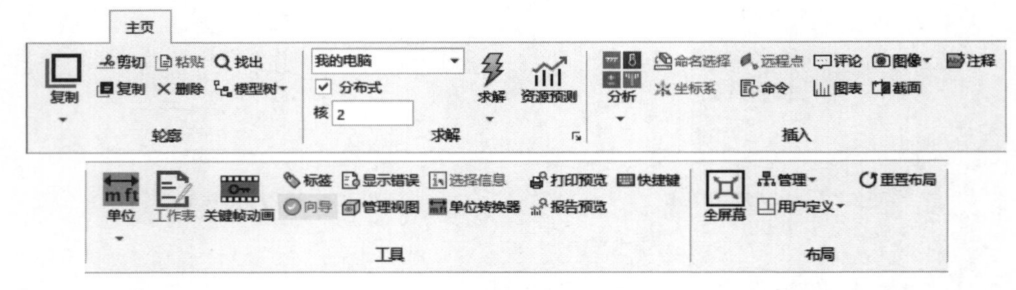

图 5-8 “主页”选项卡

析等；还可以插入坐标系、远程点、命令、图标及评论等。

（4）工具面板：可以设置系统单位、设置显示关键帧动画、打开向导、显示信息以及换算单位等。

（5）布局面板：控制应用程序全屏显示，需按 F11 键返回，其中管理下拉列表可设置各种显示对象，如轮廓、详细信息、状态栏、表格数据、图形等。

5.3.3 “显示”选项卡

“显示”选项卡如图 5-9 所示，包括“定向”“注释”“类型”“顶点”“边”“分解”“视区”“显示”面板。

（1）定向面板：主要用于调整模型视图方向。

（2）注释面板：为载荷、命名或触点随机分配颜色；放大或缩小视图后重新调整注

Note

释符号的大小。

(3) 类型面板：主要用于调整模型的视图类型(带边涂色、涂色和边框模式)、是否显示网格、是否显示梁或壳、是否显示横截面等。

(4) 顶点面板：主要用于设置是否显示顶点。

(5) 边面板：用于边的方向箭头、边颜色以及边厚度的设置。

(6) 分解面板：用于装配模型爆炸时选择爆炸中心坐标及位置重置。

(7) 视区面板：用于设置视图区域，是 1 个、2 个还是 4 个视图区域。

(8) 显示面板：用于控制标尺、图例、坐标系等的显示。

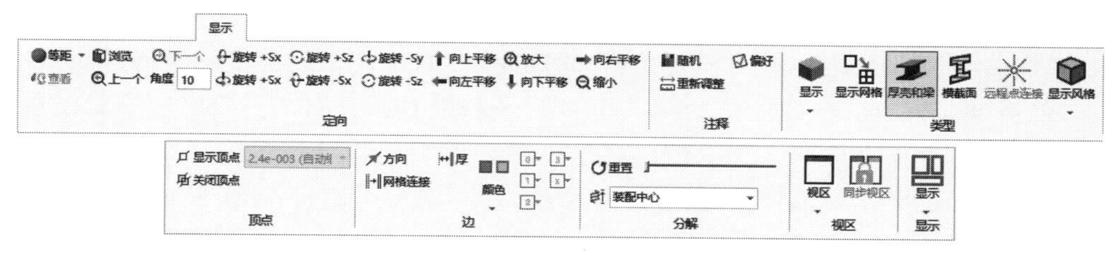

图 5-9　“显示”选项卡

5.3.4　“选择”选项卡

“选择”选项卡如图 5-10 所示，包括“命名选择”“扩展到”“选择”“转换为”“路径”面板。

(1) 命名选择面板：能够从现有用户定义的命名选择中选择、添加和删除项目，以及修改可见性和隐藏状态。

(2) 扩展到面板：对选择的边或面扩展选择到相邻、相切或所有相邻的其他边或面。

(3) 选择面板：通过设置的位置或尺寸范围进行选择。

(4) 转换为面板：将选择模式改为与所选对象相关联的实体、顶点、面、节点或边等。

(5) 路径面板：可以突显或缩放几何模型，当选择多个几何对象时会依次自动高亮显示并放大所选对象，包括选择的体、面、边和顶点。

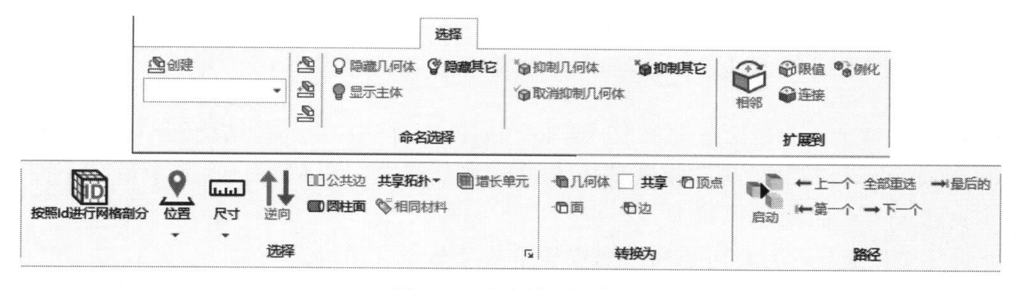

图 5-10　“选择”选项卡

5.3.5　“自动化”选项卡

“自动化”选项卡如图 5-11 所示，包括“工具”“机械”“支持”“用户按钮”面板，由于该选项卡很少应用，在此不赘述。

Note

图 5-11 “自动化”选项卡

5.3.6 模型选项卡

模型选项卡是隐藏选项卡，需要单击“轮廓树”中的“模型”分支才可弹出，如图 5-12 所示，包括“轮廓”“求解”“插入”“准备”“定义”“网格”“结果”面板，其中前 3 个面板和主页选项卡中的功能相同。

(1) 准备面板：分析之前对模型进行修改，如刷新几何结构、变换模型位置、方向；添加模型对称对象、建立模型连接、插入横截面类型、插入拓扑操作和构造几何结构等。

(2) 定义面板：插入压缩的几何结构、为模型插入不同的裂纹、插入 AM 工艺启动增材仿真。

(3) 结果面板：插入求解后处理所要查看的结果。

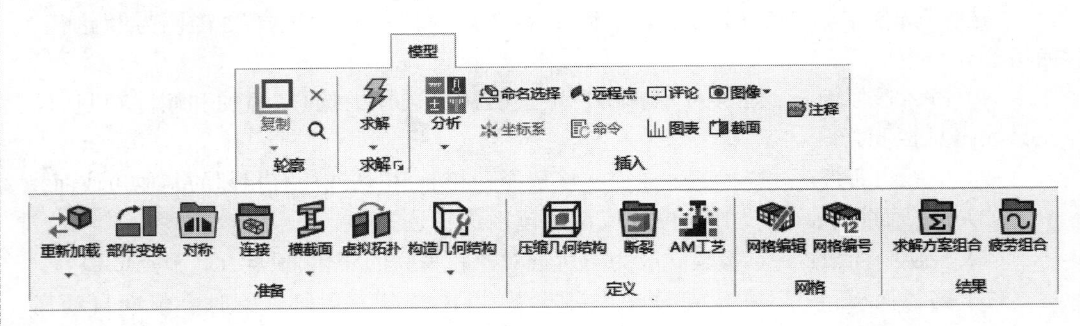

图 5-12 “模型”选项卡

5.3.7 几何结构选项卡

几何结构选项卡是隐藏选项卡，需要单击“轮廓树”中的“几何结构”分支才可弹出，如图 5-13 所示，包括“轮廓”“求解”“插入”“质量”“修改”“虚拟”面板，其中前 3 个面板和主页选项卡中的功能相同。

(1) 质量面板：为几何结构添加点质量或者分布式质量。

(2) 修改面板：为几何物体的表面插入一个或几个材料作为该物体的表面图层；为给定模型的单元或几何体进行设置。

(3) 虚拟面板：此面板只有在使用组件网格算法时可用，可插入一个虚拟几何体，便于对对流区域进行网格划分，不必使用建模器进行建模，从而简化操作。

Note

图 5-13 “几何结构”选项卡

5.3.8 “材料”选项卡

“材料”选项卡是隐藏选项卡，需要单击“轮廓树”中的“材料”分支才可弹出，如图 5-14 所示，包括“轮廓”“求解”“插入”面板，还有“材料分配”“材料图”“材料组合”命令，其中前 3 个面板和主页选项卡中的功能相同。

(1) 材料分配：将特定材料分配给选定的对象，此选项还可以控制“非线性效应”和“热应变效应”，但是在进行 LS-DYNA 分析时不支持该功能。

(2) 材料图：能够使用几何图形或命名选择范围将模型的材质绘制为等高线。支持的几何图元包括体、面、边和元素。

(3) 材料组合：利用该命令可将不同材料的特性组合在一起，然后添加到模型中。

图 5-14 “材料”选项卡

5.3.9 “连接”选项卡

“连接”选项卡是隐藏选项卡，需要单击“轮廓树”中的“连接”分支才可弹出，如图 5-15 所示，包括“轮廓”“求解”“插入”“连接”“接触”“连接副”“浏览”面板，其中前 3 个面板和主页选项卡中的功能相同。

(1) 连接面板：为对象添加连接类型，如弹簧连接、梁连接、轴承连接、焊点连接等。

(2) 接触面板：为对象添加接触类型，如绑定接触、无分离接触、无摩擦接触等。

(3) 连接副面板：在几何体与地面或两个几何体之间添加连接副类型，如添加固定连接副、回转连接副、圆柱形连接副等。

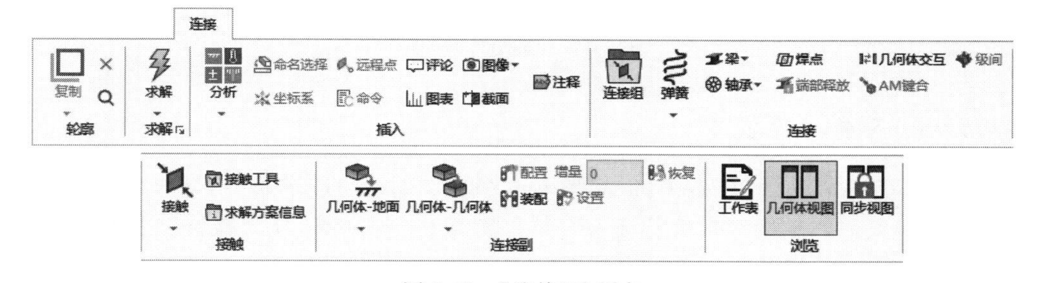

图 5-15 “连接”选项卡

Note

（4）浏览面板：控制添加连接时几何体的显示状态。

5.3.10 “网格”选项卡

“网格”选项卡是隐藏选项卡，需要单击“轮廓树”中的“网格”分支才可弹出，如图 5-16 所示，包括“轮廓”“求解”“插入”“网格”“预览”“控制”“网格编辑”“度量标准显示”面板，其中前 3 个面板与主页选项卡中的功能相同，由于该选项卡涉及内容较多，将在下一章详细讲解，在此不赘述。

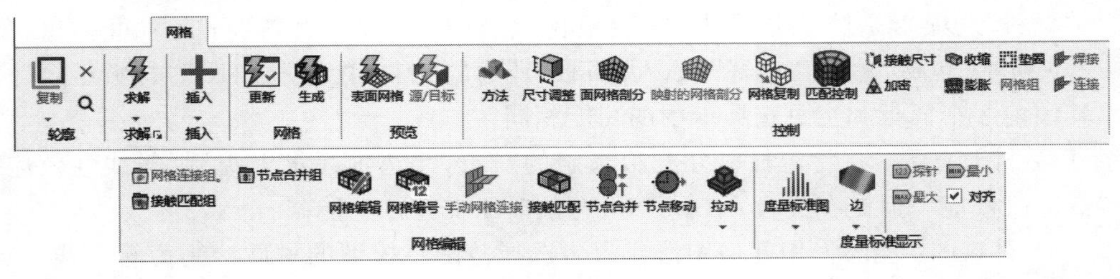

图 5-16 “网格”选项卡

5.3.11 “环境”选项卡

“环境”选项卡是隐藏选项卡，需要单击“轮廓树”中的“环境”分支才可弹出，如图 5-17 所示，包括“轮廓”“求解”“插入”“结构”“工具”“浏览”面板，其中前 3 个面板与主页选项卡中的功能相同。

（1）结构面板：主要添加分析设置的载荷、约束和边界条件，包括添加惯性载荷，力载荷、压力载荷等载荷；添加固定约束、位移约束和各种支撑；添加耦合、约束方程、单元生死等各种边界条件。

（2）工具面板：输入以及导出响应文件。

（3）浏览面板：查看工作表、图形和表格数据。

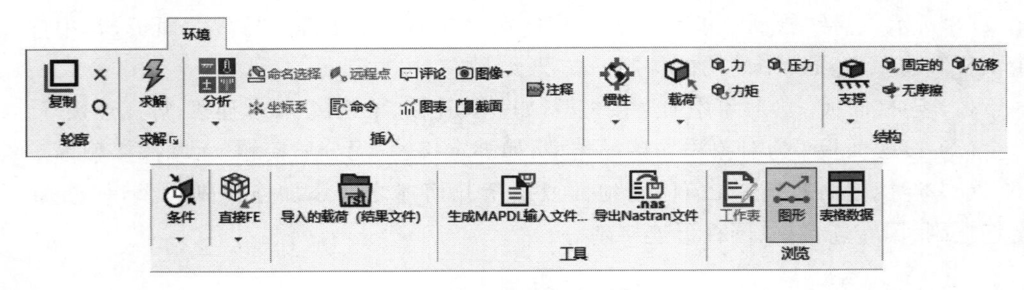

图 5-17 “环境”选项卡

5.3.12 “求解”选项卡

“求解”选项卡是隐藏选项卡，需要单击“轮廓树”中的“求解”分支才可弹出，如图 5-18 所示，包括“轮廓”“求解”“插入”“结果”“用户定义的标准”“探针”“工具箱”“工具”“浏览”面板，其中前 3 个面板和主页选项卡中的功能相同。

Note

（1）结果面板：主要添加求解后处理想要查看的结果，包括变形、应变、应力、损坏等结果，除此之外用户还可以自定义求解结果。

（2）探针面板：插入探针，再精确查看模型各部分的变形、应变、应力等结果。

（3）工具箱：查看求解结果工具箱，包括应力工具、疲劳工具、接触工具以及螺栓工具等。

图 5-18　“求解”选项卡

5.4　图形区域

图形区域（或称图形窗口）中显示几何模型和结果，还有列出 HTML 报告及打印预览的功能，如图 5-19 所示。

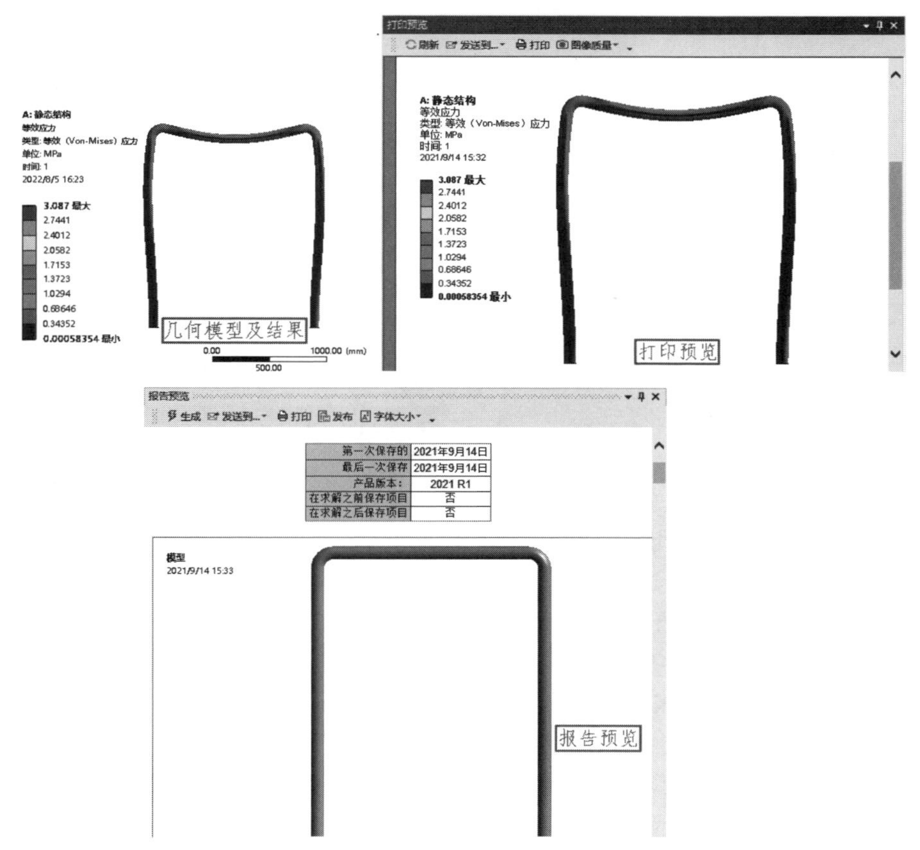

图 5-19　图形区域

5.5 详细信息

Note

详细信息栏在应用程序的左下角，它会根据选取分支不同自动改变，如图 5-20 所示。

(1) 白色区域：白色区域表示此栏为输入数据区，可以对白色区域的数据进行编辑，如图 5-20 中的①区。

(2) 灰色(红色)区域：灰色区域用于信息显示，此区域的数据是不能修改的，如图 5-20 中的②区。

(3) 黄色区域：黄色区域表示不完整的输入信息，此区域的数据显示信息丢失，如图 5-20 中的③区。

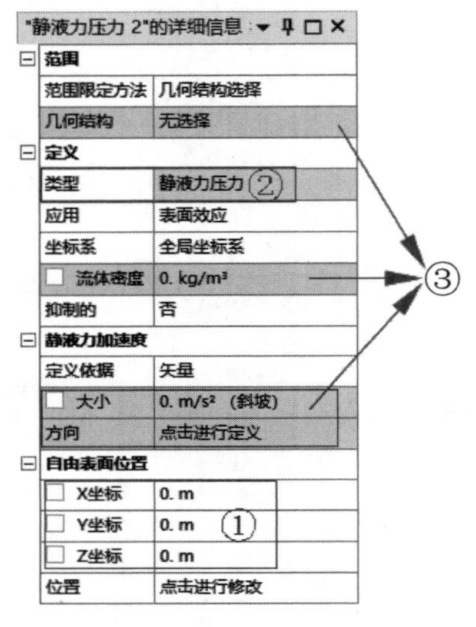

图 5-20 详细信息

5.6 应用向导

应用向导是一个可选组件，位于应用程序的右侧，可提醒用户完成分析所需要的步骤，如图 5-21 所示，对于初学者非常有用。可以通过单击“主页”选项卡“工具”面板中的“向导”按钮 向导 来打开应用向导。

应用向导提供了一个必要的步骤清单及其图标符号，下面列举了图标符号的含义。

(1) ：绿色对勾号表示该项目已完成。

(2) ：绿色“i”显示一个信息项目。

(3) ：灰色符号表示该步骤无法执行。

(4) ：红色问号表示一个不完整的项目。

Note

（5）：叉号表示该项目还没有完成。

（6）：闪电图符表示该项目准备解决或更新。

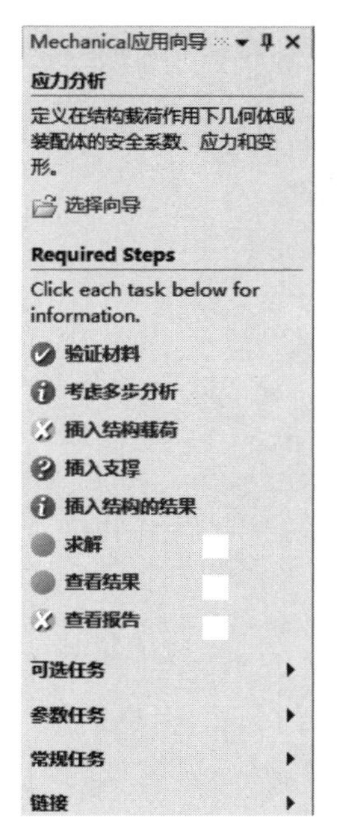

图 5-21　应用向导

5.7　图形、表格数据

图形、表格数据位于图形区域的下方，用来显示求解结果的曲线图和结果数据，如图 5-22 所示。

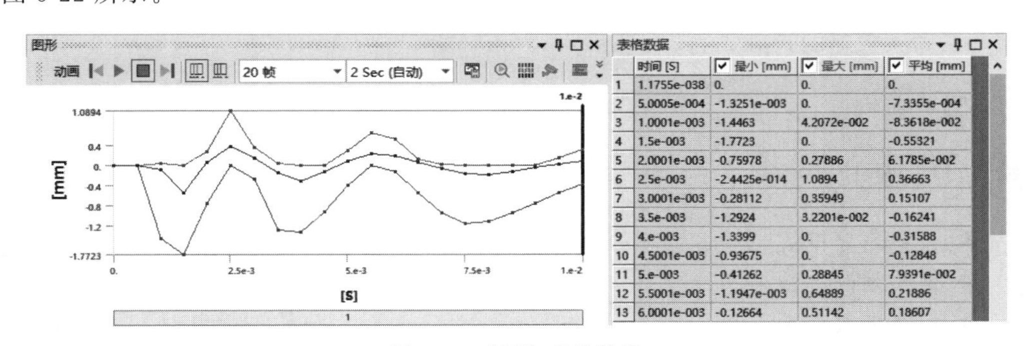

	时间 [S]	最小 [mm]	最大 [mm]	平均 [mm]
1	1.1755e-038	0.	0.	0.
2	5.0005e-004	-1.3251e-003	0.	-7.3355e-004
3	1.0001e-003	-1.4463	4.2072e-002	-8.3618e-002
4	1.5e-003	-1.7723	0.	-0.55321
5	2.0001e-003	-0.75978	0.27886	6.1785e-002
6	2.5e-003	-2.4425e-014	1.0894	0.36663
7	3.0001e-003	-0.28112	0.35949	0.15107
8	3.5e-003	-1.2924	3.2201e-002	-0.16241
9	4.e-003	-1.3399	0.	-0.31588
10	4.5001e-003	-0.93675	0.	-0.12848
11	5.e-003	-0.41262	0.28845	7.9391e-002
12	5.5001e-003	-1.1947e-003	0.64889	0.21886
13	6.0001e-003	-0.12664	0.51142	0.18607

图 5-22　图形、表格数据

第6章

网格划分

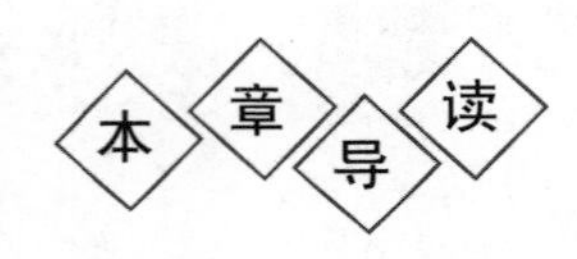

ANSYS Meshing 是 ANSYS Workbench 的一个组件，集成了 ICEM CFD、TGrid(Fluent Meshing)、CFX-Mesh、GAMBIT 等网格划分功能，具有极为强大的前处理网格划分能力，能够对不同的物理场进行网格划分。

- 网格划分概述
- 网格划分方法
- 网格参数设置
- 综合实例

第6章

6.1　网格划分概述

网格划分基本的功能是利用 ANSYS Workbench 中的 Mesh 应用程序，可以从 ANSYS Workbench 的项目管理器中自 Mesh 项目原理图中进入，也可以通过其他的项目原理图进行网格的划分。网格划分的目的是对计算流体动力学（computation fluid dynamics，CFD）和有限元分析（finite element analysis，FEA）模型实现离散化，是把求解域分解成可得到精确解的适当数量的单元。

6.1.1　ANSYS 网格划分应用程序概述

Workbench 中 ANSYS Meshing 应用程序的目标是提供通用的网格划分格局。网格划分工具可以在任何分析类型中使用，包括进行结构动力学分析、显示动力学分析、电磁分析及进行 CFD 分析。

如图 6-1 所示为三维网格的基本形状。

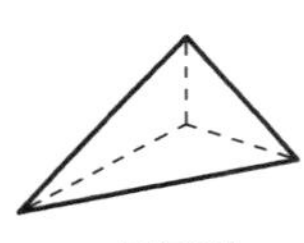

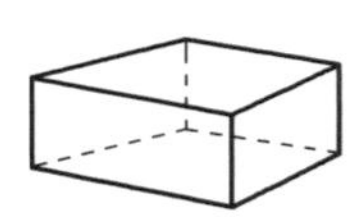

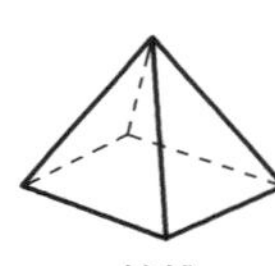

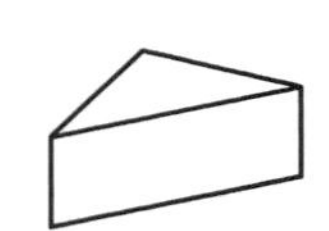

图 6-1　三维网格的格基本形状

6.1.2　网格划分特点

在 Workbench 中进行网格划分，具有以下特点：

（1）网格划分的应用程序采用的是分解克服（divide&conquer）方法。

（2）几何体的各部件可以使用不同的网格划分方法，即不同部件的体网格可以不匹配或不一致。

（3）所有网格数据需要写入共同的中心数据库。

（4）3D 和 2D 几何拥有各种不同的网格划分方法。

6.1.3　网格划分步骤

01 设置目标物理环境（结构、CFD 等），自动生成相关物理环境的网格（如流体动力学、CFX 或机械）。

02 设定网格划分方法。

03 定义网格设置（尺寸、控制和膨胀等）。

04 为方便使用创建命名选择。

05 预览网格并进行必要调整。

06 生成网格。

Note

07 检查网格质量。

08 准备分析的网格。

6.1.4 分析类型

在 ANSYS Workbench 中不同分析类型有不同的网格划分要求，在进行结构分析时，使用高阶单元划分较为粗糙的网格；在进行 CFD 分析时，需要平滑过渡的网格，进行边界层的转化，另外不同 CFD 求解器也有不同的要求；而在显式动力学分析时，需要均匀尺寸的网格。

表 6-1 中列出的是通过设定物理优先选项设置的默认值。

表 6-1　物理优先权

物理优先选项	自动设置下列各项			
	实体单元默认中节点	关联中心默认值	平滑度	过渡
力学分析	保留	粗糙	中等	快
CFD	消除	粗糙	中等	慢
电磁分析	保留	中等	中等	快
显式分析	消除	粗糙	高	慢

在 ANSYS Workbench 中分析类型的设置是通过“网格”详细信息表来进行定义的，图 6-2 为定义不同物理环境的“网格”详细信息。

"网格"的详细信息	
⊟ 显示	
显示风格	使用几何结构设置
⊟ 默认值	
物理偏好	机械
单元的阶	程序控制
☐ 单元尺寸	默认
⊟ 尺寸调整	
使用自适应尺寸调整	是
分辨率	默认 (2)
网格特征清除	是
☐ 特征清除尺寸	默认
过渡	快速
跨度角中心	大尺度
初始尺寸种子	装配体
边界框对角线	0.0 mm
平均表面积	0.0 mm²
最小边缘长度	0.0 mm
⊞ 质量	
⊞ 膨胀	
⊞ 高级	
⊞ 统计	

力学分析

"网格"的详细信息	
⊟ 显示	
显示风格	使用几何结构设置
⊟ 默认值	
物理偏好	CFD
求解器偏好	Fluent
单元的阶	线性的
☐ 单元尺寸	默认 (0.0 mm)
导出格式	标准
导出预览表面网格	否
⊟ 尺寸调整	
使用自适应尺寸调整	否
☐ 增长率	默认 (1.2)
网格特征清除	是
☐ 特征清除尺寸	默认 (0.0 mm)
捕获曲率	是
☐ 曲率最小尺寸	默认 (0.0 mm)
☐ 曲率法向角	默认 (18.0°)
捕获邻近度	否
尺寸公式化 (Beta)	程序控制
边界框对角线	0.0 mm
平均表面积	0.0 mm²
最小边缘长度	0.0 mm
启用尺寸字段 (Beta)	否
⊞ 质量	
⊞ 膨胀	
⊞ 高级	
⊞ 统计	

CFD

图 6-2　不同物理环境的“网格”详细信息

电磁分析　　显式分析

图 6-2　（续）

6.2　网格划分方法

6.2.1　自动划分方法

在网格划分的方法中自动划分方法是最简单的划分方法，系统自动进行网格的划分，但这是一种比较粗糙的方式，在实际运用中如不要求精确的解，可以采用此种方式。自动进行四面体（补丁适形）或扫掠网格划分，取决于体是否可扫掠。如果几何体不规则，程序会自动产生四面体，如果几何体规则的话，就可以产生六面体网格，如图 6-3 所示。（可打开本章源文件“自动网格划分”进行操作）

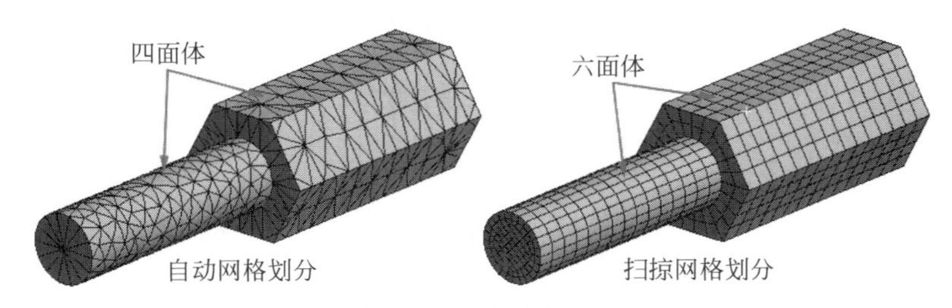

图 6-3　自动划分网格

6.2.2　四面体网格划分方法

四面体网格划分方法是基本的划分方法，其中包含有两种方法，即补丁适形法和补

Note

丁独立法。

1. 四面体网格优缺点

(1) 优点：四面体网格可以施加于任何几何体，可以快速、自动生成；在关键区域容易使用曲度和近似尺寸功能自动细化网格；可以使用膨胀细化实体边界附近的网格(即边界层识别)，边界层有助于面法向网格的细化，但在2D(表面网格)中仍是等向的；为捕捉一个方向的梯度，网格在所有的三个方向细化，即等向细化。

(2) 缺点：在近似网格密度情况下，单元和节点数要高于六面体网格；四面体一般不可能使网格在一个方向排列，由于几何和单元性能的非均质性，不适合于薄实体或环形体，在使用等向细化时网格数量急剧上升。

2. 四面体算法

(1) 补丁适形：首先由默认的考虑几何所有面和边的Delaunay或AdvancingFront表面网格划分器生成表面网格(注意：一些内在缺陷应在最小尺寸限度之下)，然后基于TGRIDTetra算法由表面网格生成体网格。

(2) 补丁独立：补丁独立算法基于ICEMCFDTetra，生成体网格并映射到表面产生表面网格。如没有载荷，边界条件或其他作用，面和它们的边界(边和顶点)不必要考虑。这个方法更加适用于质量差的CAD几何图形。

3. 补丁适形四面体。

(1) 在树形目录中右击网格，插入方法并选择应用此方法的体。

(2) 将方法设置为四面体，将算法设置为补丁适形。

不同部分有不同的方法。多体部件可混合使用补丁适形四面体和扫掠方法生成适形网格，如图6-4所示。(可打开本章源文件"四面体"进行操作)

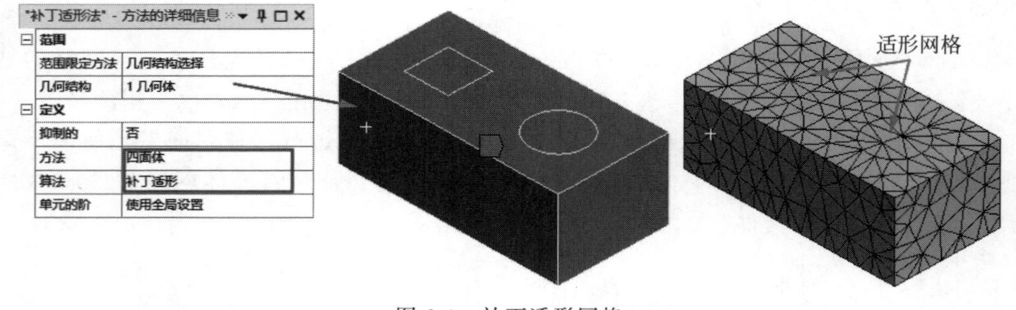

图6-4 补丁适形网格

4. 补丁独立四面体

补丁独立四面体的网格划分可以对CAD许多面进行修补碎面、短边、差的面参数等，补丁独立四面体"网格"详细信息如图6-5所示。

可以通过建立四面体方法，设置算法为补丁独立。如没有载荷或命名选择，面和边可不必考虑。这里除设置曲率和邻近度外，对所关心的细节部位有额外的设置，如图6-5所示。(可打开本章源文件"四面体"进行操作)

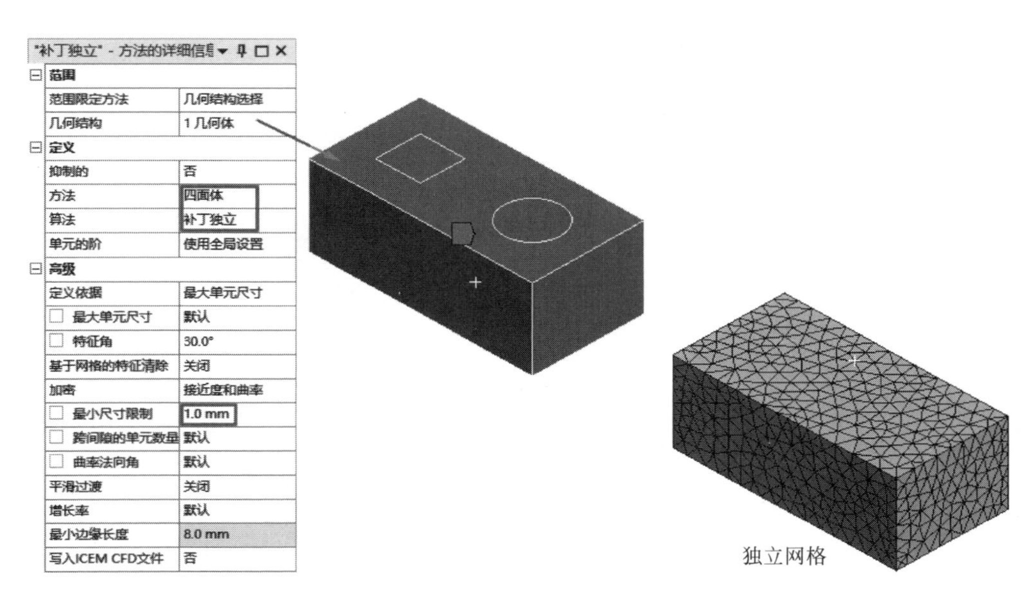

图 6-5 补丁独立网格

6.2.3 扫掠法

扫掠方法网格划分一般会生成六面体网格，可以在分析计算时缩短计算的时间，因为它所生成的单元与节点数要远远低于四面体网格，但扫掠方法划分网格要求体必须是可扫掠的。

膨胀可产生纯六面体或棱柱网格，扫掠可以手动或自动设定“源/目标”，通常是单个源面对单个目标面。薄壁模型自动网格划分会有多个面，且厚度方向可划分为多个单元。

可以通过右击“网格”分支选择“显示”下一级菜单中的“可扫掠的几何体”显示可扫掠体。当创建六面体网格时，先划分源面再延伸到目标面。扫掠方向或路径由侧面定义，源面和目标面间的单元层由插值法而建立并投射到侧面，如图 6-6 所示。（可打开本章源文件“扫掠”进行操作）

使用此技术，可扫掠体由六面体和楔形单元有效划分。在进行扫掠划分操作时，体相对侧源面和目标面的拓扑可手动或自动选择；源面可划分为四边形和三角形面；源面网格复制到目标面；随体的外部拓扑，生成六面体或楔形单元连接两个面；一个体单个源面对单个目标面。可对一个部件中多个体应用统一扫掠方法。

6.2.4 多区域法

多区域法为 ANSYS Workbench 网格划分的亮点之一。

多区域扫掠网格划分是基于 ICEM CFD 六面体模块，多区域的特征是自动分解几何，从而避免将一个体分裂成可扫掠体再用扫掠方法得到六面体网格的复杂操作。（可打开本章源文件“多区域”进行操作）

图 6-6　扫掠

如图 6-7 所示，如果用扫掠方法，需要将模型切成 2 个体来划分纯六面体网格，如果插入多区域划分方法，选择整个模型为几何结构，划分网格后，如图 6-8 所示。

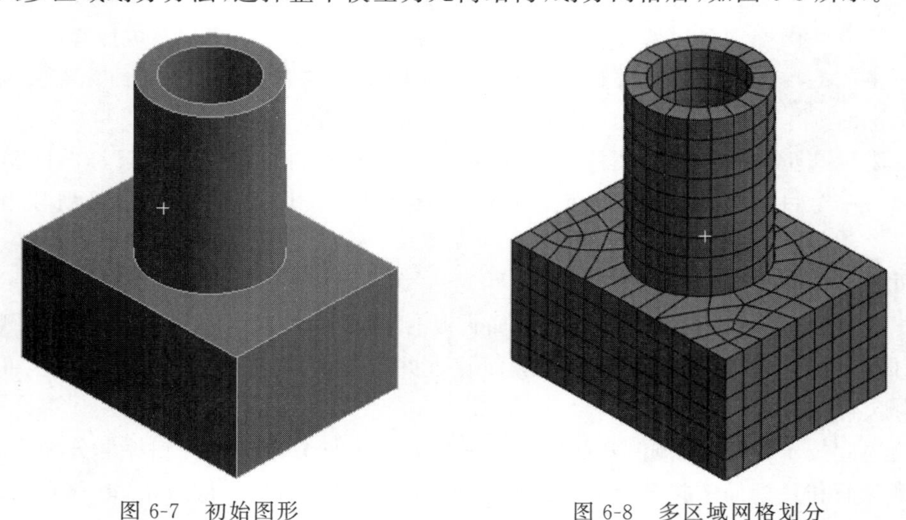

图 6-7　初始图形　　　　图 6-8　多区域网格划分

"多区域"方法的详细信息如图 6-9 所示，可以进行的设置如下：

(1) 映射网格类型：可生成的映射网格有"六面体""六面体/棱柱和棱柱"。

(2) 自由网格类型：在自由网格类型选项中含有 5 个选项分别是"不允许""四面体""四面体/金字塔""六面体支配""六面体内核"。

(3) 源面/目标面选择：包含"自动"及"手动源"。

(4) 高级：高级的栏中可编辑"基于网格的特征清除"及"最小边缘长度"。

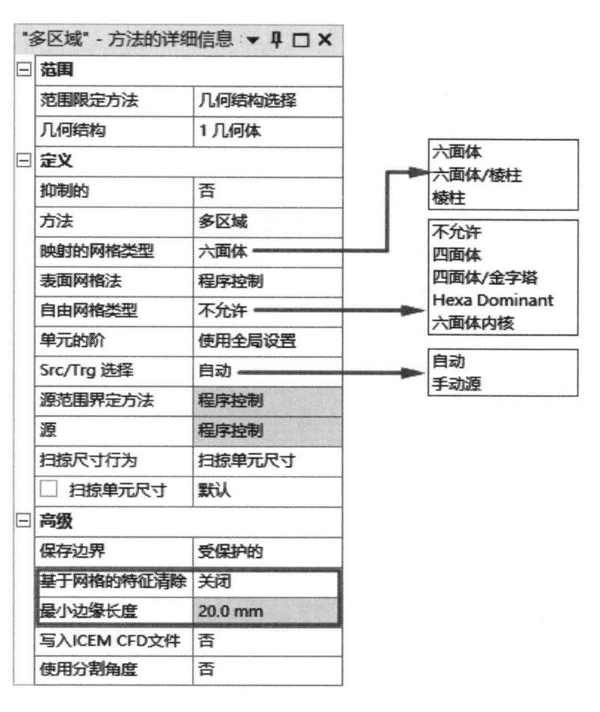

图 6-9 “多区域”方法的详细信息

6.3 网格参数设置

在利用 Workbench 进行网格划分时，可以使用默认的设置，但要进行高质量的网格划分，还需要在“网格”的详细信息中进行设置，包括“默认值”“尺寸调整”“质量”“膨胀”“批处理连接”“高级”“统计”等信息，如图 6-10 所示；其中“默认值”的“物理偏好”栏中可以设置物理分析环境，包括机械分析、电磁分析、CFD 分析、显式分析等。

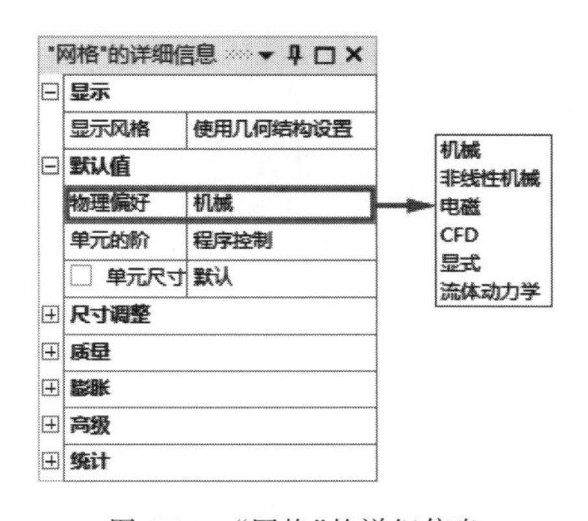

图 6-10 “网格”的详细信息

6.3.1 缺省参数设置

Note

关于缺省参数的设置，本节介绍“分辨率”和“跨度角中心”两个选项，如图 6-11 所示。虽然“跨度角中心”是在尺寸参数控制选项里设置，但需要和“分辨率”配合使用。“分辨率”通过调整滑块来调整网格精细或粗糙，其范围为 0～7，单击向左的按钮 ◂ ，降低分辨率，单击向右的按钮 ▸ ，提高分辨率；而“跨度角中心”则有“大尺度”“中等”“精细”3 个选项，设置效果如图 6-12 所示。

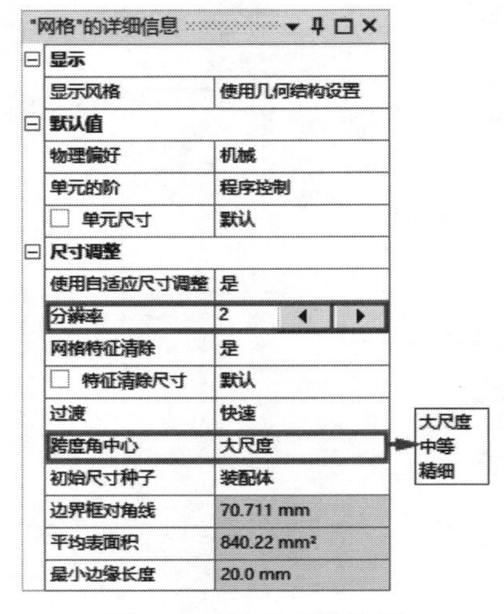

图 6-11　缺省参数设置

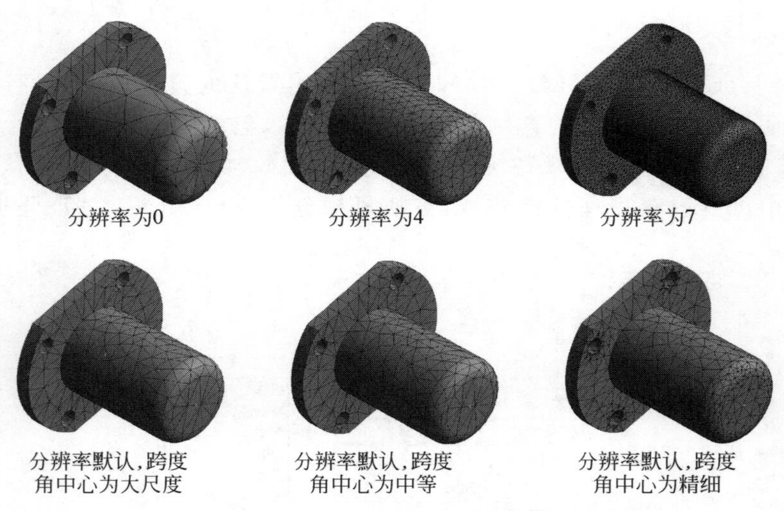

图 6-12　分辨率和跨度角中心参数设置效果

6.3.2 全局单元尺寸

全局单元尺寸是通过在“网格”详细信息中的“单元尺寸”设置的。这个尺寸将应用到所有的边、面和体的划分。单元尺寸栏可以采用默认设置也可以通过输入尺寸的方

式来定义，如图 6-13 所示为两种不同的方式。

"网格"的详细信息

显示	
显示风格	使用几何结构设置
默认值	
物理偏好	CFD
求解器偏好	Fluent
单元的阶	线性的
单元尺寸	默认 (3.5355 mm)
导出格式	标准
导出预览表面网格	否

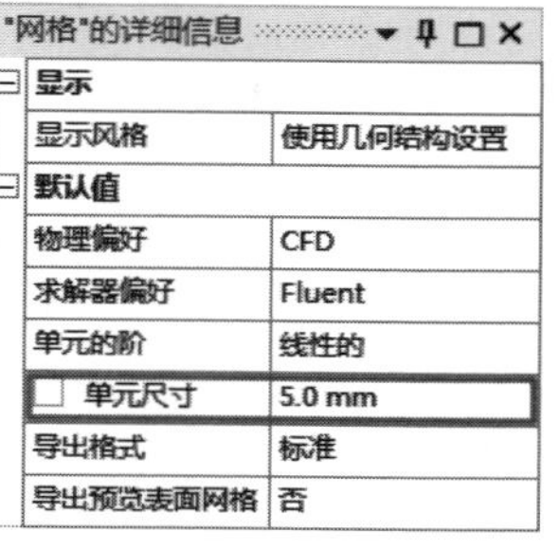

"网格"的详细信息

显示	
显示风格	使用几何结构设置
默认值	
物理偏好	CFD
求解器偏好	Fluent
单元的阶	线性的
单元尺寸	5.0 mm
导出格式	标准
导出预览表面网格	否

图 6-13　全局单元尺寸

6.3.3　全局尺寸调整

网格尺寸默认值描述了如何计算默认尺寸，以及修改其他尺寸值时这些值会得到的相应变化。使用的物理偏好不同，默认设置的内容也不相同。

（1）当物理偏好为“机械”“电磁”或“显式”时，“使用自适应尺寸调整”默认设置为“是”。

（2）当物理偏好为“非线性机械”或“CFD”时，“捕捉曲率”默认设置为“是”。

（3）当物理偏好为“流体动力学”时，只能设置“单元大小”和“破坏大小”。

当“使用自适应尺寸调整”设置为“是”时，它包括：求解、网格特征清除（特征清除尺寸）、过渡、跨度角中心、初始尺寸种子、边界框对角线、平均表面积和最小边缘长度。

当“使用自适应尺寸调整”设置为“否”时，它包括增长率、最大尺寸、网格特征清除（特征清除尺寸）、捕捉曲率（曲率最小尺寸和曲率法向角）、捕获临近度（接近度最小值、穿过间隙的单元数和接近度大小函数源）、边界框对角线、平均表面积、最小边缘长度。

加载模型时，软件会使用模型的物理偏好和特性自动设置默认单元大小。当“使用自适应大小调整”设置为“是”时，该因子通过使用“物理偏好”和“初始大小”的组合来确定。其他默认网格大小设置（例如“失效大小”“曲率大小”“近似大小”）是根据单元大小设置的。从 18.2 版开始，可以依赖动态默认值来根据单元大小调整其他大小。修改单元大小时，其他默认大小会动态更新以响应，从而提供更直接的调整。

动态默认值由“机械最小尺寸因子”“CFD 最小尺寸因子”“机械失效尺寸因子”“CFD 失效尺寸因子”选项控制。这些选项在“选项”对话框中可用，使用这些选项还可以设置缩放的首选项。

在 ANSYS Workbench 中进行设置跨度角中心来设定基于边的细化的曲度目标，如图 6-14 所示。网格在弯曲区域细分，直到单独单元跨越这个角。有以下几种选择：

（1）大尺度：91°～ 60°

（2）中等：75°～24°

（3）精细：36°～12°

跨度角中心只在高级尺寸函数关闭时使用，选择大尺度或精细的效果分别如图 6-15(a)和图 6-15(b)所示。（可打开本章源文件“全局尺寸调整”进行操作）

在“网格”详细信息中可以通过设置初始尺寸种子来进行控制每一部件的初始网格种子。如图 6-16 所示单元尺寸具有两个选项：

Note

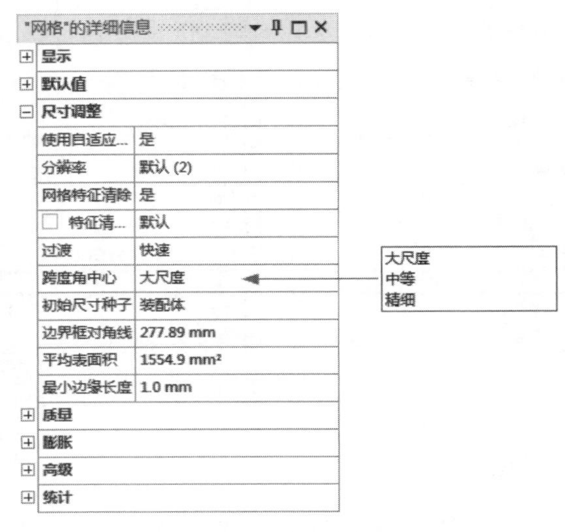

图 6-14　设置跨度角中心

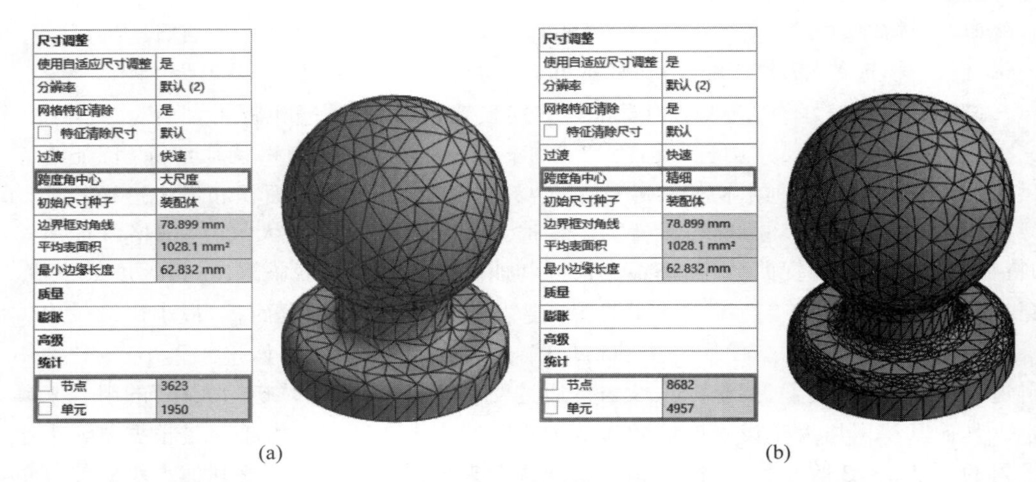

图 6-15　跨度角中心

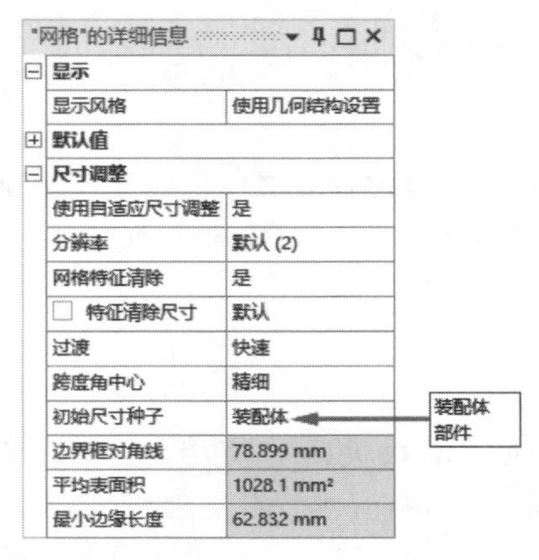

图 6-16　初始尺寸种子

（1）装配体：基于这个设置，初始种子放入所有装配部件，不管抑制部件的数量，因此抑制部件网格不改变。

（2）部件：基于这个设置，初始种子在网格划分时放入个别特殊部件，因此抑制部件网格不改变。

6.3.4 质量

网格质量描述了配置网格质量的步骤。质量设置的内容包括检查网格质量、误差限值、目标质量、平滑、网格度量标准。

可以通过在"网格"详细信息中设置"平滑"栏来控制网格的平滑，如图 6-17 所示。通过"网格度量标准"栏来查看网格质量标准的信息，如图 6-18 所示。

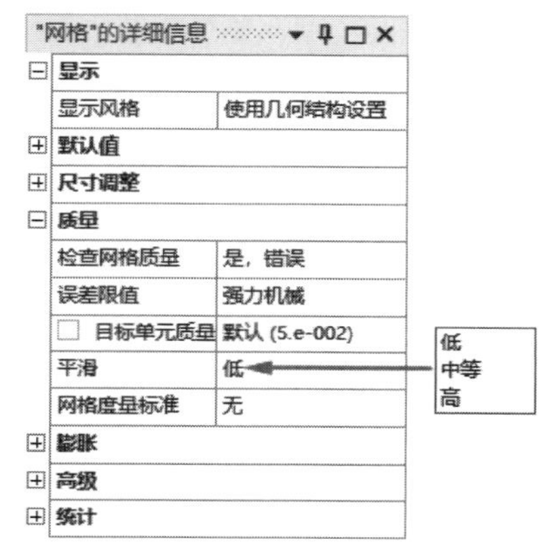

图 6-17 平滑和过度

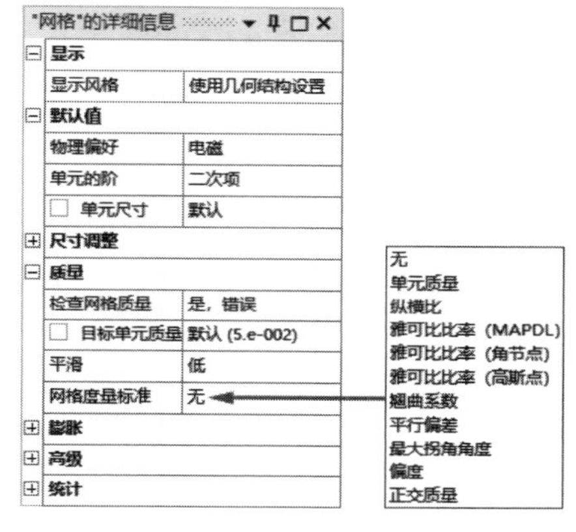

图 6-18 网格质量标准

1. 平滑

平滑网格是通过移动周围节点和单元的节点位置来改进网格质量。下列选项和网格划分器开始平滑的门槛尺度一起控制平滑迭代次数。

（1）低。

（2）中等。

（3）高。

2. 网格度量标准

"网格度量标准"选项允许查看网格度量标准信息，从而评估网格质量。生成网格后，可以选择查看有关以下任何网格度量标准的信息：元素质量、三角形纵横比或四边形纵横比、雅可比比率（MAPDL、角节点或高斯点）、翘曲系数、平行偏差，最大拐角角度、偏度、正交质量和特征长度。该选项选择"无"将关闭网格度量查看。

选择网格度量标准时，其最小值、最大值、平均值和标准偏差值将在"详细信息"视图中报告，并在"几何图形"窗口下显示条形图。对于模型网格中表示的每个元素形状，图形用彩色编码条进行标记，并且可以查看感兴趣的特定网格的统计信息。

6.3.5 局部尺寸控制

根据所使用的网格划分方法，可用到的局部网格控制的尺寸包括"方法""尺寸调

整”“面网格剖分”“接触尺寸”“加密”“收缩”“膨胀”等，可以在“网格”选项卡“控制”面板中单击相关按钮插入，如图 6-19 所示，也可以通过在树形目录中右击“网格”分支，弹出右键快捷菜单来进行局部网格控制，如图 6-20 所示。

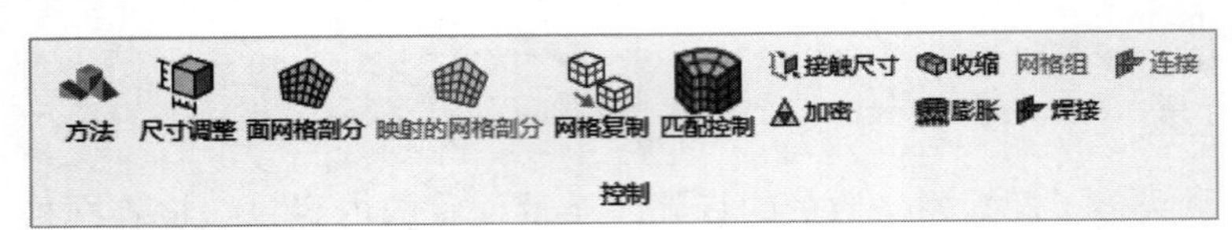

图 6-19　控制面板

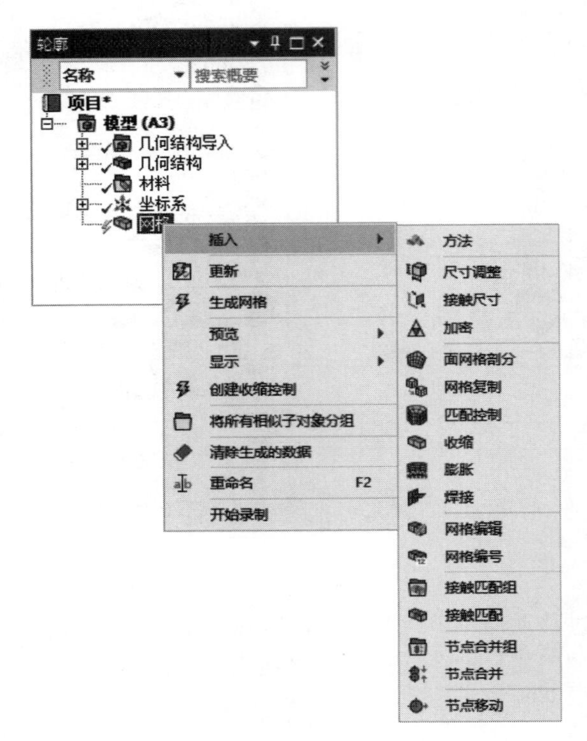

图 6-20　局部网格快捷菜单

6.3.6　局部尺寸调整

要实现局部网剖划分，在树形目录中右击“网格”分支，选择插入尺寸调整命令可以定义局部网格的划分，如图 6-21 所示。

在局部尺寸的“网格”详细信息中设置要进行划分的线或体的选择，如图 6-22 所示，选择需要划分的对象后单击几何结构栏中的“应用”按钮。

局部尺寸中的类型主要包括 4 个选项：

（1）单元尺寸：定义体、面、边或顶点的平均单元边长。

（2）分区数量：定义边的单元分数。

（3）影响范围：球体内的单元给定平均单元尺寸。

（4）“全局尺寸因数”：当选择了实体、面或边时该选项才可用，用于设置局部与全

局的单元尺寸的比例。

以上可用选项取决于作用的实体。选择边与选择体所含的选项不同，表 6-2 所示为选择不同的作用对象"网格"详细信息中的选项。

图 6-21　局部尺寸命令

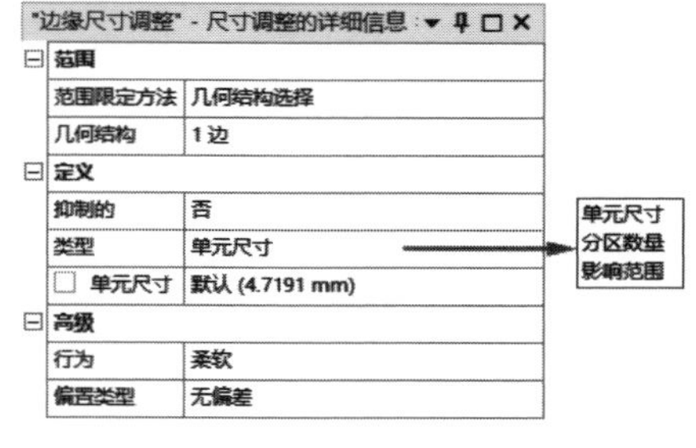

图 6-22　"网格"详细信息

表 6-2　选择不同的作用对象"网格"详细信息中的选项

作 用 对 象	单 元 尺 寸	分 区 数 量	影 响 范 围
体	√		√
面	√		√
边	√	√	√
顶点			√

在进行影响范围的局部网格划分操作中，已定义的"影响范围" 面尺寸，如图 6-23 所示。而位于球体内的单元具有给定的平均单元尺寸。常规影响范围控制所有可触及面的网格。在进行局部尺寸网格划分时，可选择多个实体并且所有球体内的作用实体受设定的尺寸的影响。

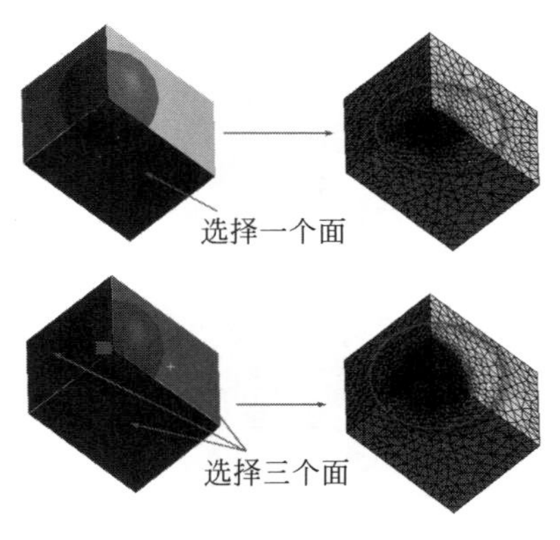

图 6-23　选择作用对象不同效果不同

Note

边尺寸可通过对一个端部,两个端部或中心的偏置把边离散化。在进行边尺寸调整时：如图 6-24 所示的源面使用了扫掠网格,源面的两对边定义了边尺寸,设置偏置边尺寸可以在边附近得到更细化的网格,如图 6-25 所示。

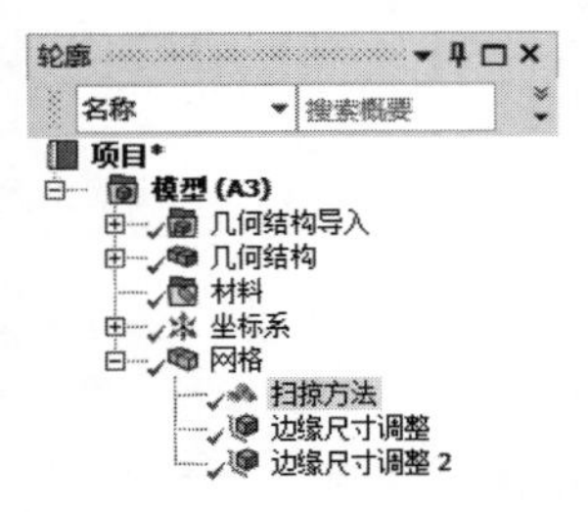

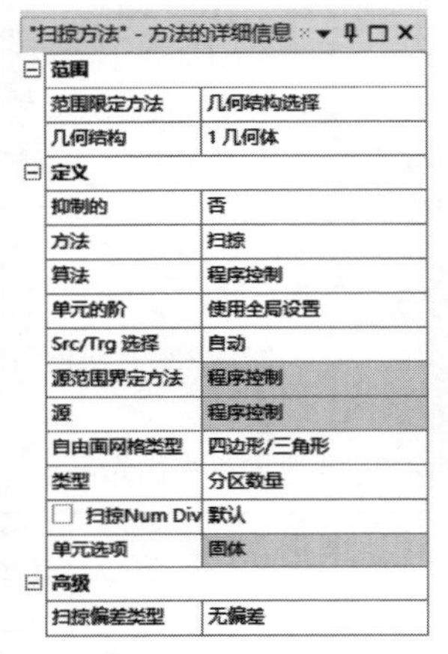

图 6-24　扫掠网格

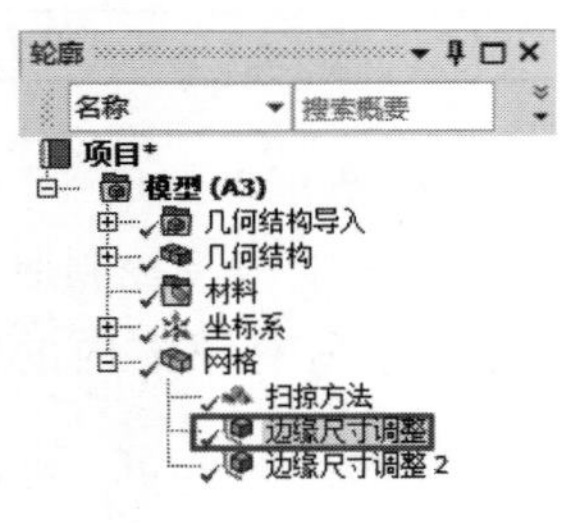

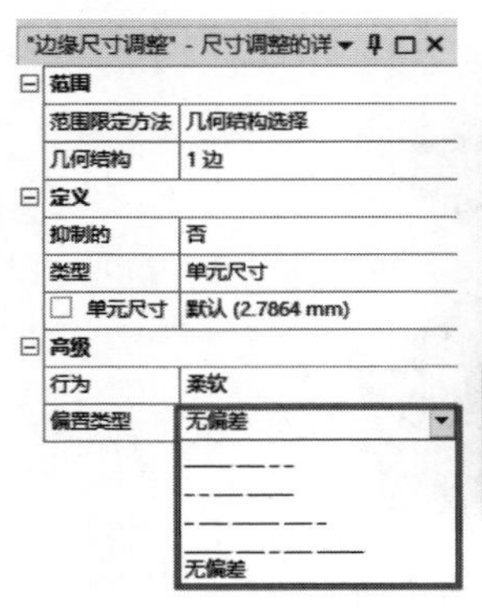

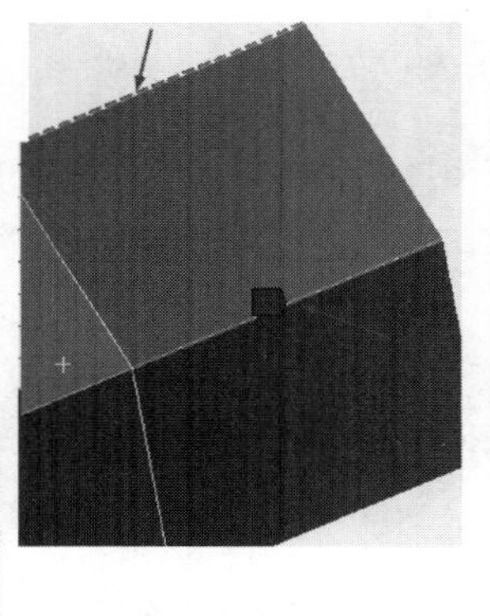

图 6-25　偏置边尺寸

顶点也可以定义尺寸，顶点尺寸即将模型的一个顶点定义为影响范围的中心，这时尺寸将定义在球体内所有实体上，如图 6-26 所示。

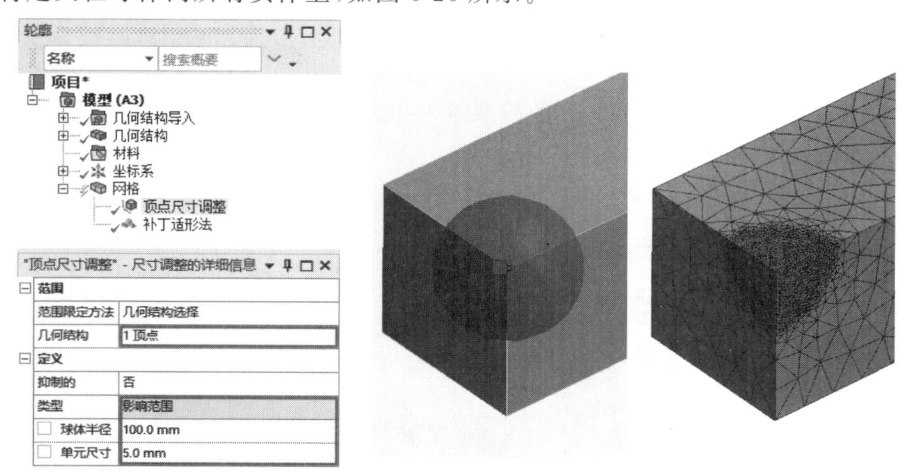

图 6-26　顶点影响范围

受影响的几何体只在高级尺寸功能打开的时候被激活。受影响的几何体可以是任何的 CAD 线、面或实体。使用受影响的几何体划分网格其实没有真正划分网格，只是作为一个约束来定义网格划分的尺寸，如图 6-27 所示。

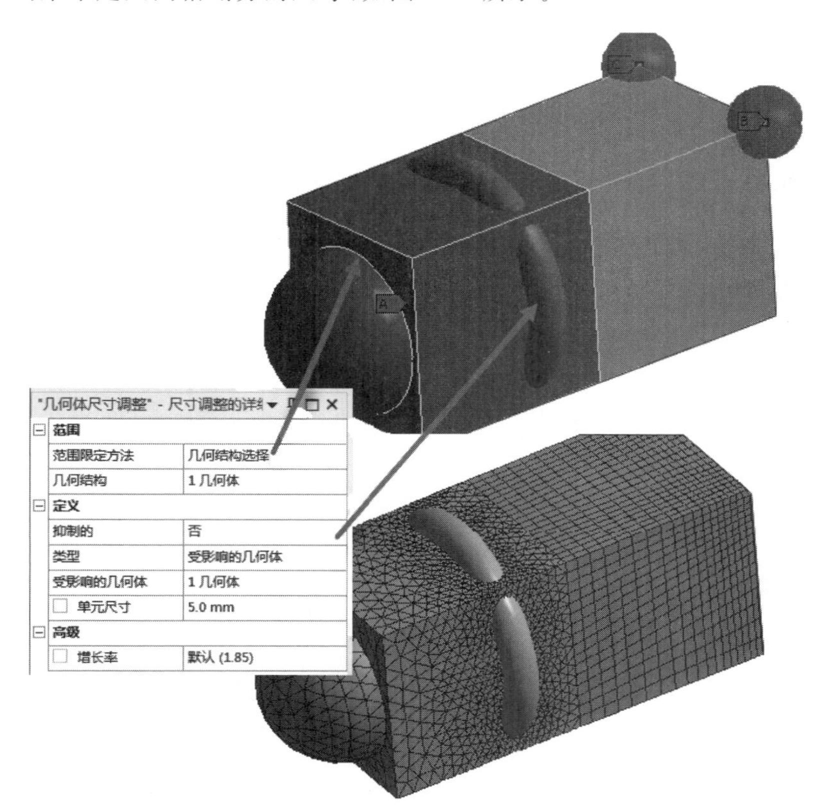

图 6-27　受影响的几何体

受影响的几何体的操作通过三部分来定义，分别是拾取几何结构、拾取受影响的几何体及指定参数，其中指定参数含有单元尺寸及增长率。

Note

6.3.7 接触尺寸

接触尺寸命令提供了一种在部件间接触面上产生近似尺寸单元的方式（网格的尺寸近似但不共形），设置方法如图 6-28 所示。它的作用是对给定接触区域定义“单元尺寸”或“分辨率”参数。

图 6-28 接触尺寸

6.3.8 加密

单元加密即划分现有网格，如图 6-29 所示为在树形目录中右击“网格”分支，插入加密。对网格的加密划分对面、边和顶点均有效，但对补丁独立四面体或 CFX-Mesh 不可用。

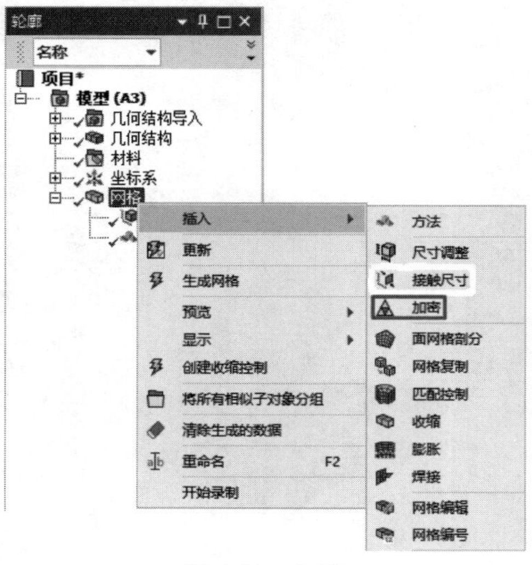

图 6-29 加密

Note

在进行加密划分时首先由全局和局部尺寸控制形成初始网格，然后在指定位置单元加密。

加密水平可从1(最小的)到3(最大的)改变。当加密水平为1时将初始网格单元的边一分为二。由于不能使用膨胀，所以在对CFD进行网格划分时不推荐使用单元加密的方式。如图6-30所示长方体左端采用了加密水平1，而右边保留了默认的设置。

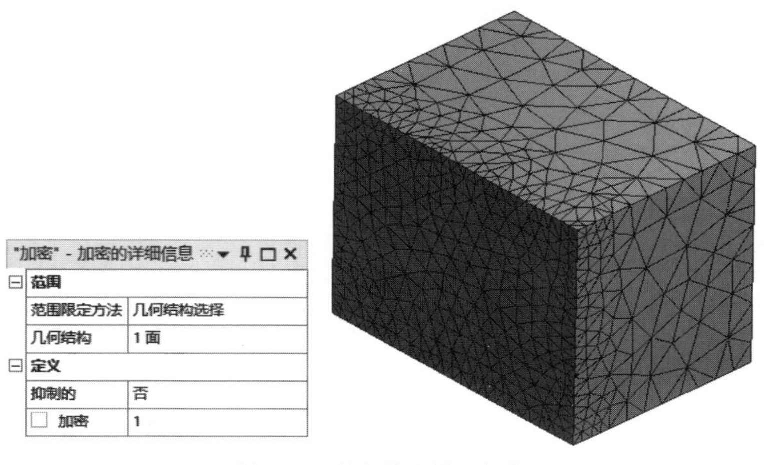

图6-30 长方体左端面加密

6.3.9 面网格剖分

在局部网剖划分时，面网格划分可以在面上产生结构网格。

在树形目录中右击“网格”分支，选择插入“面网格剖分”命令可以定义局部映射面网格的划分，如图6-31所示。

图6-31 面网格划分

如图 6-32 所示，设置面网格剖分后的模型上下面有更均匀的网格模式。(可打开本章源文件“面网格剖分”进行操作)

Note

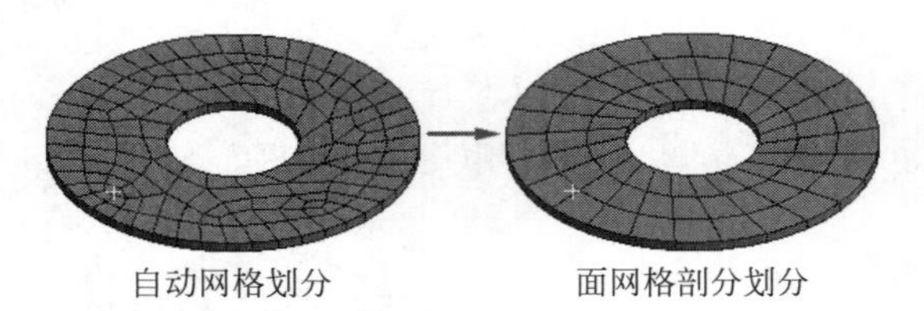

图 6-32　面网格划分对比

如果面由于任何原因不能映射划分，划分会继续，但可从轮廓树的图标上看出。

进行面网格划分时，如果选择的面网格划分的面是由两个回线定义的，就要激活径向的分割数。扫掠时可以指定穿过环形区域的分割数。

6.4　综合实例

6.4.1　端盖网格划分

6-1

该实例为利用本章所学的知识，利用网格划分方法、尺寸调整和面网格剖分对一个端盖进行网格的划分，如图 6-33 所示。

操作步骤

01 创建工程项目。

(1) 打开 Workbench 程序，展开左边工具箱中的“组件系统”栏，将工具箱里的“网格”选项直接拖动到“项目原理图”界面中或直接双击“网格”选项，建立一个含有“网格”的项目模块，结果如图 6-34 所示。

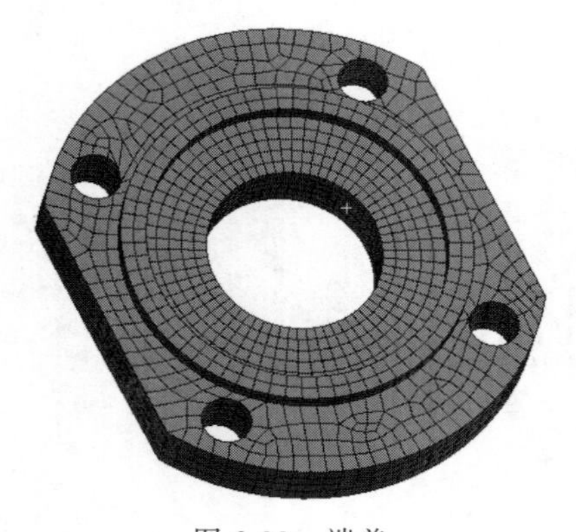

图 6-33　端盖

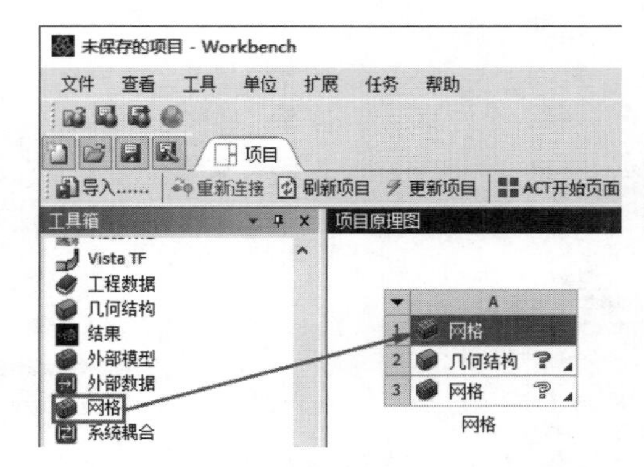

图 6-34　创建网格工程项目

(2) 导入模型。在项目原理图中右击“几何结构”栏，在弹出的快捷菜单中选择“导入几何模型”→“浏览”命令，弹出“打开”对话框，如图 6-35 所示，选择要导入的模型“端

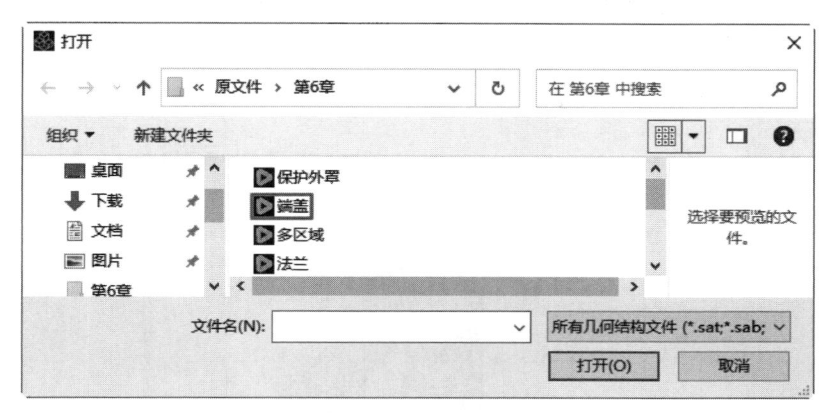

图 6-35 “打开”对话框

盖”，然后单击“打开”按钮 打开(O) 。

（3）启动“网格-Meshing”（生成网格）应用程序。在项目原理图中右击“网格”命令，在弹出的快捷菜单中选择“编辑......”命令，如图 6-36 所示，进入“网格-Meshing”（生成网格）应用程序，如图 6-37 所示。

图 6-36 “编辑......”命令

02 自动划分网格。

（1）网格选项卡。在模型树中选择“网格”分支，系统切换到“网格”选项卡，如图 6-38 所示。

（2）自动划分网格。单击“网格”选项卡“网格”面板中的“生成”按钮，系统自动划分网格，结果如图 6-39 所示，此时“网格”的详细信息中的“统计”栏中显示划分网格的“节点”和“单元”数量，如图 6-40 所示。

（3）显示网格度量标准。单击“网格”选项卡“度量标准显示”面板“度量标准图”下拉菜单中的“单元质量”按钮 单元质量，如图 6-41 所示，图形区域下方出现“网格度量标准”条形图，如图 6-42 所示，图中显示划分网格的单元为“Tet10”，单击图形中的“控制”按钮，弹出控制对话框，可以设置条形图的显示，如图 6-43 所示，查看后单击“网格”

Note

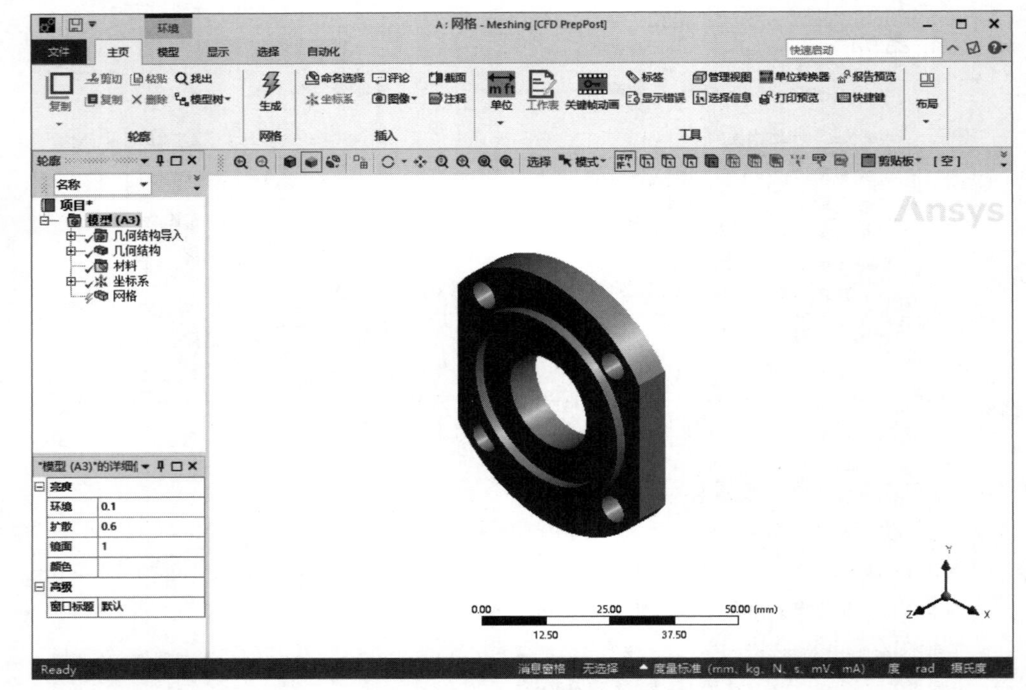

图 6-37 “网格-Meshing”(生成网格)应用程序

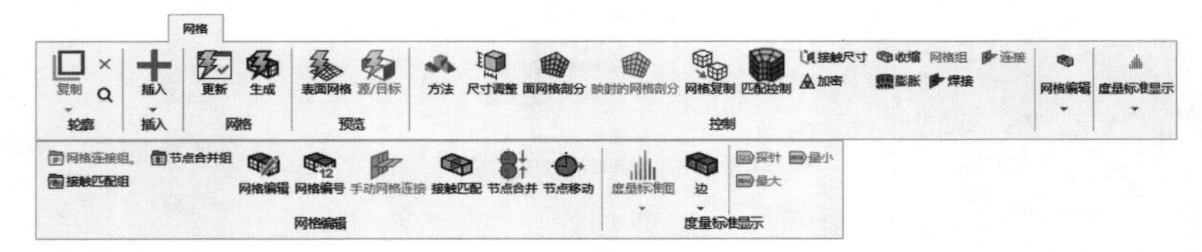

图 6-38 “网格”选项卡

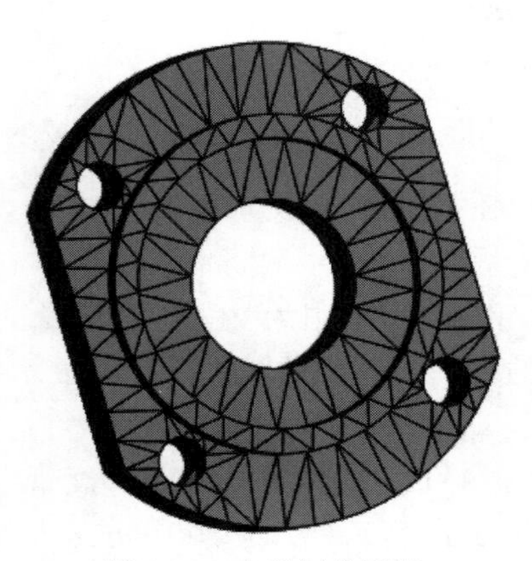

图 6-39 自动划分网格

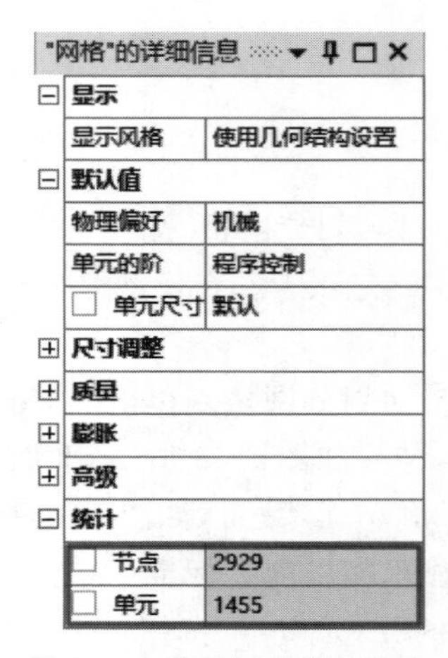

图 6-40 “网格”的详细信息

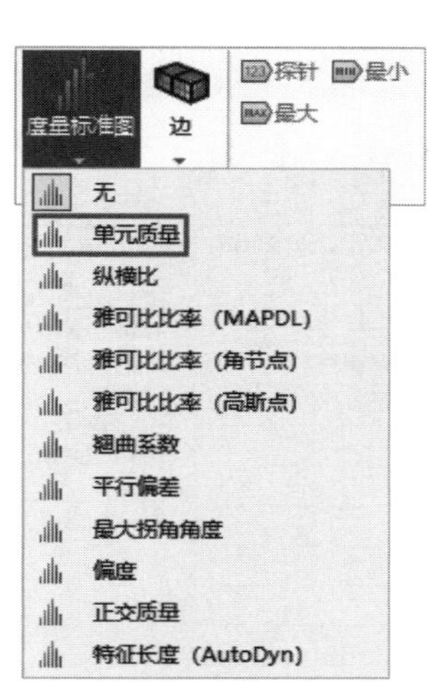

图 6-41 选择单元质量 1

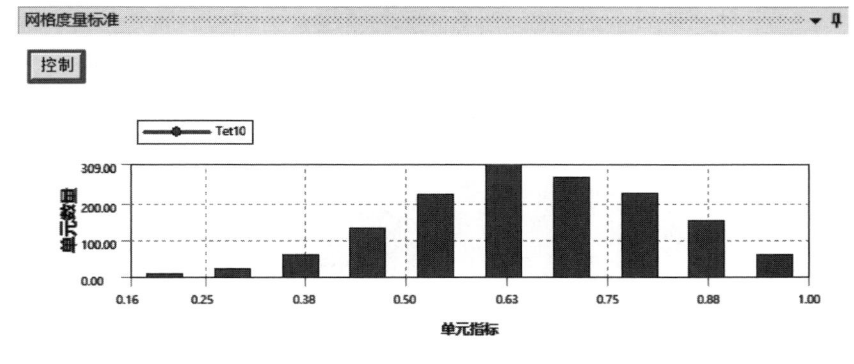

图 6-42 “网格度量标准”条形图

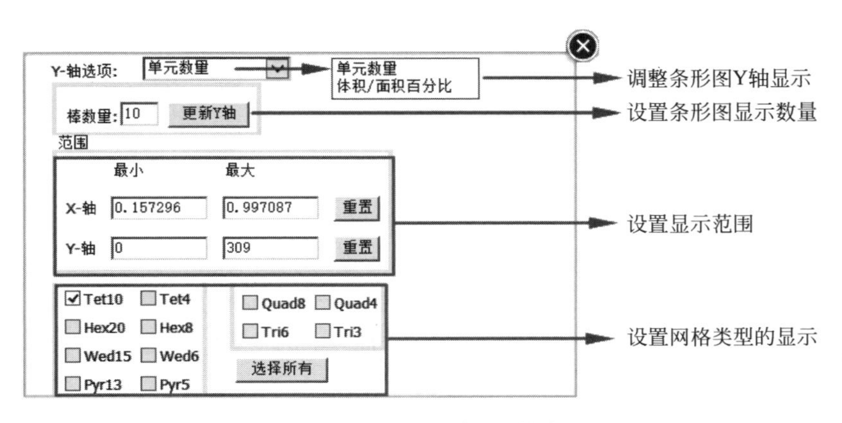

图 6-43 “网格度量标准”控制器

选项卡“度量标准显示”面板“度量标准图”下拉菜单中的“无”按钮 无，关闭“网格度量标准”条形图。

Note

（4）显示网格质量。在“网格”的详细信息的“显示风格”栏的下拉菜单中选择“单元质量”选项，如图 6-44 所示，图形区域显示端盖的网格质量图，如图 6-45 所示。

图 6-44 选择单元质量 2

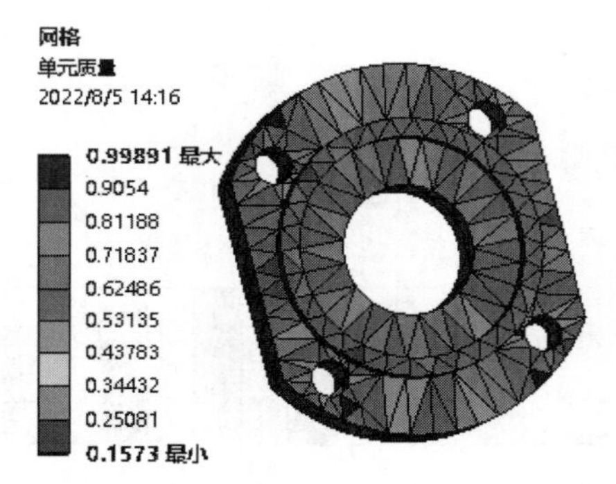

图 6-45 端盖单元质量图

注意：“网格度量标准”条形图和“单元质量图”不能同时显示，只有关闭“网格度量标准”条形图才会显示“单元质量图”。

03 设置划分方法。

（1）网格分析。在图 6-45 端盖的单元质量图中看到划分的网格含有许多尖角，这是因为划分网格的单元多为四面体网格，这样的划分不理想，划分的网格质量也不高，需要提高网格质量。

（2）设置划分方法。单击“网格”选项卡“控制”面板中的“方法”按钮，左下角弹出“自动方法”的详细信息，设置“几何结构”为端盖，设置“方法”为“六面体主导”，此时详细信息改为“六面体主导法”-方法的详细信息，如图 6-46 所示。

（3）划分网格。单击“网格”选项卡“网格”面板中的“生成”按钮，划分网格，结果如图 6-47 所示，可以看到此时网格中尖角少了许多，质量也有所提高。

04 尺寸调整。

（1）网格分析。对端盖进行六面体网格划分后，在图 6-47 中可以看到网格划分比较粗糙，接下来细化网格。

（2）尺寸调整。单击“网格”选项卡“控制”面板中的“尺寸调整”按钮，左下角弹

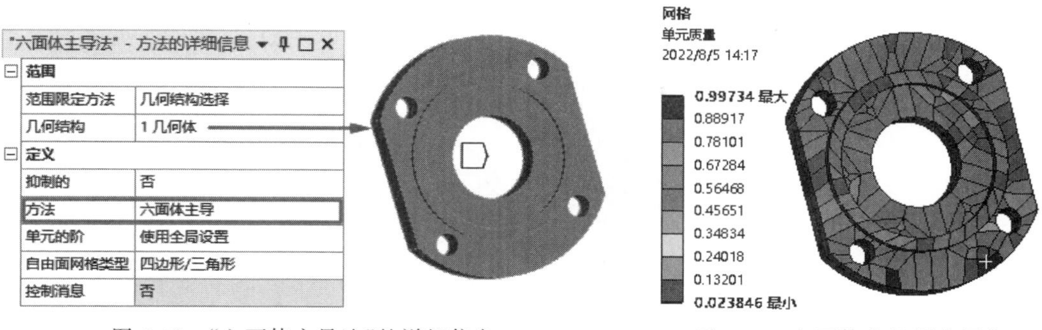

图 6-46　"六面体主导法"的详细信息　　　　图 6-47　六面体主导划分网格

出"几何体尺寸调整"的详细信息，设置"几何结构"为端盖，设置"单元尺寸"为 2.0mm，如图 6-48 所示。

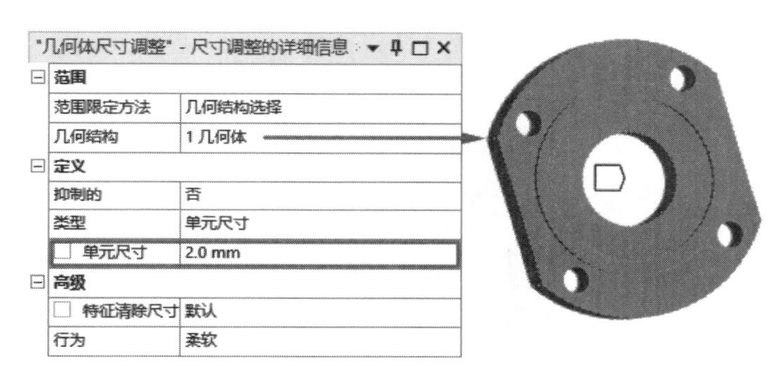

图 6-48　"几何体尺寸调整"的详细信息

(3) 划分网格。单击"网格"选项卡"网格"面板中的"生成"按钮，划分网格，结果如图 6-49 所示，可以看到此时网格细化了许多，质量也有很大提高。

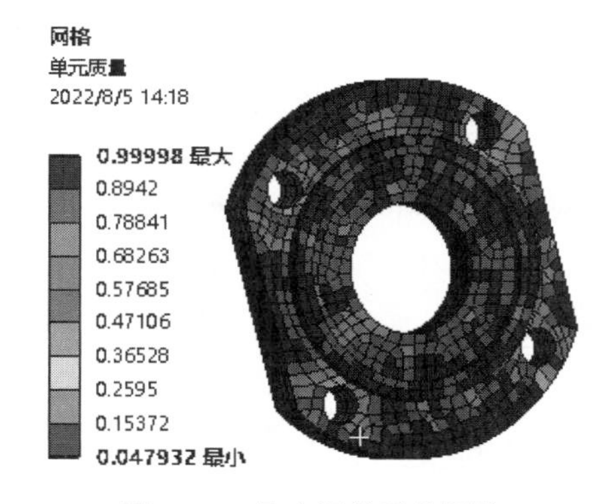

图 6-49　尺寸调整后的网格

05 面网格剖分。

(1) 网格分析。对端盖进行尺寸调整网格划分后，在图 6-49 中可以看到网格划分精细了许多，但是网格比较杂乱，接下来对网格进行整理。

(2) 面网格剖分。单击"网格"选项卡"控制"面板中的"面网格剖分"按钮，左下

Note

Note

角弹出“面网格剖分”的详细信息，设置“几何结构”为端盖几个面，设置“分区的内部数量”为5，如图6-50所示，同理添加另一个“面网格剖分”，设置“几何结构”为端盖凸台的三个面，设置“分区的内部数量”为2，如图6-51所示。

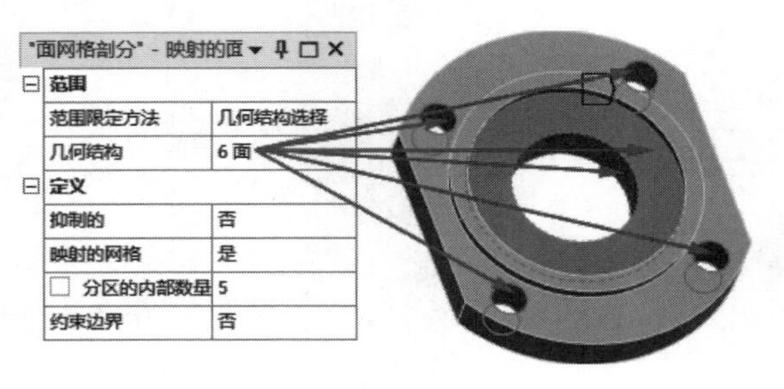

图6-50 “面网格剖分”的详细信息

(3) 划分网格。单击“网格”选项卡“网格”面板中的“生成”按钮，划分网格，结果如图6-52所示，可以看到此时网格整齐了许多。

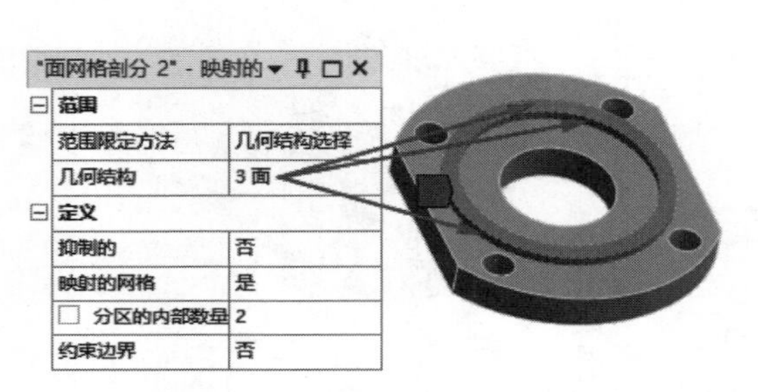

图6-51 “面网格剖分2”的详细信息

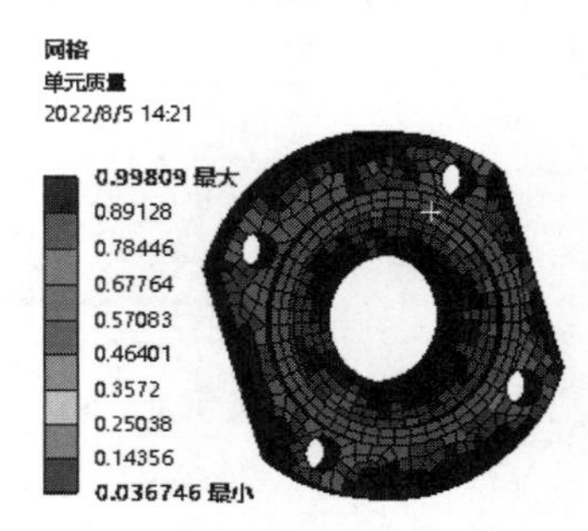

图6-52 面网格剖分后的网格

06 面尺寸调整。

(1) 局部网格调整。单击“网格”选项卡“控制”面板中的“尺寸调整”按钮，左下角弹出“面尺寸调整”的详细信息，设置“几何结构”为端盖的内孔面，设置“类型”为“影响范围”，“球心”为“全局坐标系”，“球体半径”为14.0mm，“单元尺寸”为1.0mm，如图6-53所示。

(2) 划分网格。单击“网格”选项卡“网格”面板中的“生成”按钮，划分网格，结果如图6-54所示，可以看到此时端盖内孔单元加密了许多，网格质量也有所提高。

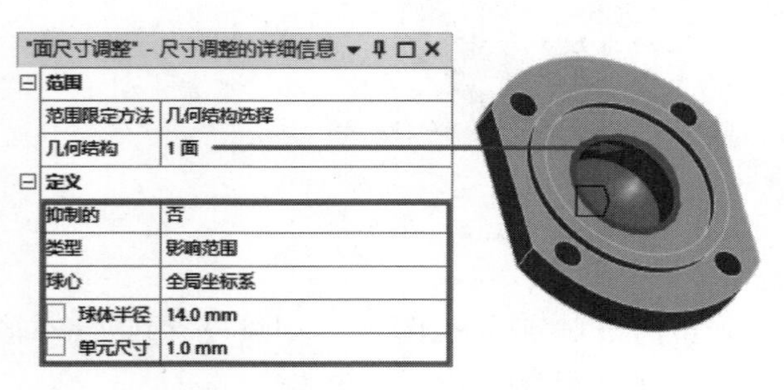

图6-53 “面尺寸调整”的详细信息

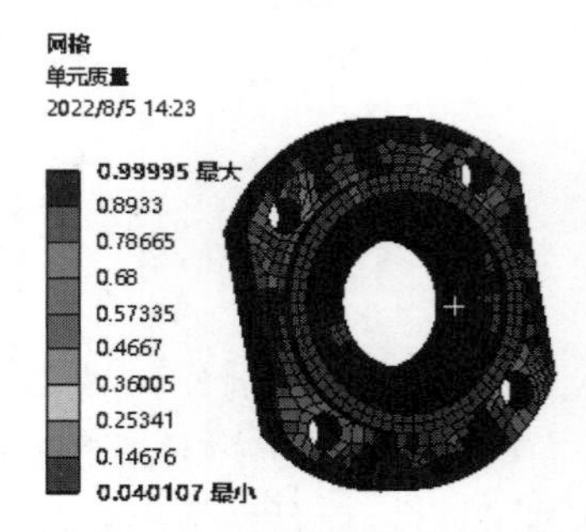

图6-54 面网格剖分后的网格

6-2

6.4.2　法兰网格划分

该实例为利用本章所学的知识，利用网格划分方法和尺寸调整对一个天圆地方的法兰进行网格的划分，如图 6-55 所示。

操作步骤

01 创建工程项目。

(1) 打开 Workbench 程序，展开左边工具箱中的“组件系统”栏，将工具箱里的“网格”选项直接拖动到“项目原理图”界面中或直接双击“网格”选项，建立一个含有“网格”的项目模块，结果如图 6-56 所示。

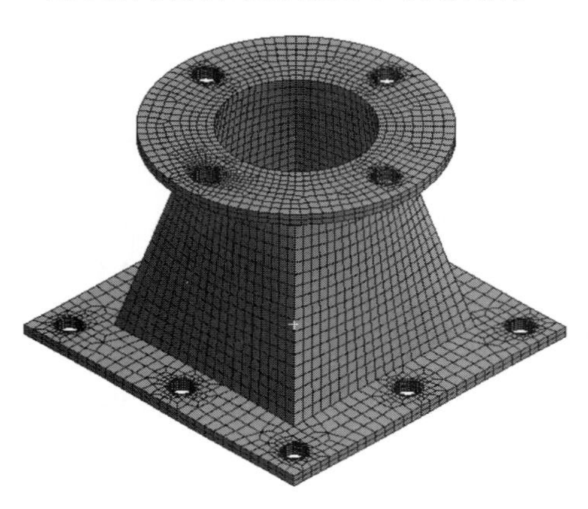

图 6-55　壳体

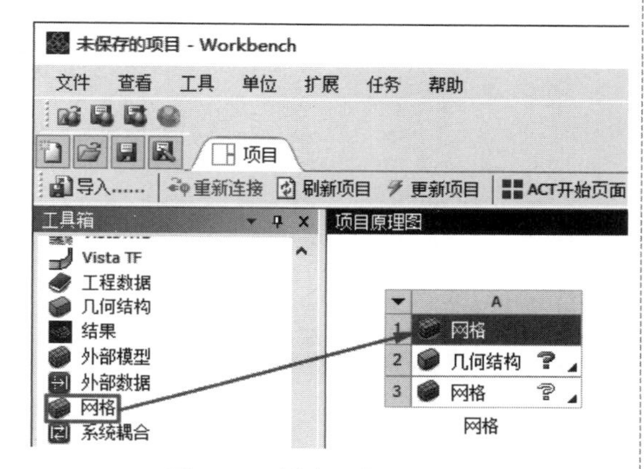

图 6-56　创建网格工程项目

(2) 导入模型。在项目原理图中右击“几何结构”栏，在弹出的快捷菜单中选择“导入几何模型”→“浏览”命令，弹出“打开”对话框，如图 6-57 所示，选择要导入的模型“法兰”，然后单击“打开”按钮 打开(O) 。

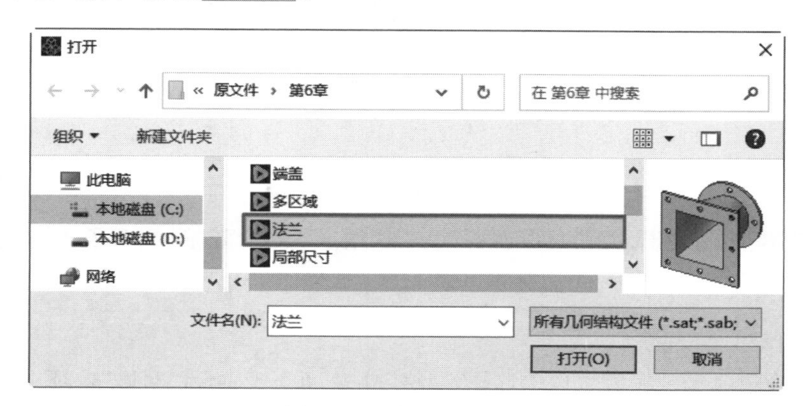

图 6-57　“打开”对话框

(3) 启动“网格-Meshing”(生成网格)应用程序。在项目原理图中右击“网格”命令，在弹出的快捷菜单中选择“编辑......”命令，如图 6-58 所示，进入“网格-Meshing”(生成网格)应用程序，如图 6-59 所示。

Note

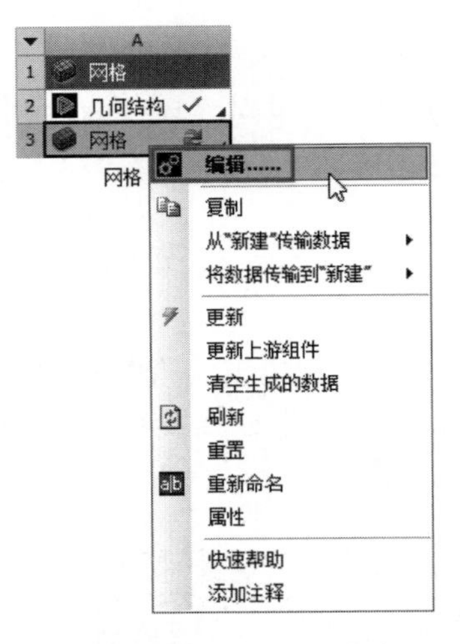

图 6-58 "编辑……"命令

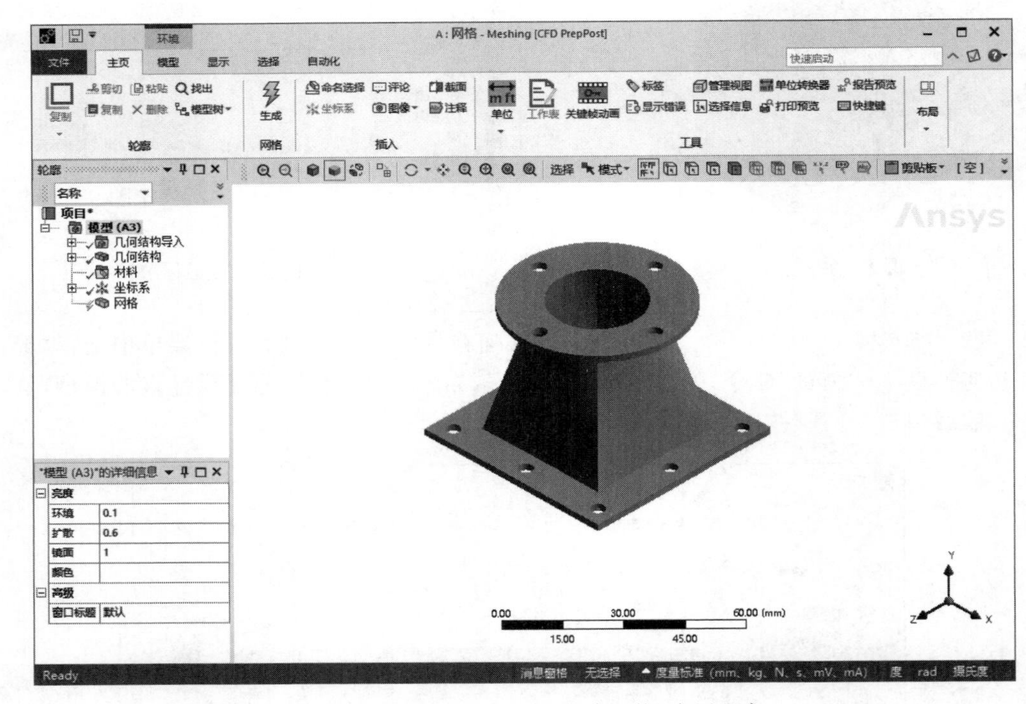

图 6-59 "网格-Meshing"(生成网格)应用程序

02 自动划分网格。

(1) 网格选项卡。在模型树中选择"网格"分支，系统切换到"网格"选项卡，如图 6-60 所示。

(2) 自动划分网格。单击"网格"选项卡"网格"面板中的"生成"按钮，系统自动划分网格，结果如图 6-61 所示，此时"网格"的详细信息中的"统计"栏中显示划分网格的"节点"和"单元"数量，如图 6-62 所示。

Note

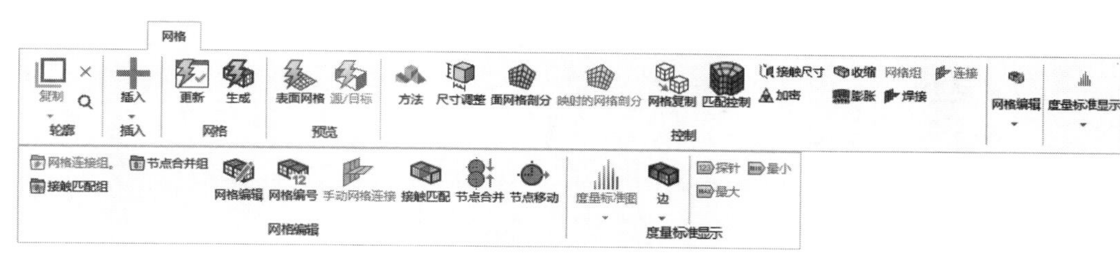

图 6-60　“网格”选项卡

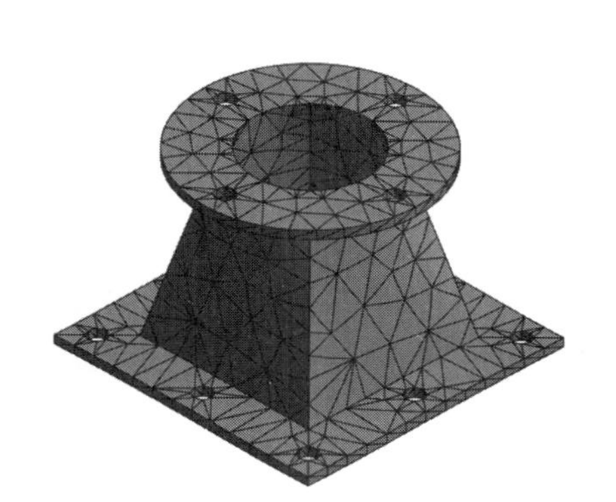

图 6-61　自动划分网格

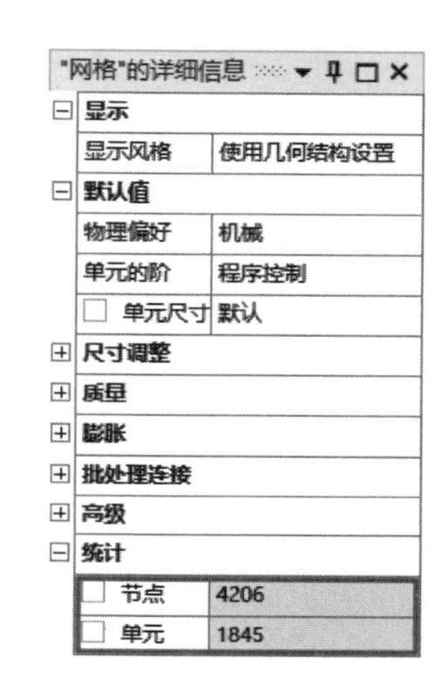

图 6-62　“网格”的详细信息

（3）显示网格度量标准。单击“网格”选项卡“度量标准显示”面板“度量标准图”下拉菜单中的“单元质量”按钮 单元质量，如图 6-63 所示，图形区域下方出现“网格度量标准”条形图，如图 6-64 所示，图中显示划分网格的单元为“Tet10”，查看后单击“网格”选项卡“度量标准显示”面板“度量标准图”下拉菜单中的“无”按钮 无，关闭“网格度量标准”条形图。

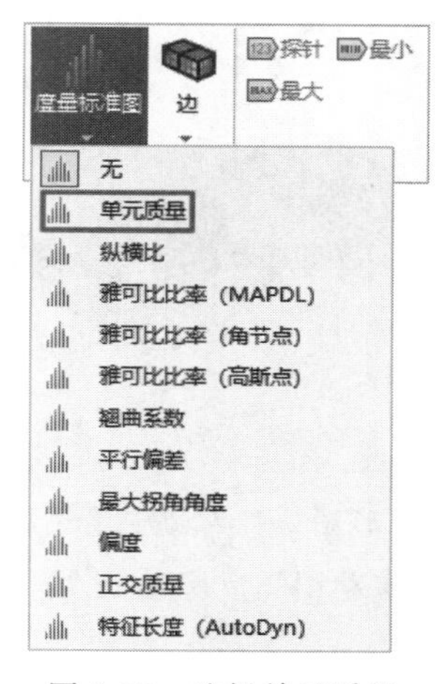

图 6-63　选择单元质量

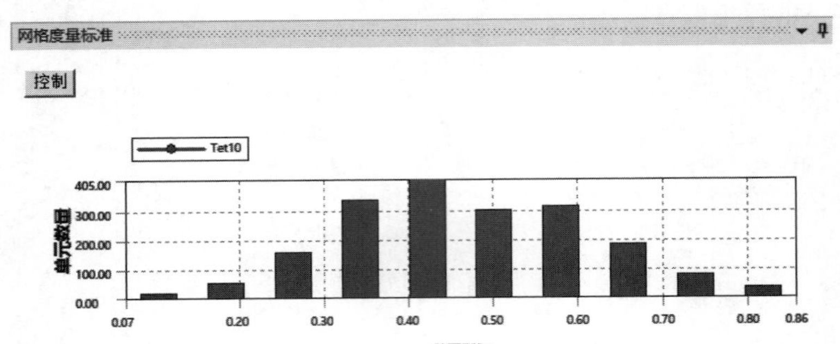

图 6-64 “网格度量标准”条形图

(4) 显示网格质量。在“网格”的详细信息的“显示风格”栏的下拉菜单中选择“单元质量”选项，如图 6-65 所示，图形区域显示法兰的网格质量图，如图 6-66 所示。

图 6-65 选择单元质量

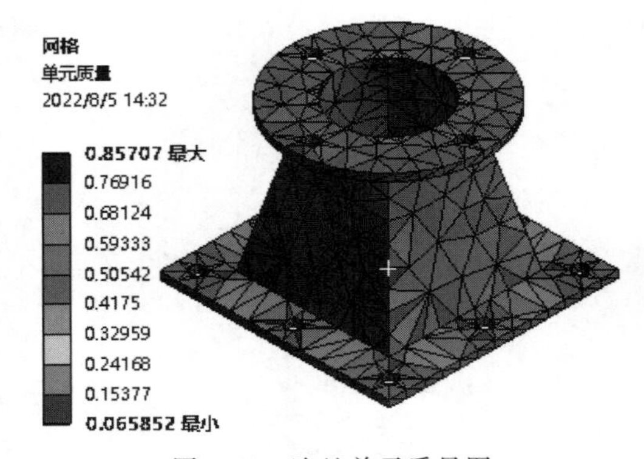

图 6-66 法兰单元质量图

注意：“网格度量标准”条形图和“单元质量图”不能同时显示，只有关闭“网格度量标准”条形图才会显示“单元质量图”。

03 设置划分方法。

(1) 设置划分方法。单击“网格”选项卡“控制”面板中的“方法”按钮，左下角弹

出“自动方法”的详细信息，设置“几何结构”为法兰几何体，设置“方法”为“多区域”，如图 6-67 所示。

（2）划分网格。单击“网格”选项卡“网格”面板中的“生成”按钮，划分网格，结果如图 6-68 所示，可以看到此时网格中尖角少了许多，质量也有所提高。

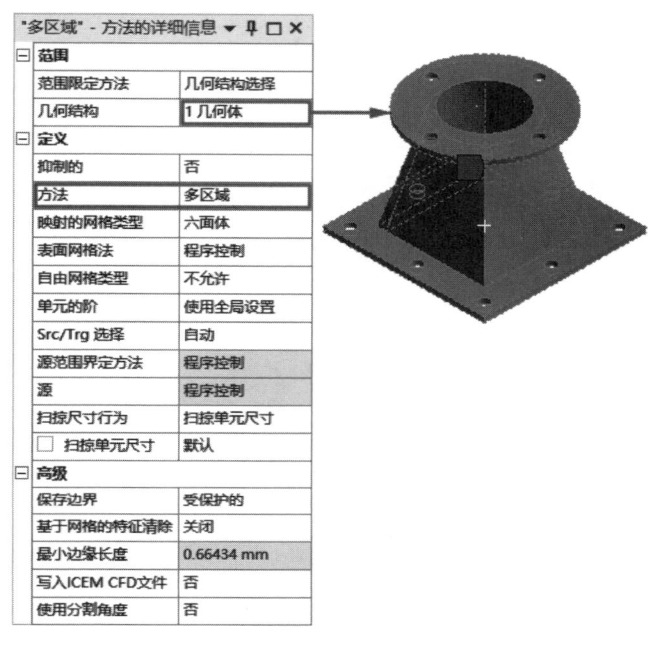

图 6-67　“多区域”的详细信息

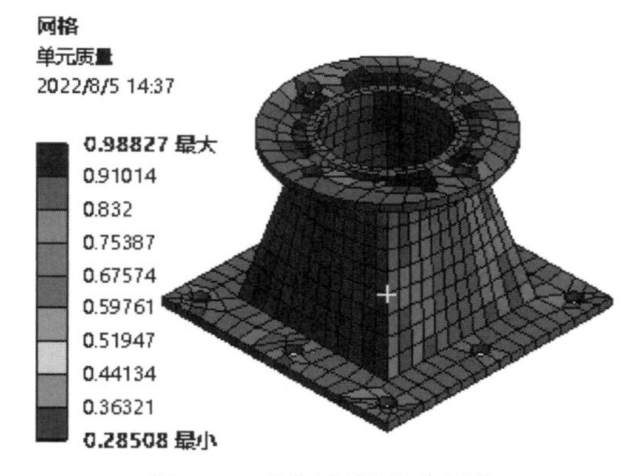

图 6-68　“多区域”划分网格

04 尺寸调整。

（1）网格分析。对法兰进行多区域网格划分后，在图 6-68 中可以看到网格划分比较粗糙，接下来细化网格。

（2）尺寸调整。单击“网格”选项卡“控制”面板中的“尺寸调整”按钮，左下角弹出“几何体尺寸调整”的详细信息，设置“几何结构”为法兰，设置“单元尺寸”为 2.0mm，如图 6-69 所示。

Note

(3) 划分网格，单击“网格”选项卡“网格”面板中的“生成”按钮，划分网格，结果如图 6-70 所示，可以看到此时网格细化了许多，质量也有很大提高。

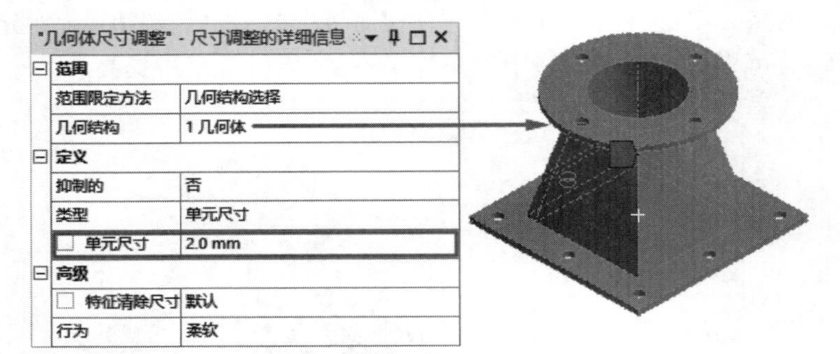

图 6-69 “几何体尺寸调整”的详细信息

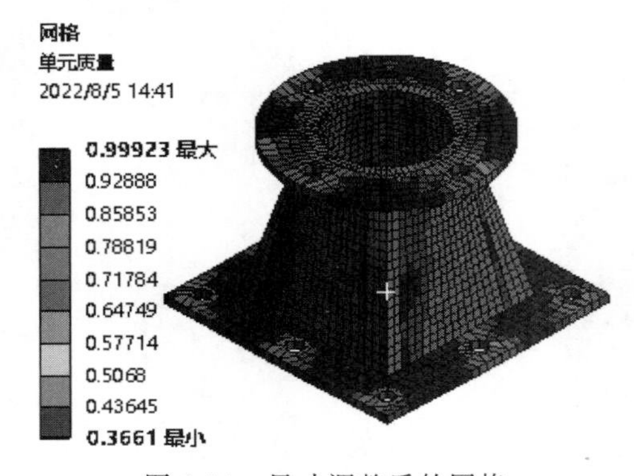

图 6-70 尺寸调整后的网格

05 边缘尺寸调整。

(1) 边缘尺寸调整。单击“网格”选项卡“控制”面板中的“尺寸调整”按钮，左下角弹出“尺寸调整”的详细信息，设置“几何结构”为法兰上端面的圆形边线，设置“类型”为“分区数量”，设置“分区数量”为 90，设置“行为”为“硬”，此时详细信息栏变为“边缘尺寸调整”的详细信息，如图 6-71 所示，同理添加另一个“尺寸调整”，设置“几何结构”为法兰的 12 个安装孔的上边线，设置“类型”为“分区数量”，设置“分区数量”为 40，设置“行为”为“硬”，如图 6-72 所示。

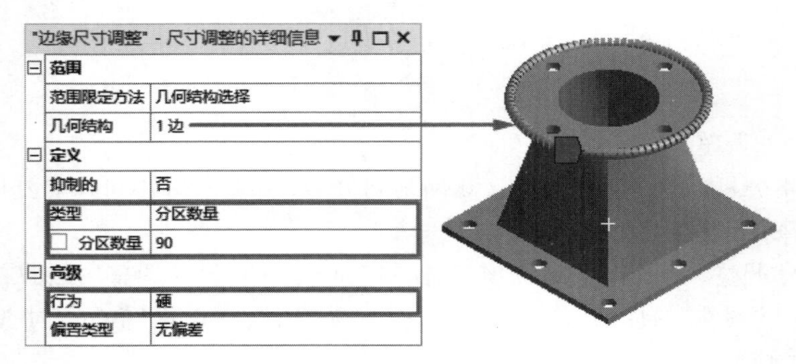

图 6-71 “边缘尺寸调整”的详细信息

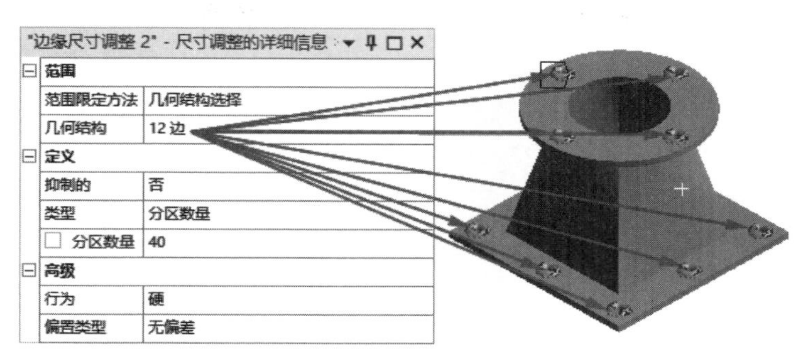

图 6-72 “边缘尺寸调整 2”的详细信息

（2）划分网格。单击“网格”选项卡“网格”面板中的“生成”按钮，划分网格，结果如图 6-73 所示，可以看到此时安装孔网格加密了不少。

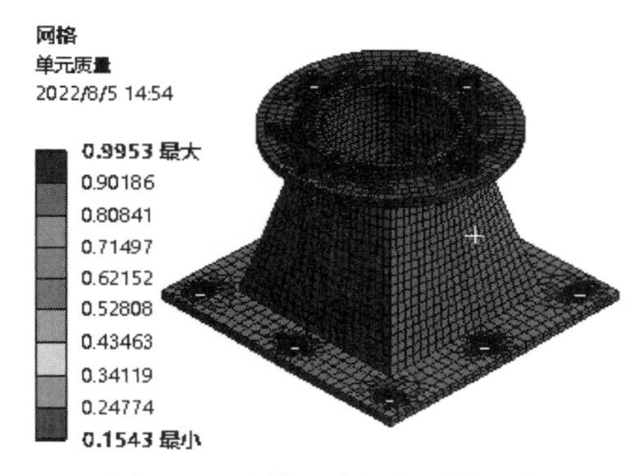

图 6-73 边缘尺寸调整后的网格

第7章

线性静力分析

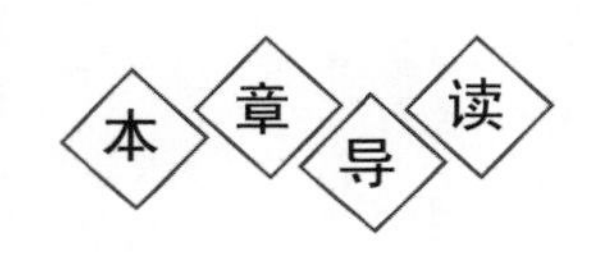

在工程应用中经常会遇到计算在固定不变的载荷作用下的结构效应，主要有平面应力、平面应变、轴对称、梁及桁架分析、壳分析、接触分析等问题的有限元分析，这些问题均是线性静态结构问题，线性静力学分析是有限元分析的基础，在线性静力学分析中，所使用的材料必须为线性材料，即材料的应力与应变成正比，本章结合实例具体讲解线性静力学结构分析。

第7章

- 分析原理
- 线性静力分析流程（创建工程项目、定义材料属性、创建或导入几何模型、赋予模型材料、定义接触、划分网格、施加载荷和约束、求解、结果后处理）
- 综合实例

7.1 分析原理

线性静力学结构分析是用来分析模型结构在固定载荷作用下的响应，通常包括结构的应力、应变、位移和反作用力等。

对于一个线性静态结构分析，位移$\{x\}$由式(7-1)的矩阵方程解出：

$$[\boldsymbol{K}]\{x\}=\{F\} \tag{7-1}$$

式中，$[\boldsymbol{K}]$是一个常量矩阵(它建立的假设条件为：假设是线弹性材料行为，使用小变形理论，可能包含一些非线性边界条件)；$\{F\}$是固定加载在模型上的，不考虑随时间变化的力，不包含惯性和阻尼的影响。

7.2 线性静力分析流程

线性静力学结构分析流程主要有以下步骤：

(1) 创建工程项目。

(2) 定义材料属性。

(3) 创建或导入几何模型。

(4) 赋予模型材料。

(5) 定义接触(如果模型中存在接触关系)。

(6) 划分网格。

(7) 施加载荷和约束。

(8) 设置求解结果。

(9) 求解。

(10) 结果后处理。

下面就主要的方面进行介绍。

7.2.1 创建工程项目

静力学分析采用“静态结构”模块进行分析，Workbench 中在“分析系统”工具箱中将“静态结构”模块拖到项目原理图中或者双击“静态结构”模块即可创建“静态结构”项目，如图 7-1 所示。

7.2.2 定义材料属性

在进行线性静力学结构分析之前需要给模型赋予材料，在线性静态结构分析中除了需要给出弹性模量和泊松比之外还需要注意以下事项：

(1) 所有的材料属性参数是在 Engineering Data 中输入的。

(2) 当要分析的项目存在惯性时，需要给出材料密度。

(3) 当施加了一个均匀的温度载荷时，需要给出热膨胀系数。

(4) 在均匀温度载荷条件下，不需要指定导热系数。

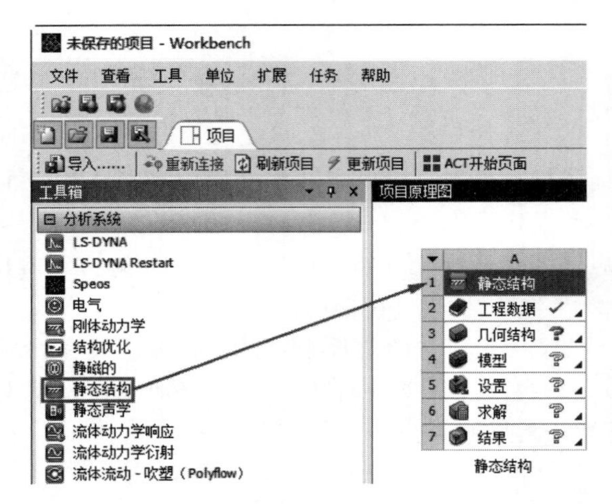

图 7-1 创建“静态结构”模块

（5）想得到应力结果，需要给出应力极限。

疲劳分析是在静力学分析的基础上分析的，因此需要考虑特定的材料与载荷，这些后续章节将会讲到，另外进行疲劳分析时需要定义疲劳属性，在许可协议中需要添加疲劳分析模块。

7.2.3 创建或导入几何模型

在静力结构分析中，支持的几何模型包括实体、壳体和质量点 3 种：

（1）实体中程序默认的单元为 10 节点的四面体单元及 20 节点的六面体单元。

（2）壳体：在使用 Workbench 对壳体进行有限元分析时，需要制定其厚度值，该厚度值可以在建模时在 SpaceClaim 中赋予，也可以在 Mechanical 界面中单击“几何结构”分支下的“SYS\剖面”选项，在弹出的“SYS\剖面”的详细信息中设置，如图 7-2 所示。

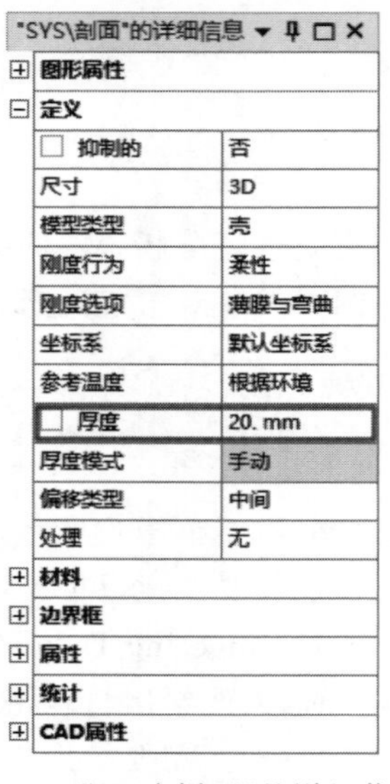

图 7-2 “SYS\剖面”的详细信息

（3）质量点：在使用 ANSYS Workbench 进行有限元分析时，有些模型没有给出明确的质量，需要在模型中添加一个质量点来模拟没有明确质量的模型。

注意：质量点只能与面、体一起使用。

添加质量有两种类型，一种是“点”质量，一种是“分布式”质量，“几何结构”选项卡“质量”面板中的两种类型，如图 7-3 所示。

图 7-3　“几何结构”选项卡

关于质量点的位置，可以通过在用户自定义坐标系中指定坐标值，或通过选择顶点/边/面指定位置。

质量点只受加速度、重力加速度和角加速度的影响。

质量点与选择的面联系在一起，并假设它们之间没有刚度，不存在转动惯性。

采用分布式质量在求解过程中效率更高，它可以采用“总质量”或“每单位面积的质量”两种方式来添加。

图 7-4 所示为“点质量”的详细信息；图 7-5 所示为“分布质量”的详细信息。

"点质量"的详细信息

范围	
范围限定方法	几何结构选择
应用	远程附件
几何结构	1 面
坐标系	全局坐标系
X坐标	-700. mm
Y坐标	10. mm
Z坐标	10. mm
位置	点击进行修改
定义	
质量	10. kg
质量惯性矩X	0. kg·mm²
质量惯性矩Y	0. kg·mm²
质量惯性矩Z	0. kg·mm²
抑制的	否
行为	柔性
搜索区域	全部

图 7-4　“点质量”的详细信息

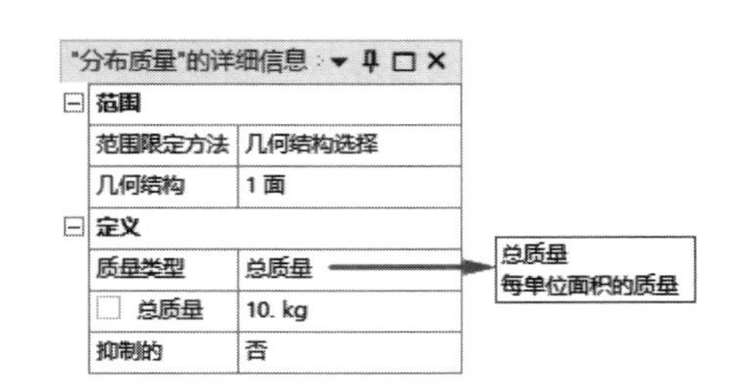

图 7-5　“分布质量”的详细信息

7.2.4　赋予模型材料

前面定义了材料后，再打开 Mechanical 应用程序时，这些材料会加载到该程序中，在轮廓树中选择“几何结构”分支下的模型，弹出该模型的详细信息，在详细信息中展开

“材料”栏，单击“任务”栏右侧的三角按钮▶，弹出“工程数据材料”对话框，如图 7-6 所示，该对话框中显示了加载的材料，单击选择一种材料，就为模型赋予了选择的材料属性。

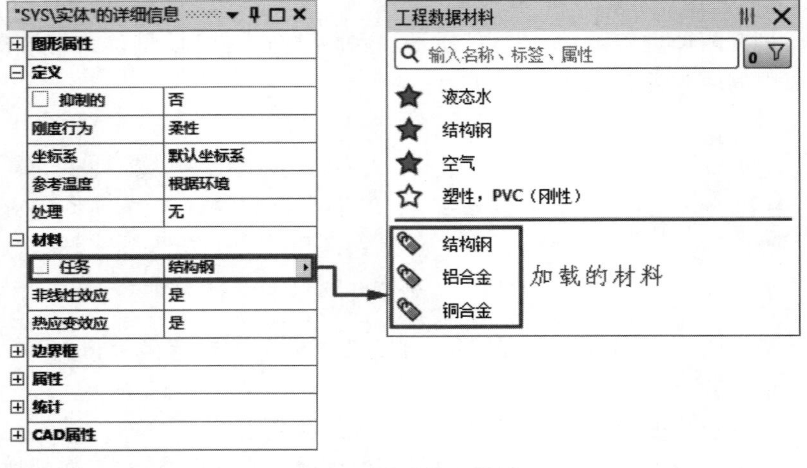

图 7-6　赋予模型材料

7.2.5　定义接触

当导入的实体为装配体时，在 Mechanical 中会自动创建接触对，接触对的特点如下：

（1）面对面接触时允许两个实体边界划分的单元不匹配。

（2）在模型树中“连接”分支下的“接触”选项，在“接触”的详细信息中拖动“容差滑块”的滚动条来指定“自动检测”的容差，如图 7-7 所示。

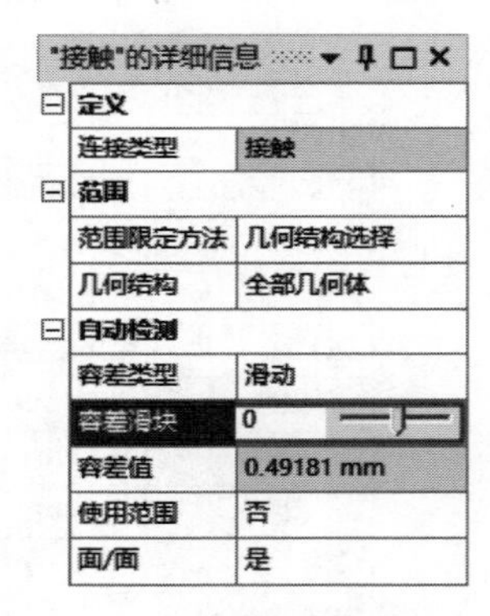

图 7-7　“接触”容差滑块

在 Workbench 中有 5 种接触类型，包括绑定接触、无分离接触、无摩擦接触、粗糙接触和摩擦的接触。在这 5 种接触类型中，其中“无摩擦”“粗糙”“摩擦的”接触行为都是非线性接触行为，其接触行为与迭代次数如表 7-1 所示。

表 7-1　接触类型和迭代次数

接 触 类 型	迭 代 次 数	法 向 行 为	切 向 行 为
绑定	一次	不分离	不可滑动
无分离	一次	不分离	允许滑动
无摩擦	多次	可分离	允许滑动
粗糙	多次	可分离	不可滑动
摩擦的	多次	可分离	允许滑动

7.2.6　划分网格

网格划分是进行线性静态结构分析的基础，结果分析的准确与否与网格有着直接

关系，本书第 6 章对于网格划分已作详细讲解，这里不再赘述。

7.2.7 施加载荷和约束

载荷和约束是以所选单元的自由度的形式定义的。实体的自由度是 X、Y 和 Z 方向上的平移(壳体还得加上旋转自由度，即绕 X、Y 和 Z 轴的转动)，如图 7-8 所示。

约束，不考虑实际的名称，也是以自由度的形式定义的，如图 7-9 所示。在块体的 Z 面上施加一个光滑约束，表示其 Z 方向上的自由度不再是自由的(其他自由度是自由的)。

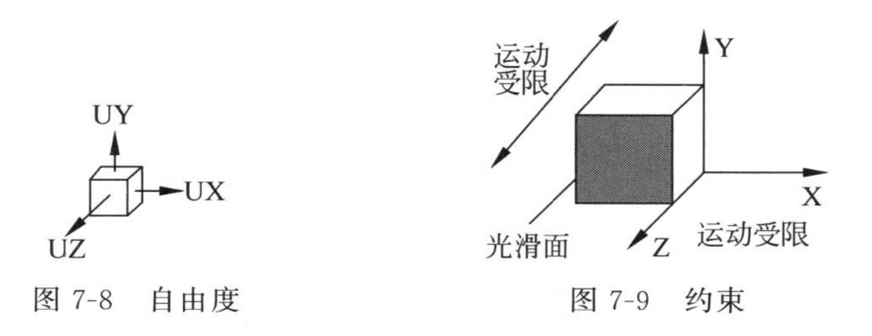

图 7-8 自由度　　　　图 7-9 约束

ANSYS Workbench 中的 Mechanical 中有 4 种类型的结构载荷，分别是惯性载荷、结构载荷、结构约束和热载荷，如图 7-10 所示。

(1) 惯性载荷：惯性载荷需施加在整个模型上，惯性计算时需要输入模型的密度，并且这些载荷专指施加在定义好的质量点上的力。

(2) 结构载荷：集中在结构上的力或力矩。力载荷可以施加在结构的外面、边缘或表面等位置，而压力载荷只能施加在表面，而且方向通常与表面的法向方向一致。

(3) 结构约束：结构约束是在分析过程中防止模型在特定区域上移动的约束。

(4) 热载荷：在结构上产生温度并在整个模型上引起热扩散。

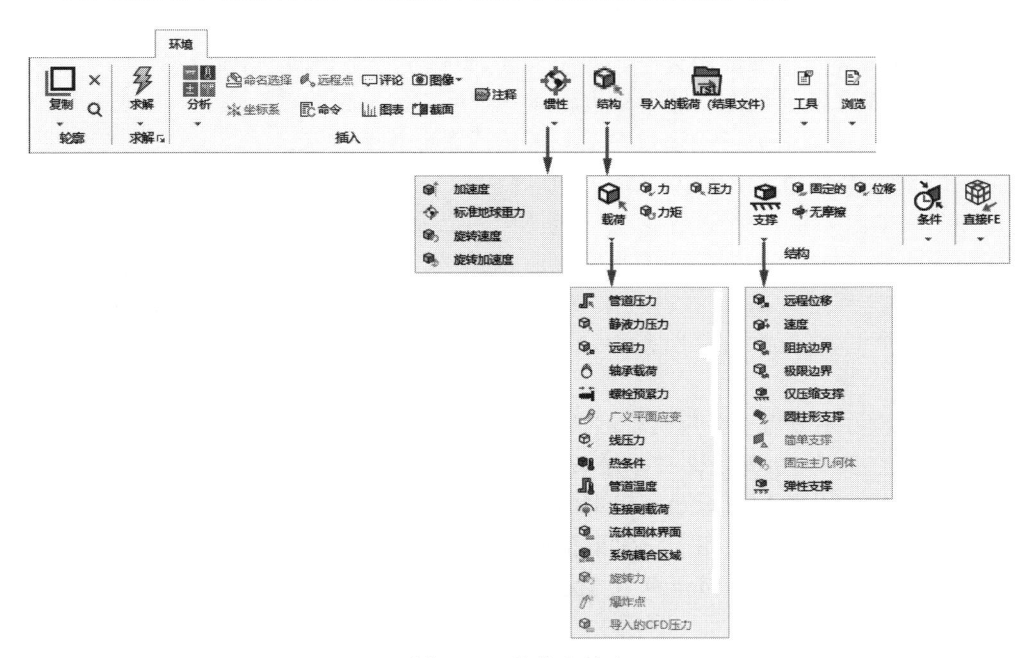

图 7-10 载荷和约束

Note

1．常见的载荷

由上文知道了常见的载荷类型，下面对常见的载荷进行简单介绍。

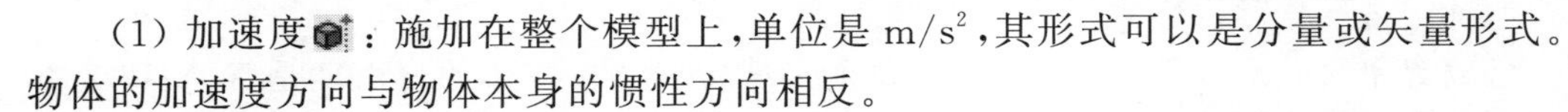

(1) 加速度：施加在整个模型上，单位是 m/s^2，其形式可以是分量或矢量形式。物体的加速度方向与物体本身的惯性方向相反。

(2) 标准地球重力：即重力加速度，其标准值为 $9.80665m/s^2$，也可以根据所选的单位制系统确定它的值；重力加速度的方向定义为整体坐标系或局部坐标系的其中一个坐标轴方向。

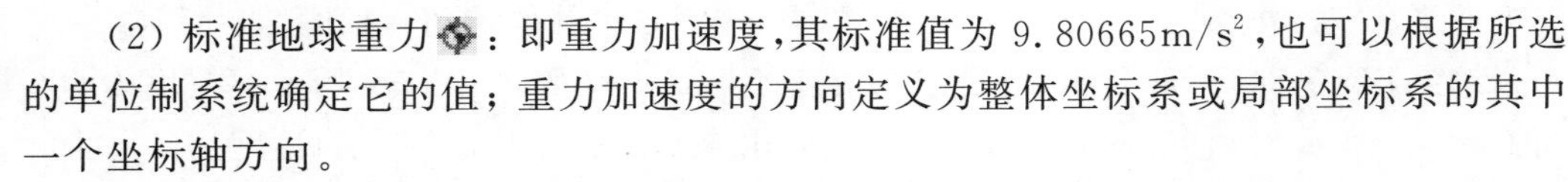

(3) 旋转速度：即角速度，是一个质点绕圆做圆周运动，在单位时间里转过的角度，单位为 rad/s；其速度方向为圆周运动时，质点所在圆周上的切线方向。旋转速度解释了模型以恒定速度旋转的结构效应，适用于模态分析、静态结构分析和瞬态结构分析。

(4) 旋转加速度：即角加速度，旋转加速度是旋转速度在单位时间的变化量，即 rad/s^2，旋转加速度适用于静态结构分析和瞬态结构分析。

(5) 力：指施加在物体上的点、线或面上的集中力，均匀分布在所有实体上，在进行分析时可以以矢量或分量的形式定义集中力。

(6) 压力：压力载荷只能施加在结构表面，表现形式是与物体表面正交的方式施加在面上，指向面内为正向，指向面外为反向。

(7) 力矩：力矩是力作用在物体上时产生的转动效应，是力与力臂（力到作用点的垂直距离）的乘积。对于实体，力矩只能作用在面上；对于面，力矩则可施加在点、线或者面上。在对物体进行分析时可以根据右手法则以矢量或分量的形式定义力矩。

(8) 管道压力：管道压力对于管道应力分析和管道设计都很有用。管道压力仅适用于管线体形式的管道。

(9) 静液力压力：在面（实体或壳体）上施加一个线性变化的力，模拟结构上的流体压力载荷，该力可能处于结构内部或外部，另外还需指定加速度的大小和方向、流体密度、代表流体自由面的坐标系。对于壳体，提供了一个顶面/底面选项。

(10) 远程力：给物体的面或边施加一个远离的偏置的载荷力，将得到一个等效力或等效力矩，该载荷力可以通过向量和幅值或者分量来定义。

(11) 轴承载荷：使用投影面的方法将力的分量按照投影面积分布在压缩边上。不允许存在轴向分量，每个圆柱面上只能使用一个轴承负载。在施加该载荷时，若圆柱面是分裂的，一定要选中它的两个半圆柱面，轴承载荷以矢量或分量的形式定义。

(12) 螺栓预紧力：在线体、梁或圆柱形截面上施加预紧力以模拟螺栓连接，可以选择“载荷”“调整”或“打开”，需要给物体指定一个局部坐标系统（在 Z 方向上的预紧力）。

螺栓预紧力一般需要采用两个载荷步骤求解：

① 施加预紧力、边界条件和接触条件。

② 预紧力部分的相对运动是固定的，并施加了一个外部载荷。

(13) 线压力：只能用于三维模拟中，通过载荷密度形式给一个边上施加一个分布载荷，单位是 N/m，可以按下列方式定义：

① 幅值和向量。

② 幅值和分量方向。

③ 幅值和切向。

(14) 热条件：在结构分析中施加一个均匀温度，必须指定参考温度，温度差会在结构中导致热膨胀或热传导，热应变按式(7-2)计算：

$$\varepsilon_{th}^{x}=\varepsilon_{th}^{y}=\varepsilon_{th}^{z}=\alpha(T-T_{ref})\tag{7-2}$$

Note

式中，α 为热膨胀系数；T_{ref} 为参考温度(热应变为0时的温度)；T 为施加的温度。

在整体环境中定义参考温度，或把它作为单个实体的特性进行定义。

(15) 连接副载荷：静力学分析可采用运动副载荷，需要设置大变形分析。连接副载荷可以确定机构零件之间的相对运动关系，其自由度的约束与释放是以参考坐标系为基础建立的。

2. 结构约束

介绍完常见的载荷后，接下来介绍常见的约束：

(1) 固定的：限制点、边或面的所有自由度。对于实体而言是限制其在X、Y和Z轴方向上的移动；对面体和线体而言是限制其在X、Y和Z轴方向上的移动和绕各轴的转动。

(2) 位移：对物体在点、边或面上施加已知位移，可以给出在X、Y和Z轴方向上的位移量，以给定数值表示，当设置数值为0时，则表示在方向上不能移动，处于受限制状态；若X、Y、Z分量显示为"自由"，则表示在X、Y、Z轴方向上不受约束。

(3) 无摩擦：在面上施加法向固定约束，而轴向和切向则是自由的，对实体而言，可以用于模拟对称边界约束。

(4) 远程约束：允许在远端加载平移或旋转位移，默认位置是几何模型的质心，也可以通过单击选取或输入坐标值来定义远端的定位点，坐标建议采用局部坐标。

(5) 仅压缩支撑：只能在正常压缩方向施加约束，用于模拟圆柱面上受销钉、螺栓等的作用，需要进行迭代(非线性)求解。

(6) 圆柱形支撑：施加在圆柱表面，可以指定轴向、径向或者切向的约束。

(7) 简单支撑：施加在梁或壳体的边缘或者顶点上，仅用于限制平移，所有旋转都是自由的。

(8) 固定主几何体(转动约束)：和简单支撑相反，也是施加在梁或壳体的边缘或者顶点上，但是仅用于限制旋转，所有平移都是自由的。

(9) 弹性支撑：允许在面/边界上模拟弹簧行为，基础的刚度为使基础产生单位法向偏移所需要的压力。

7.2.8　求解

在ANSYS Workbench中，Mechanical具有两个求解器，分别为直接求解器和迭代求解器。通常求解器是自动选取的，也可以预先选用一个。具体操作为：单击"文件"选项卡中的"选项"命令，弹出"选项"对话框，在该对话框中选择"分析设置和求解"，在这里进行设置，如图7-11所示，但一般情况下采用默认求解类型。

当分析的各项条件都已经设置完成以后，单击"主页"选项框"求解"面板中的"求解"按钮，进行求解。

(1) 默认情况下为两个处理器进行求解。

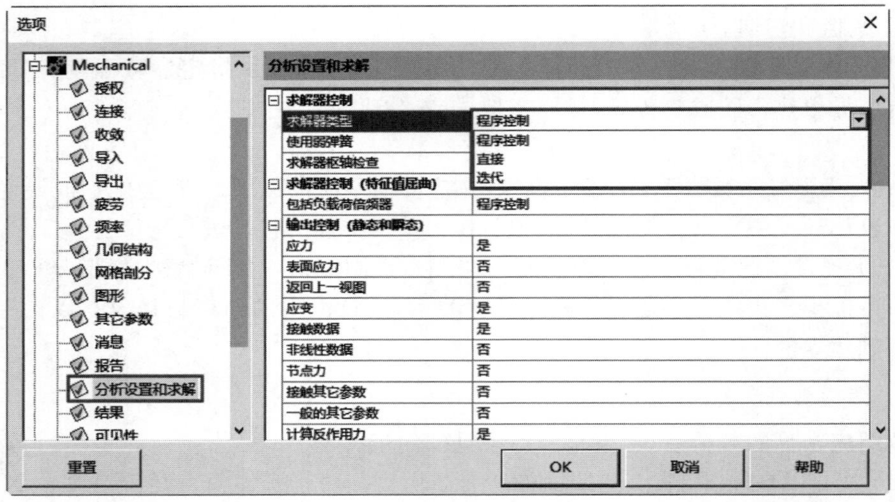

图 7-11 “选项”对话框

（2）单击“主页”选项框“求解”面板中的“求解流程设置”按钮，弹出“求解流程设置”对话框，如图 7-12 所示，单击该对话框中的“高级”按钮，弹出“高级属性”对话框，在“最大已使用核数”后面的输入框中设置使用的处理器个数，如图 7-13 所示；也可以在“主页”选项框“求解”面板中的“核”后面的输入框中设置，如图 7-14 所示。

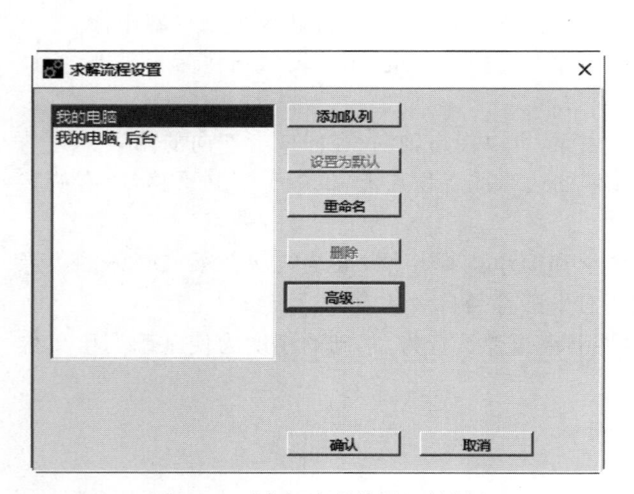

图 7-12 “求解流程设置”对话框

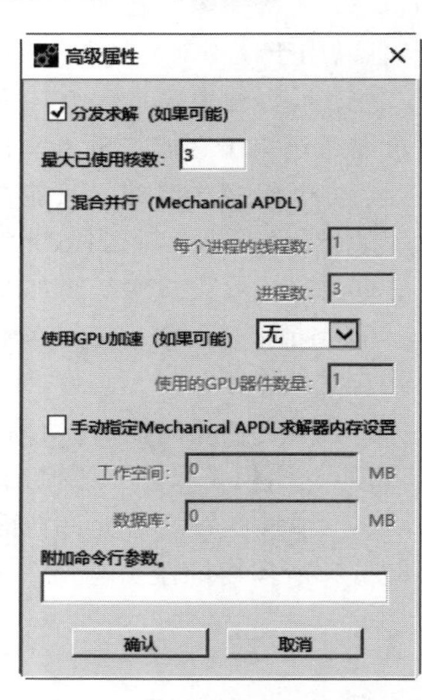

图 7-13 “高级属性”对话框

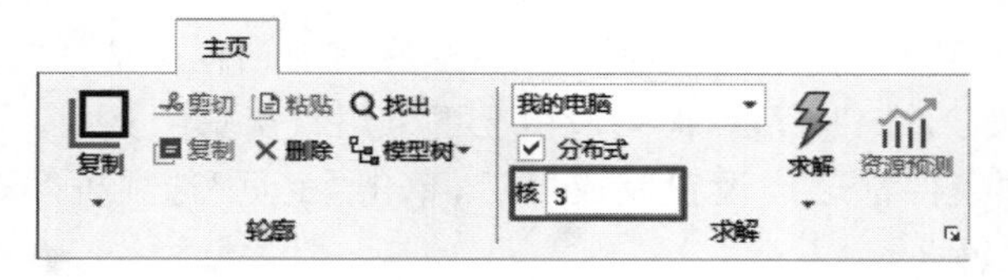

图 7-14 设置处理器个数

7.2.9 结果后处理

在 Mechanical 的后处理中，可以得到多种不同的结果，如各个方向变形及总变形、等效应力应变、主应力应变、线性化应力、应力工具、接触工具等。这些结果需要在求解前在“求解”选项卡中指定，如图 7-15 所示，如果在求解后指定，必须重新单击“求解”按钮⚡，才能显示结果。

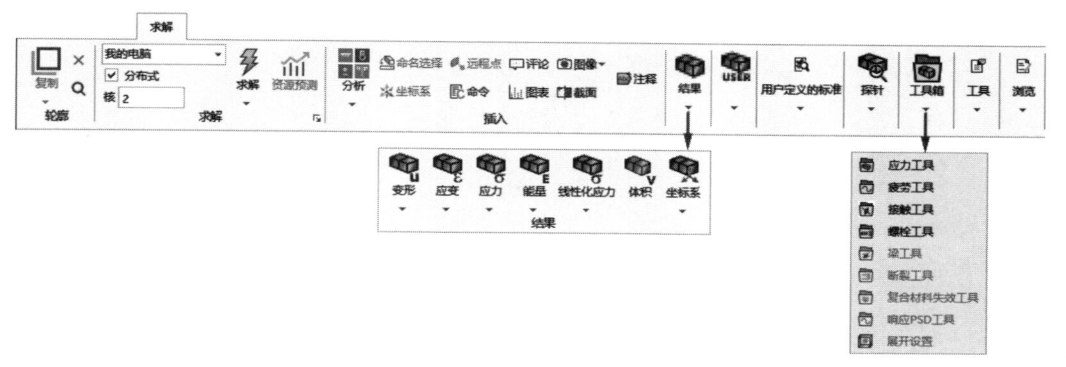

图 7-15 “求解”选项框

所有的结果云图和矢量图均可在模型中显示，而且利用“结果”选项卡“显示”面板中的“自动缩放”可以改变结果的显示比例等，如图 7-16 所示。

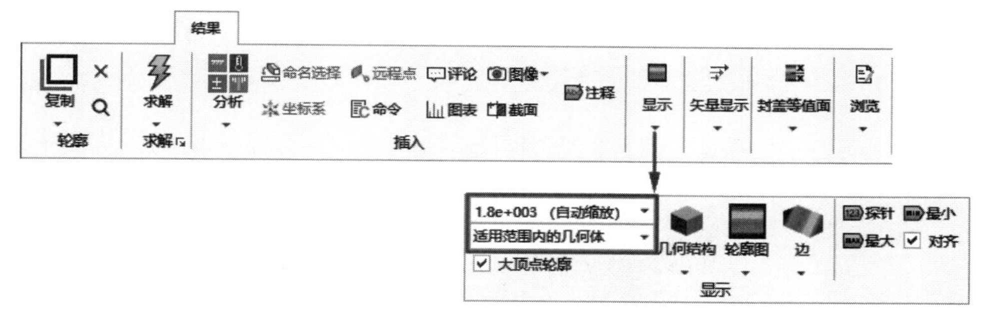

图 7-16 修改显示结果比例

1. 变形

如图 7-17 所示为“变形”下拉列表。

整体变形是一个标量，即 $U_{total}=\sqrt{U_X^2+U_Y^2+U_Z^2}$；在“定向”里可以指定变形的 X、Y 和 Z 分量，显示在整体或局部坐标系中，最后可以得到变形的矢量图，如图 7-18 所示。

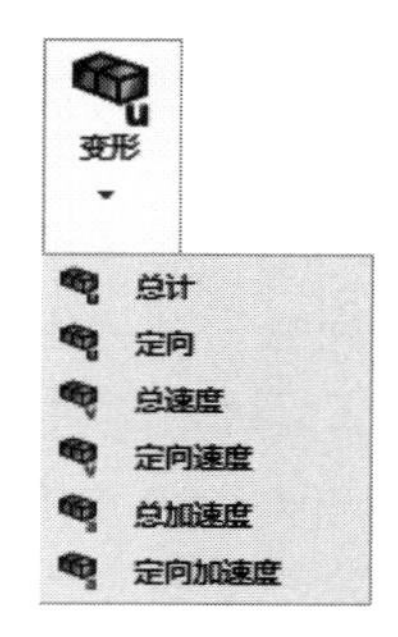

图 7-17 “变形”下拉列表

2. 应力与应变

如图 7-19 所示为“应力”和“应变”下拉列表。

在显示应力和应变前，需要注意：应力和弹性应变有 6 个分量(X、Y、Z、XY、YZ、XZ)，而热应变有 3 个分量(X、

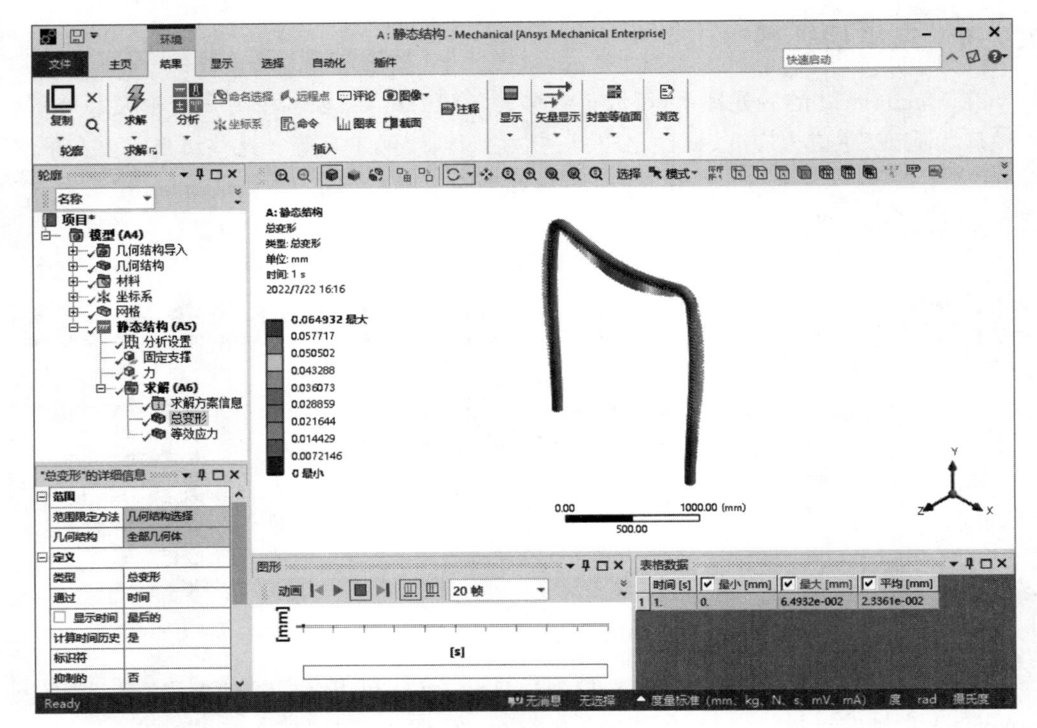

图 7-18　变形的矢量图

图 7-19　“应力”和“应变”下拉列表

Y、Z）。对应力和应变而言，它们的分量可以在“应力-法向”和“应变-法向”里指定；而对于热应变，在“应变-热”中指定。

主应力关系：$s_1 > s_2 > s_3$。

强度定义为 $s_1 - s_2$、$s_2 - s_3$ 和 $s_3 - s_1$ 三者中绝对值最大的一个。

使用应力工具时需要设定安全系数（根据应用的失效理论来设定）。

(1) 柔性理论：其中包括最大等效应力和最大切应力。

(2) 脆性理论：其中包括 Mohr-Coulomb 应力和最大拉伸应力。

使用每个安全因子的应力工具，都可以绘制出安全边界和应力比。

3. 线性化应力

单击"求解"选项卡"工具箱"面板下拉菜单中的"接触工具"按钮 接触工具，可以打开"接触工具"选项卡，接触工具在"结果"面板中，如图 7-20 所示。

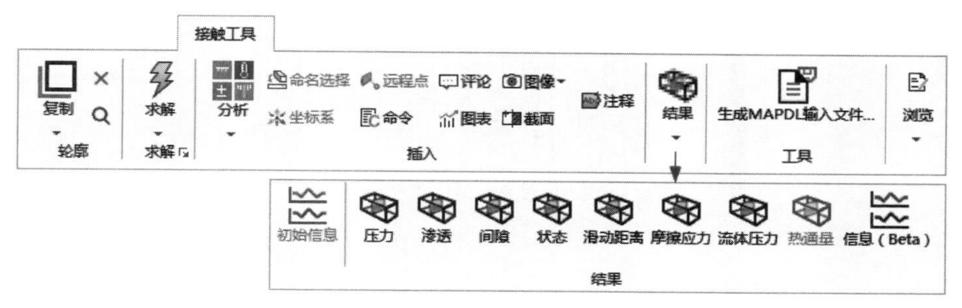

图 7-20 "接触工具"选项卡

接触工具主要内容如下：

(1) 压力：显示法向接触压力分布。

(2) 渗透：显示渗透数量结果。

(3) 间隙：显示在半径范围内任何间隙的大小。

(4) 状态：提供是否建立了接触的信息。

(5) 滑动距离：是一个表面相对于另一个表面的滑动距离。

(6) 摩擦应力：因为摩擦而产生的切向牵引力。

(7) 流体压力：接触流体产生的压力。

为"接触工具"选择接触域有两种方法。

(1) 工作表：从表单中选择接触域，包括接触面、目标面或同时选择两者。

(2) 几何结构选择：在图形窗口中选择接触域。

7.3 综合实例

7.3.1 单杠静力学分析

单杠是体育活动中常见的器材，本例对一个单杠进行静力学分析，如图 7-21 所示，单杠底部固定，上面施加一个 800N 的向下的力，求解该情况下单杠的形变及应力。

7-1

01 创建工程项目。打开 Workbench 程序，展开左边工具箱中的"分析系统"栏，将工具箱里的"静态结构"选项直接拖动到"项目原理图"界面中或直接双击"静态结构"选项，建立一个含有"静态结构"的项目模块，结果如图 7-22 所示。

Note

图 7-21 单杠

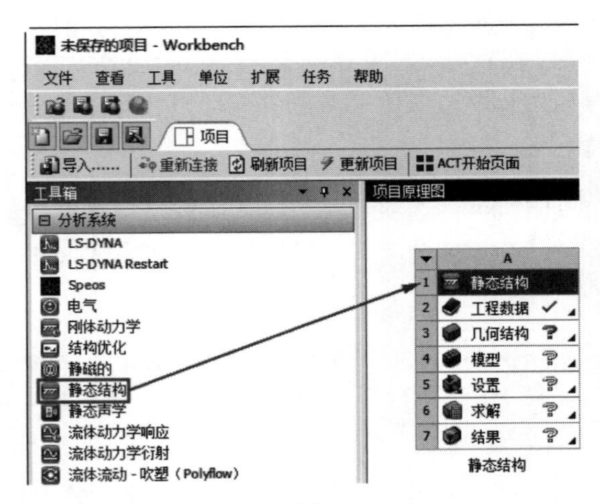

图 7-22 创建工程项目

02 定义材料。在 Workbench 中系统默认的材料是“结构钢”，而单杠的材料也是结构钢，因此这里采用默认设置，不进行修改。

03 创建几何模型。

(1) 打开 SpaceClaim 软件。右击“项目原理图”中的“几何结构”栏，在弹出的快捷菜单中选择“新的 SpaceClaim 几何结构……”命令，如图 7-23 所示，打开 SpaceClaim 建模器。

(2) 绘制草图 1。在草图模式下，单击“选择新草图平面”按钮，然后在原坐标系中选择“Z 轴”，此时系统选择与“Z 轴”垂直的“XY”平面为草绘平面，然后单击“草图”选项卡“定向”面板中的“平面视图”按钮平面视图，正视该平面，单击“草图”选项卡“创建”面板中的“线”按钮，绘制草图，然后单击“约束”面板中的“尺寸”按钮，标注草图尺寸，如图 7-24 所示。

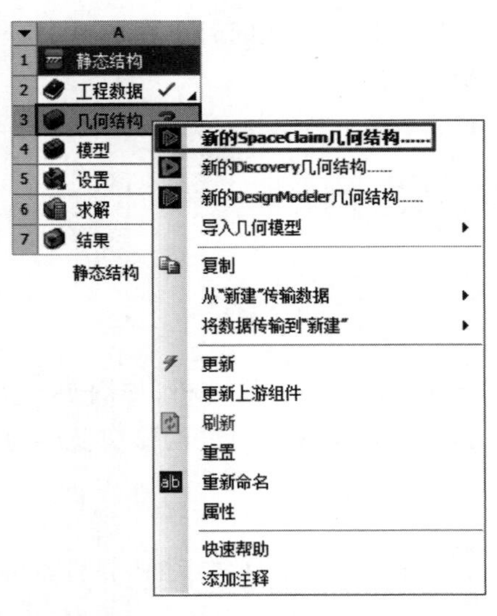

图 7-23 打开 SpaceClaim

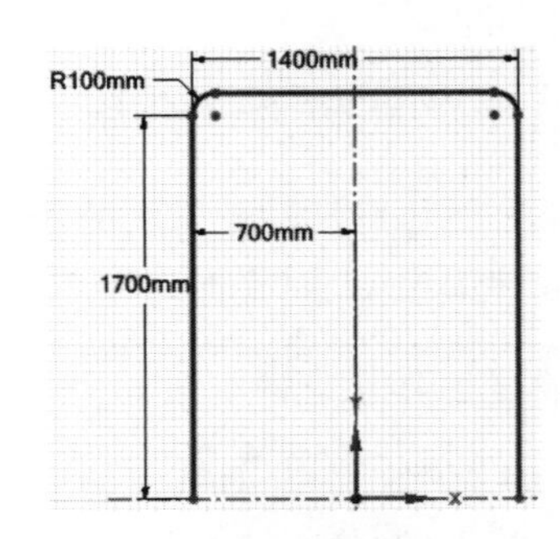

图 7-24 绘制草图 1

(3) 绘制草图 2。在草图模式下，单击“选择新草图平面”按钮，然后在原坐标系中选择“Y 轴”，此时系统选择与“Y 轴”垂直的“ZX”平面为草绘平面，然后单击“草图”选项卡“定向”面板中的“平面视图”按钮平面视图，正视该平面，单击“草图”选项卡“创建”面板中的“圆”按钮，绘制两个同心圆，然后单击“约束”面板中的“尺寸”按钮，标注草图尺寸，如图 7-25 所示。

(4) 拉动扫掠模型。单击“草图”选项卡“定向”面板中的“主视图”按钮主视图，切换视图方向，然后单击“编辑”面板中的“拉动”按钮，选择草图 2 构成的圆环剖面为拉伸对象，然后单击向导工具栏中的“扫掠”按钮，按住 Ctrl 键，选择草图 1 为扫掠轨迹，如图 7-26 所示，最后单击“完全拉动”按钮，生成模型，结果如图 7-27 所示。

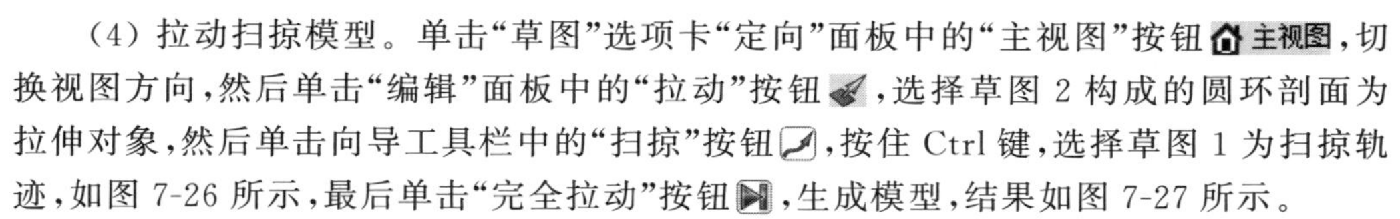

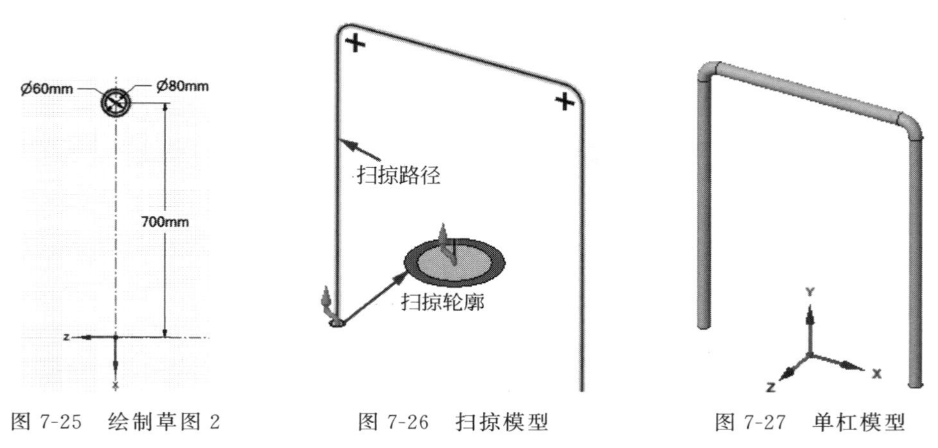

图 7-25　绘制草图 2　　　图 7-26　扫掠模型　　　图 7-27　单杠模型

(5) 删除多余项。创建模型后，“结构”面板中含有“实体”“曲线”两项，如图 7-28 所示，选择“曲线”，右击，在弹出的快捷菜单中选择“删除”命令，如图 7-29 所示，删除这两项。

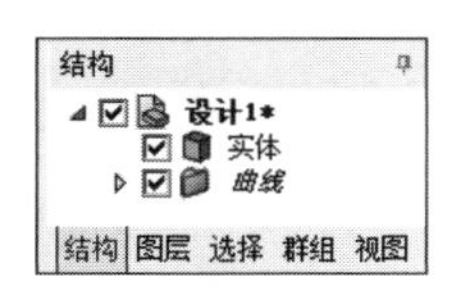

图 7-28　“结构”面板

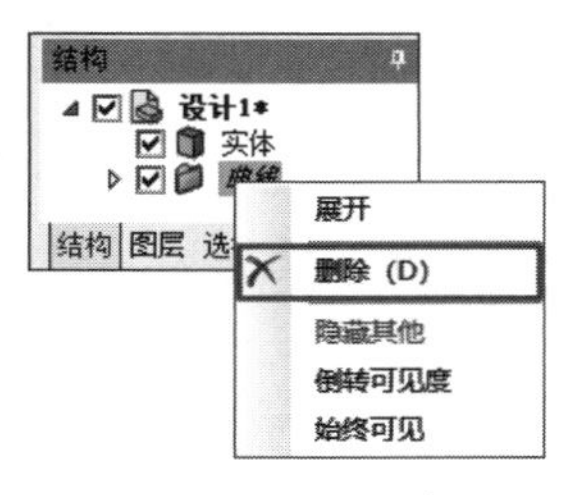

图 7-29　删除多余项

(6) 保存模型。单击“快速访问工具栏”中的“保存”按钮，弹出“另存为”对话框，选择保存路径后，输入“文件名”为“单杠”，如图 7-30 所示，单击“保存”按钮保存(S)，保存模型。保存后关闭 SpaceClaim 建模器。

04 启动 Mechanical 应用程序。在项目原理图中右击“模型”命令，在弹出的快捷菜单中选择“编辑……”命令，如图 7-31 所示，进入 Mechanical 应用程序，如图 7-32 所示。

05 赋予模型材料。在轮廓树中展开“几何结构”，选择“单杠\实体”，在左下角弹出“单杠\实体”的详细信息，在列表中单击“材料”栏中“任务”选项，显示为“结构钢”，如图 7-33 所示，这里不进行更改。

Note

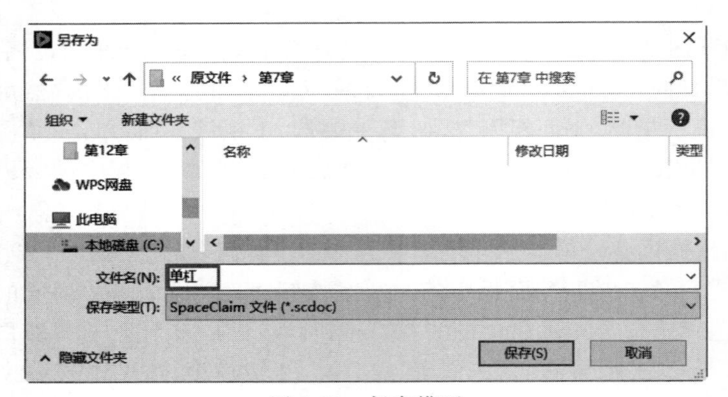

图 7-30　保存模型

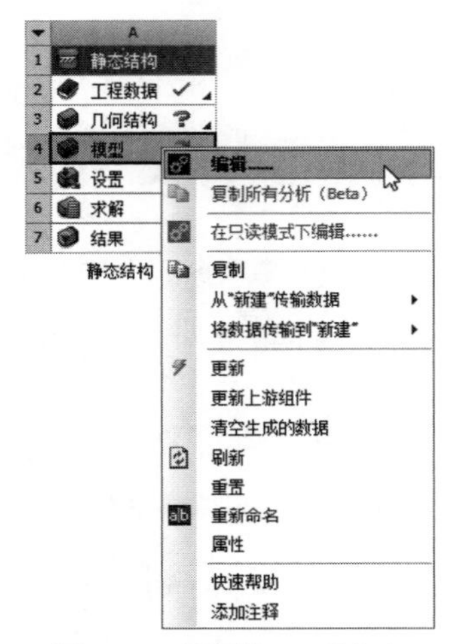

图 7-31　"编辑……"命令

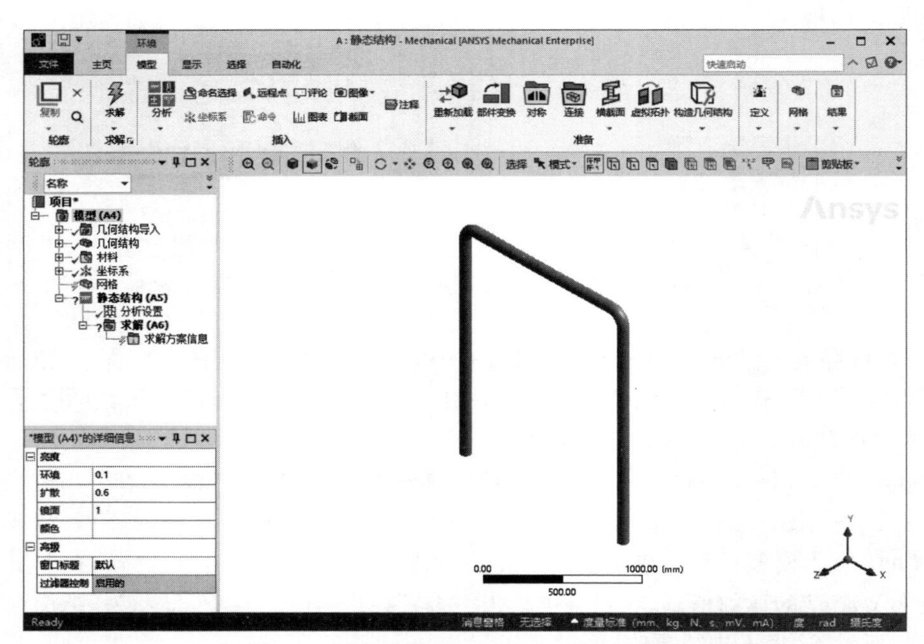

图 7-32　"静态结构-Mechanical"应用程序

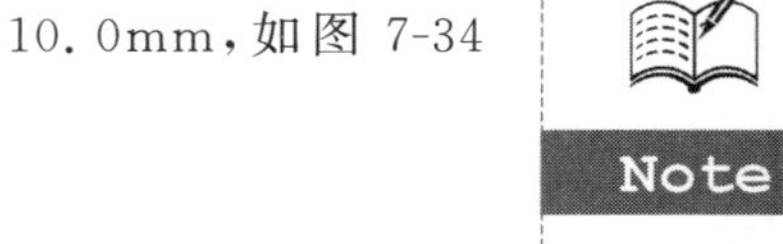

06 划分网格。

（1）尺寸调整。在轮廓树中单击“网格”分支，系统切换到“网格”选项卡。单击“网格”选项卡“控制”面板中的“尺寸调整”按钮，左下角弹出“几何体尺寸调整”的详细信息，设置“几何结构”为“单杠\实体”模型，设置“单元尺寸”为10.0mm，如图7-34所示。

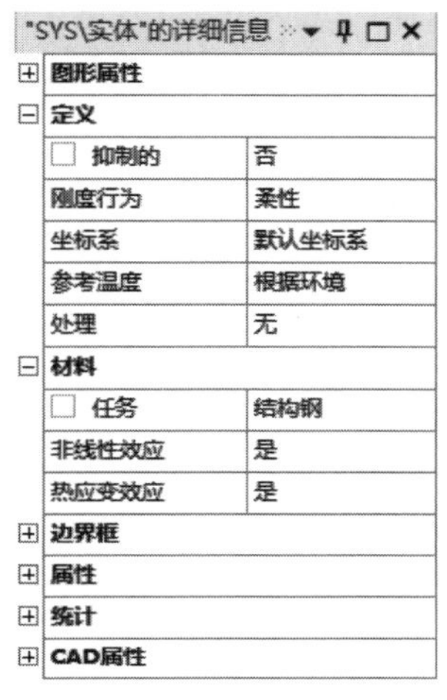

图7-33　“SYS\实体”的详细信息

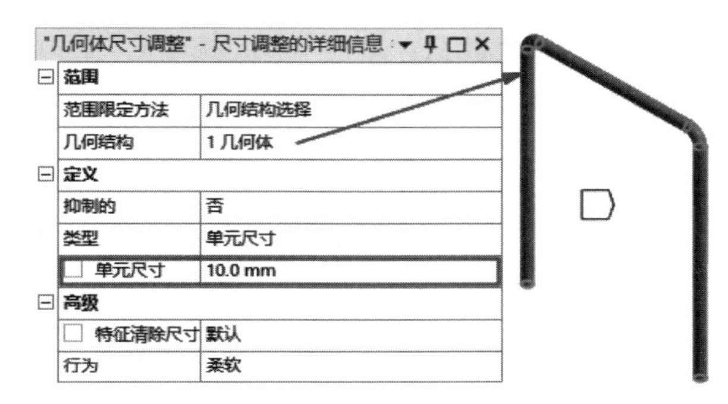

图7-34　“几何体尺寸调整”的详细信息

（2）面网格剖分。单击“网格”选项卡“控制”面板中的“面网格剖分”按钮，左下角弹出“面网格剖分”的详细信息，设置“几何结构”为“单杠\实体”的底面，如图7-35所示。

（3）划分网格。单击“网格”选项卡“网格”面板中的“生成”按钮，系统自动划分网格，结果如图7-36所示。

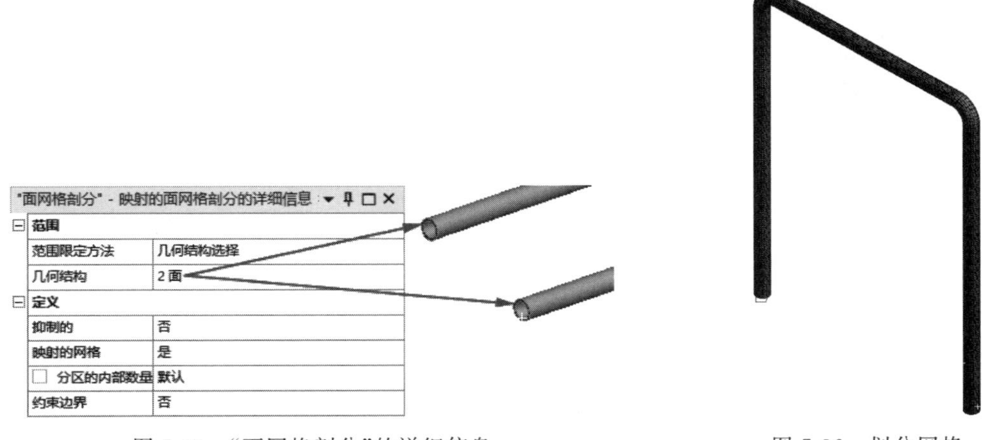

图7-35　“面网格剖分”的详细信息

图7-36　划分网格

07 施加载荷与约束。

（1）添加固定约束。在轮廓树中单击“静态结构(A5)”分支，系统切换到“环境”选

Note

项卡。单击“环境”选项卡“结构”面板中的“固定的”按钮 固定的，左下角弹出“固定支撑”的详细信息，设置“几何结构”为“单杠\实体”的底面，结果如图 7-37 所示。

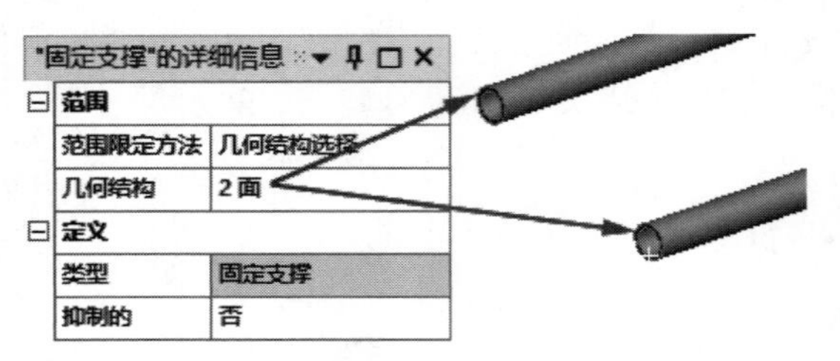

图 7-37　添加固定约束

(2) 添加力载荷。单击“环境”选项卡“结构”面板中的“力”按钮 力，左下角弹出“力”的详细信息，设置“几何结构”为“单杠\实体”的顶部横杆面，设置“定义依据”为“分量”，设置“Y 分量”的大小为－800N，如图 7-38 所示。

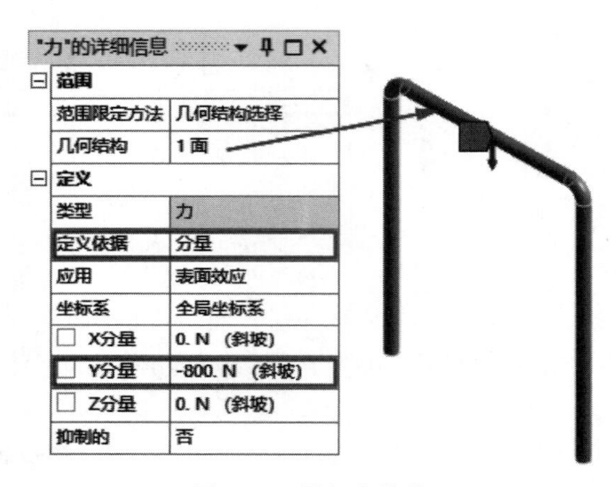

图 7-38　添加力载荷

08 设置求解结果。

(1) 添加总变形。单击“求解(A6)”分支，系统切换到“求解”选项卡，单击“求解”选项卡“结果”面板“变形”下拉菜单中的“总计”按钮 总计，如图 7-39 所示，添加总变形。

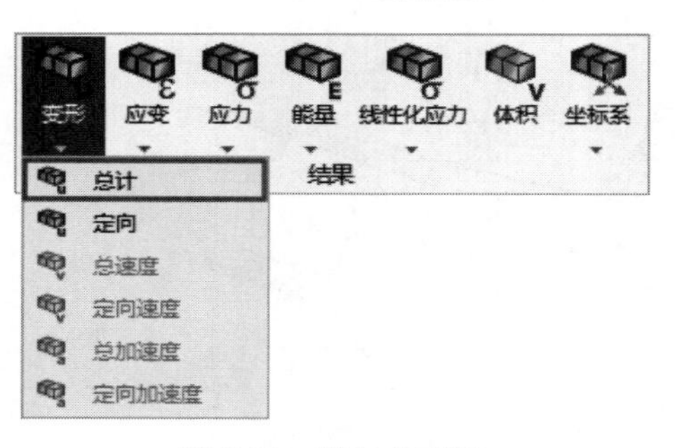

图 7-39　添加总变形

(2) 添加等效应力。单击“求解”选项卡“结果”面板“应力”下拉菜单中的“等效(Von-Mises)”按钮 等效(Von-Mises)，添加等效应力。

09 求解。单击"主页"选项卡"求解"面板中的"求解"按钮，如图 7-40 所示，进行求解。

图 7-40　求解

10 查看结果。

(1) 设置显示类型。在轮廓树中单击"求解(A6)"分支下的"总变形"分支，系统切换到"结果"选项卡。单击"结果"选项卡"显示"面板中"边"的下拉按钮，选择"无线框"选项，如图 7-41(a)所示，此时模型中不显示网格单元；单击"显示"面板中"轮廓图"的下拉按钮，选择"平滑的轮廓线"选项，如图 7-41(b)所示，此时模型中显示平滑的过渡云图。

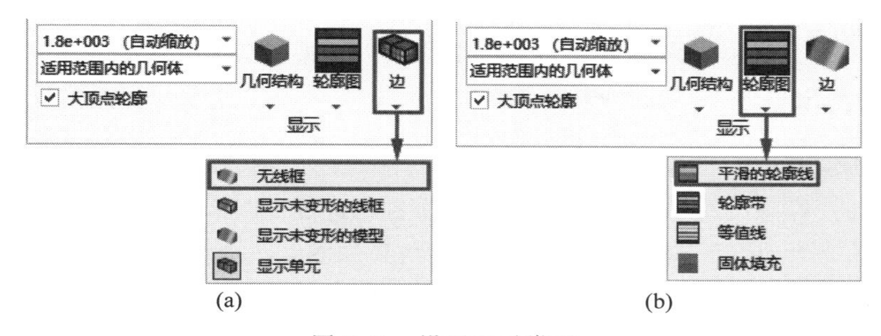

图 7-41　设置显示类型

(2) 查看总变形。在轮廓树中单击"求解(A6)"分支下的"总变形"分支，显示"总变形"云图，如图 7-42 所示。

(3) 查看等效应力。在轮廓树中单击"求解(A6)"分支下的"等效应力"分支，显示"等效应力"云图，如图 7-43 所示。

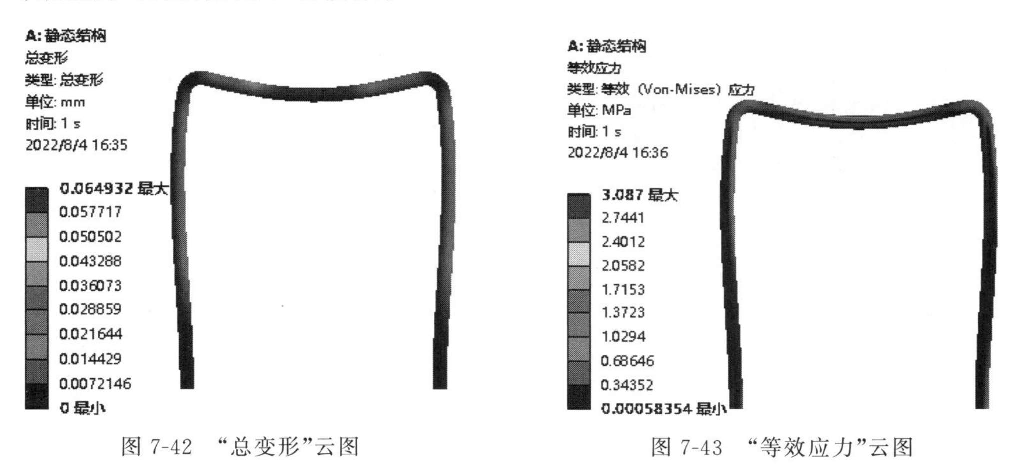

图 7-42　"总变形"云图　　　　图 7-43　"等效应力"云图

(4) 动画显示结果。结果查看完毕后，在图形区域下面的"图形"对话框中单击"播放或暂停"按钮，如图 7-44 所示，动画播放分析结果。

Note

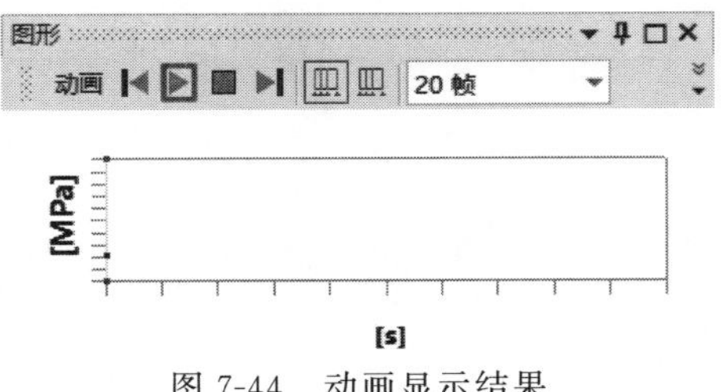

图 7-44　动画显示结果

7-2

7.3.2　水箱静液力的压力分析及优化

静液力是指静止液体对其接触面产生的压力，由均质流体作用于一个物体上的压力，并均匀地施向物体表面的各个部位。静液力增大，会使受力物体发生形变，设计和建造水箱、堤坝时，必须考虑水在结构物表面产生的静液力。如图 7-45 所示，一个方形水箱，水箱材质为不锈钢，长和宽均为 2m，高为 1.5m，壁厚 3mm，分析在装满水时，水箱因静液力而产生的形变和应力。

操作步骤

01 创建工程项目。打开 Workbench 程序，展开左边工具箱中的“分析系统”栏，将工具箱里的“静态结构”选项直接拖动到“项目原理图”界面中或直接双击“静态结构”选项，建立一个含有“静态结构”的项目模块，结果如图 7-46 所示。

图 7-45　水箱

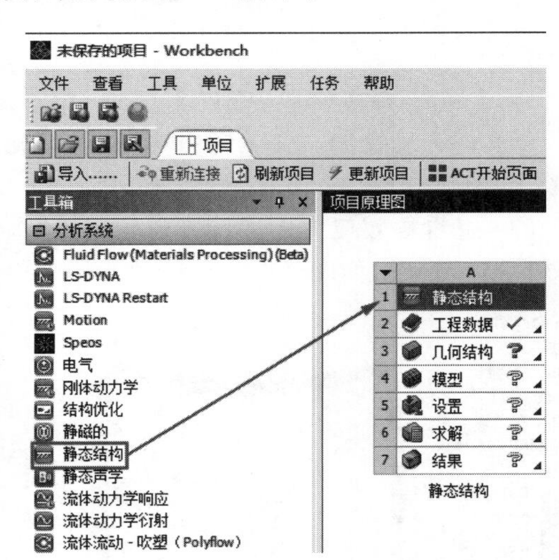

图 7-46　创建工程项目

02 定义材料。双击“项目原理图”中的“工程数据”栏，弹出“工程数据”选项卡，单击应用上方的“工程数据源”标签 工程数据源，如图 7-47 所示，打开左上角的“工程数据源”窗口。单击其中的“一般材料”按钮 一般材料，使之点亮。在“一般材料”点亮的同时单击“轮廓 General Materials”(一般材料概述)窗格中的“不锈钢”旁边的“添加”按钮，将“不锈钢”材料添加到当前项目中，然后单击“A2：工程数据”标签的关闭按钮，返回 Workbench 界面。

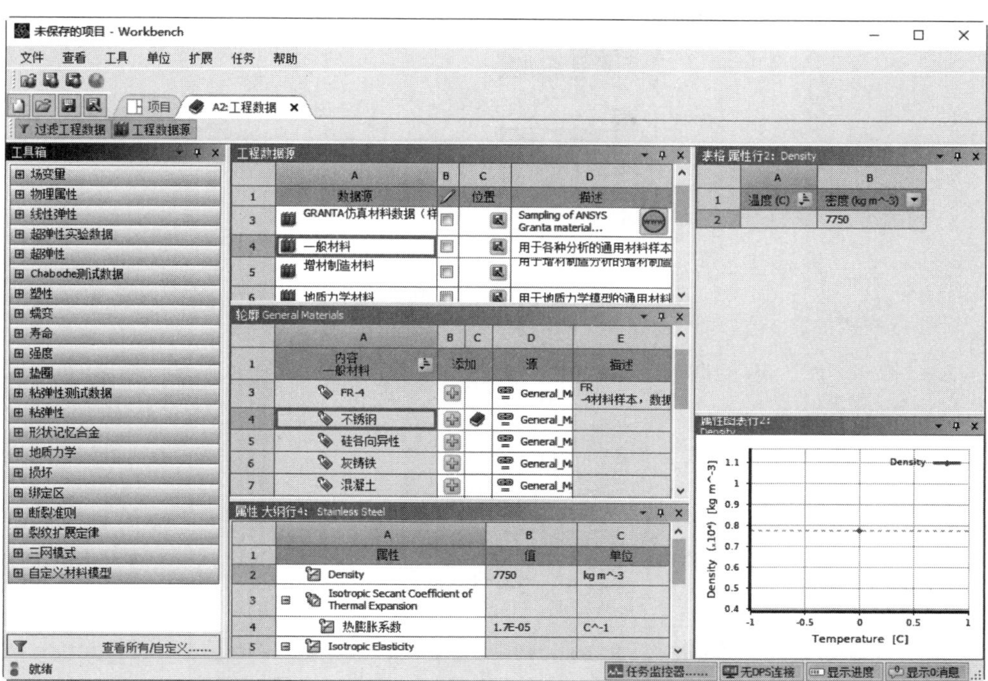

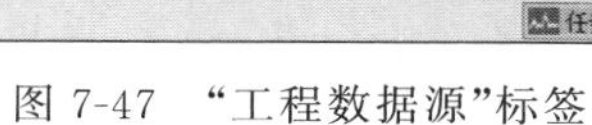

图 7-47　“工程数据源”标签

03 导入几何模型。右击“项目原理图”中的“几何结构”栏，在弹出的快捷菜单中选择“导入几何模型”下一级菜单中的“浏览”命令，弹出“打开”对话框，如图 7-48 所示，选择要导入的模型“水箱”，然后单击“打开”按钮 打开(O) 。

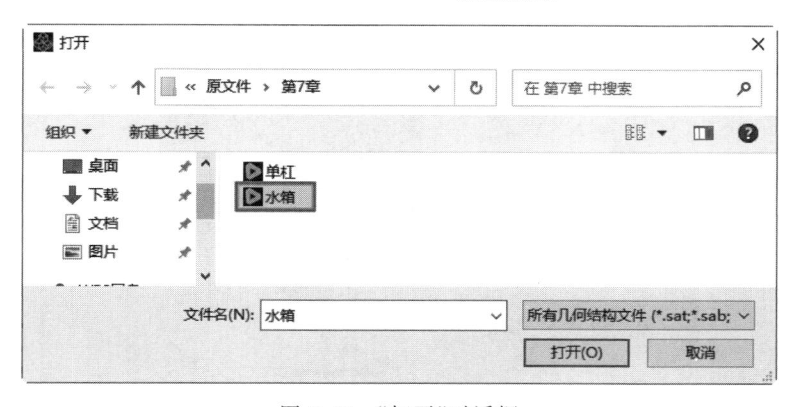

图 7-48　“打开”对话框

04 启动 Mechanical 应用程序。

（1）启动 Mechanical。在项目原理图中右击“模型”命令，在弹出的快捷菜单中选择“编辑......”命令，如图 7-49 所示，进入“静态结构-Mechanical”应用程序，如图 7-50 所示。

（2）设置单位系统。单击“主页”选项卡“工具”面板下拉菜单中的“单位”按钮，弹出“单位系统”下拉菜单，选择“度量标准（m、kg、N、s、V、A）”选项，如图 7-51 所示。

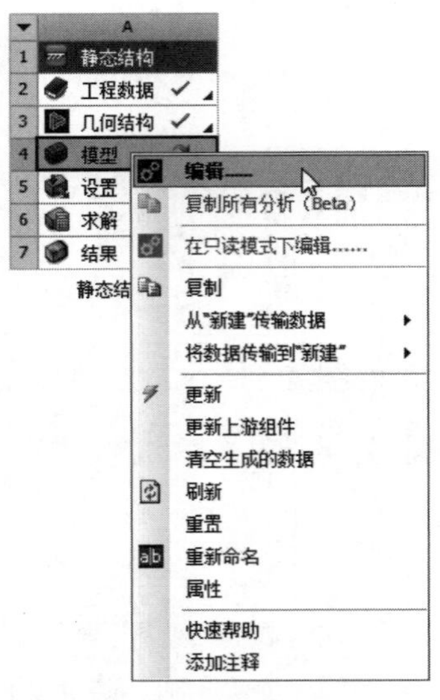

图 7-49 "编辑......"命令

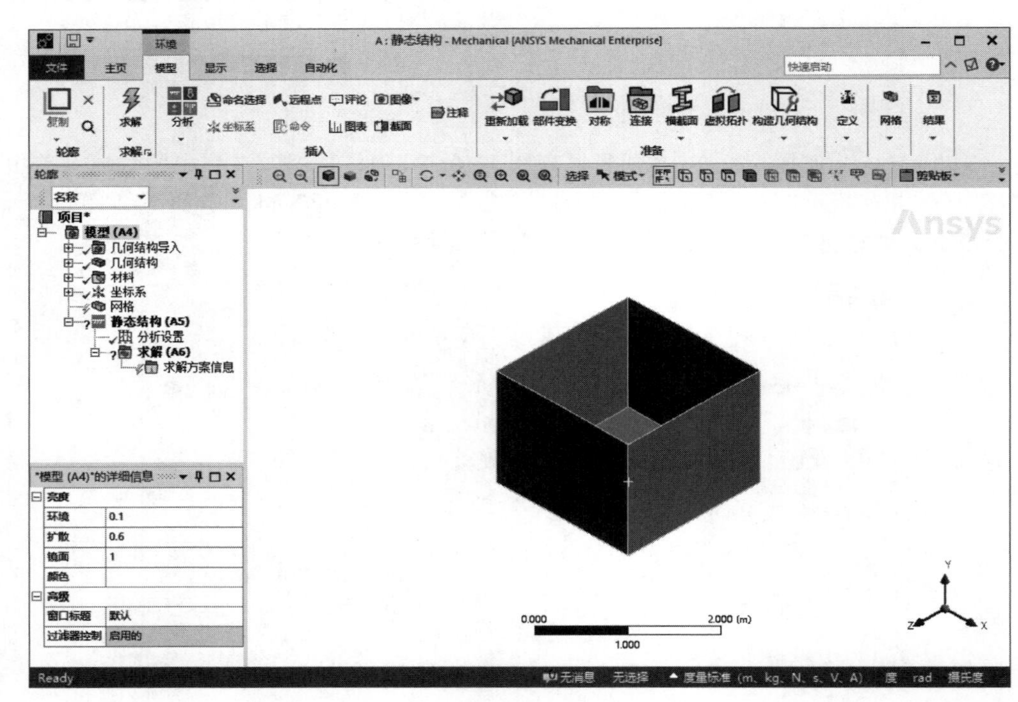

图 7-50 "静态结构-Mechanical"应用程序

05 赋予模型材料。在轮廓树中展开"几何结构"，选择"水箱\实体"，在左下角弹出"水箱\实体"的详细信息，在列表中单击"材料"栏中"任务"选项，显示"材料"任务为"结构钢"，然后单击"任务"栏右侧的三角按钮▶，弹出"工程数据材料"对话框，如图 7-52 所示，在该对话框中选择"不锈钢"选项，为"水箱"赋予"不锈钢"材料。

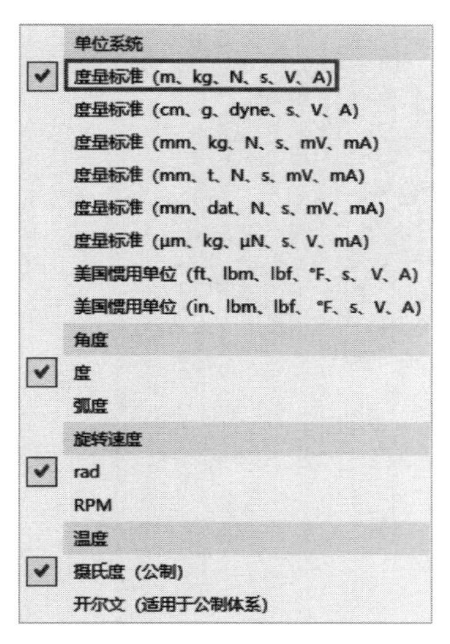

图 7-51　“单位系统”菜单栏

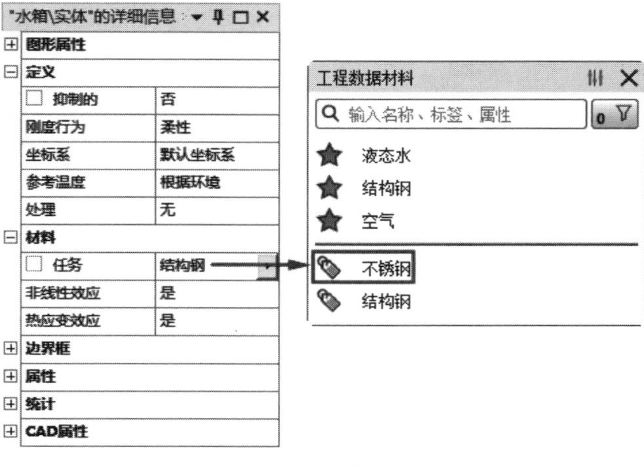

图 7-52　设置模型材料

06 划分网格。

(1) 设置划分方法。在轮廓树中单击“网格”分支，系统切换到“网格”选项卡。单击“网格”选项卡“控制”面板中的“方法”按钮，左下角弹出“方法”的详细信息，设置“几何结构”为“水箱”实体模型，设置“方法”为“六面体主导”，此时该详细信息列表改为“六面体主导法”详细信息列表，如图 7-53 所示。

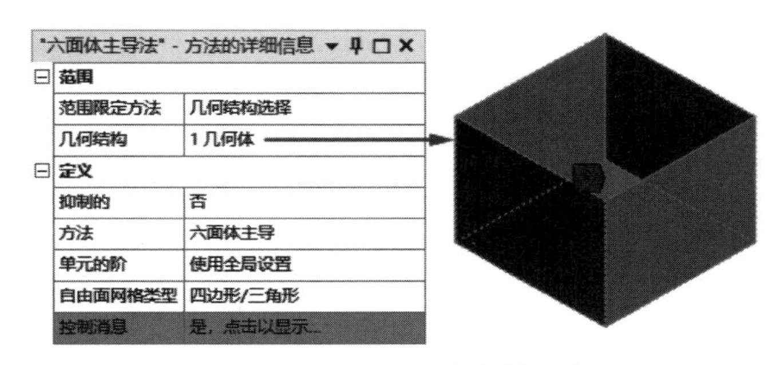

图 7-53　“六面体主导法”的详细信息

(2) 尺寸调整。单击“网格”选项卡“控制”面板中的“尺寸调整”按钮，左下角弹出“尺寸调整”的详细信息，设置“几何结构”为“水箱”模型，设置“单元尺寸”为 0.1m，如图 7-54 所示。

(3) 划分网格。单击“网格”选项卡“网格”面板中的“生成”按钮，系统自动划分网格，结果如图 7-55 所示。

07 施加载荷与约束。

(1) 添加固定约束。在轮廓树中单击“静态结构(A5)”分支，系统切换到“环境”选项卡。单击“环境”选项卡“结构”面板中“固定的”按钮 固定的，左下角弹出“固定支撑”的详细信息，设置“几何结构”为“水箱”的底面，结果如图 7-56 所示。

Note

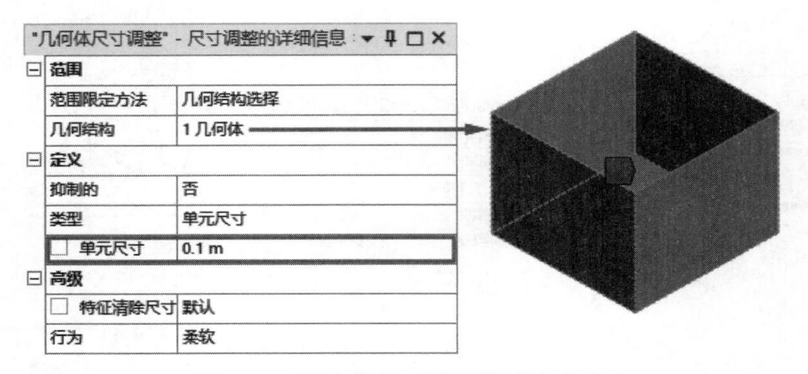

"几何体尺寸调整" - 尺寸调整的详细信息

范围	
范围限定方法	几何结构选择
几何结构	1 几何体
定义	
抑制的	否
类型	单元尺寸
单元尺寸	0.1 m
高级	
特征清除尺寸	默认
行为	柔软

图 7-54 “几何体尺寸调整”的详细信息

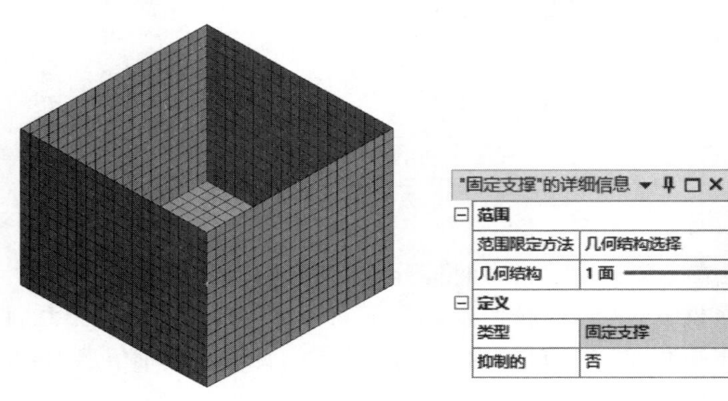

"固定支撑"的详细信息

范围	
范围限定方法	几何结构选择
几何结构	1 面
定义	
类型	固定支撑
抑制的	否

图 7-55 划分网格

图 7-56 添加固定约束

(2) 添加静液力压力。单击“环境”选项卡“结构”面板“载荷”下拉菜单中的“静液力压力”按钮 静液力压力，左下角弹出“静液力压力”的详细信息，如图 7-57 所示，设置“几何结构”为水箱的 5 个内侧面，设置“流体密度”为“1000kg/m^3”，设置“静液力加速度”栏中的“大小”为“9.8m/s^2(斜坡)”，单击“方向”栏修改静液力的方向向上，然后在“自由表面位置”栏中设置“Y 坐标”为 1.5m，模拟装水液面高度，设置完成后，显示静液力压力梯度图，如图 7-58 所示。

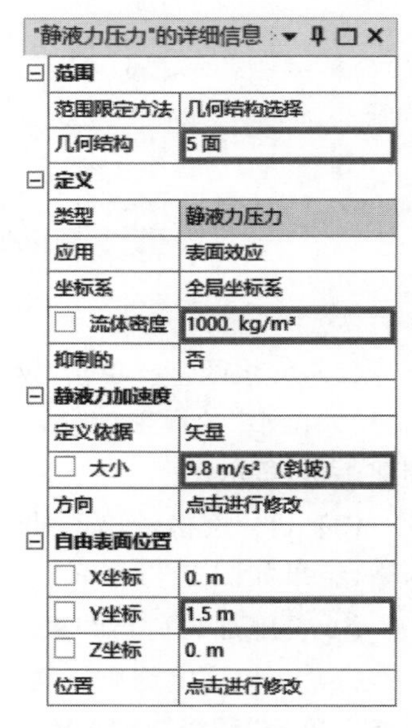

"静液力压力"的详细信息

范围	
范围限定方法	几何结构选择
几何结构	5 面
定义	
类型	静液力压力
应用	表面效应
坐标系	全局坐标系
流体密度	1000. kg/m³
抑制的	否
静液力加速度	
定义依据	矢量
大小	9.8 m/s² (斜坡)
方向	点击进行修改
自由表面位置	
X坐标	0. m
Y坐标	1.5 m
Z坐标	0. m
位置	点击进行修改

图 7-57 “静液力压力”的详细信息

08 设置求解结果。

7-3

(1) 添加总变形。单击“求解(A6)”分支，系统切换到“求解”选项卡，单击“求解”选项卡“结果”面板“变形”下拉菜单中的“总计”按钮 总计，如图 7-59 所示，添加总变形。

(2) 添加等效应变。单击“求解”选项卡“结果”面板“应变”下拉菜单中的“等效(Von-Mises)”按钮 等效(Von-Mises)，添加等效弹性应变。

(3) 添加等效应力。单击“求解”选项卡“结果”面板

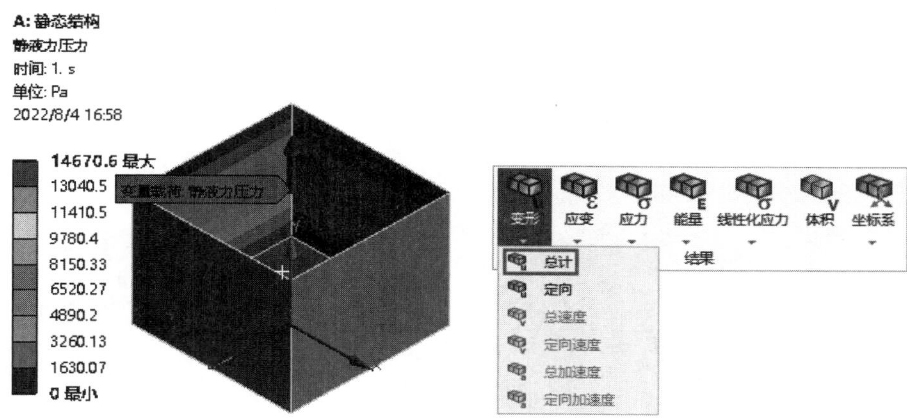

图 7-58 静液力压力梯度图　　图 7-59 添加总变形

“应力”下拉菜单中的“等效(Von-Mises)”按钮 等效(Von-Mises),添加等效应力。

(4) 添加安全系数。单击“求解”选项卡“工具箱”面板下拉菜单中的“应力工具”按钮 应力工具,然后在“求解(A6)”分支下展开“应用工具”,弹出“安全系数”栏,进行设置。

09 求解。单击“主页”选项卡“求解”面板中的“求解”按钮,如图 7-60 所示,进行求解。

图 7-60 求解

10 查看结果。

(1) 设置显示类型。在轮廓树中单击“求解(A6)”分支下的“总变形”分支,系统切换到“结果”选项卡。单击“结果”选项卡“显示”面板中“边”的下拉按钮,选择“无线框”选项,如图 7-61(a)所示,此时模型中不显示网格单元;单击“显示”面板中“轮廓图”的下拉按钮,选择“平滑的轮廓线”选项,如图 7-61(b)所示,此时模型中显示平滑的过渡云图。

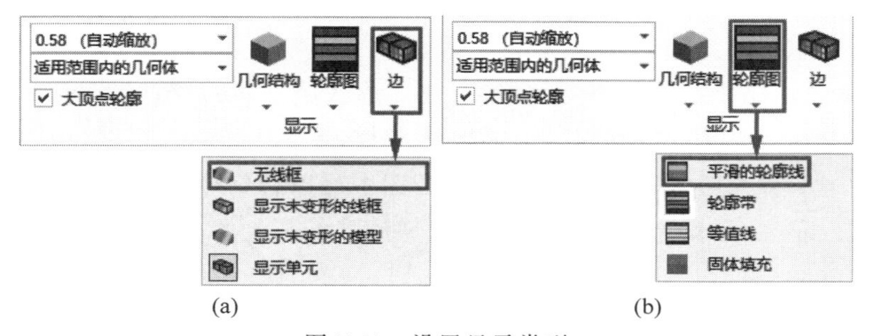

图 7-61 设置显示类型

(2) 查看总变形。在轮廓树中单击“求解(A6)”分支下的“总变形”分支,显示“总变形”云图,如图 7-62 所示,可以看到最大变形量为 0.26572m。

Note

（3）查看等效弹性应变。在轮廓树中单击“求解(A6)”分支下的“等效弹性应变”分支，显示“等效弹性应变”云图，如图 7-63 所示。

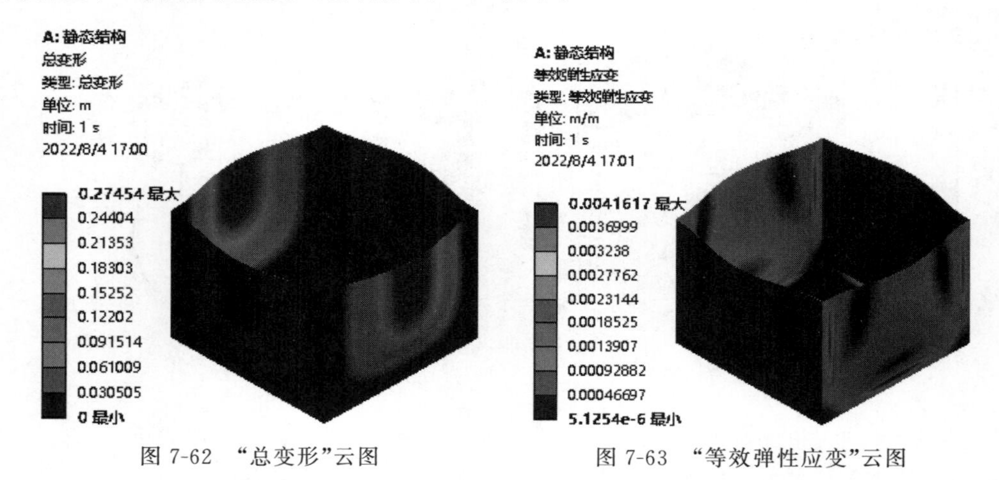

图 7-62 “总变形”云图　　图 7-63 “等效弹性应变”云图

（4）查看等效应力。在轮廓树中单击“求解(A6)”分支下的“等效应力”分支，显示“等效应力”云图，如图 7-64 所示，可以看到产生的最大压力在最底部，为 8.0314×10^{8} Pa。

（5）查看安全系数。在轮廓树中单击“求解(A6)”分支下的“安全系数”选项，显示“安全系数”云图，如图 7-65 所示。

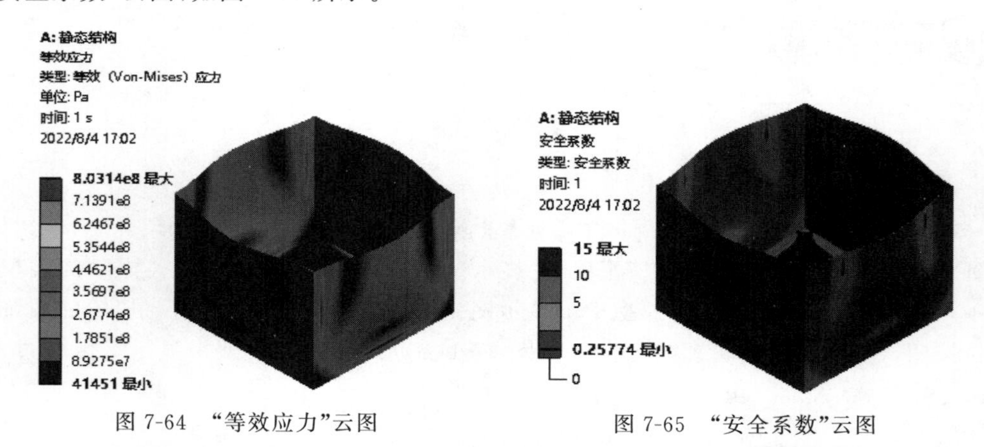

图 7-64 “等效应力”云图　　图 7-65 “安全系数”云图

（6）动画显示结果。结果查看完毕后，在图形区域下面的“图形”对话框中单击“播放或暂停”按钮▶，如图 7-66 所示，动画播放分析结果。

11 优化。从分析结果的“安全系数”云图中可以看到，水箱上沿拐角及中间部分的安全系数较低，说明水箱的强度不够，可以通过降低装水的高度或者加厚水箱壁厚来进行优化。

（1）降低装水高度。单击“静态结构”分支下的“静液力压力”选项，弹出“静液力压力”的详细信息，设置“自由表面位置”栏中设置“Y 坐标”0.6m，设置完成后，显示静液力压力梯度图，显示水箱内部静液力压力降低不少，如图 7-67 所示。

Note

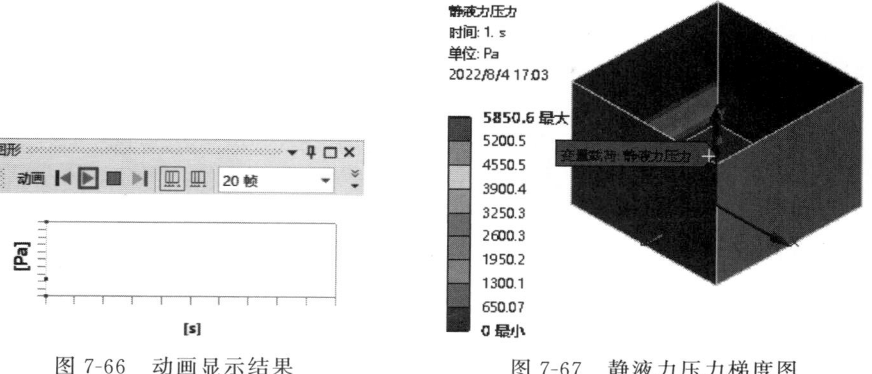

图 7-66　动画显示结果　　　　图 7-67　静液力压力梯度图

（2）重新求解。单击“主页”选项卡“求解”面板中的“求解”按钮，进行求解。

（3）查看求解信息。在“求解(A6)”分支中依次单击“总变形”“等效弹性应变”“等效应力”“安全系数”选项，依次显示对应的云图，如图 7-68 所示，在“安全系数”云图中显示安全系数提高很多。

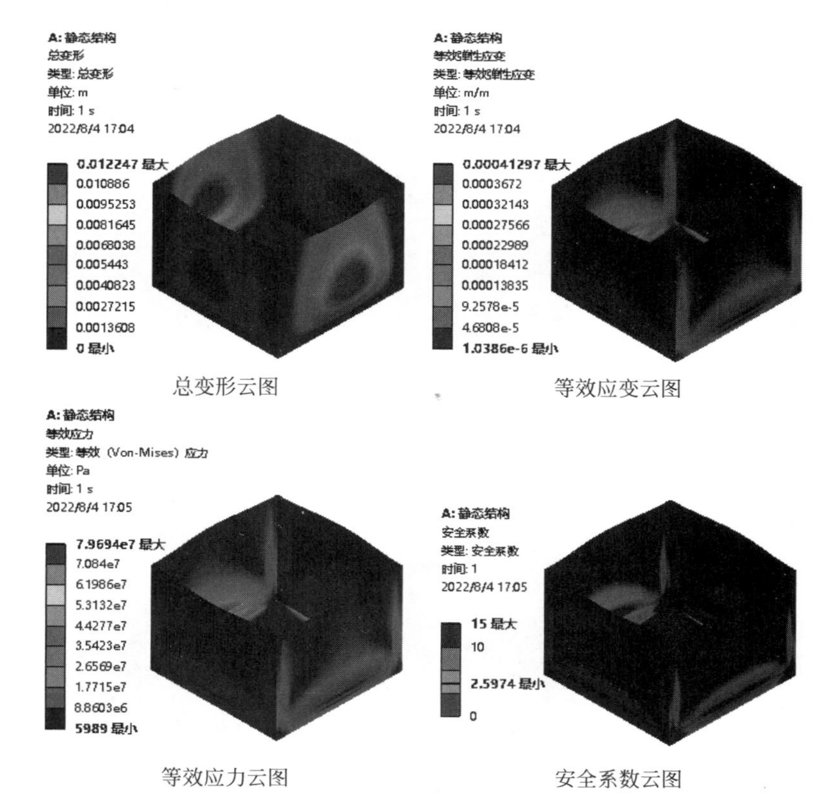

图 7-68　各分析结果云图 1

（4）修改模型。返回 Workbench 界面，在“静态结构”项目模块中右击“几何结构”选项，在弹出的快捷菜单中选择“在 SpaceClaim 中编辑几何结构……”命令，如图 7-69

Note

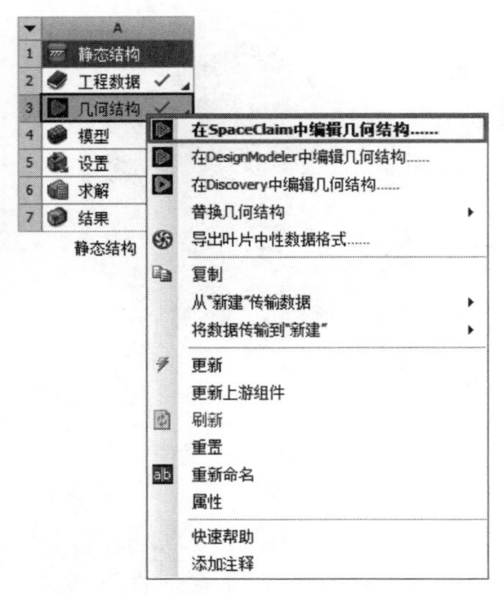

图 7-69　编辑几何结构

所示，打开 SpaceClaim 建模器，在 SpaceClaim 建模器中，选择水箱的 5 个内表面，单击"填充"按钮，将水箱填充为整个实体，然后利用"壳体"命令，对实体进行抽壳，设置厚度为 10mm，保存后关闭 SpaceClaim 建模器。

（5）返回 Workbench 界面，然后刷新模型后，返回 Mechanical 应用程序。

（6）恢复装水高度。单击"静态结构"分支下的"静液力压力"选项，弹出"静液力压力"的详细信息，重新选择水箱的 5 个内表面为几何结构，设置"自由表面位置"栏中设置"Y 坐标"为 1.5m，设置完成后，显示静液力压力梯度图。

（7）重新求解。单击"主页"选项卡"求解"面板中的"求解"按钮，进行求解。

（8）查看求解信息。在"求解(A6)"分支中依次单击"总变形""等效弹性应变""等效应力""安全系数"选项，依次显示对应的云图，如图 7-70 所示，在"安全系数"云图中同样显示安全系数提高很多。

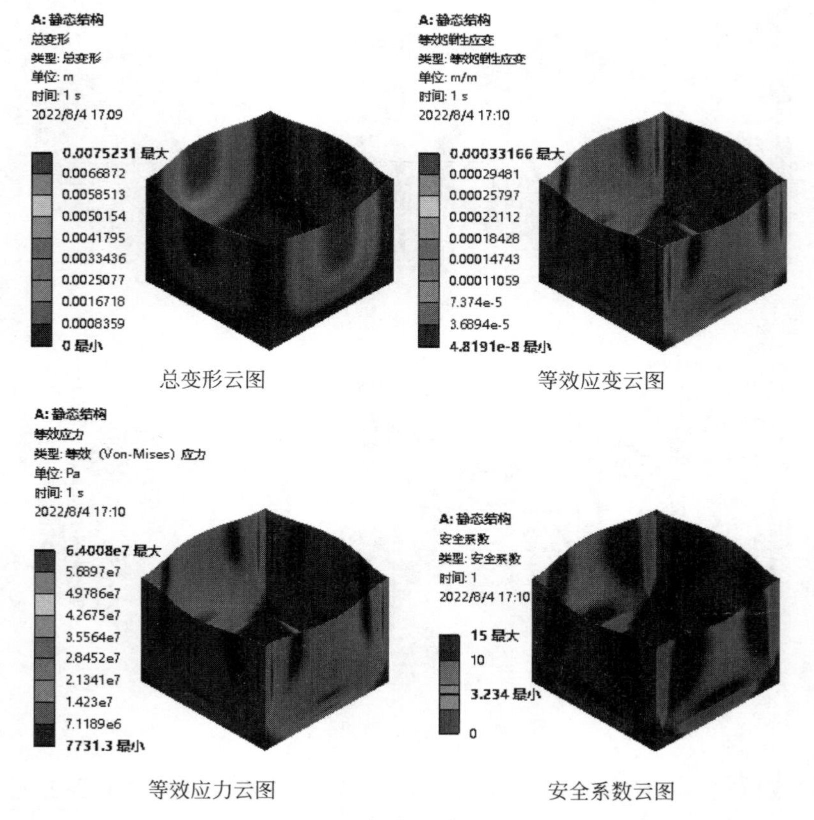

图 7-70　各分析结果云图 2

模态分析

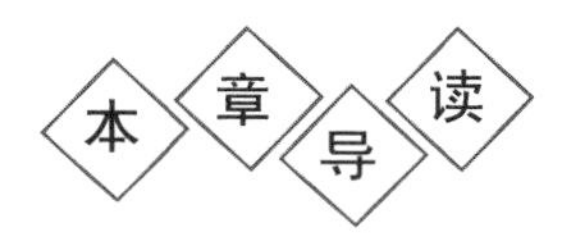

模态分析主要用于确定结构和机器零部件的振动特性(固有频率和振型),模态分析也是其他动力学分析(如谐波响应分析、瞬态动力学分析以及谱分析等)的基础,利用模态分析可以确定一个结构,本章拟介绍动力学分析中较为简单同时也是基础的部分——模态分析。

第8章

- 模态分析概述
- 模态分析流程(创建工程项目、创建或导入几何模型、定义接触、进行模态求解设置、求解、结果后处理)
- 综合实例

Note

8.1 模态分析概述

模态分析用于确定所设计物体或零部件的振动特性，即所设计物体或零部件的固有频率和振型，它是承受动态载荷结构设计中的重要参数。同时，也可以作为其他动力学问题分析的开始，在进行谱分析、模态叠加法谐波响应分析或瞬态动力学分析之前必须先进行模态分析。

在模态分析中，固有频率和模态振型是常用的分析参数，这两者存在于所要研究的结构上。一方面，模态分析要计算或者测试出这些频率和相应的振型；另一方面，模态分析要找出影响结构动力响应的外在激励，从而对所设计的物体或零部件进行优化设计。

对于模态分析，振动频率 ω_i 和模态 ϕ_i 是根据式(8-1)计算出的：

$$(\boldsymbol{K}-\omega_i^2\boldsymbol{M})\{\phi_i\}=0 \tag{8-1}$$

其中假设刚度矩阵 $\boldsymbol{K}$、质量矩阵 $\boldsymbol{M}$ 是定值，这就要求材料是线弹性的，任何非线性特性，例如塑性、接触单元等，即使被定义了也将被忽略。

模态分析的最终目标是识别出系统的模态参数，为结构系统的振动特性分析、振动故障诊断和预报、结构动力特征的优化设计提供依据。模态分析应用可归结为：

(1) 评价现有结构系统的动态特性。

(2) 在新产品设计中进行结构动态特性的预估和优化设计。

(3) 诊断及预报结构系统的故障。

(4) 控制结构的辐射噪声。

(5) 识别结构系统的载荷。

8.2 模态分析流程

模态分析与线性静态分析的过程非常相似，因此不对所有的步骤进行详细介绍。进行模态分析流程主要有以下几个步骤：

(1) 创建工程项目。

(2) 定义材料属性(不支持非线性材料属性)。

(3) 创建或导入几何模型。

(4) 赋予模型材料。

(5) 定义接触(如果模型中存在接触关系)。

(6) 划分网格。

(7) 进行模态求解设置(包括预应力设置、分析设置和约束与载荷的设置)。

(8) 求解。

(9) 结果后处理。

下面就主要的几个方面进行讲解。

Note

8.2.1　创建工程项目

模态分析采用“模态”模块进行分析，在 Workbench 中创建“模态”项目模块，如图 8-1 所示，在“分析系统”工具箱中将“模态”模块拖到项目原理图中或者双击“模态”模块即可。

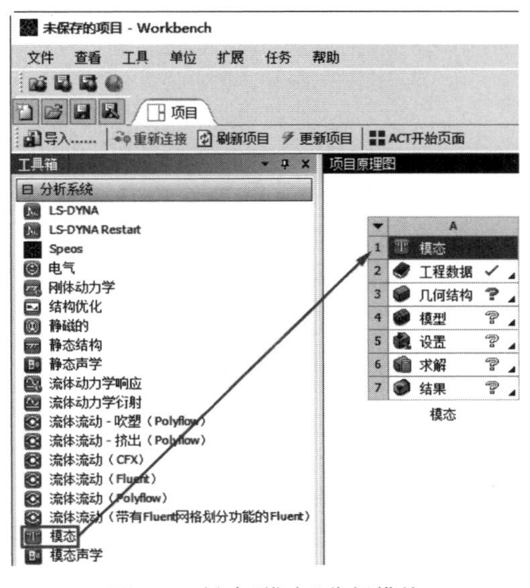

图 8-1　创建“模态”分析模块

8.2.2　创建或导入几何模型

模态分析支持各种几何体，包括实体、表面体和线体。

可以使用质量点：质量点在模态分析中只有质量(无硬度)，并不改变结构的刚度，质量点的存在会降低结构自由振动的频率。

在材料属性设置中，弹性模量、泊松比和密度的值是必须设置的。

8.2.3　定义接触

进行模态分析的对象如果是装配体时则可能存在接触，然而由于模态分析是纯粹的线性分析，所以对于非线性接触关系需要进行线性接触的转换，具体如表 8-1 所示。

表 8-1　线性接触的转换

接触类型	静态分析	模态分析		
		初始接触	搜索区域内	搜索区域外
绑定	绑定	绑定	绑定	自由
无分离	无分离	无分离	无分离	自由
无摩擦	无摩擦	无分离	自由	自由
粗糙	粗糙	绑定	自由	自由
摩擦的	摩擦的	$\eta=0$，无分离 $\eta>0$，绑定	自由	自由

注：η 为摩擦系数。

注意

接触模态分析包括粗糙接触和摩擦接触，将在内部表现为黏结或无分离；如果有间隙存在，非线性接触行为将是自由无约束的。

Note

绑定和不分离的接触情形将取决于“搜索区域”半径的大小。

8.2.4 进行模态求解设置

1. 预应力设置

受不变载荷作用产生应力作用下的结构可能会影响固有频率，尤其对于那些在某一个或两个尺度上很薄的结构，因此在某些情况下执行模态分析时可能需要考虑预应力的影响。

进行预应力分析时首先需要进行静力结构分析，按式(8-2)计算：

$$\boldsymbol{K}\{x\}=\{F\} \tag{8-2}$$

这样计算得出的应力刚度矩阵用于计算结构分析($\sigma_0 \to \boldsymbol{S}$)，使原来的模态方程式(8-2)即可修改为式(8-3)：

$$(\boldsymbol{K}+\boldsymbol{S}-\omega_i^2\boldsymbol{M})\cdot\{\phi_i\}=0 \tag{8-3}$$

式(8-3)即为存在预应力的模态分析公式。

在项目原理图中建立一个静力结构分析和模态分析相关联的并含有预应力存在的分析模型，如图8-2所示，此时在Mechanical应用程序的模型分支中含有“静态结构”和“模态”两种类型，并且在分析模型树中“静态分析”的结果变为“模态”分析的开始条件，如图8-3所示。

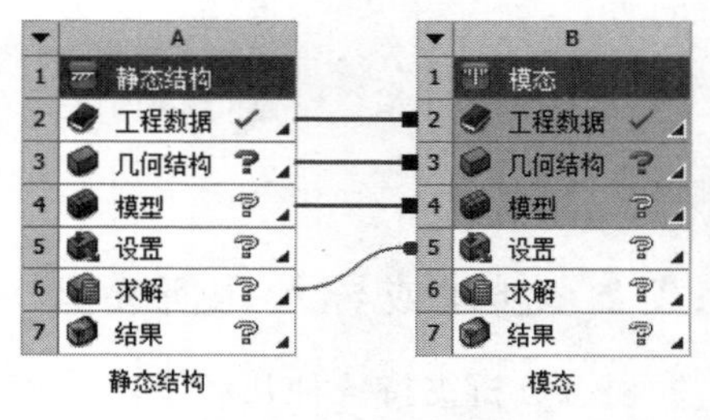

图8-2 关联分析类型

预应力的定义方式如图8-4所示，控制方式包括程序控制、载荷步和时间；接触状态包括使用真实状态、力粘附和强制绑定。

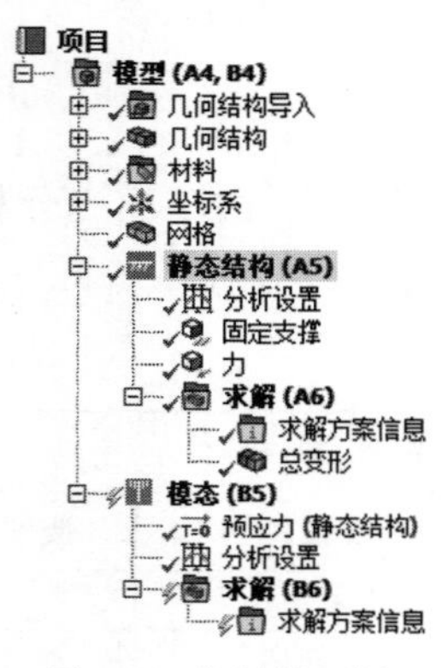

图8-3 分析模型树

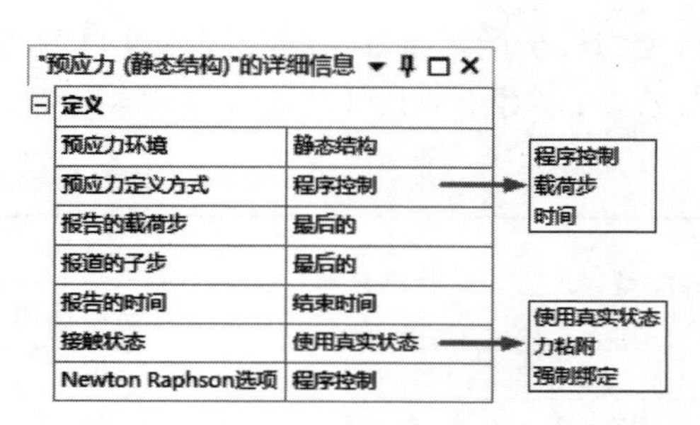

图8-4 “预应力(静态结构)”的详细信息

2. 模态分析设置

模态分析设置包括设置模态数、阻尼与非阻尼、求解类型和输出控制等，“分析设置”的详细信息如图8-5所示。

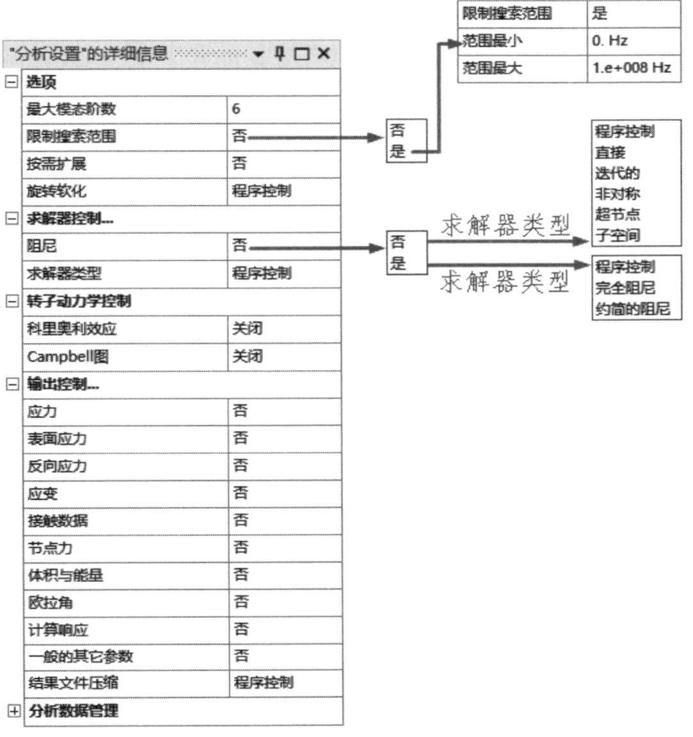

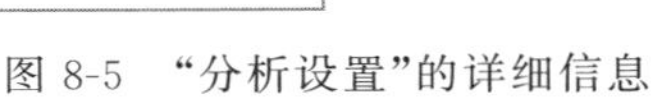

图 8-5 “分析设置”的详细信息

(1) 最大模态阶数：提取的模态阶数，范围是 1～200，默认阶数为 6。

(2) 限制搜索范围：通过选项“是”或“否”来控制是否对搜索范围进行设置。

(3) 所有的材料属性参数是通过在 Engineering Data 中输入的。

求解器包括无阻尼的模态设置和有阻尼的模态设置，通过选项“是”或“否”来设置，其对应的“求解器类型”如下，默认状态为“否”，即无阻尼模态设置。

(1) 程序控制：系统自动提供的最优先选择的求解器。

(2) 直接：对于薄壁柔性体、形状不规则的实体模型，宜选择该种求解器。

(3) 迭代的：对于超大模型，宜选择该种求解器。

(4) 非对称：适用于具有不对称质量矩阵 $\boldsymbol{M}$ 和刚度矩阵 $\boldsymbol{K}$ 以及声学问题的模态分析。

(5) 超节点：对于 2D 平面和梁壳结构的模型，宜选择该种求解器。

(6) 子空间：对于提取中型到大型模型的较少振型，且内存较少，宜选择该种求解器。

(7) 完全阻尼：在模态声学分析中，如果存在阻尼，则完全阻尼是唯一支持的选项。

(8) 简约的阻尼：与完全阻尼相比，简约的阻尼在求解时间方面效率更高。

(9) 输出控制：对应力和应变结果进行评估。

3. 约束和载荷设置

在进行模态分析时，结构和热载荷无法在模态中存在，但在进行有预应力的模态分析时需要考虑载荷，这是因为预应力是由载荷产生的。

对于模态分析中的约束有以下几种情况需要考虑：

（1）对于不存在或只存在部分的约束刚体模态将被检测，这些模态将处于0Hz附近。与静力结构分析不同，模态分析并不要求禁止刚体运动。

（2）模态分析中的边界条件很重要，它能影响零件的振型和固有频率，在分析中需要仔细分析考虑模型是如何被约束的。

Note

（3）压缩约束是针对非线性的，因此在模态分析中不被使用。

8.2.5 求解

求解模型（没有要求的结果）。求解结束后，求解分支会显示一个图标，显示模态阶数和频率，如图8-6所示，可以从图表或者图形中选择需要的振型或者全部振型进行显示。

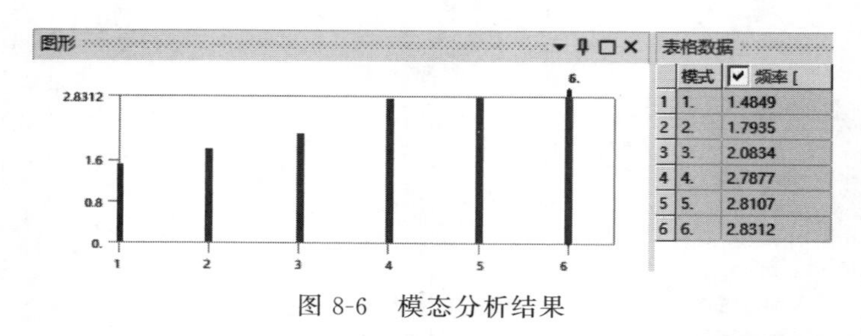

图8-6 模态分析结果

在Workbench中，可以根据需要确定求解某阶模态的振型，具体方法为在模态分析的“图形”表中选择某一求解模态，然后单击鼠标右键，在弹出的快捷菜单中选择“创建模型形状结果”，如图8-7所示，这样就将该频率下的振型总变形结果出现在轮廓树中求解分支下，重新计算后，就可得到该频率下的振型总变形结果，如图8-8所示。

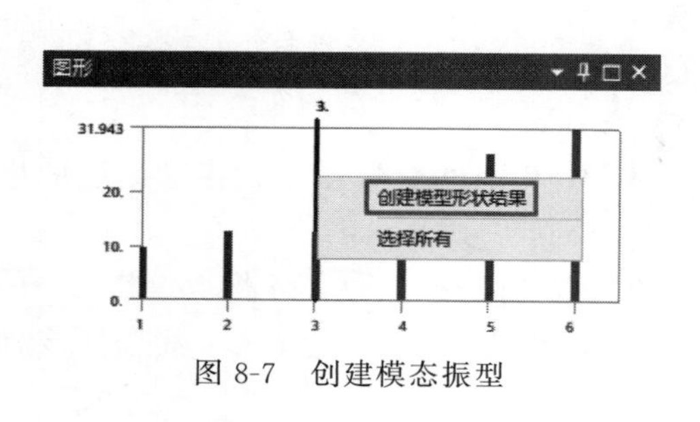

图8-7 创建模态振型

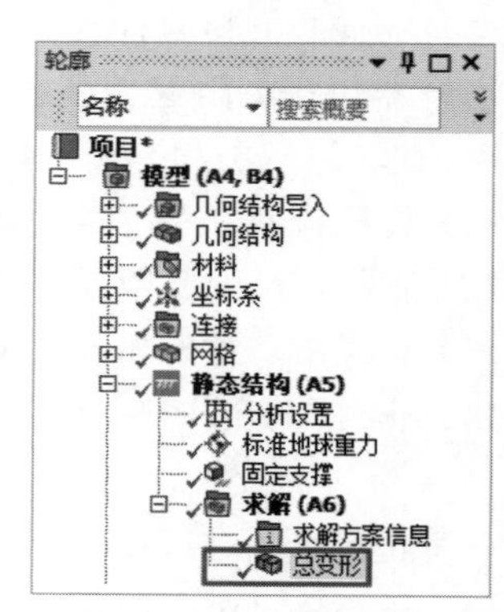

图8-8 振型总变形结果

8.2.6 结果后处理

在进行模态分析时由于在结构上没有激励作用，因此振型只是与自由振动相关的相对值。

分析完成后在详细列表里可以看到每个结果的频率值，可以应用图形窗口下方的时间标签的动画工具栏来查看振型，如图8-9所示。

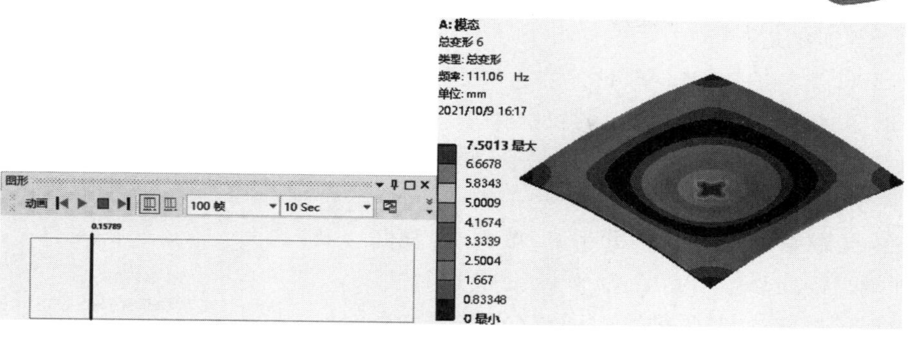

图 8-9　动画播放振型图

8.3 综合实例

8.3.1 方形钢板的模态分析

8-1

图 8-10 所示为一个方形钢板，边长 $L=500\text{mm}$，厚度 $T=5\text{mm}$，4 个顶点固定，对其进行模态分析。

操作步骤

01 创建工程项目。打开 Workbench 程序，展开左边工具箱中的"分析系统"栏，将工具箱里的"模态"选项直接拖动到"项目原理图"界面中或直接双击"模态"选项，建立一个含有"模态"的项目模块，结果如图 8-11 所示。

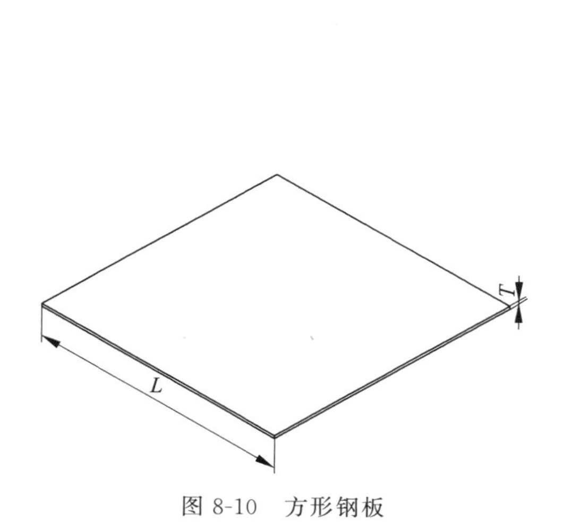

图 8-10　方形钢板

图 8-11　创建工程项目

02 定义材料。在 Workbench 中系统默认的材料是"结构钢"，而单杠的材料也是结构钢，因此这里采用默认设置，不进行修改。

Note

03 创建几何模型。

（1）打开 SpaceClaim 软件。右击“项目原理图”中的“几何结构”栏，在弹出的快捷菜单中选择“新的 SpaceClaim 几何结构……”命令，如图 8-12 所示，打开 SpaceClaim 建模器。

图 8-12　打开 SpaceClaim

（2）绘制草图。在草图模式下，单击“选择新草图平面”按钮，然后在原坐标系中选择“Y轴”，此时系统选择与“Y 轴”垂直的“ZX”平面为草绘平面，然后单击“草图”选项卡“定向”面板中的“平面视图”按钮平面视图，正视该平面，单击“草图”选项卡“创建”面板中的“矩形”按钮，绘制草图，然后单击“约束”面板中的“尺寸”按钮，标注草图尺寸，如图 8-13 所示。

（3）拉动模型。单击“草图”选项卡“定向”面板中的“主视图”按钮主视图，切换视图方向，然后单击“编辑”面板中的“拉动”按钮，选择草图构成的剖面为拉伸对象，然后按空格键，在弹出的拉伸距离输入框中输入 5mm，然后按回车键，完成拉伸，结果如图 8-14 所示。

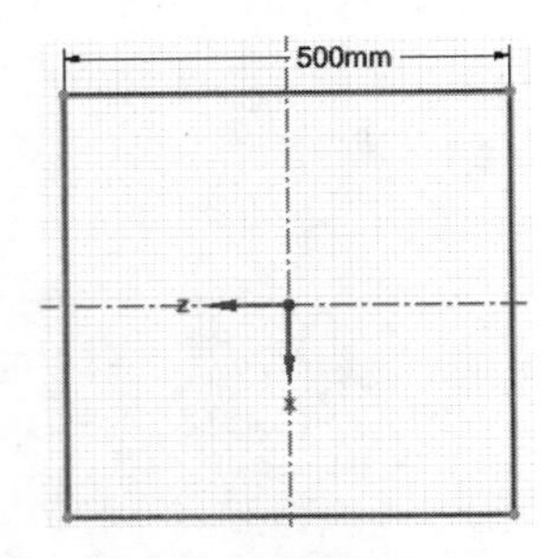

图 8-13　绘制草图

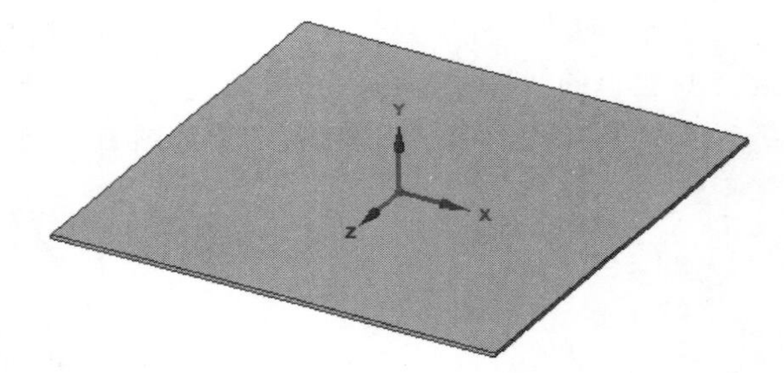

图 8-14　拉动模型

（4）保存模型。单击“快速访问工具栏”中的“保存”按钮，弹出“另存为”对话框，选择保存路径后，输入“文件名”为“钢板”，如图 8-15 所示，单击“保存”按钮保存(S)，保

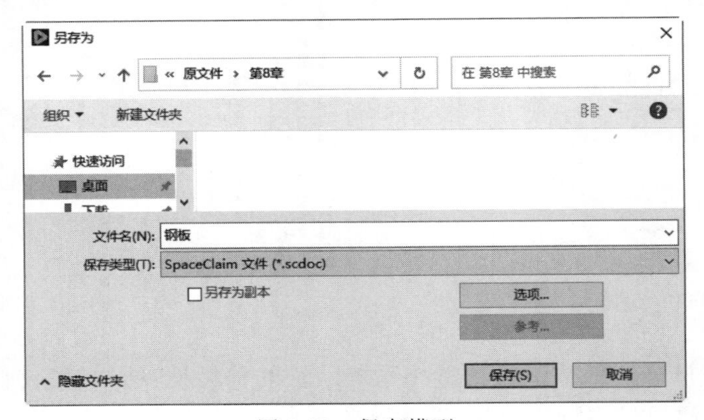

图 8-15　保存模型

存模型。保存后关闭 SpaceClaim 建模器。

04 启动 Mechanical 应用程序。在项目原理图中右击“模型”命令，在弹出的快捷菜单中选择“编辑......”命令，如图 8-16 所示，进入“A：模态-Mechanical”(机械学)应用程序，如图 8-17 所示。

图 8-16 “编辑......”命令

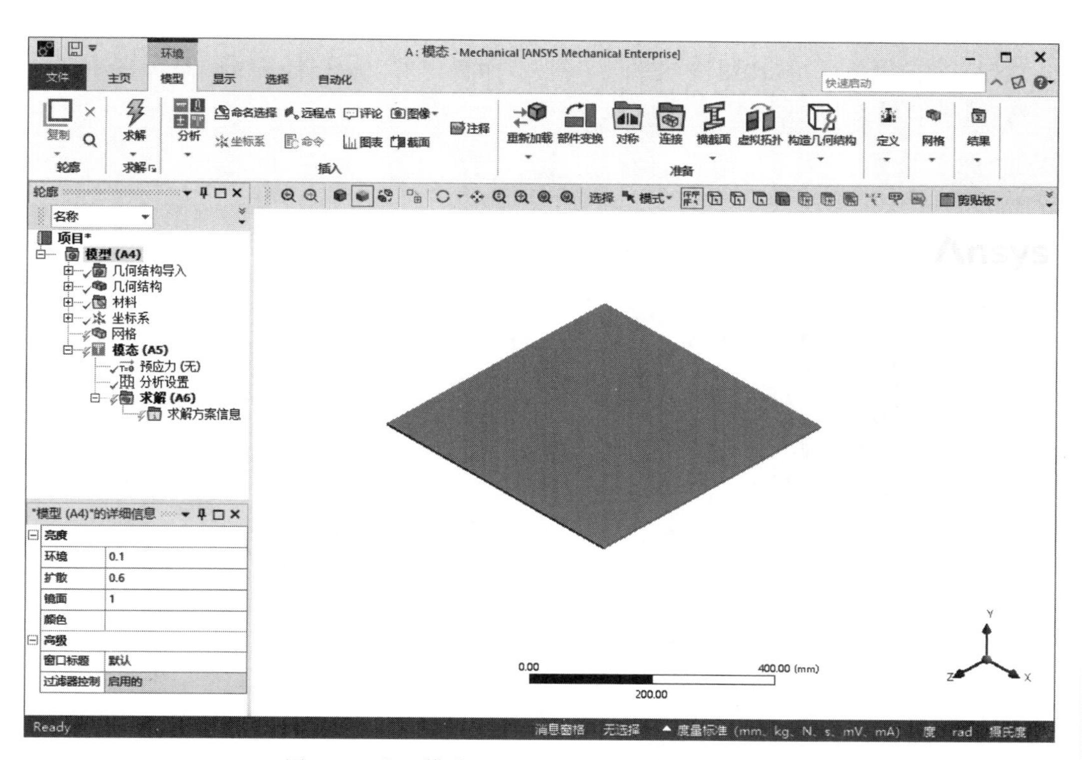

图 8-17 “A：模态-Mechanical”(机械学)应用程序

Note

05 赋予模型材料。在轮廓树中展开“几何结构”，选择“SYS\实体”，在左下角弹出“SYS\实体”的详细信息，在列表中单击“材料”栏中“任务”选项，显示“材料”任务为“结构钢”，如图 8-18 所示，这里不进行更改。

"SYS\实体"的详细信息

⊞ 图形属性	
⊞ 定义	
⊟ 材料	
任务	结构钢
非线性效应	是
热应变效应	是
⊞ 边界框	
⊞ 属性	
⊞ 统计	
⊞ CAD属性	

图 8-18 “SYS\实体”的详细信息

06 划分网格。

(1) 尺寸调整。在轮廓树中单击“网格”分支，系统切换到“网格”选项卡。单击“网格”选项卡“控制”面板中的“尺寸调整”按钮，左下角弹出“尺寸调整”的详细信息，设置“几何结构”为“SYS\实体”模型，设置“单元尺寸”为 20.0mm，如图 8-19 所示。

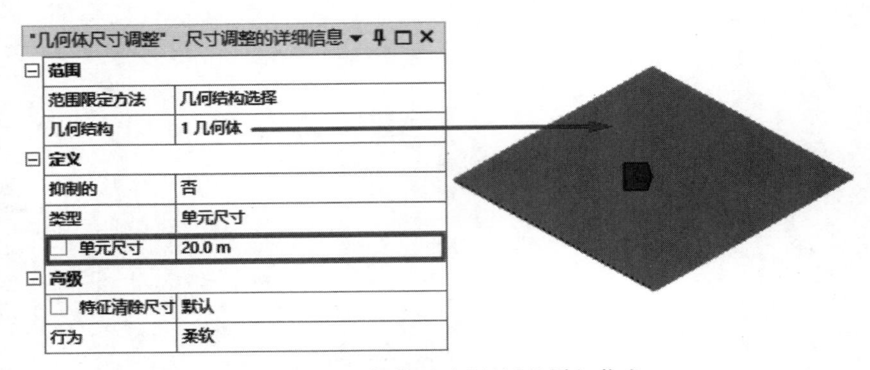

图 8-19 “几何体尺寸调整”的详细信息

(2) 划分网格。单击“网格”选项卡“网格”面板中的“生成”按钮，系统自动划分网格，结果如图 8-20 所示。

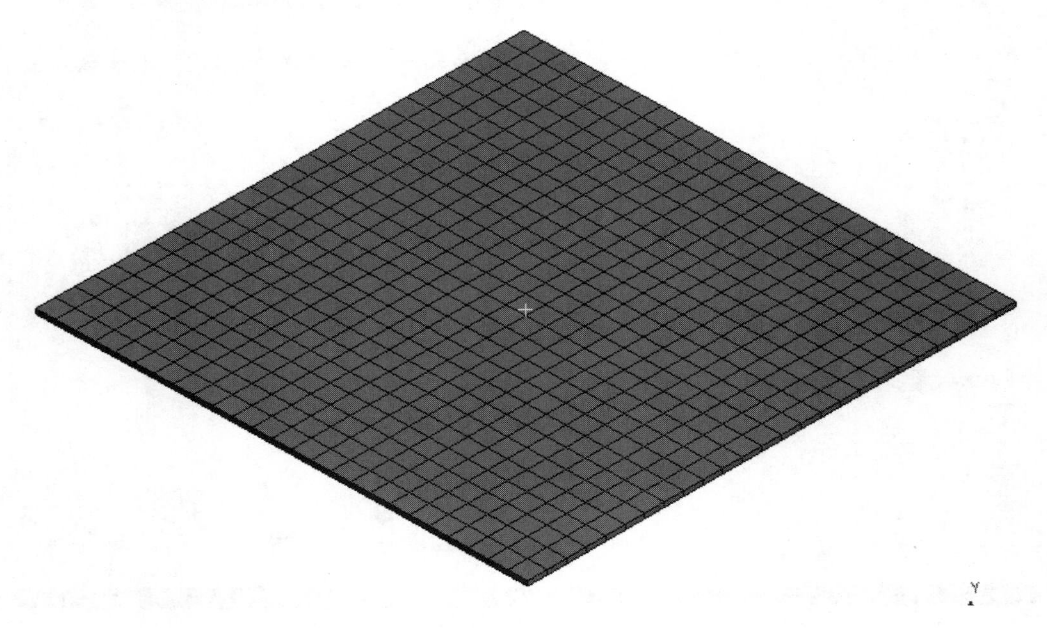

图 8-20 划分网格

07 施加载荷与约束。

(1) 添加固定约束。在轮廓树中单击“模态(A5)”分支，系统切换到“环境”选项卡。单击“环境”选项卡“结构”面板中的“固定的”按钮 固定的，左下角弹出“固定支撑”的详细信息，设置“几何结构”为“SYS\实体”底面的 4 个顶点，结果如图 8-21 所示。

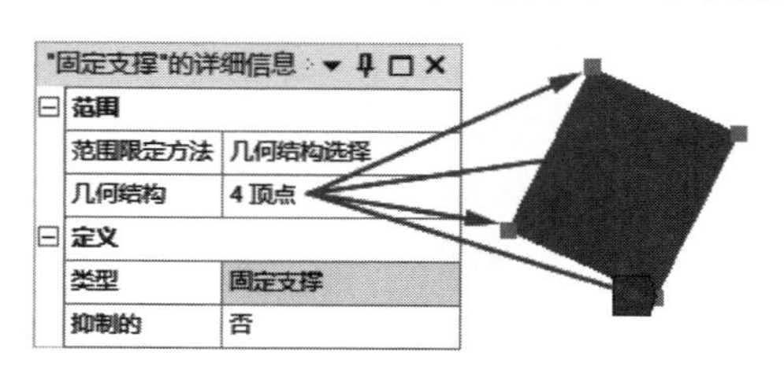

图 8-21　添加固定约束

(2) 添加力载荷。单击“模态(A5)”分支下的“分析设置”，在“分析设置”的详细信息中设置“最大模态阶数”为 8，其他为默认，如图 8-22 所示。

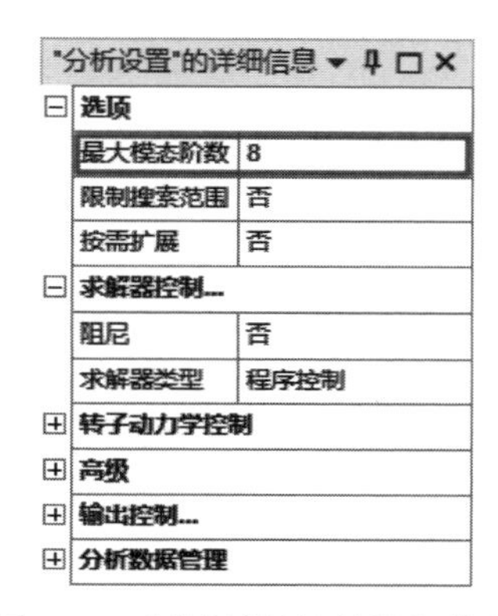

图 8-22　“分析设置”的详细信息

08 求解。单击“主页”选项卡“求解”面板中的“求解”按钮，如图 8-23 所示，进行求解。

图 8-23　求解

09 结果后处理。

(1) 求解完成后在轮廓树中，单击“求解(A6)”分支，系统切换到“求解”选项卡，同时在图形窗口下方出现“图形”表和“表格数据”显示了对应的频率，如图 8-24 所示。

(2) 提取模态。在“图形”表上右击，在弹出的快捷菜单中选择“选择所有”选项，然后继续在“图形”表上右击，在弹出的快捷菜单中选择“创建模型形状结果”选项，此时“求解(A6)”分支下方会出现 8 个模态结果，如图 8-25 所示，需要再次求解才能正常显示。

Note

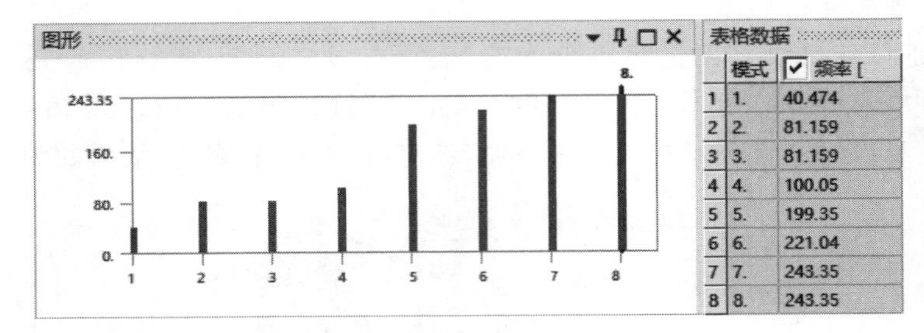

图 8-24　图形和表格数据

（3）查看模态结果。单击“求解”选项卡“求解”面板中的“求解”按钮，求解完成后在展开轮廓树中的“求解”，选择“总变形”选项，显示“一阶模态总变形”云图，如图 8-26 所示。

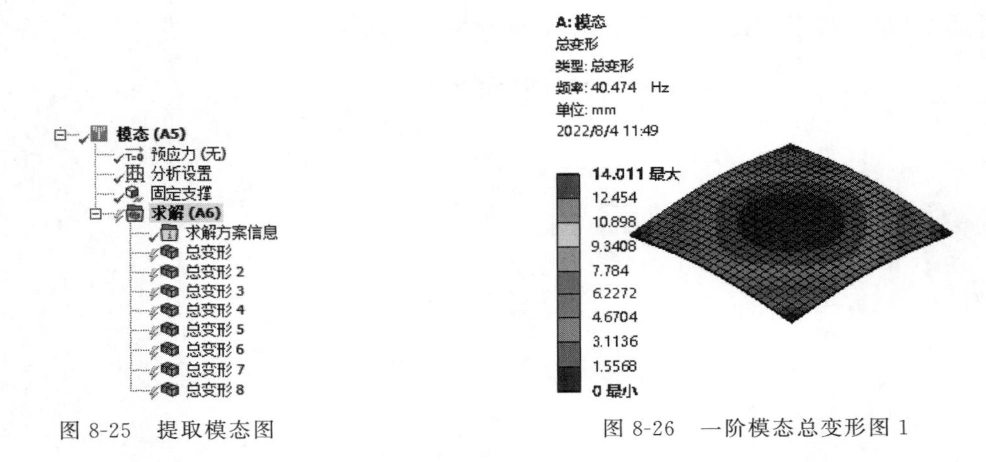

图 8-25　提取模态图

图 8-26　一阶模态总变形图 1

（4）设置显示类型。在“结果”选项卡“显示”面板中单击“轮廓图”下拉菜单中的选项，可以设置显示轮廓；单击“显示”面板中“边”下拉菜单中的选项，如图 8-27 所示，可以设置显示的边线，包括是否显示网格、是否显示未变形的线框或模型等。图 8-28 所示为选择“平滑的轮廓线”和“无线框”后的“一阶模态总变形”云图。

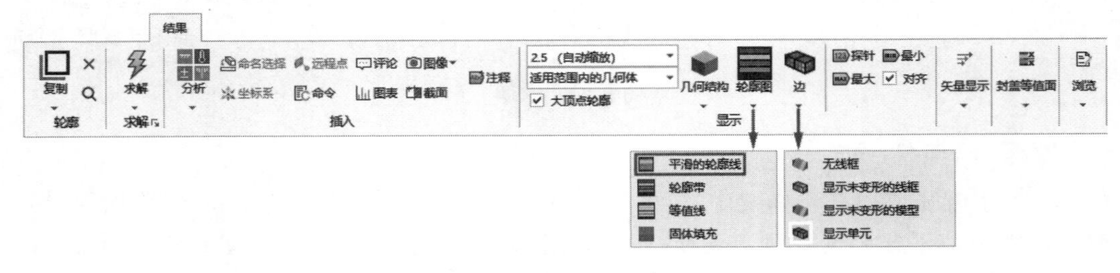

图 8-27　设置显示类型

（5）查看其他模态变形图。在“求解(A6)”分支下方依次单击其他总变形图，查看各阶模态的云图，如图 8-29 所示。

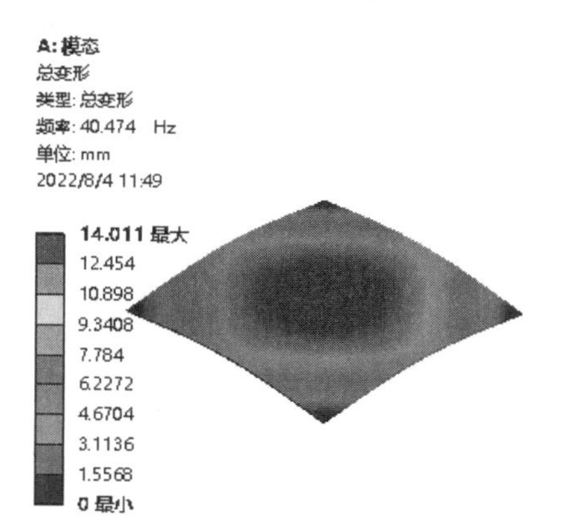

图 8-28　一阶模态总变形图 2

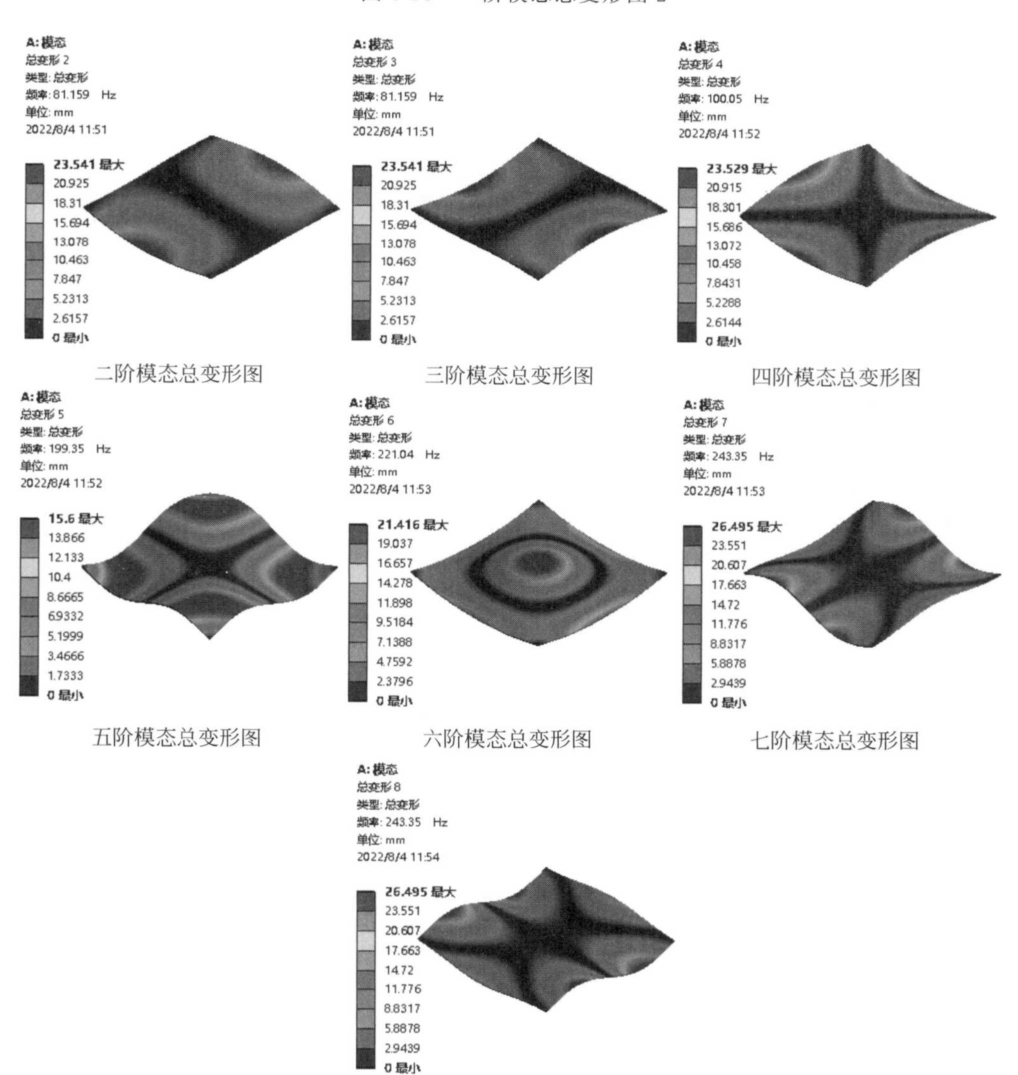

图 8-29　各阶模态总变形图

Note

8-2

8.3.2 吊桥模态分析

大跨度的吊桥在风、地震或车辆行驶环境下会产生一定的动力响应，主要表现在因震动产生形变，若震动产生叠加，达到桥梁固有的自振频率，会使吊桥产生较大的形变，甚至垮塌，因此对吊桥进行模态分析显得尤为重要。

本例对吊桥进行模态分析，如图 8-30 所示，在分析时必须考虑吊桥自身"重力刚度"的影响，在静力分析的基础上获得初应力，然后在这一基础上进行模态分析。

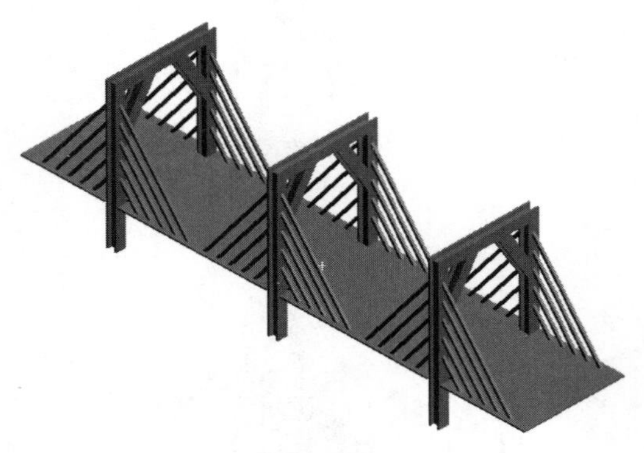

图 8-30　吊桥

操作步骤

01 创建工程项目。打开 Workbench 程序，展开左边工具箱中的"分析系统"栏，将工具箱里的"静态结构"选项直接拖动到"项目原理图"界面中，然后将工具箱里的"模态"选项拖动到"静态结构"中的"求解"栏中，使"静态结构"和"模态"相关联，建立一个含有"静态结构"和"模态"的项目模块，结果如图 8-31 所示。

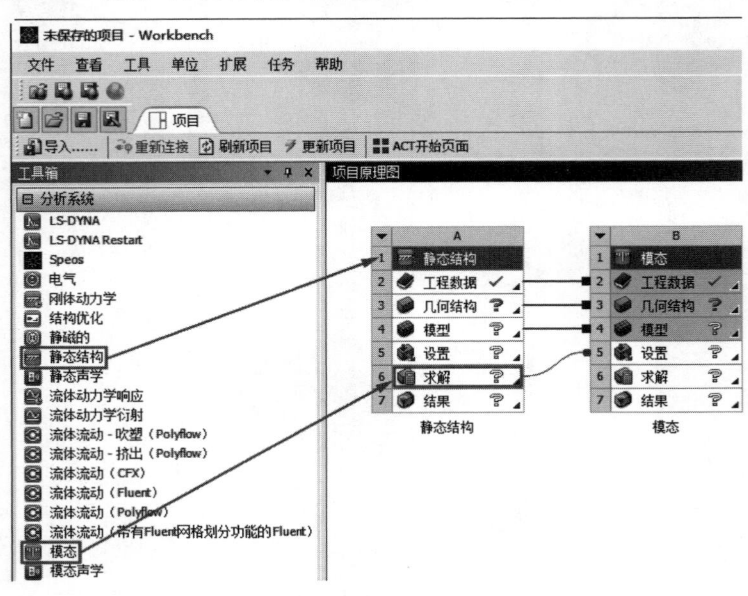

图 8-31　创建工程项目

02 定义材料。双击“项目原理图”中的“工程数据”栏，弹出“工程数据”选项卡，单击应用上方的“工程数据源”标签 工程数据源，如图 8-32 所示。打开左上角的“工程数据源”窗口。单击其中的“一般材料”按钮 一般材料，使之点亮。在“一般材料”点亮的同时单击“轮廓 General Materials”（一般材料概述）窗格中的“混凝土”旁边的“添加”按钮，将这个材料添加到当前项目中，单击“A2：工程数据”标签的关闭按钮，返回到 Workbench 界面。

Note

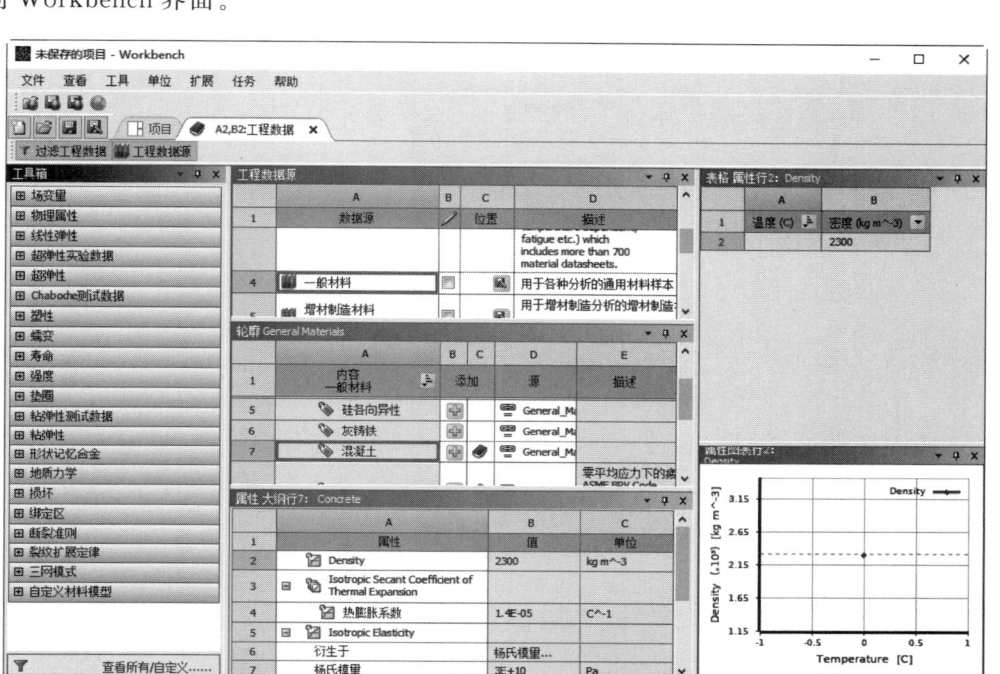

图 8-32　“工程数据源”标签

03 导入几何模型。右击“项目原理图”中的“几何结构”栏，在弹出的快捷菜单中选择“导入几何模型”下一级菜单中的“浏览”命令，弹出“打开”对话框，如图 8-33 所示，选择要导入的模型“吊桥”，然后单击“打开”按钮 打开(O) 。

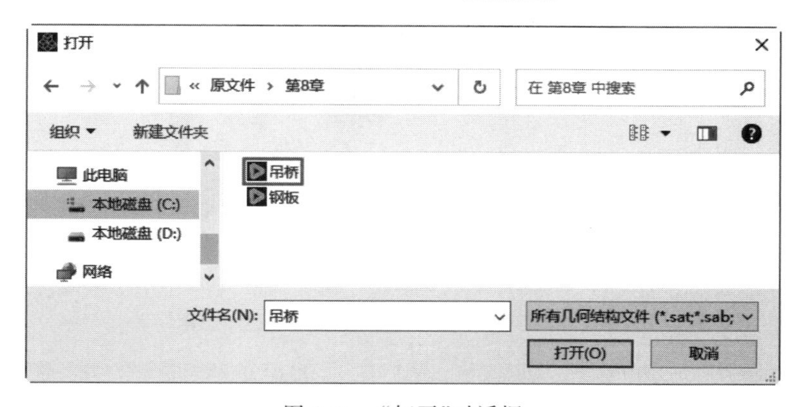

图 8-33　“打开”对话框

Note

04 启动 Mechanical 应用程序。

(1) 启动 Mechanical。在项目原理图中右击“模型”命令，在弹出的快捷菜单中选择“编辑……”命令，如图 8-34 所示，进入“系统 A，B-Mechanical”(机械学)应用程序，如图 8-35 所示。

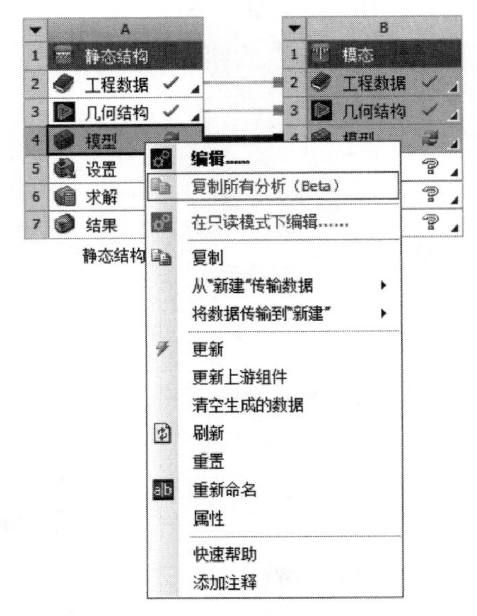

图 8-34 “编辑……”命令

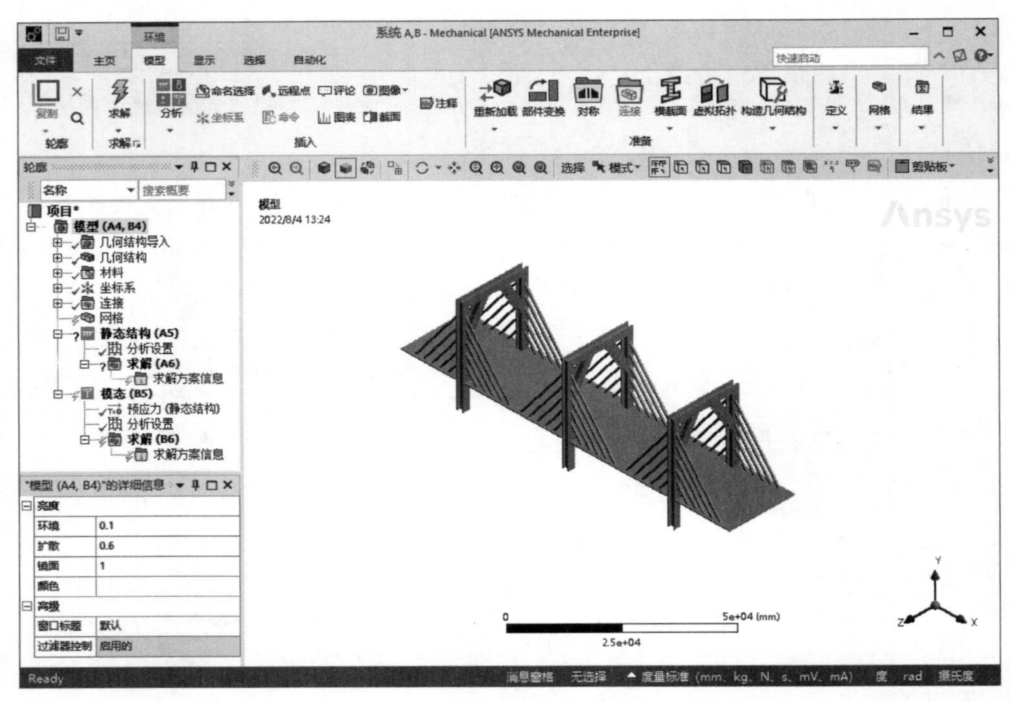

图 8-35 “系统 A，B-Mechanical”(机械学)应用程序

（2）设置系统单位。单击“主页”选项卡“工具”面板下拉菜单中的“单位”按钮，弹出“单位系统”下拉菜单，选择“度量标准(m、kg、N、s、V、A)”选项，如图 8-36 所示。

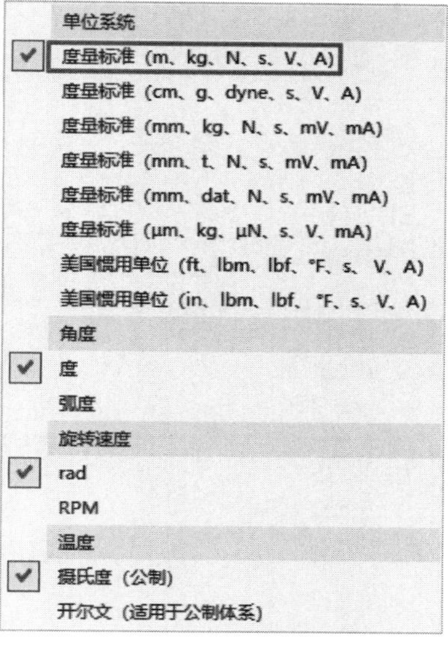

图 8-36　“单位系统”菜单栏

05 模型重命名并赋予材料。

（1）模型重命名。在轮廓树中展开“几何结构”，显示模型含有 4 组固体，右击上面的固体，在弹出的快捷菜单中选择“重命名”命令，对固体进行重命名，结果如图 8-37 所示。

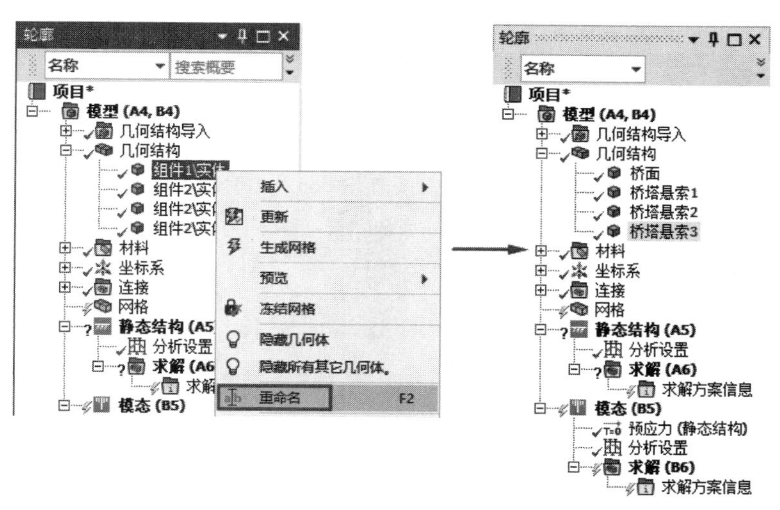

图 8-37　模型重命名

（2）设置模型材料。选择“桥面”在左下角打开的详细信息列表，在列表中单击“材料”栏中“任务”选项，在弹出的“工程数据材料”对话框中选择“混凝土”选项，如图 8-38 所示，为“桥面”赋予“混凝土”材料；然后选择“桥塔悬索 1”“桥塔悬索 2”“桥塔悬索 3”，在左下角打开的详细信息列表，在列表中单击“材料”栏中“任务”选项框中显示材料为

"结构钢",这里不予处理。

06 添加接触。

(1) 查看接触。在轮廓树中展开"连接"分支,系统已经为模型接触部分建立了接触连接,均为悬索和桥面的接触,如图 8-39 所示。

"桥面"的详细信息
图形属性
定义
抑制的
否
ID (Beta)
21
刚度行为
柔性
坐标系
默认坐标系
参考温度
根据环境
处理
无
材料
任务
结构钢
非线性效应
是
热应变效应
是
边界框
属性
统计
CAD属性
工程数据材料
输入名称、标签、属性
液态水
结构钢
空气
结构钢
混凝土

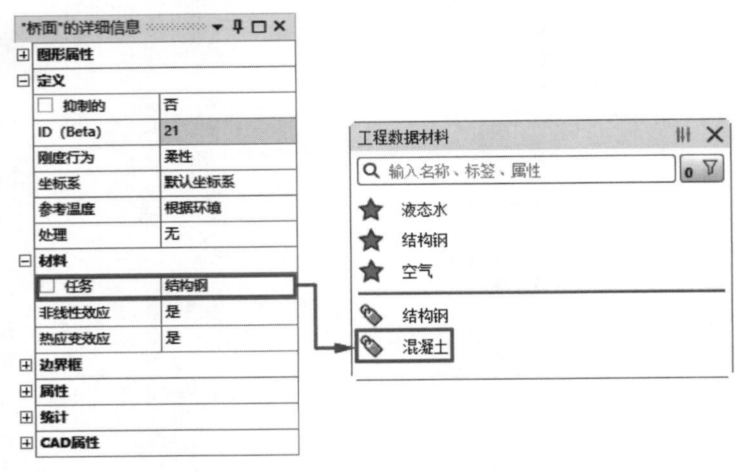

图 8-38 设置模型材料

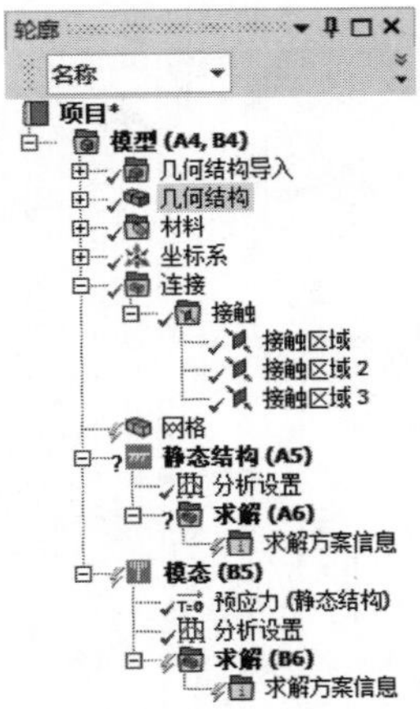

轮廓
名称
项目*
模型 (A4, B4)
几何结构导入
几何结构
材料
坐标系
连接
接触
接触区域
接触区域 2
接触区域 3
网格
静态结构 (A5)
分析设置
求解 (A6)
求解方案信息
模态 (B5)
预应力 (静态结构)
分析设置
求解 (B6)
求解方案信息

图 8-39 接触设置

(2) 添加接触。在轮廓树中单击"连接"下的"接触"分支,然后单击"连接"选项卡"接触"面板"接触"下拉列表中的"绑定"按钮 绑定,左下角弹出"绑定"的详细信息列表,单击"接触"栏后面的选项框,然后在图形区域选择"桥面"的下表面,如图 8-40 所示;然后单击"目标"栏后面的选项框,在图形区域选择"桥塔悬索 1"的支撑面,如图 8-41 所示。

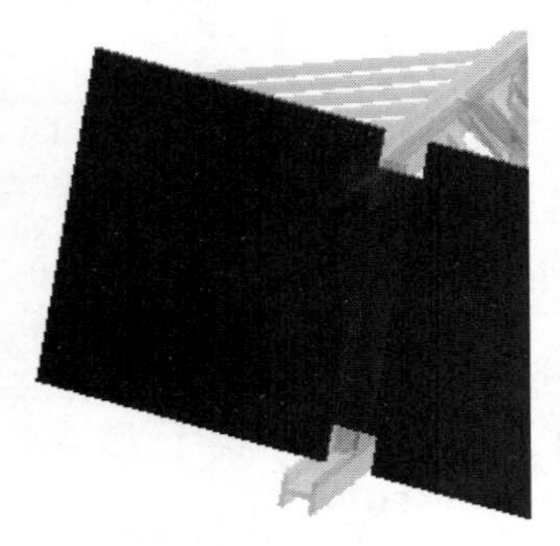

图 8-40 设置接触面

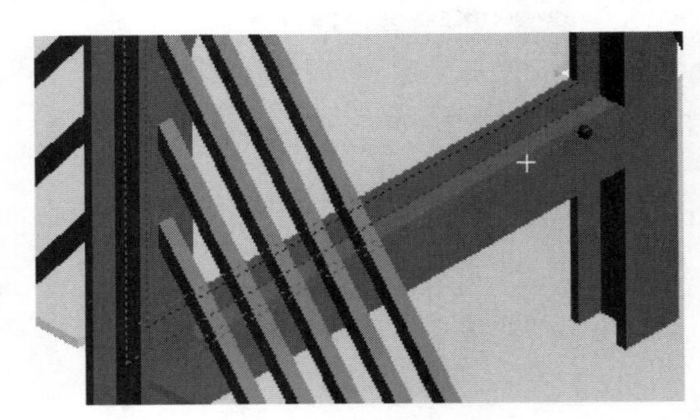

图 8-41 设置目标面

(3) 按照上两步的操作分别添加"桥面"和"桥塔悬索 2"、"桥面"和"桥塔悬索 3"的接触。

07 划分网格。

(1) 设置局部划分方法。在轮廓树中单击"网格"分支,系统切换到"网格"选项卡。单击"网格"选项卡"控制"面板中的"方法"按钮 ,左下角弹出"方法"的详细信息,设置"几何结构"为"桥面",设置"方法"为"六面体主导",此时该详细信息列表改为"六面体主导法",如图 8-42 所示。

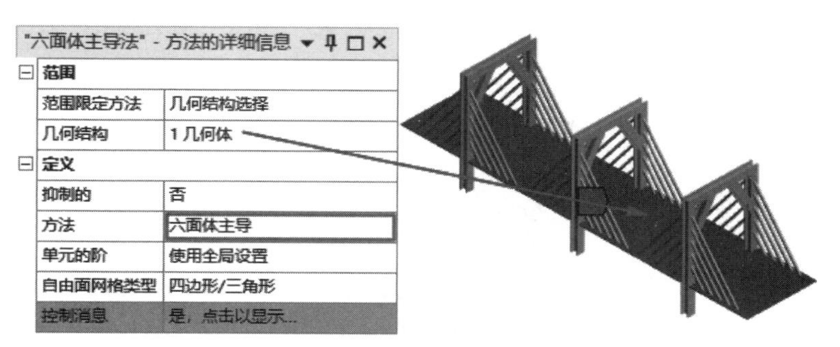

图 8-42 “六面体主导法”—方法的详细信息

（2）尺寸调整。单击“网格”选项卡“控制”面板中的“尺寸调整”按钮，左下角弹出“尺寸调整”的详细信息，设置“几何结构”为“桥塔悬索 1”“桥塔悬索 2”“桥塔悬索 3”“桥面”，设置“单元尺寸”为 1.0m，如图 8-43 所示。

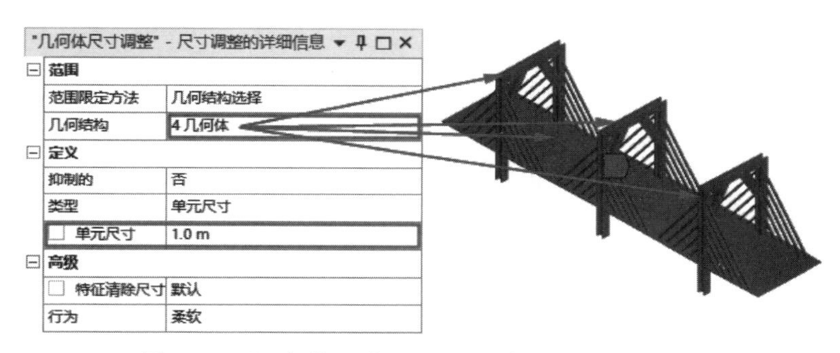

图 8-43 “几何体尺寸调整”—尺寸调整的详细信息

（3）划分网格。在轮廓树中单击“网格”分支，左下角弹出“网格”的详细信息，采用默认设置，然后单击“网格”选项卡“网格”面板中的“生成”按钮，系统自动划分网格，结果如图 8-44 所示。

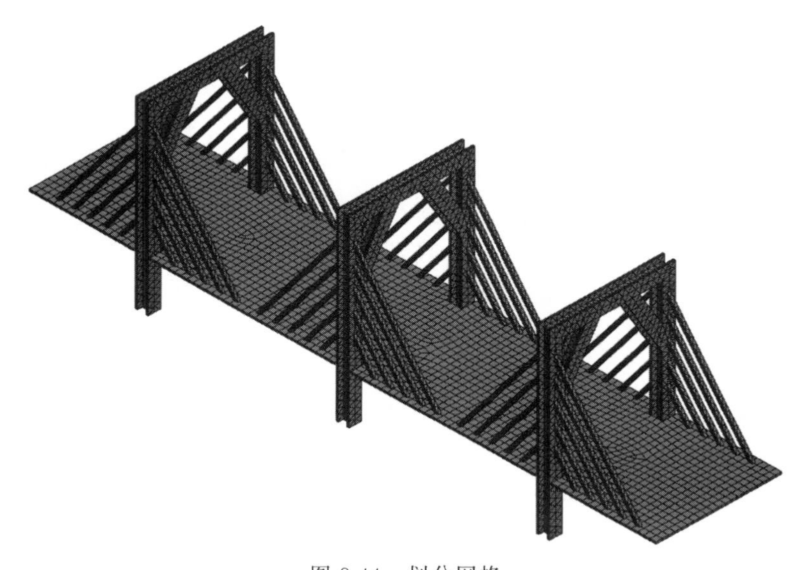

图 8-44 划分网格

Note

(4) 查看网格质量。在"网格"的详细信息列表中设置"显示风格"为"单元质量"，图形界面显示划分网格的质量，如图 8-45 所示。

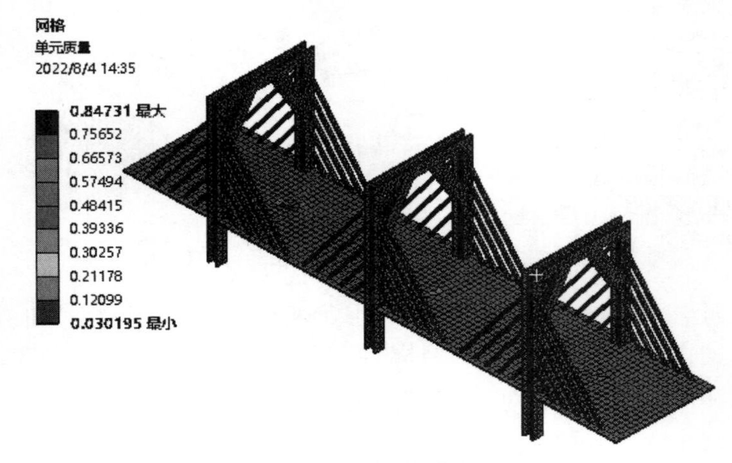

图 8-45　网格质量

8-3

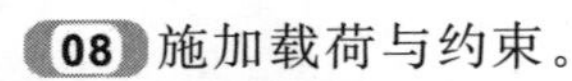

08 施加载荷与约束。

(1) 分析设置。在轮廓树中单击"静态结构(A5)"分支下的分析设置，系统弹出"分析设置"的详细信息，展开"求解器控制"栏，设置"大挠曲"为"开启"，如图 8-46 所示。

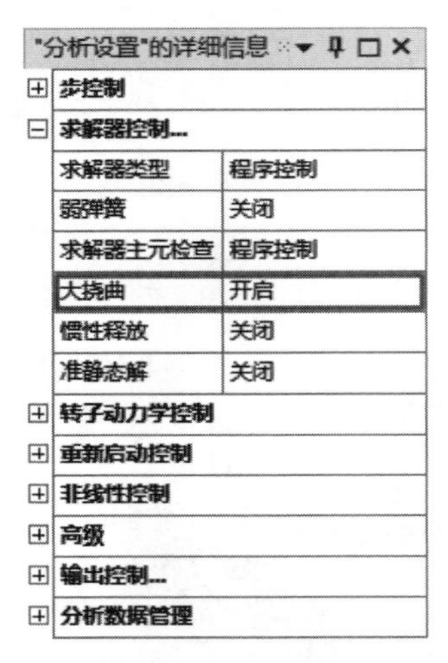

图 8-46　开启大挠曲

(2) 添加重力。在轮廓树中单击"静态结构(A5)"分支，系统切换到"环境"选项卡。单击"环境"选项卡"结构"面板"惯性"下拉菜单中的"标准地球重力"按钮 标准地球重力，左下角弹出"标准地球重力"的详细信息，设置"方向"为"-Y 方向"，如图 8-47 所示。

(3) 固定约束。单击"环境"选项卡"结构"面板中的"固定的"按钮 固定的，左下角弹出"固定支撑"的详细信息，设置"几何结构"为桥塔的 6 个面，如图 8-48 所示。

"标准地球重力"的详细信息

范围	
几何结构	全部几何体
定义	
坐标系	全局坐标系
X分量	0. m/s² （斜坡）
Y分量	-9.8066 m/s² （斜坡）
Z分量	0. m/s² （斜坡）
抑制的	否
方向	-Y方向

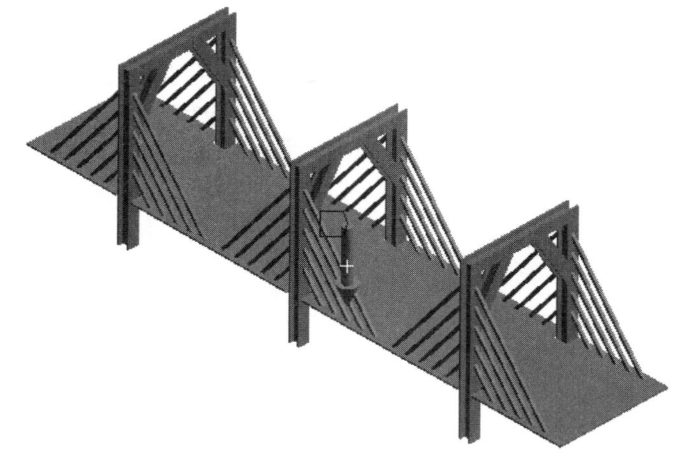

图 8-47　添加重力

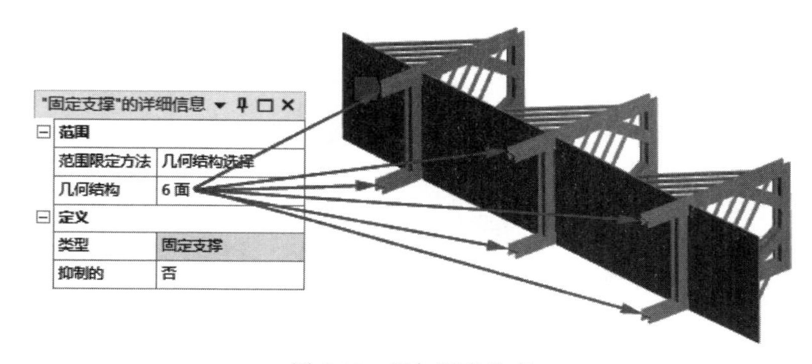

图 8-48　添加固定约束

09 设置求解结果。

（1）添加总变形。单击“求解（A6）”分支，系统切换到“求解”选项卡，单击“求解”选项卡“结果”面板“变形”下拉菜单中的“总计”按钮 总计，添加总变形。

（2）添加等效弹性应变。单击“求解”选项卡“结果”面板“应变”下拉菜单中的“等效（Von-Mises）”按钮 等效（Von-Mises），添加等效弹性应变。

（3）添加等效应力。单击“求解”选项卡“结果”面板“应力”下拉菜单中的“等效（Von-Mises）”按钮 等效（Von-Mises），添加等效弹性应力。

10 求解。单击“主页”选项卡“求解”面板中的“求解”按钮，如图 8-49 所示，进行求解。

图 8-49　求解

Note

11 结果后处理。

(1) 设置显示类型。在轮廓树中单击“求解(A6)”分支下的“总变形”分支，系统切换到“结果”选项卡。单击“结果”选项卡“显示”面板中“边”的下拉按钮，选择“无线框”选项，如图 8-50(a)所示，此时模型中不显示网格单元；单击“显示”面板中“轮廓图”的下拉按钮，选择“平滑的轮廓线”选项，如图 8-50(b)所示，此时模型中显示平滑的过渡云图。

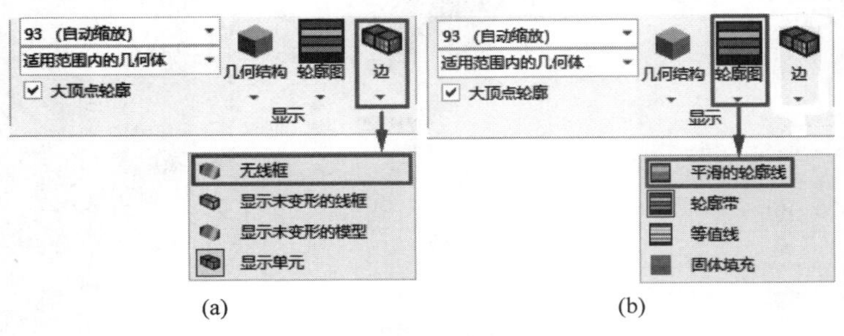

图 8-50 设置显示类型

(2) 查看总变形结果。选择“总变形”选项，显示“总变形”云图，如图 8-51 所示。

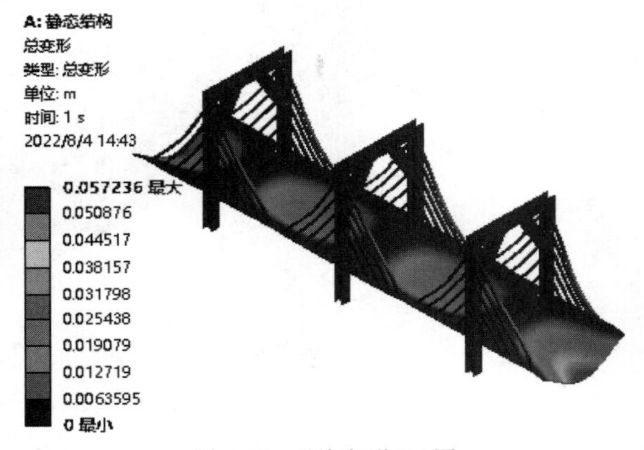

图 8-51 “总变形”云图

(3) 显示等效弹性应变云图。在展开轮廓树中的“求解”，选择“等效弹性应变”选项，显示“等效弹性应变”云图，如图 8-52 所示。

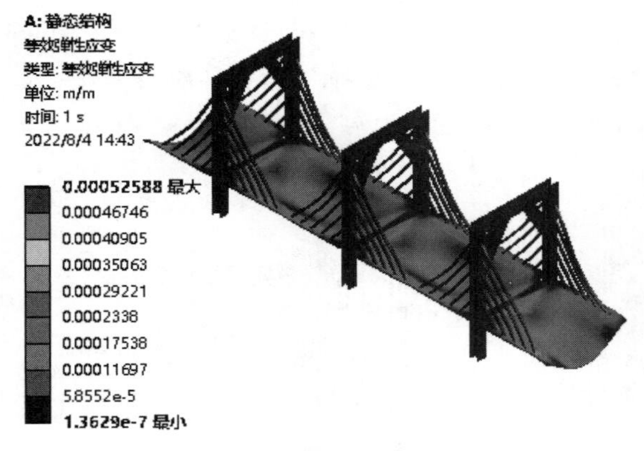

图 8-52 “等效弹性应变”云图

(4) 显示等效应力云图。在展开轮廓树中的“求解”，选择“等效应力”选项，显示“等效应力”云图，如图 8-53 所示。

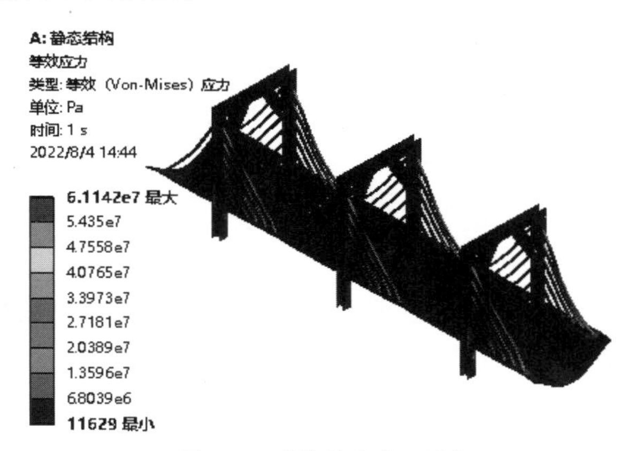

图 8-53　“等效应力”云图

12 模态求解。完成静态求解后，分析得到的应力作为模态分析的预应力，选择“模态(B5)”分支，单击“主页”选项卡“求解”面板中的“求解”按钮，进行求解。

13 结果后处理。

(1) 求解完成后在轮廓树中，单击“求解(B6)”分支，系统切换到“求解”选项卡，同时在图形窗口下方出现“图形”表和“表格数据”显示了对应的频率，如图 8-54 所示。

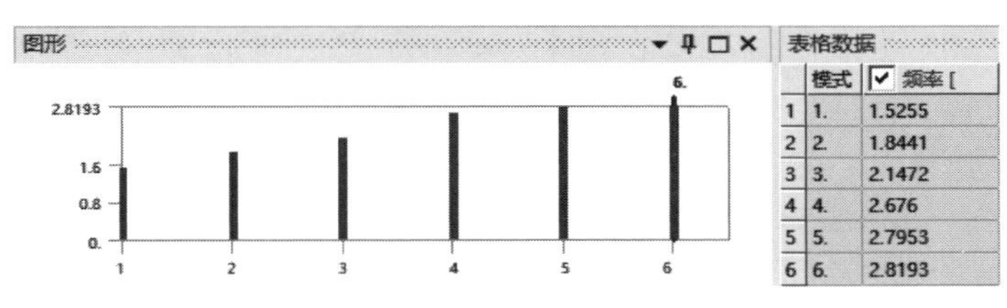

	模式	频率 [
1	1.	1.5255
2	2.	1.8441
3	3.	2.1472
4	4.	2.676
5	5.	2.7953
6	6.	2.8193

图 8-54　“图形”和“表格数据”

(2) 提取模态。在“图形”表上右击，在弹出的快捷菜单中选择“选择所有”选项，然后继续在“图形”表上右击，在弹出的快捷菜单中选择“创建模型形状结果”选项，此时“求解(B6)”分支下方会出现 6 个模态结果(默认的分析设置)，如图 8-55 所示，需要再次求解才能正常显示。

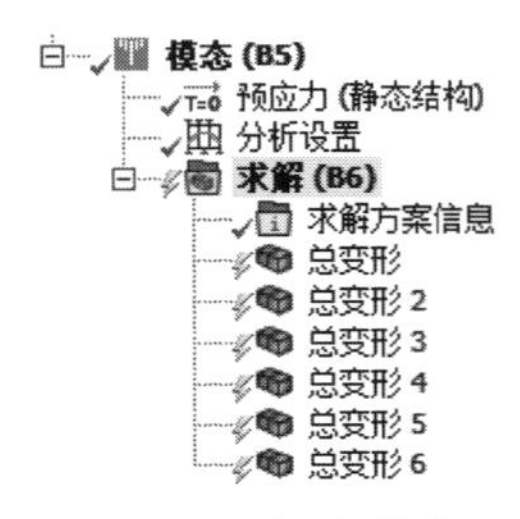

图 8-55　提取模态

(3) 查看模态结果。单击“求解”选项卡“求解”面板中的“求解”按钮，求解完成后在“求解(A6)”分支下方依次单击总变形图，查看各阶模态的云图，如图 8-56 所示。

Note

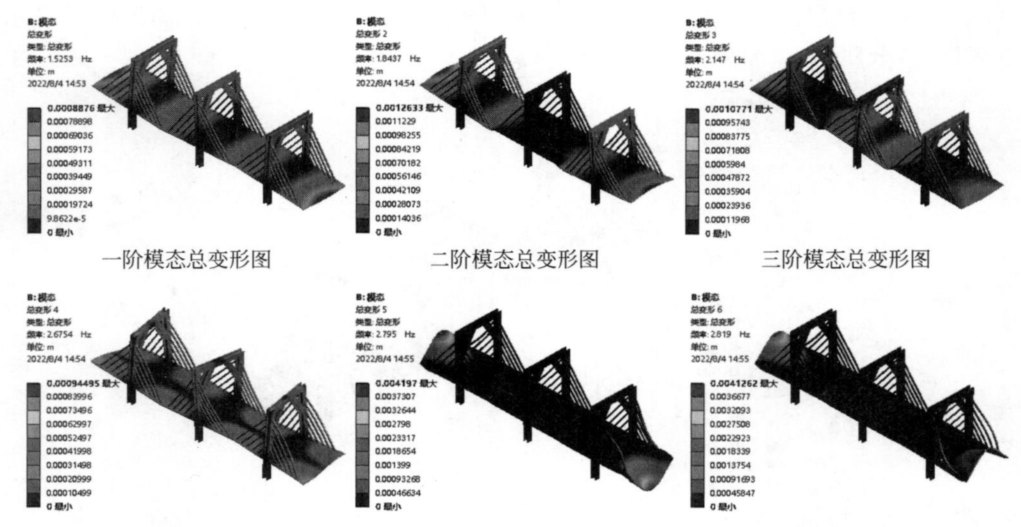

图 8-56 各阶模态总变形图

第9章 响应谱分析

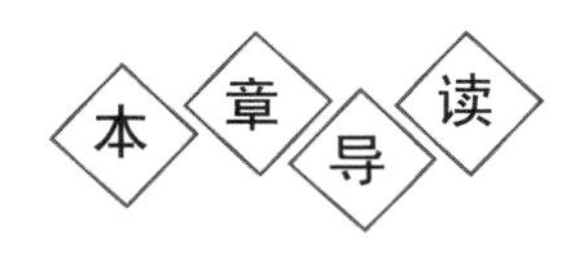

响应谱分析是一种将模态分析结果与已知谱相结合后，来计算模型的最大位移和应力的分析技术。响应谱分析广泛应用于建筑的地震响应、机载电子设备的冲击载荷响应等，也可以分析结构对风载，水的涌动等载荷的动力响应，通过本章的学习，即可掌握 ANSYS Workbench 响应谱分析的方法及应用。

第9章

- 响应谱分析概述
- 响应谱分析类型
- 响应谱分析流程(创建工程项目、响应谱分析设置、结果后处理)
- 综合实例

Note

9.1 响应谱分析概述

响应谱分析是一种频域分析，输入的载荷是一种振动载荷的频谱，如地震响应谱，常用的频谱是加速度频谱，也可以是速度频谱和位移频谱等。响应谱分析从频域的角度计算结构的峰值响应。

载荷频谱被定义为响应幅值与频率的关系曲线，响应谱分析计算结构各阶振型在给定的载荷频谱下的最大响应，这一最大响应是响应系数和振型的乘积，这些振型最大响应组合在一起就给出了结构的总体响应，因此响应谱分析需要首先计算结构的固有频率和振型，必须在模态分析之后进行。

响应谱分析时模态分析的扩展，是计算结构在瞬态激励下峰值响应的近似算法，因此可以替代瞬态分析。瞬态分析可以得到结构响应随时间的变化，分析精确，但需要花费较长的时间，同时所需计算硬件要求较高，而响应谱分析能够快速计算出结构的峰值响应，可以是系统的最大位移、最大速度、最大加速度或最大应力等，由于计算过程中通常忽略系统的阻尼，因此计算结果偏向于安全。

在进行响应谱分析之前应先进行模态分析，提取主要被激活振型的频率和振型，并且模态分析提取的频率应该位于频谱曲线频率的范围内。

为了保证计算能够考虑所有影响显著的振型，通常频谱曲线频率范围应较大，应该一直延伸到谱值较小的区域，模态分析提取的频率也应该延伸到谱值较小的频率区(但仍然位于频谱曲线范围内)。

谱分析(包括响应谱分析和随机振动分析)涉及以下几个概念：参与系数、模态系数、模态有效质量、模态组合。程序内部计算这些系数或进行相应的操作，用户并不需要直接面对这些概念，但了解这些概念有助于更好地理解谱分析。

1. 参与系数

参与系数用于衡量模态振型在激励方向上对变形的影响程度(进而影响应力)，参与系数是振型和激励方向的函数，对于结构的每一阶模态 i，程序需要计算该模态在激励方向上的参与系数 γ_i。

参与系数的计算公式为：

$$\gamma_i = \boldsymbol{u}_i^{\mathrm{T}} \boldsymbol{M} \boldsymbol{D} \tag{9-1}$$

式中，$\boldsymbol{u}_i$ 为第 i 阶模态按照 $\boldsymbol{u}_i^{\mathrm{T}} \boldsymbol{M} \boldsymbol{u} = 1$ 式归一化的振型位移向量；$\boldsymbol{M}$ 为质量矩阵，$\boldsymbol{D}$ 为描述激励方向的向量。

参与系数的物理意义很好理解，如图 9-1 所示的悬臂梁，若在 Y 方向施加激励，则模态 1 的参与系数最大，模态 2 的参与系数次之，模态 3 的参与系数为 0。若在 X 方向施加激励，则模态 1 和模态 2 的参与系数都为 0，模态 3 的参与系数反而最大。

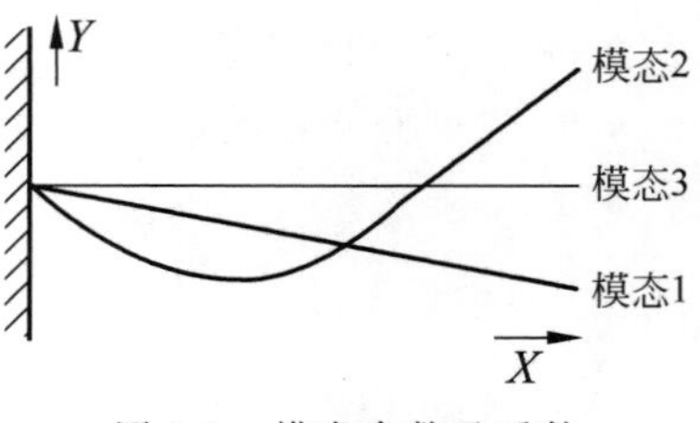

图 9-1　模态参数及系数

2. 模态系数

模态系数是与振型相乘的一个比例因子，从二

者的乘积可以得到模态最大响应。

根据频谱类型的不同，模态系数的计算公式不同，模态 i 在位移频谱、速度频谱、加速度频谱下的模态系数 A_i 的计算如式(9-2)～式(9-4)所示。

$$A_i = S_{ui}\gamma_i \tag{9-2}$$

$$A_i = \frac{S_{vi}\gamma_i}{\omega_i} \tag{9-3}$$

$$A_i = \frac{S_{ai}\gamma_i}{\omega_i^2} \tag{9-4}$$

式中，S_{ui}，S_{vi}，S_{ai} 分别为第 i 阶模态频率对应的位移频谱、速度频谱、加速度频谱值；ω_i 为第 i 阶模态的圆频率；γ_i 为模态参与系数。

模态的最大位移响应可计算如下：

$$\boldsymbol{u}_{i\max} = A_i \boldsymbol{u}_i \tag{9-5}$$

3. 模态有效质量

模态 i 的有效质量可计算如下：

$$M_{ei} = \frac{\gamma_i^2}{\boldsymbol{u}_i^{\mathrm{T}}\boldsymbol{M}\boldsymbol{u}_i} \tag{9-6}$$

由于模态位移满足质量归一化条件 $\boldsymbol{u}_i^{\mathrm{T}}\boldsymbol{M}\boldsymbol{u}=1$，因此 $M_{ei}=\gamma_i^2$。

4. 模态组合

得到每个模态在给定频谱下的最大响应后，将这些响应以某种方式进行组合就可以得到系统影响。

Workbench 用来选择用于组合模态响应的方法，包括平方和的平方根法(square root of sum of squares，SRSS)、完全二次组合法(complete quadric combination，CQC)、Rosenblueth(ROSE 的双和组合)。这 3 种组合方式的计算如式(9-7)～式(9-9)所示。

$$\boldsymbol{R} = \left(\sum_{i=1}^{N}\boldsymbol{R}_i^2\right)^{\frac{1}{2}} \tag{9-7}$$

$$\boldsymbol{R} = \left(\left|\sum_{i=1}^{N}\sum_{j=1}^{N}k\varepsilon_{ij}\boldsymbol{R}_i\boldsymbol{R}_j\right|\right)^{\frac{1}{2}} \tag{9-8}$$

$$\boldsymbol{R} = \left(\sum_{i=1}^{N}\sum_{j=1}^{N}k\varepsilon_{ij}\boldsymbol{R}_i\boldsymbol{R}_j\right)^{\frac{1}{2}} \tag{9-9}$$

9.2 响应谱分析类型

在 Workbench 中响应谱分析有两种类型，分别为单个点和多个点，如图 9-2 所示。

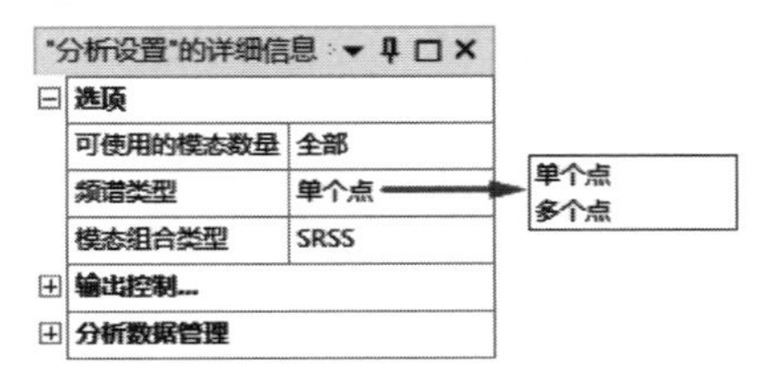

图 9-2 响应谱分析方法

（1）单个点响应谱分析：在该分析方法中只可以在模型的一个节点上指定一种谱曲线，或者给一组节点上分别指定相同的谱曲线，例如在支撑处指定一种谱曲线，如图 9-3 所示。

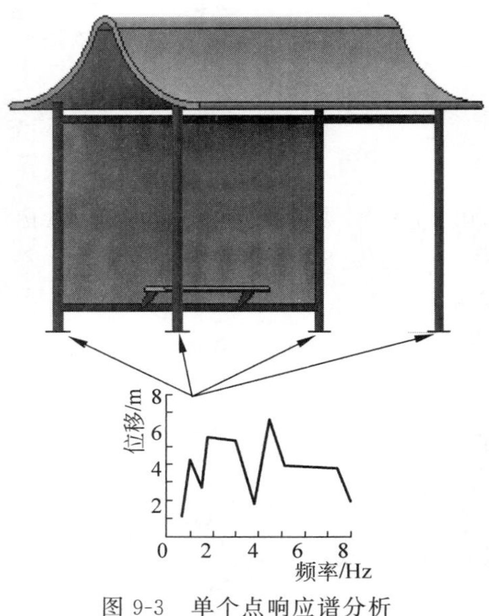

图 9-3 单个点响应谱分析

（2）多个点响应谱分析：在该分析方法中可以在多个节点处指定不同的谱曲线，如图 9-4 所示。对于多点响应谱分析应该先分别计算出每种响应谱的总体响应，再使用平方和的均方根方法得到多点响应谱的总体响应。

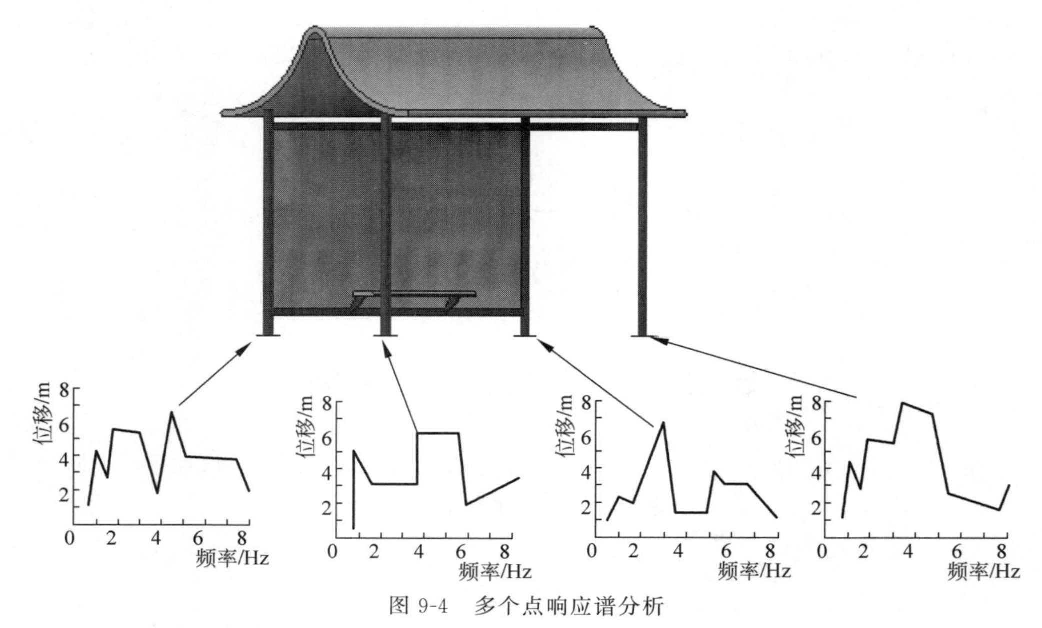

图 9-4 多个点响应谱分析

在进行响应谱分析之前必须知道以下事项：

（1）在进行响应谱分析之前先进行模态分析。

(2) 结构必须是线性,具有连续刚度和质量的结构。

(3) 进行单点谱分析时,结构只受一个已知方向和频率的频谱所激励。

(4) 进行多点谱分析时结构可以被多个(最多20个)不同位置的频谱所激励。

Note

9.3 响应谱分析流程

进行谐波响应分析流程主要有以下几个步骤:

(1) 创建工程项目。

(2) 定义材料属性。

(3) 创建或导入几何模型。

(4) 赋予模型材料。

(5) 定义接触(如果模型中存在接触关系)。

(6) 划分网格。

(7) 进行模态求解设置(包括预应力设置、分析设置和约束与载荷的设置)。

(8) 模态求解。

(9) 响应谱分析设置。

(10) 设置响应谱求解结果。

(11) 响应谱分析求解。

(12) 结果后处理。

下面就主要的几个方面进行讲解。

9.3.1 创建工程项目

由于响应谱分析是模态分析的扩展,且进行响应谱分析之前必须先进行模态分析,因此要创建模态分析和响应谱分析相关联的工程项目,将工具箱里的“模态”选项直接拖动到“项目原理图”界面中或直接双击“模态”选项,建立一个含有“模态”的项目模块,然后将工具箱里的“响应谱”选项拖动到“模态”中的“求解”栏中,使“响应谱”分析和“模态”分析相关联,如图9-5所示。

9.3.2 响应谱分析设置

响应谱分析设置主要包括“可使用的模态数量”“频谱类型”“模态组合类型”“输出控制”“阻尼控制”等,如图9-6所示。

(1) 可使用的模态数量:用于确定使用的模态数量,建议采用计算的模态频率范围,且不小于最大响应谱频率的1.5倍。

(2) 频谱类型:用来选择采用单个点响应谱分析或者多个点响应谱分析。

(3) 模态组合类型:用来选择用于组合模态响应的方法,包括平方和的平方根(SRSS)、完全二次组合(CQC)、Rosenblueth的双和组合(ROSE)。

(4) 输出控制:用于控制是否输出速度或加速度等。

(5) 阻尼控制:用来设置是否在响应谱分析中指定结构的阻尼,包括阻尼比、刚度

Note

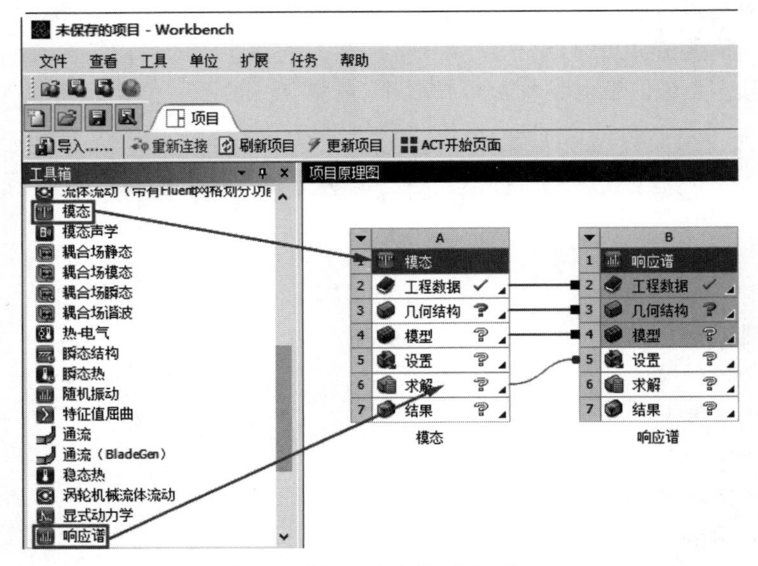

图 9-5　创建“响应谱”分析模块

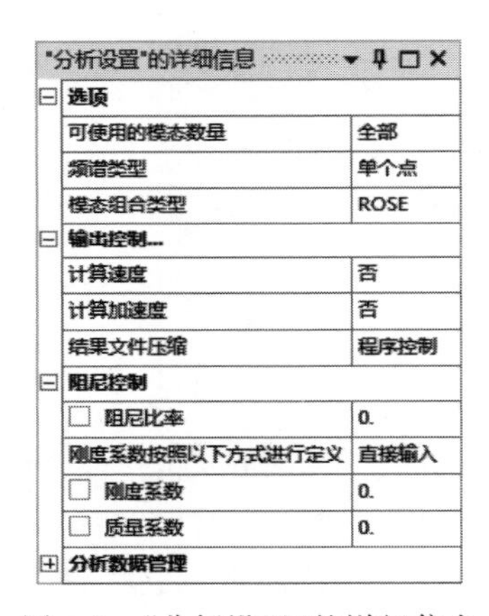

"分析设置"的详细信息

选项	
可使用的模态数量	全部
频谱类型	单个点
模态组合类型	ROSE
输出控制...	
计算速度	否
计算加速度	否
结果文件压缩	程序控制
阻尼控制	
阻尼比率	0.
刚度系数按照以下方式进行定义	直接输入
刚度系数	0.
质量系数	0.
分析数据管理	

图 9-6　“分析设置”的详细信息

系数（β阻尼）和质量系数（α阻尼），但阻尼不适用于 SRSS 组合法。

（6）响应谱分析支持三种激励谱的类型，包括 RS 加速度、RS 速度、RS 位移，如图 9-7 所示。

图 9-7　三种激励谱的类型

9.3.3　结果后处理

在后处理中可以求解总变形、等效应力、定向加速度等响应数值，如图 9-8 所示。

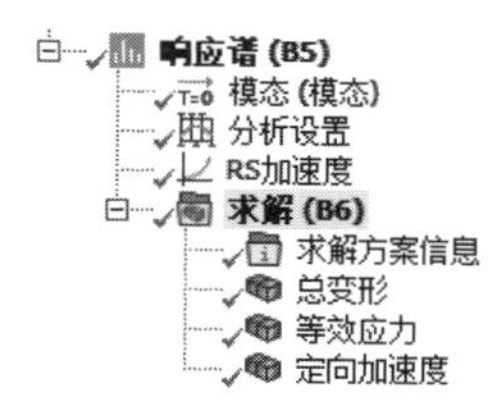

图 9-8 响应谱求解

9.4 综合实例

9.4.1 公交站亭响应谱分析

图 9-9 所示为一个公交站亭，材质为混凝土，该公交站亭底部固定，我们对其进行地震时的响应谱分析。

操作步骤

图 9-9 公交站亭

01 创建工程项目。打开 Workbench 程序，展开左边工具箱中的“分析系统”栏，将工具箱里的“模态”选项直接拖动到“项目原理图”界面中或直接双击“模态”选项，建立一个含有“模态”的项目模块，然后将工具箱里的“响应谱”选项拖动到“模态”中的“求解”栏中，使“响应谱”和“模态”相关联，建立一个含有“模态”和“响应谱”的项目模块，结果如图 9-10 所示。

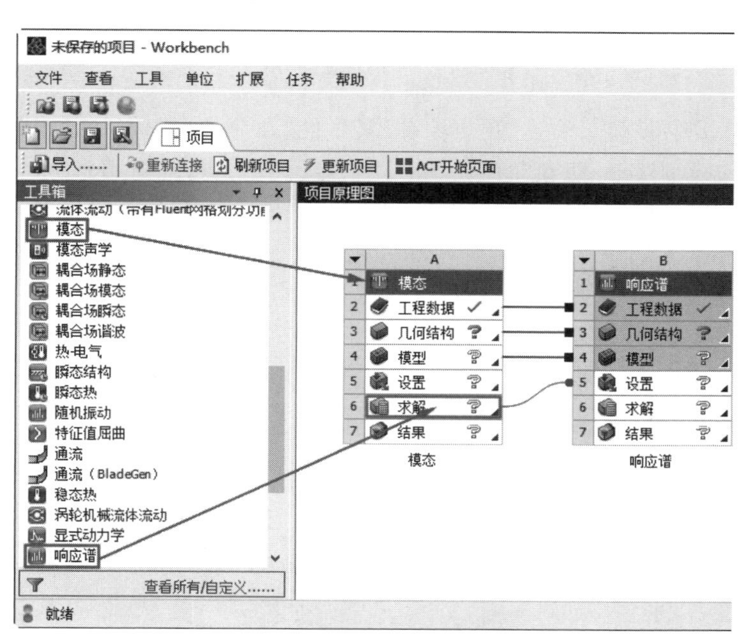

图 9-10 创建工程项目

Note

02 定义材料。双击“项目原理图”中的“工程数据”栏，弹出“工程数据”选项卡，单击应用上方的“工程数据源”标签 工程数据源。如图 9-11 所示，打开左上角的“工程数据源”窗口。单击其中的“一般材料”按钮 一般材料，使之点亮。在“一般材料”点亮的同时单击“轮廓 General Materials”（一般材料概述）窗格中的“混凝土”旁边的“添加”按钮，将“混凝土”材料添加到当前项目中，然后单击“A2:工程数据”标签的关闭按钮，返回到 Workbench 界面。

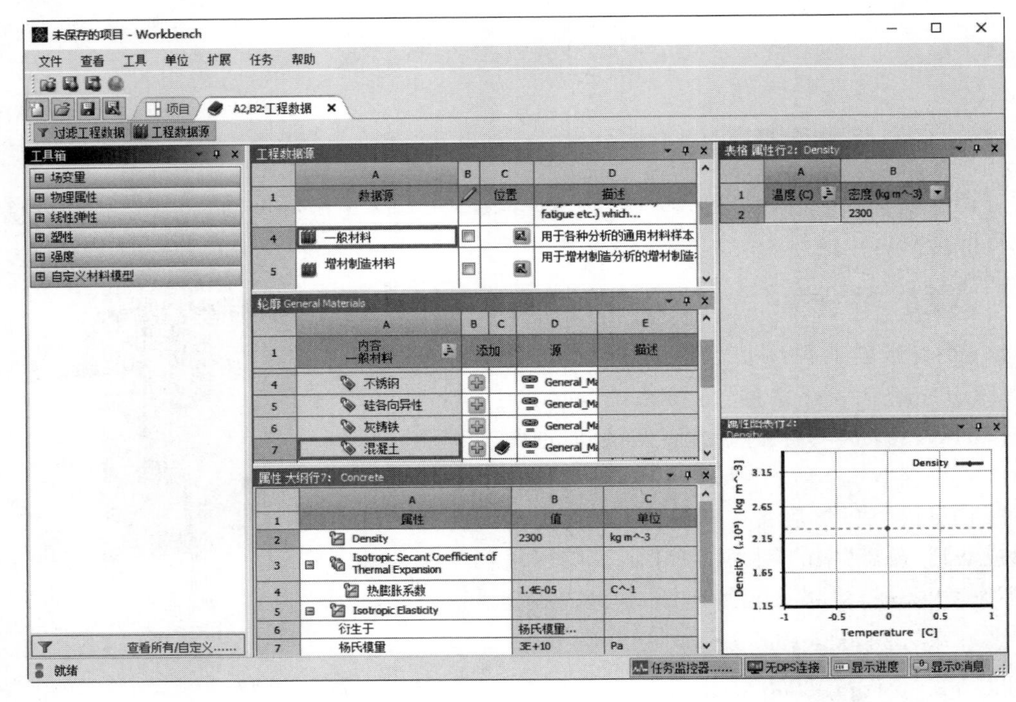

图 9-11 “工程数据源”标签

03 导入几何模型。右击“项目原理图”中的“几何结构”栏，在弹出的快捷菜单中选择“导入几何模型”下一级菜单中的“浏览”命令，弹出“打开”对话框，如图 9-12 所示，选择要导入的模型“公交站亭”，然后单击“打开”按钮 打开(O)。

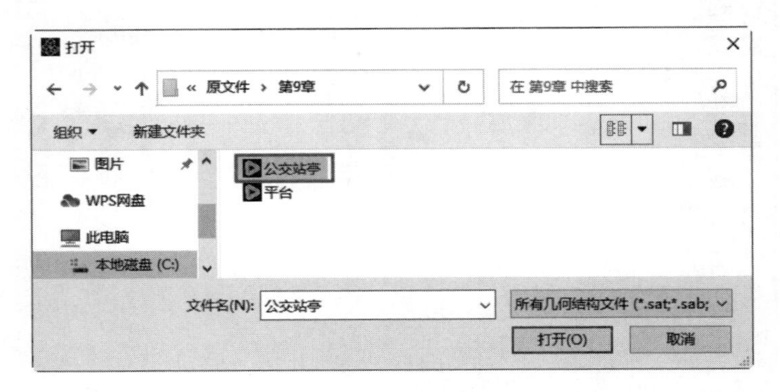

图 9-12 “打开”对话框

04 启动 Mechanical 应用程序。

（1）启动 Mechanical。在项目原理图中右击“模型”命令，在弹出的快捷菜单中选择“编辑……”命令，如图 9-13 所示，进入“系统 A，B-Mechanical”（机械学）应用程序，如图 9-14 所示。

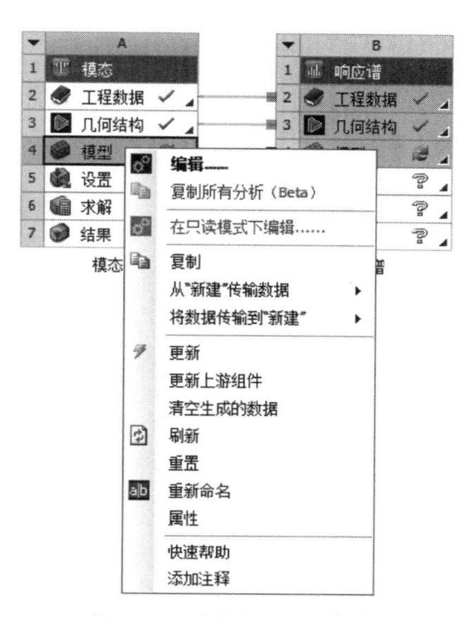

图 9-13　“编辑……”命令

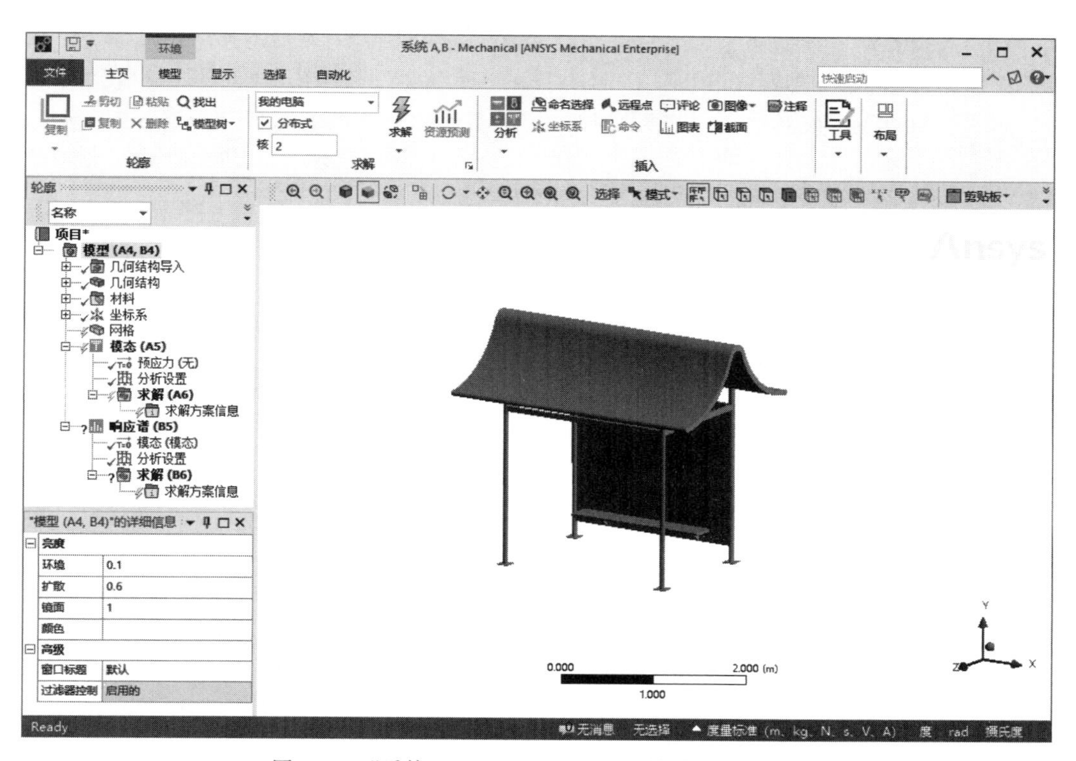

图 9-14　“系统 A，B-Mechanical”（机械学）应用程序

Note

(2) 设置系统单位。单击“主页”选项卡“工具”面板下拉菜单中的“单位”按钮，弹出“单位系统”下拉菜单，选择“度量标准(m、kg、N、s、V、A)”选项，如图 9-15 所示。

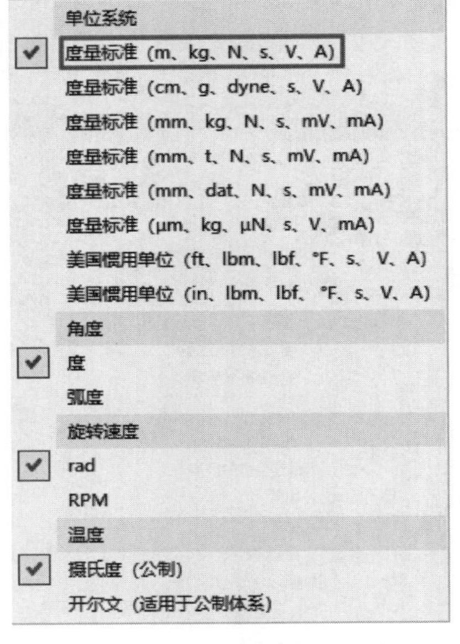

图 9-15 “单位系统”菜单栏

05 赋予模型材料。在轮廓树中展开“几何结构”，选择“公交站亭\实体”，在左下角弹出“公交站亭\实体”的详细信息，在列表中单击“材料”栏中“任务”选项，显示“材料”任务为“结构钢”，然后单击“任务”栏右侧的三角按钮，弹出“工程数据材料”对话框，如图 9-16 所示，该对话框中选择“混凝土”选项，为“公交站亭”赋予“混凝土”材料。

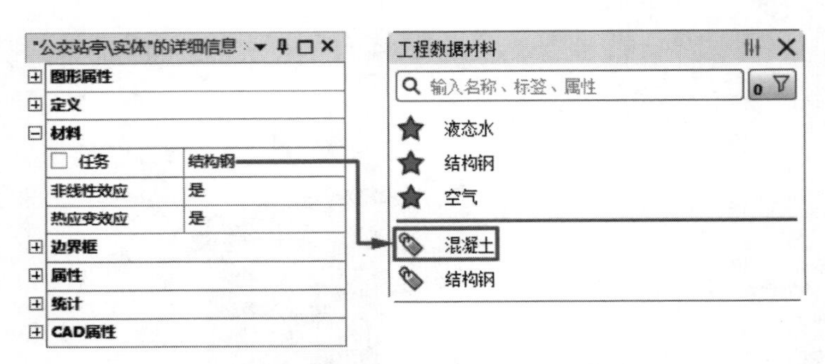

图 9-16 “公交站亭\实体”的详细信息

06 划分网格。

(1) 尺寸调整。在轮廓树中单击“网格”分支，系统切换到“网格”选项卡。单击“网格”选项卡“控制”面板中的“尺寸调整”按钮，左下角弹出“几何体尺寸调整”的详细信息，设置“几何结构”为“公交站亭\实体”模型，设置“单元尺寸”为 0.05m，如图 9-17 所示。

(2) 划分网格。单击“网格”选项卡“网格”面板中的“生成”按钮，系统自动划分网格，结果如图 9-18 所示。

图 9-17 “几何体尺寸调整”的详细信息

图 9-18 划分网格

07 施加载荷与约束。

（1）添加固定约束。在轮廓树中单击“模态(A5)”分支，系统切换到“环境”选项卡。单击“环境”选项卡“结构”面板中的“固定的”按钮 固定的，左下角弹出“固定支撑”的详细信息，设置“几何结构”为“公交站亭”的底面，如图 9-19 所示。

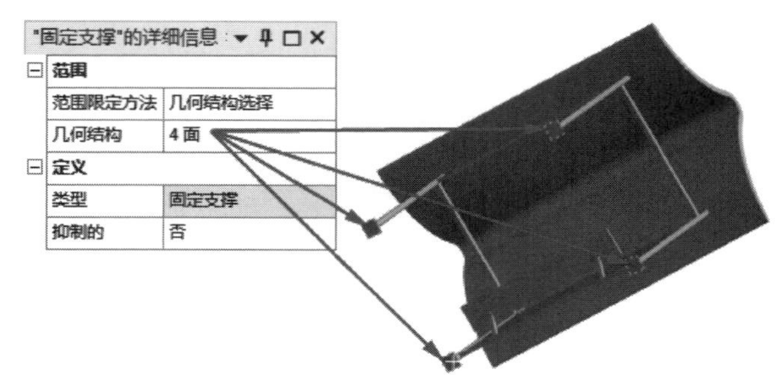

图 9-19 添加固定约束

（2）分析设置。单击“模态(A5)”分支下的“分析设置”，在“分析设置”的详细信息中设置“最大模态阶数”为 6，其他为默认，如图 9-20 所示。

08 模态求解。单击“主页”选项卡“求解”面板中的“求解”按钮，如图 9-21 所示，进行求解(求解时间较长)。

Note

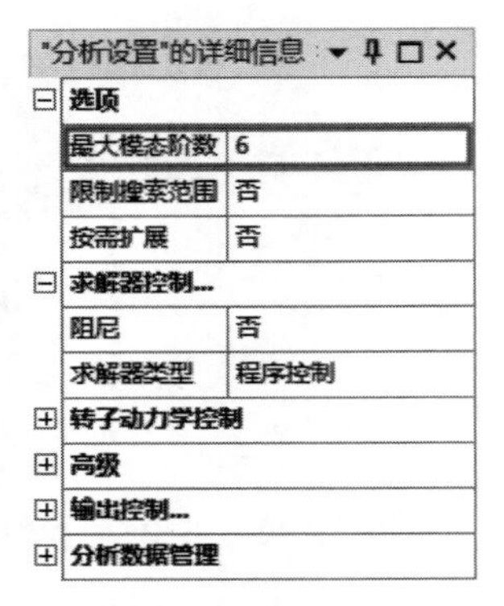

图 9-20 “分析设置”的详细信息

图 9-21 求解

09 模态求解后处理。

(1) 求解完成后在轮廓树中，单击“求解(A6)”分支，系统切换到“求解”选项卡，同时在图形窗口下方出现“图形”表和“表格数据”显示了对应的频率，如图 9-22 所示。

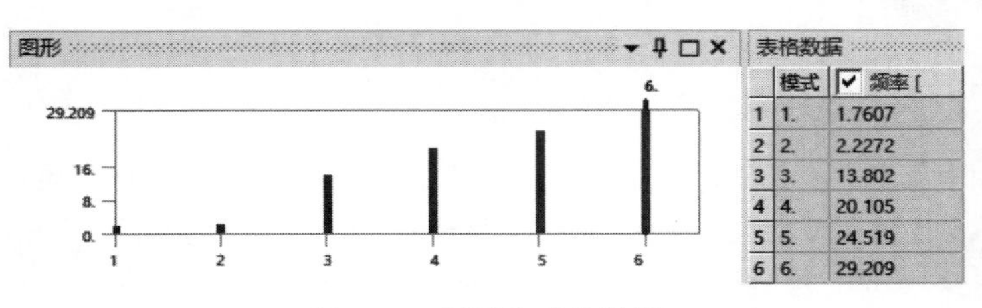

	模式	频率 [
1	1.	1.7607
2	2.	2.2272
3	3.	13.802
4	4.	20.105
5	5.	24.519
6	6.	29.209

图 9-22 图形和表格数据

(2) 提取模态。在“图形”表上右击，在弹出的快捷菜单中选择“选择所有”选项，然后继续在“图形”表上右击，在弹出的快捷菜单中选择“创建模型形状结果”选项，此时“求解(A6)”分支下方会出现 6 个模态结果，如图 9-23 所示，需要再次求解才能正常显示。

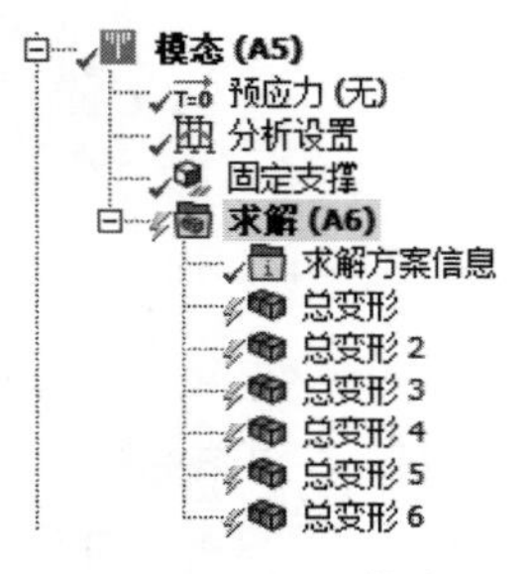

图 9-23 提取模态

（3）查看模态结果。单击“求解”选项卡“求解”面板中的“求解”按钮，求解完成后查看各阶模态，如图 9-24 所示。

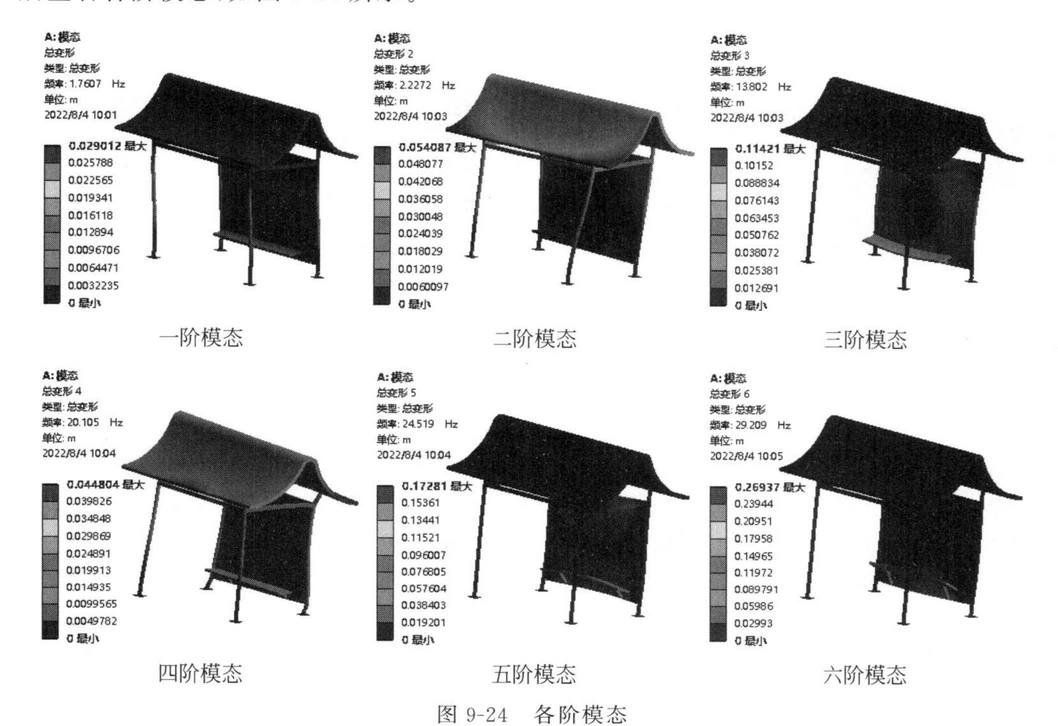

一阶模态　　二阶模态　　三阶模态

四阶模态　　五阶模态　　六阶模态

图 9-24　各阶模态

10 响应谱设置。

9-2

（1）分析设置。在轮廓树中单击“响应谱(B5)”分支下的“分析设置”，左下角弹出“分析设置”的详细信息，设置“可使用的模态数量”为“全部”，“频谱类型”为“单个点”，“模态组合类型”为“SRSS”，如图 9-25 所示。

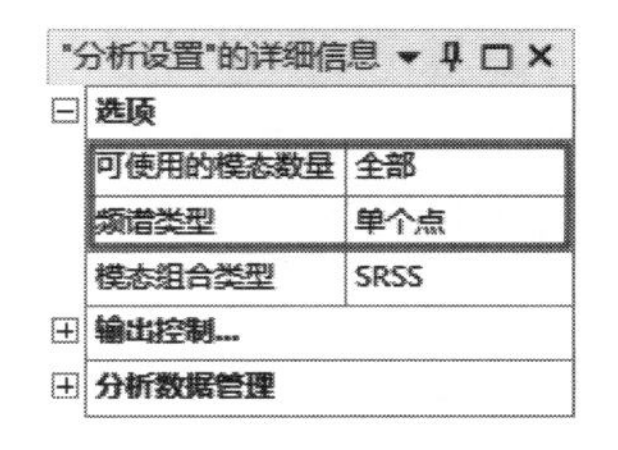

图 9-25　“分析设置”的详细信息

（2）添加 RS 位移。单击“环境”选项卡“响应谱”面板中的“RS 位移”按钮，在“响应谱(B5)”分支下出现“RS 位移”分支，然后在图形区域下方的“表格数据”中输入如图 9-26 所示的随机载荷，并在“RS 位移”的详细信息中设置“方向”为“Z 轴”，如图 9-27 所示。

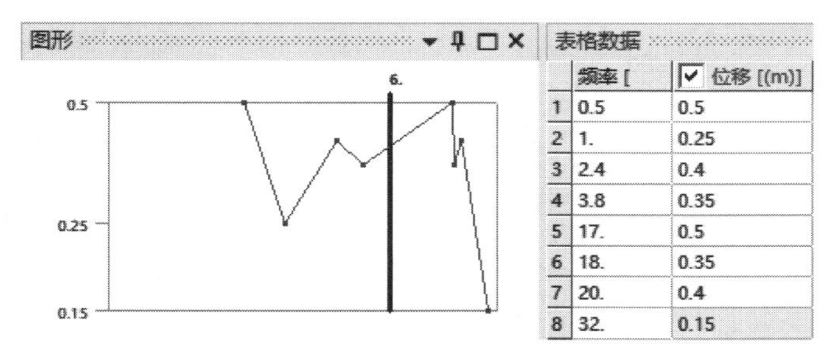

	频率 [	位移 [(m)]
1	0.5	0.5
2	1.	0.25
3	2.4	0.4
4	3.8	0.35
5	17.	0.5
6	18.	0.35
7	20.	0.4
8	32.	0.15

图 9-26　随机载荷

11 设置求解结果。

(1) 添加总变形。单击“求解(B6)”分支,系统切换到“求解”选项卡,单击“求解”选项卡“结果”面板“变形”下拉菜单中的“总计”按钮 总计,如图9-28所示,添加总变形。

Note

"RS位移"的详细信息

⊟ 范围	
边界条件	所有支持
⊟ 定义	
加载数据	表格数据
比例因子	1.
方向	Z轴
刚性响应效应	否
抑制的	否

图9-27 “RS位移”的详细信息

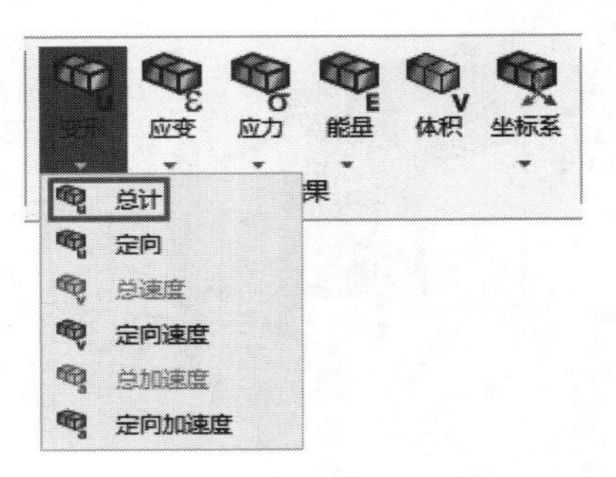

图9-28 添加总变形图

(2) 添加定向变形。单击“求解”选项卡“结果”面板“变形”下拉菜单中的“定向”按钮 定向,在弹出的“定向变形”的详细信息列表中设置“方向”为“X轴”,如图9-29所示,添加X轴的定向变形,同理分别添加Y轴的定向变形和Z轴的定向变形。

"定向变形"的详细信息

⊟ 范围	
范围限定方法	几何结构选择
几何结构	全部几何体
⊟ 定义	
类型	定向变形
方向	X轴
坐标系	求解方案坐标系
抑制的	否
⊟ 结果	
☐ 最小	
☐ 最大	
☐ 平均	
最小值位置	
最大值位置	
⊞ 信息	

图9-29 “定向变形”的详细信息

(3) 添加等效应力。单击“求解”选项卡“结果”面板“应力”下拉菜单中的“等效(Von-Mises)”按钮 等效(Von-Mises),添加等效应力。

12 响应谱求解。单击“主页”选项卡“求解”面板中的“求解”按钮,进行求解。

13 查看结果。

(1) 查看总变形结果。在轮廓树中单击“求解(A6)”分支下的“总变形”分支,显示“总变形”云图,如图9-30所示,可以看到总变形的最大位移为0.44209m。

(2) 查看X轴定向变形。在轮廓树中单击“求解(B6)”分支下的“定向变形”分支,显示X轴位移云图,如图9-31所示。

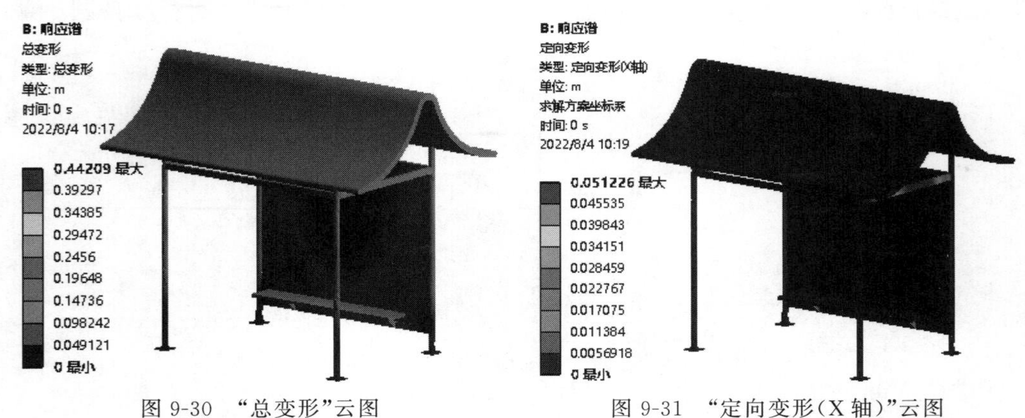

图9-30 “总变形”云图　　图9-31 “定向变形(X轴)”云图

(3) 查看 Y 轴定向变形。在轮廓树中单击“求解(B6)”分支下的“定向变形 1”分支,显示 Y 轴位移云图,如图 9-32 所示。

(4) 查看 Z 轴定向变形。在轮廓树中单击“求解(B6)”分支下的“定向变形 2”分支,显示 Z 轴位移云图,如图 9-33 所示。

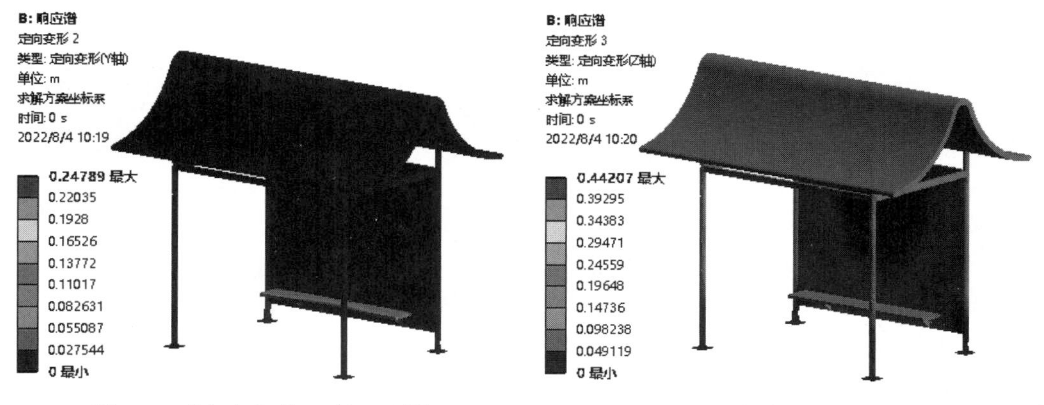

图 9-32 “定向变形(Y 轴)”云图　　图 9-33 “定向变形(Z 轴)”云图

(5) 查看等效应力。在轮廓树中单击“求解(B6)”分支下的“等效应力”分支,显示“等效应力”云图,如图 9-34 所示,可以看到产生的最大应力为 1.904×10^9 Pa。

9.4.2 平台多点响应谱分析

图 9-35 为一个机械平台,材料为结构钢,该平台底部 4 个脚固定,但是由于震动,平台 4 个脚在 Y 方向上受到不同位移频谱的干扰,各个脚受到的频谱如表 9-1 所示,我们对其进行多点频率响应谱分析。

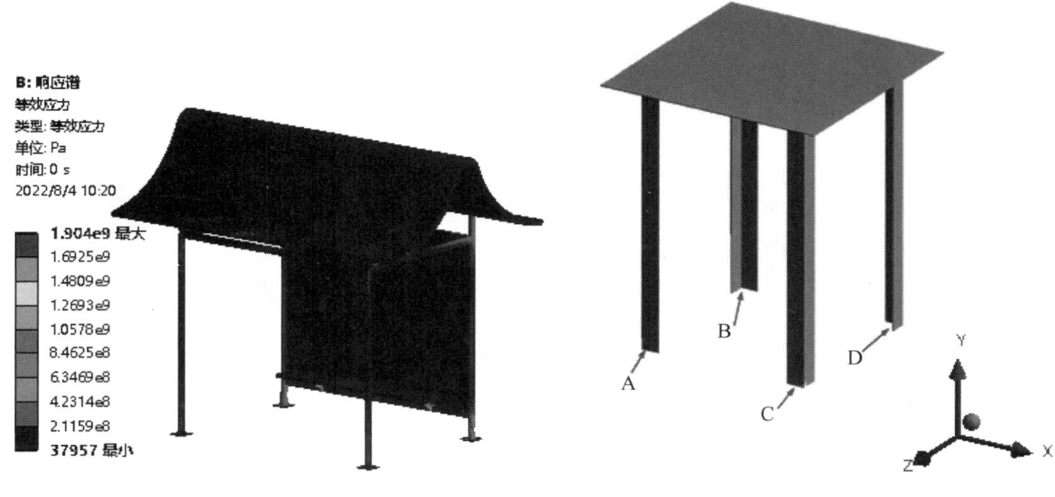

图 9-34 “等效应力”云图　　图 9-35 机械平台

表 9-1　多点频率响应谱

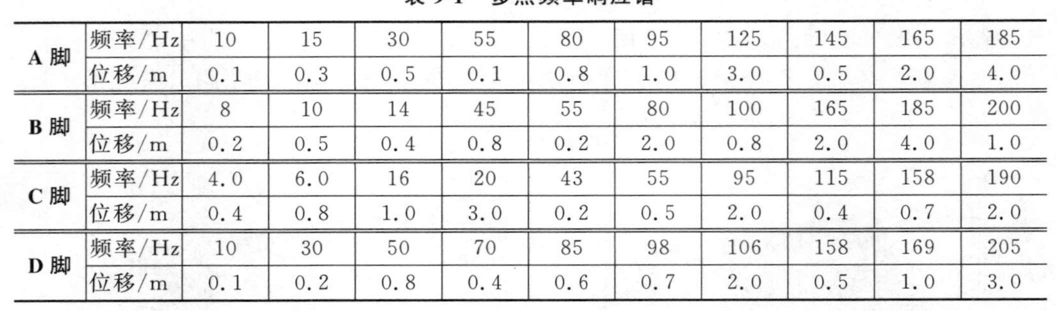

A 脚	频率/Hz	10	15	30	55	80	95	125	145	165	185
	位移/m	0.1	0.3	0.5	0.1	0.8	1.0	3.0	0.5	2.0	4.0
B 脚	频率/Hz	8	10	14	45	55	80	100	165	185	200
	位移/m	0.2	0.5	0.4	0.8	0.2	2.0	0.8	2.0	4.0	1.0
C 脚	频率/Hz	4.0	6.0	16	20	43	55	95	115	158	190
	位移/m	0.4	0.8	1.0	3.0	0.2	0.5	2.0	0.4	0.7	2.0
D 脚	频率/Hz	10	30	50	70	85	98	106	158	169	205
	位移/m	0.1	0.2	0.8	0.4	0.6	0.7	2.0	0.5	1.0	3.0

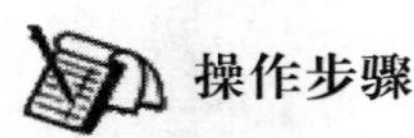

操作步骤

9-3

01 创建工程项目。打开 Workbench 程序，展开左边工具箱中的“分析系统”栏，将工具箱里的“模态”选项直接拖动到“项目原理图”界面中或直接双击“模态”选项，建立一个含有“模态”的项目模块，然后将工具箱里的“响应谱”选项拖动到“模态”中的“求解”栏中，使“响应谱”和“模态”相关联，建立一个含有“模态”和“响应谱”的项目模块，结果如图 9-36 所示。

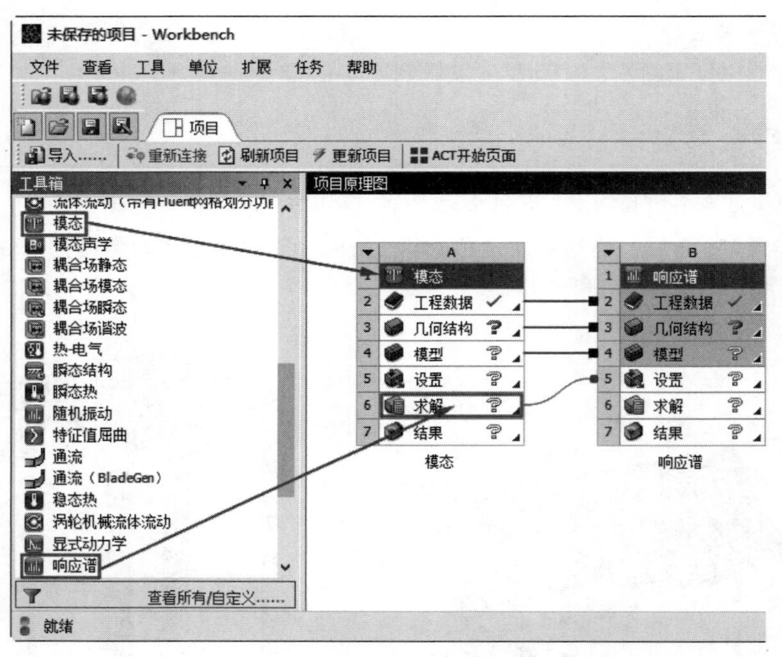

图 9-36　创建工程项目

02 定义材料。在 Workbench 中系统默认的材料是“结构钢”，而该平台的材料也是结构钢，因此这里采用默认设置，不进行修改。

03 导入几何模型。在项目原理图中右击“几何结构”命令，在弹出的快捷菜单中选择导入“几何模型”下一级菜单中的“浏览”命令，弹出“打开”对话框，如图 9-37 所示，选择要导入的模型“平台”，然后单击“打开”按钮 打开(O) 。

Note

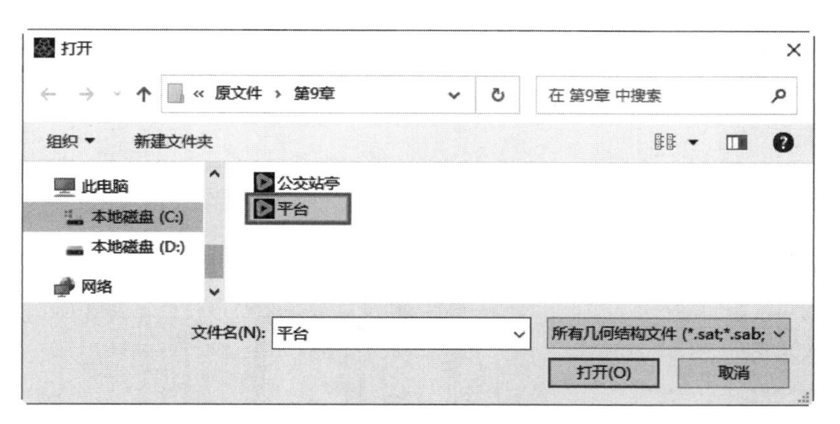

图 9-37 "打开"对话框

04 启动 Mechanical 应用程序。

(1) 启动 Mechanical。在项目原理图中右击"模型"命令，在弹出的快捷菜单中选择"编辑……"命令，如图 9-38 所示，进入"系统 A，B-Mechanical"(机械学)应用程序，如图 9-39 所示。

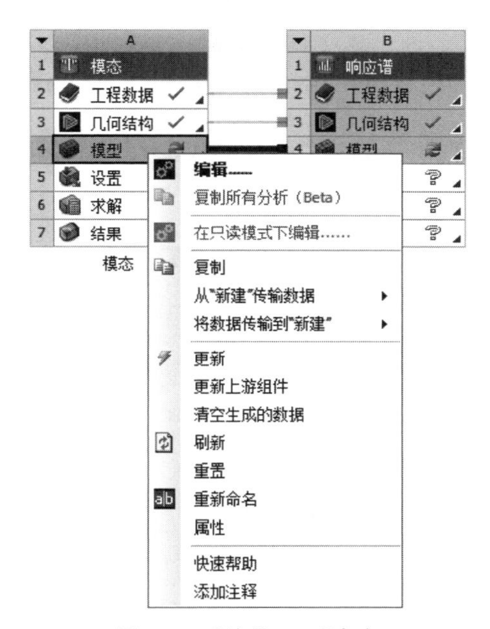

图 9-38 "编辑……"命令

(2) 设置系统单位。单击"主页"选项卡"工具"面板下拉菜单中的"单位"按钮，弹出"单位系统"下拉菜单，选择"度量标准(mm、kg、N、s、mV、mA)"选项，如图 9-40 所示。

05 赋予模型材料。在轮廓树中展开"几何结构"，选择"平台\实体"，在左下角弹出"平台\实体"的详细信息，在列表中单击"材料"栏中"任务"选项框中默认显示材料为"结构钢"，这里不予处理。

Note

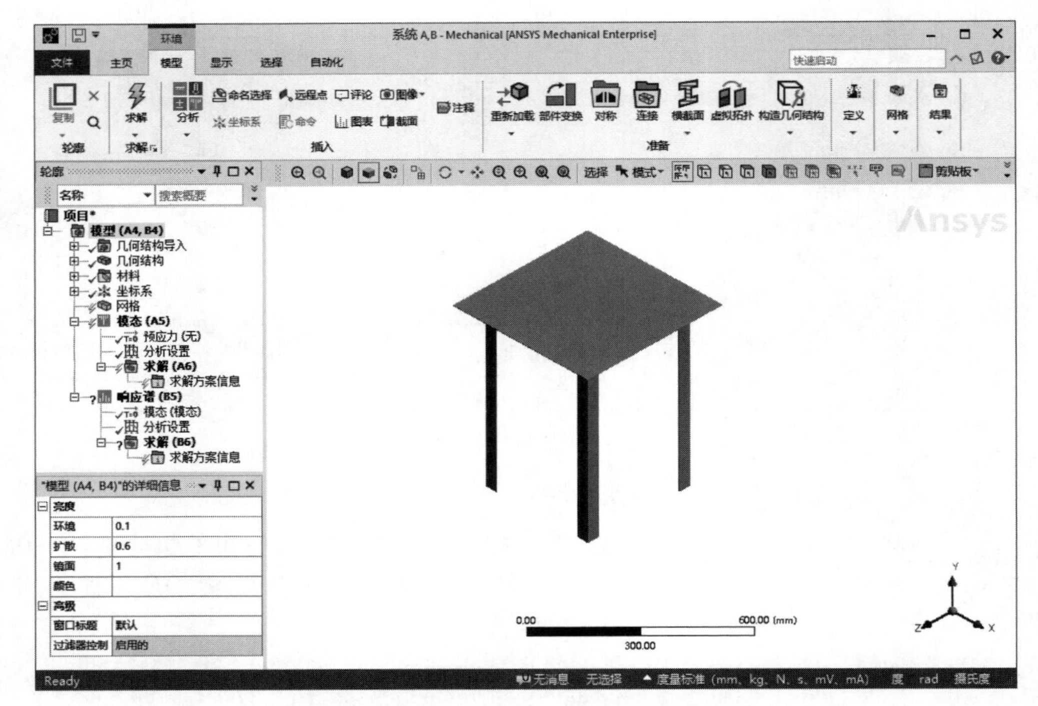

图 9-39 “系统 A,B-Mechanical”(机械学)应用程序

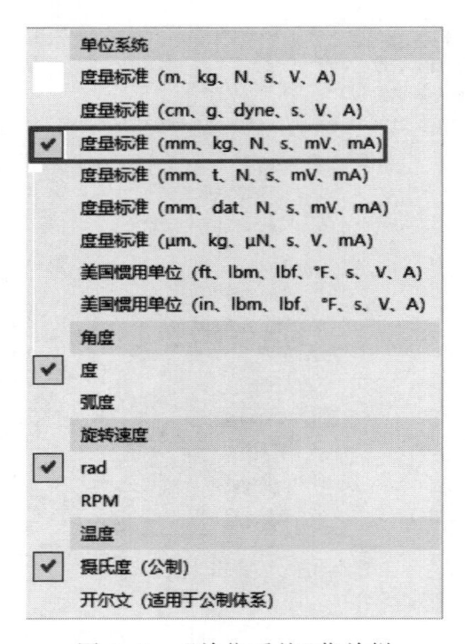

图 9-40 “单位系统”菜单栏

06 划分网格。

(1) 尺寸调整。在轮廓树中单击“网格”分支,系统切换到“网格”选项卡。单击“网格”选项卡“控制”面板中的“尺寸调整”按钮,左下角弹出“几何体尺寸调整”的详细信息,设置“几何结构”为“平台”,设置“单元尺寸”为 15.0mm,如图 9-41 所示。

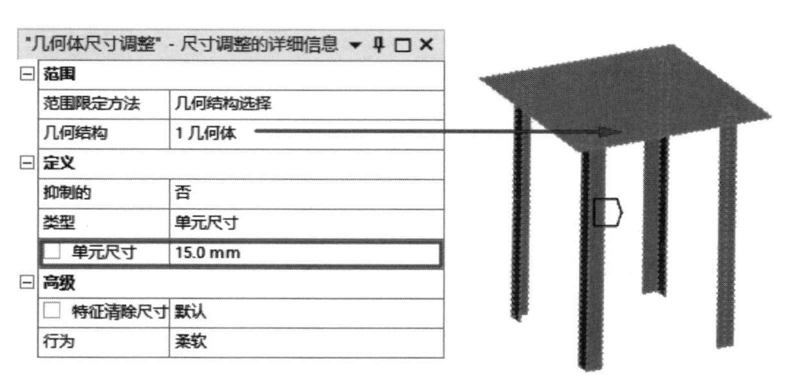

图 9-41 “几何体尺寸调整”的详细信息

(2) 划分网格。在轮廓树中单击“网格”分支，左下角弹出“网格”的详细信息，采用默认设置，然后单击“网格”选项卡“网格”面板中的“生成”按钮，系统自动划分网格，结果如图 9-42 所示。

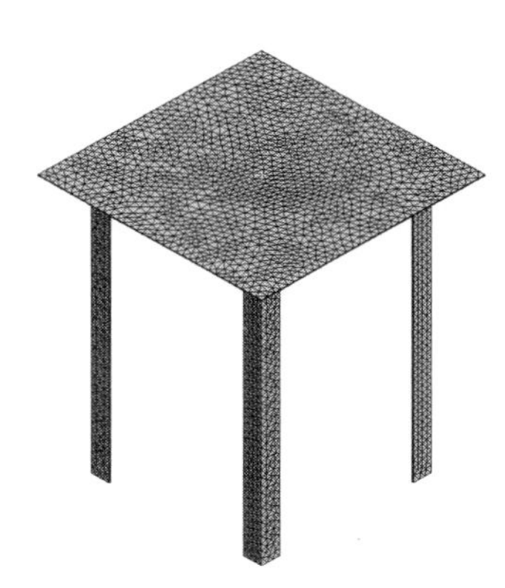

图 9-42 划分网格

07 施加载荷与约束。

(1) 添加固定约束。在轮廓树中单击“模态(A5)”分支，系统切换到“环境”选项卡。单击“环境”选项卡“结构”面板中的“固定的”按钮 固定的，左下角弹出“固定支撑”的详细信息，设置“几何结构”为“平台”的 4 个底脚底面，如图 9-43 所示。

(2) 分析设置。单击“模态(A5)”分支下的“分析设置”，在“分析设置”的详细信息中设置“最大模态阶数”为 6，其他为默认设置，如图 9-44 所示。

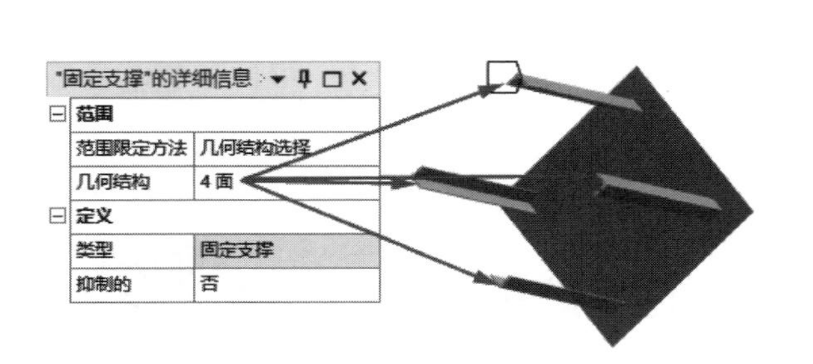

图 9-43 添加固定约束

"分析设置"的详细信息

选项	
最大模态阶数	6
限制搜索范围	否
按需扩展	否
求解器控制...	
阻尼	否
求解器类型	程序控制
转子动力学控制	
高级	
输出控制...	
分析数据管理	

图 9-44 “分析设置”的详细信息

08 模态求解。单击“主页”选项卡“求解”面板中的“求解”按钮，如图 9-45 所示，进行求解。

09 模态求解后处理。

(1) 求解完成后在轮廓树中，单击“求解(A6)”分支，系统切换到“求解”选项卡，同

图 9-45　求解

Note

时在图形窗口下方出现“图形”表和“表格数据”显示了对应的频率，如图 9-46 所示。

(2) 提取模态。在“图形”表上右击，在弹出的快捷菜单中选择“选择所有”选项，然后继续在“图形”表上右击，在弹出的快捷菜单中选择“创建模型形状结果”选项，此时“求解(A6)”分支下方会出现 6 个模态结果，如图 9-47 所示，需要再次求解才能正常显示。

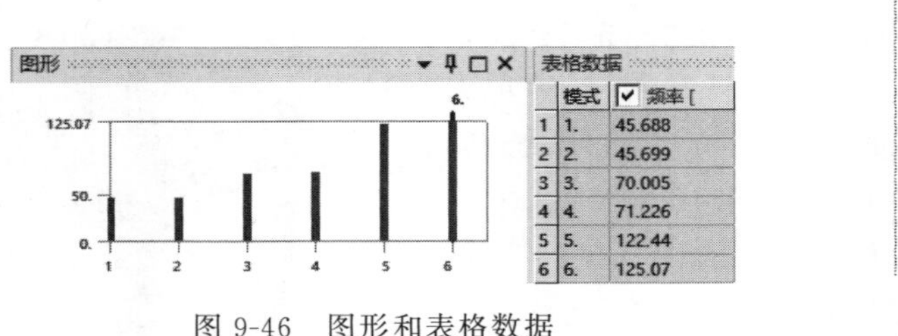

图 9-46　图形和表格数据

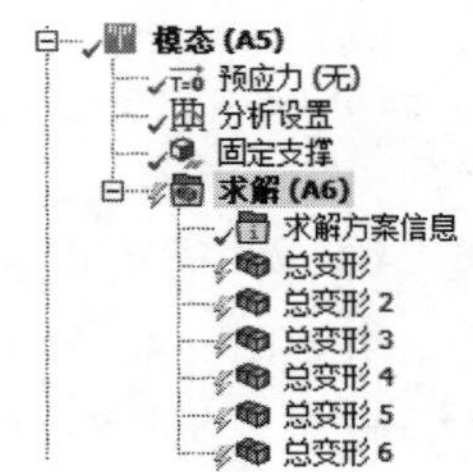

图 9-47　提取模态

(3) 查看模态结果。单击“求解”选项卡“求解”面板中的“求解”按钮，求解完成后查看各阶模态，如图 9-48 所示。

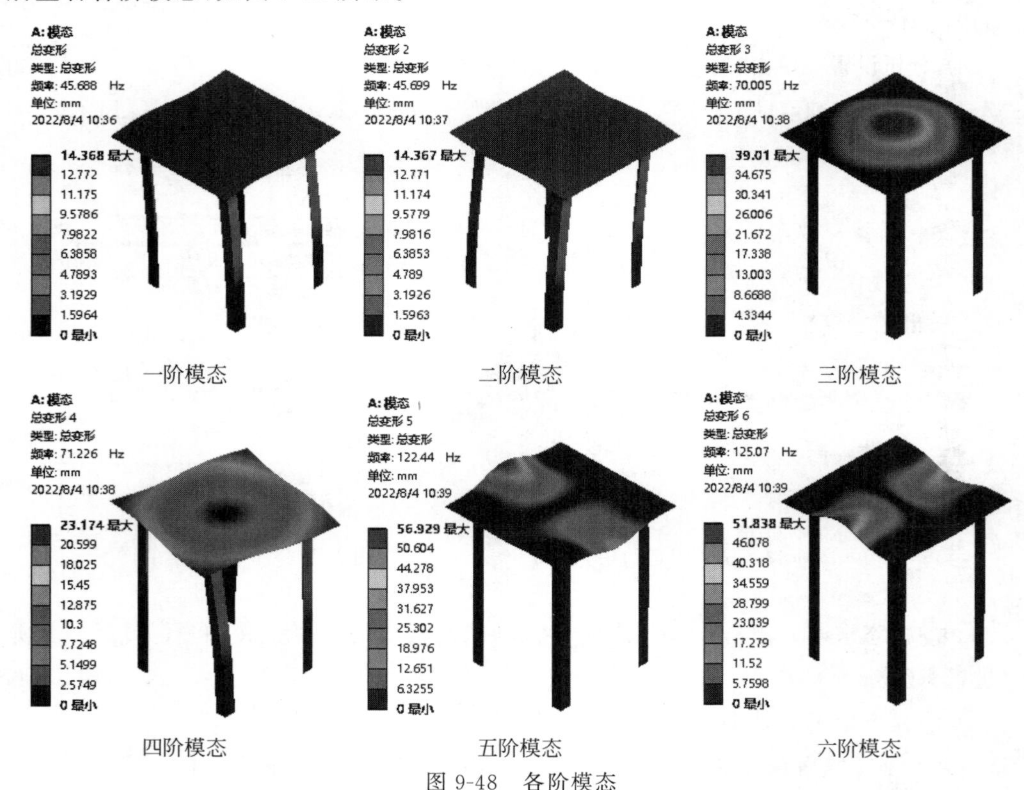

图 9-48　各阶模态

9-4

10 响应谱设置。

（1）分析设置。在轮廓树中单击“响应谱（B5）”分支下的“分析设置”，左下角弹出“分析设置”的详细信息，设置“可使用的模态数量”为“全部”，“频谱类型”为“单个点”，“模态组合类型”为“SRSS”，如图 9-49 所示。

（2）添加 RS 位移。单击“响应谱（B5）”分支，系统切换到“环境”选项卡，单击“环境”选项卡“结构”面板中的“RS 位移”按钮，左下角弹出“RS 位移”的详细信息，在图形区域选择“A 脚”的底面，然后设置“边界条件”为“固定支撑”，在图形区域下方的“表格数据”中输入表 9-1 中“A 脚”的位移、频率值，如图 9-50 所示，并在“RS 位移”的详细信息中设置“方向”为“Y 轴”，如图 9-51 所示。同理添加另外 3 个底脚的 RS 位移。

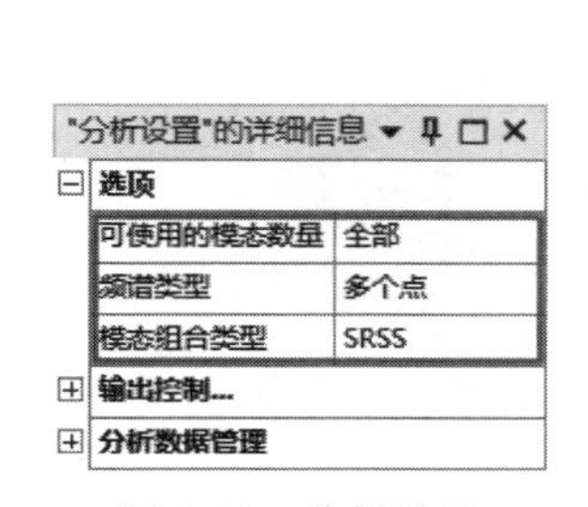

图 9-49　分析设置

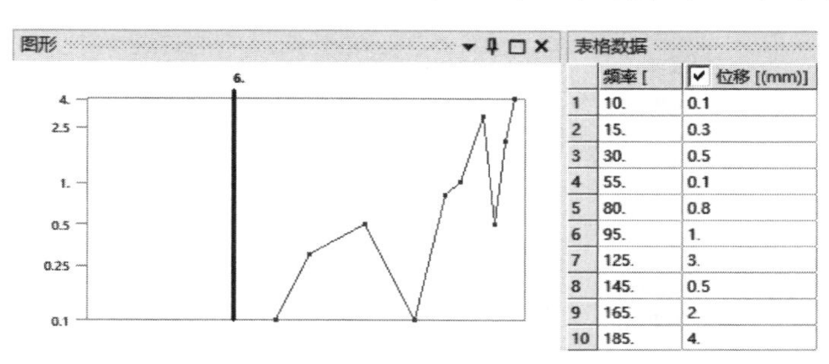

	频率 [	位移 [(mm)]
1	10.	0.1
2	15.	0.3
3	30.	0.5
4	55.	0.1
5	80.	0.8
6	95.	1.
7	125.	3.
8	145.	0.5
9	165.	2.
10	185.	4.

图 9-50　“A 脚”的位移、频率图

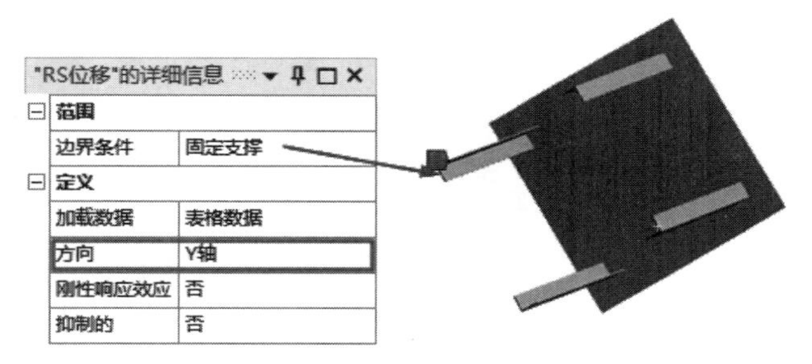

图 9-51　“RS 位移”的详细信息

11 设置求解结果。

（1）添加总变形。单击“求解（B6）”分支，系统切换到“求解”选项卡，单击“求解”选项卡“结果”面板“变形”下拉菜单中的“总计”按钮 总计，如图 9-52 所示，添加总变形。

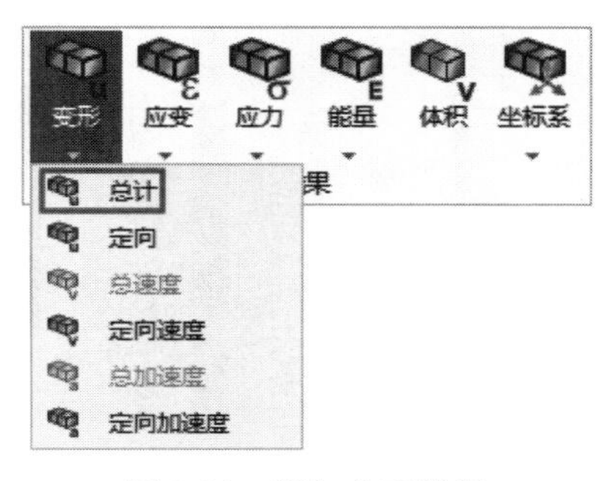

图 9-52　添加总变形图

Note

（2）添加定向变形。单击“求解”选项卡“结果”面板“变形”下拉菜单中的“定向”按钮 定向，在弹出的“定向变形”的详细信息列表中设置“方向”为“X 轴”，如图 9-53 所示，添加 X 轴的定向变形，同理分别添加 Y 轴的定向变形和 Z 轴的定向变形。

（3）添加等效应力。单击“求解”选项卡“结果”面板“应力”下拉菜单中的“等效(Von-Mises)”按钮 等效(Von-Mises)，添加等效应力。

12 响应谱求解。单击“主页”选项卡“求解”面板中的“求解”按钮，进行求解。

13 查看结果。

（1）查看总变形结果。在轮廓树中单击“求解(A6)”分支下的“总变形”分支，显示“总变形”云图，如图 9-54 所示，可以看到总变形的最大位移为 2.2843mm。

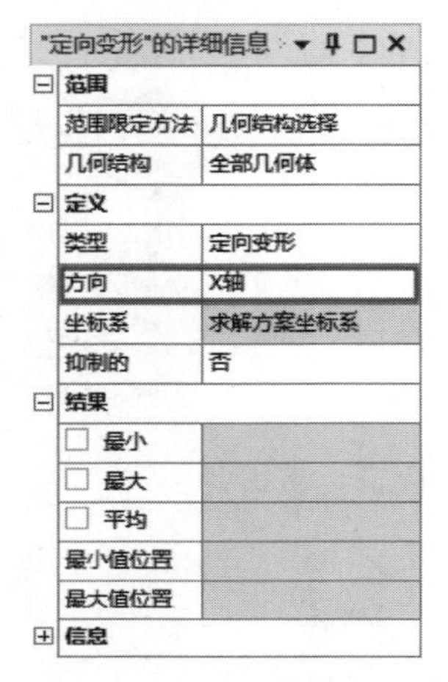

"定向变形"的详细信息

范围	
范围限定方法	几何结构选择
几何结构	全部几何体
定义	
类型	定向变形
方向	X轴
坐标系	求解方案坐标系
抑制的	否
结果	
最小	
最大	
平均	
最小值位置	
最大值位置	
信息	

图 9-53 “定向变形”的详细信息

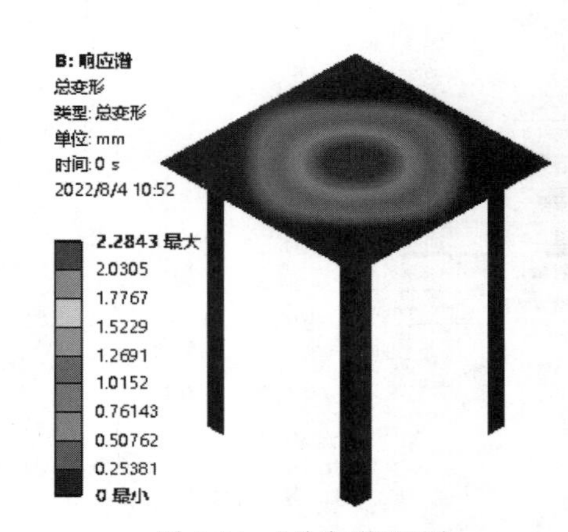

图 9-54 “总变形”云图

（2）查看 X 轴定向变形。在轮廓树中单击“求解(B6)”分支下的“定向变形”分支，显示 X 轴位移云图，如图 9-55 所示，显示“X 轴”方向上的最大位移为 0.059067mm。

（3）查看 Y 轴定向变形。在轮廓树中单击“求解(B6)”分支下的“定向变形 2”分支，显示 Y 轴位移云图，如图 9-56 所示，由于施加的位移频谱都在 Y 方向，因此在 Y 方向上会产生最大位移，所以“Y 轴”位移云图和总变形云图相同。

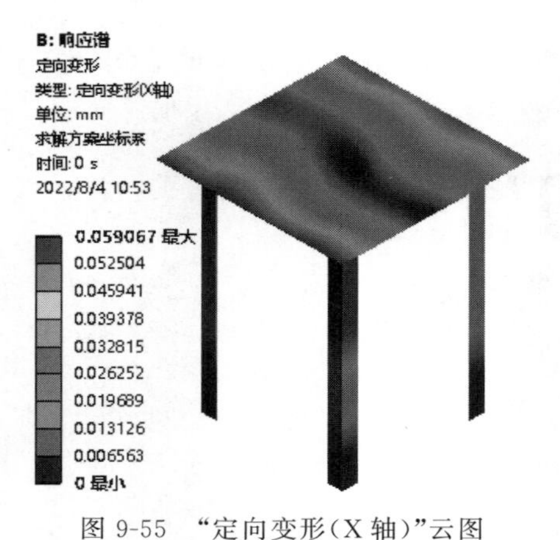

图 9-55 “定向变形(X 轴)”云图

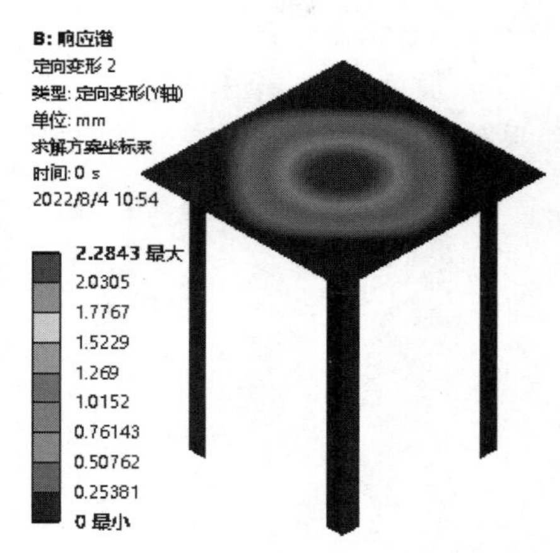

图 9-56 “定向变形(Y 轴)”云图

(4) 查看Z轴定向变形。在轮廓树中单击"求解(B6)"分支下的"定向变形3"分支,显示Z轴位移云图,如图9-57所示,显示"Z轴"方向上的最大位移为0.057055mm。

(5) 查看等效应力。在轮廓树中单击"求解(B6)"分支下的"等效应力"分支,显示"等效应力"云图,如图9-58所示,可以看到产生的最大应力为59.647MPa。

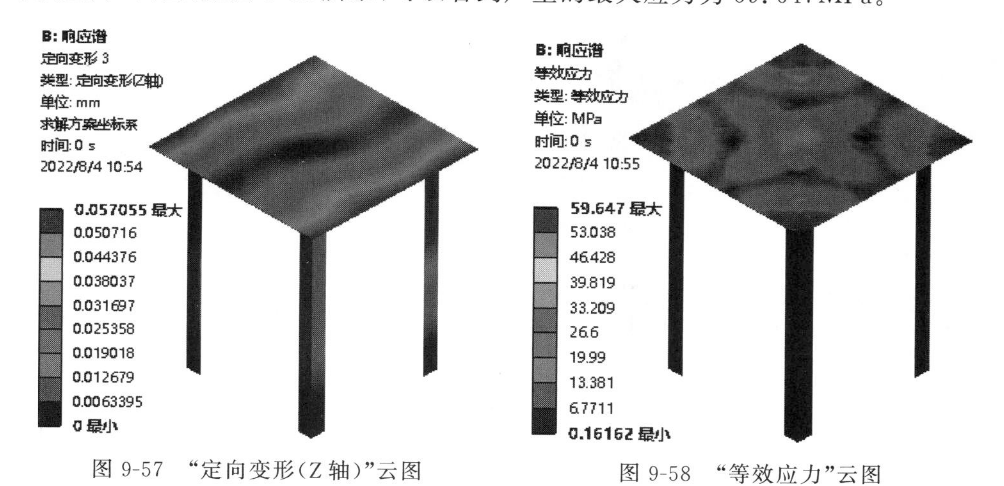

图9-57　"定向变形(Z轴)"云图

图9-58　"等效应力"云图

第10章

谐波响应分析

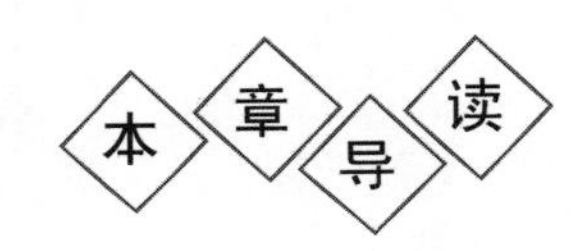

谐波响应分析的基础是模态分析，当模态分析出固有频率后，就可以针对某一频率段进行谐波响应分析，主要用来确定线性结构在承受持续周期载荷时的周期性响应（谐波响应），谐波响应分析能够预测结构的持续动力学特性，从而验证其设计能否成功地克服共振、疲劳及其他受迫振动引起的有害效果。

第10章

- 谐波响应分析概述
- 谐波响应分析方法
- 谐波响应分析流程（创建工程项目、定义材料属性、创建或导入几何模型、谐波响应分析设置、结果后处理）
- 综合实例

10.1　谐波响应分析概述

谐波响应分析是用于确定线性结构在承受随已知按正弦(简谐)规律变化的载荷时的稳态响应的一种技术。只计算处于随时间按正弦规律变化下的稳态受迫振动,不计算刚开始受到激励时的瞬态振动。

分析的目的是计算出结构在几种频率下的响应并得到这些响应值对应的频率曲线,这样就可以预测结构的持续动力学特征,从而验证其设计能否成功地克服共振、疲劳及其他受迫振动引起的有害效果。

谐波响应分析技术只计算结构的稳态受迫振动。发生在激励开始时的瞬态振动不在谐波响应分析中考虑。谐波响应分析是一种线性分析,任何非线性特性,如塑性和接触(间隙)单元,即使被定义了也将被忽略,其输入材料性质可以是线性或非线性、各向同性或正交各向异性、温度恒定的或温度相关的,但必须指定材料的弹性模量和密度。

对于谐波响应分析,其运动方程如下:

$$(-\omega^2\boldsymbol{M}+\mathrm{i}\omega\boldsymbol{C}+\boldsymbol{K})(\boldsymbol{\phi}_1+\mathrm{i}\boldsymbol{\phi}_2)=(\boldsymbol{F}_1+\mathrm{i}\boldsymbol{F}_2) \tag{10-1}$$

这里假设刚度矩阵 $\boldsymbol{K}$、质量矩阵 $\boldsymbol{M}$ 是定值;要求材料是线弹性的、使用位移理论(不包括非线性);阻尼为 $\boldsymbol{C}$;激振(简谐载荷)为 $\boldsymbol{F}$。

谐波响应分析的输入条件包括:已知幅值和频率的简谐载荷,包括力、压力和位移。

简谐载荷可以是具有相同频率的多种载荷,力和位移可以相同或者不同,但是压力分布载荷和体载荷只能指定零相位角。

10.2　谐波响应分析方法

在 Workbench 中有两种方法来求解谐波响应分析,分别为模态叠加法和完全法,设置如图 10-1 所示。

1. 模态叠加法

模态叠加法是在模态坐标系中求解谐波响应方程的。对于线性系统,用户可以将 $\boldsymbol{x}$ 写成关于模态形状 $\boldsymbol{\phi}_i$ 的线性组合的表达式,如下:

$$\boldsymbol{x}=\sum_{i=1}^{n}y_i\boldsymbol{\phi}_i \tag{10-2}$$

式中,y_i 为模态的坐标。

从式(10-2)中可以看出,谐波响应分析时包括的模态 n 越多,则对 $\boldsymbol{x}$ 的值越接近结果就越精确。固有频率 ω_i 和响应的模态形状因子 $\boldsymbol{\phi}_i$ 是通过求解一个模态分析来确定的。

采用模态叠加法进行谐波响应分析时，需要先进行模态分析，通过模态分析得到各个振型后再乘以系数，叠加起来，该方法是一种近似求解方法，求解结果与实际结果的近似度取决于提取的模态数量，数量越多越接近，如果只采用几个模态数量，得到的结果会相差较大，但可以保证得到良好的位移结果。该方法运算速度较快，但不适用于非零位移载荷、非对称矩阵和非线性性质的分析计算。

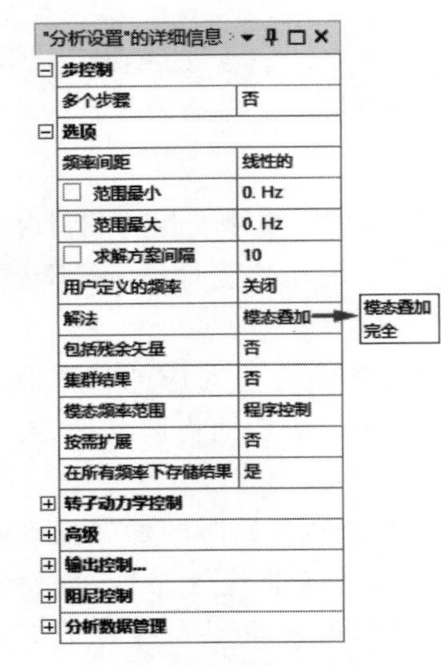

图 10-1　模态分析方法

2. 完全法

该方法是最容易的方法，允许使用完整的结构矩阵，且允许采用非对称矩阵。该方法求解准确，可采用稀疏矩阵求解计算复杂的方程，支持各种类型载荷和约束，但该方法求解时间较长。求解表达式如下：

$$\boldsymbol{K}_c\boldsymbol{x}_c=\boldsymbol{F}_c \tag{10-3}$$

式中，$\boldsymbol{K}_c=(-\omega^2\boldsymbol{M}+\mathrm{j}\omega\boldsymbol{C}+\boldsymbol{K})$；$\boldsymbol{x}_c=\boldsymbol{x}_1+\mathrm{j}\boldsymbol{x}_2$；$\boldsymbol{F}_c=\boldsymbol{F}_1+\mathrm{j}\boldsymbol{F}_2$。

3. 模态叠加法和完全法的比较

（1）模态叠加法是求解化后的非耦合方程，求解速度快；而完全法必须将复杂的耦合矩阵 $\boldsymbol{K}_c$ 做因式分解，因此完全法求解速度慢，耗时长。

（2）完全法支持给定位移约束，由于对 $\boldsymbol{x}$ 直接求解，所以允许施加位移约束，并可以使用给定位移约束。

（3）完全法不进行模态计算，所以不能采用结果收敛，只能采用平均分布间隔。

10.3　谐波响应分析流程

进行谐波响应分析流程主要有以下几个步骤：

（1）创建工程项目。

（2）定义材料属性。

（3）创建或导入几何模型。

（4）赋予模型材料。

（5）定义接触（如果模型中存在接触关系）。

（6）划分网格。

（7）进行模态求解设置（包括预应力设置、分析设置和约束与载荷的设置）。

（8）模态求解。

（9）谐波响应分析设置。

（10）谐波响应分析求解。

（11）结果后处理。

下面就主要的几个方面进行讲解。

10.3.1 创建工程项目

由于进行谐波响应分析之前必须先进行模态分析，因此要创建模态分析和谐波响应分析相关联的工程项目，将工具箱里的“模态”选项直接拖动到“项目原理图”界面中或直接双击“模态”选项，建立一个含有“模态”的项目模块，然后将工具箱里的“谐波响应”选项拖动到“模态”中的“求解”栏中，使“谐波响应”分析和“模态”分析相关联，如图 10-2 所示。

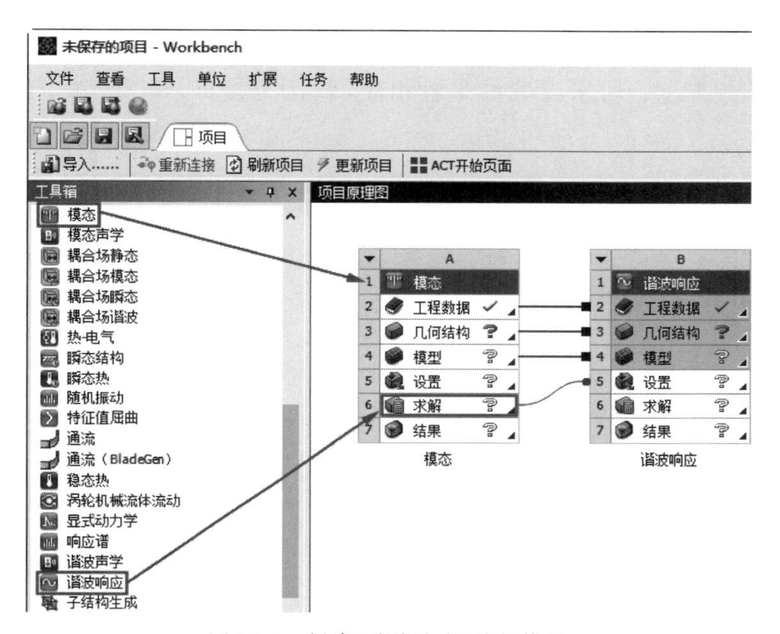

图 10-2 创建“谐波响应”分析模块

10.3.2 定义材料属性

由于谐波响应分析是一种线性分析，因此不支持非线性特性，除此之外的各向同性、正交各向异性和与温度相关的特性都可以加载。

10.3.3 创建或导入几何模型

模态分析支持各种几何体，包括实体、表面体和线体。

在材料属性设置中，弹性模量、泊松比和密度的值是必须有的。

10.3.4 谐波响应分析设置

1. 预应力/模态设置

大多情况下，在执行谐波响应分析时需要进行模态分析，部分情况可能还需要添加预应力，此时在项目原理图中建立一个静力结构分析、一个模态分析和一个谐波响应分析模块，将三者相关联，此时详细信息列表如图 10-3 所示，包括“模态环境”和“预应力环境”。

Note

2. 分析设置

谐波响应分析设置主要包括“范围最大”“范围最小”“求解方案间隔”“解法”“输出控制……”等,“分析设置”的详细信息如图 10-1 所示。

(1) 范围最大:用来定义最大频率。

(2) 范围最小:用来定义最小频率。

(3) 求解方案间隔:用来定义求解间隔,可以用均值等间隔频率点分布,也可以采用集群分布方式。

(4) 解法:指前面讲到过的“模态叠加法”和“完全法”。

(5) 输出控制…:用来设置结果输出量,默认为输出“应力”和“应变”结果,如图 10-4 所示。

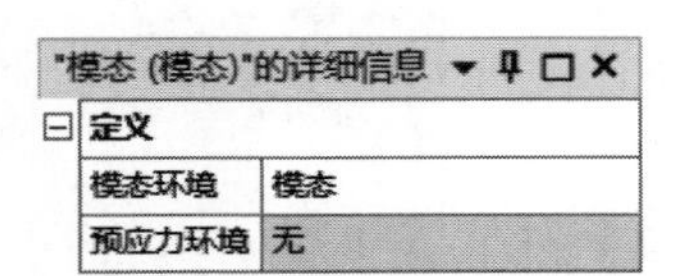

图 10-3 “模态(模态)”的详细信息

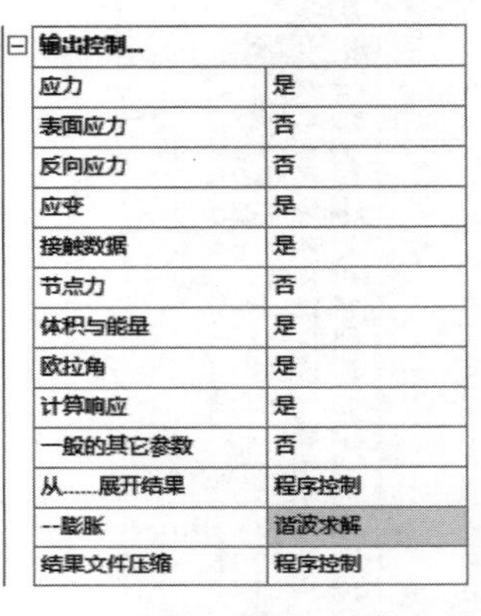

图 10-4 “输出控制…”信息栏

3. 约束和载荷设置

在谐波响应分析中,输入载荷可以是已知幅值和频率的力、压力和位移,所有的结构载荷均有相同的激励频率,Mechanical 中支持的载荷见表 10-1。

表 10-1 支持的载荷

载 荷 类 型	相 位 输 入	求 解 方 法
加速度载荷	不支持	完全法或模态叠加法
压力载荷	支持	完全法或模态叠加法
力载荷	支持	完全法或模态叠加法
轴承载荷	不支持	完全法或模态叠加法
力矩载荷	不支持	完全法或模态叠加法
给定位移载荷	支持	完全法

Mechanical 中不支持的载荷有标准地球重力、热条件、旋转速度、旋转加速度、静液力压力和螺栓预紧力载荷等。

用户在加载载荷时要确定载荷的幅值、相位移及频率。图 10-5 所示就是加载一个力的幅值、相位角的详细栏的实例。

Note

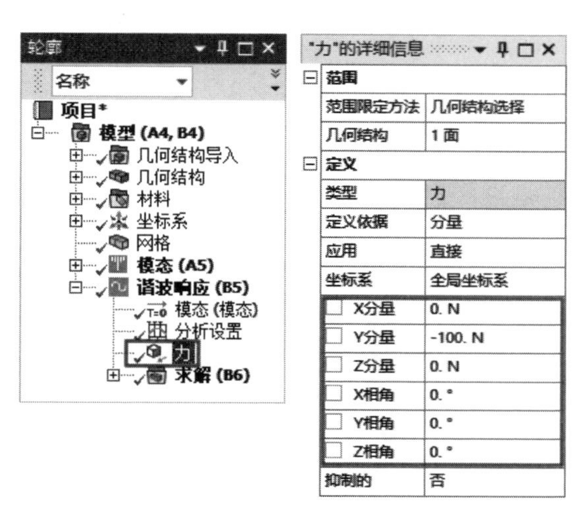

图 10-5　加载力的幅值、相位角的详细信息栏

10.3.5　结果后处理

在后处理中可以查看总变形、应力、应变、位移等的频率图，图 10-6 就是一个典型的变形频率图。

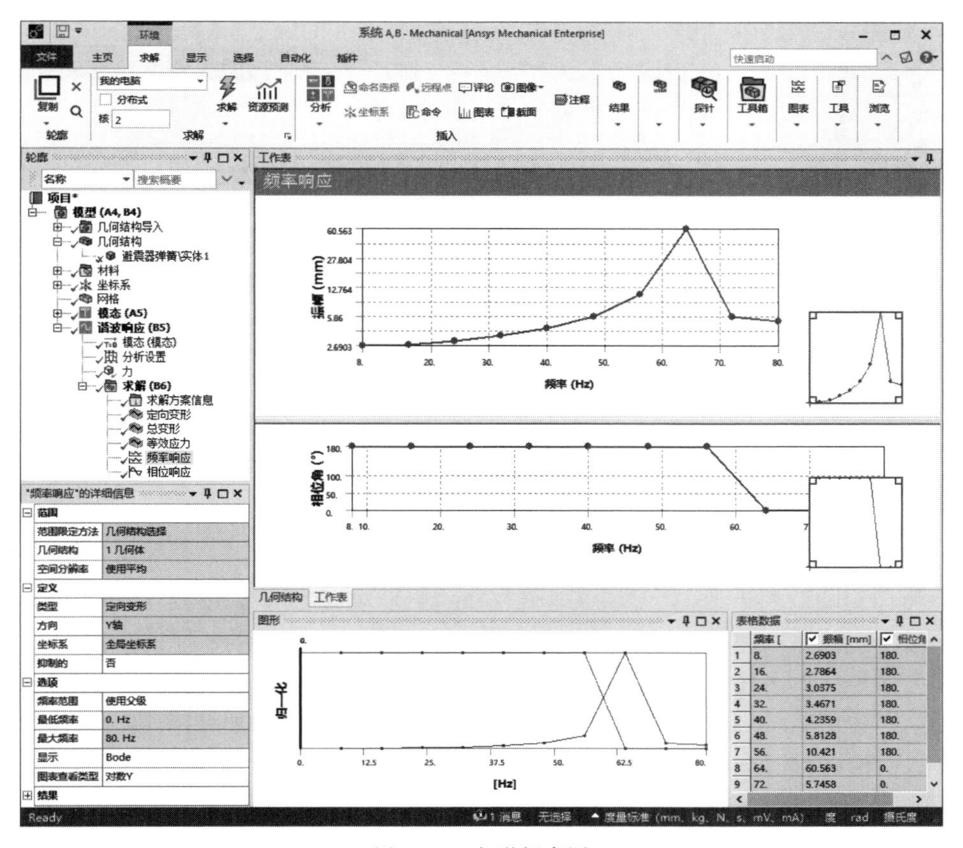

图 10-6　变形频率图

10.4 综合实例

Note

10.4.1 弹簧谐波响应分析

图 10-7 所示为一个避震器弹簧，材质为不锈钢，该避震器一端固定，计算模型在受到 80Hz、100N 的向下的作用力的谐波响应分析。

10-1

操作步骤

01 创建工程项目。打开 Workbench 程序，展开左边工具箱中的“分析系统”栏，将工具箱里的“模态”选项直接拖动到“项目原理图”界面中或直接双击“模态”选项，建立一个含有“模态”的项目模块，然后将工具箱里的“谐波响应”选项拖动到“模态”中的“求解”栏中，使“谐波响应”和“模态”相关联，建立一个含有“模态”和“谐波响应”的项目模块，结果如图 10-8 所示。

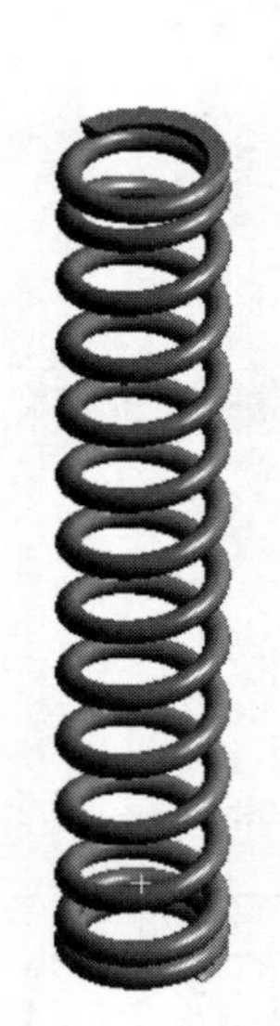

图 10-7 避震器弹簧

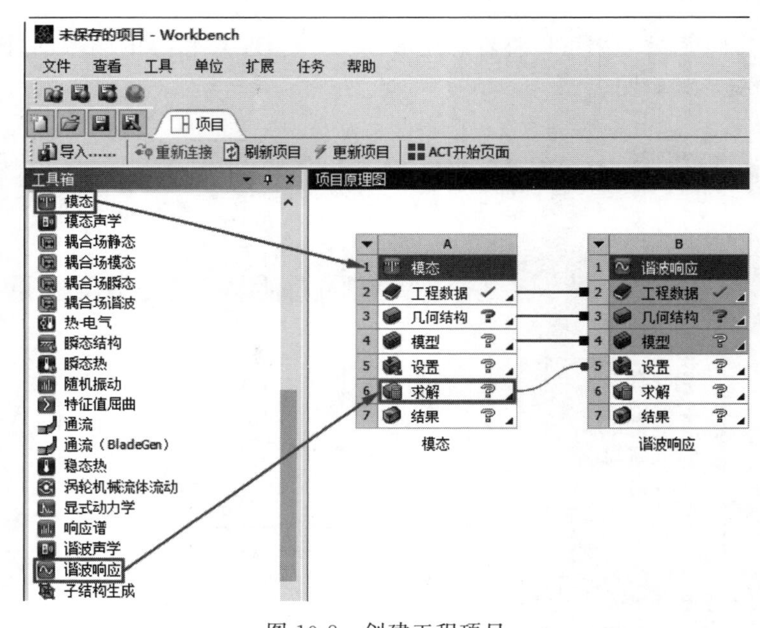

图 10-8 创建工程项目

02 定义材料。双击“项目原理图”中的“工程数据”栏，弹出“工程数据”选项卡，单击应用上方的“工程数据源”标签 工程数据源。如图 10-9 所示，打开左上角的“工程数据源”窗口。单击其中的“一般材料”按钮 一般材料，使之点亮。在“一般材料”点亮的同时单击“轮廓 General Materials”(一般材料概述)窗格中的“不锈钢”旁边的“添加”按钮，将“不锈钢”材料添加到当前项目中，然后单击“A2：工程数据”标签的关闭按钮，返回到 Workbench 界面。

Note

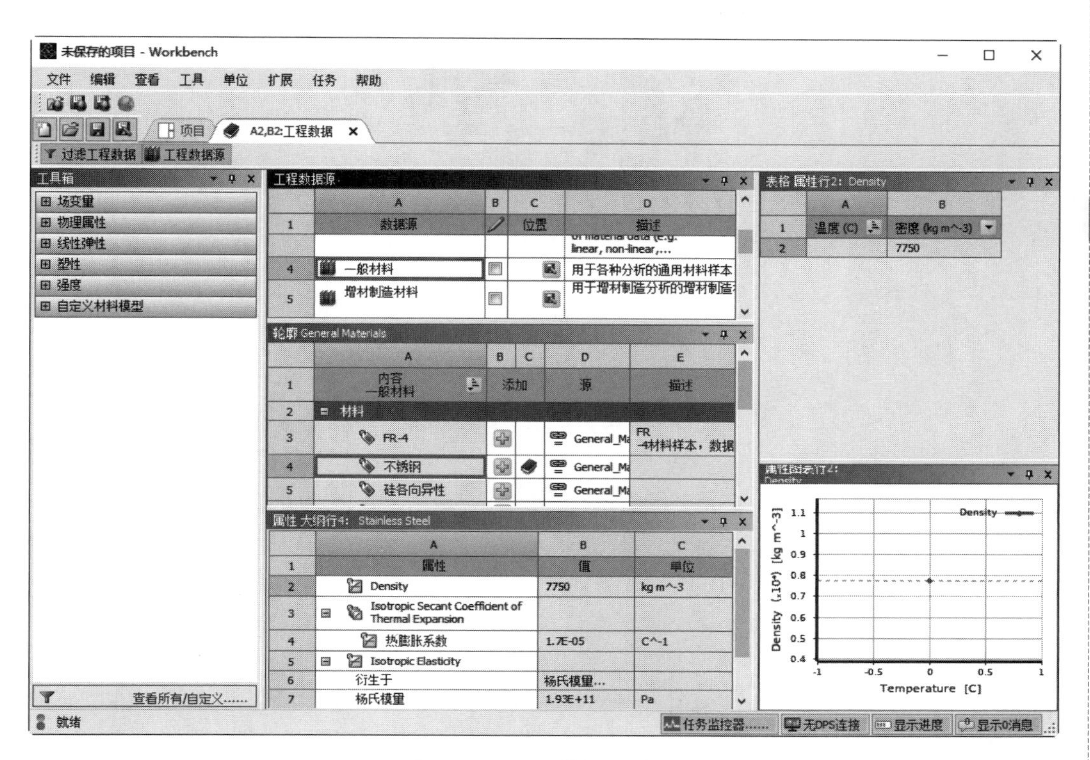

图 10-9 “工程数据源”标签

03 导入几何模型。右击“项目原理图”中的“几何结构”栏，在弹出的快捷菜单中选择“导入几何模型”下一级菜单中的“浏览”命令，弹出“打开”对话框，如图 10-10 所示，选择要导入的模型“避震器弹簧”，然后单击“打开”按钮 打开(O) 。

图 10-10 “打开”对话框

04 启动 Mechanical 应用程序。

(1) 启动 Mechanical。在项目原理图中右击“模型”命令，在弹出的快捷菜单中选择“编辑……”命令，如图 10-11 所示，进入“系统 A，B-Mechanical”（机械学）应用程序，如图 10-12 所示。

Note

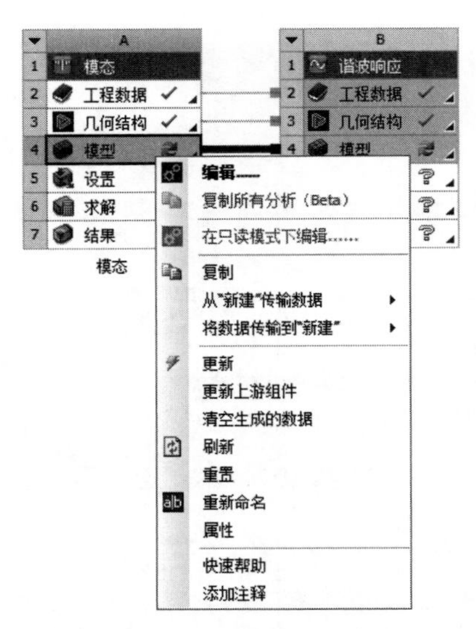

图 10-11 “编辑......”命令

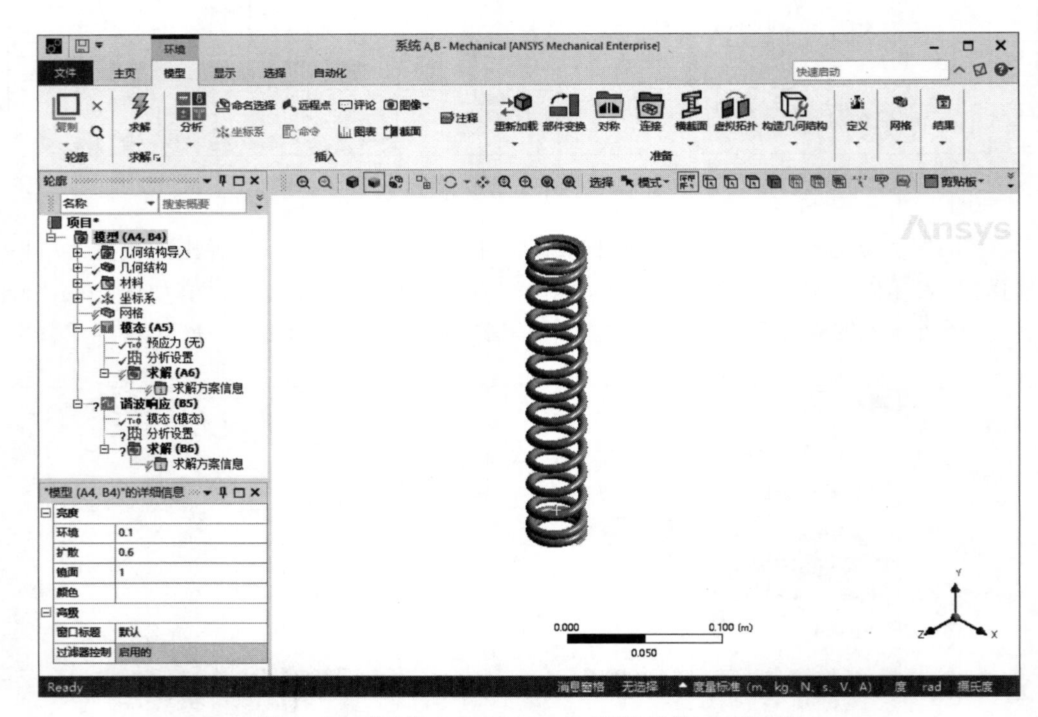

图 10-12 “系统 A，B-Mechanical”（机械学）应用程序

（2）设置系统单位。单击“主页”选项卡“工具”面板下拉菜单中的“单位”按钮，弹出“单位系统”下拉菜单，选择“度量标准（mm、kg、N、s、mV、mA）”选项，如图 10-13 所示。

05 赋予模型材料。在轮廓树中展开“几何结构”，选择“避震器弹簧\实体 1”，在左下角弹出“避震器弹簧\实体 1”的详细信息，在列表中单击“材料”栏中“任务”选项，

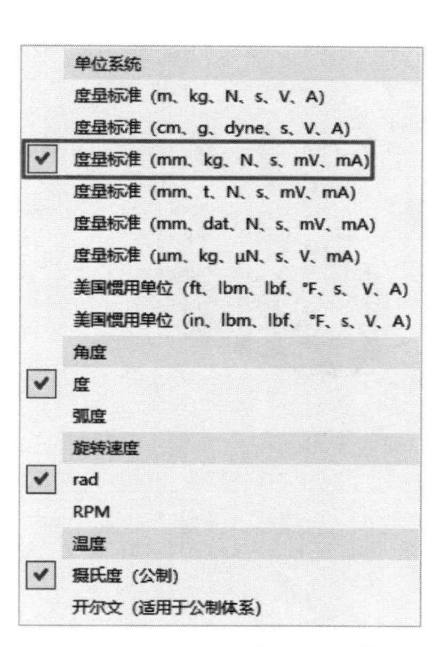

图 10-13　“单位系统”菜单栏

显示“材料”任务为“结构钢”，然后单击“任务”栏右侧的三角按钮▶，弹出“工程数据材料”对话框，如图 10-14 所示，该对话框中选择“不锈钢”选项，为“避震器弹簧”赋予“不锈钢”材料。

06 划分网格。单击“网格”选项卡“网格”面板中的“生成”按钮，系统自动划分网格，结果如图 10-15 所示。

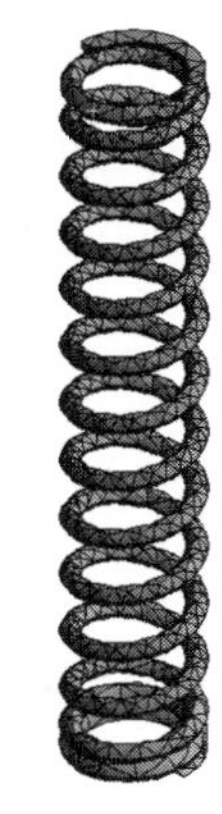

图 10-14　“避震器弹簧\实体 1”的详细信息

图 10-15　划分网格

07 施加载荷与约束。

(1) 添加固定约束。在轮廓树中单击“模态(A5)”分支，系统切换到“环境”选项卡。单击“环境”选项卡“结构”面板中的“固定的”按钮 固定的，左下角弹出“固定支撑”的详细信息，设置“几何结构”为“避震器弹簧”的底面，如图 10-16 所示。

(2) 分析设置。单击“模态(A5)”分支下的“分析设置”，在“分析设置”的详细信息中设置“最大模态阶数”为 6，其他为默认设置，如图 10-17 所示。

Note

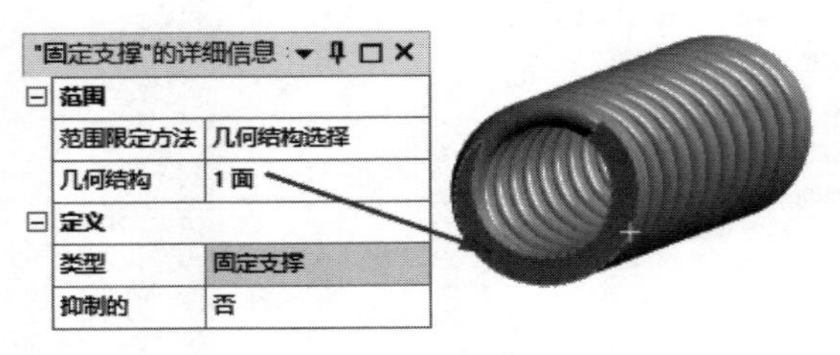

图 10-16　添加固定约束

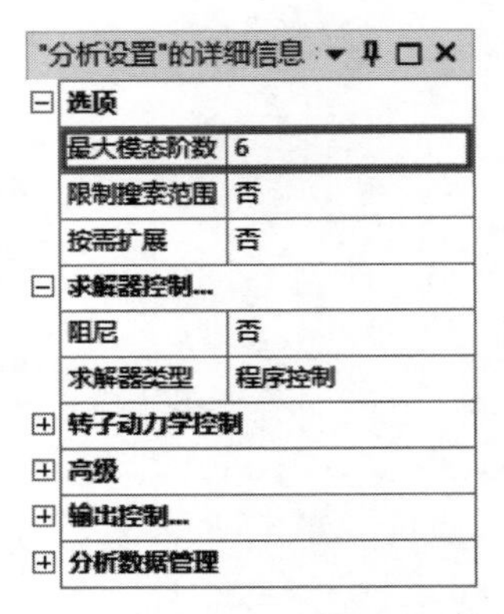

图 10-17　"分析设置"的详细信息

08 模态求解。单击"主页"选项卡"求解"面板中的"求解"按钮，如图 10-18 所示，进行求解。

图 10-18　求解

09 模态求解后处理。

（1）求解完成后在轮廓树中，单击"求解(A6)"分支，系统切换到"求解"选项卡，同时在图形窗口下方出现"图形"表和"表格数据"显示了对应的频率，如图 10-19 所示。

（2）提取模态。在"图形"表上右击，在弹出的快捷菜单中选择"选择所有"选项，然后继续在"图形"表上右击，在弹出的快捷菜单中选择"创建模型形状结果"选项，此时"求解(A6)"分支下方会出现 6 个模态结果，如图 10-20 所示，需要再次求解才能正常显示。

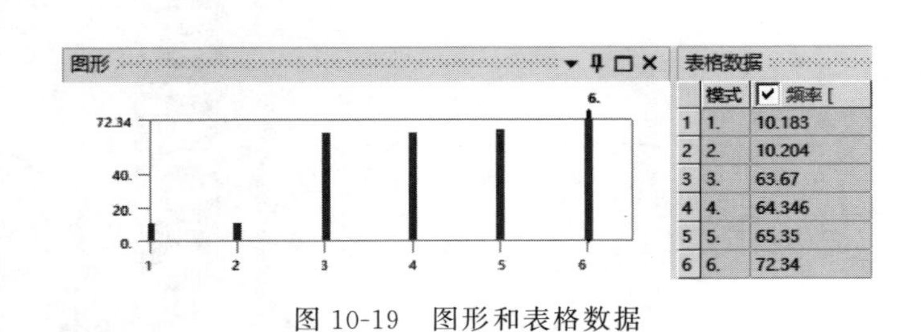

	模式	频率[
1	1.	10.183
2	2.	10.204
3	3.	63.67
4	4.	64.346
5	5.	65.35
6	6.	72.34

图 10-19　图形和表格数据

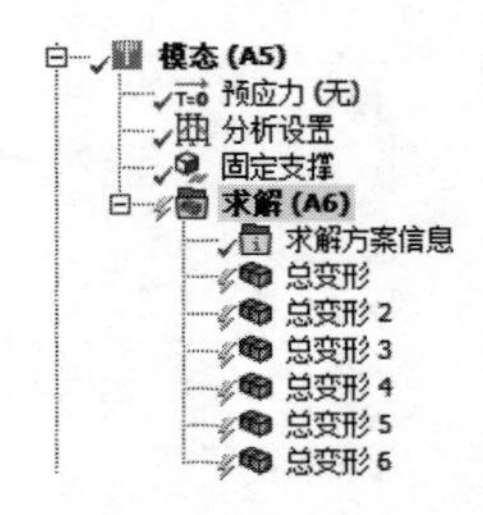

图 10-20　提取模态

（3）查看模态结果。单击"求解"选项卡"求解"面板中的"求解"按钮，求解完成后查看各阶模态，如图 10-21 所示。

10-2

10 谐波响应设置。

（1）分析设置。在轮廓树中单击"谐波响应(B5)"分支下的"分析设置"，左下角弹出"分析设置"的详细信息，设置"范围最大"为"80Hz"，"求解方案间隔"为 10，如图 10-22 所示。

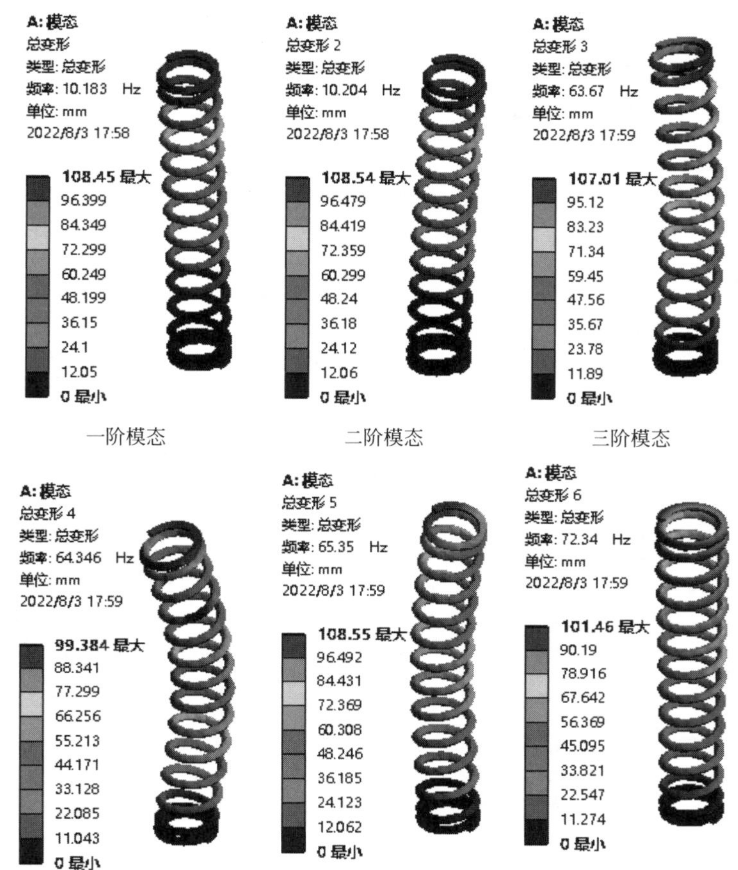

图 10-21 各阶模态

"分析设置"的详细信息	
⊟ 步控制	
多个步骤	否
⊟ 选项	
频率间距	线性的
☐ 范围最小	0. Hz
☐ 范围最大	80. Hz
☐ 求解方案间隔	10
用户定义的频率	关闭
解法	模态叠加
包括残余矢量	否
集群结果	否
按需扩展	否
在所有频率下存储结果	是
⊞ 转子动力学控制	
⊞ 输出控制...	
⊞ 阻尼控制	
⊞ 分析数据管理	

图 10-22 "分析设置"的详细信息

Note

（2）添加力。单击"谐波响应(B5)"分支，系统切换到"环境"选项卡，单击"环境"选项卡"结构"面板中的"力"按钮力，左下角弹出"力"的详细信息，设置"几何结构"为"避震器弹簧"的顶面，"定义依据"为"分量"，设置"Y分量"为"－100N"，其他为默认设置，如图10-23所示。

11 谐波响应求解。单击"主页"选项卡"求解"面板中的"求解"按钮，进行求解。

12 求解后处理。求解完成后在轮廓树中，单击"求解(B6)"分支，系统切换到"求解"选项卡，在该选项卡中选择需要显示的结果。

（1）添加变形频率响应。单击"求解"选项卡"图标"面板"频率响应"下拉菜单中的"变形"按钮 变形，设置几何结构为"避震器弹簧"实体，设置"方向"为"Y轴"，如图10-24所示，添加变形频率响应。

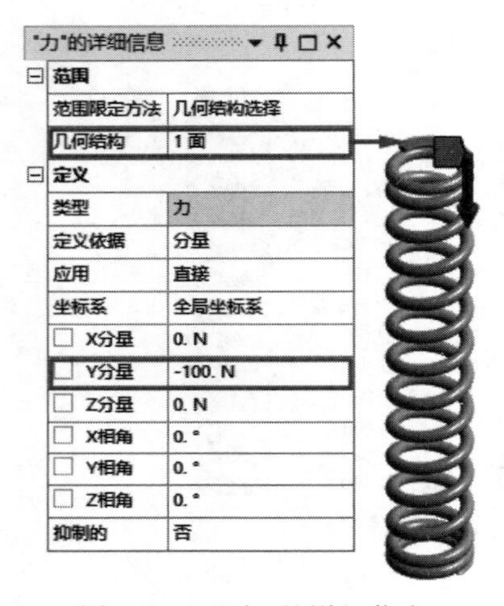

"力"的详细信息

范围	
范围限定方法	几何结构选择
几何结构	1面
定义	
类型	力
定义依据	分量
应用	直接
坐标系	全局坐标系
X分量	0. N
Y分量	-100. N
Z分量	0. N
X相角	0. °
Y相角	0. °
Z相角	0. °
抑制的	否

图10-23 "力"的详细信息

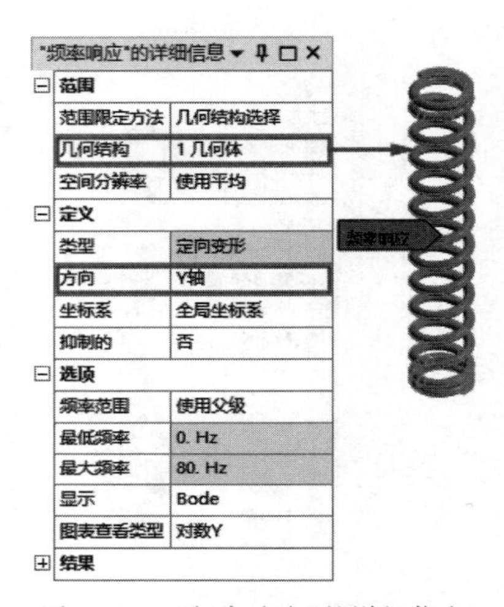

"频率响应"的详细信息

范围	
范围限定方法	几何结构选择
几何结构	1几何体
空间分辨率	使用平均
定义	
类型	定向变形
方向	Y轴
坐标系	全局坐标系
抑制的	否
选项	
频率范围	使用父级
最低频率	0. Hz
最大频率	80. Hz
显示	Bode
图表查看类型	对数Y
结果	

图10-24 "频率响应"的详细信息

（2）求解变形频率响应。右击"求解(B6)"分支下方的"频率响应"，在弹出的快捷菜单中选择"评估所有结果"命令，如图10-25所示，进行求解，得到频率响应图。如图10-26所示，可以看到频率与振幅和频率与相位角关系，还可以看到在频率64Hz处

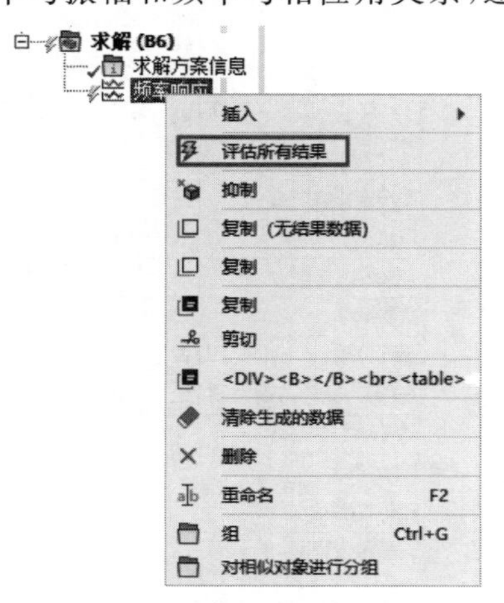

图10-25 频率响应求解

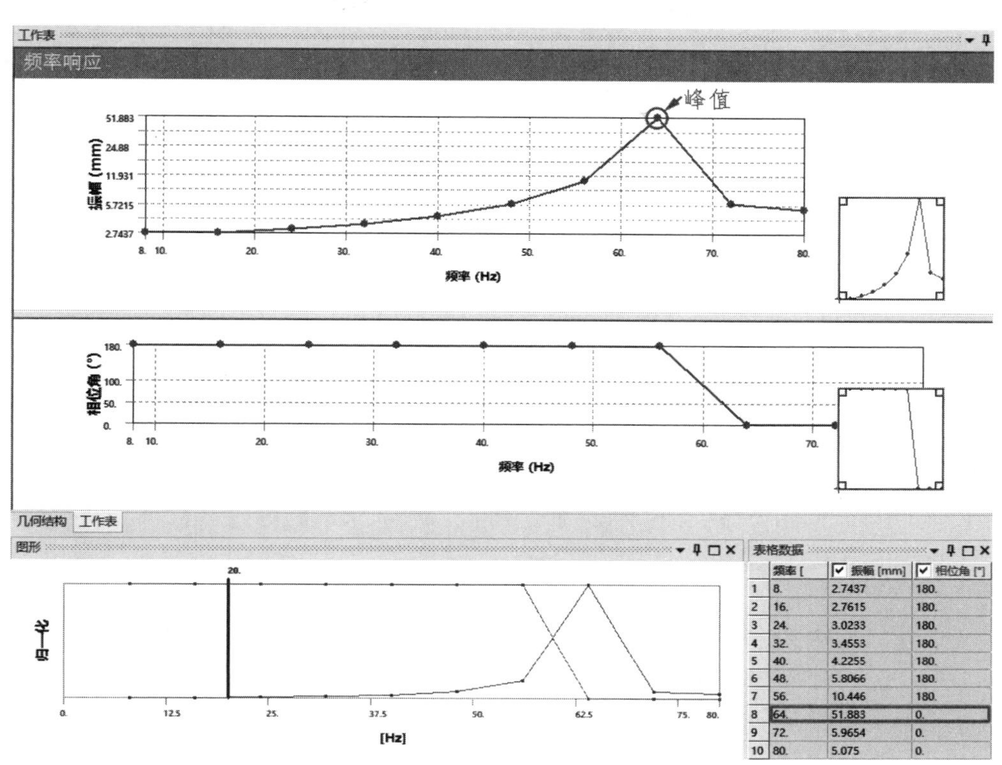

图 10-26 “频率响应”图表

的振幅有一个小峰值。

(3) 查看定向位移。右击“求解(B6)”分支下方的“频率响应”，在弹出的快捷菜单中选择“创建轮廓结果”命令，如图 10-27 所示，此时“求解(B6)”分支下出现“定向变形”，然后对其进行求解，得到频率为 64Hz 时，避震器弹簧在 Y 向上的位移云图，如

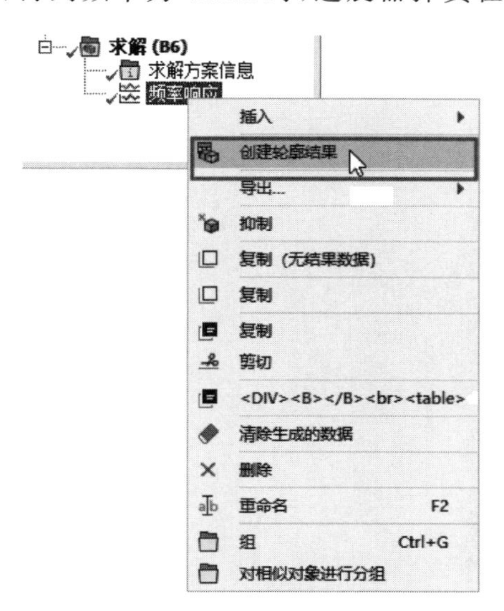

图 10-27 创建轮廓结果

Note

图 10-28 所示，在位移云图中可以看出在 64Hz 时，钓鱼竿在 Y 向上的最大位移为 205.38mm。在图形区域下方的“图形”表格中单击“播放或暂停”按钮▶，可动态观察变形图。

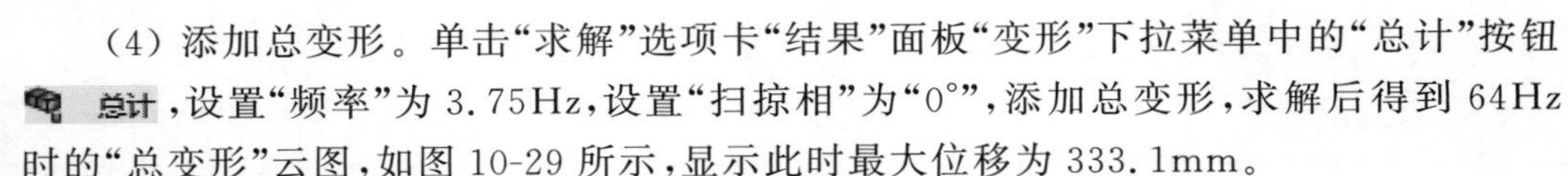

（4）添加总变形。单击“求解”选项卡“结果”面板“变形”下拉菜单中的“总计”按钮 总计，设置“频率”为 3.75Hz，设置“扫掠相”为“0°”，添加总变形，求解后得到 64Hz 时的“总变形”云图，如图 10-29 所示，显示此时最大位移为 333.1mm。

（5）添加等效应力。单击“求解”选项卡“结果”面板“应力”下拉菜单中的“等效（Von-Mises）应力”按钮 等效（Von-Mises）应力，设置“频率”为“64Hz”，设置“扫掠相”为“0°”，添加等效弹性应变，求解后得到 64Hz 时的“等效应力”云图，如图 10-30 所示，显示此时最大等效应力为 10452MPa。

（6）添加变形相位响应。单击“求解”选项卡“图标”面板“相位响应”下拉菜单中的“变形”按钮 变形，设置“几何结构”为避震器弹簧实体，设置“方向”为“Y 轴”，设置“频率”为“64Hz”，如图 10-31 所示，添加变形相位响应，求解后得到 64Hz 时的“相位响应”图表，如图 10-32 所示。

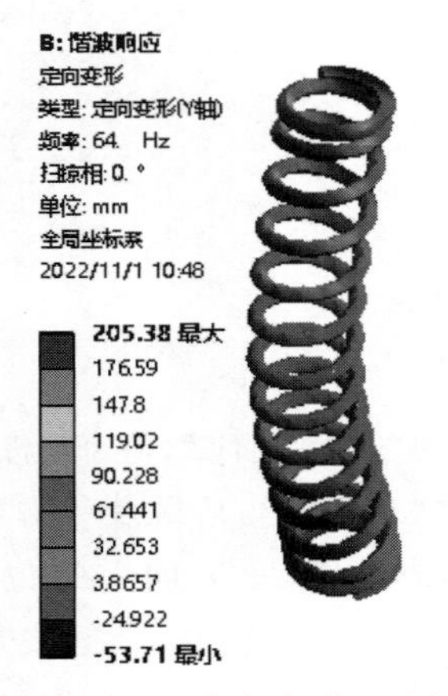

图 10-28 “定向变形”云图

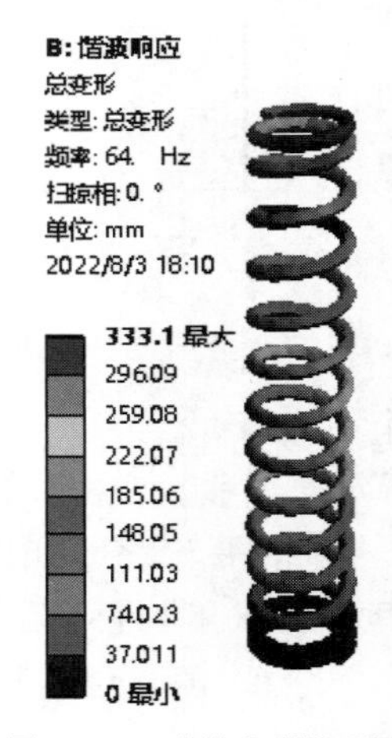

图 10-29 “总变形”云图

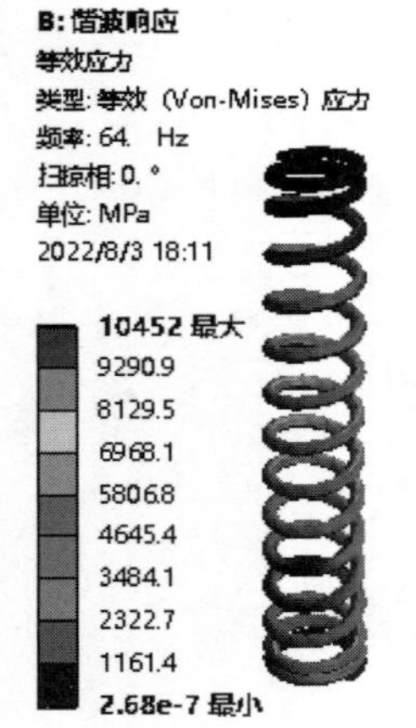

图 10-30 “等效应力”云图

“相位响应”的详细信息

范围	
范围限定方法	几何结构选择
几何结构	1 几何体
空间分辨率	使用平均
定义	
类型	定向变形
方向	Y轴
抑制的	否
选项	
频率	64. Hz
持续时间	720. °
结果	

图 10-31 “相位响应”的详细信息

Note

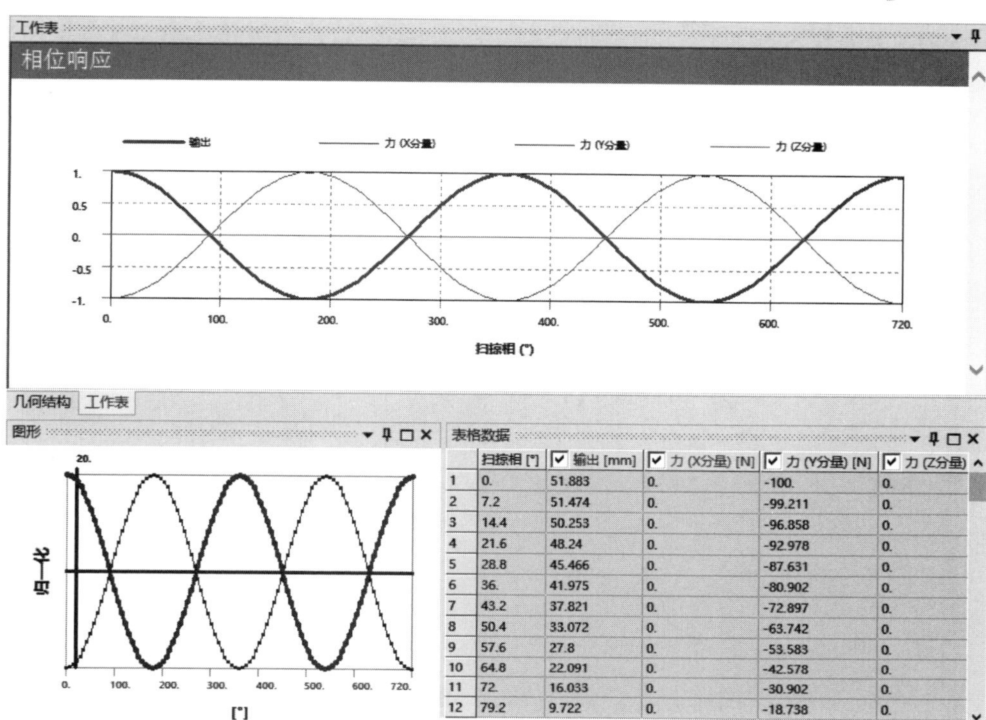

	扫掠相 [°]	输出 [mm]	力 (X分量) [N]	力 (Y分量) [N]	力 (Z分量)
1	0.	51.883	0.	-100.	0.
2	7.2	51.474	0.	-99.211	0.
3	14.4	50.253	0.	-96.858	0.
4	21.6	48.24	0.	-92.978	0.
5	28.8	45.466	0.	-87.631	0.
6	36.	41.975	0.	-80.902	0.
7	43.2	37.821	0.	-72.897	0.
8	50.4	33.072	0.	-63.742	0.
9	57.6	27.8	0.	-53.583	0.
10	64.8	22.091	0.	-42.578	0.
11	72.	16.033	0.	-30.902	0.
12	79.2	9.722	0.	-18.738	0.

图 10-32 “相位响应”图表

10.4.2 扁担静应力谐波响应分析

用扁担挑水时，由于水自身的重力，扁担产生应力，同时挑着水向前走动时会产生一个类似谐波的震动，此例我们就对挑水时的扁担进行谐波响应分析。

图 10-33 所示为模拟挑水时的扁担状态，假设中间部分为肩挑处，默认为固定，两端由于水的重力，各受到 150N 的向下的力，在人挑着水向前走时产生谐波震动，频率为 40Hz，产生的激震力为 30N，扁担的材质为铝合金，挂钩的材质为结构钢，对此状态的扁担进行谐波响应分析。

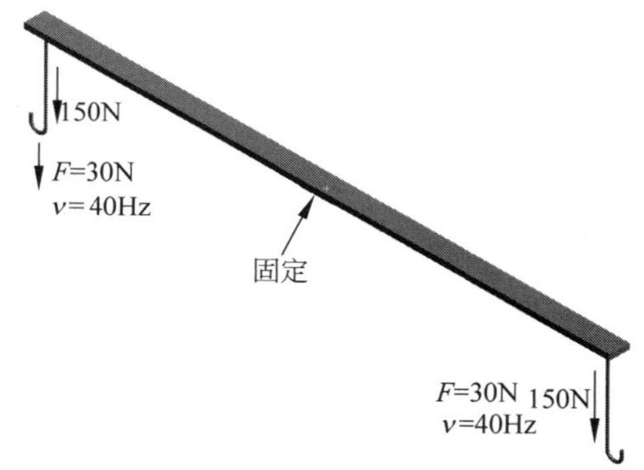

图 10-33 模拟挑水时的扁担状态

操作步骤

01 创建工程项目。打开 Workbench 程序，展开左边工具箱中的“分析系统”栏，将工具箱里的“静态结构”选项直接拖动到“项目原理图”界面中或直接双击“静态结构”选项，建立一个含有“静态结构”的项目模块，然后将工具箱里的“模态”选项拖动到“静态结构”中的“求解”栏中，使“静态结构”和“模态”相关联，再将工具箱里的“谐波响应”选项拖动到“模态”中的“求解”栏中，使“静态结构”“模态”“谐波响应”三者相关联，建立一个含有“静态结构”“模态”“谐波响应”的项目模块，结果如图 10-34 所示。

10-3

Note

02 定义材料。双击“项目原理图”中的“工程数据”栏，弹出“工程数据”选项卡，单击应用上方的“工程数据源”标签 工程数据源。如图 10-35 所示，打开左上角的“工程数据源”窗口。单击其中的“一般材料”按钮 一般材料，使之点亮。在“一般材料”点

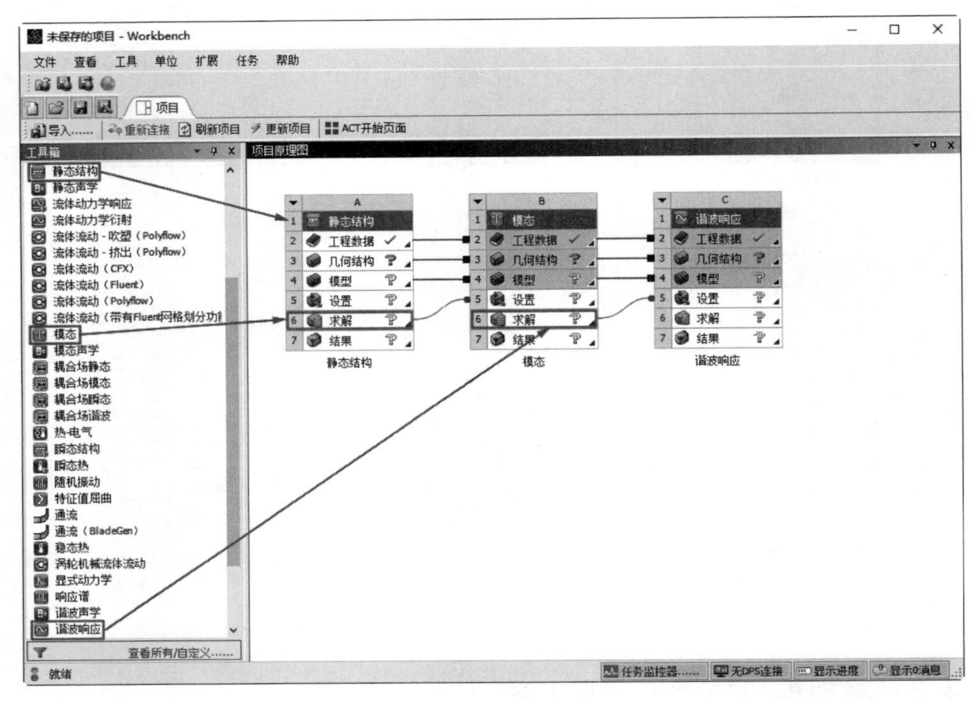

图 10-34 创建工程项目

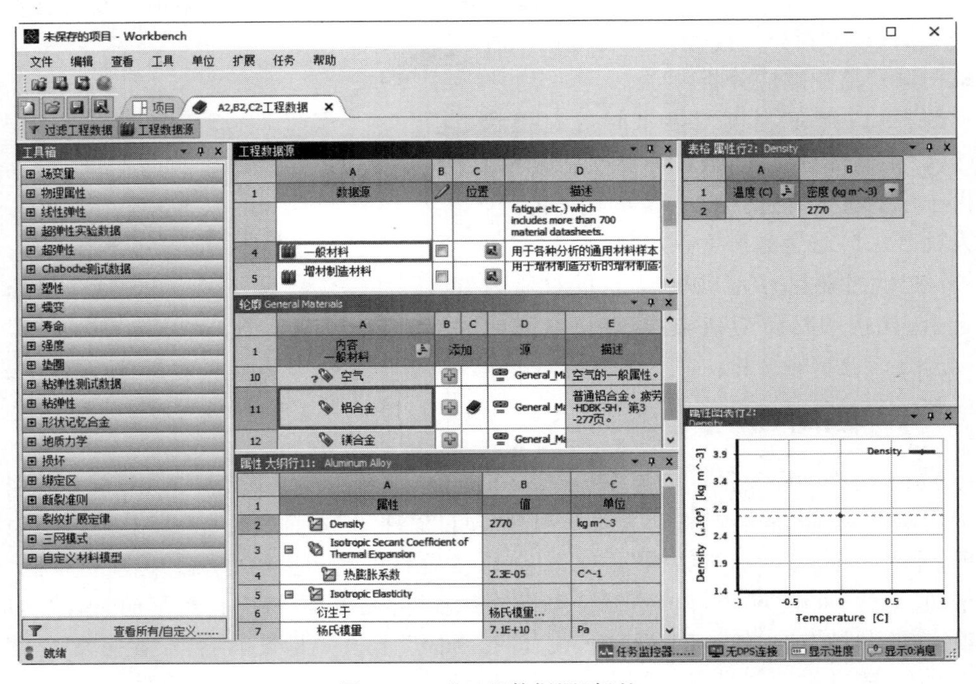

图 10-35 “工程数据源”标签

亮的同时单击“轮廓 General Materials”（一般材料概述）窗格中的“铝合金”旁边的“添加”按钮，将“铝合金”材料添加到当前项目中，然后单击“A2：工程数据”标签的关闭按钮，返回到 Workbench 界面。

03 导入几何模型。在项目原理图中右击“几何结构”命令，在弹出的快捷菜单中选择“导入几何模型”下一级菜单中的“浏览”命令，弹出“打开”对话框，如图 10-36 所示，选择要导入的模型“扁担”，然后单击“打开”按钮 打开(O) 。

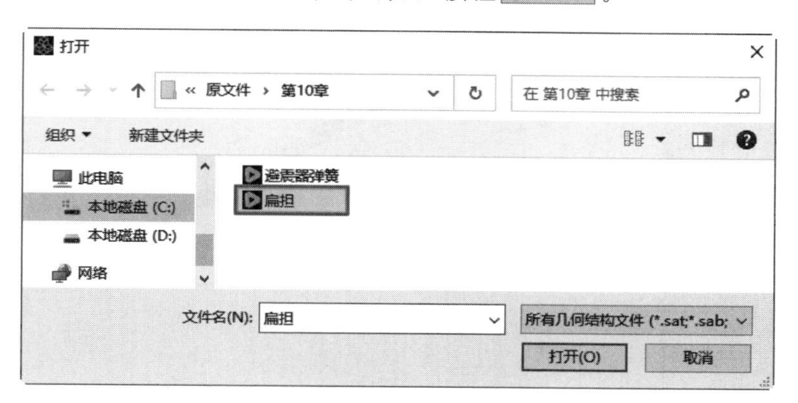

图 10-36　“打开”对话框

04 启动 Mechanical 应用程序。

(1) 启动 Mechanical。在项目原理图中右击“模型”命令，在弹出的快捷菜单中选择“编辑……”命令，如图 10-37 所示，进入“系统 A，B，C-Mechanical”（机械学）应用程序，如图 10-38 所示。

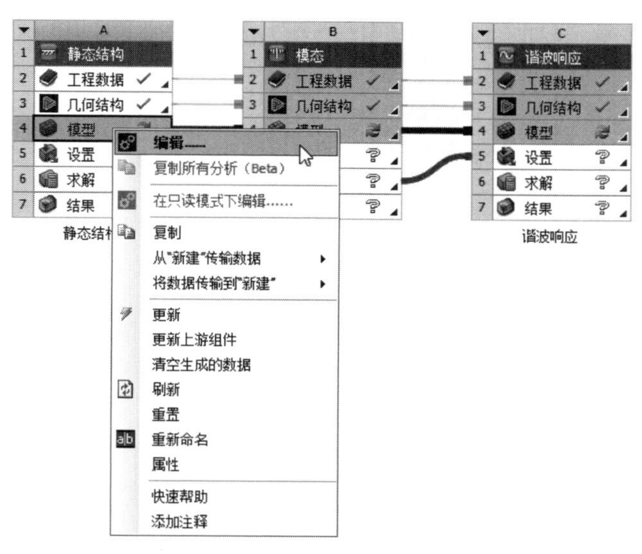

图 10-37　“编辑……”命令

(2) 设置系统单位。单击“主页”选项卡“工具”面板下拉菜单中的“单位”按钮，弹出“单位系统”下拉菜单，选择“度量标准（mm、kg、N、s、mV、mA）”选项，如图 10-39 所示。

Note

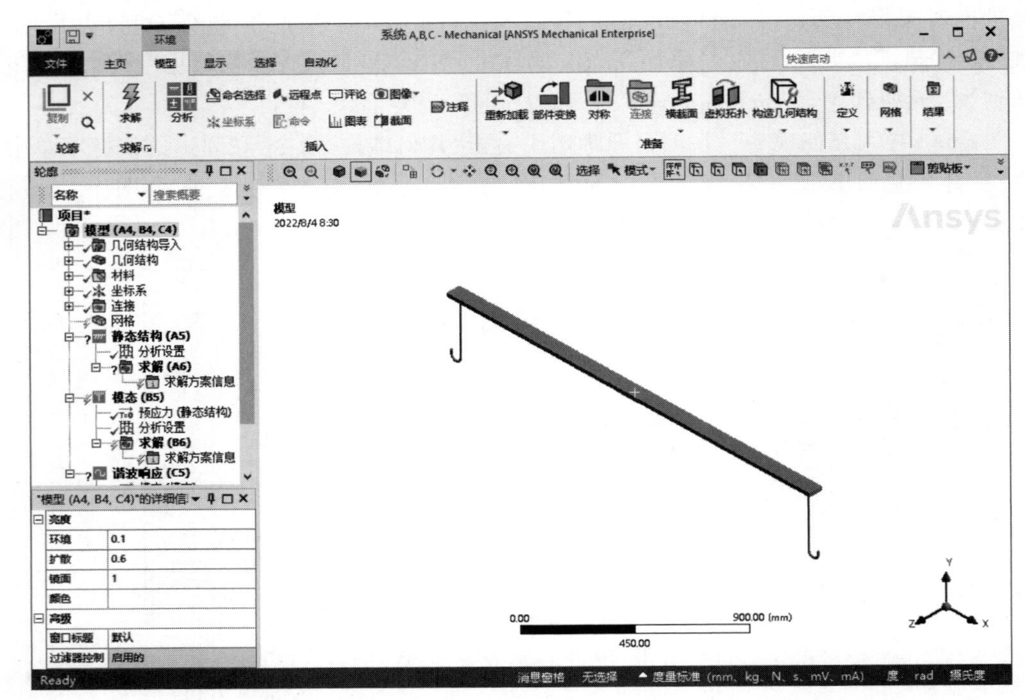

图 10-38 “系统 A,B,C-Mechanical”(机械学)应用程序

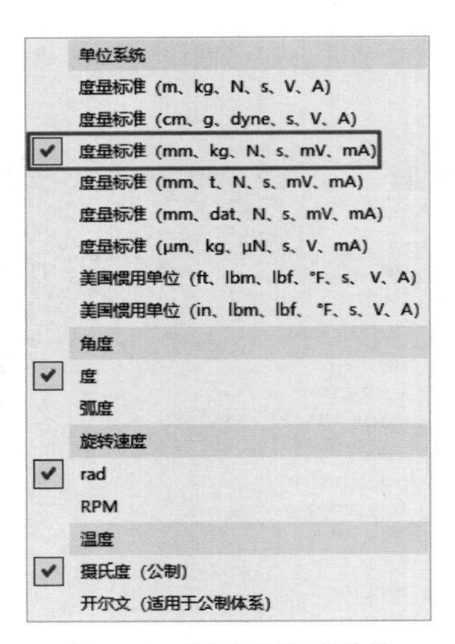

图 10-39 “单位系统”菜单栏

05 模型重命名。在轮廓树中展开“几何结构”,显示模型含有 3 个组件,然后对 3 个组件“重命名”命令,结果如图 10-40 所示。

06 赋予模型材料。选择“扁担”,在左下角打开“扁担”的详细信息列表,然后在“材料”组“任务”栏中选择“铝合金”,然后选择“挂钩 1”和“挂钩 2”,在左下角打开详细

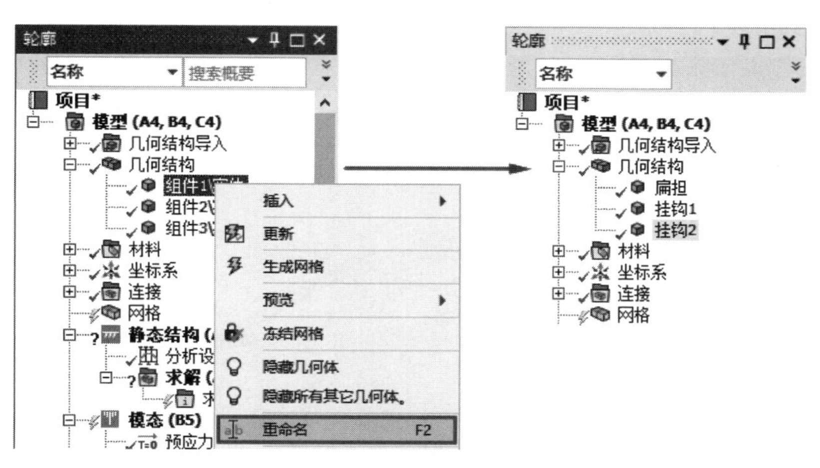

图 10-40 模型重命名

信息列表,在列表中单击"材料"栏中"任务"选项框中默认材料为"结构钢",这里不予处理。

07 添加接触。在轮廓树中展开"连接"分支,系统已经为模型接触部分建立了接触连接,均为扁担和挂钩的接触,这里不予更改,如图 10-41 所示。

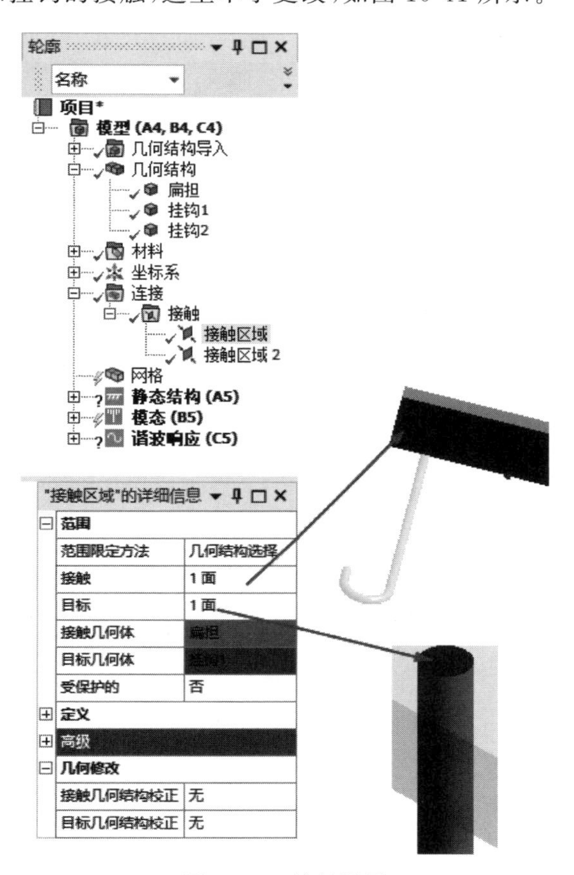

图 10-41 接触设置

08 划分网格。

Note

（1）设置局部划分方法。在轮廓树中单击“网格”分支，系统切换到“网格”选项卡。单击“网格”选项卡“控制”面板中的“方法”按钮，左下角弹出“方法”的详细信息，设置“几何结构”为“扁担”，设置“方法”为“六面体主导”，此时该详细信息列表改为“六面体主导法”，如图 10-42 所示。

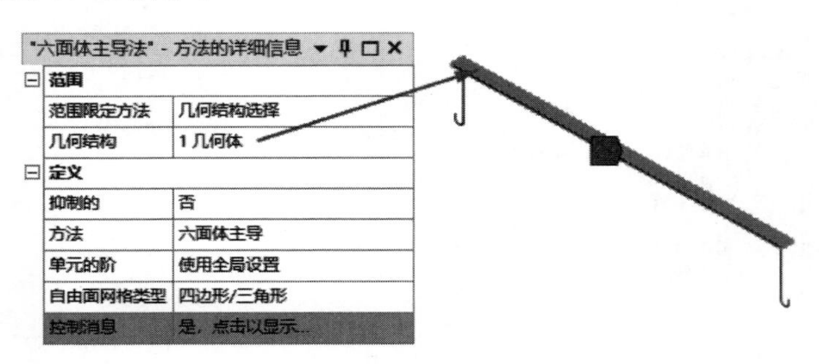

"六面体主导法" - 方法的详细信息

范围	
范围限定方法	几何结构选择
几何结构	1 几何体
定义	
抑制的	否
方法	六面体主导
单元的阶	使用全局设置
自由面网格类型	四边形/三角形
控制消息	是，点击以显示...

图 10-42 “六面体主导法”的详细信息

（2）尺寸调整。在轮廓树中单击“网格”分支，系统切换到“网格”选项卡。单击“网格”选项卡“控制”面板中的“尺寸调整”按钮，左下角弹出“尺寸调整”的详细信息，设置“几何结构”为“扁担”，设置“单元尺寸”为 10.0mm，如图 10-43 所示。

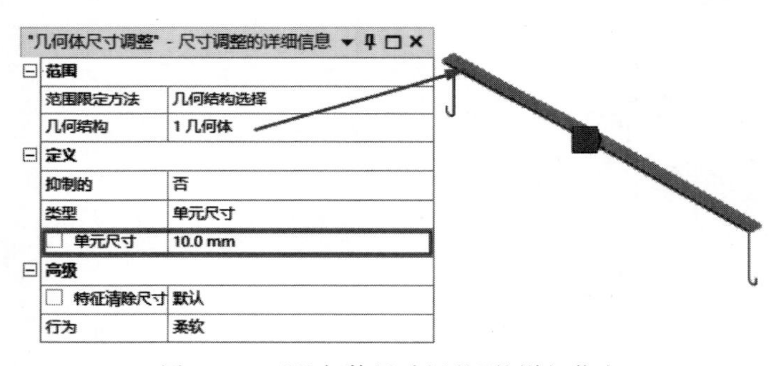

"几何体尺寸调整" - 尺寸调整的详细信息

范围	
范围限定方法	几何结构选择
几何结构	1 几何体
定义	
抑制的	否
类型	单元尺寸
单元尺寸	10.0 mm
高级	
特征清除尺寸	默认
行为	柔软

图 10-43 “几何体尺寸调整”的详细信息

（3）划分网格。在轮廓树中单击“网格”分支，左下角弹出“网格”的详细信息，采用默认设置，然后单击“网格”选项卡“网格”面板中的“生成”按钮，系统自动划分网格，结果如图 10-44 所示。

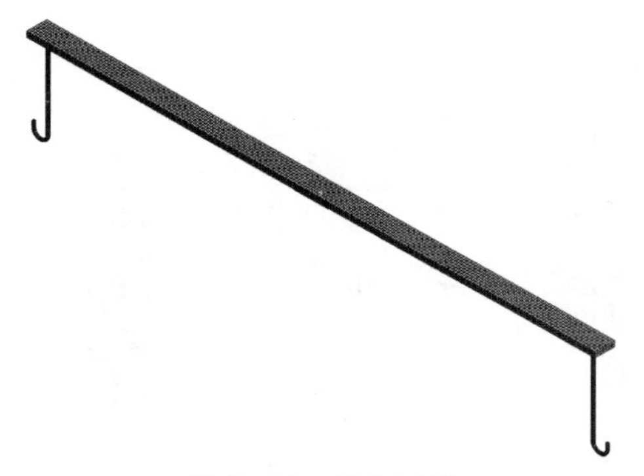

图 10-44 划分网格

Note

10-4

09 静态结构定义载荷和约束。

(1) 添加固定约束。在轮廓树中单击“静态结构(A5)”分支，系统切换到“环境”选项卡。单击“环境”选项卡“结构”面板中的“固定的”按钮 固定的，左下角弹出“固定支撑”的详细信息，设置“几何结构”为“扁担”的中间底面，如图 10-45 所示。

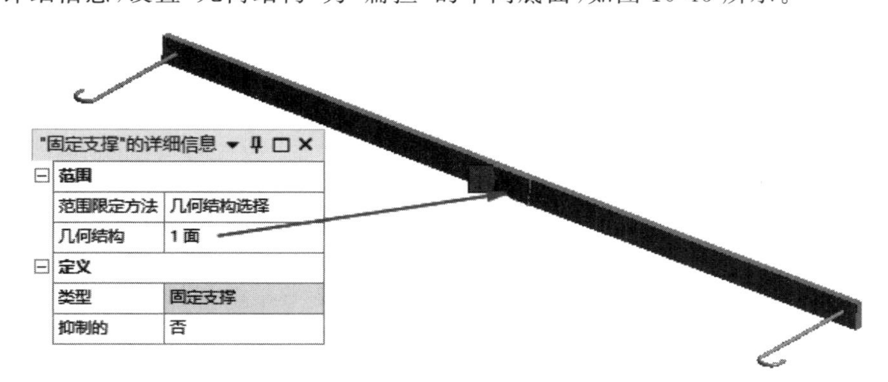

"固定支撑"的详细信息

范围	
范围限定方法	几何结构选择
几何结构	1 面
定义	
类型	固定支撑
抑制的	否

图 10-45 添加固定约束

(2) 添加力。单击“环境”选项卡“结构”面板中的“力”按钮 力，左下角弹出“力”的详细信息，设置“几何结构”为“挂钩 1”的竖直圆表面，设置大小为“表格数据”，然后在图形区域下方的“表格数据”中设置第一行和第二行的力大小均为 150N，如图 10-46 所示，然后继续在“力”的详细信息中设置力的方向为竖直向下，如图 10-47 所示；同理设置另一个挂钩受到的力。

表格数据

	步	时间 [S]	☑ 力 [N]
1	1	0.	150.
2	1	1.	150.
*			

图 10-46 添加力

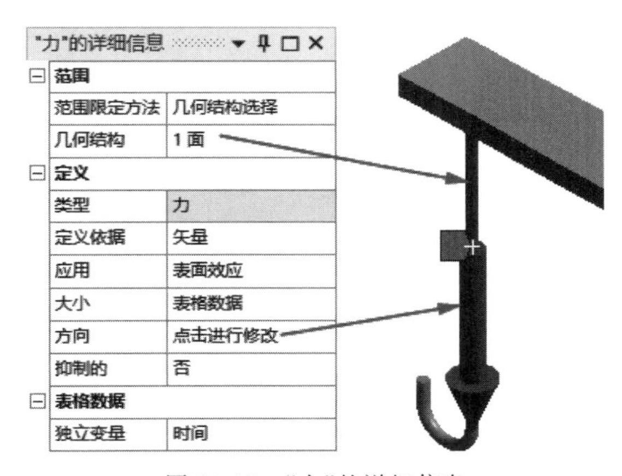

"力"的详细信息

范围	
范围限定方法	几何结构选择
几何结构	1 面
定义	
类型	力
定义依据	矢量
应用	表面效应
大小	表格数据
方向	点击进行修改
抑制的	否
表格数据	
独立变量	时间

图 10-47 “力”的详细信息

10 设置求解结果。

(1) 添加总变形。单击“求解(A6)”分支，系统切换到“求解”选项卡，单击“求解”选项卡“结果”面板“变形”下拉菜单中的“总计”按钮 总计，添加总变形。

(2) 添加等效弹性应变。单击“求解”选项卡“结果”面板“应变”下拉菜单中的“等效”(Von-Mises)按钮 等效(Von-Mises)，添加等效弹性应变。

(3) 添加等效应力。单击“求解”选项卡“结果”面板“应力”下拉菜单中的“等效”(Von-Mises)按钮 等效(Von-Mises)，添加等效应力。

11 求解静态结构。在模型树中选择“静态结构(A5)”,然后单击“主页”选项卡“求解”面板中的“求解”按钮,如图 10-48 所示,进行求解。

图 10-48 求解

12 静态结构后处理。

(1) 查看总变形结果。单击“求解”选项卡“求解”面板中的“求解”按钮,求解完成后在展开轮廓树中的“求解”,选择“总变形”选项,显示“总变形”云图,如图 10-49 所示。

(2) 查看等效弹性应变云图。在展开轮廓树中的“求解”,选择“等效弹性应变”选项,显示“等效弹性应变”云图,如图 10-50 所示。

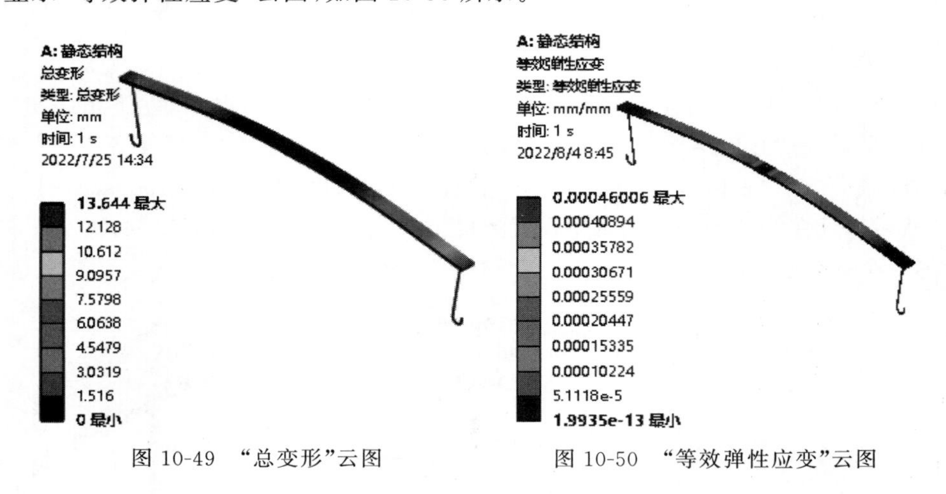

图 10-49 “总变形”云图　　图 10-50 “等效弹性应变”云图

(3) 查看等效应力云图。在展开轮廓树中的“求解”,选择“等效应力”选项,显示“等效应力”云图,如图 10-51 所示。

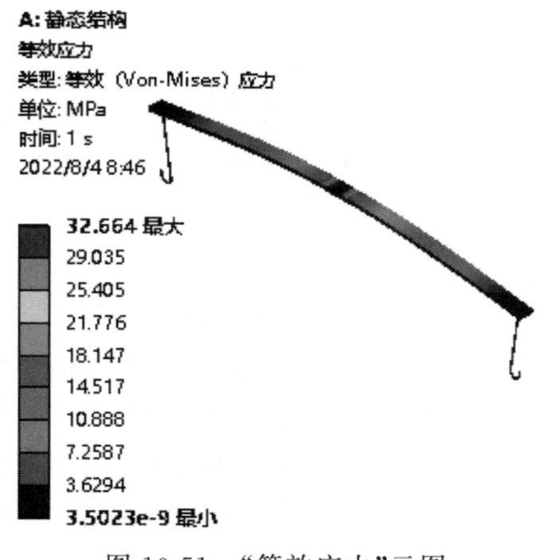

图 10-51 “等效应力”云图

10-5

Note

13 模态分析设置。单击“模态(B5)”分支中的“分析设置”，在左下角弹出“分析设置”的详细信息，设置“最大模态阶数”为 10。

14 模态求解和后处理。

(1) 模态求解。完成静态求解后，分析得到的应力作为模态分析的预应力，选择“模态(B5)”分支，单击“主页”选项卡“求解”面板中的“求解”按钮，进行求解。

(2) 求解完成后在轮廓树中，单击“求解(B6)”分支，系统切换到“求解”选项卡，同时在图形窗口下方出现“图形”表和“表格数据”显示了对应的频率。

(3) 提取模态。在“图形”表上右击，在弹出的快捷菜单中选择“选择所有”，然后继续在“图形”表上右击，在弹出的快捷菜单中选择“创建模型形状结果”选项，此时“求解(B6)”分支下方会出现 10 个模态结果，需要再次求解才能正常显示。

(4) 查看模态结果。单击“求解”选项卡“求解”面板中的“求解”按钮，求解完成后查看各阶模态。

15 谐波响应设置。

(1) 分析设置。在轮廓树中单击“谐波响应(C5)”分支下的“分析设置”，左下角弹出“分析设置”的详细信息，设置“范围最大”为“40”Hz，“求解方案间隔”为 40，如图 10-52 所示。

10-6

(2) 添加力。单击“谐波响应(C5)”分支，系统切换到“环境”选项卡，单击“环境”选项卡“结构”面板中的“力”按钮 力，左下角弹出“力”的详细信息，设置“几何结构”为“挂钩 1”的竖直圆表面，设置大小为 30N，然后设置力的方向为竖直向下，如图 10-53 所示；同理设置另一个挂钩受到的力。

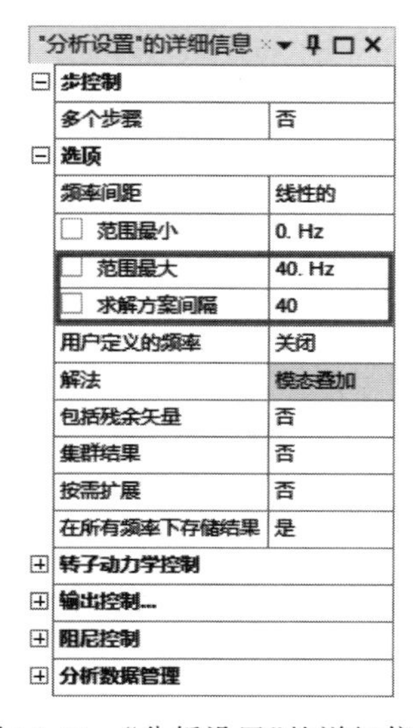

图 10-52 “分析设置”的详细信息

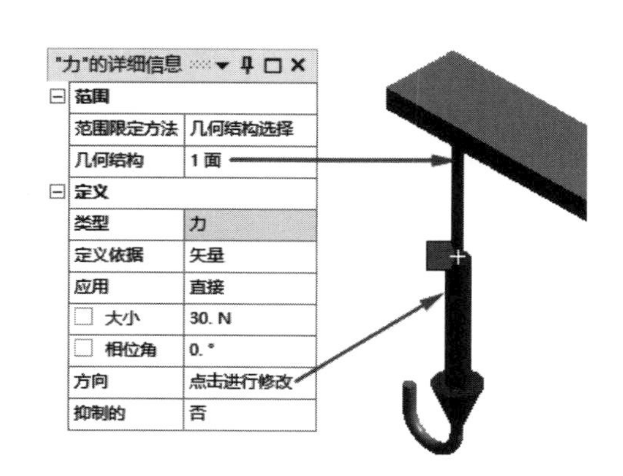

图 10-53 “力”的详细信息

16 谐波响应求解。在轮廓树中单击“求解(C6)”分支，然后单击“主页”选项卡“求解”面板中的“求解”按钮，进行谐波响应求解。

17 谐波响应后处理。

(1) 求解完成后在轮廓树中，单击“求解(C6)”分支，系统切换到“求解”选项卡，在该选项卡中选择需要显示的结果。

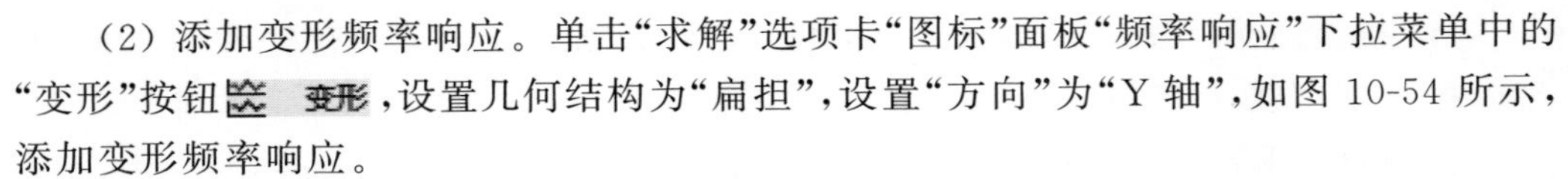

（2）添加变形频率响应。单击“求解”选项卡“图标”面板“频率响应”下拉菜单中的“变形”按钮 变形，设置几何结构为“扁担”，设置“方向”为“Y 轴”，如图 10-54 所示，添加变形频率响应。

Note

（3）求解变形频率响应。右击“求解(C6)”分支下方的“频率响应”，在弹出的快捷菜单中选择“评估所有结果”命令，如图 10-55 所示，进行求解，得到频率响应图，如图 10-56 所示，从中可以看到频率与振幅和频率与相位角关系，还可以看到在频率 16Hz 处的振幅有一个小峰值。

图 10-54 “频率响应”的详细信息　　图 10-55 频率响应求解

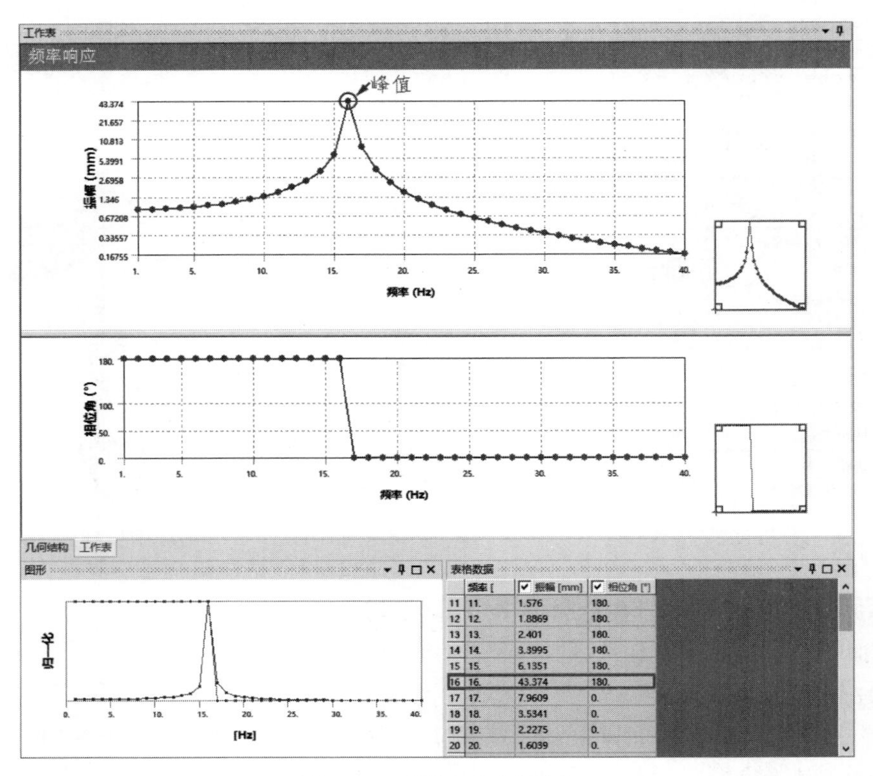

图 10-56 “频率响应”图表

Note

（4）查看定向位移。右击“求解(C6)”分支下方的“频率响应”，在弹出的快捷菜单中选择“创建轮廓结果”命令，如图 10-57 所示，此时“求解(C6)”分支下出现“定向变形”，然后对其进行求解，得到频率为 16Hz 时，扁担在 Y 向上的位移云图，如图 10-58 所示，在位移云图中可以看出在 16Hz 时，扁担在 Y 向上的最大位移为 124.95mm。在图形区域下方的“图形”表格中单击“播放或暂停”按钮▶，可动态观察变形图。

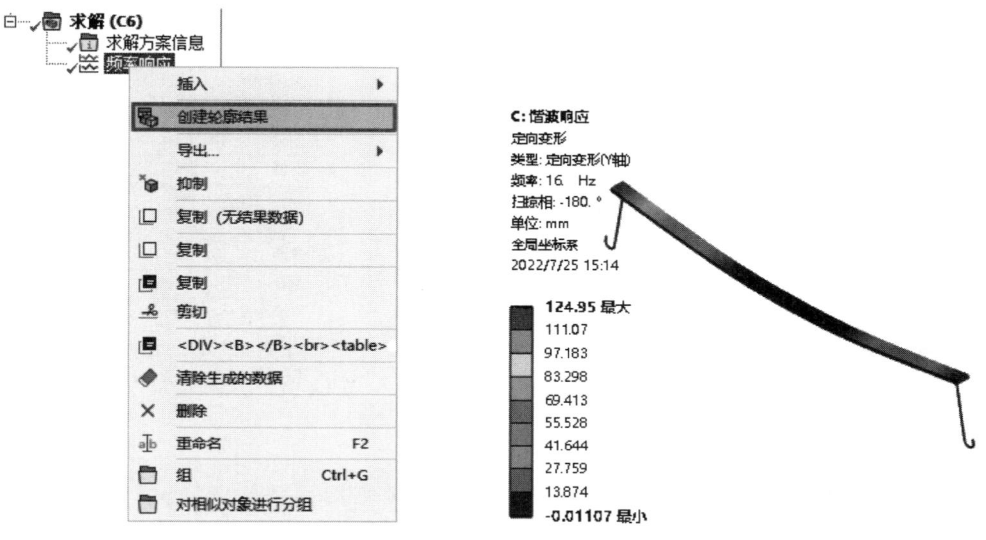

图 10-57　创建轮廓结果　　　　图 10-58　定向位移云图

（5）添加总变形。单击“求解”选项卡“结果”面板“变形”下拉菜单中的“总计”按钮 总计，设置“频率”为 16Hz，设置“扫掠相”为 −180°，添加总变形，求解后得到 16Hz 时的“总变形”云图，如图 10-59 所示，显示此时最大位移为 140.39mm。

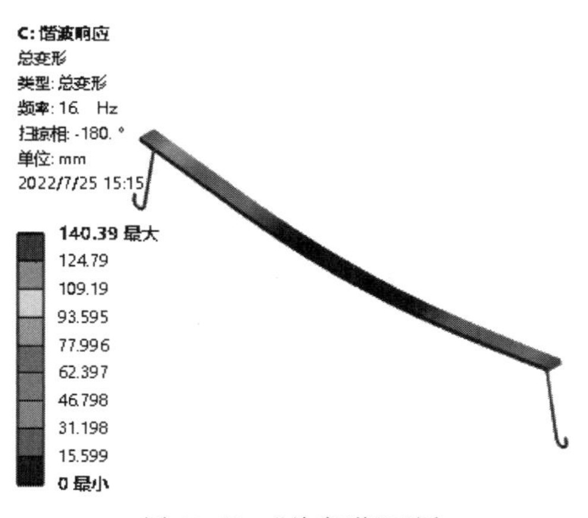

图 10-59　“总变形”云图

（6）添加等效应力。单击“求解”选项卡“结果”面板“应力”下拉菜单中的“等效(Von-Mises)应力”按钮 等效 (Von-Mises) 应力，设置“频率”为“16Hz”，设置“扫掠相”为“−180°”，添加等效应力，求解后得到 16Hz 时的“等效应力”云图，如图 10-60 所示，显示此时最大等效应力为 360.13MPa。

Note

（7）添加变形相位响应。单击“求解”选项卡“图标”面板“相位响应”下拉菜单中的“变形”按钮 变形，设置“几何结构”为“扁担”实体，设置方向为“Y 轴”，设置“频率”为“16Hz”，如图 10-61 所示，添加变形相位响应，求解后得到 16Hz 时的相位响应图，如图 10-62 所示。

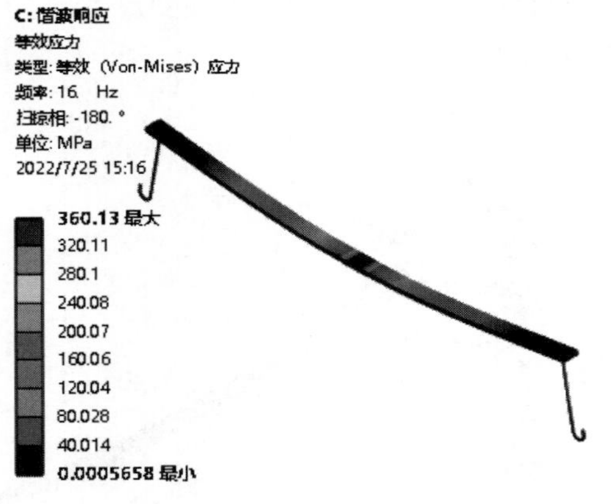

图 10-60 “等效应力”云图

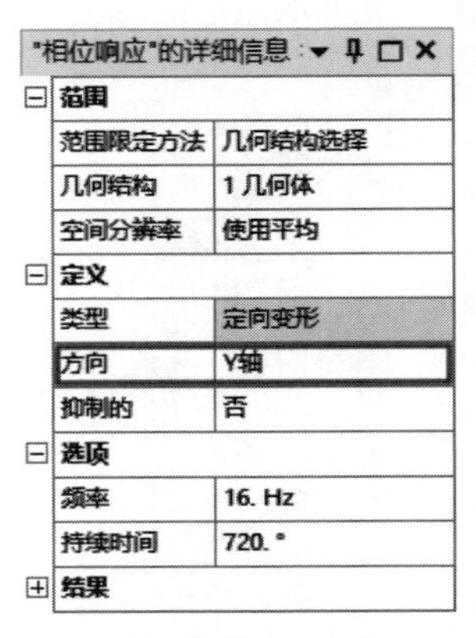

图 10-61 “相位响应”的详细信息

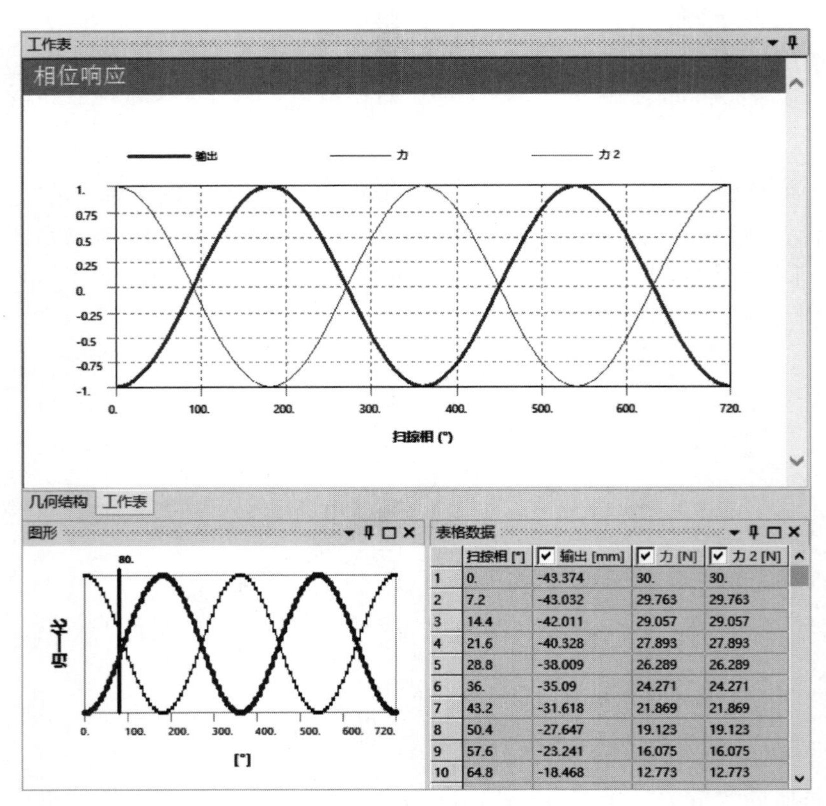

	扫掠相 [°]	输出 [mm]	力 [N]	力 2 [N]
1	0.	-43.374	30.	30.
2	7.2	-43.032	29.763	29.763
3	14.4	-42.011	29.057	29.057
4	21.6	-40.328	27.893	27.893
5	28.8	-38.009	26.289	26.289
6	36.	-35.09	24.271	24.271
7	43.2	-31.618	21.869	21.869
8	50.4	-27.647	19.123	19.123
9	57.6	-23.241	16.075	16.075
10	64.8	-18.468	12.773	12.773

图 10-62 “相位响应”图表

第11章

随机振动分析

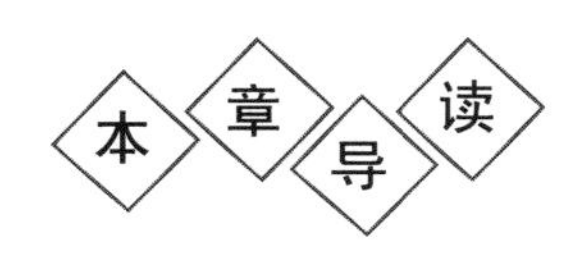

随机振动分析也称功率谱密度分析，是基于不确定载荷情况下的一种概率统计学理论的谱分析技术。在功率谱密度函数的基础上进行随机振动分析，得到响应的概率统计值。目前随机振动分析在机载电子设备、声学装载部件、抖动的光学设备等的设计上有很多应用。

第11章

- ◆ 随机振动分析概述
- ◆ 随机振动分析流程（创建工程项目、随机振动分析设置、结果后处理）
- ◆ 综合实例

11.1　随机振动分析概述

Note

随机振动分析也称为功率谱密度分析，是一种基于概率统计学理论的谱分析技术。现实中有很多情况下载荷是不确定的，如火箭每次发射会产生不同时间历程的振动载荷，汽车在路上行驶时每次的振动载荷也会有所不同，由于时间历程的不确定性，这种情况不能选择瞬态分析进行模拟计算，于是从概率统计学角度出发，将时间历程的统计样本转变为功率谱密度函数（power spectral density，PSD）——随机载荷时间历程的统计响应，在功率谱密度函数的基础上进行随机振动分析，得到响应的概率统计值。

与响应谱分析相似，随机振动分析也可以是单点的或多点的。在单点随机振动分析时，要求在结构的一个点集上指定一个功率谱密度谱；在多点随机振动分析时，则要求在模型的不同点集上指定不同的功率谱密度谱。

进行随机振动分析首先要进行模态分析，再在模态分析的基础上进行随机振动分析。

模态分析应该提取主要被激活振型的频率和振型，提取的频谱应该位于PSD曲线频率范围之内，为了保证计算考虑所有影响显著的振型，通常PSD曲线的频谱范围不要太小，应该一直延伸到谱值较小的区域，而且模态提取的频率也应该延伸到谱值较小的频率区。

在随机振动分析中载荷为PSD谱，作用在所有约束位置。

11.2　随机振动分析流程

进行谐波响应分析流程主要有以下几个步骤：

（1）创建工程项目。

（2）定义材料属性。

（3）创建或导入几何模型。

（4）赋予模型材料。

（5）定义接触（如果模型中存在接触关系）。

（6）划分网格。

（7）进行模态求解设置（包括预应力设置、分析设置和约束与载荷的设置）。

（8）模态求解。

（9）随机振动分析设置（包括PSD加速度、PSD速度、PSD G加速度、PSD位移的设置）。

（10）随机振动求解。

（11）结果后处理。

下面就主要的几个方面进行讲解。

11.2.1　创建工程项目

由于进行随机振动分析之前必须先进行模态分析，因此要创建模态分析和随机振动分析相关联的工程项目，将工具箱里的“模态”选项直接拖动到“项目原理图”界面中或直接双击“模态”选项，建立一个含有“模态”的项目模块，然后将工具箱里的“随机振动”选项拖动到“模态”中的“求解”栏中，使“随机振动”分析和“模态”分析相关联，如图 11-1 所示。

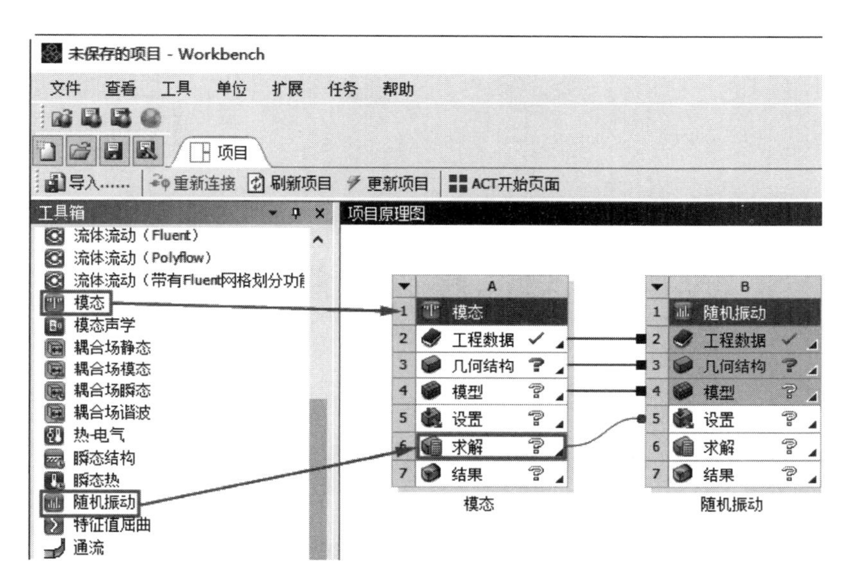

图 11-1　创建“随机振动”分析模块

11.2.2　随机振动分析设置

在随机载荷分析中任何支撑类型边界条件必须在先决条件模态分析中定义，唯一可加载的载荷是频谱值对频率的 PSD 基础激励，包括 4 种基础激励：

（1）PSD 加速度。

（2）PSD 速度。

（3）PSD G 加速度。

（4）PSD 位移。

每个基于 PSD 的激励应在激励点的节点坐标中给出一个方向，如果需要在多个方向添加激励点可以用多个不相关的 PSD 激励，典型的用法是在 X、Y 轴和 Z 轴方向应用 3 个不同的 PSD。

11.2.3　结果后处理

在后处理中可以查看定向变形、等效应力、响应 PSD 等，图 11-2 所示就是一个典型的 PSD 响应图。

Note

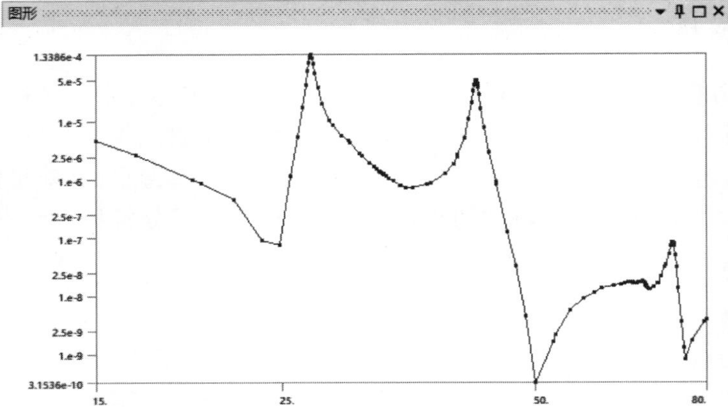

表格数据

	频率 [	响应PSD [(m²)/Hz]
16	26.981	1.2846e-004
17	26.993	1.305e-004
18	27.	1.3154e-004
19	27.005	1.3209e-004
20	27.007	1.3239e-004
21	27.009	1.3256e-004
22	27.012	1.3282e-004
23	27.014	1.3305e-004
24	27.016	1.3317e-004
25	27.019	1.3336e-004
26	27.023	1.3361e-004
27	27.031	1.3386e-004
28	27.042	1.3386e-004
29	27.061	1.3284e-004
30	27.092	1.2874e-004
31	27.142	1.1745e-004
32	27.224	9.4594e-005
33	27.356	6.3437e-005

图 11-2 PSD 响应图

11.3 综合实例

11.3.1 车架随机振动分析

图 11-3 所示为一个汽车车架，材质为铝合金，此车架底部的 4 个角点固定，分析此时随机载荷作用下的结构反应。

11-1

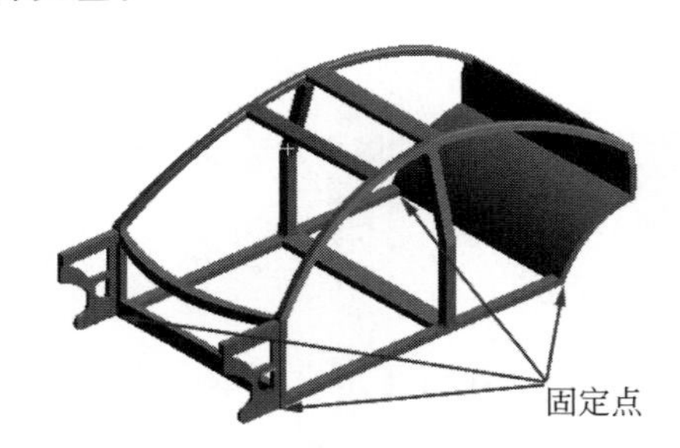

图 11-3 车架

随机载荷如表 11-1 所示。

表 11-1 随机载荷

序号	频率/Hz	G 加速度/(m^2/Hz)	序号	频率/Hz	G 加速度/(m^2/Hz)
1	15	4.2	8	50	2.6
2	20	3.6	9	55	5.3
3	25	6.8	10	60	7.3
4	30	7.2	11	65	5.5
5	35	2.6	12	70	5.5
6	40	3.6	13	75	9.0
7	45	9.0	14	80	11.0

Note

操作步骤

01 创建工程项目。打开 Workbench 程序，展开左边工具箱中的“分析系统”栏，将工具箱里的“模态”选项直接拖动到“项目原理图”界面中或直接双击“模态”选项，建立一个含有“模态”的项目模块，然后将工具箱里的“随机振动”选项拖动到“模态”中的“求解”栏中，使“随机振动”和“模态”相关联，建立一个含有“模态”和“随机振动”的项目模块，结果如图 11-4 所示。

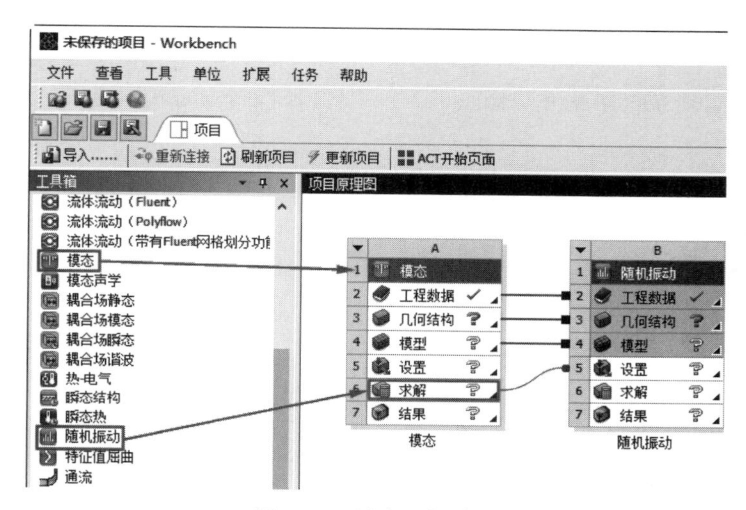

图 11-4 创建工程项目

02 定义材料。双击“项目原理图”中的“工程数据”栏，弹出“工程数据”选项卡，单击应用上方的“工程数据源”标签 工程数据源。如图 11-5 所示，打开左上角的“工程

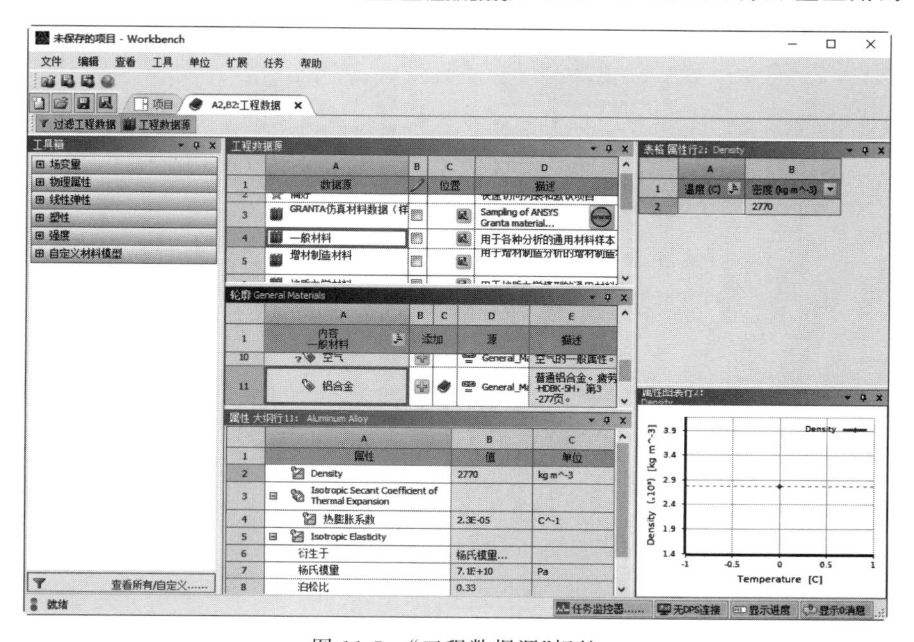

图 11-5 “工程数据源”标签

数据源”窗口。单击其中的“一般材料”按钮 一般材料，使之点亮。在“一般材料”点亮的同时单击“轮廓 General Materials”(一般材料概述)窗格中的“铝合金”旁边的“添加”按钮，将“铝合金”材料添加到当前项目中，然后单击“A2:工程数据”标签的关闭按钮，返回到 Workbench 界面。

Note

03 导入几何模型。右击“项目原理图”中的“几何结构”栏，在弹出的快捷菜单中选择“导入几何模型”下一级菜单中的“浏览”命令，弹出“打开”对话框，如图 11-6 所示，选择要导入的模型“车架”，然后单击“打开”按钮 打开(O) 。

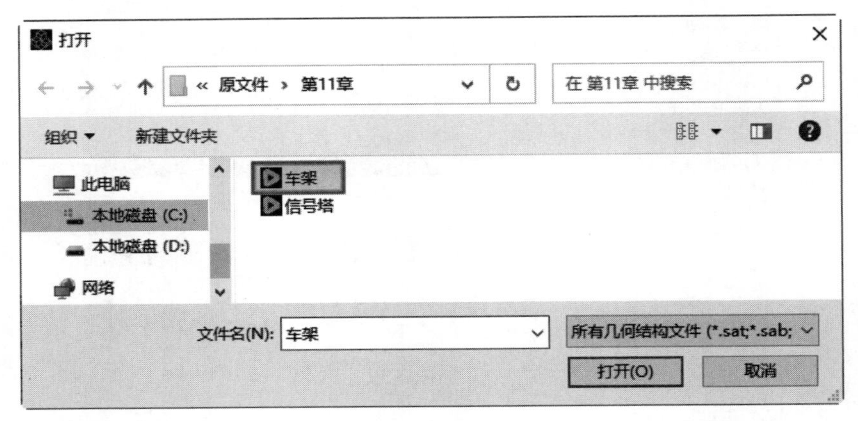

图 11-6 “打开”对话框

04 启动 Mechanical 应用程序。

(1) 启动 Mechanical。在项目原理图中右击“模型”命令，在弹出的快捷菜单中选择“编辑……”命令，如图 11-7 所示，进入“系统 A,B-Mechanical”(机械学)应用程序，如图 11-8 所示。

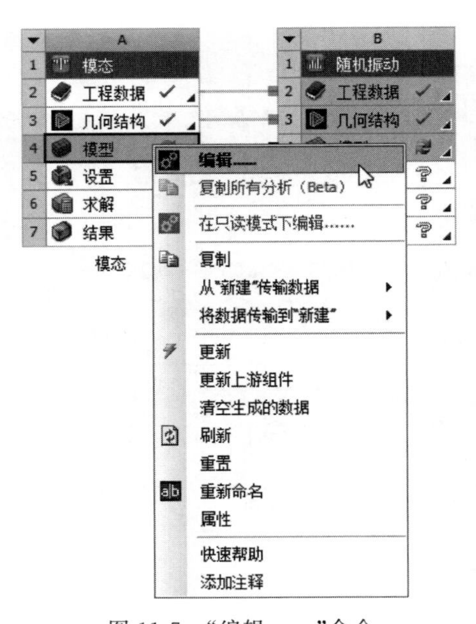

图 11-7 “编辑……”命令

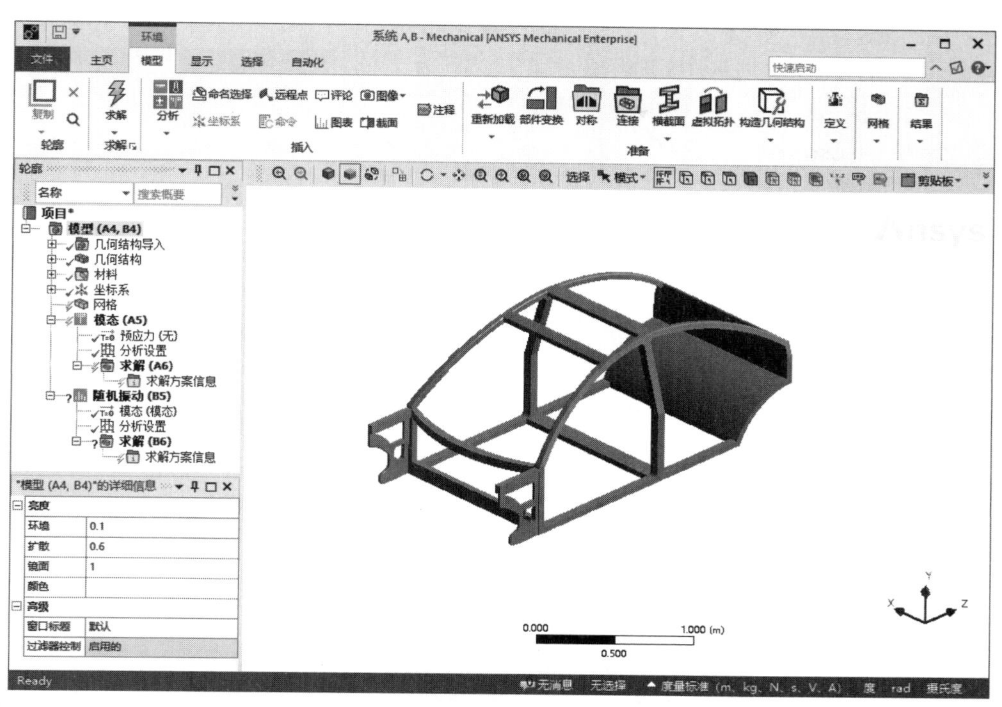

图 11-8　“系统 A,B-Mechanical”(机械学)应用程序

(2) 设置系统单位。单击“主页”选项卡“工具”面板下拉菜单中的“单位”按钮，弹出“单位系统”下拉菜单,选择“度量标准(m、kg、N、s、V、A)”选项,如图 11-9 所示。

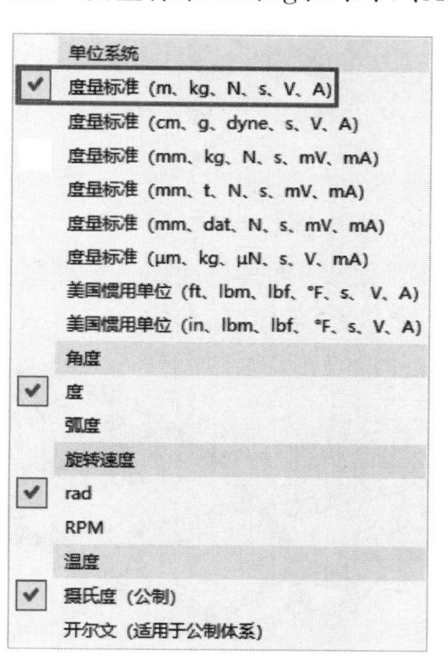

图 11-9　“单位系统”菜单栏

05 赋予模型材料。在轮廓树中展开“几何结构”,选择“车架\实体 1”,在左下角弹出“车架\实体 1”的详细信息,在列表中单击“材料”栏中“任务”选项,显示“材料”任

务为“结构钢”，然后单击“任务”栏右侧的三角按钮▶，弹出“工程数据材料”对话框，如图 11-10 所示，在该对话框中选择“铝合金”选项，为“车架”赋予“铝合金”材料。

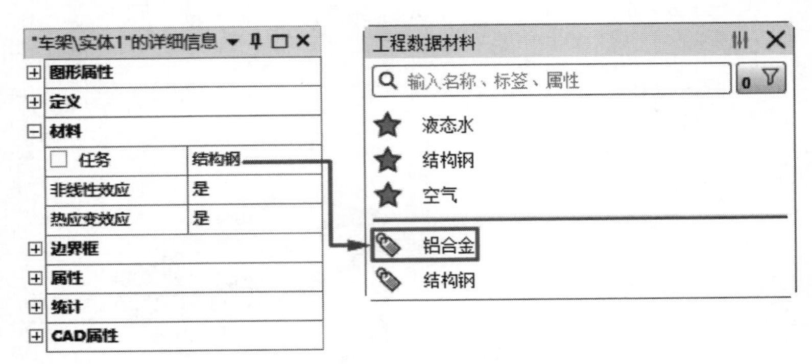

图 11-10 “车架\实体”的详细信息

06 划分网格。单击“网格”选项卡“网格”面板中的“生成”按钮，系统自动划分网格，结果如图 11-11 所示。

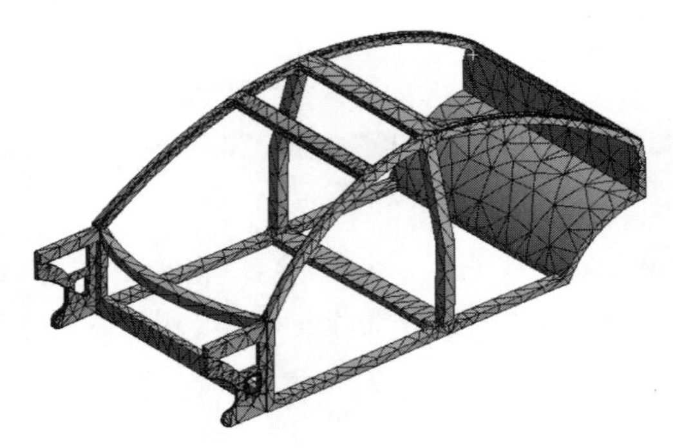

图 11-11 划分网格

07 施加载荷与约束。

(1) 添加固定约束。在轮廓树中单击“模态(A5)”分支，系统切换到“环境”选项卡。单击“环境”选项卡“结构”面板中的“固定的”按钮 固定的，左下角弹出“固定支撑”的详细信息，设置“几何结构”为“车架”底部的 4 个角点，如图 11-12 所示。

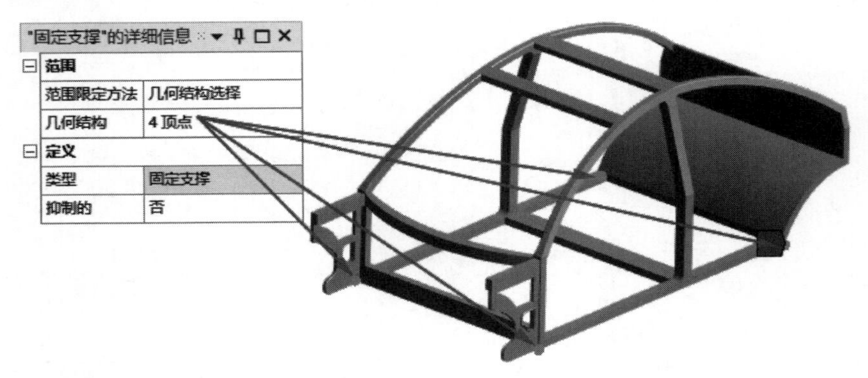

图 11-12 添加固定约束

（2）分析设置。单击“模态(A5)”分支下的“分析设置”，在“分析设置”的详细信息中设置“最大模态阶数”为6，其他为默认设置，如图11-13所示。

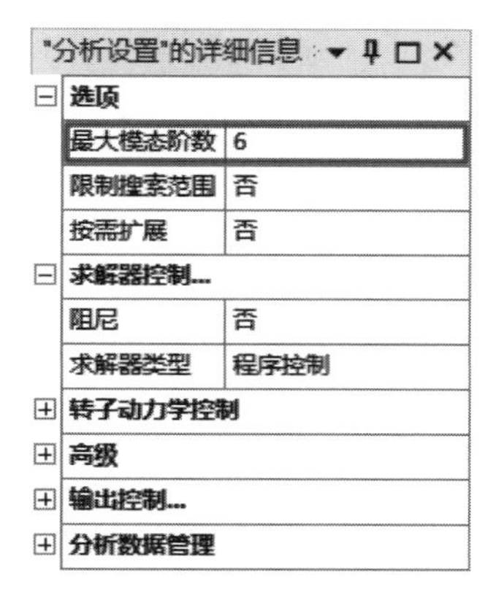

图11-13　“分析设置”的详细信息

08 模态求解。单击“主页”选项卡“求解”面板中的“求解”按钮，如图11-14所示，进行求解。

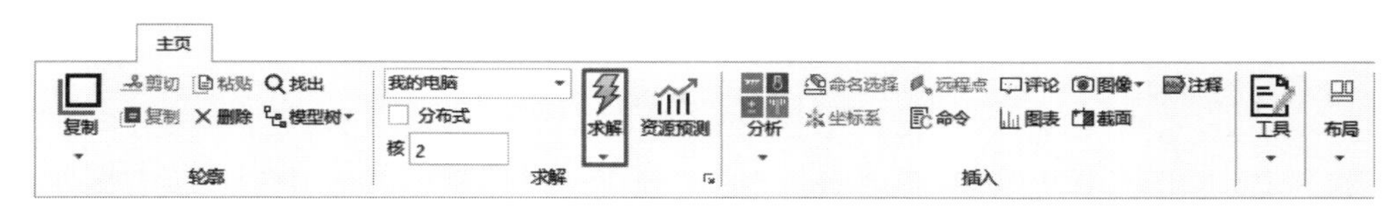

图11-14　求解

09 模态求解后处理。

（1）求解完成后在轮廓树中，单击“求解(A6)”分支，系统切换到“求解”选项卡，同时在图形窗口下方出现“图形”表和“表格数据”显示了对应的频率，如图11-15所示。

（2）提取模态。在“图形”表上右击，在弹出的快捷菜单中选择“选择所有”选项，然后继续在“图形”表上右击，在弹出的快捷菜单中选择“创建模型形状结果”选项，此时“求解(A6)”分支下方会出现6个模态结果，如图11-16所示，需要再次求解才能正常显示。

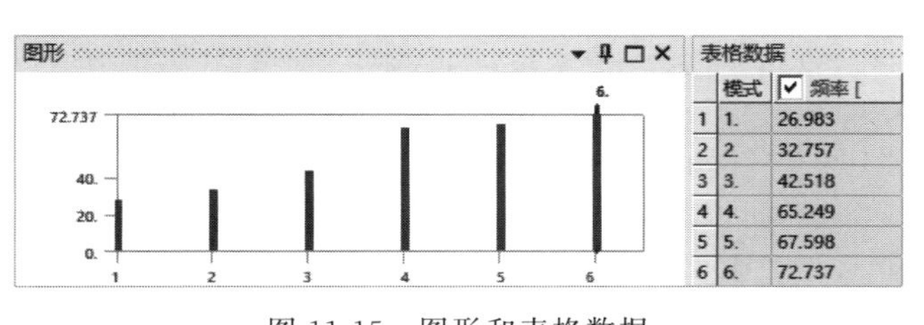

	模式	频率 [
1	1.	26.983
2	2.	32.757
3	3.	42.518
4	4.	65.249
5	5.	67.598
6	6.	72.737

图11-15　图形和表格数据

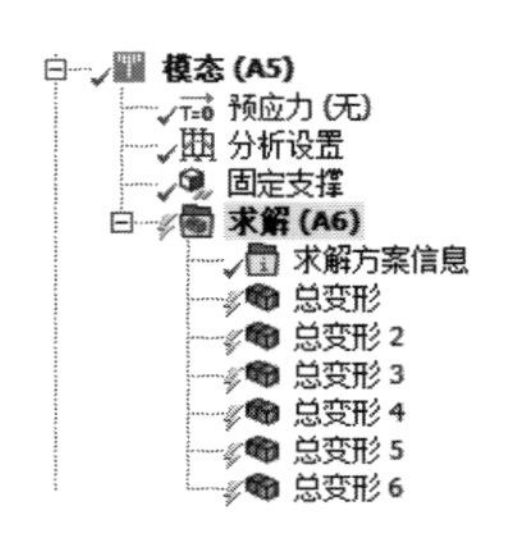

图11-16　提取模态

（3）查看模态结果。单击“求解”选项卡“求解”面板中的“求解”按钮，求解完成后查看各阶模态，如图11-17所示。

11-2

10 随机振动设置。添加PSD G加速度。在轮廓树中单击“随机振动(B5)”分支，系统切换到“环境”选项卡，单击“环境”选项卡“随机振动”面板中的“PSD G加速

Note

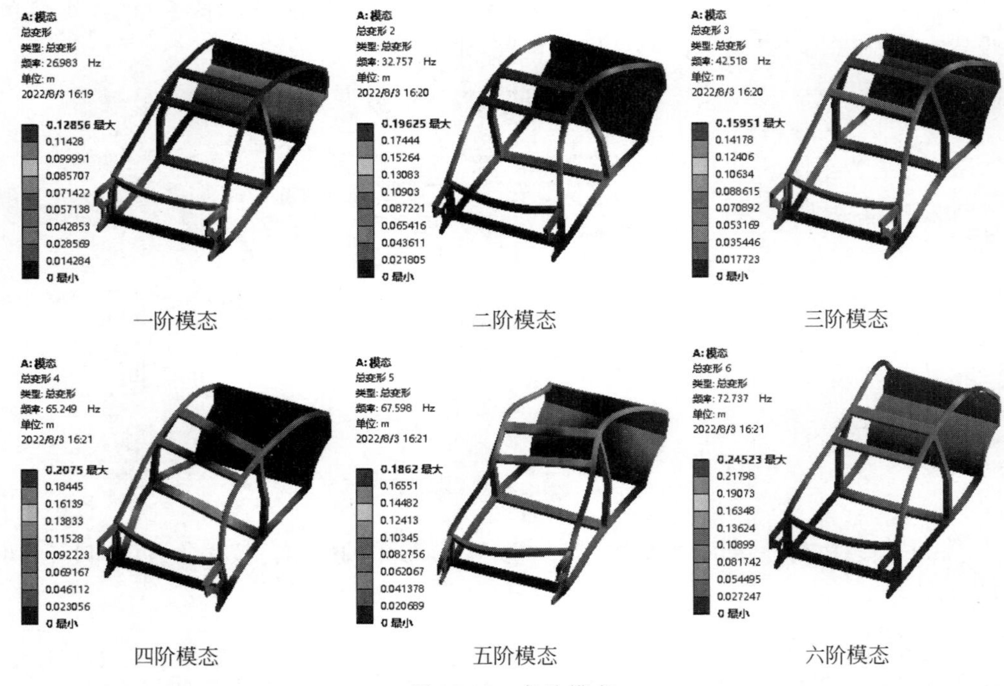

图 11-17　各阶模态

度"按钮，左下角弹出"PSD G 加速度"的详细信息，设置"边界条件"为"所有固定支撑"，"加载数据"为"表格数据"，"方向"为"Y 轴"，如图 11-18 所示，然后在右下角的"表格数据"中输入随机载荷，如图 11-19 所示。

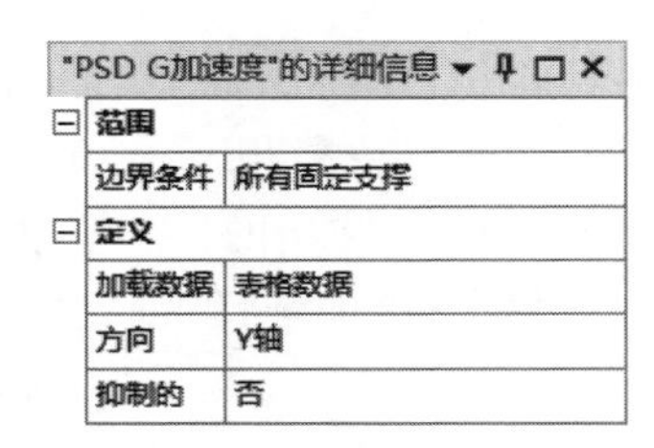

"PSD G加速度"的详细信息

范围	
边界条件	所有固定支撑
定义	
加载数据	表格数据
方向	Y轴
抑制的	否

图 11-18　"PSD　G 加速度"的详细信息

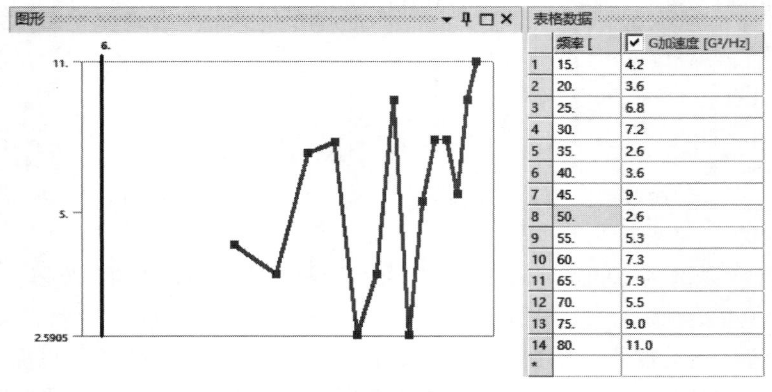

表格数据

	频率 [	G加速度 [G²/Hz]
1	15.	4.2
2	20.	3.6
3	25.	6.8
4	30.	7.2
5	35.	2.6
6	40.	3.6
7	45.	9.
8	50.	2.6
9	55.	5.3
10	60.	7.3
11	65.	7.3
12	70.	5.5
13	75.	9.0
14	80.	11.0
*		

图 11-19　随机载荷

11 随机载荷求解。单击“主页”选项卡“求解”面板中的“求解”按钮，进行求解。

12 求解后处理。求解完成后在轮廓树中，单击“求解(B6)”分支，系统切换到“求解”选项卡，在该选项卡中选择需要显示的结果。

(1) 添加定向变形。单击“求解”选项卡“结果”面板“变形”下拉菜单中的“定向”按钮 定向，设置“方向”为“Y轴”，如图 11-20 所示。

"定向变形"的详细信息

范围	
范围限定方法	几何结构选择
几何结构	全部几何体
定义	
类型	定向变形
方向	Y轴
参考	相对于基础运动
比例因子	1 Sigma
概率	68.269 %
坐标系	求解方案坐标系
标识符	
抑制的	否
结果	
信息	

图 11-20　“定向变形”的详细信息

(2) 添加等效应力。单击“求解”选项卡“结果”面板“应力”下拉菜单中的“等效(Von-Mises)应力”按钮 等效(Von-Mises)应力。

(3) 添加响应 PSD。单击“求解”选项卡“工具箱”面板下拉菜单中的“响应 PSD 工具”按钮 响应PSD工具，然后在轮廓树中出现“响应 PSD 工具”分支，将其展开后，选择“响应 PSD”，左下角弹出“响应 PSD”的详细信息，设置几何结构为车架前端一点，“结果选择”为“Y轴”，如图 11-21 所示。

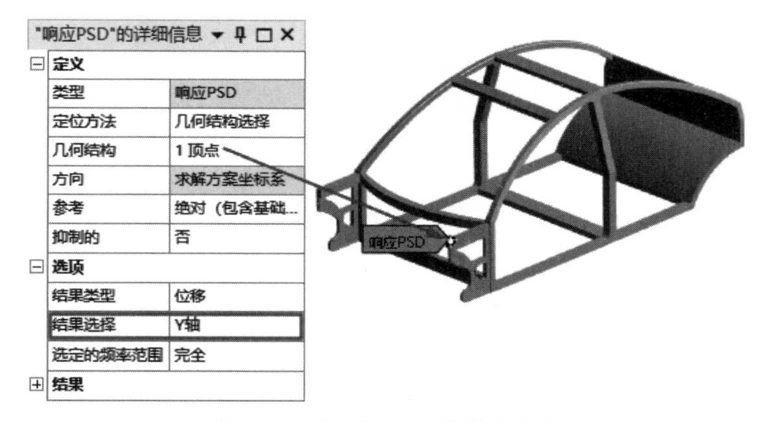
"响应PSD"的详细信息

定义	
类型	响应PSD
定位方法	几何结构选择
几何结构	1 顶点
方向	求解方案坐标系
参考	绝对（包含基础...
抑制的	否
选项	
结果类型	位移
结果选择	Y轴
选定的频率范围	完全
结果	

图 11-21　“响应 PSD”的详细信息

(4) 添加完求解结果后，重新单击“主页”选项卡“求解”面板中的“求解”按钮，进行求解。

13 查看分析结果。

(1) 查看定向变形。单击“求解(B6)”分支下方的“定向变形”分支，显示 Y 轴方向的“定向变形”云图，如图 11-22 所示。

(2) 查看定向位移。单击“求解(B6)”分支下方的“等效应力”分支，显示“等效应力”云图，如图 11-23 所示。

(3) 查看 PSD 响应。单击“求解(B6)”分支下方的“响应 PSD”分支，图形区域下方出现“图形”和“表格数据”，如图 11-24 所示，可以看出，当频率为 42.525～42.529Hz 时，车架的功率谱值最大，最大响应值为 $2.8388\times10^{-9}\,m^2/Hz$。

Note

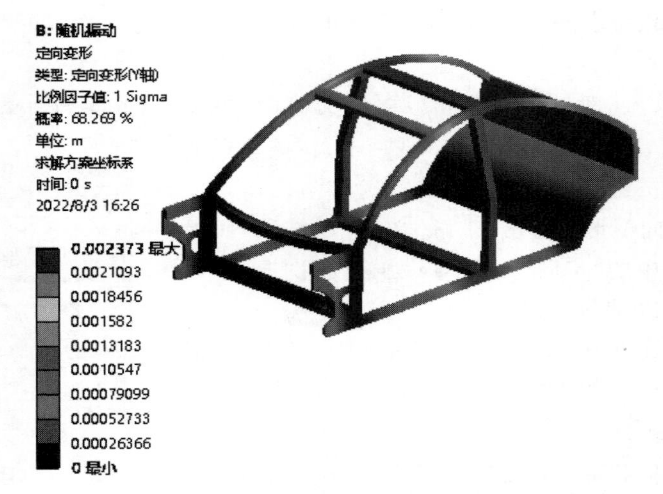

图 11-22 “定向变形(Y 轴)”云图

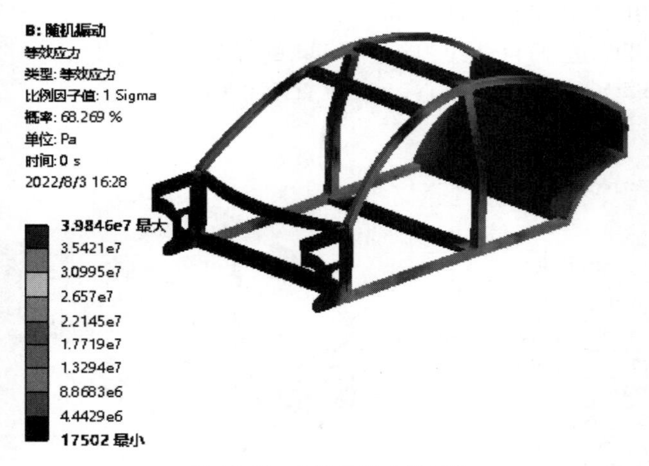

图 11-23 “等效应力”云图

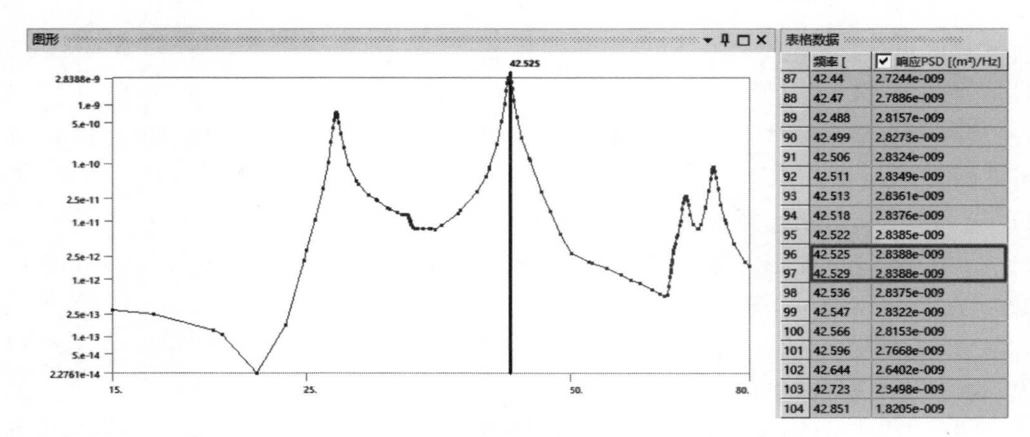

	频率 [	响应PSD [(m²)/Hz]
87	42.44	2.7244e-009
88	42.47	2.7886e-009
89	42.488	2.8157e-009
90	42.499	2.8273e-009
91	42.506	2.8324e-009
92	42.511	2.8349e-009
93	42.513	2.8361e-009
94	42.518	2.8376e-009
95	42.522	2.8385e-009
96	42.525	2.8388e-009
97	42.529	2.8388e-009
98	42.536	2.8375e-009
99	42.547	2.8322e-009
100	42.566	2.8153e-009
101	42.596	2.7668e-009
102	42.644	2.6402e-009
103	42.723	2.3498e-009
104	42.851	1.8205e-009

图 11-24 图形和表格数据

11-3

11.3.2　信号塔随机振动分析

图 11-25 所示为一个信号塔，材质为结构钢，此信号塔底部的 3 个端面固定，分析此时随机载荷作用下的结构反应。

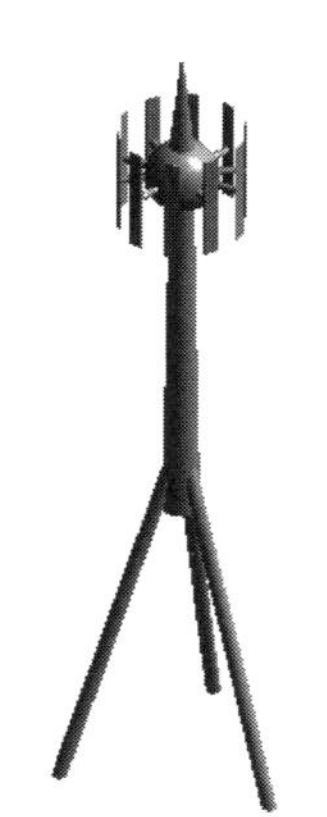

图 11-25　信号塔

随机载荷如表 11-2 所示。

表 11-2　随机载荷

序号	频率/Hz	位移/(m^2/Hz)	序号	频率/Hz	位移/(m^2/Hz)
1	1	0.010	8	30	0.015
2	5	0.020	9	35	0.010
3	10	0.016	10	40	0.003
4	15	0.020	11	45	0.014
5	20	0.005	12	50	0.030
6	25	0.010	13	55	0.009

操作步骤

01 创建工程项目。打开 Workbench 程序，展开左边工具箱中的“分析系统”栏，将工具箱里的“模态”选项直接拖动到“项目原理图”界面中或直接双击“模态”选项，建立一个含有“模态”的项目模块，然后将工具箱里的“随机振动”选项拖动到“模态”中的“求解”栏中，使“随机振动”和“模态”相关联，建立一个含有“模态”和“随机振动”的项目模块。

02 导入几何模型。右击“项目原理图”中的“几何结构”栏，在弹出的快捷菜单中选择“导入几何模型”下一级菜单中的“浏览”命令，弹出“打开”对话框，如图 11-26 所示，选择要导入的模型“信号塔”，然后单击“打开”按钮 打开(O) 。

03 启动 Mechanical 应用程序。

(1) 启动 Mechanical。在项目原理图中右击“模型”命令，在弹出的快捷菜单中选择“编辑......”命令，如图 11-27 所示，进入“系统 A，B-Mechanical”(机械学)应用程序，如图 11-28 所示。

Note

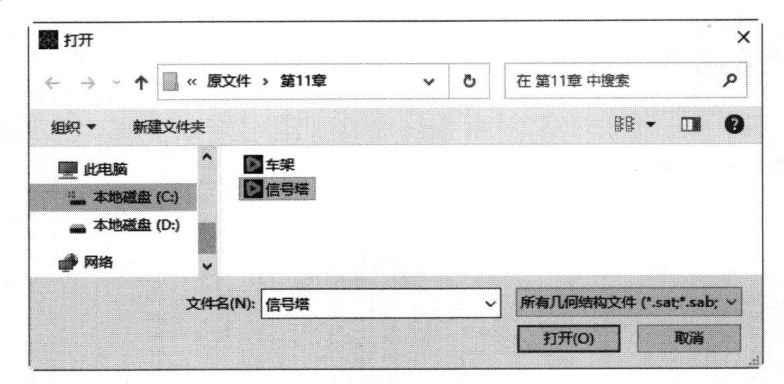

图 11-26 “打开”对话框

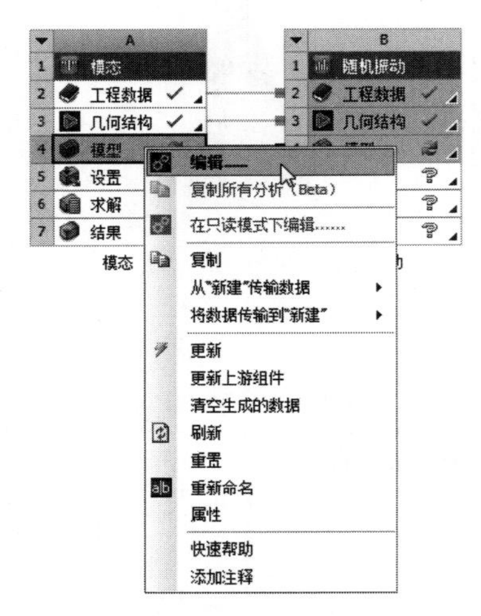

图 11-27 “编辑……”命令

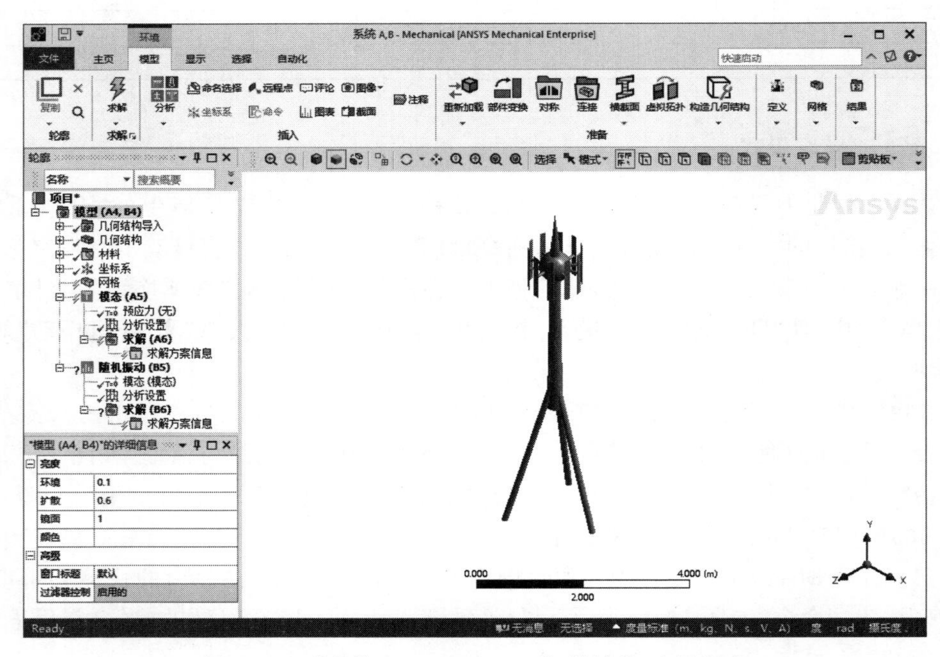

图 11-28 “系统 A,B-Mechanical”(机械学)应用程序

（2）设置系统单位。单击“主页”选项卡“工具”面板下拉菜单中的“单位”按钮，弹出“单位系统”下拉菜单，选择“度量标准（m、kg、N、s、V、A）”选项，如图 11-29 所示。

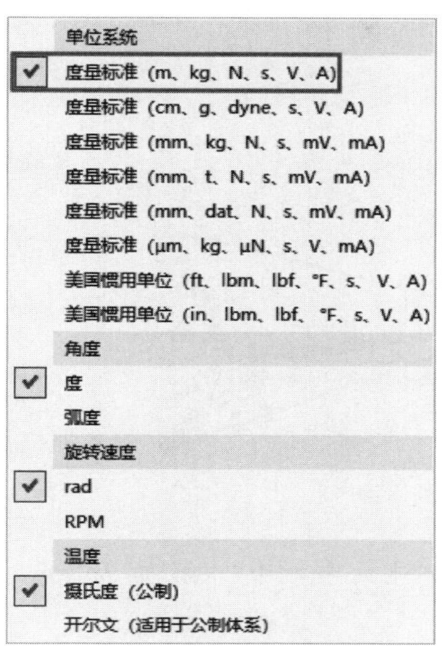

图 11-29　“单位系统”菜单栏

04 赋予模型材料。在轮廓树中展开“几何结构”，选择“信号塔\实体 1”，在左下角弹出“信号塔\实体 1”的详细信息，在列表中单击“材料”栏中“任务”选项，显示“材料”任务为“结构钢”，如图 11-30 所示，这里不予更改。

05 划分网格。单击“网格”选项卡“网格”面板中的“生成”按钮，系统自动划分网格，结果如图 11-31 所示。

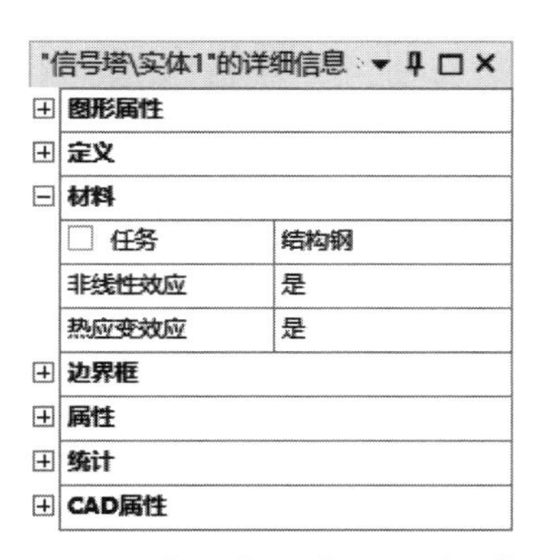

图 11-30　“信号塔\实体 1”的详细信息

图 11-31　划分网格

06 施加载荷与约束。

（1）添加固定约束。在轮廓树中单击“模态（A5）”分支，系统切换到“环境”选项卡。单击“环境”选项卡“结构”面板中的“固定的”按钮 固定的，左下角弹出“固定支

撑”的详细信息，设置“几何结构”为“信号塔”的底部端面，如图 11-32 所示。

(2) 分析设置。单击“模态(A5)”分支下的“分析设置”，在“分析设置”的详细信息中设置“最大模态阶数”为 6，其他为默认设置，如图 11-33 所示。

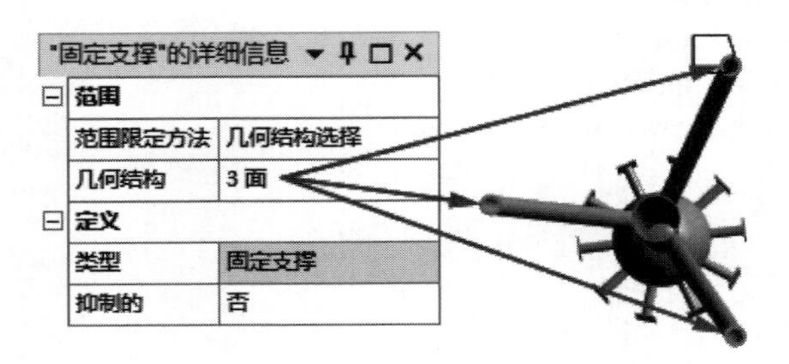

图 11-32 添加固定约束

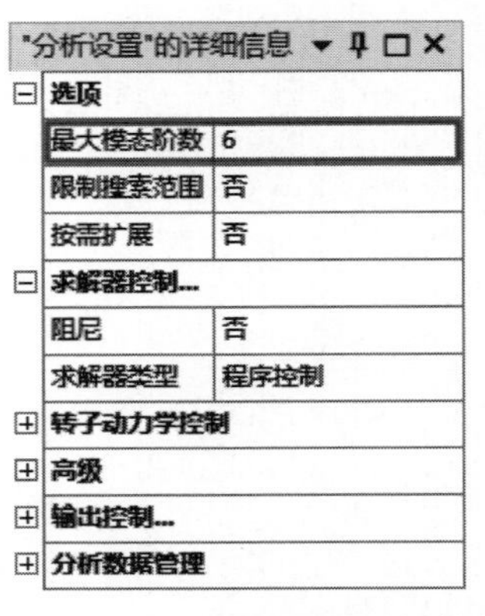

图 11-33 “分析设置”的详细信息

07 模态求解。单击“主页”选项卡“求解”面板中的“求解”按钮，如图 11-34 所示，进行求解。

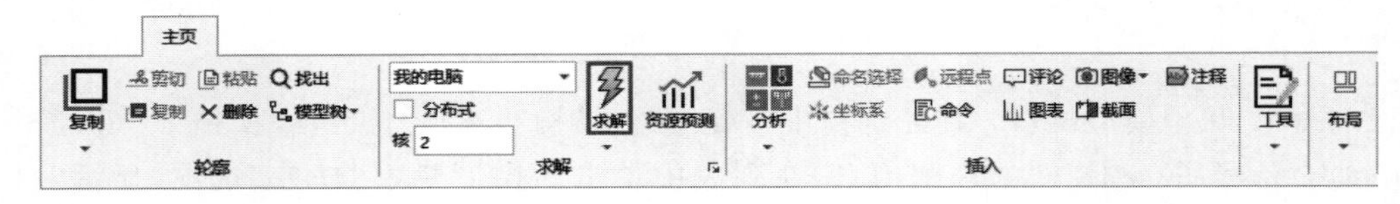

图 11-34 求解

08 模态求解后处理。

(1) 求解完成后在轮廓树中，单击“求解(A6)”分支，系统切换到“求解”选项卡，同时在图形窗口下方出现“图形”表和“表格数据”显示了对应的频率，如图 11-35 所示。

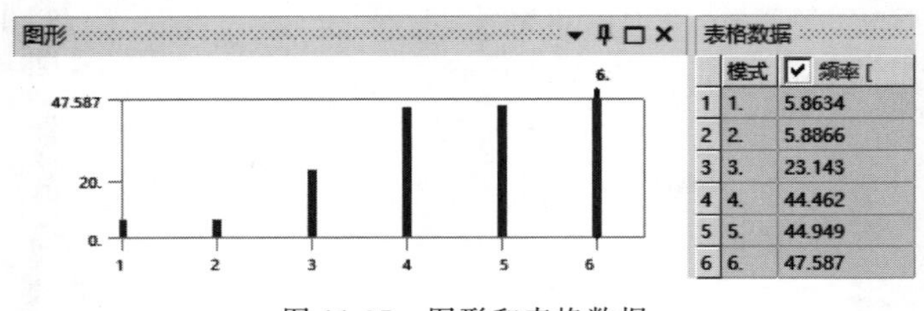

	模式	频率 [
1	1.	5.8634
2	2.	5.8866
3	3.	23.143
4	4.	44.462
5	5.	44.949
6	6.	47.587

图 11-35 图形和表格数据

(2) 提取模态。在“图形”表上右击，在弹出的快捷菜单中选择“选择所有”选项，然后继续在“图形”表上右击，在弹出的快捷菜单中选择“创建模型形状结果”选项，此时“求解(A6)”分支下方会出现 6 个模态结果，如图 11-36 所示，需要再次求解才能正常显示。

(3) 查看模态结果。单击“求解”选项卡“求解”面板中的“求解”按钮，求解完成后查看各阶模态，如图 11-37 所示。

Note

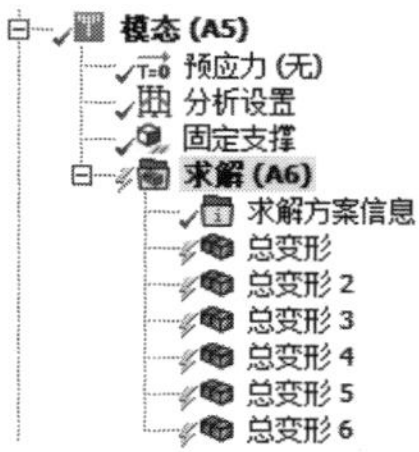

图 11-36　提取模态

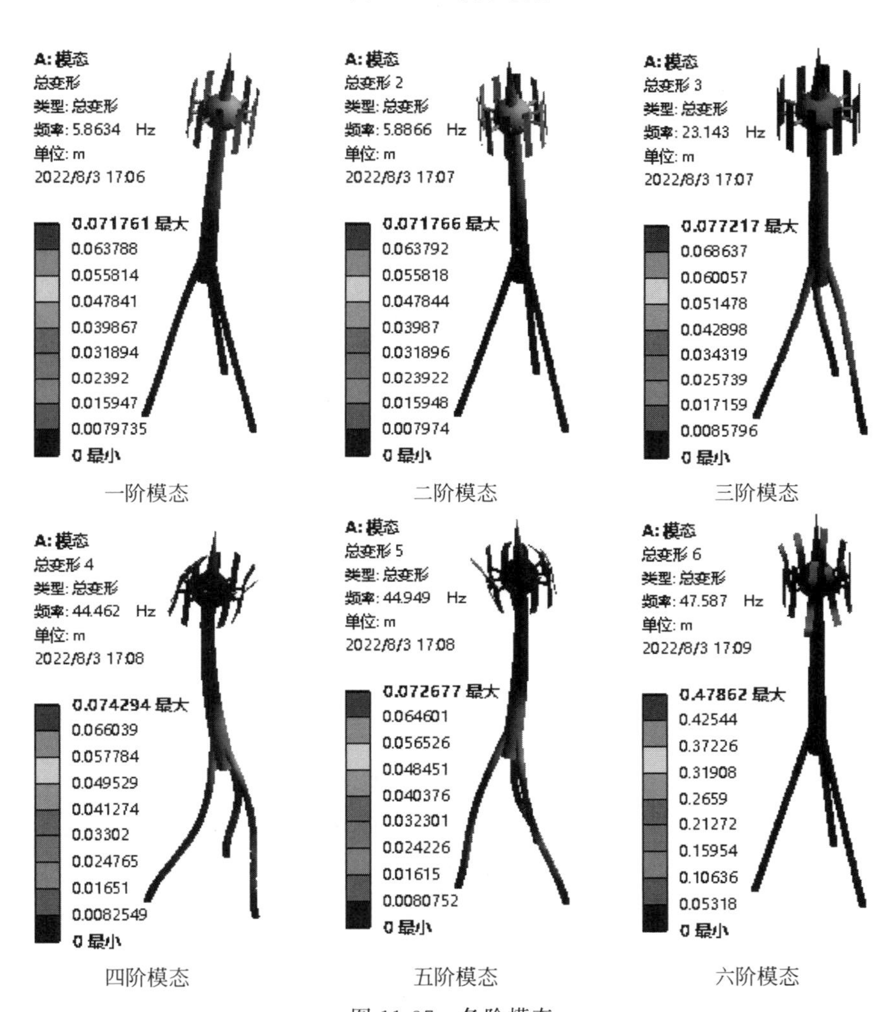

一阶模态　二阶模态　三阶模态

四阶模态　五阶模态　六阶模态

图 11-37　各阶模态

09 随机振动设置。添加 PSD 位移。在轮廓树中单击“随机振动(B5)”分支，系统切换到“环境”选项卡，单击“环境”选项卡“随机振动”面板中的“PSD 位移”按钮，左下角弹出“PSD 位移”的详细信息，设置“边界条件”为“所有固定支撑”，“加载数据”为“表格数据”，“方向”为“X 轴”，如图 11-38 所示，然后在右下角的“表格数据”中输入随机载荷，如图 11-39 所示。

11-4

10 随机载荷求解。单击“主页”选项卡“求解”面板中的“求解”按钮，进行

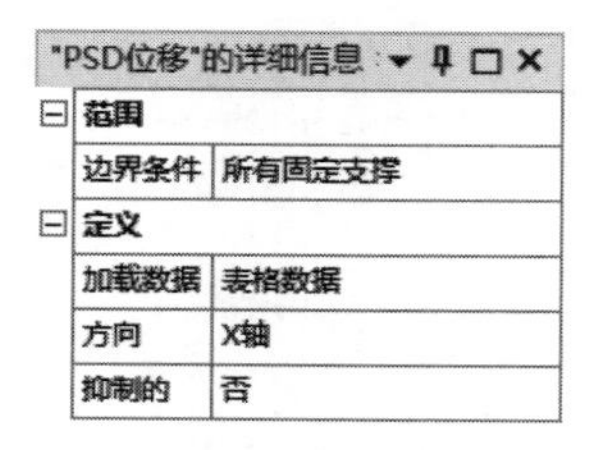

"PSD位移"的详细信息

范围	
边界条件	所有固定支撑
定义	
加载数据	表格数据
方向	X轴
抑制的	否

图 11-38 “PSD 位移”的详细信息

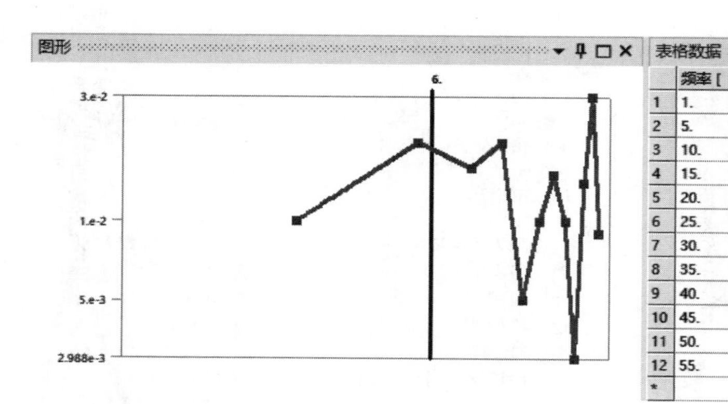

	频率 [	位移 [(m²)/Hz]
1	1.	1.e-002
2	5.	2.e-002
3	10.	1.6e-002
4	15.	2.e-002
5	20.	5.e-003
6	25.	1.e-002
7	30.	1.5e-002
8	35.	1.e-002
9	40.	3.e-003
10	45.	1.4e-002
11	50.	3.e-002
12	55.	9.e-003
*		

图 11-39 随机载荷

求解。

11 求解后处理。求解完成后在轮廓树中，单击“求解(B6)”分支，系统切换到“求解”选项卡，在该选项卡中选择需要显示的结果。

(1) 添加定向变形。单击“求解”选项卡“结果”面板“变形”下拉菜单中的“定向”按钮 定向，设置“方向”为“X 轴”，如图 11-40 所示。

(2) 添加等效应力。单击“求解”选项卡“结果”面板“应力”下拉菜单中的“等效(Von-Mises)应力”按钮 等效(Von-Mises)应力。

(3) 添加响应 PSD。单击“求解”选项卡“工具箱”面板下拉菜单中的“响应 PSD 工具”按钮 响应PSD工具，然后在轮廓树中出现“响应 PSD 工具”分支，将其展开后，选择“响应 PSD”，左下角弹出“响应 PSD”的详细信息，设置几何结构为信号塔的顶尖，“结果选择”为“X 轴”，如图 11-41 所示。

(4) 添加完求解结果后，重新单击“主页”选项卡“求解”面板中的“求解”按钮，进行求解。

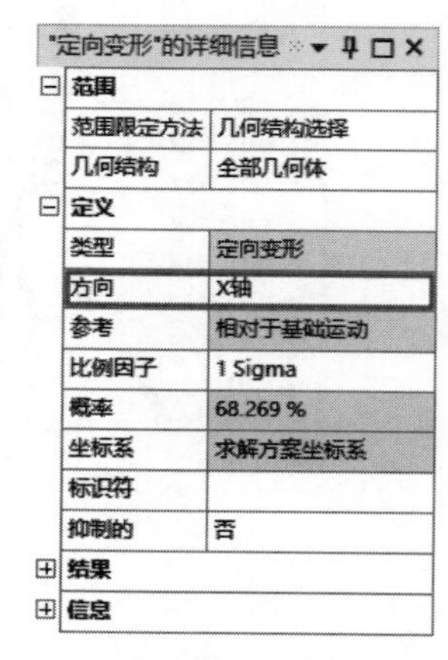

"定向变形"的详细信息

范围	
范围限定方法	几何结构选择
几何结构	全部几何体
定义	
类型	定向变形
方向	X轴
参考	相对于基础运动
比例因子	1 Sigma
概率	68.269 %
坐标系	求解方案坐标系
标识符	
抑制的	否
结果	
信息	

图 11-40 “定向变形”的详细信息

12 查看分析结果。

(1) 查看定向变形。单击“求解(B6)”分支下方的“定向变形”分支，显示 X 轴方向的“定向变形”云图，如图 11-42 所示。

(2) 查看定向位移。单击“求解(B6)”分支下方的“等效应力”分支，显示“等效应力”云图，如图 11-43 所示。

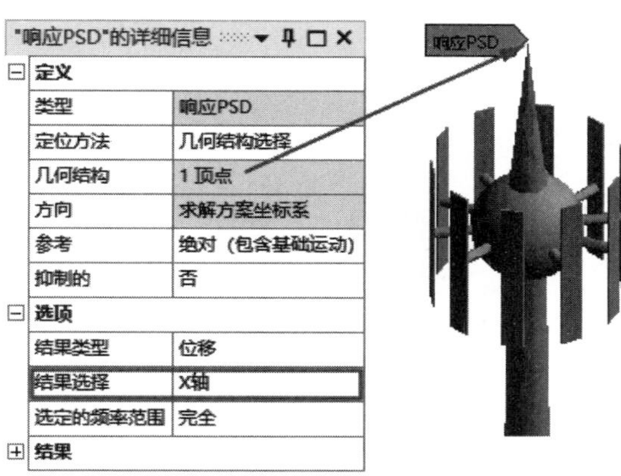

图 11-41　“响应 PSD”的详细信息

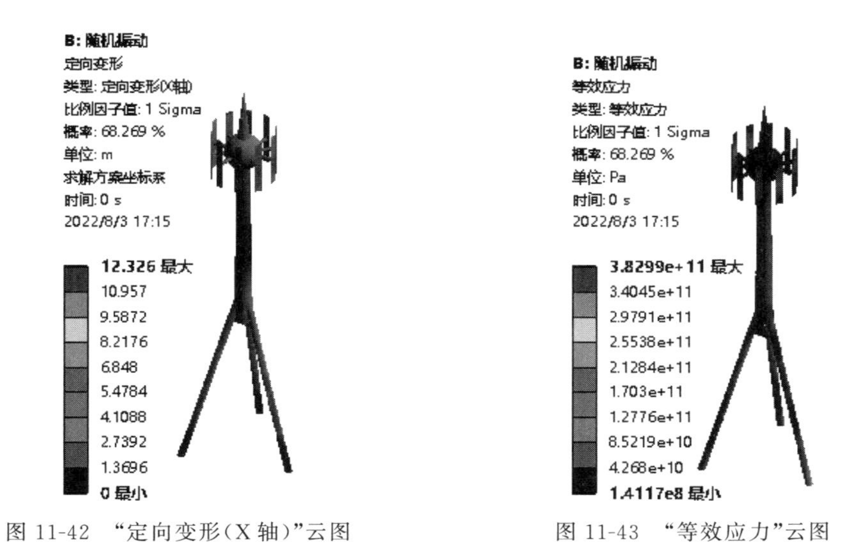

图 11-42　“定向变形(X 轴)”云图　　　　图 11-43　“等效应力”云图

(3) 查看 PSD 响应。单击“求解(B6)”分支下方的“响应 PSD”分支，图形区域下方出现“图形”和“表格数据”，如图 11-44 所示，可以看出，当频率为 5.8644Hz 时，信号塔的功率谱值最大，最大响应值为 99.054m^2/Hz。

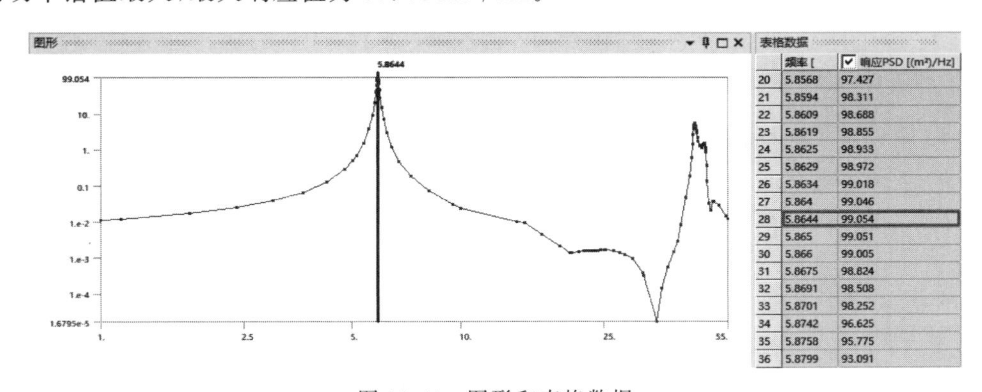

	频率 [	响应PSD [(m²)/Hz]
20	5.8568	97.427
21	5.8594	98.311
22	5.8609	98.688
23	5.8619	98.855
24	5.8625	98.933
25	5.8629	98.972
26	5.8634	99.018
27	5.864	99.046
28	5.8644	99.054
29	5.865	99.051
30	5.866	99.005
31	5.8675	98.824
32	5.8691	98.508
33	5.8701	98.252
34	5.8742	96.625
35	5.8758	95.775
36	5.8799	93.091

图 11-44　图形和表格数据

第12章

非线性结构分析

前面章节介绍的内容属于线性问题，都符合胡克定律，即位移或应力与作用的力是线性的，而现实生活中存在许多结构，其作用力与位移并不是线性关系，这样的结构称为非线性结构，是由于物体本身的状态、几何结构的非线性和物体材料的非线性决定的。本章主要讲述非线性结构的分析。

第12章

- 结构非线性概述
- 非线性求解与收敛
- 结构非线性分析流程（定义几何模型、定义接触、进行非线性求解设置、结果后处理）
- 综合实例

12.1　结构非线性概述

12.1.1　非线性行为

早期人们在研究力与位移之间的关系时，发现一个简单的关系，这就是著名的胡克定律：

$$F = Ku$$

式中，F 表示力；K 是一个常数，表示结构刚度；u 表示位移。

这一公式遵循线性关系，是基于线性矩阵的代数，非常适宜于线性有限元分析，如对一个简单的弹簧进行线性分析，如图 12-1 所示。

但是大多的结构是没有力和位移之间的线性关系的，即力 F 对位移 u 的图形关系不是直线的，因为此时结构的刚度 K 不再是一个常数，而变为施加的载荷的函数变量 K^T(切向刚度)，这样的结构就是非线性的，如图 12-2 所示。

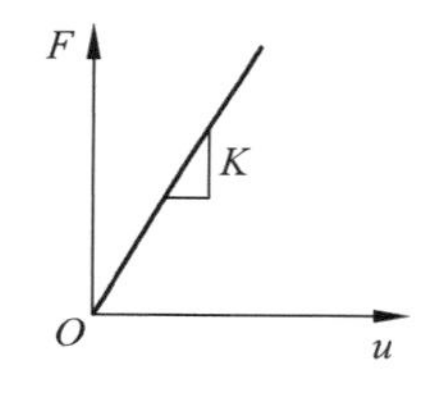

图 12-1　胡克定律

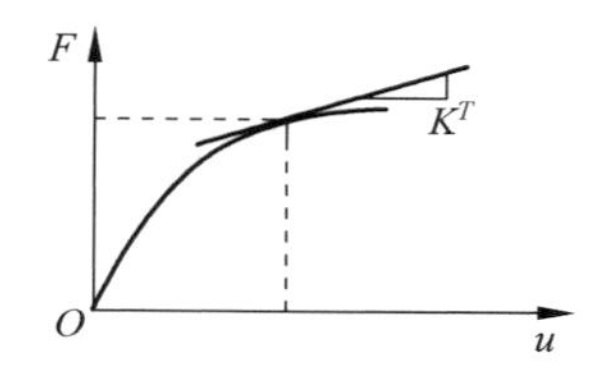

图 12-2　几何非线性

典型的非线性情况如下：

(1) 应力超过屈服强度进入塑性变形。

(2) 状态的改变(两体间的接触、单元的生/死)。

(3) 大变形，如钓鱼竿受力变形。

12.1.2　非线性分类

引起结构非线性的原因很多，它可以被分成 3 种主要类型。

(1) 几何非线性。当结构在承受大变形时，变化的几何形状就有可能引起结构的非线性响应。图 12-3 所示为一细长悬臂杆，在随着端点上载荷力的增加，悬杆不断弯曲(产生了大变形)，力臂明显变小从而导致悬杆端部在较高载荷下其刚度不断增大，这是大挠度引起的非线性响应。一般在几何非线性中引起非线性响应的主要有大应变、大挠度和应力刚化。

(2) 材料非线性。非线性的应力-应变关系是造成结构非线性的常见原因。影响材料应力-应变关系的因素很多。图 12-4 所示是一个典型的非线性应力-应变关系图，影响的因素有加载历史、环境温度和加载的时间总量等。

(3) 接触(状态)非线性。接触是一种很普遍的非线性行为，是状态变化非线性类型中一个特殊而又重要的部分。在非线性静力分析中，刚度矩阵 $\boldsymbol{K}$ 依赖于位移矩阵 $\boldsymbol{x}$

Note

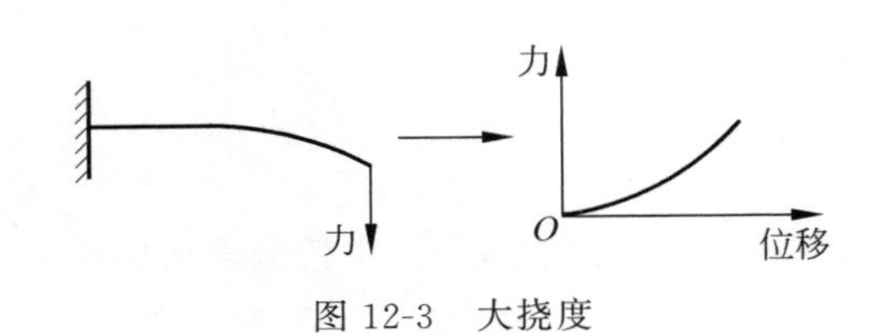

图 12-3　大挠度

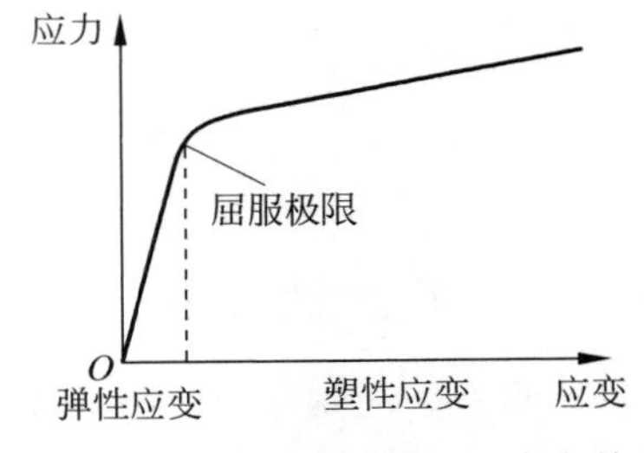

图 12-4　典型的非线性应力-应变关系

的变化，其公式如下：

$$\boldsymbol{K}(\boldsymbol{x})\boldsymbol{x}=\boldsymbol{F} \tag{12-1}$$

其中力与位移的关系是非线性的，如图 12-4 所示。

12.2　非线性求解与收敛

非线性结构的行为不能直接用这样一系列的线性方程表示，因此需要一系列的带校正的线性近似来求解非线性问题。

12.2.1　非线性求解方法

一种近似的非线性求解是将载荷分成一系列的载荷增量，可以在几个载荷步内或者在一个载荷步的几个子步内施加载荷增量，在每一个增量的求解完成后，继续进行下一个载荷增量之前程序调整刚度矩阵以反映结构刚度的非线性变化。遗憾的是，纯粹的增量近似不可避免地随着每一个载荷增量积累误差，导致结果最终偏差太大，如图 12-5(a)所示。

ANSYS 程序通过使用牛顿-拉夫森平衡迭代克服了这种困难，它迫使在每一个载荷增量的末端解达到平衡收敛(在某个容限范围内)。图 12-5(b)描述了在单自由度非线性分析中牛顿-拉夫森平衡迭代的使用。在每次求解前，牛顿-拉夫森方法估算出残差矢量，这个矢量是回复力(对应于单元应力的载荷)和所加载荷的差值。程序然后使

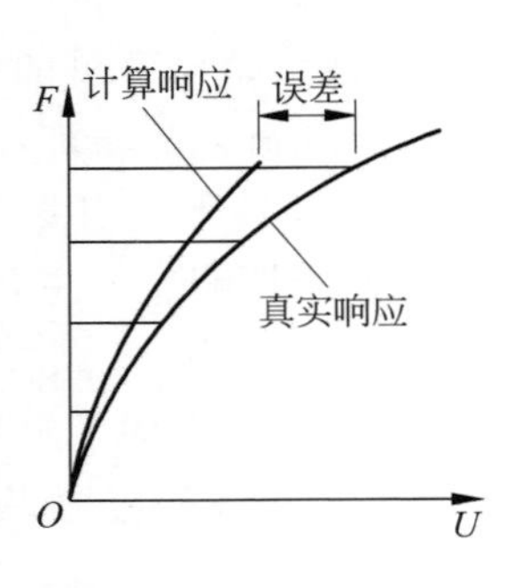

(a) 普通增量式解　　(b) 牛顿-拉夫森迭代求解(两个载荷增量)

图 12-5　纯粹增量近似与牛顿-拉夫森近似的关系

用非平衡载荷进行线性求解，并且核查收敛性。如果不满足收敛准则，重新估算非平衡载荷，修改刚度矩阵，获得新解。持续这种迭代过程直到问题收敛。

ANSYS 程序提供了一系列命令来增强问题的收敛性，如自适应下降、线性搜索、自动载荷步及二分法等，可被激活来加强问题的收敛性；如果不能得到收敛，那么程序要么继续计算下一个载荷步，要么终止计算(依据用户的指示而定)。

对某些物理意义上不稳定系统的非线性静态分析，如果仅仅使用牛顿-拉夫森方法，正切刚度矩阵可能变为降秩矩阵，导致严重的收敛问题。这样的情况包括独立实体从固定表面分离的静态接触分析，结构或者完全崩溃或者突然变成另一个稳定形状的非线性弯曲问题。对这样的情况，可以激活另外一种迭代——弧长方法，来帮助稳定求解。弧长方法导致牛顿-拉夫森平衡迭代沿一段弧收敛，从而即使当正切刚度矩阵的倾斜为零或负值时，也往往阻止发散。这种迭代方法如图 12-6 所示。

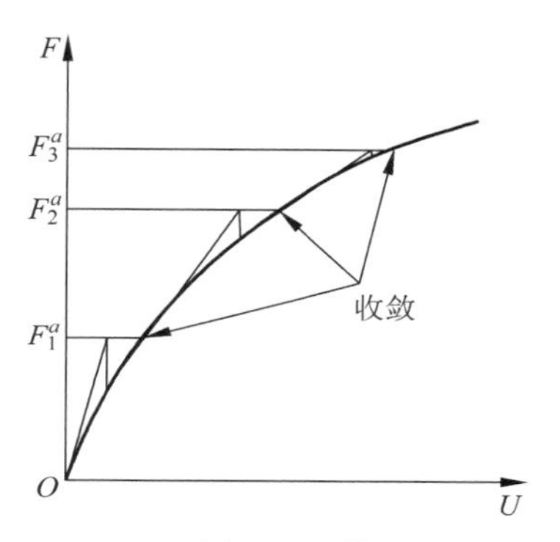

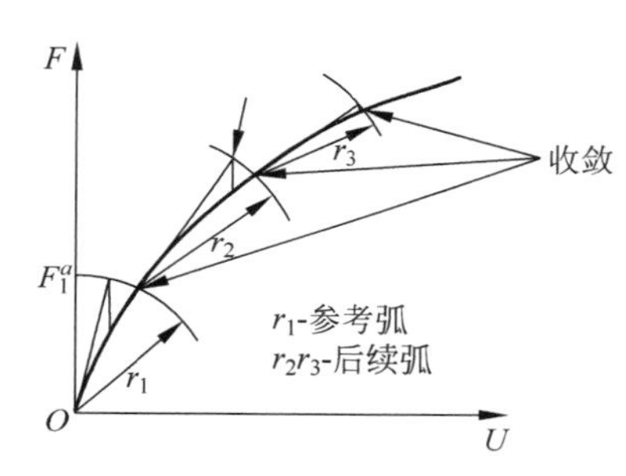

图 12-6 传统的牛顿-拉夫森方法与弧长方法的比较

12.2.2 载荷步、时间步和平衡迭代

载荷步、时间步和平衡迭代是非线性求解的 3 个步骤层次，可以按照这 3 个层次进行求解。

(1) 载荷步是顶层，求解选项、载荷与边界条件都施加于某个载荷步内，并假定载荷在载荷步内是线性变化的。

(2) 时间步是载荷步中的增量，时间步用于逐步施加载荷控制程序来执行多次求解(子步或时间步)。

(3) 平衡迭代是为得到给定时间步(载荷增量)的收敛解而采用的方法。

图 12-7 说明了一段用于非线性分析的典型的载荷时间历程。

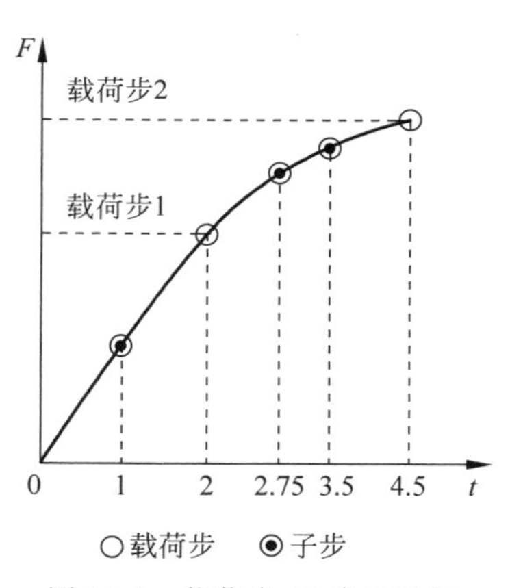

图 12-7 载荷步、子步及时间关系图

12.2.3 载荷和位移的方向改变

当结构经历大变形时应该考虑到载荷发生了什么变化。在许多情况中，无论结构如何变形，施加在系统中的载荷都将保持恒定的方向；而在另一些情况中，力将改变方

向，随着单元方向的改变而变化。

☎ **注意事项：**在大变形分析中不修正节点坐标系方向，因此计算出的位移在最初的方向上输出。

ANSYS程序对这两种情况都可以建模，依赖于所施加的载荷类型。加速度和集中力将不管单元方向的改变而保持它们最初的方向，表面载荷作用在变形单元表面的法向，且可被用来模拟"跟随"力。表12-1说明了恒力和跟随力。

表12-1　恒力和跟随力示意图

载　荷	变形前方向（恒力）	变形后方向（跟随力）
加速度		
集中力，扭矩		
压力		

12.3　结构非线性分析流程

进行结构非线性的分析流程主要有以下几个步骤：

(1) 创建工程项目。
(2) 定义材料属性。
(3) 定义几何模型。
(4) 赋予模型材料。
(5) 定义接触（如果模型中存在接触关系）。
(6) 划分网格。
(7) 进行非线性求解设置（包括分析设置、约束与载荷的设置）。
(8) 设置求解结果。
(9) 求解。
(10) 结果后处理。

下面就几个主要方面进行讲解。

12.3.1　定义几何模型

前面的章节已经介绍了线性模型的定义，这里需要定义非线性模型。其实定义非线性模型与线性模型的差别不是很大，只是承受大变形和应力硬化效应的轻微非线性

行为可能不需要对几何和网格进行修正。

另外需要注意：

（1）进行网格划分时需考虑大变形的情况。

（2）非线性材料大变形的单元技术选项。

（3）大变形下的加载和边界条件的限制。

对于要进行网格划分，如果预期有大的应变，需要将形状检查选项改为“强力机械”；对大变形的分析，如果单元形状发生改变，会减小求解的精度。

（1）在使用“强力机械”选项时，在 ANSYS Workbench 的 Mechanical 应用程序中要保证求解之前网格的质量更好，以预见在大应变分析过程中单元的扭曲。

（2）在使用“标准机械”选项时，形状检查的质量对线性分析很合适，因此在线性分析中不需要改变它。

（3）当设置成“强力机械”选项时，很可能会出现网格失效。

12.3.2　定义接触

接触问题是一种高度非线性行为，计算时需要较大的计算资源。为了进行有效的接触参数的设置，理解问题的特性和建立合理的模型很关键。

1. 接触基本概念

两个独立的表面相互接触并且相切，称为接触。一般物理意义上，接触的表面包含如下特性：

（1）不同物体的表面不会渗透。

（2）可传递法向压缩力和切向摩擦力。

（3）通常不传递法向拉伸力，可自由分离和互相移动。

接触表面之间可以自由分开并远离，接触是非线性的，随着接触状态的改变，接触表面的法向和切向刚度都会有明显的改变。对于较大的刚度突变，收敛问题是比较困难的；另外，接触区域的不确定性，摩擦及接触之外不再有其他约束，都使接触问题变得复杂。

常见的我们考虑较多的接触问题主要有两类：

（1）刚性体与柔性体接触。

（2）柔性体与柔性体接触。

2. 接触公式

在实际中，接触体间是不相互渗透的。因此，程序必须建立两表面间的相互关系以阻止分析中的相互渗透。在程序中阻止相互渗透，称为强制接触协调性。如果没有进行强制接触协调时，就会发生渗透，如图 12-8 所示，设置 ANSYS Workbench 中的 Mechanical 中提供了几种不同接触公式来建立接触面的强制协调性，包括“广义拉格朗日法”、“罚函数”、“多点约束算法”（multi-point contraint，MPC）、“拉格朗日法”、“梁法”，下面进行具体讲解。

（1）广义拉格朗日法：这种方法也是基于罚函数的一种方法，但与单纯的罚函数方法相比，广义拉格朗日法通常调节得更好，这种方法将罚函数法和拉格朗日法结合起

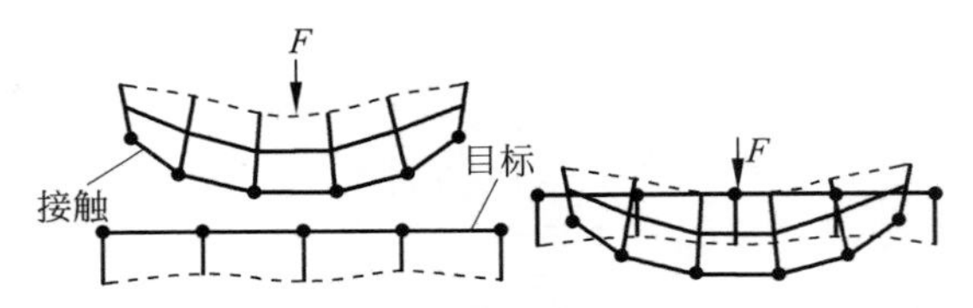

图 12-8　接触协调性不被强制时发生渗透

Note

来进行强制接触协调，公式为：

$$F = k\Delta x + \lambda \tag{12-2}$$

由于存在额外因子 λ，广义拉格朗日法对于接触刚度 k 的变化不敏感。当采用程序控制选项时，广义拉格朗日法为默认方法。

（2）罚函数：罚函数法用一个接触"弹簧"在两个面间建立关系，弹簧刚度称为罚函数或接触刚度；当面分开时（开状态），弹簧不起作用；当面开始渗透时（闭合），弹簧起作用。

弹簧偏移量（渗透量）Δx 满足平衡方程 $F = k\Delta x$，其中 k 为接触刚度。为保证平衡，Δx 必须大于零。实际接触体相互不渗透，理想接触刚度应该是非常大的值，为得到最高精度，接触界面的渗透量应该最小，但这会引起收敛困难。

（3）多点约束算法（MPC）：此方法通过添加约束方程来"联结"接触面之间的位移。采用 MPC 算法的绑定接触支持大变形分析，只能用于绑定和不分离类型的接触。

（4）拉格朗日法：该方法通过增加一个附加自由度（接触压力）来满足不可渗透条件，不涉及接触刚度和渗透。

$$F_{\text{normal}} = \text{DOF}$$

用压力自由度（DOF）得到 0 或者接近 0 的渗透量，不需要法向接触刚度，采用直接求解器，只对接触表面的法向施加力。拉格朗日法经常处于接触状态的开与关，容易引起收敛振荡。

（5）梁法：该方法仅适用于绑定的接触类型，这种方法是通过使用无质量的线性梁单元将接触关联在一起。

3. 接触类型

ANSYS Workbench 的 Mechanical 中有 5 种不同的接触类型，分别为"绑定""无分离""无摩擦""粗糙""摩擦的"。

（1）绑定：接触的物体之间不渗透、不分离，接触的面与面、边与边或者面与边之间不出现滑动。

（2）无分离：与绑定相似，只是接触的法向不分离，但允许接触面之间发生微量的无摩擦滑动。

（3）无摩擦：接触的物体之间不渗透，接触表面之间可以自由滑动，分离不受阻碍。

（4）粗糙：与无摩擦类似，但是不允许滑动。

（5）摩擦的：接触的物体之间存在摩擦，滑动阻力与摩擦系数成正比，同样分离不受阻碍。

这 5 种不同的接触类型具有的特点如表 12-2 所示。

表 12-2 接触行为和迭代次数

接 触 类 型	迭 代 次 数	法 向 行 为	切 向 行 为
绑定	一次	无间隙	不可滑移
无分离	一次	无间隙	允许滑移
无摩擦	多次	允许有间隙	允许滑移
粗糙	多次	允许有间隙	不可滑移
摩擦的	多次	允许有间隙	允许滑移

☎ **注意事项**：只有绑定的和无分离类型的接触才是线性的，计算时只要一次迭代，其他 3 种是非线性的，计算时需要多次迭代。

4. 对称/非对称行为

在 ANSYS Workbench 程序内部，指定接触面和目标面是非常重要的。接触面和目标表面都会显示在每一个“接触区域”中。接触面以红色表示而目标面以蓝色表示，接触和目标面指定了两对相互接触的表面。

“接触区域”的详细信息中的接触行为包括“程序控制”“不对称”“对称”“自动不对称”4 种，具体解释如下：

(1) 程序控制：该选项是默认设置，程序控制采用“自动不对称”接触行为。

(2) 不对称：限制接触面不能渗透目标面。

(3) 对称：接触面和目标面不能相互渗透。

(4) 自动不对称：接触面和目标面由程序进行控制。

对于不对称行为，接触面的节点不能渗透目标面，这是需要记住的十分重要的规则。如图 12-9(a)所示，顶部网格是接触面，节点不能渗透目标面，所以接触建立正确；而在图 12-9(b)中，底部网格是接触面而顶部是目标面，因为接触面节点不能渗透目标面，发生了太多的实际渗透。

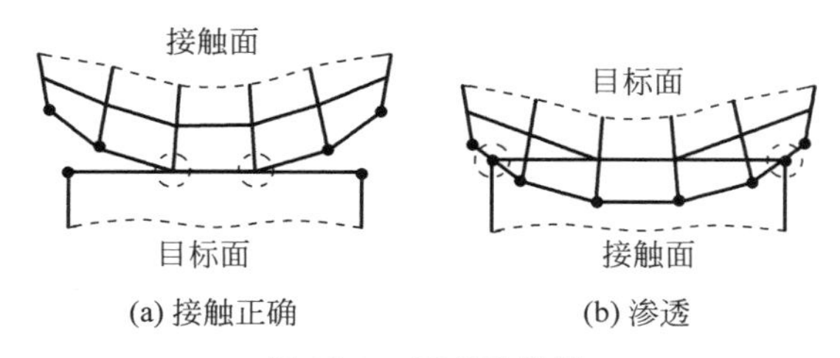

图 12-9 不对称接触

(1) 使用对称行为的优缺点。优点：对称行为比较容易建立。缺点：更大的计算代价，解释实际接触压力这类数据将更加困难，需要报告两对面上的结果。

(2) 使用不对称行为的优点。用户手动指定合适的接触和目标面，但选择不正确的接触面和目标面会影响结果。观察结果容易且直观，所有数据都在接触面上。

由于物体的接触面类型多种多样，我们可以按照如下原则进行不对称行为接触表面的正确选择。

(1) 如果一个凸表面要和一个平面或凹面接触，应该选取平面或凹面为目标面。

(2) 如果一个表面有粗糙的网格而另一个表面网格细密，则应选择粗糙网格表面

Note

为目标面。

(3) 如果一个表面比另一个表面硬,则硬表面应为目标面。

(4) 如果一个表面为高阶而另一个为低阶,则低阶表面应为目标面。

(5) 如果一个表面大于另一个表面,则大的表面应为目标面。

5. 摩擦接触

在 Mechanical 中摩擦采用的是库仑模型。对于摩擦接触,必须输入摩擦系数,在计算时建议用增广拉格朗日法。

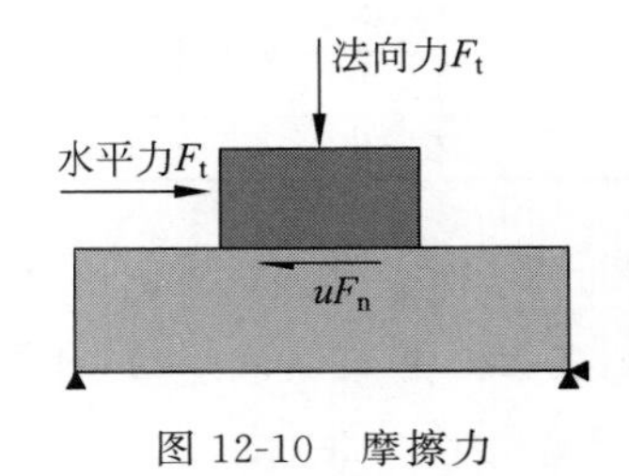

图 12-10　摩擦力

☎ **注意事项**:摩擦力服从库仑定律,即 $F_t \leqslant uF_n$,式中 u 为摩擦系数,其物理意义如图 12-10 所示。

12.3.3　进行非线性求解设置

非线性分析的求解与线性分析不同。对于线性静力问题,矩阵方程求解器只需要一次求解;而非线性的每次迭代需要新的求解。非线性分析中求解前的设置同样在“分析设置”的详细信息栏中,如图 12-11 所示。

在这里需要考虑的选项设置有“步控制”“求解控制器”“非线性控制”。下面进行具体讲解。

"分析设置"的详细信息	
⊟ 步控制	
步骤数量	1.
当前步数	1.
步骤结束时间	100. s
自动时步	开启
定义依据	子步
初始子步	10.
最小子步	10.
最大子步	1000.
⊟ 求解器控制...	
求解器类型	迭代的
弱弹簧	关闭
求解器主元检查	程序控制
大挠曲	关闭
惯性释放	关闭
准静态解	关闭
⊞ 转子动力学控制	
⊞ 重新启动控制	
⊞ 非线性控制	
⊞ 高级	
⊞ 输出控制...	
⊞ 分析数据管理	

图 12-11　“分析设置”的详细信息

1. 步控制

在“分析设置”的详细信息栏中,“步控制”下的“自动时步”,使用户可定义每个加载步的“初始子步”“最小子步”和“最大子步数”。

如果在分析时有收敛问题,则将使用自动时间步对求解进行“二分”。“二分”会以更小的增量施加载荷(在指定范围内使用更多的子步),从最后成功收敛的子步重新开始。

如果在属性窗格中没有定义,则默认“自动时步”为“程序控制”,系统将根据模型的非线性特性自动设定。如果使用默认的自动时间步设置,用户应通过在运行开始查看求解信息和“二分”来校核这些设置。

2. 求解控制器

非线性控制用来自动计算收敛容差。在牛顿-拉夫森迭代过程中用来确定模型何时收敛或“平衡”。默认的收敛准则适用于大多数工程应用。对特殊的情形,可以不考虑默认值而收紧或放松收敛容差。加紧的收敛容差给出更高精确度,但可能使收敛更加困难,使求解时间延长。

在“非线性控制”栏中设置的选项主要有“线搜索”和“稳定性”两项。

(1) 线搜索:线搜索对于增强收敛性是有用的,通过一个 0～1 的比例因子去

影响位移增量帮助收敛，适合于施加力载荷、薄壳、细长杆结构或求解收敛振荡的情况。

(2) 稳定性：不稳定问题导致的收敛困难，通常是小载荷增量下产生大位移结果。而稳定技术有助于实现收敛。稳定性可以被认为是在系统的所有节点上增加人工阻尼器产生一个阻尼或稳定力。这个力减少了自由度的位移，因此可以实现稳定。

稳定性选项包括“程序控制”“关闭”“常数”“减少”4 种类型。

(1) 程序控制：将基于当前位置自动选择稳定性。

(2) 关闭：解除稳定。

(3) 常数：激活稳定。在加载阶段，能量耗散率或阻尼系数保持不变。

(4) 减少：激活稳定。在负载阶跃结束时，能量耗散率或阻尼系数从规定值或计算值线性降低至零。

当稳定性选择了“常数”或“减少”时，会出现稳定性控制的方法，包括“能量”和“阻尼”两种方法。

(1) 能量：这是默认设置，使用能量耗散率控制稳定性，能量耗散率是稳定力所做的功与元素势能的比值，该值通常是 0～1 的数字，默认值为 1.0×10^{-4}。

(2) 阻尼：使用阻尼因子控制稳定性，阻尼系数为 ANSYS 解算器用于计算所有后续子步骤的稳定力的值，该值大于 0。

当指定能量时，需要输入能量耗散率。能量耗散比值是稳定力所做的功与元素势能的比值，该值通常是 0～1 的数字，默认值为 1.0×10^{-4}。

当指定阻尼时，需要输入阻尼因子值。阻尼系数为 ANSYS 解算器用于计算所有后续子步骤的稳定力的值，该值大于 0。

12.3.4　结果后处理

求解结束后进行结果后处理，查看求解结果。

(1) 对大变形问题，通常应从结果(result)工具栏按实际比例缩放来查看变形，任何结构结果都可以被查询到。

(2) 如果定义了接触，接触工具可用来对接触相关结果(压力、渗透、摩擦应力、状态等)进行后处理。

(3) 如果定义了非线性材料，需要得到各种应力和应变分量。

12.4　综合实例

12.4.1　橡胶减震器非线性分析

图 12-12 所示为一个橡胶减震器，上下为铸钢材质的连接法兰，中间部分为圆形橡胶，下面的连接法兰固定，上面的法兰在原位置进行上下各 30mm 的位移振动，分析此状态下橡胶的总变形量及应力情况。

12-1

图 12-12 中法兰和橡胶参数如表 12-3 所示。

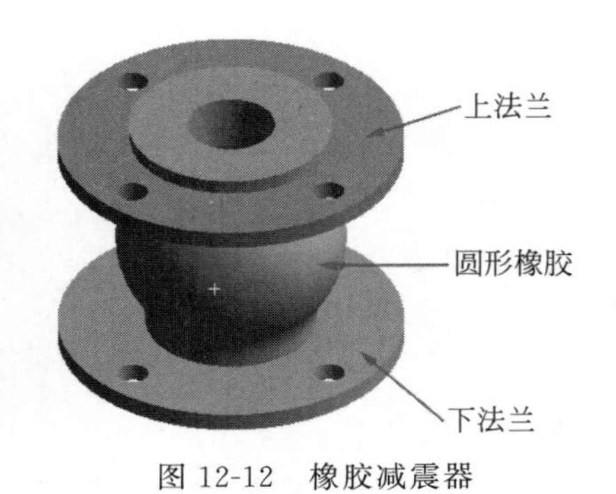

图 12-12　橡胶减震器

表 12-3　模型尺寸及材料参数表

名称	材料属性
铸钢	杨氏模量 $E=2\times10^{11}$Pa 泊松比 $\nu=0.3$ 密度 $\rho=7850\text{kg/m}^3$
橡胶	穆尼-里夫林常数： $C10=2.93\times10^5$Pa $C01=1.77\times10^5$Pa 不可压缩性参数 $D1=0\text{Pa}^{-1}$

操作步骤

01 创建工程项目。打开 Workbench 程序，展开左边工具箱中的“分析系统”栏，将工具箱里的“静态结构”选项直接拖动到“项目原理图”界面中或直接双击“静态结构”选项，建立一个含有“静态结构”的项目模块，结果如图 12-13 所示。

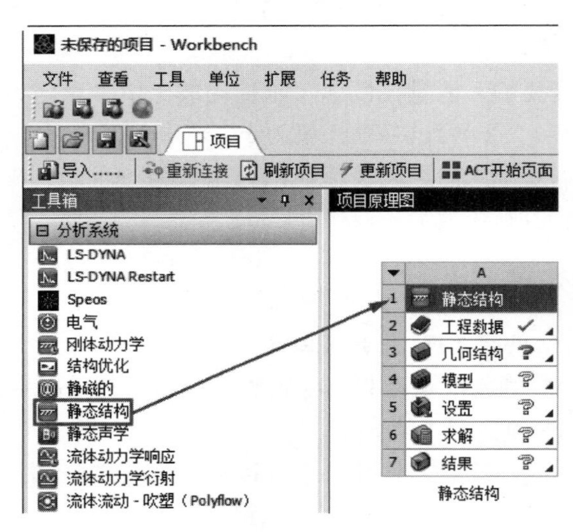

图 12-13　创建工程项目

02 定义材料。

（1）双击 A2“工程数据”选项，弹出“A2 工程数据”选项卡，在该选项卡中单击“轮廓原理图 A2：工程数据”下方的“点击此处添加新材料”栏，如图 12-14 所示，然后在该栏中输入“铸钢”，此时就创建了一个“铸钢”材料，只是此时“铸钢”材料没有定义属性，下方的“属性大纲行 4：铸钢”中，没有任何属性定义，如图 12-15 所示。

（2）展开左侧“工具箱”中的“物理属性”和“线性弹性”栏，将“Density”（密度）和“Isotropic Elasticity”（各向同性弹性）属性拖放到右侧的“铸钢”材料中，如图 12-16 所示，此时下方的“属性大纲行 4：铸钢”中出现了所添加的属性，然后设置“Density”（密

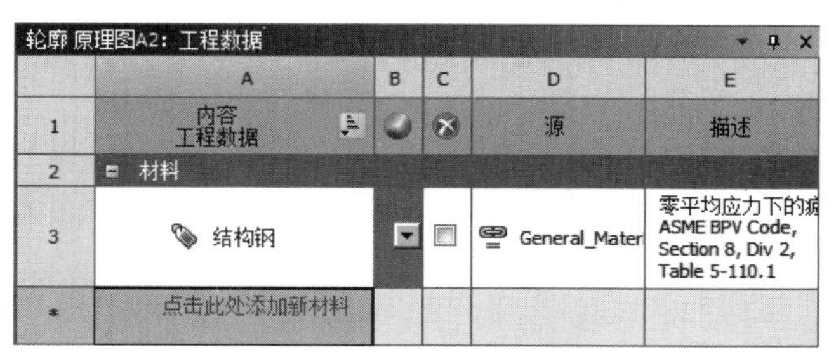

轮廓 原理图A2：工程数据

	A	B	C	D	E
1	内容 工程数据			源	描述
2	⊟ 材料				
3	结构钢			General_Mater	零平均应力下的疲 ASME BPV Code, Section 8, Div 2, Table 5-110.1
*	点击此处添加新材料				

图 12-14　添加材料

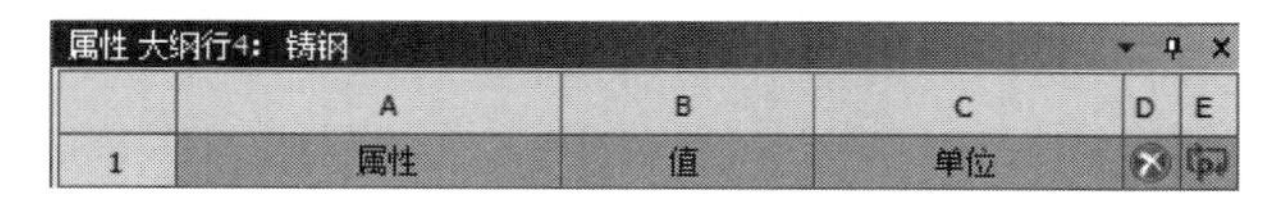

属性 大纲行4：铸钢

	A	B	C	D	E
1	属性	值	单位		

图 12-15　属性大纲行

度)为 7850kg/m³,“杨氏模量”为 2×10^{11} Pa,“泊松比”为 0.3,结果如图 12-17 所示。然后按照同样的方法添加和设置“橡胶”材料,然后将左侧“工具箱”中的“超弹性”栏中的“Mooney-Rivlin 2 Parameter”(穆尼-里夫林常数)属性拖放到右侧的“橡胶”材料中,设置“材料常数 C10”为 2.93×10^{5} Pa,“材料常数 C01”为 1.77×10^{5} Pa,“不可压缩性参数 D1”为 0Pa^{-1},如图 12-18 所示。

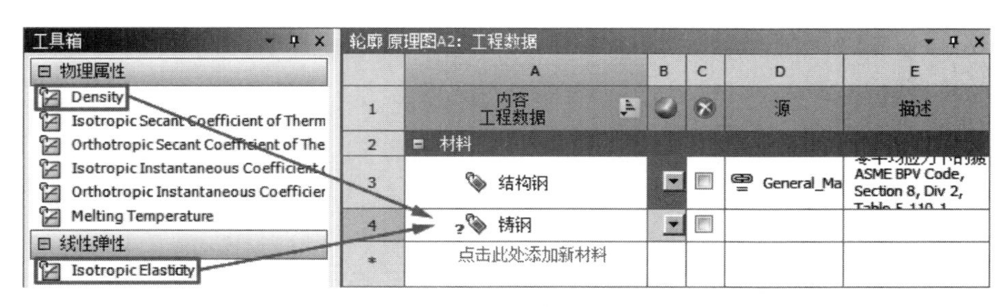

图 12-16　添加属性

属性 大纲行4：铸钢

	A	B	C	D	E
1	属性	值	单位		
2	材料场变量	表格			
3	Density	7850	kg m^-3		
4	⊟ Isotropic Elasticity				
5	衍生于	杨氏模量与泊松比			
6	杨氏模量	2E+11	Pa		
7	泊松比	0.3			
8	体积模量	1.6667E+11	Pa		
9	剪切模量	7.6923E+10	Pa		

图 12-17　设置“铸钢”属性

03 导入几何模型。右击“项目原理图”中的“几何结构”栏,在弹出的快捷菜单中选择“导入几何模型”下一级菜单中的“浏览”命令,弹出“打开”对话框,如图 12-19 所示,选择要导入的模型“橡胶减震法兰”,然后单击“打开”按钮 打开(O) 。

Note

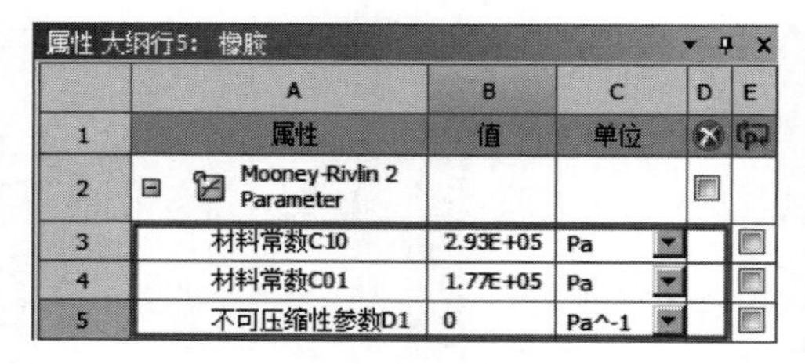

属性 大纲行5：橡胶

	A	B	C	D	E
1	属性	值	单位		
2	Mooney-Rivlin 2 Parameter				
3	材料常数C10	2.93E+05	Pa		
4	材料常数C01	1.77E+05	Pa		
5	不可压缩性参数D1	0	Pa^-1		

图 12-18　设置“橡胶”属性

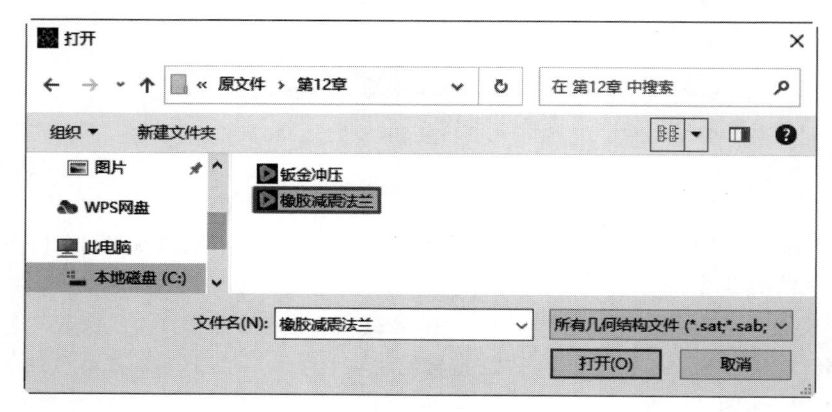

图 12-19　“打开”对话框

04 启动 Mechanical 应用程序。

(1) 启动 Mechanical。在项目原理图中右击“模型”命令，在弹出的快捷菜单中选择“编辑……”命令，如图 12-20 所示，进入“A：静态结构-Mechanical”(机械学)应用程序，如图 12-21 所示。

图 12-20　“编辑……”命令

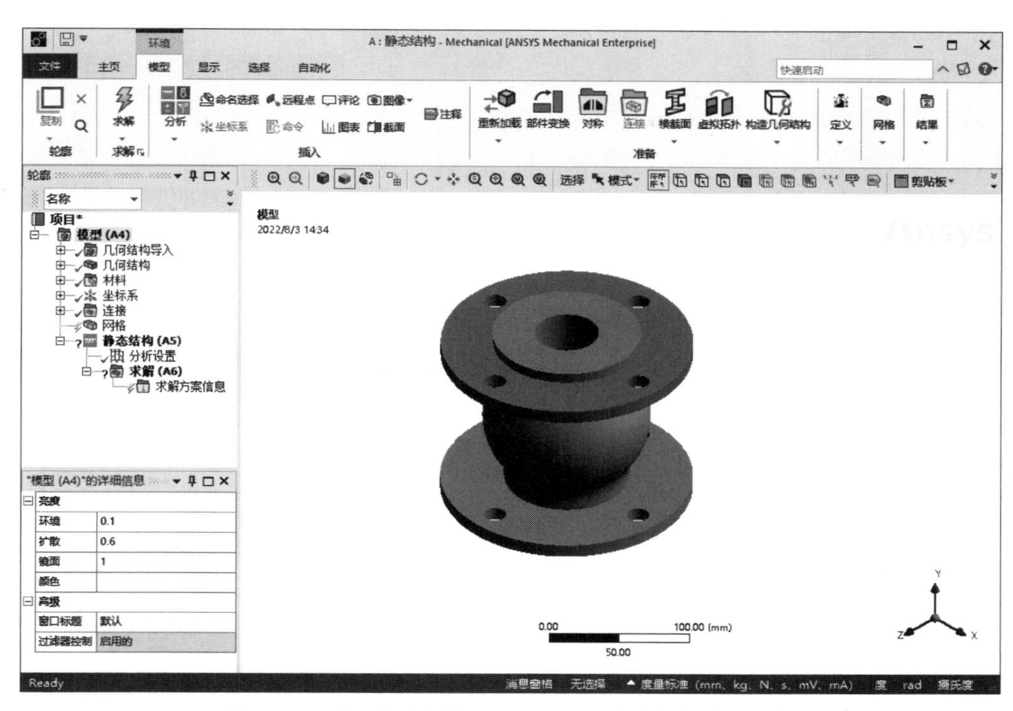

图 12-21　“A：静态结构-Mechanical”(机械学)应用程序

(2) 设置系统单位。单击“主页”选项卡“工具”面板下拉菜单中的“单位”按钮，弹出“单位系统”下拉菜单，选择“度量标准(mm、kg、N、s、mV、mA)”选项，如图 12-22 所示。

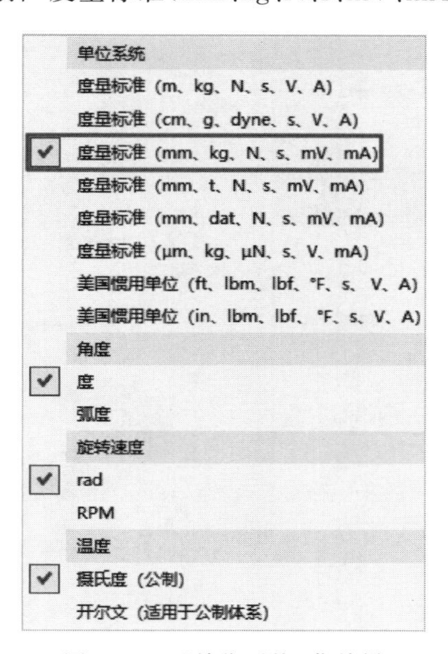

图 12-22　“单位系统”菜单栏

05 模型重命名。在轮廓树中展开“几何结构”，显示模型含有三个实体，右击第一个固体，在弹出的快捷菜单中选择“重命名”命令，重新输入名称为“减震橡胶”；同理

Note

设置第二个实体和第三个实体分别为“上法兰”和“下法兰”。

06 赋予模型材料。在轮廓树中展开“几何结构”，选择“减震橡胶”，在左下角弹出“减震橡胶”的详细信息，在列表中单击“材料”栏中“任务”选项，显示“材料”任务为“结构钢”，然后单击“任务”栏右侧的三角按钮▶，弹出“工程数据材料”对话框，如图 12-23 所示，该对话框中选择“橡胶”选项，为“减震橡胶”赋予“橡胶”材料。同理选择两个法兰，为法兰赋予“铸钢”材料。

07 添加接触。在轮廓树中展开“连接”分支，系统已经为模型接触部分建立了接触连接，如图 12-24 所示；选择“接触区域”，左下角弹出“接触区域”的详细信息列表，同时在图形窗口显示“上法兰”和“减震橡胶”的接触面，如图 12-25 所示，这里不予更改，同理减震橡胶和下法兰的接触也不予更改。

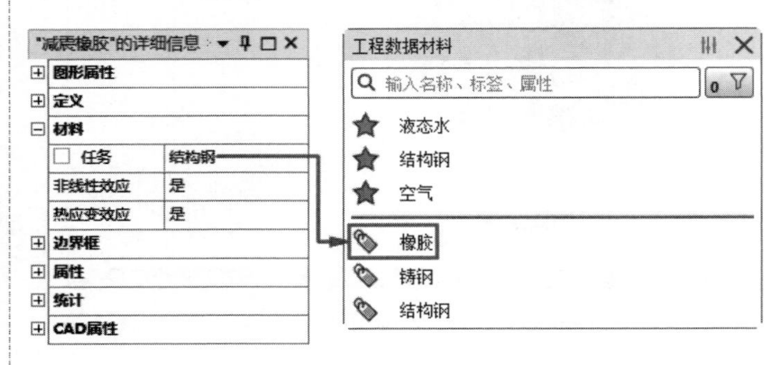

图 12-23 “减震橡胶”的详细信息

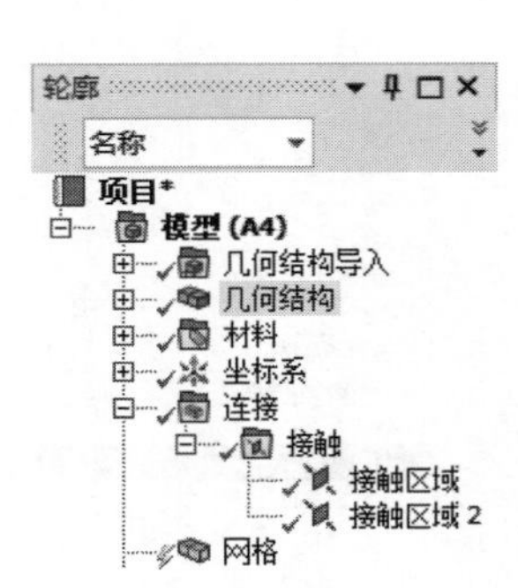

图 12-24 接触连接

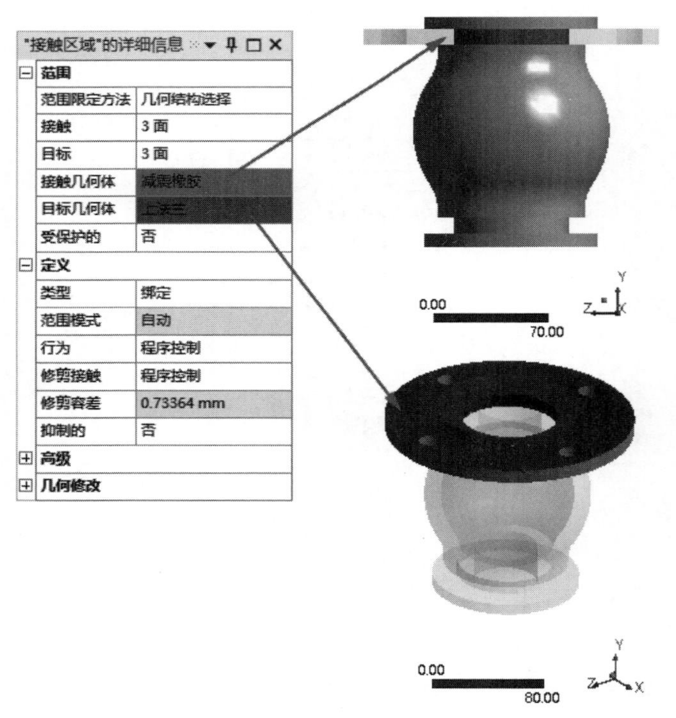

图 12-25 接触设置

Note

12-2

08 划分网格。单击“网格”选项卡“网格”面板中的“生成”按钮，系统自动划分网格，结果如图 12-26 所示。

09 分析设置。

(1) 步控制设置。在轮廓树中单击“静态结构(A5)”分支下的“分析设置”，系统切换到“环境”选项卡。同时左下角弹出“分析设置”的详细信息栏，在“步控制”栏中设置“步骤数量”为 2，设置“当前步数”为 1，设置“步骤结束时间”为 10s，设置“自动时步”为“开启”，设置“初始子步”和“最小子步”均为 10，设置“最大子步”为 1000，如图 12-27 所示。

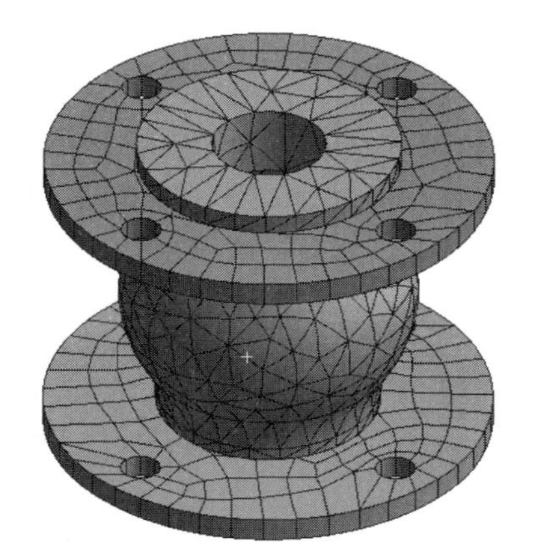

图 12-26　划分网格

“分析设置”的详细信息

步控制	
步骤数量	2.
当前步数	1.
步骤结束时间	10. s
自动时步	开启
定义依据	子步
初始子步	10.
最小子步	10.
最大子步	1000.

图 12-27　设置步控制

(2) 求解器控制设置。展开“求解器控制”栏，设置“求解器类型”为“迭代的”，设置“弱弹簧”为“开启”，设置“大挠曲”为“开启”，如图 12-28 所示。

(3) 设置载荷步数 2。在“步控制”栏中设置“当前步数”为 2，设置“步骤结束时间”为 30s，其余设置同载荷步数 1 中的“步控制”“求解器控制”“非线性控制”相同。

10 施加载荷与约束。

(1) 添加固定约束。在轮廓树中单击“静态结构(A5)”分支，系统切换到“环境”选项卡。单击“环境”选项卡“结构”面板中的“固定的”按钮 固定的，左下角弹出“固定支撑”的详细信息，设置“几何结构”为“下法兰”的下端面，如图 12-29 所示。

求解器控制...	
求解器类型	迭代的
弱弹簧	开启
弹簧刚度	程序控制
求解器主元检查	程序控制
大挠曲	开启
惯性释放	关闭
准静态解	关闭

图 12-28　设置求解器控制

“固定支撑”的详细信息

范围	
范围限定方法	几何结构选择
几何结构	1 面
定义	
类型	固定支撑
抑制的	否

图 12-29　添加固定约束

(2) 添加位移约束。单击“环境”选项卡“结构”面板中的“位移”按钮 位移，左下角弹出“位移”的详细信息，设置“几何结构”为“上法兰”的顶面，设置“X 分量”和“Z 分

量”为“0mm”，如图 12-30 所示。然后在图形区域下方的“表格数据”中第 3 行中的 Y 列为 30mm，如图 12-31 所示。

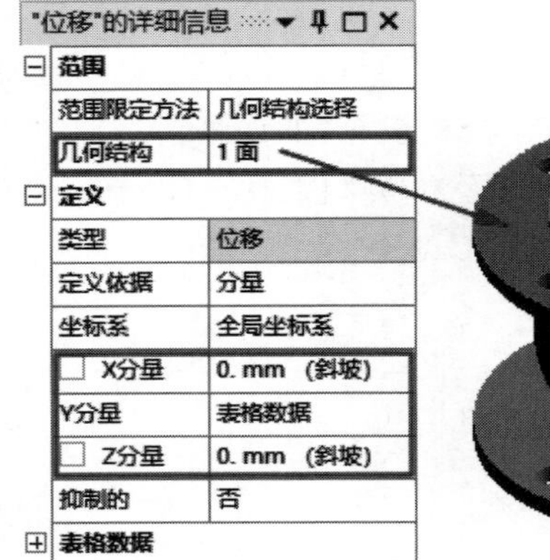

图 12-30　添加位移

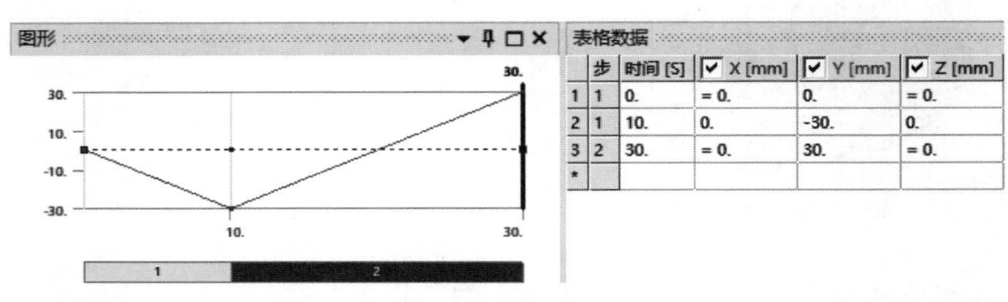

	步	时间 [S]	X [mm]	Y [mm]	Z [mm]
1	1	0.	= 0.	0.	= 0.
2	1	10.	0.	-30.	0.
3	2	30.	= 0.	30.	= 0.
*					

图 12-31　“图形”与“表格数据”

11 设置求解结果。

(1) 添加总变形。单击“求解(A6)”分支，系统切换到“求解”选项卡，单击“求解”选项卡“结果”面板“变形”下拉菜单中的“总计”按钮 总计，如图 12-32 所示，添加总变形。

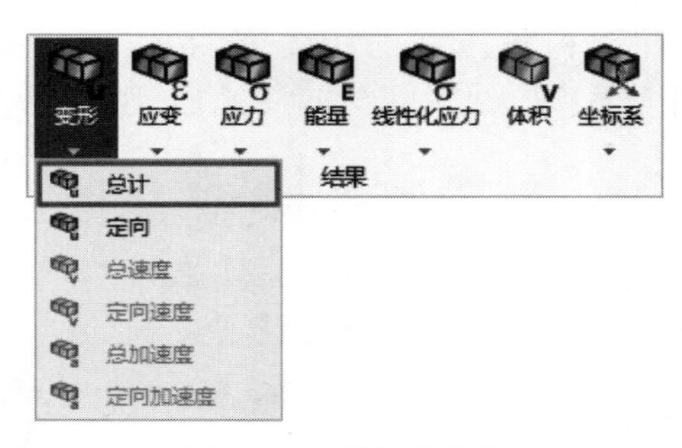

图 12-32　添加总变形

(2) 添加等效应力。单击“求解”选项卡“结果”面板“应力”下拉菜单中的“等效(Von-Mises)应力”按钮 等效(Von-Mises)应力，添加等效应力。

12 求解。单击“主页”选项卡“求解”面板中的“求解”按钮，进行求解。

13 结果后处理。

（1）设置显示类型。在轮廓树中单击“求解(A6)”分支下的“总变形”分支，系统切换到“结果”选项卡。单击“结果”选项卡“显示”面板中“边”的下拉按钮，选择“无线框”选项，如图12-33(a)所示，此时模型中不显示网格单元；单击“显示”面板中“轮廓图”的下拉按钮，选择“平滑的轮廓线”选项，如图12-33(b)所示，此时模型中显示平滑的过渡云图。

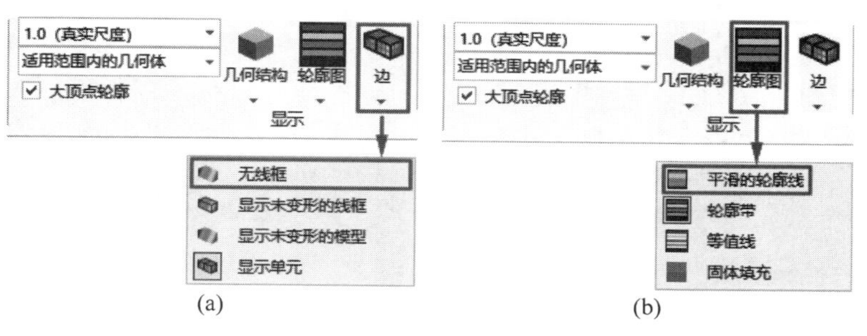

图12-33　设置显示类型

（2）设置显示比例。单击“结果”选项卡“显示”面板中显示比例中的下拉箭头，选择“1.0(真实尺度)”选项，如图12-34所示，设置显示比例为1∶1。

（3）查看总变形。在轮廓树中单击“求解(A6)”分支下的“总变形”分支，显示“总变形”云图，如图12-35所示，此时“总变形”的详细信息列表中的“显示时间”为“最后的”，表示此变形为上法兰向上移动30mm时的拉伸总变形图；若查看法兰向下移动30mm时的压缩总变形图，需要将“总变形”的详细信息列表中的“显示时间”设置为“10s”，重新求解后，显示法兰向下移动30mm时的压缩总变形图，如图12-36所示。

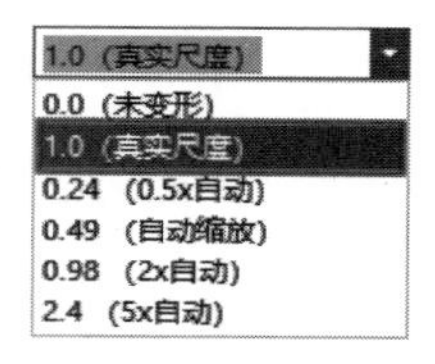

图12-34　设置显示比例

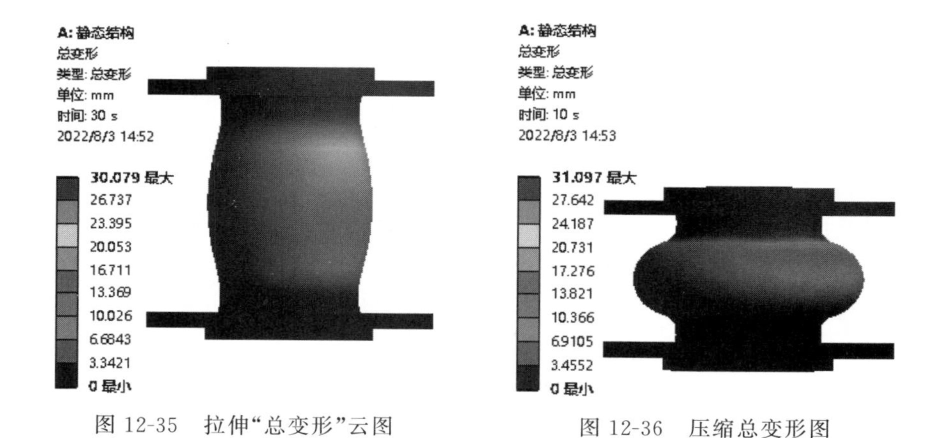

图12-35　拉伸“总变形”云图　　图12-36　压缩总变形图

（4）查看等效应力。在轮廓树中单击“求解(A6)”分支下的“等效应力”分支，显示“等效应力”云图，如图12-37所示，此时“等效应力”的详细信息列表中的“显示时间”为“最后的”，表示此变形为上法兰向上移动30mm时的拉伸等效应力云图；若查看法兰向下移动30mm时的压缩等效应力云图，需要将“等效应力”的详细信息列表中的“显

Note

示时间"设置为"10s",重新求解后,显示法兰向下移动 30mm 时的压缩等效应力云图,如图 12-38 所示。

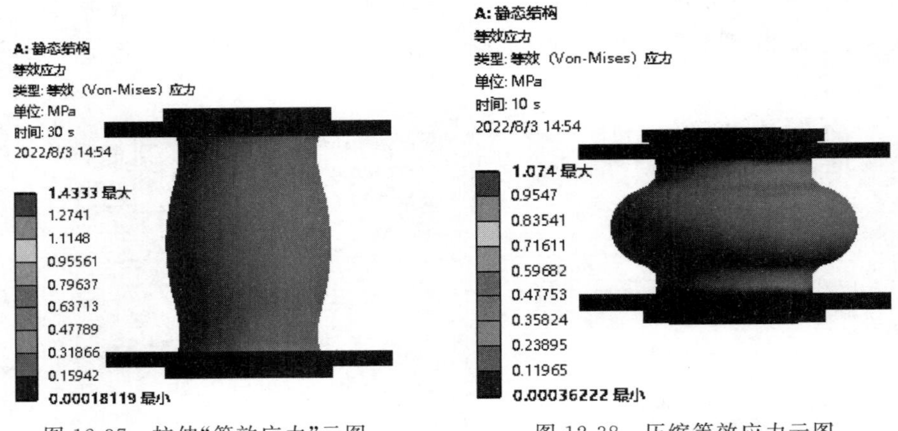

图 12-37　拉伸"等效应力"云图　　　　图 12-38　压缩等效应力云图

(5) 查看收敛力。单击"求解(A6)"分支下方的"求解方案信息"选项,左下角弹出"求解方案信息"的详细信息,设置"求解方案输出"为"力收敛",此时就可以在图形区域查看求解过程中的收敛力,如图 12-39 所示。

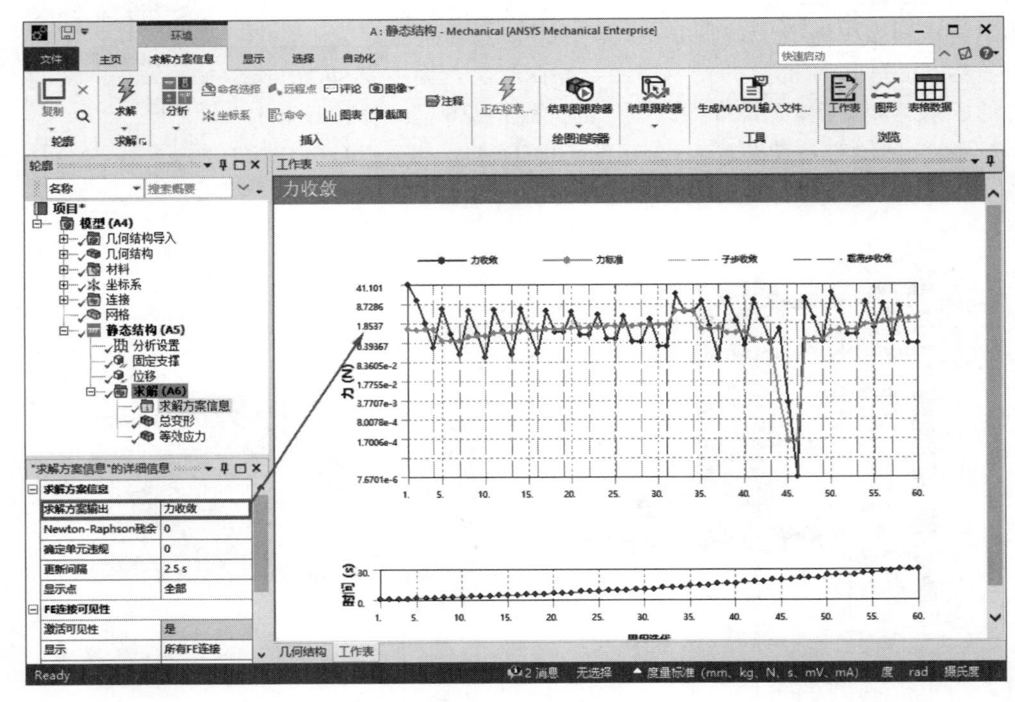

图 12-39　查看收敛力

12.4.2　板材冲压非线性分析

板材的冲压是利用安装在压力机上的模具对材料施加压力,使其产生分离或塑性

12-3

变形，是典型的非线性分析，下面通过本实例具体讲解。

如图 12-40 所示，模拟板材的冲压过程，该过程为冲压的凸模向下移动，压动板材，使板材按凹模的形状产生塑性变形，达到生产需要的形状。我们分析该过程中板材的变形过程和产生的应力。

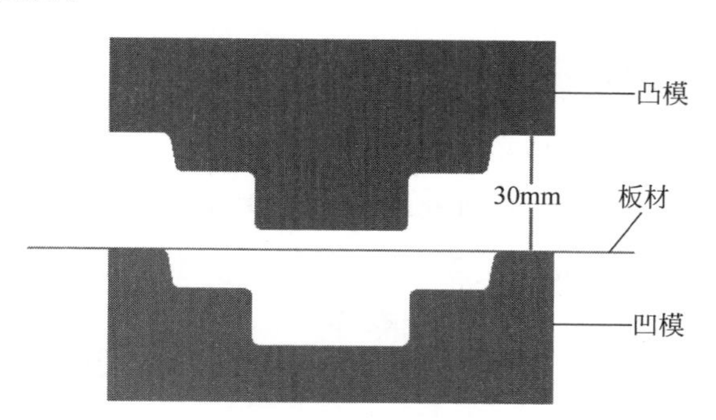

图 12-40 板材冲压

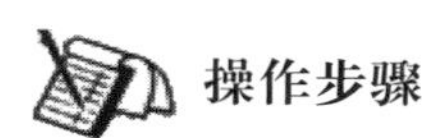

操作步骤

01 创建工程项目。打开 Workbench 程序，展开左边工具箱中的“分析系统”栏，将工具箱里的“静态结构”选项直接拖动到“项目原理图”界面中或直接双击“静态结构”选项，建立一个含有“静态结构”的项目模块，结果如图 12-41 所示。

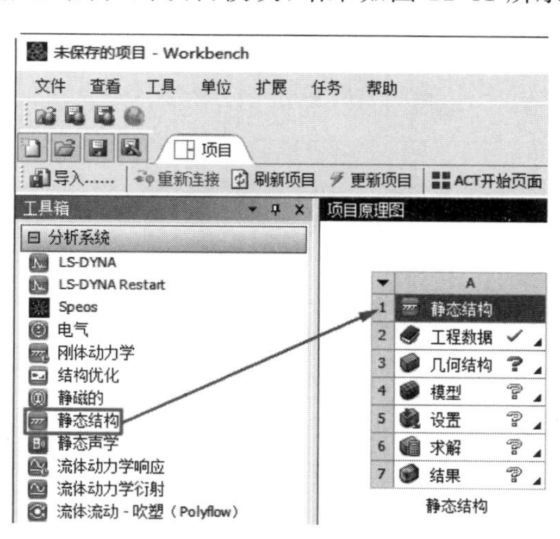

图 12-41 创建工程项目

02 定义材料。双击 A2“工程数据”选项，弹出“A2 工程数据”选项卡，单击应用上方的“工程数据源”标签。如图 12-42 所示。打开左上角的“工程数据源”窗口。单击其中的“一般非线性材料”按钮 一般非线性材料，使之点亮。在“一般非线性材料”点亮的同时单击“轮廓 General Non-linear Materials”(一般非线性材料概述)窗格中的“铝合金 NL”旁边的“添加”按钮，将这个材料添加到当前项目中，单击“A2：工程数据”标签的关闭按钮，返回到 Workbench 界面。

03 导入几何模型。右击“项目原理图”中的“几何结构”栏，在弹出的快捷菜单中

Note

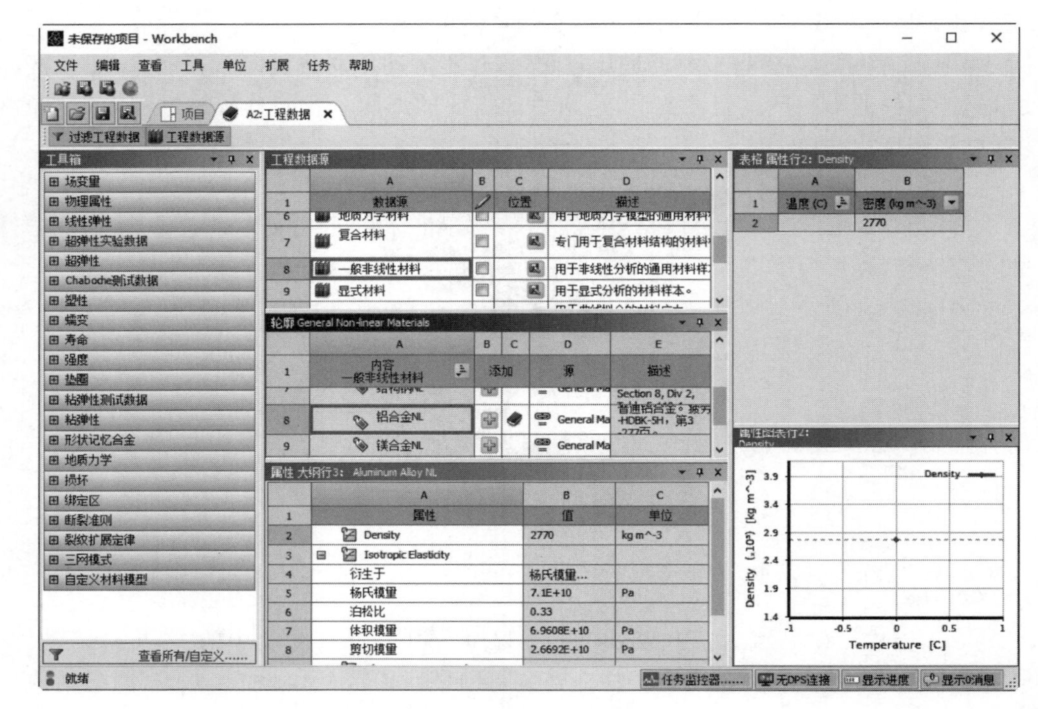

图 12-42 “工程数据源”标签

选择“导入几何模型”下一级菜单中的“浏览”命令，弹出“打开”对话框，如图 12-43 所示，选择要导入的模型“板材冲压”，然后单击“打开”按钮 打开(O) 。

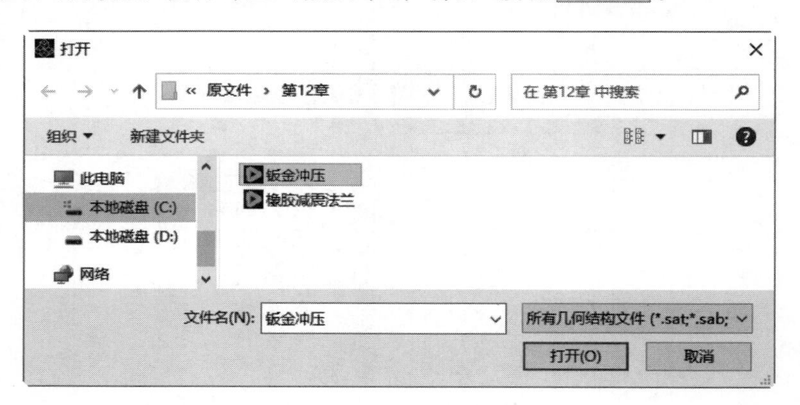

图 12-43 “打开”对话框

04 启动 Mechanical 应用程序。

(1) 启动 Mechanical。在项目原理图中右击“模型”命令，在弹出的快捷菜单中选择“编辑......”命令，如图 12-44 所示，进入“A：静态结构-Mechanical”（机械学）应用程序，如图 12-45 所示。

(2) 设置系统单位。单击“主页”选项卡“工具”面板下拉菜单中的“单位”按钮，弹出“单位系统”下拉菜单，选择“度量标准（mm、kg、N、s、mV、mA）”选项，如图 12-46 所示。

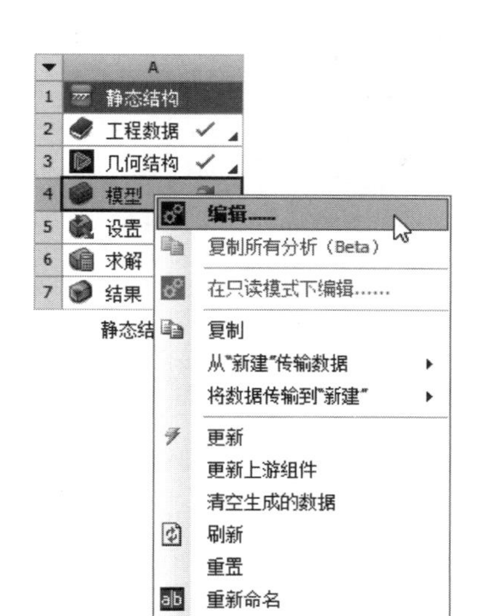

图 12-44 “编辑......”命令

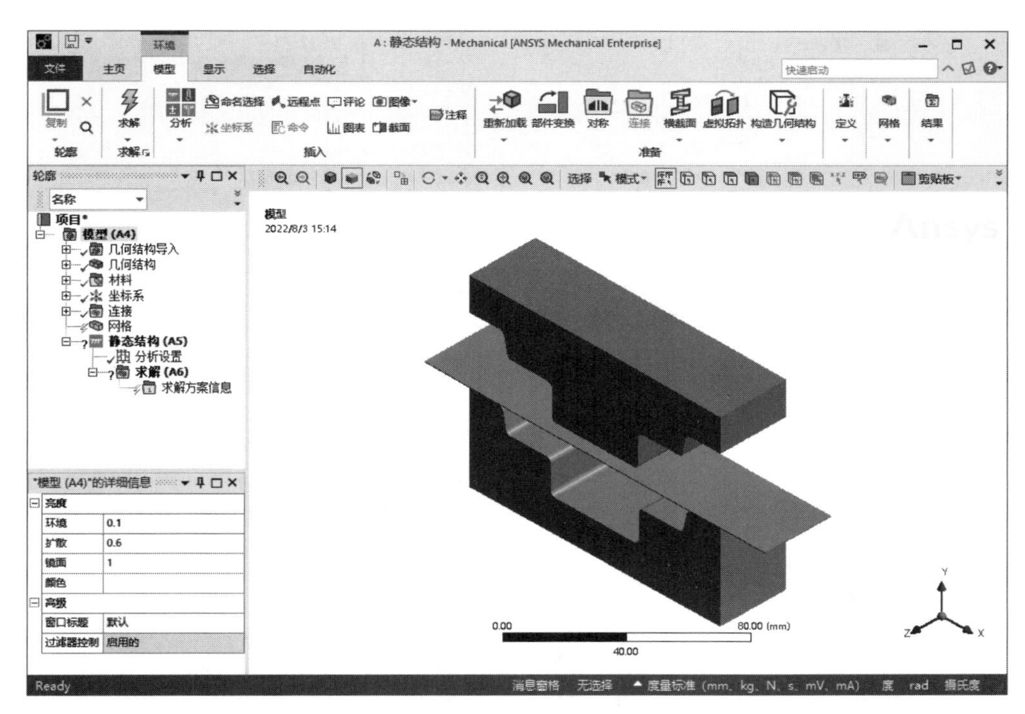

图 12-45 “A:静态结构-Mechanical”(机械学)应用程序

05 模型重命名。在轮廓树中展开“几何结构”，显示模型含有 3 个实体，右击上面的实体，在弹出的快捷菜单中选择“重命名”命令，对固体进行重命名，结果如图 12-47 所示。

06 赋予模型材料。选择“板材”，在左下角打开的详细信息列表，在列表中单击

Note

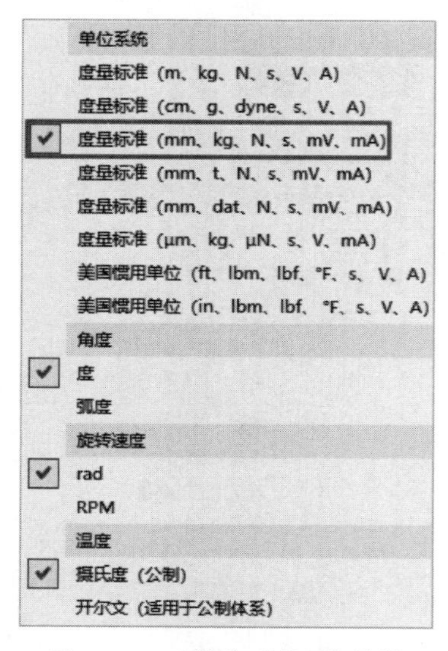

图 12-46 “单位系统”菜单栏

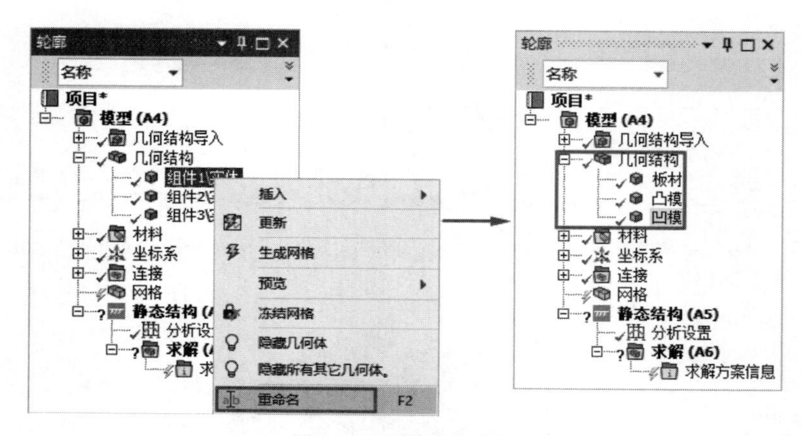

图 12-47 模型重命名

“材料”栏中“任务”选项，在弹出的“工程数据材料”对话框中选择“铝合金 NL”选项，如图 12-48 所示，为板材赋予“铝合金 NL”材料。再选择“凹模”和“凸模”，其详细信息列表中显示“材料”任务为“结构钢”，这里不予更改。

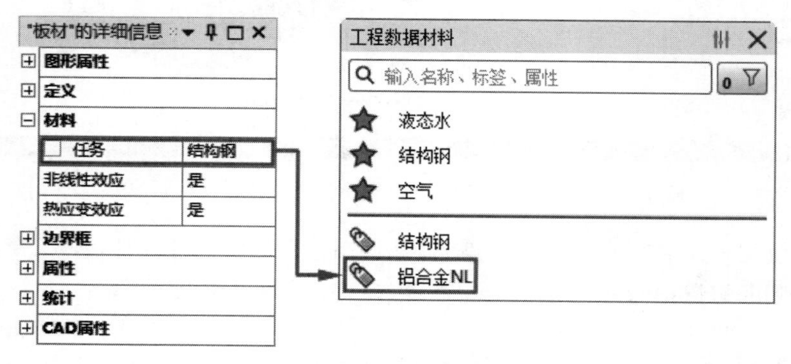

图 12-48 设置模型材料

Note

07 添加接触。

（1）查看接触。在轮廓树中展开“连接”分支，系统已经为模型接触部分建立了接触连接，如图 12-49 所示；选择“接触区域”，左下角弹出“接触区域”的详细信息列表，同时在图形窗口显示“凹模”和“板材”的接触面，如图 12-50 所示。

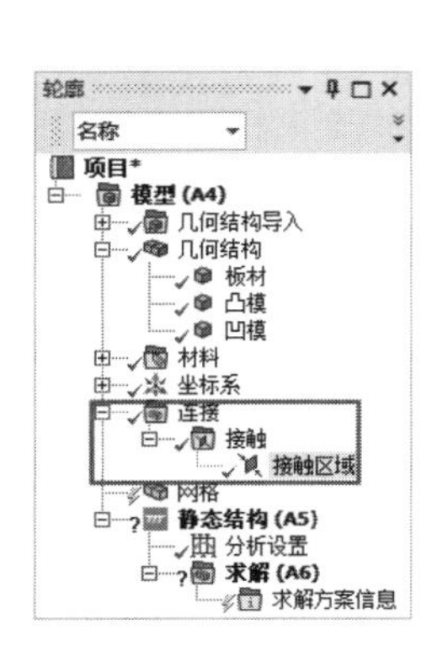

图 12-49　接触连接

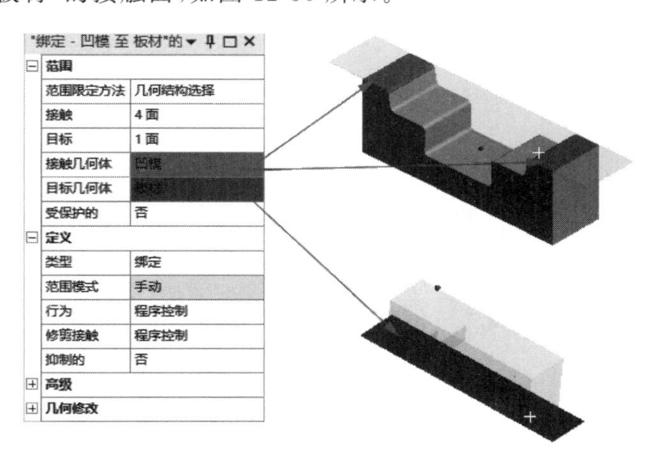

图 12-50　接触设置

（2）修改接触。在“接触区域”的详细信息列表中单击“接触”栏后面的选项框，然后在图形区域选择“凹模”所有的上表面，如图 12-51 所示；“目标”依然为板材下表面。然后在“定义”栏中设置“类型”为“无摩擦”，此时详细信息栏变为“无摩擦-凹模至板材”的详细信息，接下来展开“高级”栏，设置“公式化”为“广义拉格朗日法”，其余为默认设置，如图 12-52 所示。

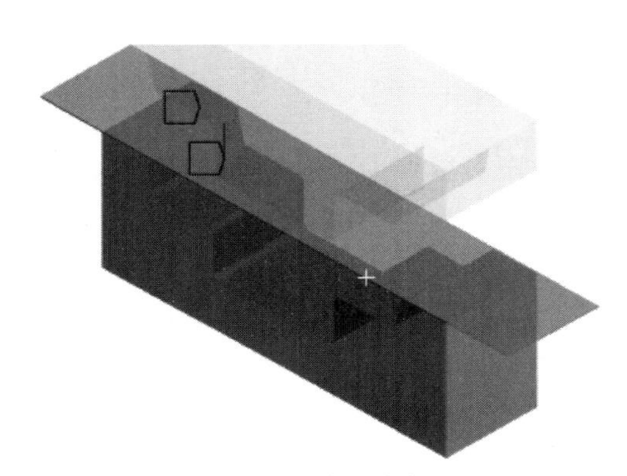

图 12-51　修改接触面

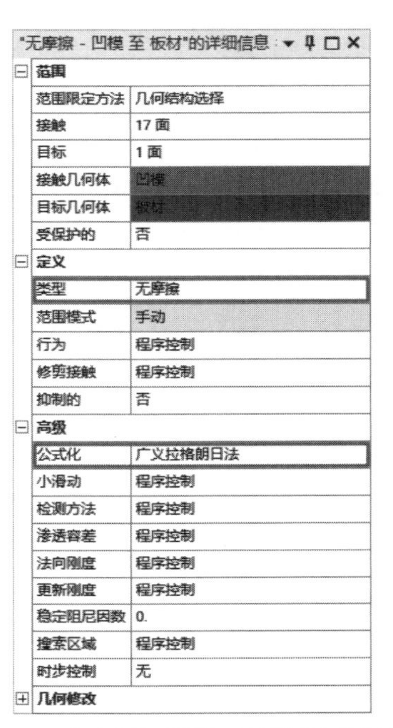

图 12-52　“无摩擦-凹模至板材”的详细信息

Note

(3) 添加接触。在轮廓树中单击“连接”下的“接触”分支，然后单击“连接”选项卡“接触”面板“接触”下拉列表中的“无摩擦”按钮 无摩擦，左下角弹出“无摩擦”的详细信息列表，单击“接触”栏后面的选项框，然后在图形区域选择“凸模”的下表面，如图 12-53 所示；然后单击“目标”栏后面的选项框，在图形区域选择“板材”的上表面，如图 12-54 所示。

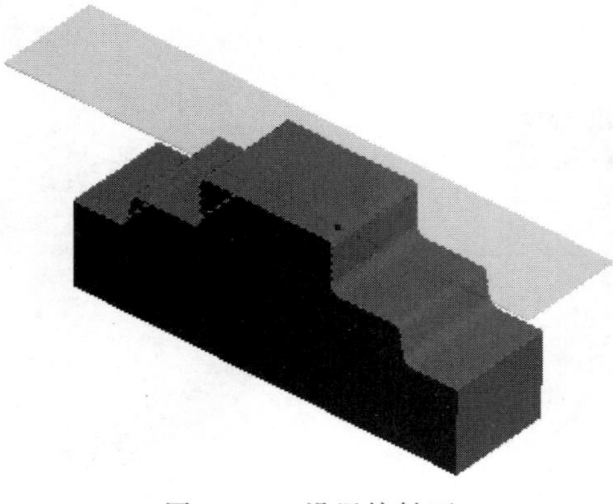

图 12-53　设置接触面

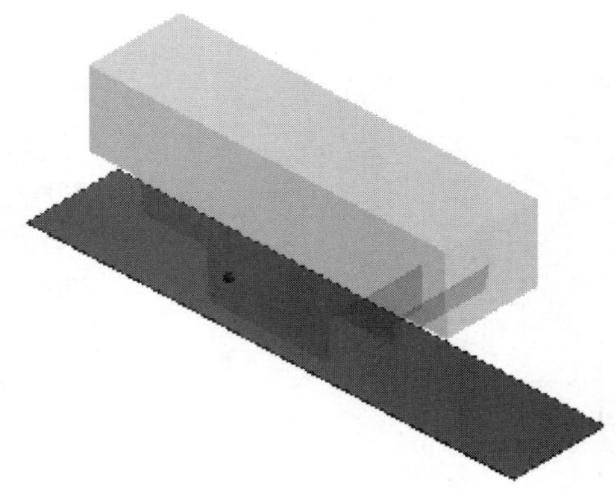

图 12-54　设置目标面

(4) 同理设置该“无摩擦-凸模至板材”的详细信息与图 12-52 相同。

08 划分网格。

(1) 尺寸调整。单击“网格”选项卡“控制”面板中的“尺寸调整”按钮，左下角弹出“尺寸调整”的详细信息，设置“几何结构”为“1 几何体”，设置“单元尺寸”为 2.0mm，如图 12-55 所示。

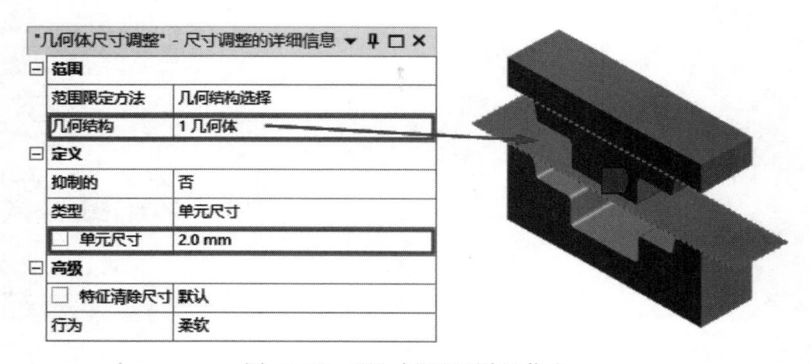

"几何体尺寸调整" - 尺寸调整的详细信息

范围	
范围限定方法	几何结构选择
几何结构	1 几何体
定义	
抑制的	否
类型	单元尺寸
单元尺寸	2.0 mm
高级	
特征清除尺寸	默认
行为	柔软

图 12-55　“尺寸调整”详细信息

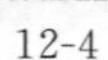

12-4

(2) 划分网格。在轮廓树中单击“网格”分支，左下角弹出“网格”的详细信息，采用默认设置，然后单击“网格”选项卡“网格”面板中的“生成”按钮，系统自动划分网格，结果如图 12-56 所示。

09 分析设置。

(1) 步控制设置。在轮廓树中单击“静态结构(A5)”分支下的“分析设置”，系统切换到“环境”选项卡。同时左下角弹出“分析设置”的详细信息栏，在“步控制”栏中设置“步骤数量”为 2，设置“当前步数”为 1，设置“步骤结束时间”为 10s，设置“自动时步”为

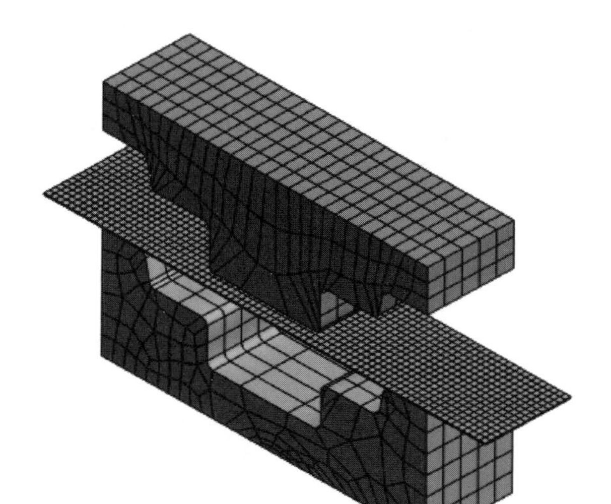

图 12-56　划分网格

Note

“开启”，设置“初始子步”和“最小子步”为 10，设置“最大子步”为 300，如图 12-57 所示。

(2) 求解器控制设置。展开“求解器控制”栏，设置“求解器类型”为“迭代的”，设置“弱弹簧”为“开启”，设置“大挠曲”为“开启”，如图 12-58 所示。

(3) 设置非线性控制。展开“非线性控制”栏，设置“力收敛”为“开启”，设置“线搜索”为“开启”，设置“稳定性”为“常数”，“方法”为“阻尼”，“阻尼因数”为 1，其余为默认设置，如图 12-59 所示。

"分析设置"的详细信息

步控制	
步骤数量	2.
当前步数	1.
步骤结束时间	10. s
自动时步	开启
定义依据	子步
初始子步	10.
最小子步	10.
最大子步	300.

图 12-57　设置步控制

求解器控制...	
求解器类型	迭代的
弱弹簧	开启
弹簧刚度	程序控制
求解器主元检查	程序控制
大挠曲	开启
惯性释放	关闭
准静态解	关闭

图 12-58　设置求解器控制

非线性控制	
Newton Raphson选项	程序控制
力收敛	开启
--值	用求解器计算
--容差	0.5%
--最小参考	1.e-002 N
力矩收敛	程序控制
位移收敛	程序控制
旋转收敛	程序控制
线搜索	开启
稳定性	常数
--方法	阻尼
--阻尼因数	1.
--激活第一个子步	否
——稳定性力极限	0.2

图 12-59　设置非线性控制

(4) 设置载荷步数 2。在“步控制”栏中设置“当前步数”为 2，设置“步骤结束时间”为 20s，其余设置同载荷步数 1 中的“步控制”“求解器控制”“非线性控制”相同。

10 施加载荷与约束。

(1) 添加无摩擦支撑。为防止板材在挤压过程中在 Z 轴方向产生偏移，需要在 Z 轴方向添加无摩擦支撑。单击“环境”选项卡“结构”面板中的“无摩擦”按钮 无摩擦，

左下角弹出“无摩擦支撑”的详细信息，设置“几何结构”为“板材”的 Z 轴方向上的 2 个平面。

（2）添加位移。单击“环境”选项卡“结构”面板中的“位移”按钮 位移，左下角弹出“位移”的详细信息，设置“几何结构”为“凸模”的顶面，设置“X 分量”和“Z 分量”为“0mm”，“Y 分量”为“－30mm”，如图 12-60 所示，然后在图形区域下方的“表格数据”中第 3 行中的 Y 列为 0mm，如图 12-61 所示。

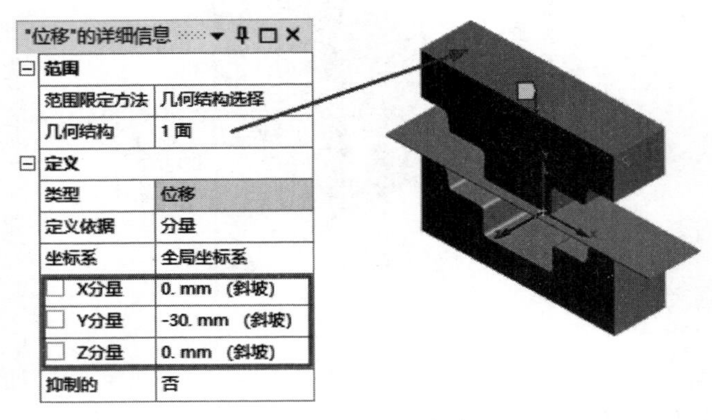

图 12-60　添加位移

（3）添加固定约束。单击“环境”选项卡“结构”面板中的“固定的”按钮 固定的，左下角弹出“固定支撑”的详细信息，设置“几何结构”为“凹模”底面，如图 12-62 所示。

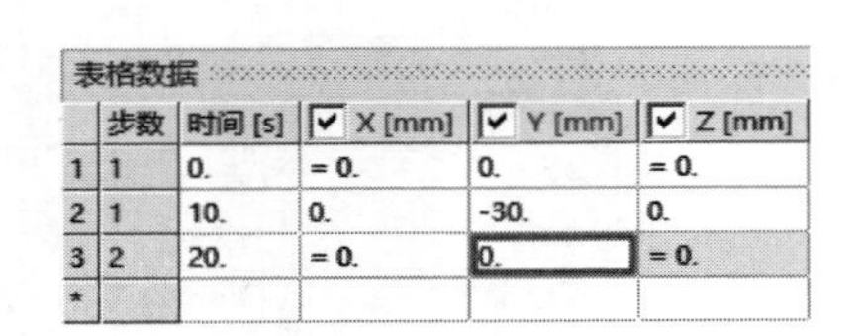

表格数据

	步数	时间 [s]	X [mm]	Y [mm]	Z [mm]
1	1	0.	= 0.	0.	= 0.
2	1	10.	0.	-30.	0.
3	2	20.	= 0.	0.	= 0.
*					

图 12-61　表格数据

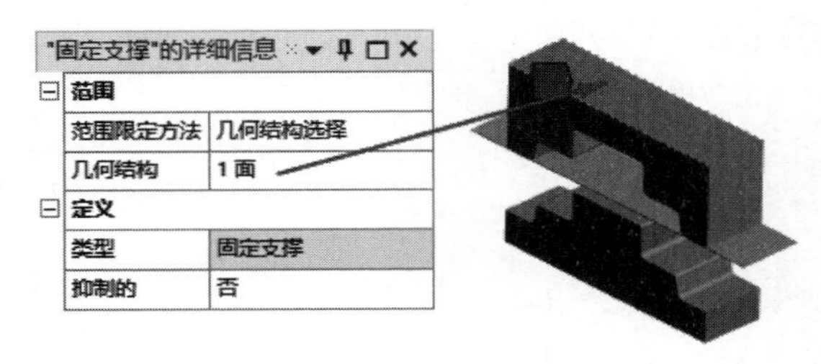

图 12-62　添加固定约束

11 设置求解结果。

（1）添加总变形。单击“求解(A6)”分支，系统切换到“求解”选项卡，单击“求解”选项卡“结果”面板“变形”下拉菜单中的“总计”按钮 总计，如图 12-63 所示，添加总变形。

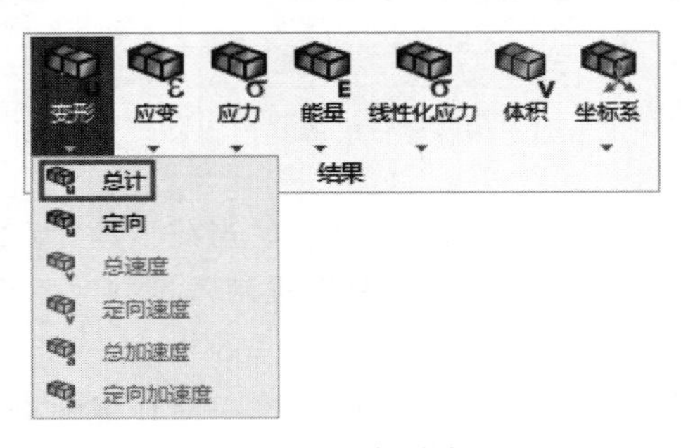

图 12-63　添加总变形

（2）添加等效应力。单击“求解”选项卡“结果”面板“应力”下拉菜单中的“等效(Von-Mises)应力”按钮 等效（Von-Mises）应力，添加等效应力。

12 求解。单击“主页”选项卡“求解”面板中的“求解”按钮，进行求解。

13 结果后处理。

（1）设置显示类型。在轮廓树中单击“求解(A6)”分支下的“总变形”分支，系统切换到“结果”选项卡。单击“结果”选项卡“显示”面板中“边”的下拉按钮，选择“无线框”选项，如图12-64(a)所示，此时模型中不显示网格单元；单击“显示”面板中“轮廓图”的下拉按钮，选择“平滑的轮廓线”选项，如图12-64(b)所示，此时模型中显示平滑的过渡云图。

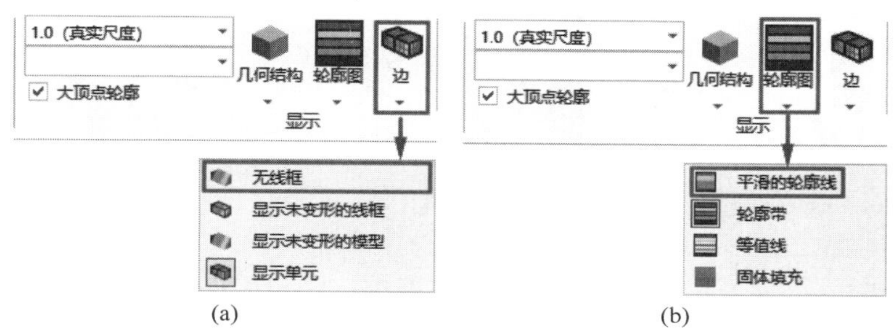

图12-64　设置显示类型

（2）设置显示比例。单击“结果”选项卡“显示”面板中显示比例中的下拉箭头，选择“1.0(真实尺度)”选项，如图12-65所示，设置显示比例为1∶1。

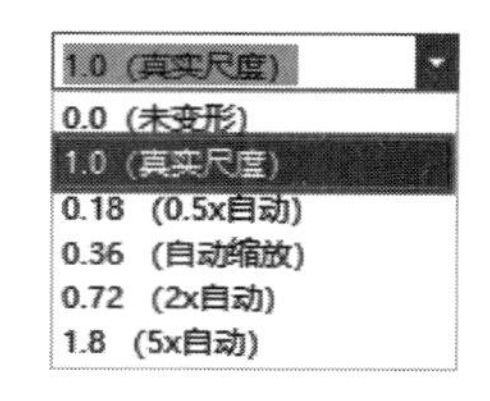

图12-65　设置显示比例

（3）查看总变形结果。在轮廓树中单击“求解(A6)”分支下的“总变形”分支，显示“总变形”云图，如图12-66所示，冲压后的最大位移为25mm。

（4）显示等效应力云图。在展开轮廓树中的“求解”，选择“等效应力”选项，显示“等效应力”云图，如图12-67所示，可以看到，冲压后，板材产生塑性变形，但自身还保留有一定的应力，用探针探测后，查看最大应力大概为103.94MPa。

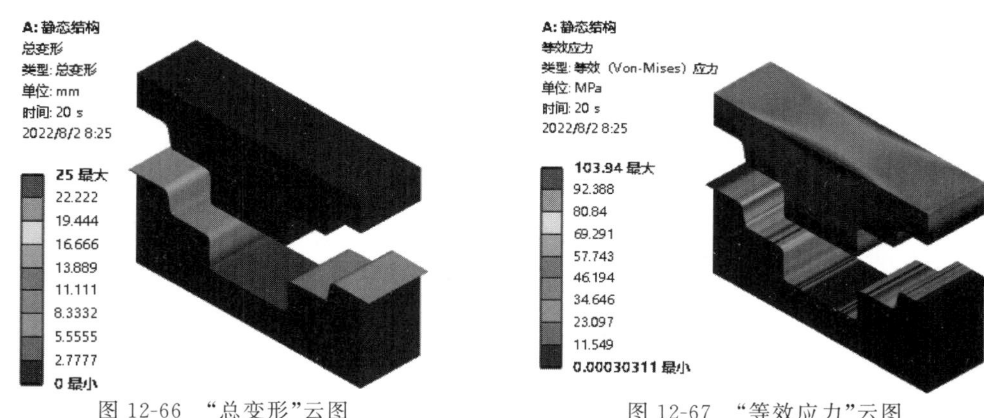

图12-66　“总变形”云图　　图12-67　“等效应力”云图

Note

（5）查看力收敛。单击“求解(A6)”分支下方的“求解方案信息”选项，左下角弹出“求解方案信息”的详细信息，设置“求解方案输出”为“力收敛”，此时就可以在图形区域查看求解过程中的力收敛，如图 12-68 所示。

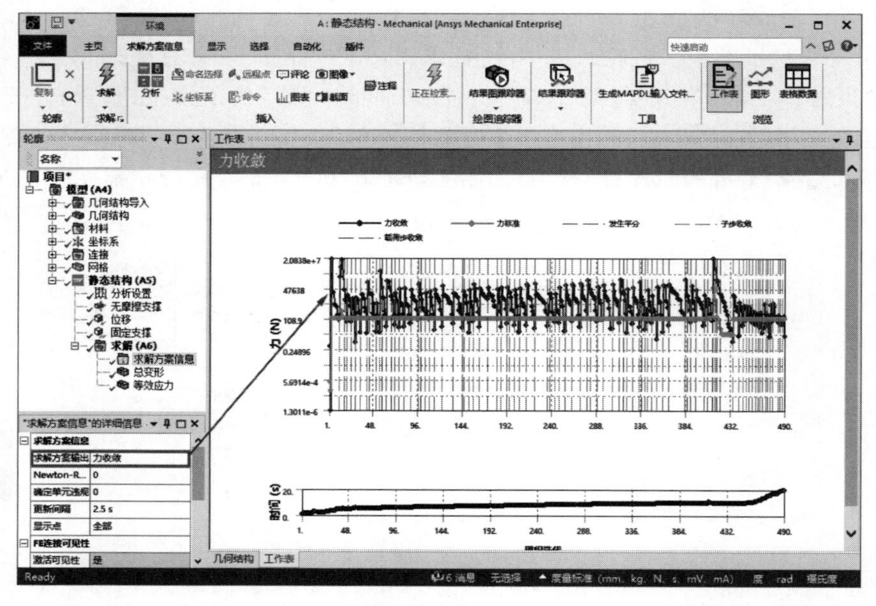

图 12-68　力收敛

显式动力学分析

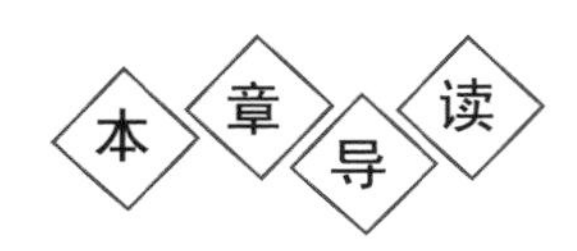

显式动力学分析用于求解各种高度非线性问题，特别适合求解各种非线性结构的高速碰撞、爆炸和金属成型等非线性动力冲击问题。

第13章

- 显式动力学分析概述
- 显式动力学分析流程（创建工程项目、定义材料属性、定义初始条件、分析设置、结果后处理）
- 综合实例

13.1 显式动力学分析概述

Note

13.1.1 显式算法分析模块

在 ANSYS Workbench 2022 R2 版本中主要有两种显式动力学分析：LS-DYNA 分析模块和显式动力学分析模块。

（1）LS-DYNA 分析模块：它是一款通用的显式非线性有限元分析模块，能模拟现实中的各种复杂问题，特别适合求解各种二维、三维非线性结构的碰撞、金属成型等非线性动力冲击问题，同时可以求解传热、流体及流固耦合问题。具有显隐结合、算法丰富、材料齐全、计算性能高等特点。

（2）显式动力学分析模块：这是一款分析撞击及爆炸的显式动力学分析模块，已完全集成在 ANSYS Workbench 中，可充分利用 ANSYS Workbench 的双向 CAD 接口、参数化建模以及方便实用的网格划分技术，还具有自身独特的前、后处理和分析模块。

13.1.2 隐式算法与显式算法的区别

1. 隐式算法

隐式算法求解非线性动力学问题，需要将一个载荷步划分为若干个子步，每个子步要经过多次平衡迭代以达到平衡收敛，每次迭代都需要求解大型线性方程组，这个过程需要花费大量的计算资源和计算时间，求解高度非线性问题时可能会遇到迭代次数过多或收敛困难等问题。

2. 显式算法

显式算法采用差分方法求解动力学方程，该算法不需要计算总体刚度矩阵，也不需要进行平衡迭代，计算速度快，占用的计算资源少，具有较好的稳定性，只要时间步长取的足够小，就不会存在不收敛的问题。

3. 两种算法的区别

（1）显式算法基于动力学方程，因此无须迭代；静态隐式算法基于虚功原理，一般需要迭代计算。

（2）显式算法的最大优点是具有较好的稳定性。

（3）隐式算法中，在每一增量步内都需要对静态平衡方程进行迭代求解，并且每次迭代都需要求解大型的线性方程组，这个过程需要占用相当数量的计算资源、磁盘空间和内存。该算法中的增量步可以比较大，至少可以比显式算法大得多，但是实际运算中要受到迭代次数及非线性程度的限制，需要取一个合理值。

（4）使用显式方法，计算成本消耗与单元数量成正比，并且大致与最小单元的尺寸成反比；应用隐式方法，经验表明对于许多问题的计算成本大致与自由度数目的平方成正比；因此如果网格是相对均匀的，随着模型尺寸的增长，显式方法比隐式方法更加节省计算成本。

Note

13.2　显式动力学分析流程

进行显式动力学分析流程主要有以下几个步骤：

（1）创建工程项目。

（2）定义材料属性。

（3）创建或导入几何模型。

（4）赋予模型材料。

（5）定义接触关系。

（6）划分网格。

（7）定义初始条件。

（8）分析设置。

（9）设置载荷与约束条件。

（10）设置求解结果。

（11）求解。

（12）结果后处理。

下面就主要的几个方面进行讲解。

13.2.1　创建工程项目

创建“显式动力学”分析模块，需要在 Workbench 中将“显式动力学”项目模块拖到项目原理图中，如图 13-1 所示，或者双击“显式动力学”模块即可。

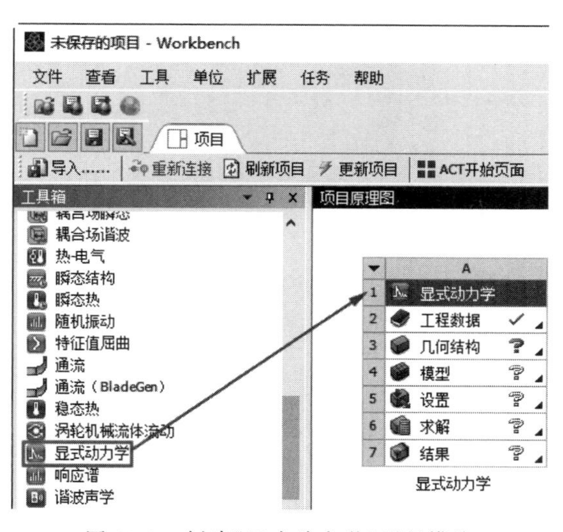

图 13-1　创建“显式动力学”项目模块

13.2.2　定义材料属性

显式动力学模块支持多种材料属性，包括线性弹性材料、超弹性材料以及塑性材料等。

Note

13.2.3 定义初始条件

默认条件下，显式动力学分析中的零件处于静止状态，没有约束和应力状态，因此至少需要一个初始条件，来描述物体的初始状态，如速度、角速度、落差等，也可以采用静力结构分析的结果作为显式动力学分析的预应力。

13.2.4 分析设置

显式动力学中的分析设置一般采用默认设置即可，但必须设置分析结束的时间，这个时间非常短，一般不超过 1s，一般都是几毫秒。

13.2.5 结果后处理

显式动力学分析后处理既可以查看常规的后处理结果，如总变形、定向变形、定向速度、应力及应变等，还可以在“求解方案信息”选项卡“结果跟踪器”中的下拉菜单中实时查看动量、动能、总能量、沙漏能等，如图 13-2 所示。

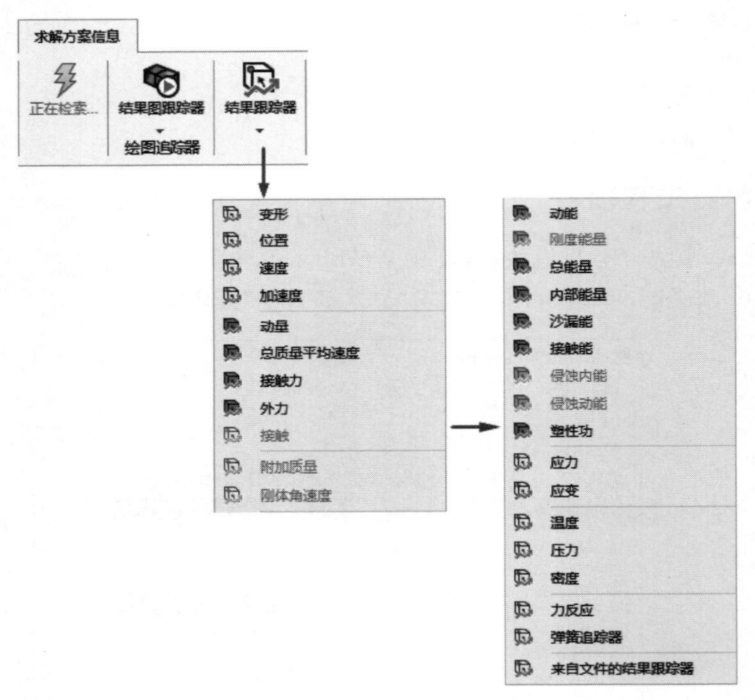

图 13-2 结果后处理

13.3 综合实例

13.3.1 小球跌落显式动力学分析

如图 13-3 所示，一个直径为 20mm 的小球，以 10m/s 的速度自由下落，撞向厚度

为 2mm 的铜板，分析撞击过程中铜板的变形、应力变化、接触力变化、等效应力以及总能量的变化。

13-1

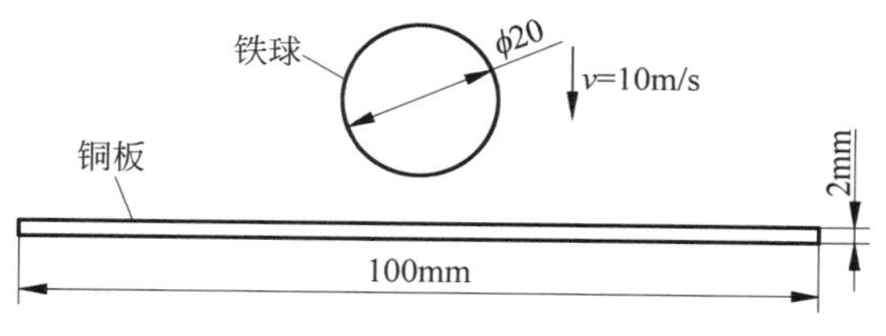

图 13-3　小球跌落

操作步骤

01 创建工程项目。打开 Workbench 程序，展开左边工具箱中的“分析系统”栏，将工具箱里的“显式动力学”选项直接拖动到“项目原理图”界面中或直接双击“显式动力学”选项，建立一个含有“显式动力学”的项目模块，结果如图 13-4 所示。

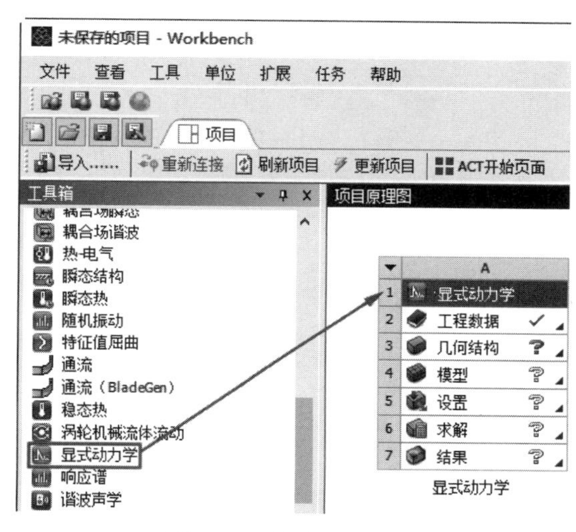

图 13-4　创建工程项目

02 定义材料。双击“项目原理图”中的“工程数据”栏，弹出“工程数据”选项卡，单击应用上方的“工程数据源”标签 工程数据源。如图 13-5 所示。打开左上角的“工程数据源”窗口。单击其中的“显式材料”按钮 显式材料，使之点亮。在“显式材料”点亮的同时单击“轮廓 Explicit Materials”（显式材料概述）窗格中的“铁”旁边的“添加”按钮，将这个材料添加到当前项目中，同理将“铜”材料添加到当前项目中，单击“A2：工程数据”标签的关闭按钮，返回到 Workbench 界面。

03 导入几何模型。右击“项目原理图”中的“几何结构”栏，在弹出的快捷菜单中选择“导入几何模型”下一级菜单中的“浏览”命令，弹出“打开”对话框，如图 13-6 所示，选择要导入的模型“小球跌落”，然后单击“打开”按钮 打开(O)。

04 启动 Mechanical 应用程序。

(1) 启动 Mechanical。在项目原理图中右击“模型”命令，在弹出的快捷菜单中选

Note

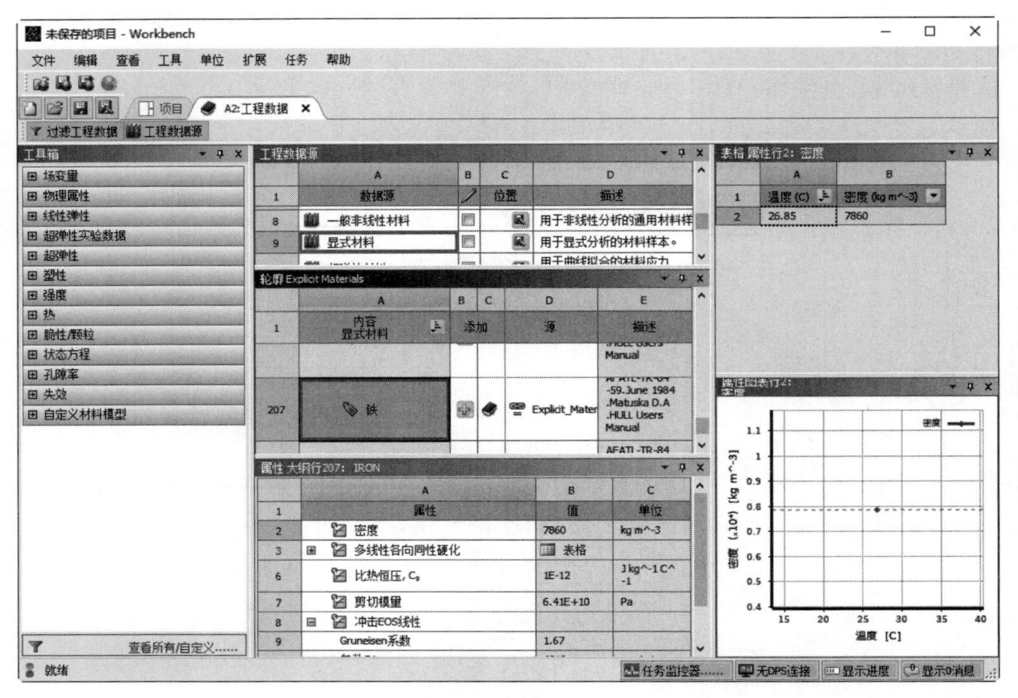

图 13-5 “工程数据源”标签

图 13-6 “打开”对话框

择“编辑……”命令，如图 13-7 所示，进入“A：显示动力学-Mechanical”（机械学）应用程序，如图 13-8 所示。

（2）设置系统单位。单击“主页”选项卡“工具”面板下拉菜单中的“单位”按钮，弹出“单位系统”下拉菜单，选择“度量标准（mm、kg、N、s、mV、mA）”选项，如图 13-9 所示。

05 模型重命名。在轮廓树中展开“几何结构”，显式模型含有两个实体，右击上面的固体，在弹出的快捷菜单中选择“重命名”命令，重新输入名称为“铜板”；同理设置下面的固体为“小球”，如图 13-10 所示。

06 赋予模型材料。选择“铜板”，在左下角打开“铜板”的详细信息列表，在列表

图 13-7 “编辑……”命令

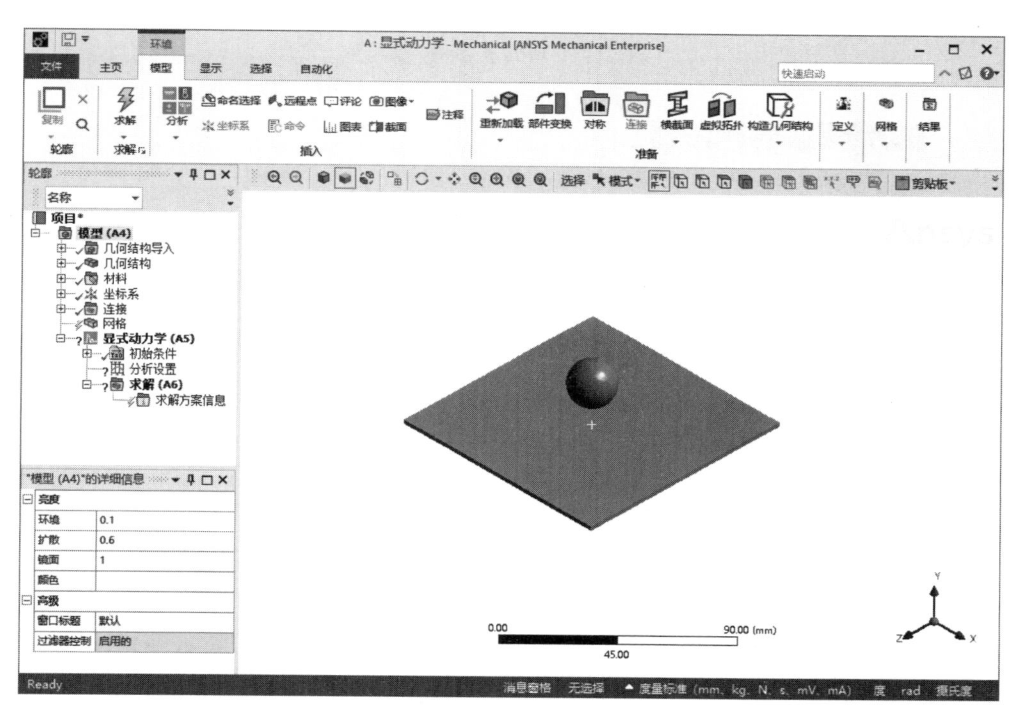

图 13-8 “A：显式动力学-Mechanical”（机械学）应用程序

中单击“材料”栏中“任务”选项，在弹出的“工程数据材料”对话框中选择“铜”选项，如图 13-11 所示，为“铜板”赋予“铜”材料，同理为“小球”赋予“铁”材料。

07 划分网格。

（1）铜板尺寸调整。单击“网格”选项卡“控制”面板中的“尺寸调整”按钮，左下角弹出“尺寸调整”的详细信息，设置“几何结构”为“铜板”，设置“单元尺寸”为 4mm，如图 13-12 所示。

Note

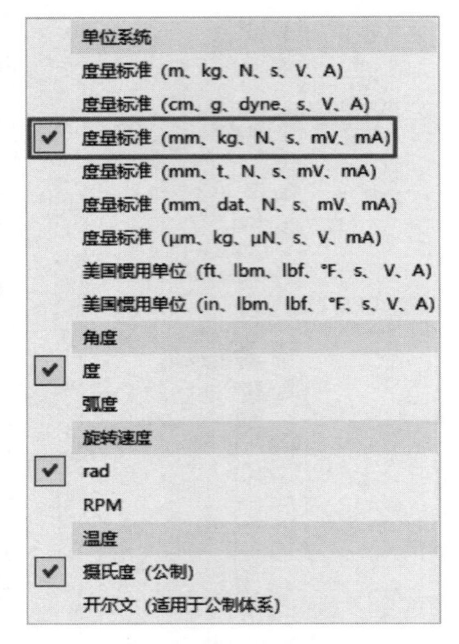

图 13-9 “单位系统”菜单栏

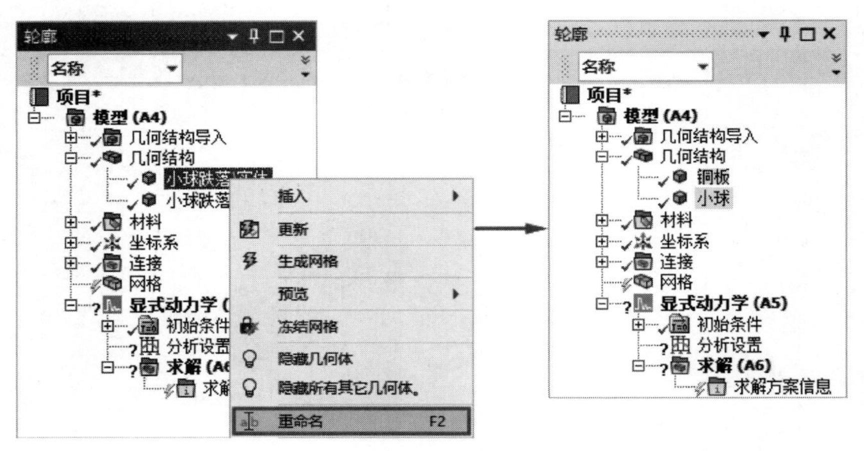

图 13-10 模型重命名

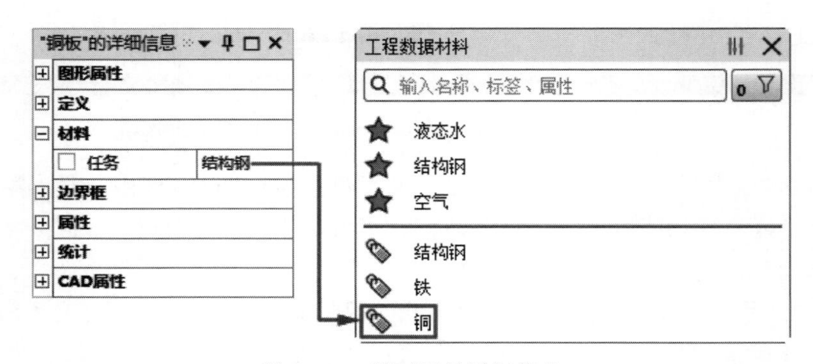

图 13-11 “铜板”的详细信息

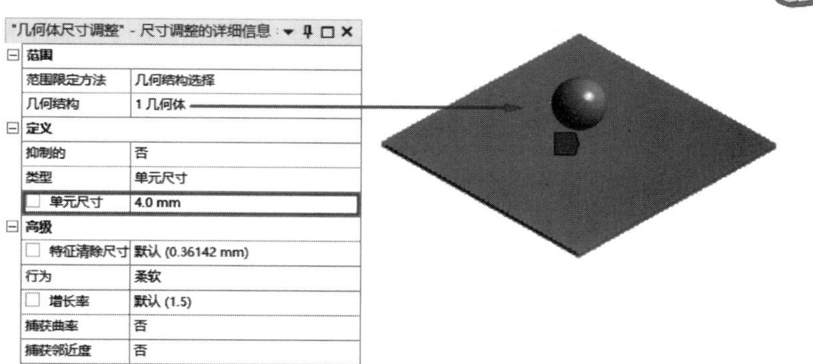

图 13-12　铜板尺寸调整

(2) 小球尺寸调整。单击“网格”选项卡“控制”面板中的“尺寸调整”按钮，左下角弹出“尺寸调整”的详细信息，设置“几何结构”为“小球”，设置“单元尺寸”为 3mm，如图 13-13 所示。

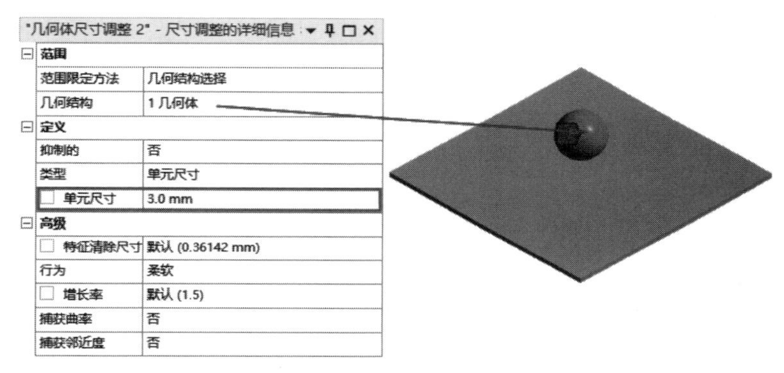

图 13-13　小球尺寸调整

(3) 设置划分方法。单击“网格”选项卡“控制”面板中的“方法”按钮，左下角弹出“多区域”方法的详细信息，设置“几何结构”为“小球”，设置“方法”为“多区域”，如图 13-14 所示。

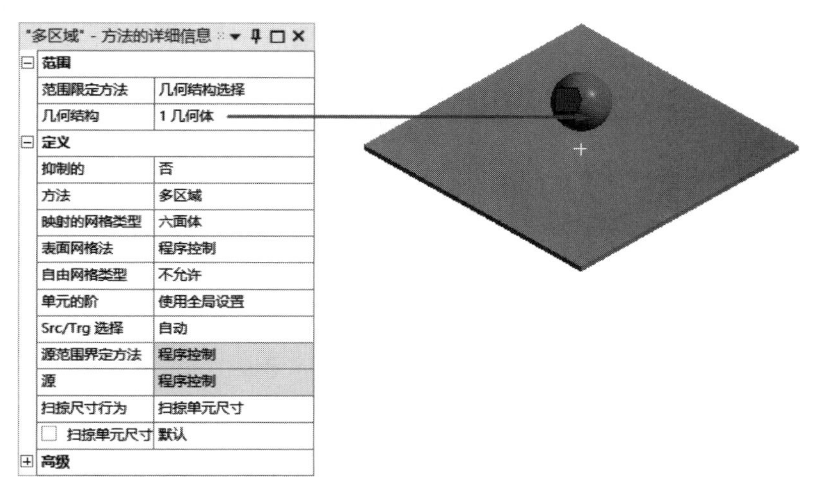

图 13-14　“多区域”方法的详细信息

Note

13-2

（4）划分网格。在轮廓树中单击“网格”分支，左下角弹出“网格”的详细信息，采用默认设置，然后单击“网格”选项卡“网格”面板中的“生成”按钮，系统自动划分网格，结果如图 13-15 所示。

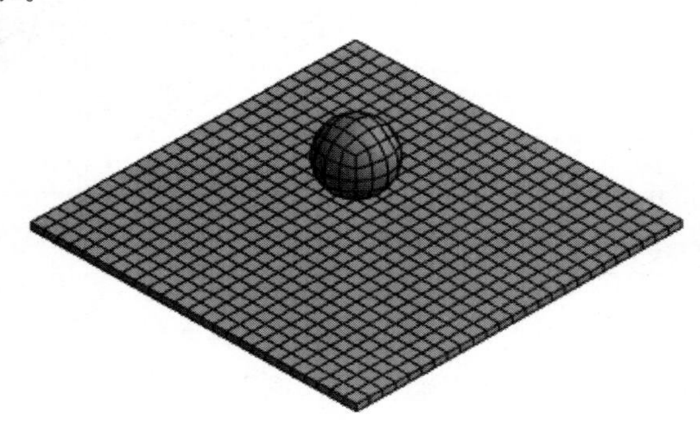

图 13-15　划分网格

08 定义初始条件。添加速度。在轮廓树中单击“显式动力学(A5)”分支下方的“初始条件”选项，系统切换到“初始条件”选项卡，如图 13-16 所示。单击“初始条件”选项卡“条件”面板中的“速度”按钮，在该选项卡中左下角弹出“速度”的详细信息，设置“几何结构”为“小球”，“定义依据”为“分量”，设置“Y 分量”为“－10000mm/s”，如图 13-17 所示。

图 13-16　初始条件选项卡

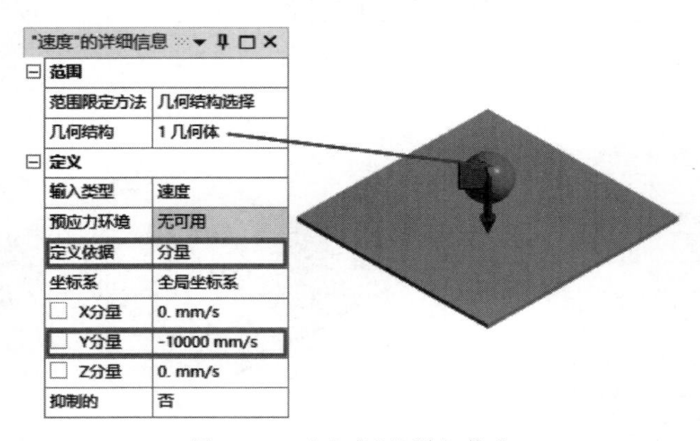

图 13-17　“速度”的详细信息

09 分析设置。在轮廓树中单击“显式动力学(A5)”分支下方的“分析设置”选项，左下角弹出“分析设置”的详细信息栏，设置“结束时间”为 0.01s。

10 设置载荷与约束条件。

（1）在轮廓树中单击“显式动力学(A5)”分支，系统切换到“环境”选项卡。单击

Note

“环境”选项卡“惯性”下拉菜单中的“标准地球重力”按钮 标准地球重力，左下角弹出“标准地球重力”的详细信息，设置“方向”为“－Y方向”，如图13-18所示。

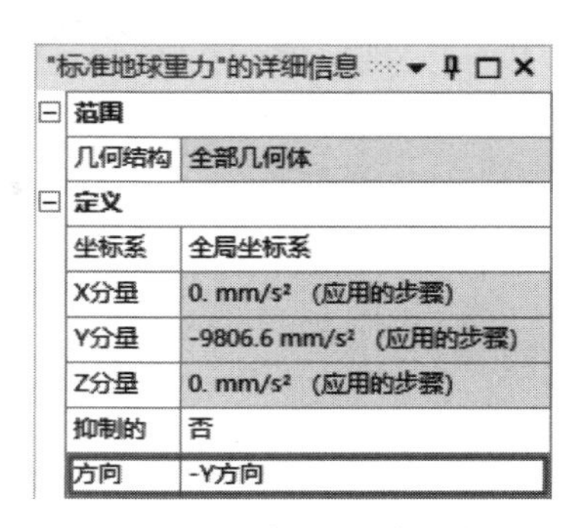

图13-18 “标准地球重力”的详细信息

（2）添加固定约束。单击“环境”选项卡“结构”面板中的“固定的”按钮 固定的，左下角弹出“固定的”的详细信息，设置“几何结构”为“铜板”的4个侧面。

11 设置求解结果。

（1）添加总动能。在轮廓树中单击“求解(A6)”分支下方的“求解方案信息”，系统切换到“求解方案信息”选项卡，如图13-19所示。单击“求解方案信息”选项卡“结果跟踪器”下拉菜单中的“总能量”按钮 总能量，左下角弹出“总能量”的详细信息，设置“几何结构”为“小球”和“铜板”，其余为默认设置，添加整个系统的总能量，同理添加小球的总能量。

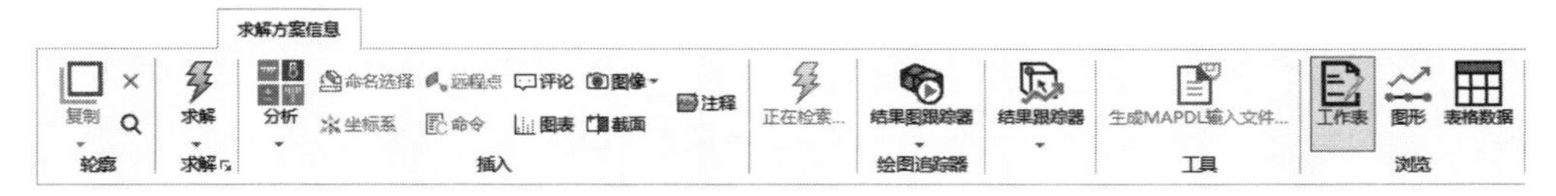

图13-19 求解方案信息选项

（2）添加铜板接触力。单击“求解方案信息”选项卡“结果跟踪器”下拉菜单中的“接触力”按钮 接触力，左下角弹出“接触力”的详细信息，设置“几何结构”为“铜板”，“方向”为“Y轴”，其余为默认设置，如图13-20所示，添加铜板接触力。

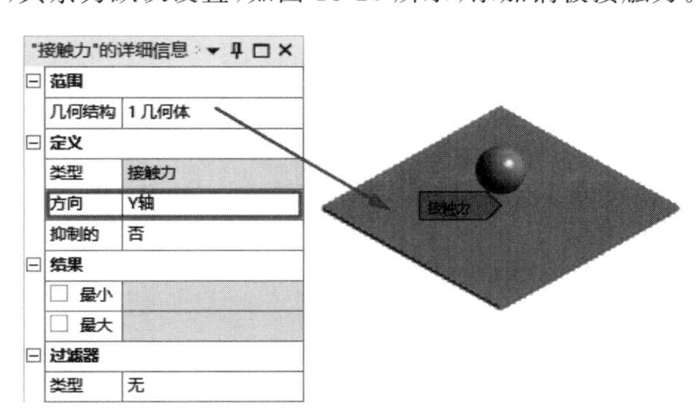

图13-20 添加铜板接触力

（3）添加定向变形。单击“求解”选项卡“结果”面板“变形”下拉菜单中的“定向”按钮 定向，左下角弹出“定向变形”的详细信息，设置“几何结构”为“铜板”，设置“方向”为“Y轴”，为铜板添加Y向变形，如图13-21所示。

（4）添加法向应力。单击“求解”选项卡“结果”面板“应力”下拉菜单中的“法向”按钮 法向，左下角弹出“法向应力”的详细信息，设置“几何结构”为“铜板”，“方向”为“X轴”，为铜板添加X向应力，如图13-22所示。

（5）添加等效应力。单击“求解”选项卡“结果”面板“应力”下拉菜单中的“等效应

Note

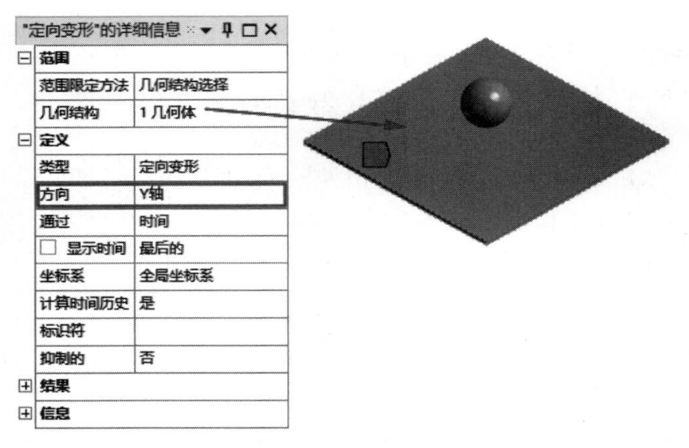

图 13-21 “定向变形”的详细信息

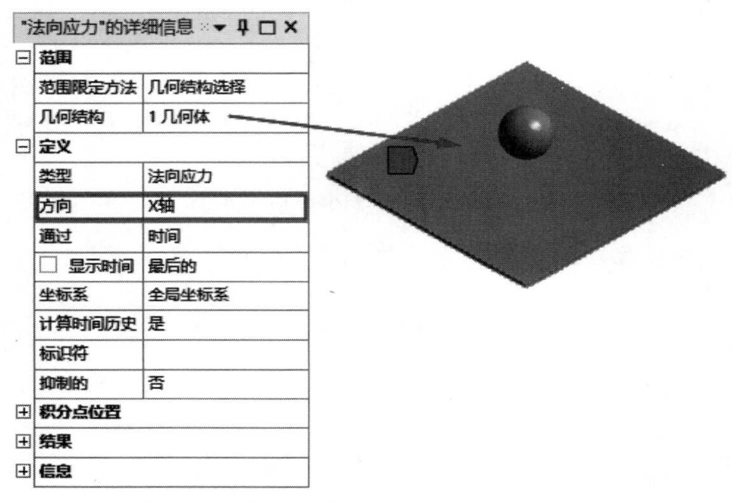

图 13-22 “法向应力”的详细信息

力”按钮 等效 (Von-Mises)应力，为系统添加等效应力。

12 显式动力学求解。单击“主页”选项卡“求解”面板中的“求解”按钮，进行求解。

13 求解后处理。求解完成后在轮廓树中，单击“求解(B6)”分支，系统切换到“求解”选项卡，在该选项卡中选择需要显式的结果。

(1) 查看铜板定向变形。选择“定向变形”选项，显式铜板的“定向变形”云图，如图 13-23 所示；同时在图形区域的下方出现铜板变形的曲线图，如图 13-24 所示，可以看到铜板的变形曲线图类似于简谐运动，这是小球撞击铜板，引起铜板震颤的结果，单击“图形”中的“播放或暂停”按钮，可动态查看铜板的形变。

(2) 查看铜板法向应力。选择“法向应力”选项，显式铜板的“法向应力”云图，如图 13-25 所示。

(3) 查看等效应力。选择“等效应力”选项，显式的“等效应力”云图，如图 13-26 所示。

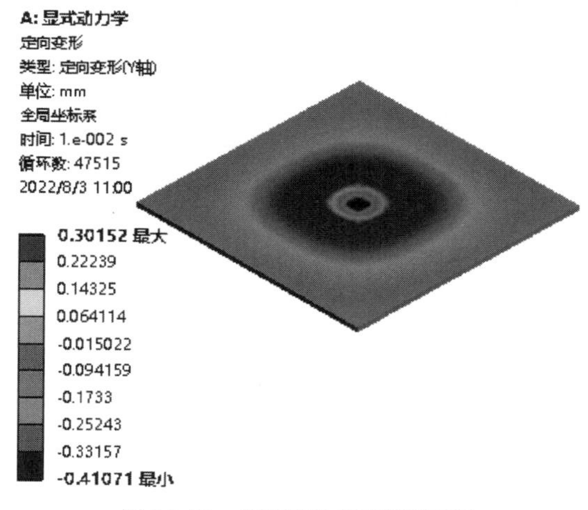

图 13-23　铜板“定向变形”云图

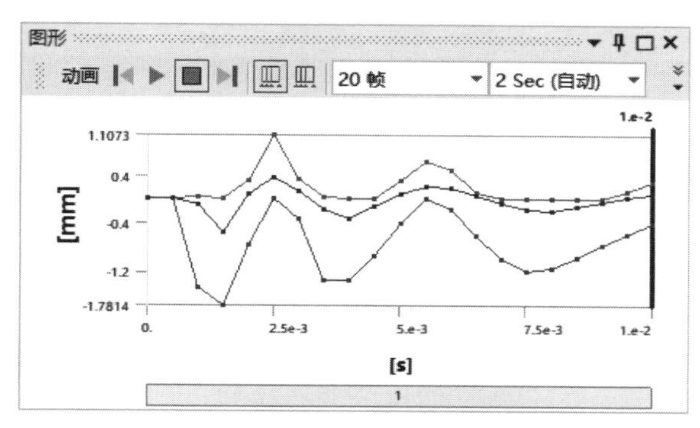

图 13-24　铜板定向变形曲线图

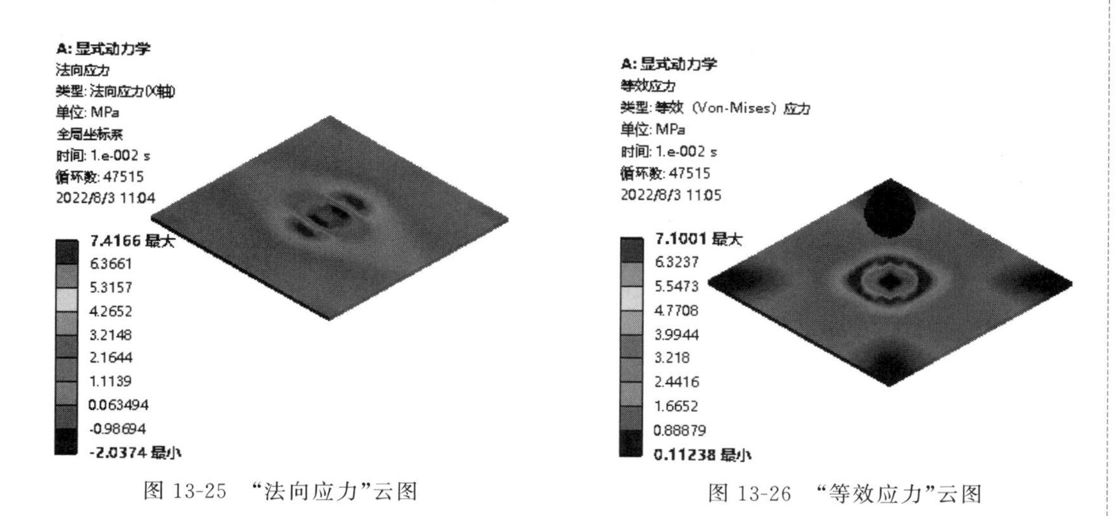

图 13-25　“法向应力”云图

图 13-26　“等效应力”云图

（4）查看系统总能量。选择“总能量”选项，图形界面出现系统的总能量曲线图，如图 13-27 所示，可以看出碰撞后系统的总能量略有减少，这是因为碰撞后系统的一部分动能转换为内能，总体遵循能量守恒定律，在如图 13-28 所示的表格数据中也可以看到

刚开始系统总能量为1539mJ，碰撞后系统总能量为1524.3mJ，能量损失非常小，约为初始能量的1%。同理也可以查看铜板自身能量，这里不再讲解。

Note

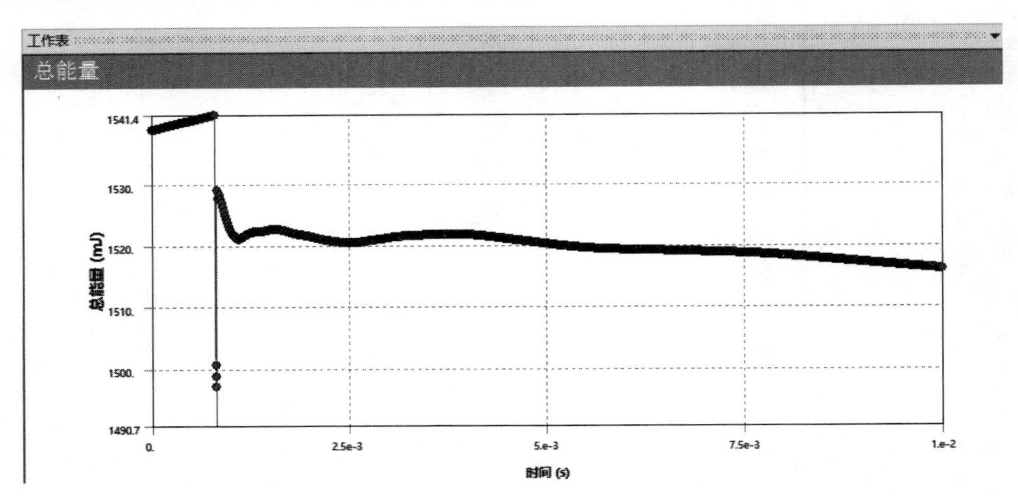

图 13-27　总能量曲线图

表格数据

	时间 [s]	总能量 [mJ]
1	0.	1539.
2	1.1559e-007	1539.
3	2.4275e-007	1539.
4	3.8261e-007	1539.
5	5.3647e-007	1539.
6	7.0571e-007	1539.
7	8.9188e-007	1539.
8	1.0967e-006	1539.
9	1.3072e-006	1539.
[illegible]	[illegible]	[illegible]
47508	9.9984e-003	1516.
47509	9.9986e-003	1516.
47510	9.9988e-003	1516.
47511	9.9991e-003	1516.
47512	9.9993e-003	1516.
47513	9.9995e-003	1516.
47514	9.9997e-003	1516.
47515	9.9999e-003	1516.
47516	1.e-002	1516.

图 13-28　总能量表格数据

（5）查看铜板接触力。选择“接触力”选项，图形界面出现铜板受小球撞击的接触力的曲线图，如图13-29所示，可以看到小球撞击铜板，接触力瞬间增大，显式最大接触力为−4127.3N，后随着小球的弹起，接触力开始减小，最终小球与铜板分开，接触力又回到0。

13.3.2　减震台显式动力学分析

图13-30所示为一个减震台模型，中间弹簧片材质为铜合金，其余材质均为结构钢，一重物在距平台30mm处以30000mm/s的速度落在减震平台上，分析此过程中减

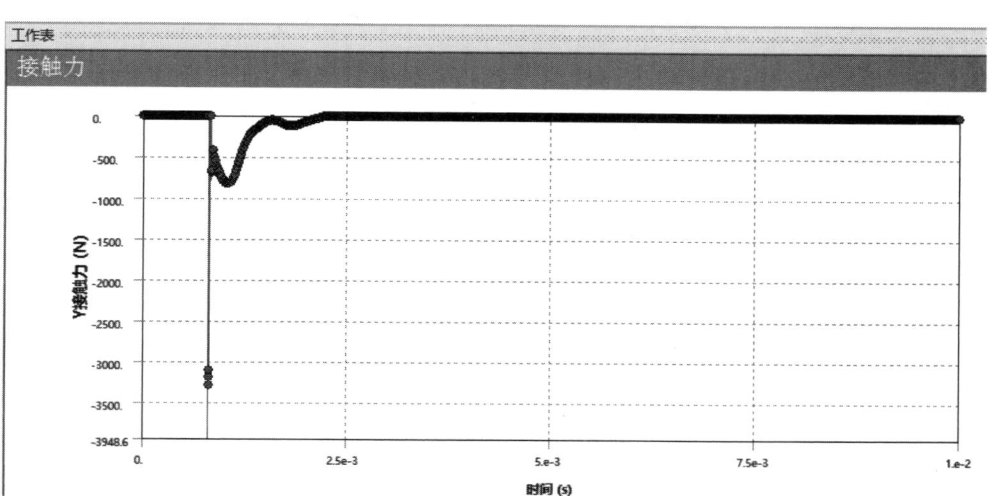

图 13-29 接触力曲线图

13-3

震台的变形、应力变化、接触力变化、等效应力以及系统总能量的变化。

操作步骤

01 创建工程项目。打开 Workbench 程序，展开左边工具箱中的“分析系统”栏，将工具箱里的“显式动力学”选项直接拖动到“项目原理图”界面中或直接双击“显式动力学”选项，建立一个含有“显式动力学”的项目模块，结果如图 13-31 所示。

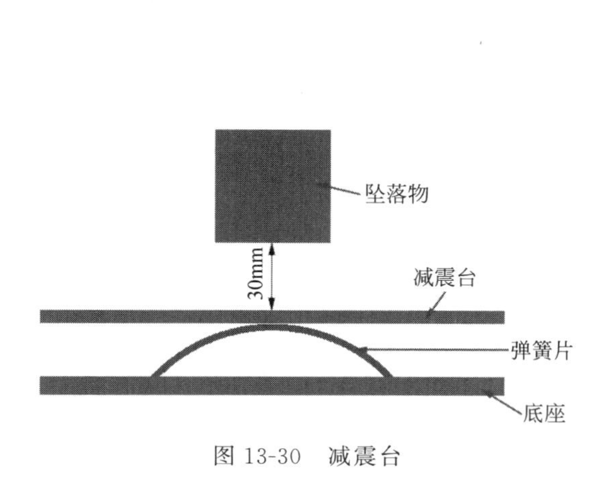

图 13-30 减震台

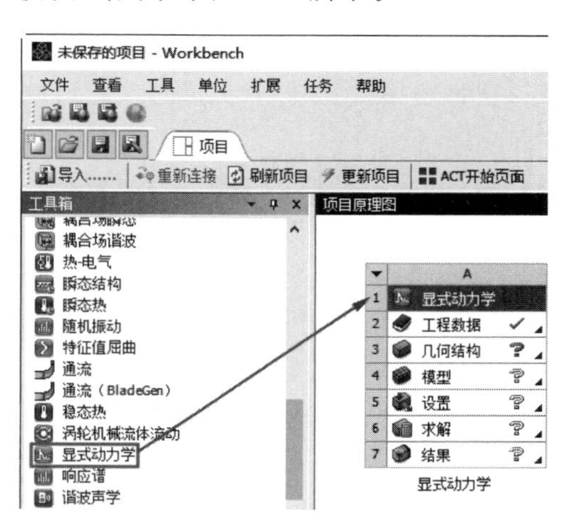

图 13-31 创建工程项目

02 定义材料。双击“项目原理图”中的“工程数据”栏，弹出“工程数据”选项卡，单击应用上方的“工程数据源”标签 工程数据源。如图 13-32 所示。打开左上角的“工程数据源”窗口。单击其中的“一般材料”按钮 一般材料，使之点亮。在“一般材料”点亮的同时单击“轮廓 General Materials”（一般材料概述）窗格中的“铜合金”旁边的“添加”按钮，将这个材料添加到当前项目中，单击“A2：工程数据”标签的关闭按钮，返回到 Workbench 界面。

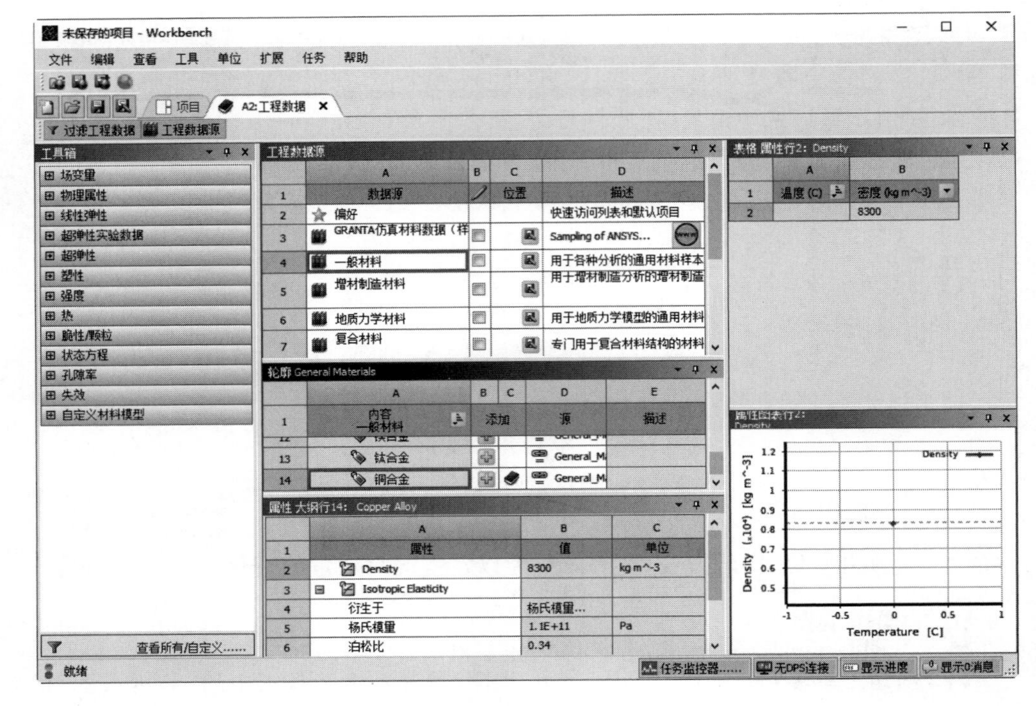

图 13-32 “工程数据源”标签

03 导入几何模型。右击“项目原理图”中的“几何结构”栏，在弹出的快捷菜单中选择“导入几何模型”下一级菜单中的“浏览”命令，弹出“打开”对话框，如图 13-33 所示，选择要导入的模型“减震台”，然后单击“打开”按钮 打开(O) 。

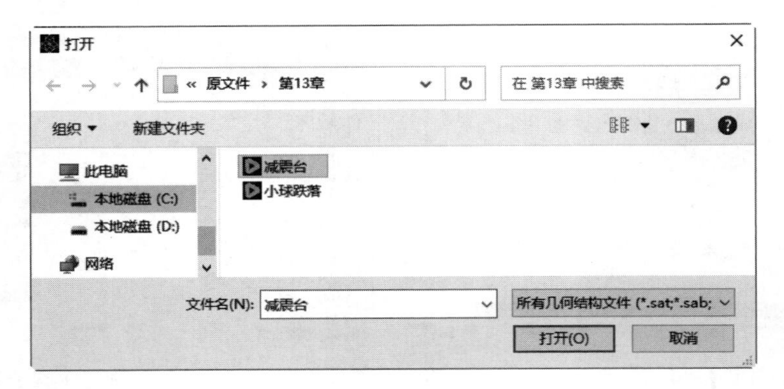

图 13-33 “打开”对话框

04 启动 Mechanical 应用程序。

(1) 启动 Mechanical。在项目原理图中右击“模型”命令，在弹出的快捷菜单中选择“编辑……”命令，如图 13-34 所示，进入“A:显式动力学-Mechanical”(机械学)应用程序，如图 13-35 所示。

(2) 设置系统单位。单击“主页”选项卡“工具”面板下拉菜单中的“单位”按钮，

图 13-34 “编辑……”命令

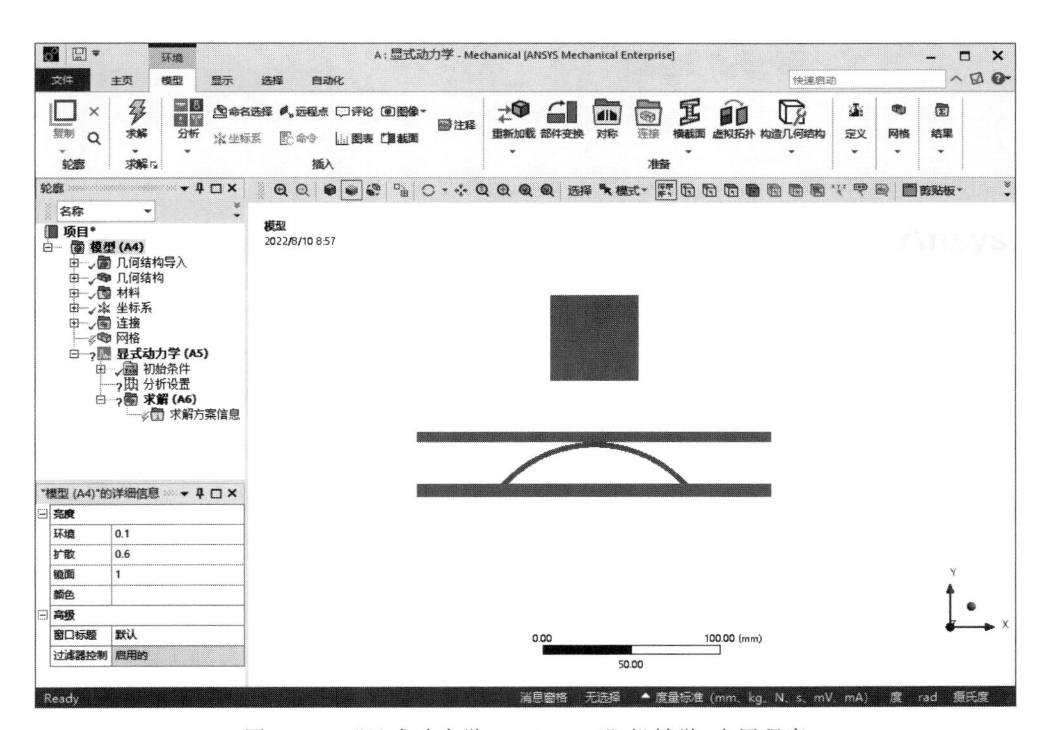

图 13-35 “显式动力学-Mechanical”（机械学）应用程序

弹出“单位系统”下拉菜单，选择“度量标准（mm、kg、N、s、mV、mA）”选项，如图 13-36 所示。

05 模型重命名。在轮廓树中展开“几何结构”，显式模型含有 4 个实体，右击上面的实体，在弹出的快捷菜单中选择“重命名”命令，重新输入名称为“底座”；同理设置下面的实体分别为“弹簧片”“减震台”“坠落物”，如图 13-37 所示。

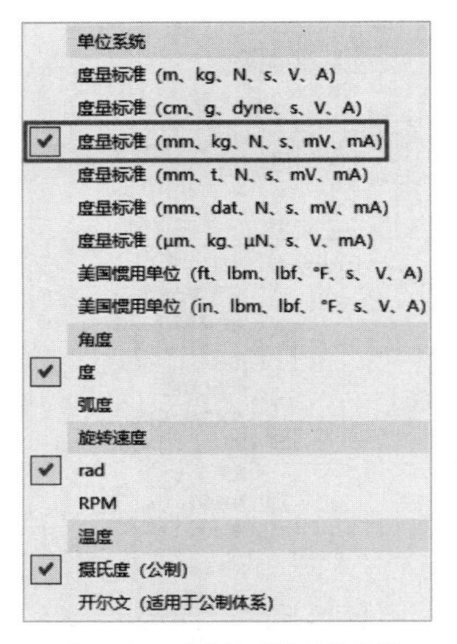

图 13-36 “单位系统”菜单栏

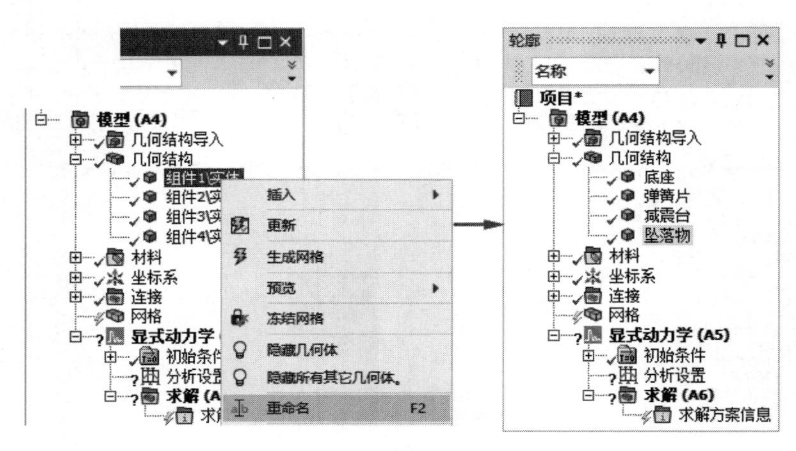

图 13-37 模型重命名

06 赋予模型材料。选择“弹簧片”，在左下角打开“弹簧片”的详细信息列表，在列表中单击“材料”栏中“任务”选项，在弹出的“工程数据材料”对话框中选择“铜合金”选项，如图 13-38 所示，为“弹簧片”赋予“铜合金”材料，其余为默认的“结构钢”，这里不予更改。

07 添加接触。在轮廓树中展开“连接”分支，系统已经为模型接触部分建立了接触连接，如图 13-39 所示；选择“接触区域”，左下角弹出“接触区域”的详细信息列表，同时在图形窗口显式“底板”和“弹簧片”的接触面，如图 13-40 所示，将“类型”改为“无摩擦”，此时列表改为“无摩擦-底板至弹簧片”的详细信息；同理修改“接触区域 2”的“类型”也为“绑定”。

08 划分网格。

(1) 尺寸调整。单击“网格”选项卡“控制”面板中的“尺寸调整”按钮，左下角弹出

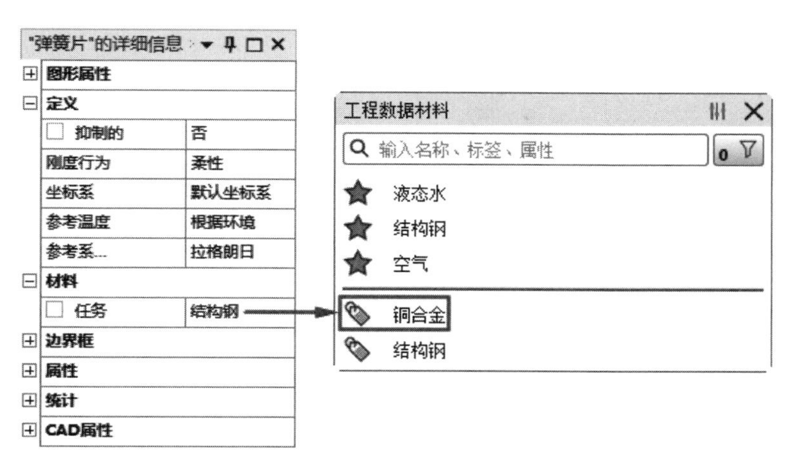

图 13-38　"弹簧片"的详细信息

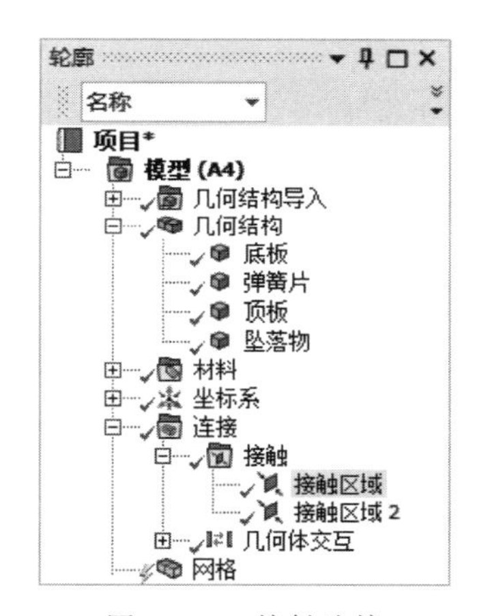

图 13-39　接触连接

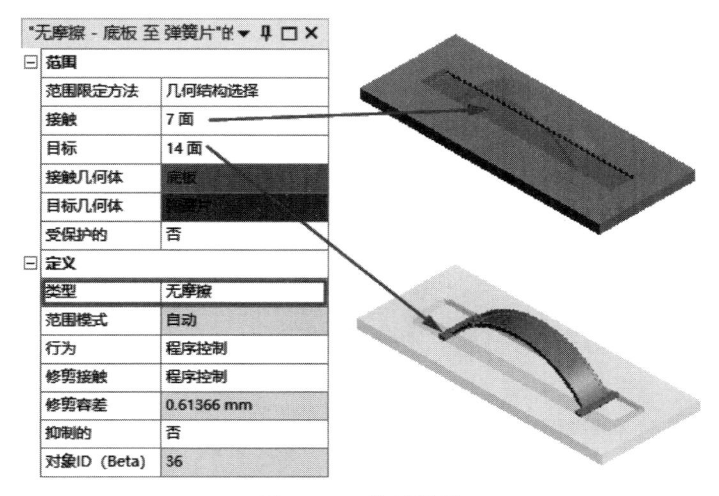

图 13-40　接触设置

“尺寸调整”的详细信息，设置“几何结构”为“撞击物”“减震台”“底座”，设置“单元尺寸”为10.0mm，如图13-41所示；同理设置弹簧片的网格尺寸，设置“单元尺寸”为4mm。

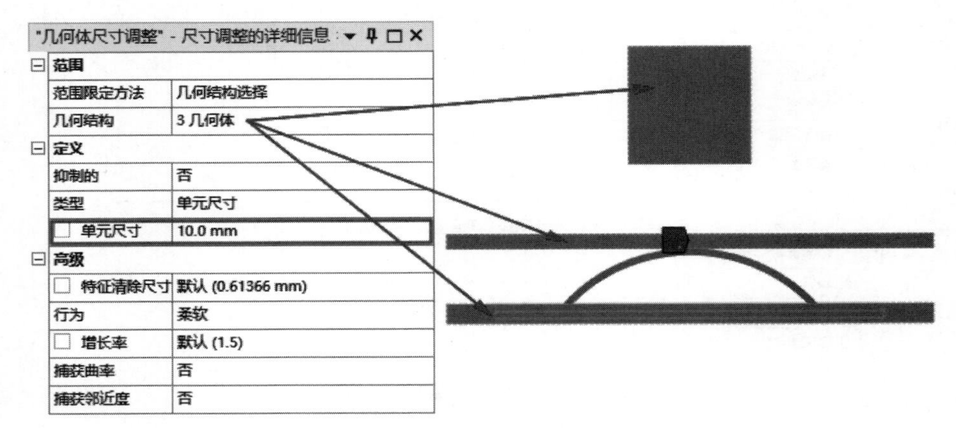

图 13-41　尺寸调整

（2）设置划分方法。单击“网格”选项卡“控制”面板中的“方法”按钮，在左下角弹出的方法的详细信息，设置“几何结构”为“撞击物”“减震台”“底座”，设置“方法”为“六面体主导”，如图13-42所示；同理设置弹簧片的网格划分方法，设置“方法”为“四面体”。

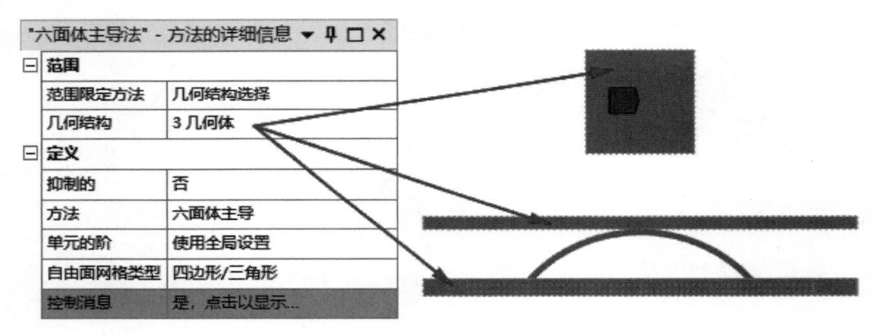

图 13-42　划分方法

（3）划分网格。在轮廓树中单击“网格”分支，左下角弹出“网格”的详细信息，采用默认设置，然后单击“网格”选项卡“网格”面板中的“生成”按钮，系统自动划分网格，结果如图13-43所示。

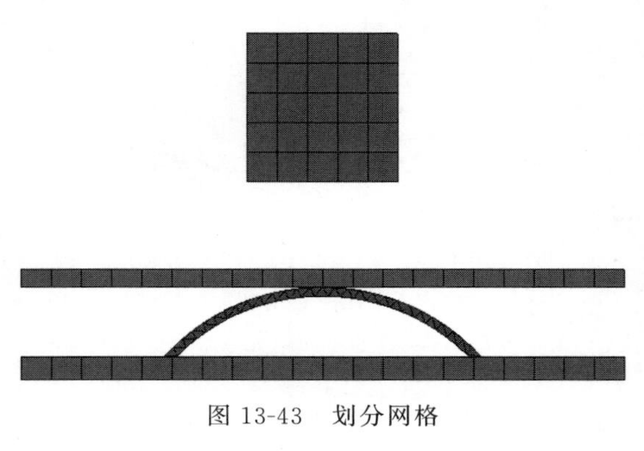

图 13-43　划分网格

13-4

Note

09 定义初始条件。添加速度。在轮廓树中单击“显式动力学(A5)”分支下方的“初始条件”选项，系统切换到“初始条件”选项卡，如图 13-44 所示。单击“初始条件”选项卡“条件”面板中的“速度”按钮，在该选项卡中左下角弹出“速度”的详细信息，设置“几何结构”为“坠落物”，“定义依据”为“分量”，设置“Y 分量”为“−30000mm/s”，如图 13-45 所示。

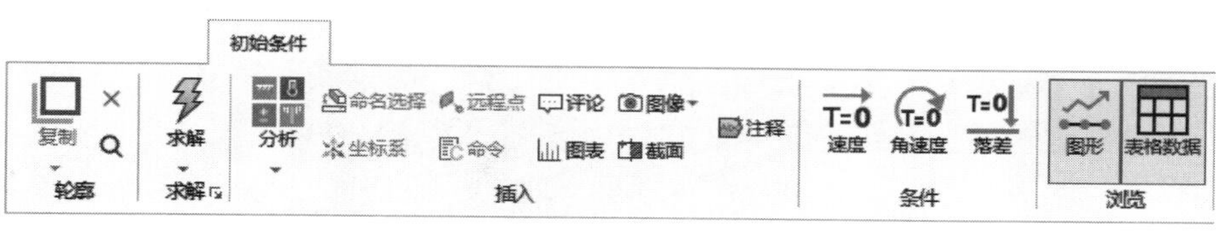

图 13-44　初始条件选项卡

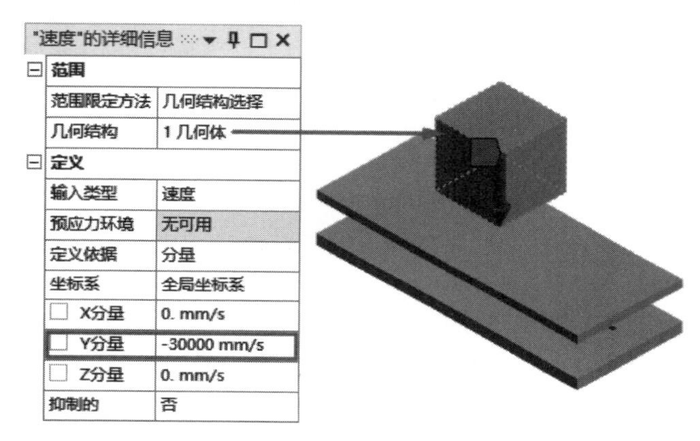

图 13-45　“速度”的详细信息

10 分析设置。在轮廓树中单击“显式动力学(A5)”分支下方的“分析设置”选项，左下角弹出“分析设置”的详细信息栏，设置“结束时间”为 0.01s。

11 设置载荷与约束条件。

(1) 在轮廓树中单击“显式动力学(A5)”分支，系统切换到“环境”选项卡。单击“环境”选项卡“惯性”下拉菜单中的“标准地球重力”按钮 标准地球重力，左下角弹出“标准地球重力”的详细信息，设置“方向”为“-Y 方向”，如图 13-46 所示。

(2) 添加固定约束。单击“环境”选项卡“结构”面板中的“固定的”按钮 固定的，左下角弹出“固定的”的详细信息，设置“几何结构”为“底座”的底面，如图 13-47 所示。

"标准地球重力"的详细信息

范围	
几何结构	全部几何体
定义	
坐标系	全局坐标系
X分量	0. mm/s² (应用的步骤)
Y分量	-9806.6 mm/s² (应用的步骤)
Z分量	0. mm/s² (应用的步骤)
抑制的	否
方向	-Y方向

图 13-46　“标准地球重力”的详细信息

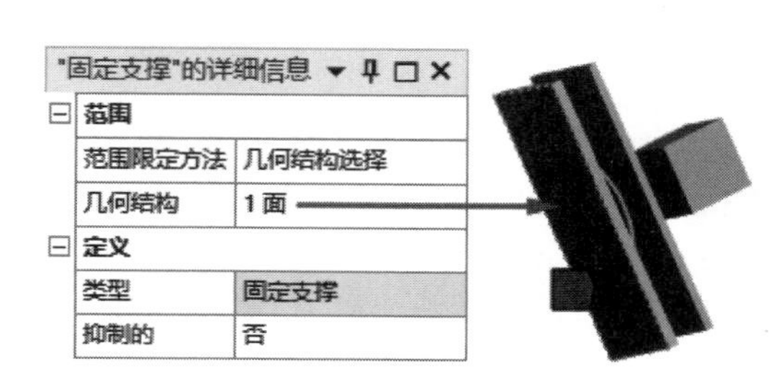

图 13-47　“固定支撑”的详细信息

Note

(3) 添加位移约束。单击“环境”选项卡“结构”面板中的“位移”按钮 位移，左下角弹出“位移”的详细信息，设置“几何结构”为“减震台”的 4 个侧面，设置“X 分量”和“Z 分量”为 0，如图 13-48 所示。

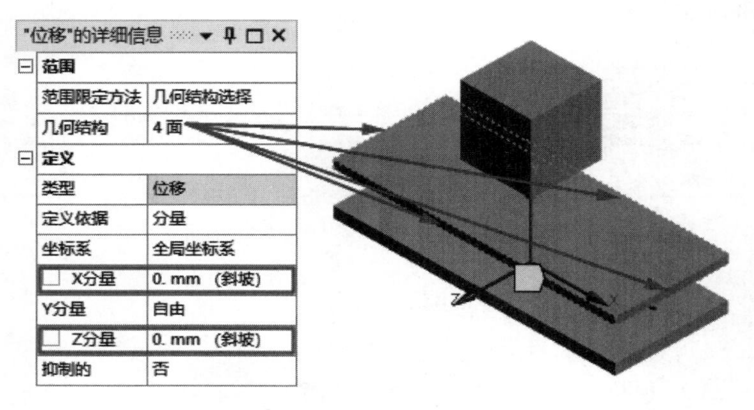

图 13-48 “位移”的详细信息

12 设置求解结果。

(1) 添加总动能。在轮廓树中单击“求解(A6)”分支下方的“求解方案信息”，系统切换到“求解方案信息”选项卡，单击“求解方案信息”选项卡“结果跟踪器”下拉菜单中的“总能量”按钮 总能量，左下角弹出“总能量”的详细信息，设置“几何结构”为“坠落物”“减震台”“弹簧片”“底座”，其余为默认设置，添加整个系统的总能量。

(2) 添加减震台接触力。单击“求解方案信息”选项卡“结果跟踪器”下拉菜单中的“接触力”按钮 接触力，左下角弹出“接触力”的详细信息，设置“几何结构”为“减震台”，“方向”为“Y 轴”，其余为默认设置，如图 13-49 所示，添加减震台接触力。

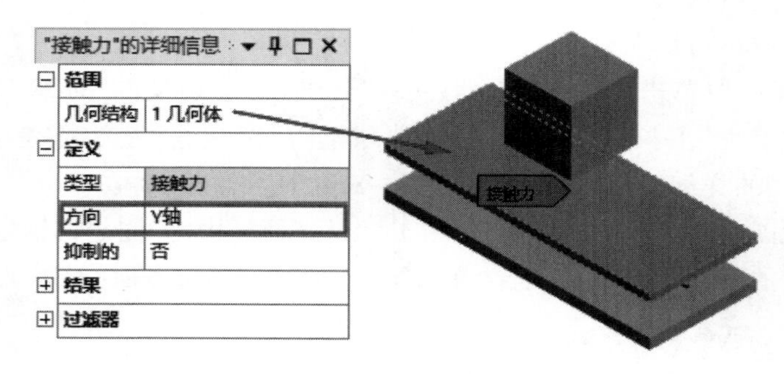

图 13-49 添加上板接触力

(3) 添加定向变形。单击“求解”选项卡“结果”面板“变形”下拉菜单中的“定向”按钮 定向，左下角弹出“定向变形”的详细信息，设置“方向”为“Y 轴”，添加 Y 向变形，如图 13-50 所示。

(4) 添加等效应力。单击“求解”选项卡“结果”面板“应力”下拉菜单中的“等效应力”按钮 等效 (Von-Mises)应力，左下角弹出“等效应力”的详细信息，设置“几何结构”为“弹簧片”，为系统添加等效应力。

Note

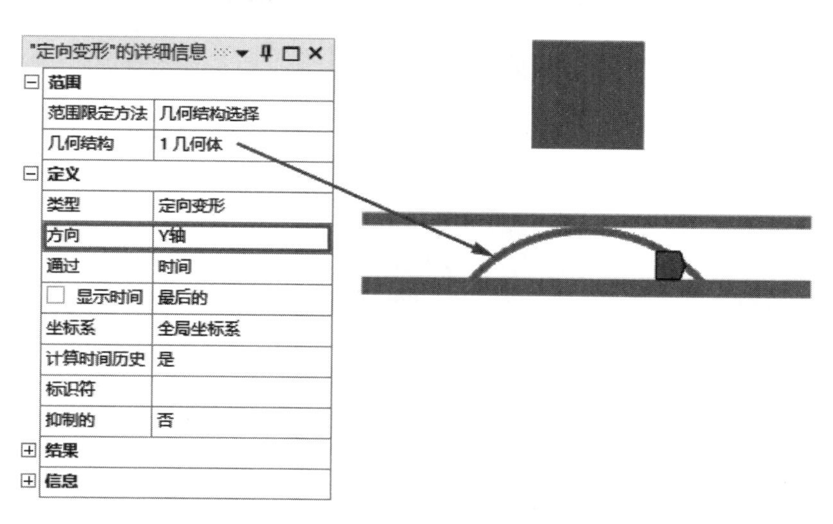

图 13-50 “定向变形”的详细信息

13 显式动力学求解。单击“主页”选项卡“求解”面板中的“求解”按钮，进行求解。

14 求解后处理。求解完成后在轮廓树中，单击“求解(B6)”分支，系统切换到“求解”选项卡，在该选项卡中选择需要显式的结果。

(1) 查看弹簧片定向变形。选择“定向变形”选项，显式弹簧片的“定向变形”云图，如图 13-51 所示；同时在图形区域的下方出现弹簧片定向变形的曲线图，如图 13-52 所示，可以看到弹簧片的形变最终基本恢复成原来形状，单击“图形”中的“播放或暂停”按钮，可动态查看弹簧片的形变。

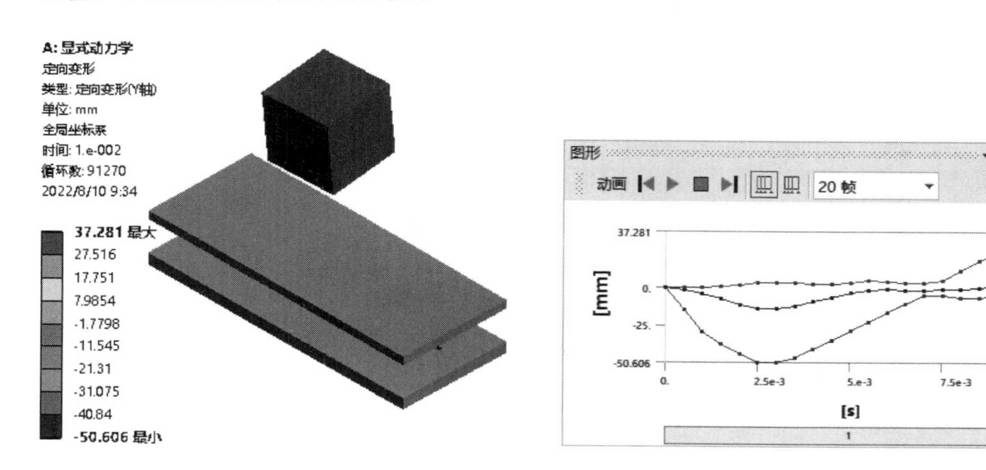

图 13-51 弹簧片“定向变形”云图

图 13-52 弹簧片定向变形曲线图

(2) 查看等效应力。选择“等效应力”选项，显式的“等效应力”云图，如图 13-53 所示，同时在图形区域的下方出现弹簧片等效应力的曲线图，如图 13-54 所示。

(3) 选择“总能量”选项，图形界面出现系统的总能量曲线图，如图 13-55 所示，可以看出碰撞后系统的总能量略有减少，这是因为碰撞后系统的一部分动能转换为内能，

总体遵循能量守恒定律，在图 13-56 下方的表格数据中也可以看到刚开始系统总能量为 4.4156×10^5 mJ，最后系统总能量为 4.2971×10^5 mJ，能量损失非常小，约为初始能量的 2.7%。

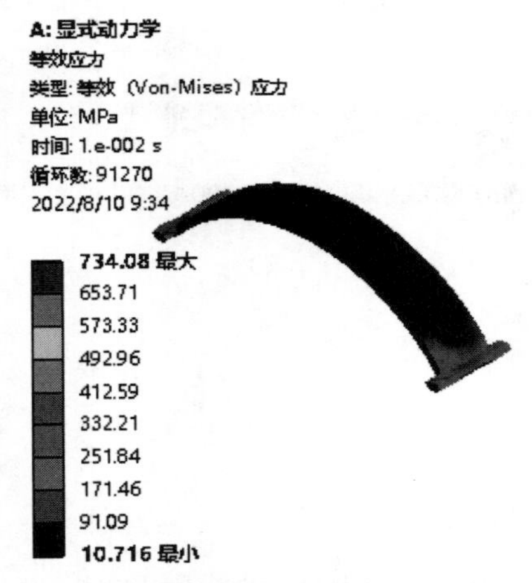

图 13-53　弹簧片“等效应力”云图

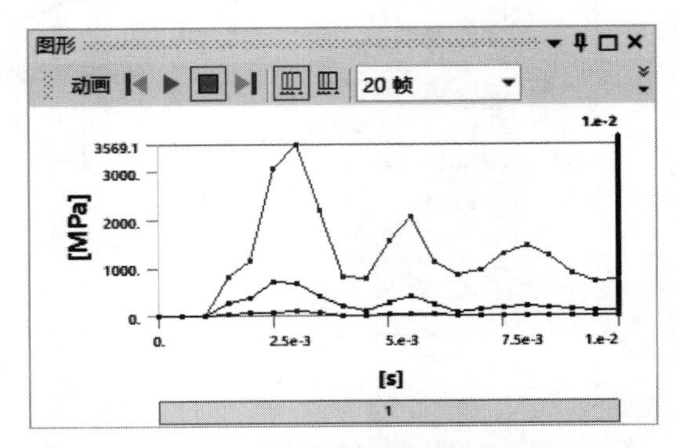

图 13-54　弹簧片等效应力曲线图

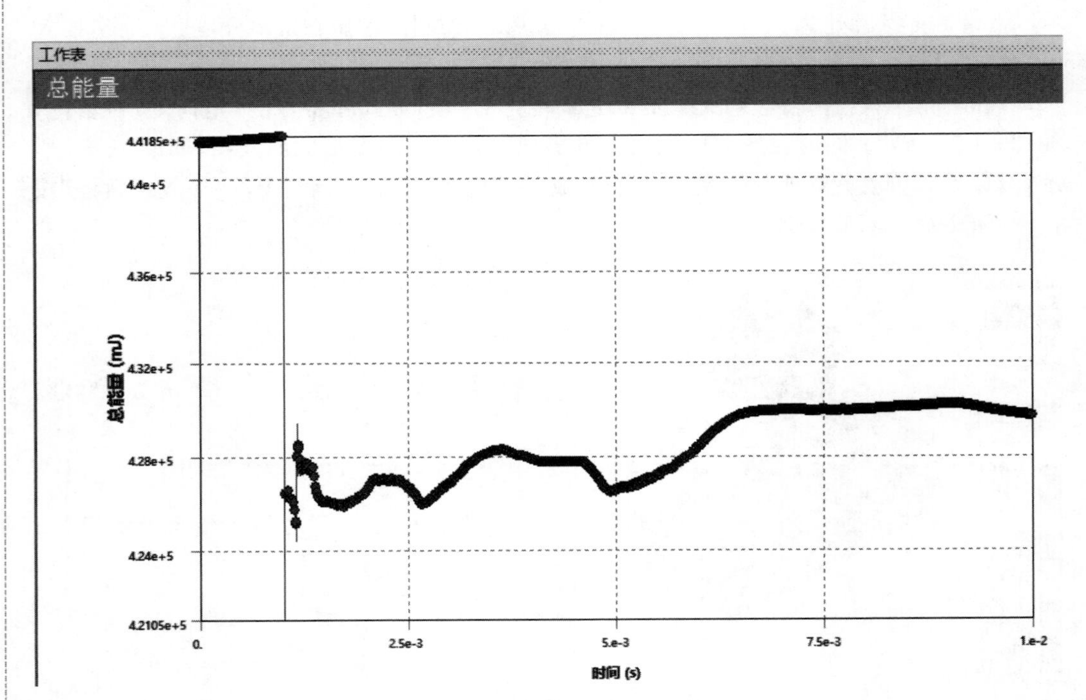

图 13-55　总能量曲线图

（4）查看减震台接触力。选择“接触力”选项，图形界面出现减震台受撞击物撞击的接触力的曲线图，如图 13-57 所示，可以看到坠落物撞击减震台，接触力瞬间增大，显式最大接触力为 −3.9597×10^6 N，后随着坠落物的弹开，接触力开始减小，最终坠落物与减震台分开，接触力又回到 0。

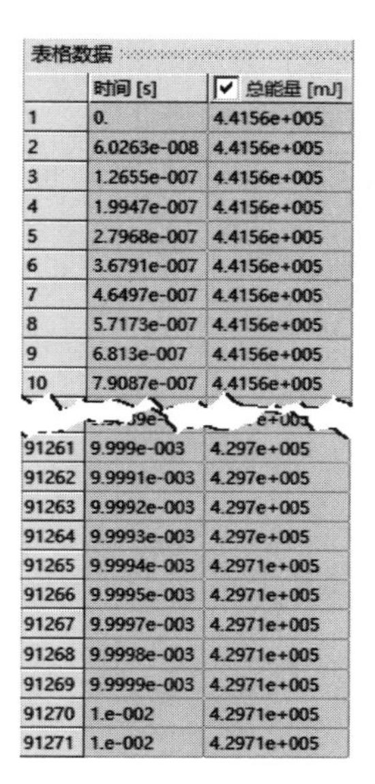

表格数据

	时间 [s]	总能量 [mJ]
1	0.	4.4156e+005
2	6.0263e-008	4.4156e+005
3	1.2655e-007	4.4156e+005
4	1.9947e-007	4.4156e+005
5	2.7968e-007	4.4156e+005
6	3.6791e-007	4.4156e+005
7	4.6497e-007	4.4156e+005
8	5.7173e-007	4.4156e+005
9	6.813e-007	4.4156e+005
10	7.9087e-007	4.4156e+005
91261	9.999e-003	4.297e+005
91262	9.9991e-003	4.297e+005
91263	9.9992e-003	4.297e+005
91264	9.9993e-003	4.297e+005
91265	9.9994e-003	4.2971e+005
91266	9.9995e-003	4.2971e+005
91267	9.9997e-003	4.2971e+005
91268	9.9998e-003	4.2971e+005
91269	9.9999e-003	4.2971e+005
91270	1.e-002	4.2971e+005
91271	1.e-002	4.2971e+005

图 13-56　总能量表格数据

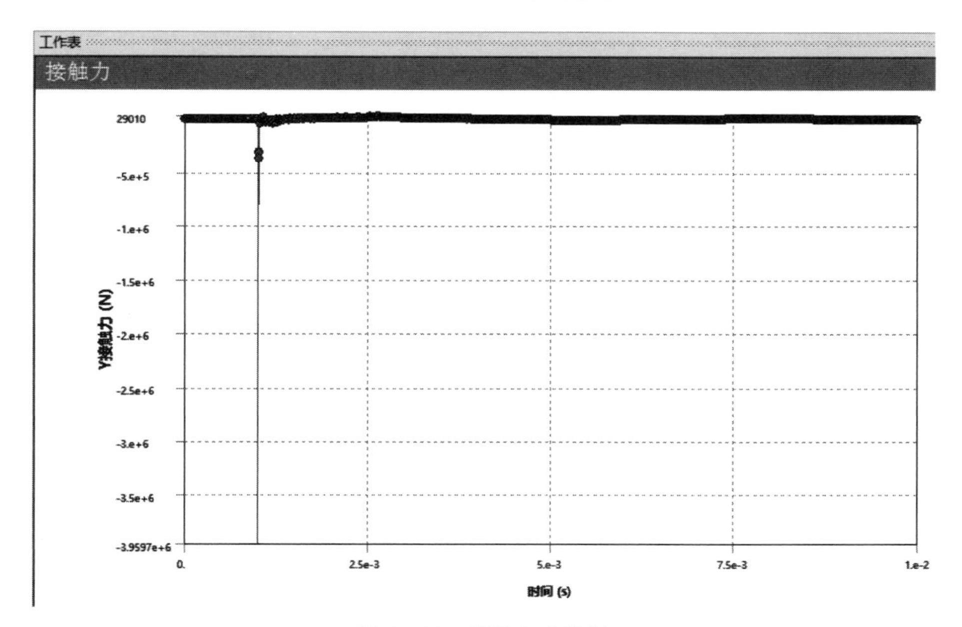

图 13-57　接触力曲线图

第14章

屈曲分析

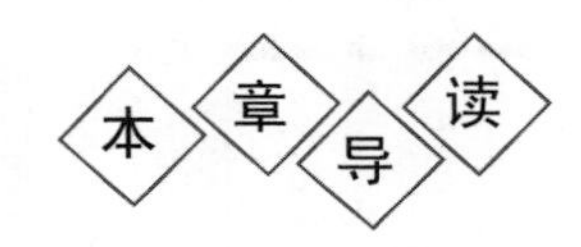

屈曲分析主要用于研究结构在特定载荷下的稳定性以及确定结构失稳的临界载荷，例如工程上有很多细长类杆件或压缩部件等，当作用在这类部件上的载荷达到或超过一定限度时，若再施加一个很小的扰动，部件就会突然失稳，这一临界值就是该部件的屈曲值，若将这一情形放到工程上，造成的后果可能是灾难性的。因此对物体，尤其是起支撑作用的物体进行屈曲分析非常重要。

第14章

- 屈曲分析概述
- 线性屈曲的计算
- 线性屈曲分析的特点
- 屈曲分析流程（创建工程项目、定义接触关系、载荷与约束、特征屈曲值求解设置、求解、结果后处理）
- 综合实例

14.1 屈曲分析概述

线性屈曲是以小位移小应变的线弹性理论为基础的,分析中不考虑结构在受载变形过程中结构形态的变化,也就是在外力施加的各个阶段,总是在结构的初始形态上建立平衡方程。当载荷达到某一临界值时,结构形态将突然跳到另一个随遇的平衡状态,称为屈曲。临界点之前称为前屈曲,临界点之后称为后屈曲。

在线性屈曲分析中,可以评价许多结构的稳定性。例如对薄柱、压缩部件和真空罐进行屈曲分析。在失稳(屈曲)的结构中,当结构所受载荷达到某一值时,若增加一微小的扰动,则结构的平衡状态将发生很大的改变。图 14-1 所示为失稳悬臂梁。

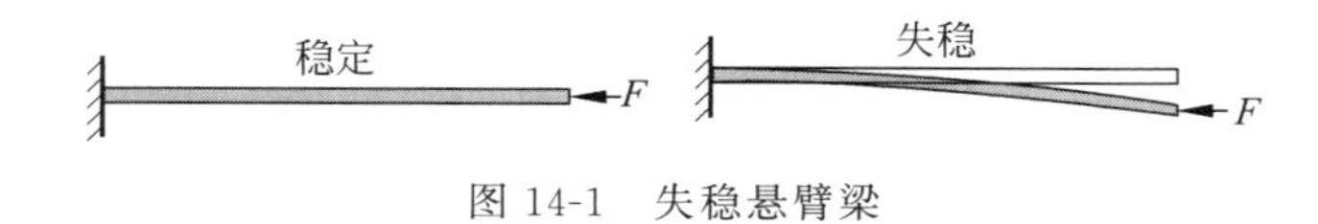

图 14-1 失稳悬臂梁

屈曲分析包括线性屈曲和非线性屈曲分析。

线性屈曲分析又称特征值屈曲分析,线性屈曲分析可以考虑固定的预载荷,可以预测理想线弹性结构的理论屈曲强度。此方法相当于经典的线弹性屈曲分析,用欧拉行列式求解特征值屈曲会与经典的欧拉公式解相一致。

特征值屈曲分析是理想状态下,对没有任何缺陷的物体进行的屈曲分析,其得到的屈曲值会大于实际状态物体的屈曲值,因为实际情况下任何物体都存在自己的缺陷,所以现实中屈曲过程是一个非线性(大变形)过程,另外线性屈曲分析对于结构后屈曲分析无能为力。

非线性屈曲分析过程较为复杂,同时可能需要多次尝试才能得到较为可信的结果,但是由于其不存在线性屈曲分析的局限性,所以工程上倾向通过非线性屈曲来评价结构的稳定性。

线性屈曲分析得出的结果会大于实际结果,显得保守,虽然保守,但是线性屈曲仍有以下优点:

(1) 线性屈曲分析比非线性屈曲计算省时,并且可以作第一步计算来评估临界载荷(屈曲开始时的载荷)。

(2) 线性屈曲分析可以用来作为确定屈曲形状的设计工具。在屈曲分析的模式结果中做一些对比找到现实中可能发生哪种屈曲,为设计提供向导。

综上所述,结合线性屈曲分析和非线性屈曲分析的优缺点,在对物体进行屈曲分析的时候,可以先对其进行线性屈曲分析,结合线性屈曲分析的结果,确定物体可能发生屈曲的状态和屈曲值,再针对这一状态进行非线性屈曲分析。

14.2 线性屈曲的计算

进行线性屈曲分析的目的是寻找分歧点、评价结构的稳定性。在线性屈曲分析中求解特征值时需要用到屈曲载荷因子 λ_i 和屈曲模态 ψ_i。

线性静力分析中包括了刚度矩阵 $\boldsymbol{S}$，它的应力状态函数为：

$$(\boldsymbol{K}+\boldsymbol{S})\boldsymbol{x}=\boldsymbol{F} \tag{14-1}$$

如果分析是线性的，可以对载荷和应力状态乘以常数 λ_i，此时函数变为：

$$(\boldsymbol{K}+\lambda_i\boldsymbol{S})\boldsymbol{x}=\lambda_i\boldsymbol{F} \tag{14-2}$$

在一个屈曲模型中，位移可能会大于 $\boldsymbol{x}+\boldsymbol{\psi}$ 而载荷没有增加，因此式(14-3)也是正确的：

$$(\boldsymbol{K}+\lambda_i\boldsymbol{S})\boldsymbol{x}+\boldsymbol{\psi}=\lambda_i\boldsymbol{F} \tag{14-3}$$

通过上面的方程进行求解，可得：

$$(\boldsymbol{K}+\lambda_i\boldsymbol{S})\boldsymbol{\psi}_i=0 \tag{14-4}$$

式(14-4)就是在线性屈曲分析求解中用于求解的方程，这里 $\boldsymbol{K}$ 和 $\boldsymbol{S}$ 为定值，假定材料为线弹性材料，可以利用小变形理论但不包括非线性理论。

对于上面的求解方程，需要注意如下事项：

(1) 屈曲载荷乘以 λ 就是将其乘到施加的载荷上，即可得到屈曲的临界载荷。

(2) 屈曲模态形状系数 ψ 代表了屈面的形状，但不能得到其幅值，这是因为 ψ 是不确定的。

(3) 屈曲分析中有许多屈曲载荷因子和模态，通常情况下只对前几个模态感兴趣，这是因为屈曲是发生在高阶屈曲模态之前。

(4) 对于线性屈曲分析，Workbench 内部自动应用两种求解器进行求解。

(5) 首先执行线性分析：$\boldsymbol{K}x_0=\boldsymbol{F}$。基于静力分析的基础上，计算应力刚度矩阵 $\boldsymbol{\sigma}_0\rightarrow\boldsymbol{S}$。

(6) 应用前面的特征值方法求解得到屈曲载荷因子 λ_i 和屈曲模态 ψ_i。

14.3 线性屈曲分析的特点

线性屈曲分析比非线性屈曲计算省时，并且可以作为第一步计算来评估临界载荷(屈曲开始时的载荷)。屈曲分析有以下特点：

(1) 通过特征值或线性屈曲分析结果可以预测理想线弹性结构的理论屈曲强度。

(2) 该方法相当于线弹性屈曲分析方法，利用欧拉行列式求解特征值屈曲会与经典的欧拉解一致。

(3) 线性屈曲得出的结果通常是不保守的，由于缺陷和非线性行为存在，得到的结果无法与实际结构的理论弹性屈曲强度一致。

(4) 线性屈曲无法解释非弹性的材料响应、非线性作用、不属于建模的结构缺陷(凹陷等)等问题。

14.4 屈曲分析流程

进行屈曲分析流程主要有以下几个步骤：

(1) 创建工程项目。

(2) 定义材料属性。

(3) 创建或导入几何模型。

(4) 赋予模型材料。

(5) 定义接触关系(针对装配体)。

(6) 划分网格。

(7) 设置载荷约束。

(8) 静力结构求解。

(9) 设置屈曲分析初始条件。

(10) 屈曲分析求解。

(11) 屈曲分析后处理。

下面就主要的几个方面进行讲解。

14.4.1 创建工程项目

在进行特征屈曲分析之前必须先进行静态结构分析,因此要创建静态结构分析和特征屈曲分析相关联的工程项目,将工具箱里的"静态结构"选项直接拖动到"项目原理图"界面中或直接双击"静态结构"选项,建立一个含有"静态结构"的项目模块,然后将工具箱里的"特征值屈曲"选项拖动到"静态结构"中的"求解"栏中,使"特征值屈曲"分析和"静态结构"分析相关联,如图 14-2 所示。

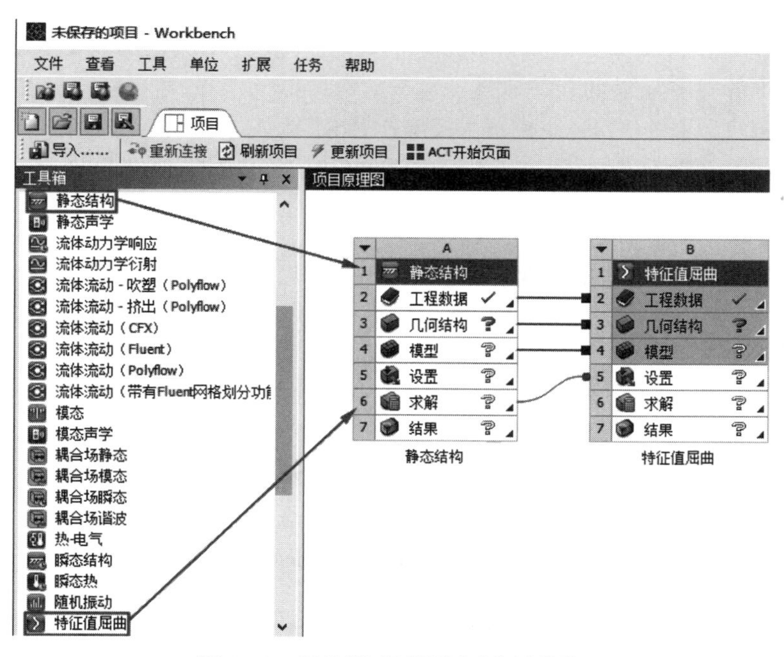

图 14-2 创建"特征值屈曲"分析模块

14.4.2 定义接触关系

装配体结构需要创建连接关系,对于非线性接触关系需要进行线性接触的转换,具

体如表 14-1 所示。

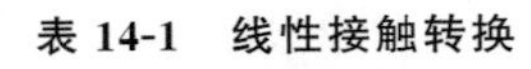

表 14-1　线性接触转换

接触类型	静态分析	线性屈曲分析		
		初始接触	搜索区域内	搜索区域外
绑定	绑定	绑定	绑定	自由
无分离	无分离	无分离	无分离	自由
无摩擦	无摩擦	无分离	自由	自由
粗糙	粗糙	绑定	自由	自由
摩擦的	摩擦的	$\eta=0$,无分离 $\eta>0$,绑定	自由	自由

注：η 为摩擦系数。

注意事项

接触模态分析包括粗糙接触和摩擦接触，将在内部表现为黏结或无分离；如果有间隙存在，非线性接触行为将是自由无约束的。

绑定和不分离的接触情形将取决于“搜索区域”半径的大小。

14.4.3　载荷与约束

在线性屈曲分析中，至少需要施加一个能够引起结构屈曲的载荷，可适用于模型求解。屈曲载荷是由载荷乘以载荷系数决定的，因此不支持不成比例或常值的载荷。

（1）不推荐只有压缩的载荷。

（2）结构可以是全约束，在模型中没有刚体位移。

（3）当线性屈曲分析中存在接触和比例载荷时，可以对屈曲结果进行迭代，调整可变载荷直到载荷系数变为 1.0 或接近 1.0。

14.4.4　特征屈曲值求解设置

1. 预应力设置

在进行特征值屈曲求解之前应先进行静态结构求解，在“特征值屈曲(B5)”分支下会产生预应力，选择该选项弹出“预应力(静态结构)”的详细信息，如图 14-3 所示，预应力环境包括“无”和“静态结构”，预应力定义方式包括“程序控制”“载荷步”“时间”；接触状态包括“使用真实状态”“力粘附”“强制绑定”。

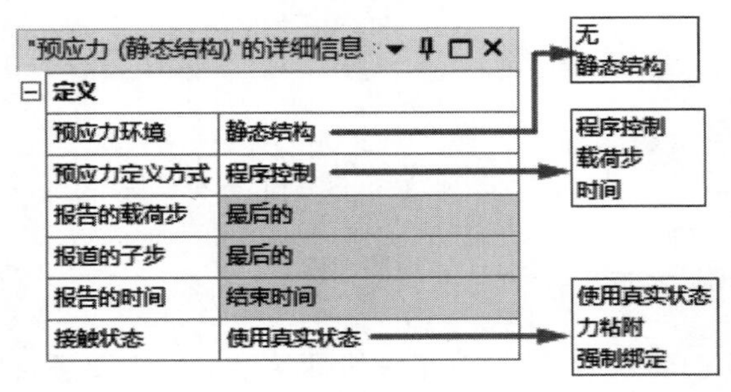

图 14-3　“预应力(静态结构)”的详细信息

2. 分析设置

特征值屈曲分析设置包括设置最大模态阶数和输出控制等,“分析设置”的详细信息如图 14-4 所示。

(1) 最大模态阶数:设置屈曲的模态阶数,默认阶数为 2。

(2) 输出控制:控制输出项默认输出屈曲因子和模态,能够计算相对应力、应变结果等,仅代表分布趋势,不代表真实数据。

"分析设置"的详细信息

选项	
最大模态阶数	2.
求解器控制...	
求解器类型	程序控制
包括负的载荷乘数	程序控制
输出控制...	
应力	否
表面应力	否
反向应力	否
应变	否
接触数据	否
体积与能量	否
欧拉角	否
一般的其它参数	否
结果文件压缩	程序控制
分析数据管理	

图 14-4 “分析设置”的详细信息

14.4.5 求解

求解模型(没有要求的结果)。求解结束后,求解分支会显示一个图标,显示频率和模态阶数。可以从图表或者图形中选择需要振型或者显示全部振型。

14.4.6 结果后处理

求解完成后,可以检查屈曲模型求解的结果,每个屈曲模态的载荷因子显示在图形和图表的详细查看中,载荷因子乘以施加的载荷值即为屈曲载荷。

屈曲载荷因子可以在线性屈曲分析分支下图形的结果中进行检查。

图 14-5 所示为求解多个屈曲模态的一个例子,通过图表可以观察结构屈曲在给定的施加载荷下的多个屈曲模态。

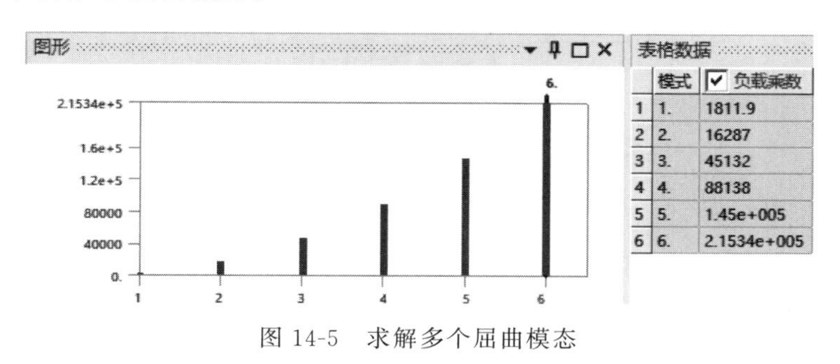

图 14-5 求解多个屈曲模态

14.5 综合实例

14.5.1 方管屈曲分析

14-1

图 14-6 所示为一个方管,边长为 100mm,壁厚为 10mm,长度为 1000mm,在一个建筑上作为立柱,材质为结构钢,对其进行线性屈曲分析,确定其临街屈曲载荷,分析该方管可以承受多大的压力,同时学习屈曲分析的基本操作方法和设置。

操作步骤

01 创建工程项目。打开 Workbench 程序，展开左边工具箱中的“分析系统”栏，将工具箱里的“静态结构”选项直接拖动到“项目原理图”界面中或直接双击“静态结构”选项，建立一个含有“静态结构”的项目模块，然后将工具箱里的“特征值屈曲”选项拖动到“静态结构”中的“求解”栏中，使“特征值屈曲”分析和“静态结构”分析相关联，如图 14-7 所示。

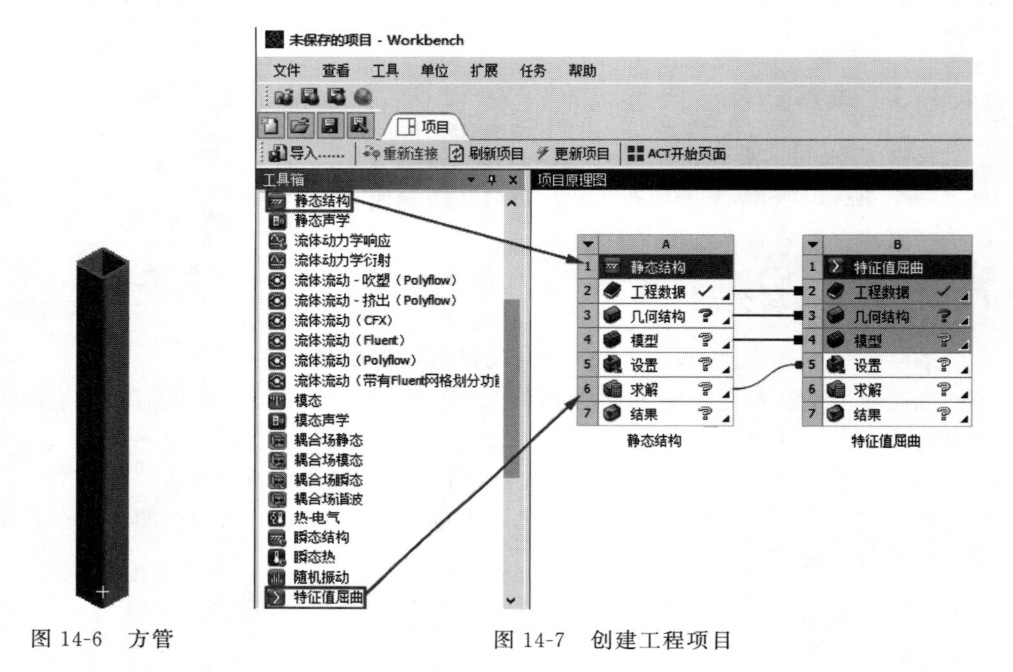

图 14-6　方管　　　　图 14-7　创建工程项目

02 定义材料。系统默认的材料为结构钢，与方管材质一致，因此这里不予更改。

03 导入几何模型。在项目原理图中右击“几何结构”命令，在弹出的快捷菜单中选择导入“几何模型”下一级菜单中的“浏览”命令，弹出“打开”对话框，如图 14-8 所示，选择要导入的模型“方管”，然后单击“打开”按钮 打开(O) 。

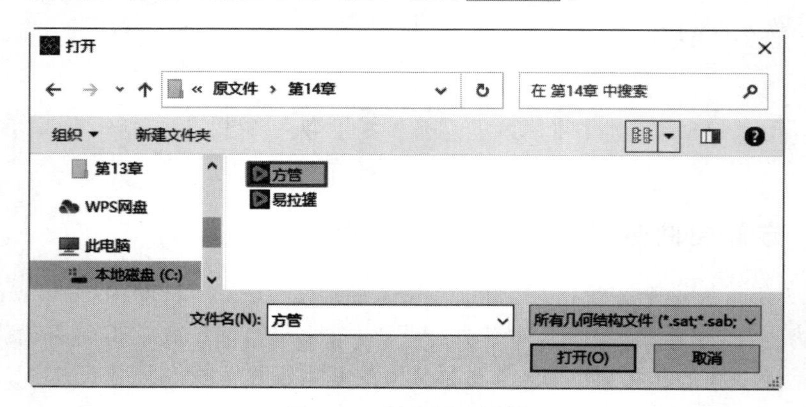

图 14-8　“打开”对话框

Note

04 启动 Mechanical 应用程序。

（1）启动 Mechanical。在项目原理图中右击“模型”命令，在弹出的快捷菜单中选择“编辑……”命令，如图 14-9 所示，进入“系统 A,B-Mechanical”（机械学）应用程序，如图 14-10 所示。

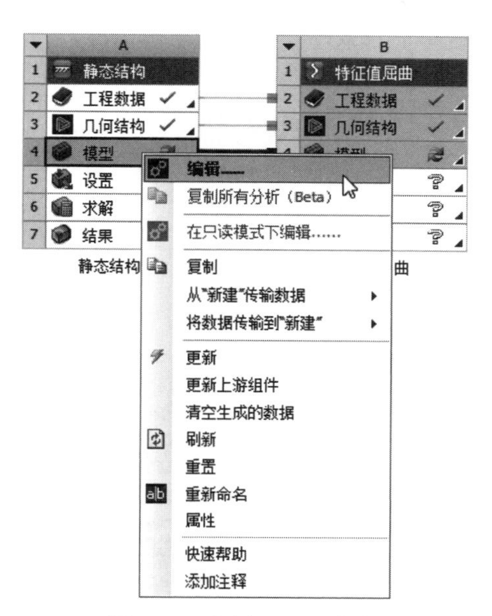

图 14-9 “编辑……”命令

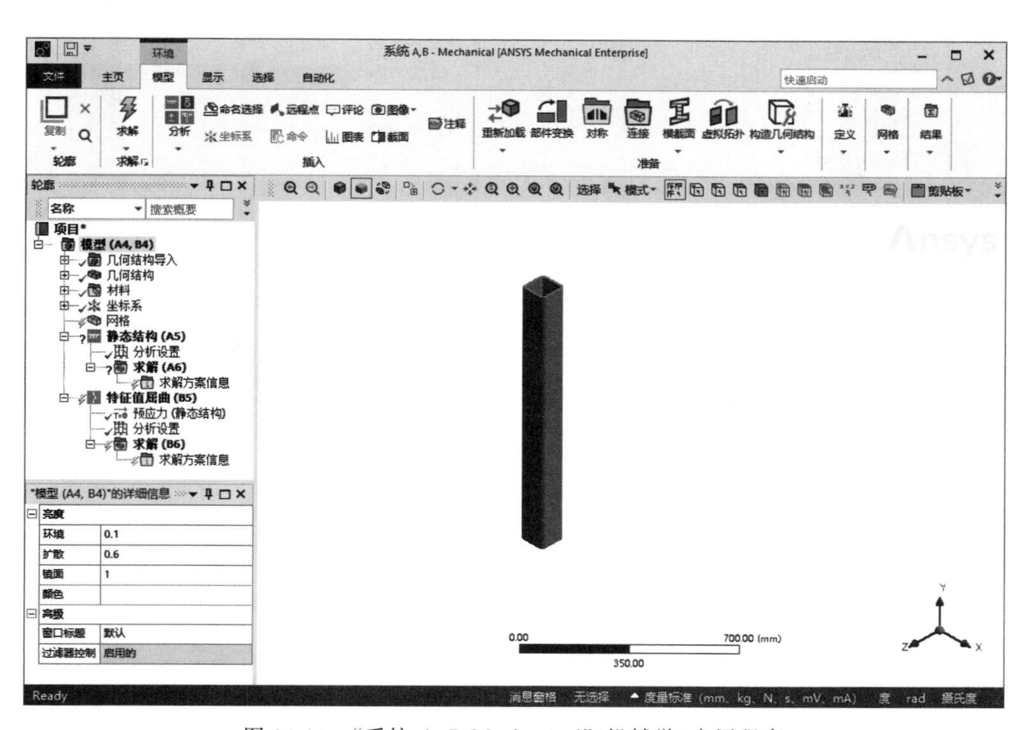

图 14-10 “系统 A,B-Mechanical”（机械学）应用程序

（2）设置系统单位。单击“主页”选项卡“工具”面板下拉菜单中的“单位”按钮，弹出“单位系统”下拉菜单，选择“度量标准(mm、kg、N、s、mV、mA)”选项，如图 14-11 所示。

Note

05 赋予模型材料。在轮廓树中展开“几何结构”，选择“方管\实体”，在左下角打开“方管\实体”的详细信息列表，在列表中单击“材料”栏中“任务”选项，其详细信息列表中显示“材料”任务为“结构钢”，这里不予更改。

06 划分网格。

（1）设置划分方法。在轮廓树中单击“网格”分支，系统切换到“网格”选项卡。单击“网格”选项卡“控制”面板中的“方法”按钮，左下角弹出“方法”的详细信息，设置“几何结构”为“方管\实体”，设置“方法”为“多区域”，此时该详细信息列表改为“多区域”详细信息列表，如图 14-12 所示。

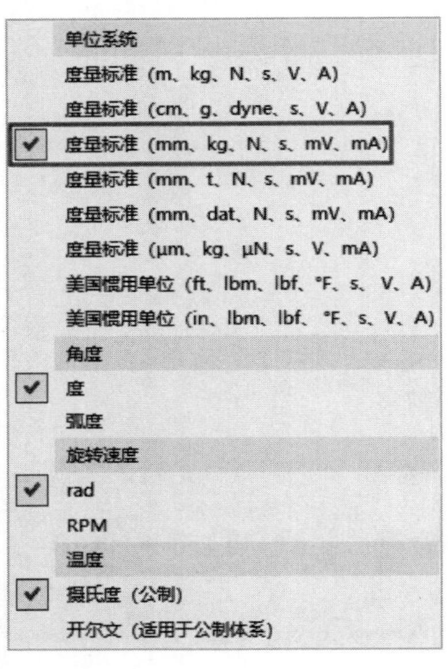

图 14-11 “单位系统”菜单栏

图 14-12 “多区域”方法的详细信息

（2）尺寸控制。单击“网格”选项卡“控制”面板中的“尺寸调整”按钮，左下角弹出“几何体尺寸调整”的详细信息，设置“几何结构”为“方管\实体”，设置“单元尺寸”为 20.0mm，如图 14-13 所示。

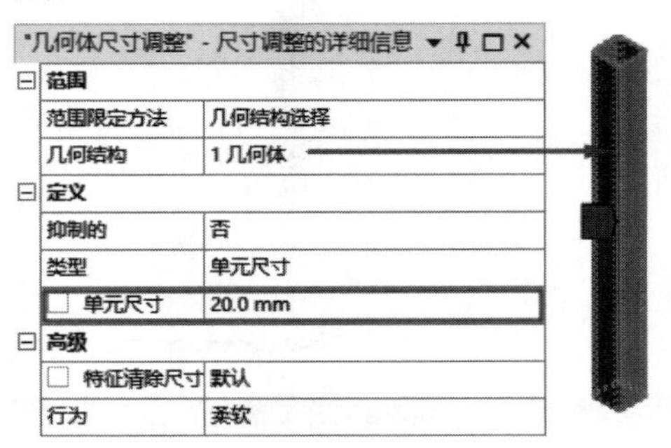

图 14-13 “几何体尺寸调整”的详细信息

(3) 划分网格。在轮廓树中单击“网格”分支，左下角弹出“网格”的详细信息，采用默认设置，然后单击“网格”选项卡“网格”面板中的“生成”按钮，系统自动划分网格，结果如图 14-14 所示。

07 定义载荷约束。

(1) 添加固定约定。在轮廓树中单击“静态结构(A5)”分支，系统切换到“环境”选项卡。单击“环境”选项卡“结构”面板中的“固定的”按钮 固定的，左下角弹出“固定支撑”的详细信息，设置“几何结构”为“方管\实体”的底部端面，如图 14-15 所示。

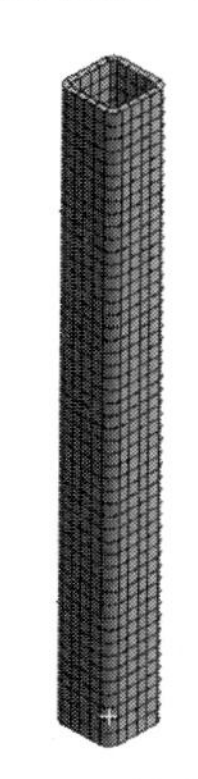

图 14-14　划分网格

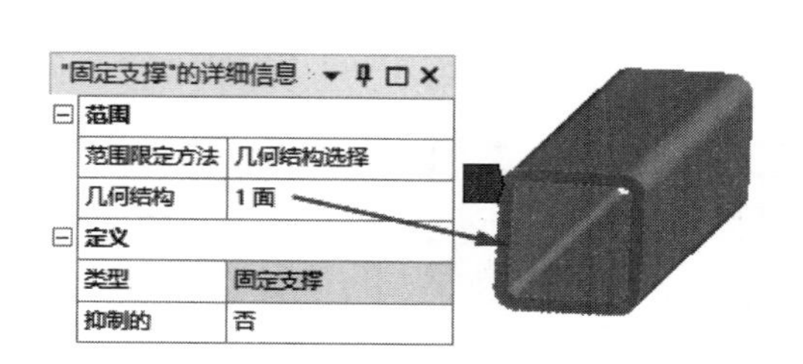

图 14-15　添加固定约束

(2) 添加力。单击“环境”选项卡“结构”面板中的“力”按钮 力，左下角弹出“力”的详细信息，设置“几何结构”为“方钢\实体”的顶部端面，设置“定义依据”为“分量”，然后设置“Y 分量”为“－1N”，如图 14-16 所示。

08 设置求解结果。

(1) 添加总变形。单击“求解(A6)”分支，系统切换到“求解”选项卡，单击“求解”选项卡“结果”面板“变形”下拉菜单中的“总计”按钮 总计，如图 14-17 所示，添加总变形。

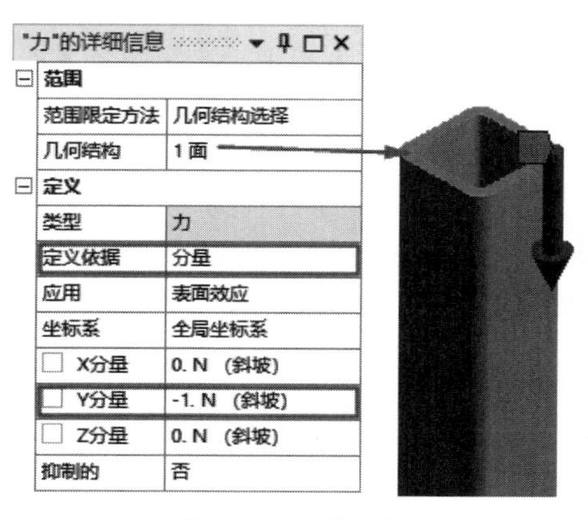

图 14-16　添加力

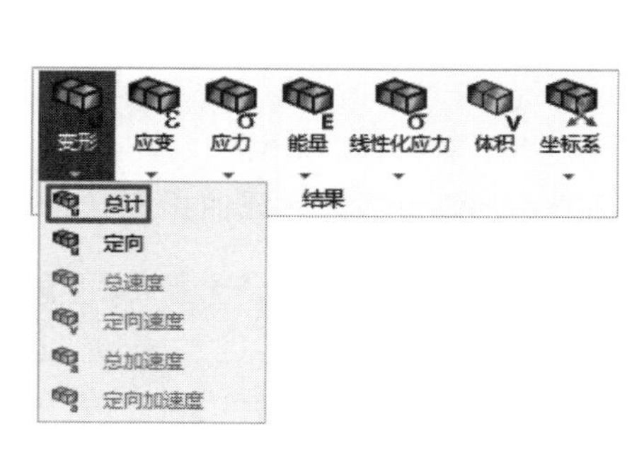

图 14-17　添加总变形

(2) 添加等效应力。单击“求解”选项卡“结果”面板“应力”下拉菜单中的“等效(Von-Mises)应力”按钮 等效(Von-Mises)应力，添加等效应力。

09 求解。单击“主页”选项卡“求解”面板中的“求解”按钮，进行求解。

Note

10 结果后处理。

(1) 查看总变形结果。在轮廓树中单击“求解(A6)”分支下的“总变形”分支,显示“总变形”云图,如图 14-18 所示。

(2) 显示等效应力云图。在展开轮廓树中的“求解”,选择“等效应力”选项,显示“等效应力”云图,如图 14-19 所示。

11 特征屈曲分析设置。在轮廓树中单击“特征值屈曲(B5)”分支下的“分析设置”,左下角弹出“分析设置”的详细信息,设置“最大模态阶数”为 6,其余为默认设置,如图 14-20 所示。

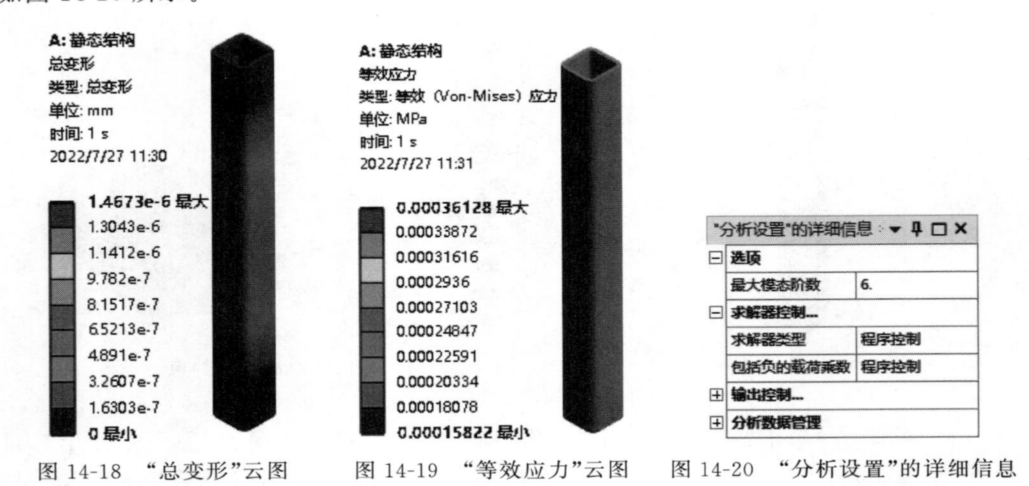

图 14-18 “总变形”云图　　图 14-19 “等效应力”云图　　图 14-20 “分析设置”的详细信息

12 模态求解。选择“特征值屈曲(B5)”分支,单击“主页”选项卡“求解”面板中的“求解”按钮,进行求解。

13 结果后处理。

(1) 求解完成后在轮廓树中,单击“求解(B6)”分支,系统切换到“求解”选项卡,同时在图形窗口下方出现“图形”表和“表格数据”显示了对应的负载乘数,由于我们输入的载荷为-1N,为单位载荷,因此这里显示的“负载乘数”即为对应模式的屈曲载荷值,如图 14-21 所示。

(2) 提取模态。在“图形”表上右击,在弹出的快捷菜单中选择“选择所有”,然后继续在“图形”表上右击,在弹出的快捷菜单中选择“创建模型形状结果”选项,此时“求解(B6)”分支下方会出现 6 阶线性屈曲振型,如图 14-22 所示,需要再次求解才能正常显示。

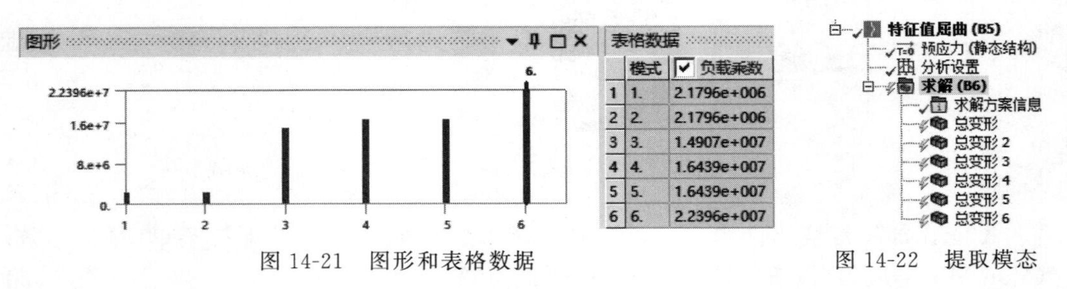

表格数据

	模式	负载乘数
1	1.	2.1796e+006
2	2.	2.1796e+006
3	3.	1.4907e+007
4	4.	1.6439e+007
5	5.	1.6439e+007
6	6.	2.2396e+007

图 14-21 图形和表格数据　　图 14-22 提取模态

(3) 查看模态结果。单击“求解”选项卡“求解”面板中的“求解”按钮,求解完成后在

"求解(B6)"分支下方依次单击总变形图,查看各阶线性屈曲总变形云图,如图 14-23 所示。

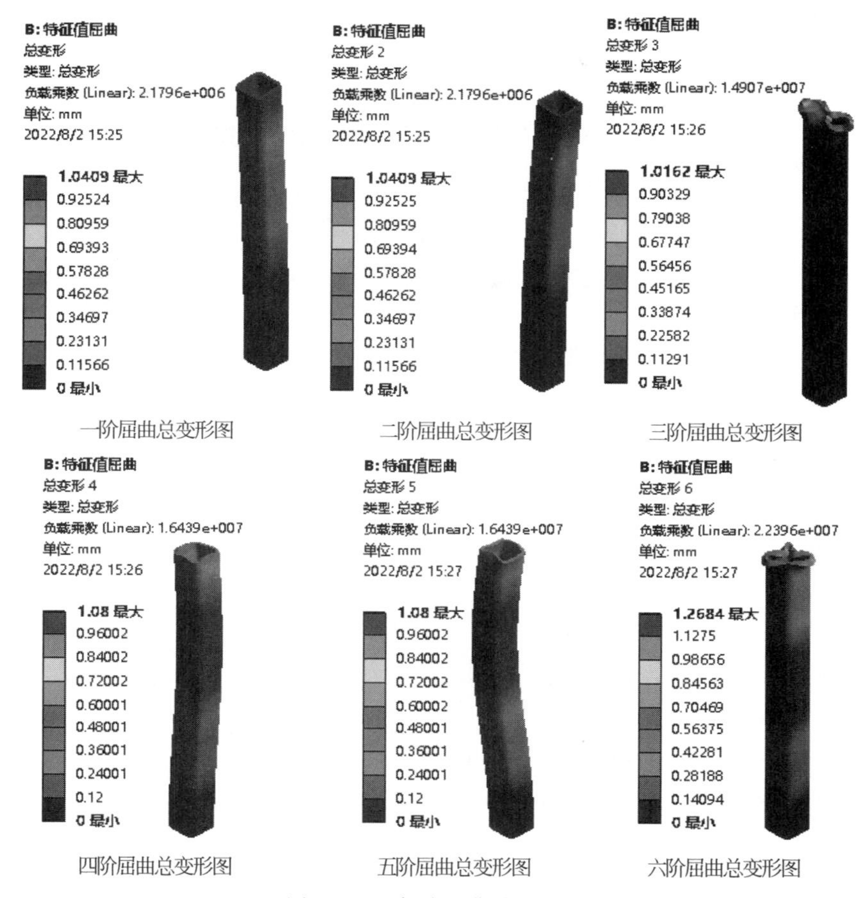

图 14-23 各阶屈曲总变形图

14.5.2 易拉罐非线性屈曲分析

14-2

易拉罐是生活中常见的薄壁圆柱形结构体,本例就对一个易拉罐进行非线性屈曲分析,如图 14-24 所示,来对比特征值屈曲分析和非线性屈曲分析的偏差以及各自的优缺点。

操作步骤

01 创建工程项目。

(1) 打开 Workbench 程序,展开左边工具箱中的"分析系统"栏,将工具箱里的"静态结构"选项直接拖动到"项目原理图"界面中或直接双击"静态结构"选项,建立一个含有"静态结构"的项目模块,然后将工具箱里的"特征值屈曲"选项拖动到"静态结构"中的"求解"栏中,使"特征值屈曲"分析和"静态结构"分析相关联,如图 14-25 所示。

图 14-24 易拉罐

Note

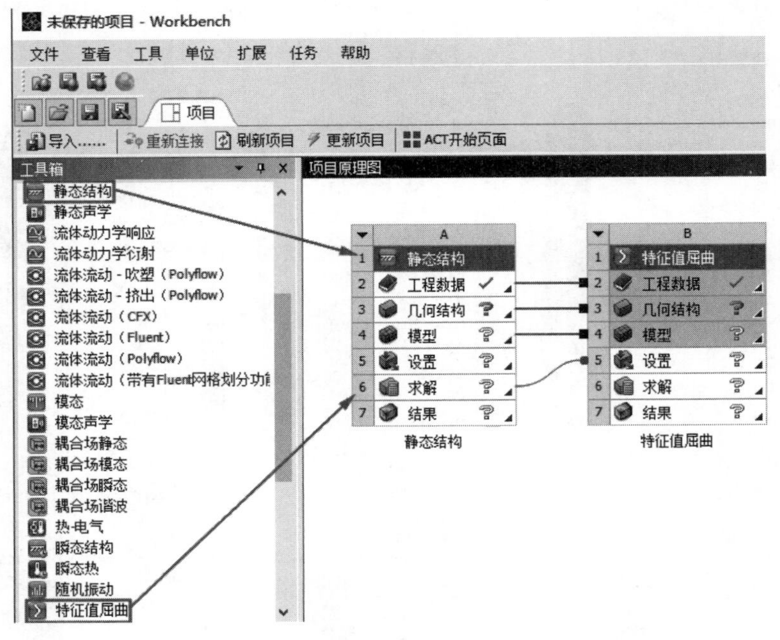

图 14-25 创建工程项目

（2）引入易拉罐初始缺陷。非线性屈曲分析的对象是有缺陷的结构体，因此在进行非线性屈曲分析前需要对物体引入初始缺陷。可以通过特征值屈曲分析提供用于后续非线性屈曲分析中初始缺陷定义的屈曲模态振型。具体操作为：在建立“特征值屈曲”分析和“静态结构”分析相关联的工程项目前提下，再在右侧建立一个独立的“静态结构”分析项目，然后在“B 特征值屈曲”分析项目下的“工程数据”栏中单击鼠标，在不松开鼠标的情况下拖动鼠标到“C 静态结构”分析项目下的“工程数据”栏中，此时“C 静态结构”分析项目下的“工程数据”栏变为“共享 B2”，如图 14-26(a)所示，接着在“B 特征值屈

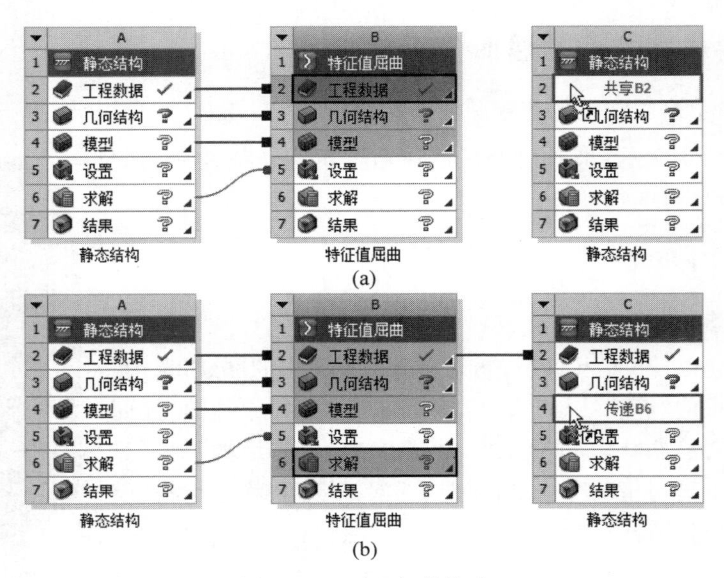

图 14-26 引入初始缺陷

曲”分析项目下的“求解”栏中单击鼠标，在不松开鼠标的情况下拖动鼠标到“C 静态结构”分析项目下的“模型”栏中，此时“C 静态结构”分析项目下的“模型”栏变为“传递B6”，如图 14-26(b)所示，最终的工程项目结构如图 14-27 所示。

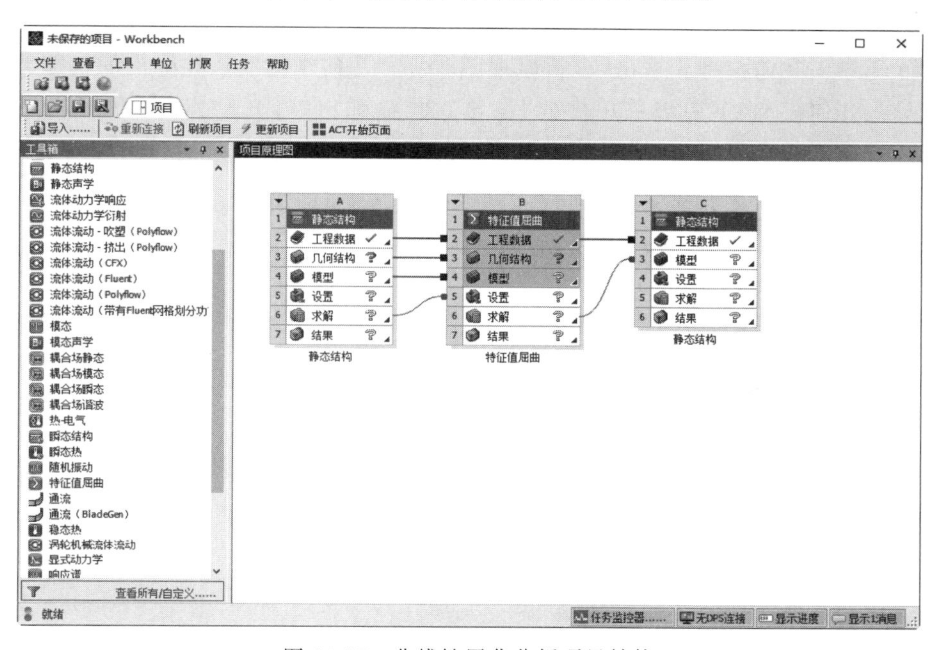

图 14-27 非线性屈曲分析项目结构

02 定义材料。双击 A2“工程数据”选项，弹出“A2 工程数据”选项卡，单击应用上方的“工程数据源”标签。如图 14-28 所示。打开左上角的“工程数据源”窗口。单

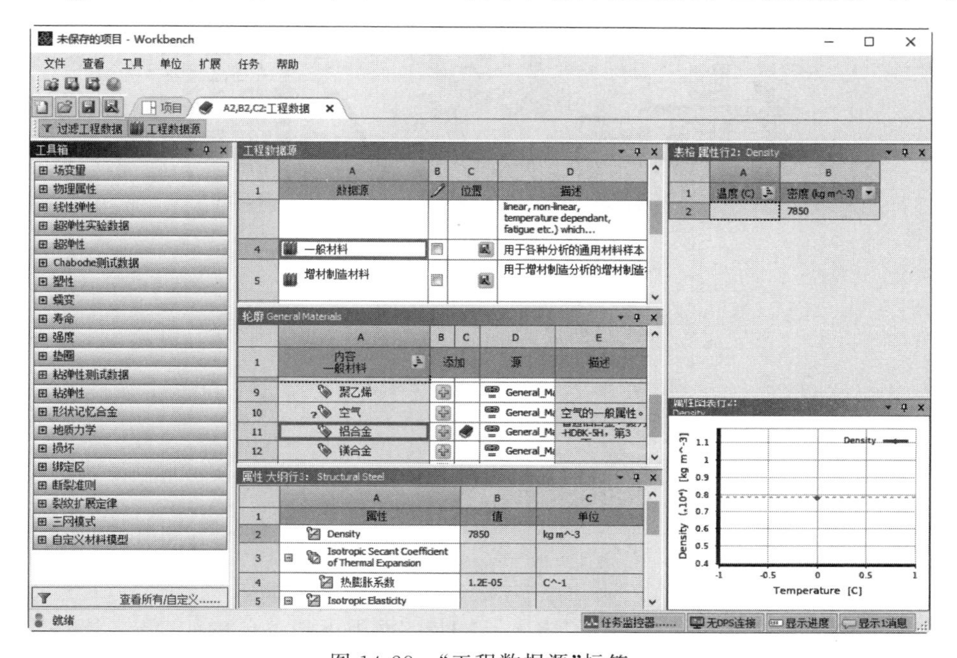

图 14-28 “工程数据源”标签

击其中的“一般材料”按钮 一般材料，使之点亮。在“一般材料”点亮的同时单击“轮廓 General Materials”(一般材料概述)窗格中的“铝合金”旁边的“添加”按钮，将这个材料添加到当前项目中，单击“A2：工程数据”标签的关闭按钮，返回到 Workbench 界面。

Note

03 导入几何模型。右击“项目原理图”中的“几何结构”栏，在弹出的快捷菜单中选择“导入几何模型”下一级菜单中的“浏览”命令，弹出“打开”对话框，如图 14-29 所示，选择要导入的模型“易拉罐”，然后单击“打开”按钮 打开(O) 。

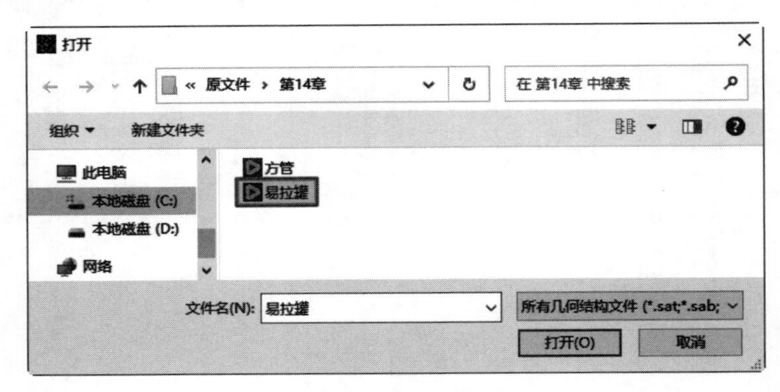

图 14-29 “打开”对话框

04 启动 Mechanical 应用程序。

(1) 启动 Mechanical。在项目原理图中右击“模型”命令，在弹出的快捷菜单中选择“编辑……”命令，如图 14-30 所示，进入“系统 A，B-Mechanical”(机械学)应用程序，如图 14-31 所示。

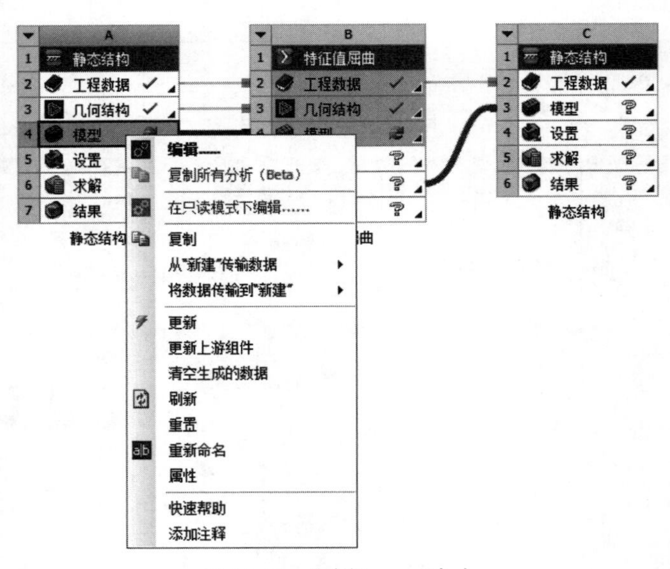

图 14-30 “编辑……”命令

(2) 设置系统单位。单击“主页”选项卡“工具”面板下拉菜单中的“单位”按钮，弹出“单位系统”下拉菜单，选择“度量标准(mm、kg、N、s、mV、mA)”选项，如图 14-32 所示。

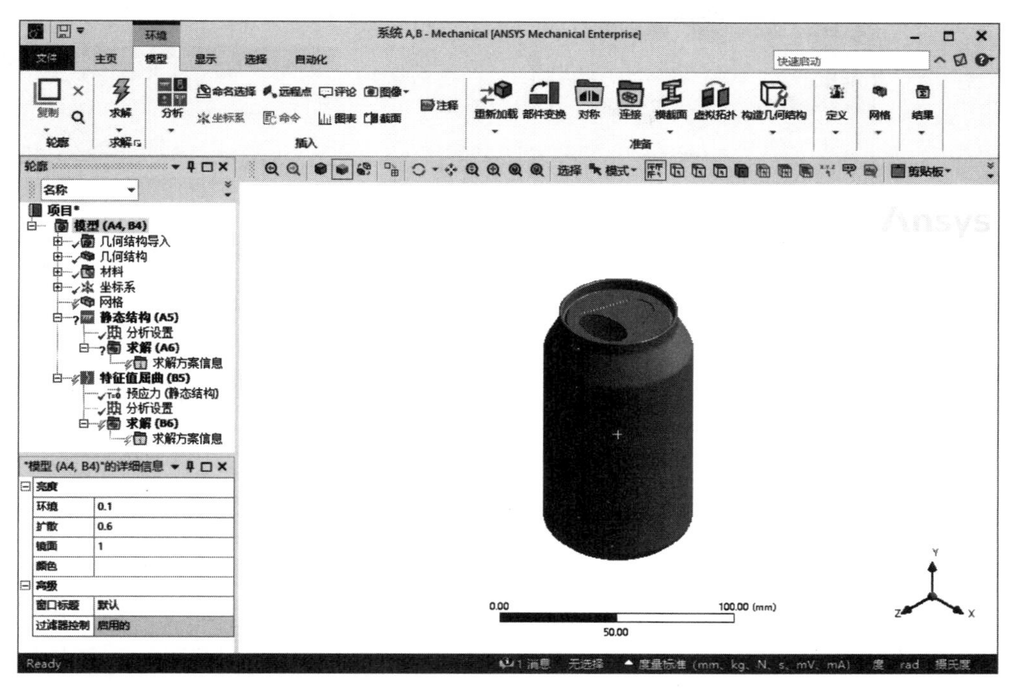

图 14-31 “系统 A,B-Mechanical”(机械学)应用程序

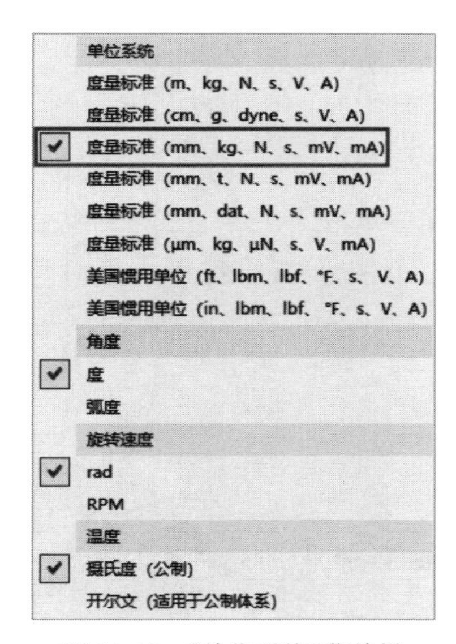

图 14-32 “单位系统”菜单栏

05 模型重命名。在轮廓树中展开“几何结构”,显示模型含有一个实体,右击该实体,在弹出的快捷菜单中选择“重命名”命令,重新输入名称为“易拉罐”,如图 14-33 所示。

06 赋予模型材料。选择“易拉罐”,在左下角打开“易拉罐”的详细信息列表,在列表中单击“材料”栏中“任务”选项,在弹出的“工程数据材料”对话框中选择“铝合金”选项,如图 14-34 所示,为易拉罐赋予“铝合金”材料。

Note

Note

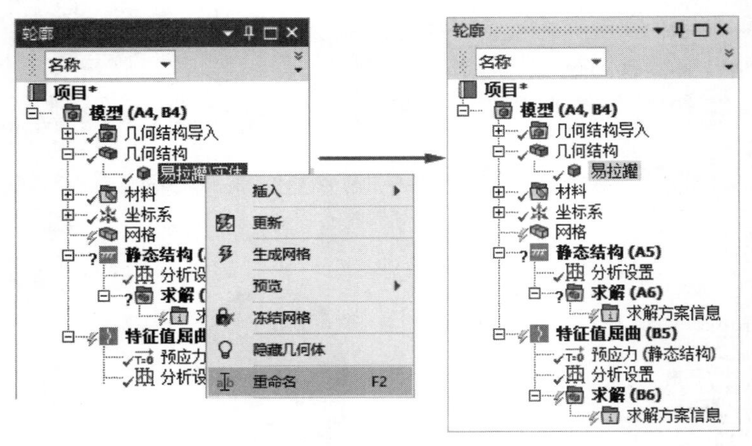

图 14-33　模型重命名

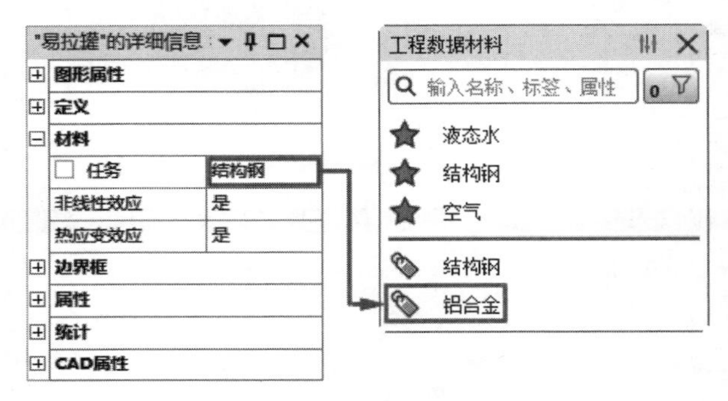

图 14-34　设置模型材料

07 划分网格。

（1）尺寸调整。在轮廓树中单击“网格”分支，系统切换到“网格”选项卡。单击“网格”选项卡“控制”面板中的“尺寸调整”按钮，左下角弹出“尺寸调整”的详细信息，设置“几何结构”为“易拉罐”中间部位的 5 条圆环边线，设置“类型”为“分区数量”，设置“分区数量”为 60，设置“行为”为“硬”，此时详细信息改为“边缘尺寸调整”-尺寸调整的详细信息，如图 14-35 所示。

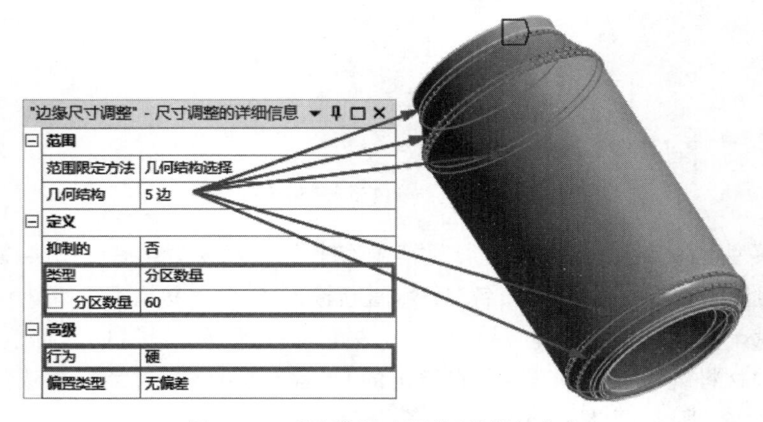

图 14-35　“边缘尺寸调整”的详细信息

Note

（2）添加面网格剖分。单击“网格”选项卡“控制”面板中的“面网格剖分”按钮，左下角弹出“面网格剖分”映射的面网格剖分的详细信息，设置“几何结构”为“易拉罐”中间部位的 5 个外面及对应的 5 个内面，共 10 个面，其余为默认设置，如图 14-36 所示。

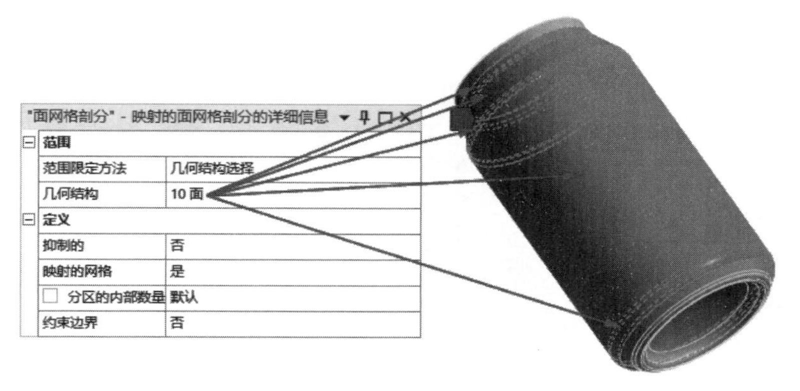

图 14-36 “面网格剖分”-映射的面网格剖分的详细信息

（3）划分网格。在轮廓树中单击“网格”分支，左下角弹出“网格”的详细信息，采用默认设置，然后单击“网格”选项卡“网格”面板中的“生成”按钮，系统自动划分网格，结果如图 14-37 所示。

08 定义载荷和约束。

14-3

（1）添加固定约束。在轮廓树中单击“静态结构(A5)”分支，系统切换到“环境”选项卡。单击“环境”选项卡“结构”面板中的“固定的”按钮 固定的，左下角弹出“固定支撑”的详细信息，设置“几何结构”为“易拉罐”的底面，如图 14-38 所示。

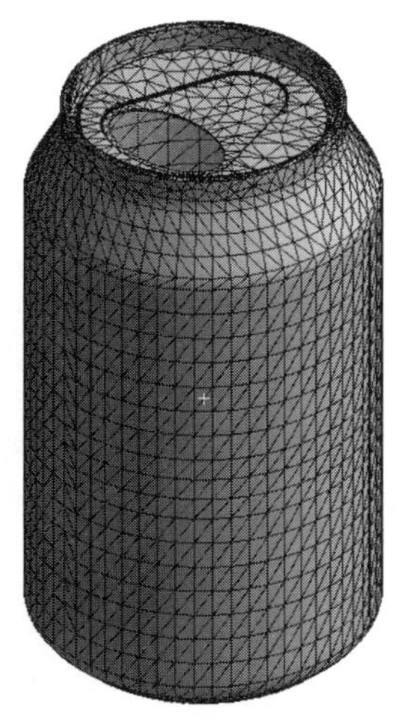

图 14-37 划分网格

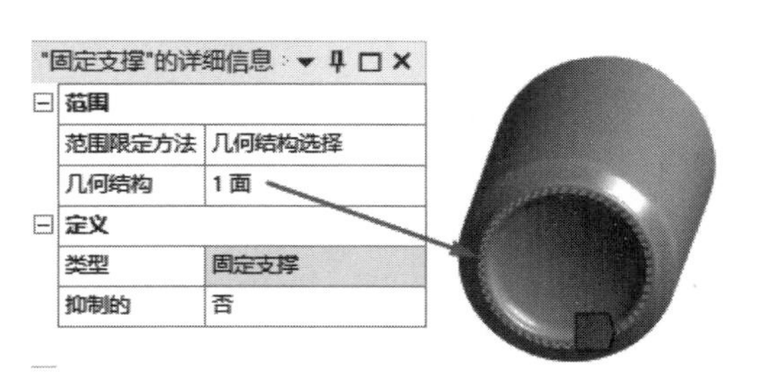

图 14-38 添加固定约束

（2）添加压力。单击“环境”选项卡“结构”面板中的“力”按钮 力，左下角弹出“力”的详细信息，设置“几何结构”为“易拉罐”顶面，设置“定义依据”为“分量”，然后设置“Y 分量”为“－1N”，如图 14-39 所示。

Note

09 设置求解结果。

(1) 添加总变形。单击“求解(A6)”分支,系统切换到“求解”选项卡,单击“求解”选项卡“结果”面板“变形”下拉菜单中的“总计”按钮 总计,如图 14-40 所示,添加总变形。

图 14-39 添加力　　图 14-40 添加总变形

(2) 添加等效应力。单击“求解”选项卡“结果”面板“应力”下拉菜单中的“等效(Von-Mises)应力”按钮 等效(Von-Mises)应力,添加等效应力。

10 求解。单击“主页”选项卡“求解”面板中的“求解”按钮,如图 14-41 所示,进行求解。

图 14-41 求解

11 结果后处理。

(1) 查看总变形结果。在轮廓树中单击“求解(A6)”分支下的“总变形”分支,显示“总变形”云图,如图 14-42 所示。

(2) 显示等效应力云图。在展开轮廓树中的“求解”,选择“等效应力”选项,显示“等效应力”云图,如图 14-43 所示。

12 特征屈曲值设置。在轮廓树中单击“特征值屈曲(B5)”分支下的“分析设置”,左下角弹出“分析设置”的详细信息,设置“最大模态阶数”为 6,其余为默认设置,如图 14-44 所示。

图 14-42 “总变形”云图

13 模态求解。

(1) 求解完成后在轮廓树中,单击“求解(B6)”分支,系统切换到“求解”选项卡,同

时在图形窗口下方出现“图形”表和“表格数据”显示了对应的负载乘数，由于我们输入的为－1N，为单位载荷，因此这里显示的“负载乘数”即为对应模式的屈曲载荷值，如图 14-45 所示。

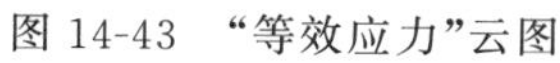

图 14-43　“等效应力”云图

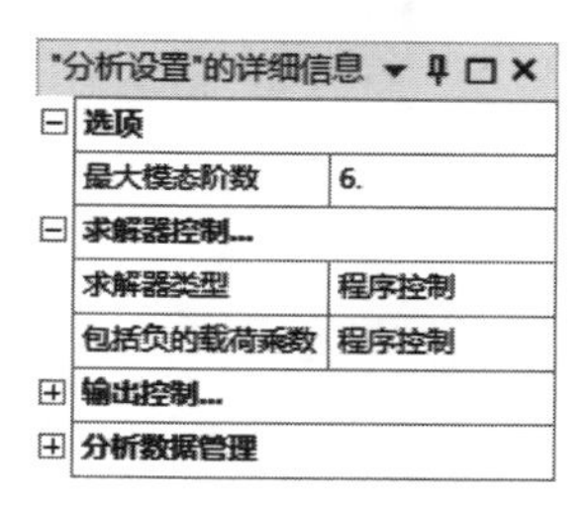

图 14-44　“分析设置”的详细信息

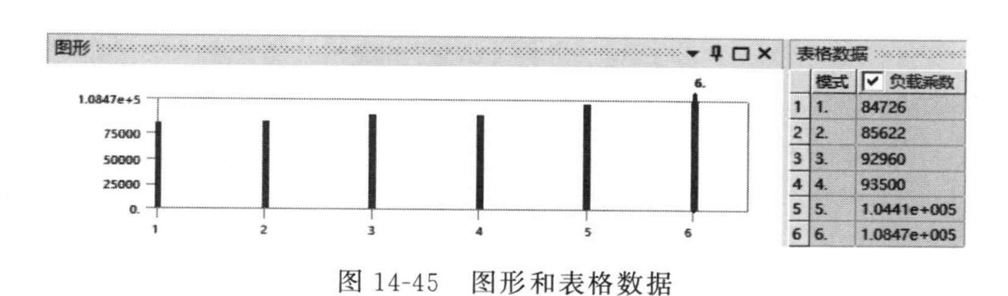

	模式	负载乘数
1	1.	84726
2	2.	85622
3	3.	92960
4	4.	93500
5	5.	1.0441e+005
6	6.	1.0847e+005

图 14-45　图形和表格数据

（2）提取模态。在“图形”表上右击，在弹出的快捷菜单中选择“选择所有”，然后继续在“图形”表上右击，在弹出的快捷菜单中选择“创建模型形状结果”选项，此时“求解(B6)”分支下方会出现 6 阶线性屈曲振型，如图 14-46 所示，需要再次求解才能正常显示。

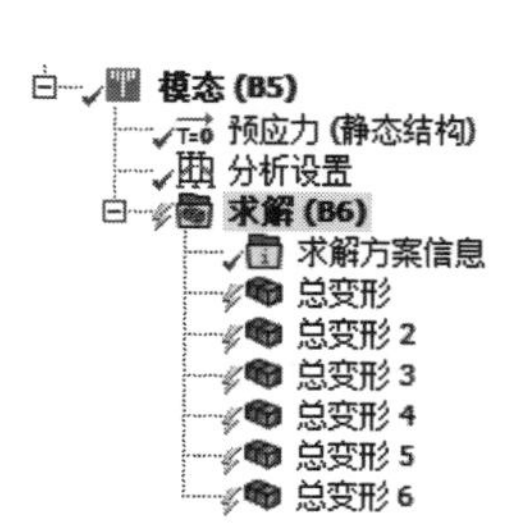

图 14-46　提取模态

（3）查看模态结果。单击“求解”选项卡“求解”面板中的“求解”按钮，求解完成后在“求解(B6)”分支下方依次单击总变形图，查看各阶线性屈曲总变形图，如图 14-47 所示。

（4）从图 14-47 中我们可以查看设置的一阶线性屈曲振型图，假设第一阶线性屈曲总变形更符合现实中易拉罐受压的变形情况，从图中看到该阶的临界载荷系数为 84726，接下来就以该阶屈曲形态作为有初始缺陷的易拉罐进行非线性屈曲分析。

14 定义初始缺陷模型。

（1）设置初始缺陷。返回 Workbench 界面，选择“特征屈曲”分析项目模块中的“求解”栏，然后在右侧弹出的“属性原理图 B6：求解”对话框中，将 25 栏中的“模式”改为 1，然后单击“更新项目”按钮 更新项目，更新项目，如图 14-48 所示，这样就将线性屈曲分析的第一阶振型图的模型，作为接下来进行非线性分析的初始模型，接下来就可以进行非线性屈曲分析了。

14-4

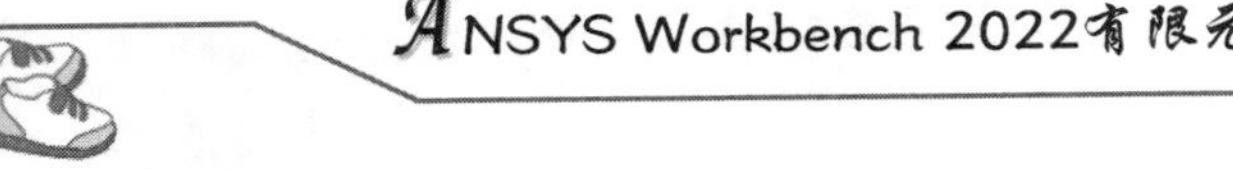

Note

四阶屈曲总变形图　　五阶屈曲总变形图　　六阶屈曲总变形图

图 14-47　各阶屈曲总变形图

未保存的项目 - Workbench

文件　查看　工具　单位　扩展　任务　帮助

项目

导入……　重新连接　刷新项目　更新项目　ACT开始页面

工具箱

分析系统：LS-DYNA、LS-DYNA Restart、Speos、电气、刚体动力学、结构优化、静磁的、静态结构、静态声学、流体动力学响应、流体动力学衍射、流体流动 - 吹塑（Polyflow）、流体流动 - 挤出（Polyflow）、流体流动（CFX）、流体流动（Fluent）、流体流动（Polyflow）、流体流动（带有Fluent网格划分功、模态、模态声学、耦合场静态、耦合场模态、耦合场瞬态、耦合场谐波、热-电气、瞬态结构、瞬态热

查看所有/自定义……

项目原理图

	A
1	静态结构
2	工程数据
3	几何结构
4	模型
5	设置
6	求解
7	结果

静态结构

	B
1	特征值屈曲
2	工程数据
3	几何结构
4	模型
5	设置
6	求解
7	结果

特征值屈曲

属性 原理图B6: 求解

	A	B
1	属性	值
4	目录名称	SYS-1
5	Queue	
6	ServerUrl	
7	UserName	
8	注意	
9	注意	
10	使用的授权	
11	最后更新使用的授权	
12	系统信息	
13	物理	结构
14	分析	特征值屈曲
15	求解器	Mechanical APDL
16	求解过程	
17	更新选项	使用应…
18	求解过程设置	我的电脑
19	更新静态结构的设置（组件ID：Model 2）	
20	处理节点组件	☑
21	节点组件键	
22	处理单元组件	☑
23	单元组件键	
24	比例因子	1
25	模式	1

就绪　任务监控器……　无DPS连接　显示进度　显示1消息

图 14-48　设置初始缺陷

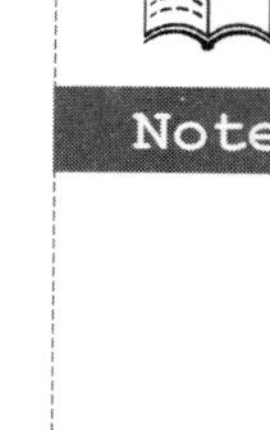

（2）启动“静态结构-Mechanical”（机械学）应用程序。在项目原理图中右击C组项目中的“模型”命令，在弹出的快捷菜单中选择“编辑……”命令，如图14-49所示，打开一个新的“C：静态结构-Mechanical”（机械学）应用程序，看到此时的模型已不是标准圆柱形的易拉罐，带有一定的缺陷，如图14-50所示。

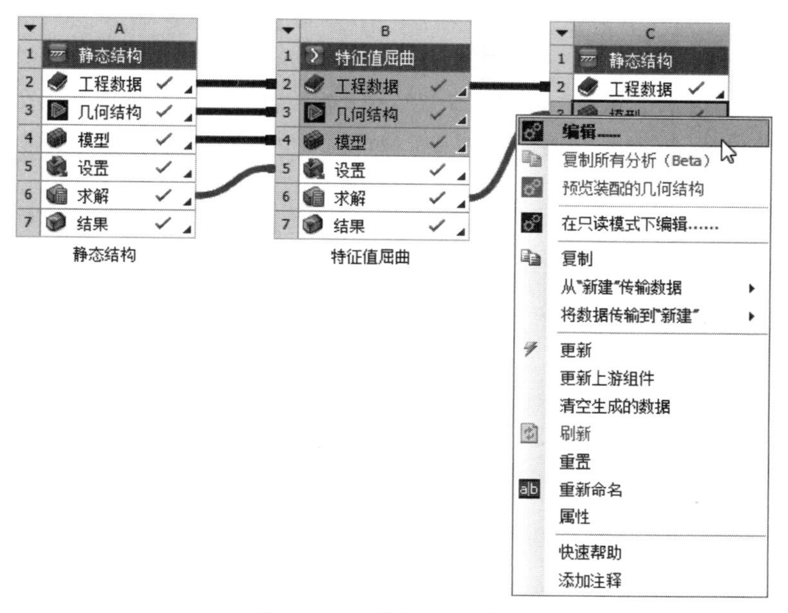

图14-49 “编辑……”命令

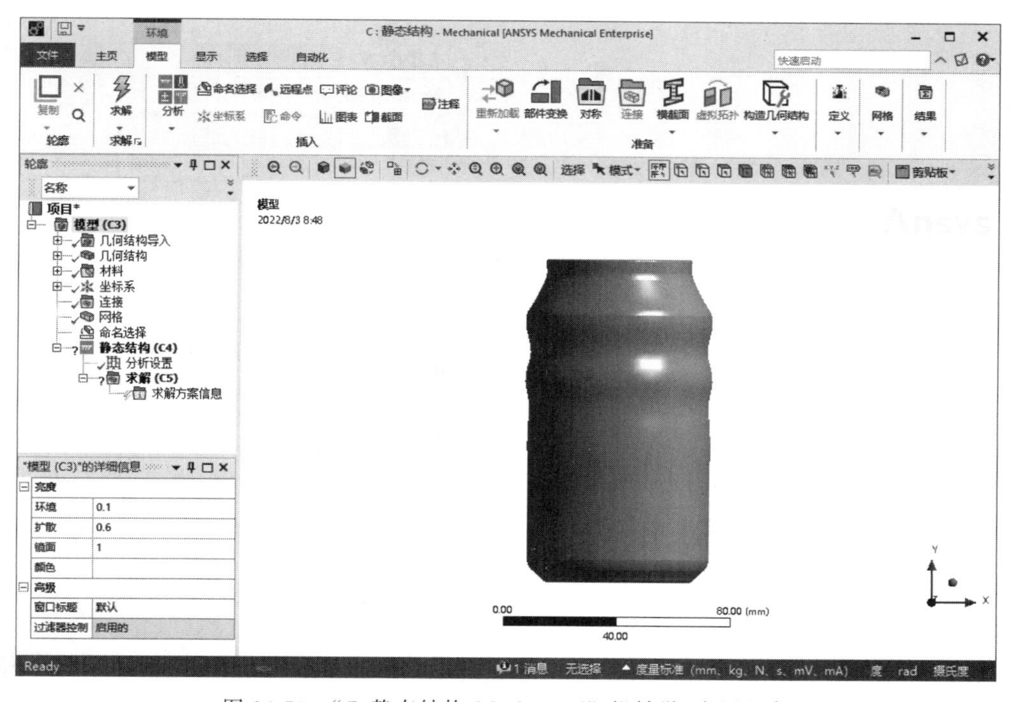

图14-50 “C：静态结构-Mechanical”（机械学）应用程序

Note

15 定义载荷和约束。

(1) 非线性分析设置。在轮廓树中单击“静态结构(C4)”分支下的“分析设置”，左下角弹出“分析设置”的详细信息，在“步控制”栏中设置“步骤结束时间”为 86000s，“自动时步”为“开启”，设置“初始子步”为 10，“最小子步”为“10”，设置“最大子步”为 86000，如图 14-51 所示；展开“求解器控制...”栏，设置“求解器类型”为“迭代的”，“弱弹簧”为“开启”，“大挠曲”为“开启”，如图 14-52 所示；展开“重新启动控制”栏，设置“生成重启点”为“手动”，“载荷步”为“全部”，“子步”为“全部”，“每步要保存的最大点”为“全部”，“完全解决后保留文件”为“是”，如图 14-53 所示；然后展开“非线性控制”栏，设置“力收敛”为“开启”，设置“线搜索”为“开启”，设置“稳定性”为“常数”，设置“方法”为“阻尼”，设置“阻尼因数”为 0.0004，设置“激活第一个子步”为“在非收敛上”，其余为默认设置，如图 14-54 所示。

"分析设置"的详细信息

步控制	
步骤数量	1.
当前步数	1.
步骤结束时间	86000 s
自动时步	开启
定义依据	子步
初始子步	10.
最小子步	10.
最大子步	86000

图 14-51 “步控制”栏设置

求解器控制...	
求解器类型	迭代的
弱弹簧	开启
弹簧刚度	程序控制
求解器主元检查	程序控制
大挠曲	开启
惯性释放	关闭
准静态解	关闭

图 14-52 “求解器控制...”栏设置

重新启动控制	
生成重启点	手动
载荷步	全部
子步	全部
每步要保存的最大点	全部
完全解决后保留文件	是
组合重新启动文件	程序控制

图 14-53 “重新启动控制”栏设置

非线性控制	
Newton Raphson选项	程序控制
力收敛	开启
--值	用求解器计算
--容差	0.5%
--最小参考	1.e-002 N
力矩收敛	程序控制
位移收敛	程序控制
旋转收敛	程序控制
线搜索	开启
稳定性	常数
--方法	阻尼
--阻尼因数	4.e-004
--激活第一个子步	在非收敛上
——稳定性力极限	0.2

图 14-54 “非线性控制”栏设置

(2) 添加固定约束。在轮廓树中单击“静态结构(C4)”分支，系统切换到“环境”选项卡。单击“环境”选项卡“结构”面板中的“固定的”按钮 固定的，左下角弹出“固定支

撑”的详细信息，设置“几何结构”为“易拉罐”的底面，如图 14-55 所示。

（3）添加压力。单击“环境”选项卡“结构”面板中的“力”按钮 力，左下角弹出“力”的详细信息，设置“几何结构”为“易拉罐”顶面，设置“定义依据”为“分量”，然后设置“Y 分量”为“－86000N”，如图 14-56 所示。

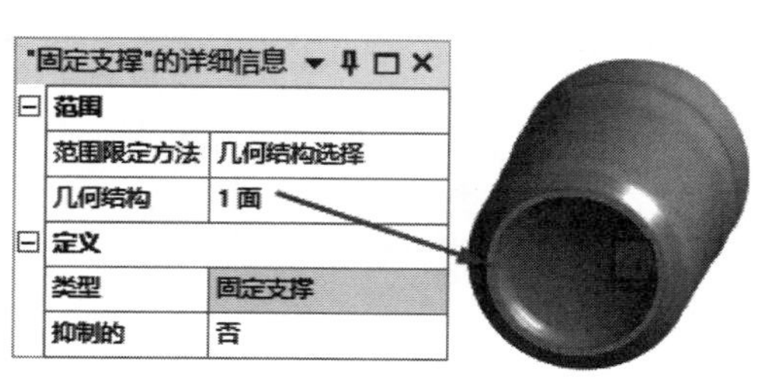

图 14-55　添加固定约束

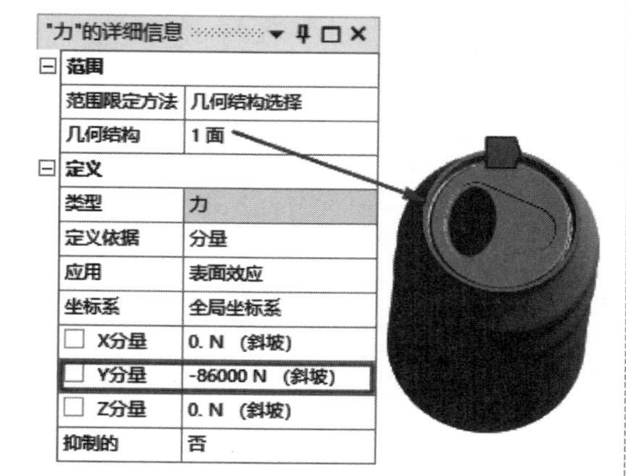

图 14-56　添加力

16 设置求解结果。

（1）添加总变形。单击“求解(A6)”分支，系统切换到“求解”选项卡，单击“求解”选项卡“结果”面板“变形”下拉菜单中的“总计”按钮 总计，添加总变形。

（2）添加等效应力。单击“求解”选项卡“结果”面板“应力”下拉菜单中的“等效(Von-Mises)应力”按钮 等效 (Von-Mises) 应力，添加等效应力。

17 求解。单击“主页”选项卡“求解”面板中的“求解”按钮，进行求解，在求解过程中可能会出现一些警告，无须理会。

18 结果后处理。

（1）查看总变形结果。在轮廓树中单击“求解(A6)”分支下的“总变形”分支，显示“总变形”云图，如图 14-57 所示。

（2）查看等效应力。选择“等效应力”选项，显示“等效应力”云图，如图 14-58 所示。

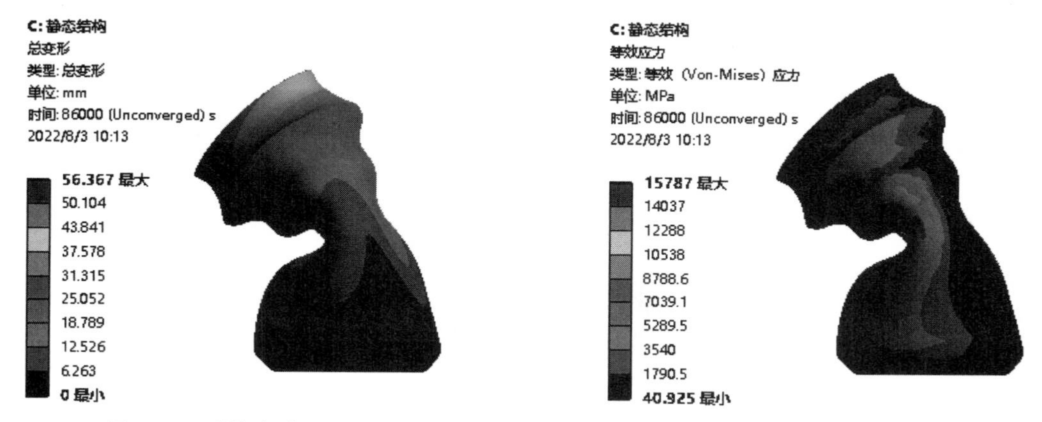

图 14-57　“总变形”云图　　　　图 14-58　“等效应力”云图

(3) 查看图表信息。查看总变形结果图时,在图形区域的下方会出现一个"图形"表和一个"表格数据"表,如图 14-59 所示,通过观察图形的位移与时间的关系,可知在 68896s 时,图形位移发生突变,此时施加的力载荷即为发生屈曲载荷的值,由于设置的力为 86000N,步骤结束时间为 86000s,因此每秒计算对应的力为 1N,所以可得易拉罐在 68896N 时位移发生突变。而线性屈曲分析获得的临界载荷系数为 84726N。该载荷为线性屈曲载荷的 81%。

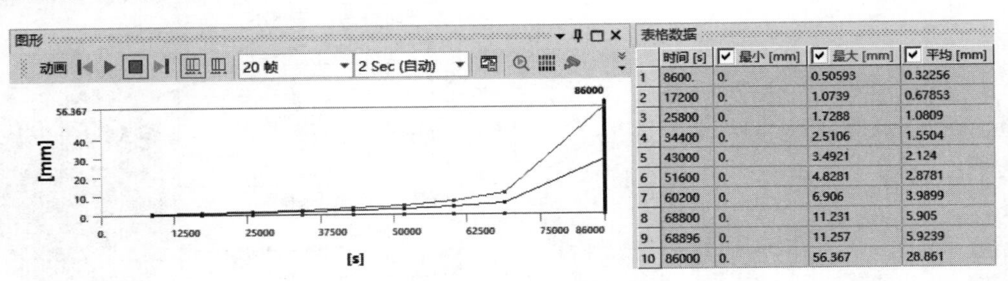

	时间 [s]	最小 [mm]	最大 [mm]	平均 [mm]
1	8600.	0.	0.50593	0.32256
2	17200	0.	1.0739	0.67853
3	25800	0.	1.7288	1.0809
4	34400	0.	2.5106	1.5504
5	43000	0.	3.4921	2.124
6	51600	0.	4.8281	2.8781
7	60200	0.	6.906	3.9899
8	68800	0.	11.231	5.905
9	68896	0.	11.257	5.9239
10	86000	0.	56.367	28.861

图 14-59 "总变形"图表

(4) 动画播放总变形。单击图形区域下方"图形"中的"播放或暂停"按钮▶,动画显示变形过程,当达到临界载荷系数时,图形发生突变。

热分析

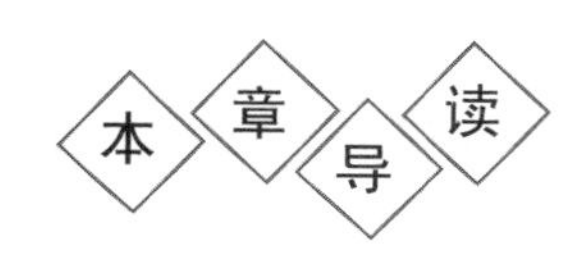

热分析是分析结构在热载荷作用下的热响应分析技术。用有限元法计算物体内部各节点的温度，并导出其他热物理参数，常用于计算一个系统或部件的温度分布及其他热物理参数，如热量的获取或损失、热梯度、热流密度（热通量）等。热分析在许多工程应用中扮演着重要角色，如内燃机、涡轮机、换热器、管路系统、电子元件、锻压、铸造行业等。

第15章

- 热分析控制方程
- 热传递的基本方式
- 热分析分类
- 热分析流程（创建工程项目、创建或导入几何模型、设置载荷与边界条件、热分析后处理）
- 综合实例

Note

15.1 热分析控制方程

热传导的控制微分方程为：

$$\frac{\partial}{\partial x}\left(k_{xx}\frac{\partial T}{\partial x}\right)+\frac{\partial}{\partial y}\left(k_{yy}\frac{\partial T}{\partial y}\right)+\frac{\partial}{\partial z}\left(k_{zz}\frac{\partial T}{\partial z}\right)+\ddot{q}=\rho c\frac{\mathrm{d}T}{\mathrm{d}t} \tag{15-1}$$

其中

$$\frac{\mathrm{d}T}{\mathrm{d}t}=\frac{\partial T}{\partial t}+V_x\frac{\partial T}{\partial x}+V_y\frac{\partial T}{\partial y}+V_z\frac{\partial T}{\partial z} \tag{15-2}$$

式中，k_{xx}、k_{yy}、k_{zz} 为 3 个空间坐标轴的热导率；V_x、V_y、V_z 为媒介传导速率。

15.2 热传递的基本方式

热传递有 3 种基本传热方式，分别为热传导、热对流和热辐射。

在绝大多数情况下，我们分析的热传导问题都带有对流和(或)辐射边界条件。

15.2.1 热传导

热传导可以定义为完全接触的两个物体之间或一个物体的不同部分之间由温度梯度而引起的内能的交换。热传导遵循傅里叶定律：

$$q^{*}=-K_{\mathrm{nn}}\frac{\mathrm{d}T}{\mathrm{d}n} \tag{15-3}$$

式中，q^{*} 为热流密度，$\mathrm{W/m^2}$；K_{nn} 为热导率，W/(m・℃)；$\frac{\mathrm{d}T}{\mathrm{d}n}$为方向 n 的温度梯度；负号表示热量流向温度降低的方向，如图 15-1 所示。

15.2.2 热对流

热对流是指固体的表面与它周围接触的流体之间，由温差的存在引起的热量的交换。热对流可以分为两类：自然对流和强制对流。对流一般作为面边界条件施加。热对流用牛顿冷却方程来描述：

$$q^{*}=\alpha(T_{\mathrm{S}}-T_{\mathrm{B}}) \tag{15-4}$$

式中，α 为对流换热系数(或称膜传热系数、给热系数、膜系数等)；T_{S} 为固体表面的温度；T_{B} 为周围流体的温度，如图 15-2 所示。

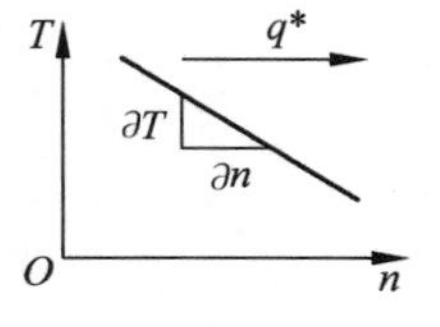

图 15-1　热传导示意图

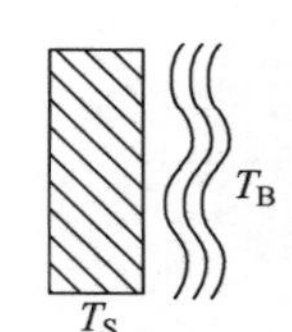

图 15-2　热对流示意图

15.2.3 热辐射

Note

热辐射是指物体发射电磁能并被其他物体吸收转变为热的能量交换过程。物体温度越高，单位时间辐射的热量越多。热传导和热对流都需要有传热介质，而热辐射无须任何介质。实质上，在真空中的热辐射效率最高。

在工程中通常考虑两个或两个以上物体之间的辐射，系统中每个物体同时辐射并吸收热量。它们之间的净热量传递可以用斯特藩-玻尔兹曼方程来计算：

$$Q=\varepsilon\sigma A_1 F_{1,2}(T_1^4-T_2^4) \tag{15-5}$$

式中，Q 为热流率；ε 为吸射率（黑度）；σ 为斯特藩-玻尔兹曼常数，约为 $5.67\times10^{-8}\,\mathrm{W/(m^2\cdot K^4)}$，ANSYS 默认为 $0.119\times10^{-10}\,\mathrm{Btu/(in^2\cdot h\cdot K^4)}$；$A_1$ 为辐射面 1 的面积；$F_{1,2}$ 为由辐射面 1 到辐射面 2 的形状系数；T_1 为辐射面 1 的热力学温度，T_2 为辐射面 2 的热力学温度。由式(15-5)可以看出，包含热辐射的热分析是高度非线性的。在 ANSYS 中将辐射按平面现象处理（体都假设为不透明的），如图 15-3 所示。

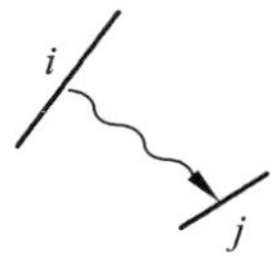

图 15-3 热辐射示意图

对于一个线性静态结构分析，位移 $\boldsymbol{x}$ 由式(15-6)解出：

$$\boldsymbol{Kx}=\boldsymbol{F} \tag{15-6}$$

式中，$\boldsymbol{K}$ 是一个常量矩阵，它建立的假设条件为：假设是线弹性材料行为，使用小变形理论，可能包含一些非线性边界条件；$\boldsymbol{F}$ 是静态加在模型上的，不考虑随时间变化的力，不包含惯性影响（质量、阻尼）。

15.3 热分析分类

在 Workbench 中主要包括两种热分析：

(1) 稳态热分析：系统的温度场不随时间变化。

(2) 瞬态热分析：系统的温度场随时间明显变化。

15.3.1 稳态热分析

如果热能流动不随时间变化，热传递就是稳态的。由于热能流动不随时间变化，系统的温度和热载荷也都不随时间变化。稳态热平衡满足热力学第一定律。

稳态传热用于分析稳定的热载荷对系统或部件的影响。通常在进行瞬态热分析以前，进行稳态热分析用于确定初始温度分布。稳态热分析可以通过有限元计算确定由稳定的热载荷引起的温度、热梯度、热流率、热流密度等参数。

对于稳态热传递，表示热平衡的微分方程为：

$$\frac{\partial}{\partial x}\left(k_{xx}\frac{\partial T}{\partial x}\right)+\frac{\partial}{\partial y}\left(k_{yy}\frac{\partial T}{\partial y}\right)+\frac{\partial}{\partial z}\left(k_{zz}\frac{\partial T}{\partial z}\right)+\ddot{q}=0 \tag{15-7}$$

相应的有限元平衡方程为：$\boldsymbol{KT}=\boldsymbol{Q}$

15.3.2 瞬态热分析

瞬态热分析用于计算一个系统随时间变化的温度场及其他热参数。在工程上一般用瞬态热分析计算温度场，并将之作为热载荷进行应力分析。瞬态热分析的基本步骤与稳态热分析类似，主要的区别是瞬态热分析中的载荷是随时间变化的。时间在稳态分析中只用于计数，现在有了确定的物理含义；热能存储效应在稳态分析中忽略，在此要考虑进去。

1. 控制方程

热存储项的计入将静态系统转变为瞬态系统，矩阵形式见式(15-8)：

$$\boldsymbol{C}\dot{\boldsymbol{T}}+\boldsymbol{K}\boldsymbol{T}=\boldsymbol{Q} \tag{15-8}$$

式中，$\boldsymbol{C}\dot{\boldsymbol{T}}$ 为热存储项；$\boldsymbol{K}$ 为传导矩阵，包含导热系数、对流系数及辐射率和形状系数；$\boldsymbol{T}$ 为节点温度向量；$\boldsymbol{Q}$ 为节点热流率向量，包含热生成。

在瞬态分析中，载荷随时间变化时：

$$\boldsymbol{C}\dot{\boldsymbol{T}}+\boldsymbol{K}\boldsymbol{T}=\boldsymbol{Q}(t) \tag{15-9}$$

对于非线性瞬态分析：

$$\boldsymbol{C}(\boldsymbol{T})\dot{\boldsymbol{T}}+\boldsymbol{K}(\boldsymbol{T})\boldsymbol{T}=\boldsymbol{Q}(\boldsymbol{T},t) \tag{15-10}$$

2. 时间积分与时间步长预测

线性热系统的温度变化由常数连续变化为另外的常数，如图 15-4 所示。对于热瞬态分析，使用时间积分在离散的时间点上计算系统方程，如图 15-5 所示。求解之间时间的变化称为时间积分步(ITS)。通常情况下，ITS 越小，计算结果越精确。

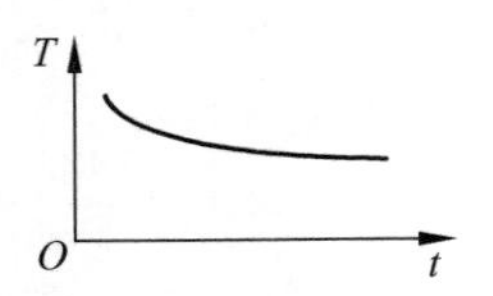

图 15-4 线性热系统时间积分示意图

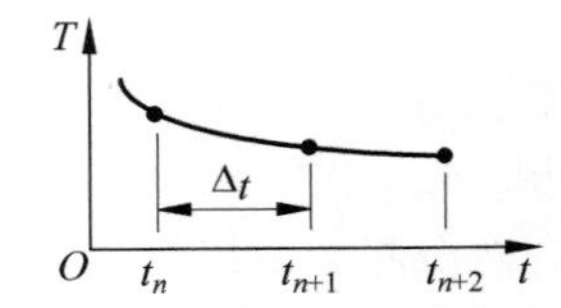

图 15-5 瞬态热分析时间积分示意图

默认情况下，自动时间步功能(ATS)按照振动幅度预测时间步。ATS 将振动幅度限制在公差为 0.5 之内并调整 ITS 以满足准则要求。

注意事项：稳态分析可以迅速地变为瞬态分析，只要在后续载荷步中将时间积分效果打开。同样，瞬态分析可以变成稳态分析，只要在后续载荷步中将时间积分效果关闭。可见，从求解方法来说，瞬态分析和稳态分析的差别就在于时间积分。

在瞬态热分析中，大致估计初始时间步长可以使用毕渥(Biot)数和傅里叶(Fourier)数。

Biot 数是不考虑尺寸的热阻对流和传导比例因子：

$$Bi=\frac{\alpha\Delta x}{\lambda} \tag{15-11}$$

式中，Δx 是名义单元宽度；α 是平均表面传热系数，λ 是平均热导率。

Fourier 数是不考虑尺寸的时间($\Delta t/t$)：

$$Fo=\frac{\lambda\Delta t}{\rho c(\Delta x)^2} \tag{15-12}$$

式中，ρ 和 c 分别是平均的密度和比热容。

如果 $Bi<1$：可以将 Fourier 数设为常数并求解 Δt 来预测时间步长：

$$\Delta t=\beta\frac{\rho c(\Delta x)^2}{\lambda}=\beta\frac{(\Delta x)^2}{\alpha} \tag{15-13}$$

$$\alpha=\frac{\lambda}{\rho c} \tag{15-14}$$

式中，α 表示热耗散；β 表示比例因子，$0.1\leqslant\beta\leqslant0.5$。

比较大的 α 数值表示材料容易导热而不容易储存热能。

如果 $Bi>1$：时间步长可以用 Fourier 数和 Biot 数的乘积预测：

$$Fo\cdot Bi=\left(\frac{\lambda\Delta t}{\rho c(\Delta x)^2}\right)\left(\frac{\alpha\Delta x}{\lambda}\right)=\left(\frac{\alpha\Delta t}{\rho c\Delta x}\right)=\beta \tag{15-15}$$

$$\Delta t=\beta\frac{\rho c\Delta x}{\alpha} \tag{15-16}$$

式中，$0.1\leqslant\beta\leqslant0.5$。

时间步长的预测精度随单元宽度的取值、平均的方法和比例因子 β 而变化。

15.4　热分析流程

进行热分析流程主要有以下几个步骤：

(1) 创建工程项目(根据分析类型定义是热稳态分析，还是热瞬态分析)。

(2) 定义材料属性(包括导热系数、密度、比热容等参数)。

(3) 创建或导入几何模型。

(4) 赋予模型材料。

(5) 定义接触关系(针对装配体，进行热传递)。

(6) 划分网格。

(7) 求解设置。

(8) 初始条件(对于瞬态分析可以采用稳态计算结果作为初始载荷条件)。

(9) 设置载荷与边界条件。

(10) 热分析求解。

(11) 热分析后处理。

下面就主要的几个方面进行讲解。

15.4.1　创建工程项目

热分析包括“稳态热”和“瞬态热”两种形式，因此需要在 Workbench 中创建“稳态热”或“瞬态热”项目模块，如图 15-6 所示，在“分析系统”工具箱中将“瞬态热”或“稳态热”模块拖到项目原理图中。

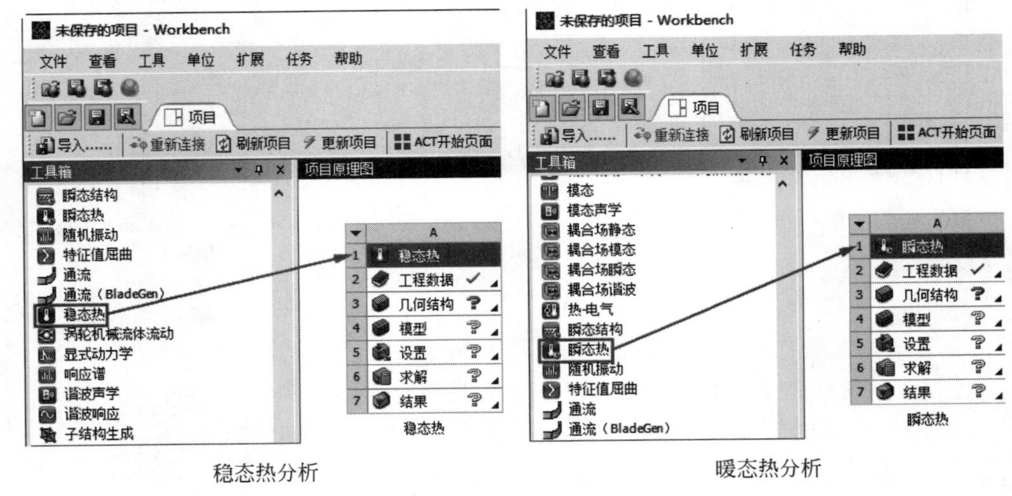

图 15-6 创建工程项目

15.4.2 创建或导入几何模型

对于几何模型的创建和导入，前面章节有详细介绍，这里不再赘述，但要注意在热分析中所有的实体类都被约束，包括体、面、线。热分析中不可以使用点质量的特性。

关于壳体和线体的假设如下：

(1) 壳体：没有厚度方向上的温度梯度。

(2) 线体：没有厚度变化，假设在截面上是一个常温，但在线实体的轴向仍有温度变化。

15.4.3 设置载荷与边界条件

1. 热载荷

热载荷包括温度、对流、辐射、热流、理想绝热、热通量和内部热生成等，如图 15-7 所示。

(1) 温度：在模型的特定区域定义一个温度，可以施加在点、线、面或体上。

(2) 对流：对流发生在固体表面与周围流体之间，是由于温差而引起的热量交换，因此只能施加在面上，对于二位图形则施加在线上。对流 q 由导热膜系数 h，面积 A，以及表面温度 $T_{surface}$ 与环境温度 $T_{ambient}$ 的差值来定义。

$$q = hA(T_{surface} - T_{ambient}) \tag{15-17}$$

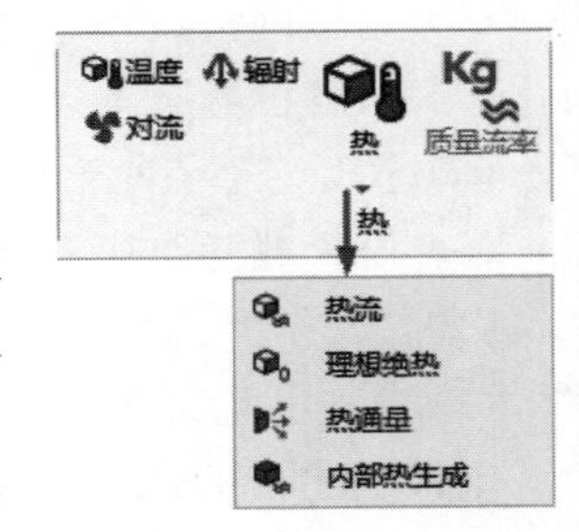

图 15-7 热载荷

其中 h 和 $T_{ambient}$ 是用户指定的值，其中导热膜系数 h 可以是常量，也可以是关于温度的函数。

(3) 辐射：物体或多个物体之间通过电磁波进行能量交换，可以施加在面上，对于二位图形则施加在线上。系统提供两种辐射方法：至环境——对周围环境进行辐射；表面到表面——物体之间面与面相互辐射。

（4）热流：指单位时间通过传热面的热量。可以施加在点、线或面上，热总量不随传热面积的改变而变化。

（5）理想绝热：施加在表面上，可以认为是无热流，在热分析中无载荷的表面默认是完全绝热的。

（6）热通量：指单位时间内通过单位面积的热量，加载在面上。

（7）内部热生成：施加在体上，可以模拟单元内的热生成，正内部热生成将会向系统添加能量，可以累加载荷。

2. 热边界条件

热边界条件包括耦合、流体固体界面、系统耦合区域、单元生死和接触步骤控制等，如图 15-8 所示。

（1）耦合：能够施加于点、线、面。耦合位置的温度计算结果是相同的。

（2）流体固体界面：用于识别表面区域。在该区域，荷载传递到外部流体解算器 CFX 或 Fluent，或从外部流体解算器 CFX 或 Fluent 传递到该区域。

（3）系统耦合区域：施加在表面上，可以认为是无热流，在热分析中无载荷的表面默认是完全绝热的。

（4）单元生死：能够激活或停用分析中特定加载步骤的元素状态，当停用一个或多个元素时，解算器不会移除元素，而是通过将元素的刚度乘以一个减少因子来停用元素。

（5）接触步骤控制：在分析过程中根据负载步骤激活或停用特定的接触区域，也可以指定特定载荷步骤的法向刚度。

15.4.4　热分析后处理

求解完成后就可以进行后处理操作，包括温度、热通量、反应、辐射、坐标系等，如图 15-9 所示，下面简单介绍常用的几种。

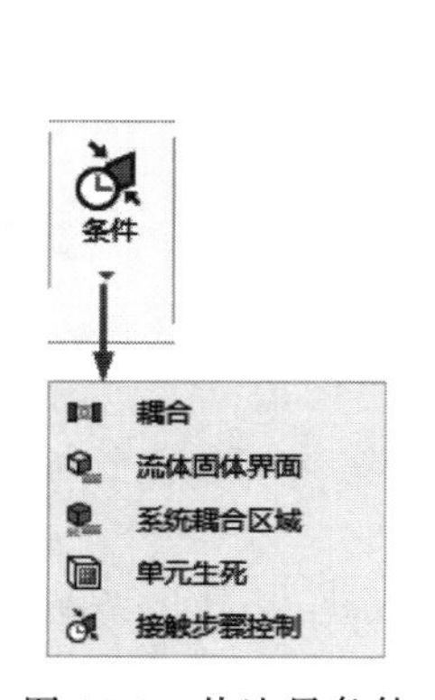

图 15-8　热边界条件

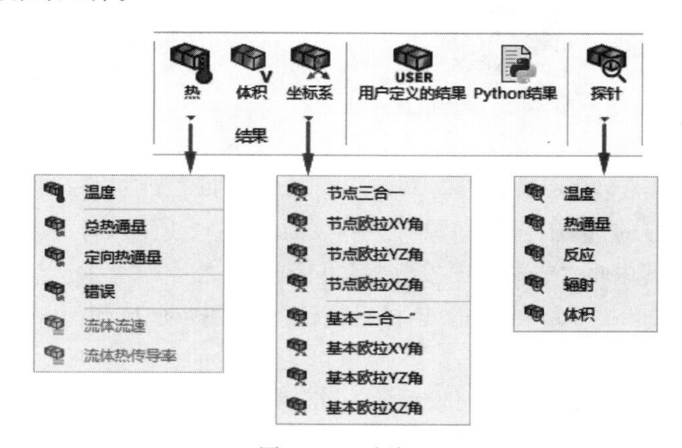

图 15-9　后处理

（1）温度：在热分析中，温度是求解的自由度，标量，虽没有方向，但可以显示温度场的云图。

（2）热通量：求解完成后可以得到热通量的等高线或矢量图，可以指定“总热通量”和“定向热通量”，激活矢量显示模式可以显示热通量的大小和方向。

(3) 反应：插入反应探针，在指定了温度、输入温度、对流或辐射边界条件的位置，可以获得热反应。

Note

15.5 综合实例

15.5.1 玻璃杯热力学分析

图 15-10 所示为一个玻璃杯，用来模拟当加满 80℃的水时玻璃杯与外界空气热对流产生的热流分布情况以及温度分布，来讲解热分析的基本操作过程。

操作步骤

01 创建工程项目。打开 Workbench 程序，展开左边工具箱中的“分析系统”栏，将工具箱里的“稳态热”选项直接拖动到“项目原理图”界面中或直接双击“稳态热”选项，建立一个含有“稳态热”的项目模块，结果如图 15-11 所示。

图 15-10　玻璃杯

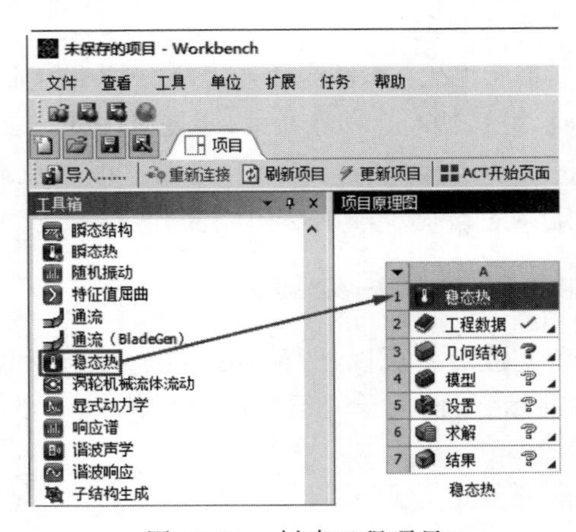

图 15-11　创建工程项目

15-1

02 定义材料。双击 A2“工程数据”选项，弹出“A2 工程数据”选项卡，单击应用上方的“工程数据源”标签。如图 15-12 所示，打开左上角的“工程数据源”窗口。单击其中的“热材料”按钮 热材料，使之点亮。在“热材料”点亮的同时单击“轮廓 Thermal Materials”（热材料概述）窗格中的“玻璃”旁边的“添加”按钮，将这个材料添加到当前项目中。

03 导入几何模型。右击“项目原理图”中的“几何结构”栏，在弹出的快捷菜单中选择“导入几何模型”下一级菜单中的“浏览”命令，弹出“打开”对话框，如图 15-13 所示，选择要导入的模型“水杯”，然后单击“打开”按钮 打开(O)。

04 启动 Mechanical 应用程序。

(1) 启动 Mechanical。在项目原理图中右击“模型”命令，在弹出的快捷菜单中选择“编辑......”命令，如图 15-14 所示，进入“A:稳态热-Mechanical”（机械学）应用程序，如图 15-15 所示。

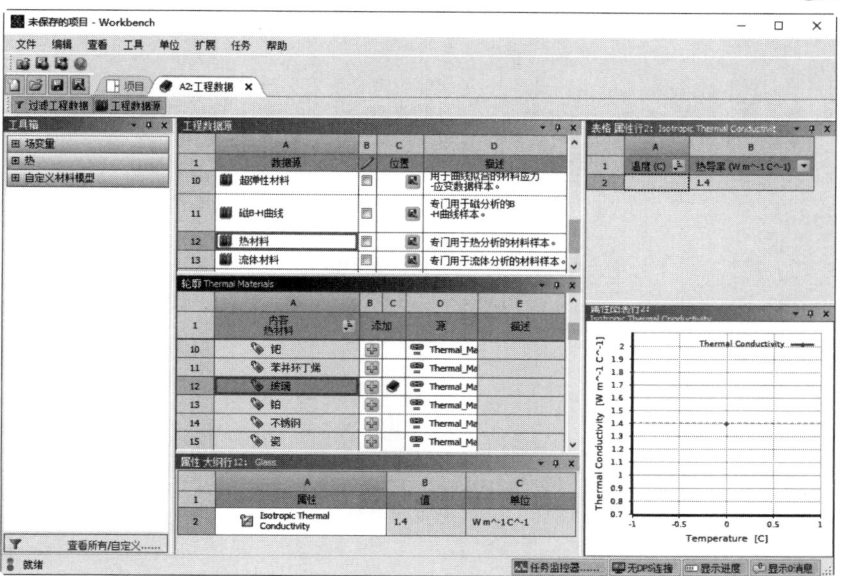

图 15-12 “工程数据源”标签

图 15-13 “打开”对话框

图 15-14 “编辑......”命令

Note

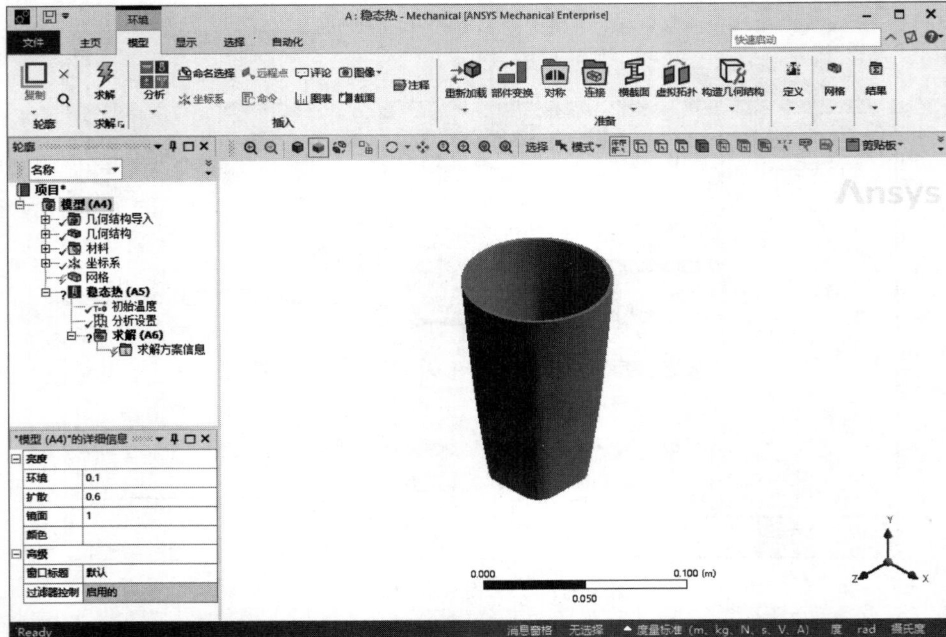

图 15-15 “A:稳态热-Mechanical”(机械学)应用程序

(2) 设置系统单位。单击“主页”选项卡“工具”面板下拉菜单中的“单位”按钮，弹出“单位系统”下拉菜单，选择“度量标准(mm、kg、N、s、mV、mA)”选项和“开尔文”，如图 15-16 所示。

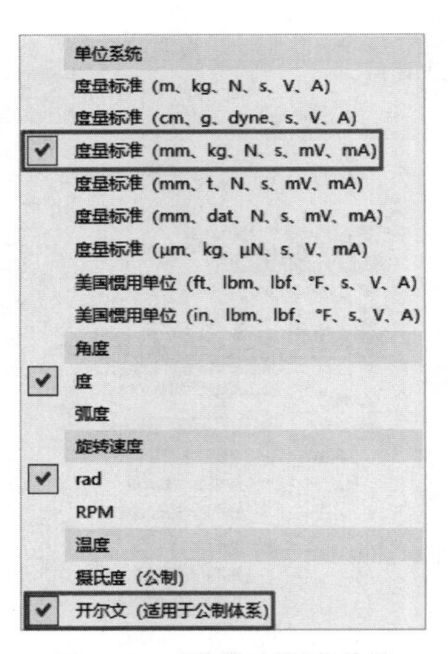

图 15-16 “单位系统”菜单栏

05 赋予模型材料。在轮廓树中展开“几何结构”，选择“水杯\实体”，在左下角弹出“水杯\实体”的详细信息，在列表中单击“材料”栏中“任务”选项，显示“材料”任务为“结构钢”，然后单击“任务”栏右侧的三角按钮▶，弹出“工程数据材料”对话框，如

图 15-17 所示，该对话框中选择“玻璃”选项，为“水杯\实体”赋予“玻璃”材料。

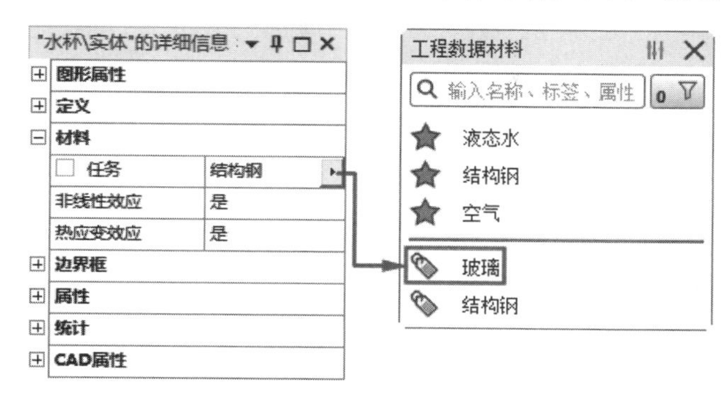

图 15-17　“水杯\实体”的详细信息

06 划分网格。

(1) 尺寸调整。单击“网格”选项卡“控制”面板中的“尺寸调整”按钮，左下角弹出“尺寸调整”的详细信息，设置“几何结构”为“水杯”，设置“单元尺寸”为 1.0mm，如图 15-18 所示。

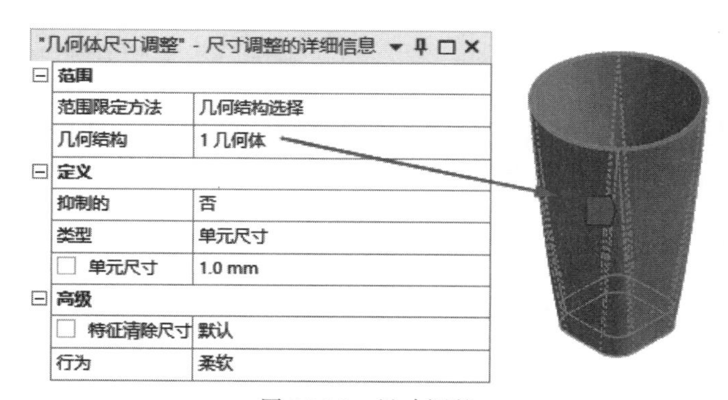

图 15-18　尺寸调整

(2) 设置划分方法。单击“网格”选项卡“控制”面板中的“方法”按钮，设置“几何结构”为“水杯”，设置“方法”为“六面体主导”，如图 15-19 所示。

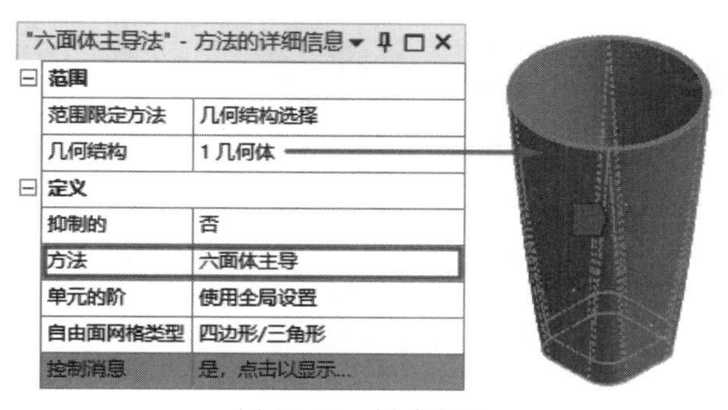

图 13-19　划分方法

(3) 单击“网格”选项卡“网格”面板中的“生成”按钮，系统自动划分网格，结果如图 15-20 所示。

07 定义热载荷。

(1) 定义内部温度。在轮廓树中单击“稳态热(A5)”分支,系统切换到“环境”选项卡。单击“环境”选项卡“热”面板中的“温度”按钮温度,左下角弹出“温度”的详细信息,设置“几何结构”为水杯的内表面,设置“大小”为353.15K,如图15-21所示。

Note

15-2

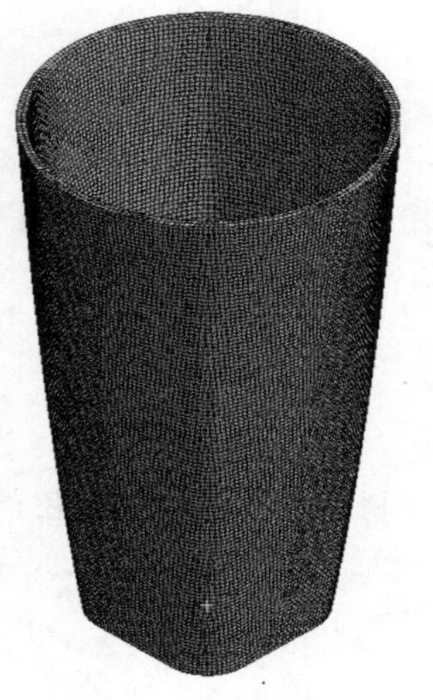

图15-20 划分网格

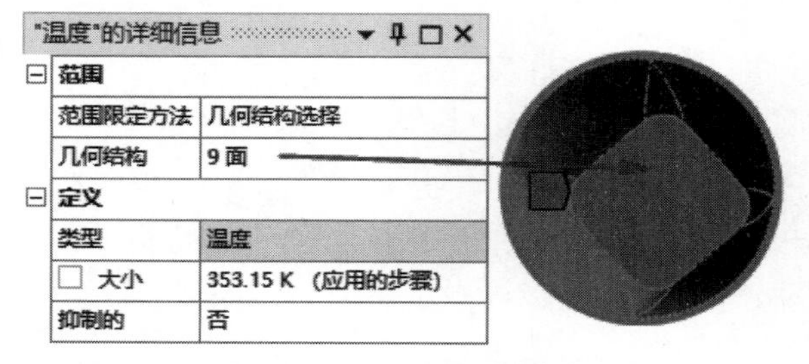

"温度"的详细信息	
范围	
范围限定方法	几何结构选择
几何结构	9面
定义	
类型	温度
大小	353.15 K (应用的步骤)
抑制的	否

图15-21 “温度”的详细信息

(2) 添加对流。单击“环境”选项卡“热”面板中的“对流”按钮对流,左下角弹出“对流”的详细信息,设置“几何结构”为水杯所有的外表面,设置“薄膜系数”为0.0005W/(mm^2·℃),如图15-22所示。

08 设置求解结果。

(1) 添加温度。单击“求解(A6)”分支,系统切换到“求解”选项卡,单击“求解”选项卡“结果”面板“热”下拉菜单中的“温度”按钮 温度,如图15-23所示,添加温度。

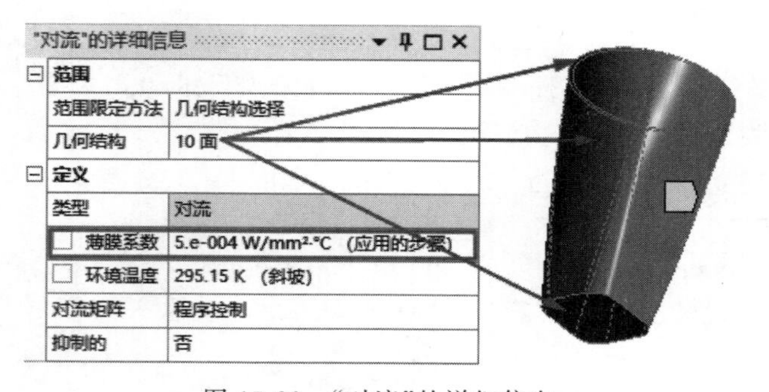

"对流"的详细信息	
范围	
范围限定方法	几何结构选择
几何结构	10面
定义	
类型	对流
薄膜系数	5.e-004 W/mm²·℃ (应用的步骤)
环境温度	295.15 K (斜坡)
对流矩阵	程序控制
抑制的	否

图15-22 “对流”的详细信息

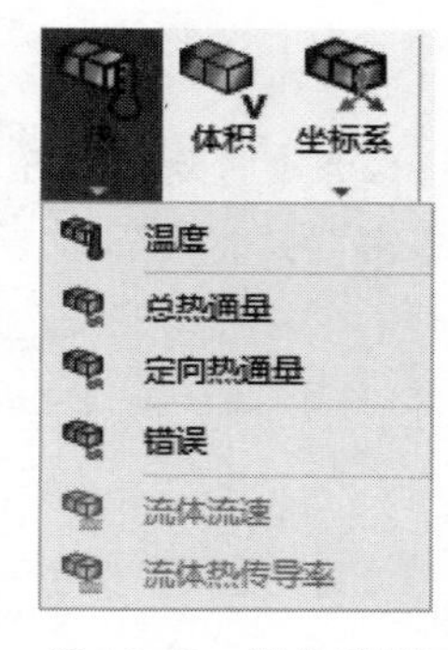

图15-23 添加温度

(2) 添加总热通量。单击“求解”选项卡“结果”面板“热”下拉菜单中的“总热通量”按钮 总热通量,添加总热通量。

09 求解。单击“主页”选项卡“求解”面板中的“求解”按钮,进行求解。

10 后处理。

(1) 查看温度。求解完成后,选择“求解(A6)”分支下的“温度”选项,显示“温度”

云图,如图 15-24 所示,可以看到玻璃杯温度的分布情况,可以看到玻璃杯内部温度最高,外部中间部分温度大概在 330K,这时用手端杯子还是很烫手的。

(2) 查看总热通量。在展开轮廓树中的"求解",选择"总热通量"选项,然后选择"显示"面板中的"最大"和"最小"选项,查看"总热通量"云图,如图 15-25 所示,可以看到玻璃杯上端热通量最大,为 0.062946W/mm^2,玻璃杯底部热通量最小,为 0.0025335W/mm^2。

图 15-24 "温度"云图　　图 15-25 "总热通量"云图

15.5.2 螺母淬火瞬态热力学分析

如图 15-26 所示,将一个螺母加热到 1000℃,然后放入水中,进行淬火处理,分析 1min 后,螺母和水的温度分布情况。

操作步骤

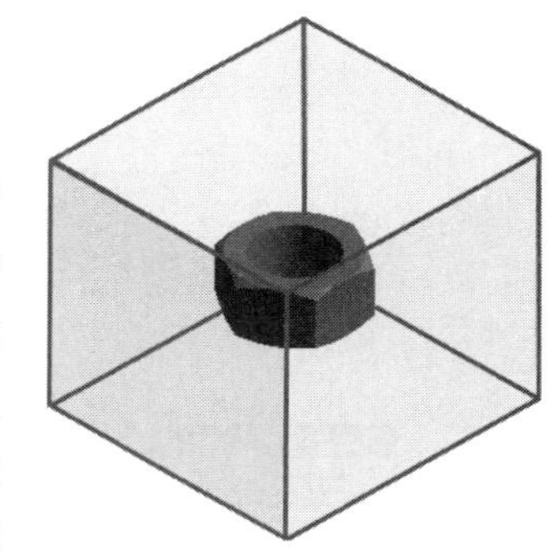

图 15-26 螺母

01 创建工程项目。打开 Workbench 程序,展开左边工具箱中的"分析系统"栏,将工具箱里的"稳态热"选项直接拖动到"项目原理图"界面中或直接双击"稳态热"选项,建立一个含有"稳态热"的项目模块,然后将工具箱里的"瞬态热"选项拖动到"稳态热"中的"求解"栏中,使"稳态热"分析和"瞬态热"分析相关联,结果如图 15-27 所示。

02 定义材料。

(1) 添加材料。双击 A2"工程数据"选项,弹出"A2 工程数据"选项卡,在该选项卡中单击"轮廓 原理图 A2: 工程数据"下方的"点击此处添加新材料"栏,如图 15-28 所示,然后在该栏中输入"水",此时就创建了一个"水"材料,只是此时"水"材料没有定义属性,下方的"属性 大纲行 4: 水"中,没有任何属性定义,如图 15-29 所示。

(2) 设置材料属性。展开左侧"工具箱"中的"物理属性"和"热"栏,将"Density"(密度)、"Isotropic Thermal Conductivity"(各向同性热导率)、"Specific-Heat Constant Pressure,C_Q"(比热恒压,C_Q)属性拖放到右侧的"水"材料中,如图 15-30 所示,此时下

15-3

Note

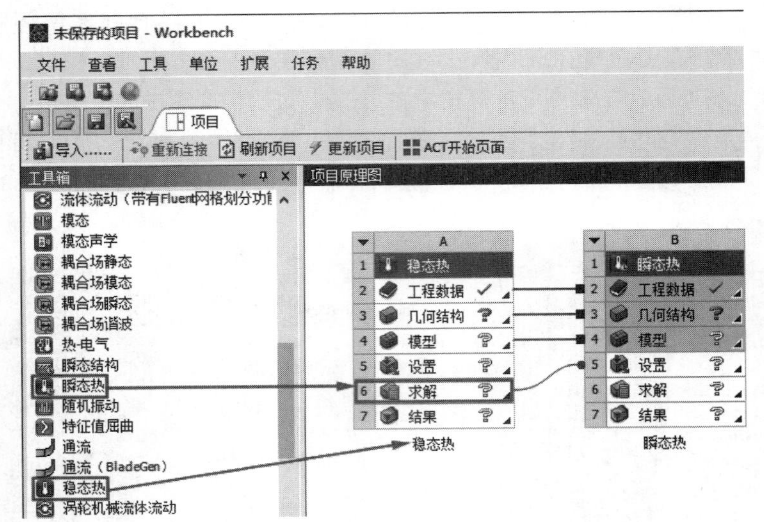

图 15-27 创建工程项目

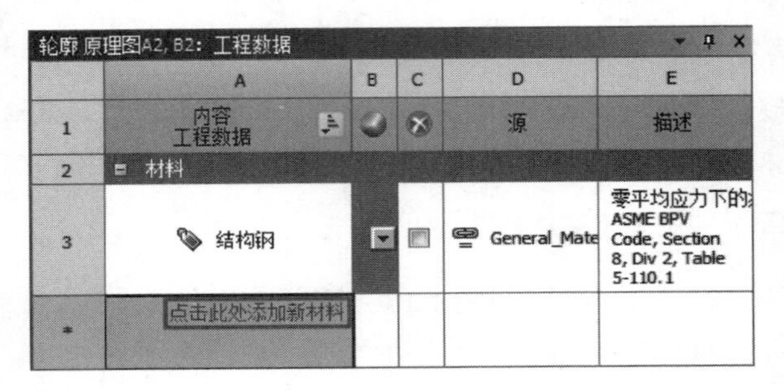

轮廓 原理图A2, B2: 工程数据

	A	B	C	D	E
1	内容 工程数据			源	描述
2	⊟ 材料				
3	结构钢			General_Mate	零平均应力下的 ASME BPV Code, Section 8, Div 2, Table 5-110.1
*	点击此处添加新材料				

图 15-28 添加材料

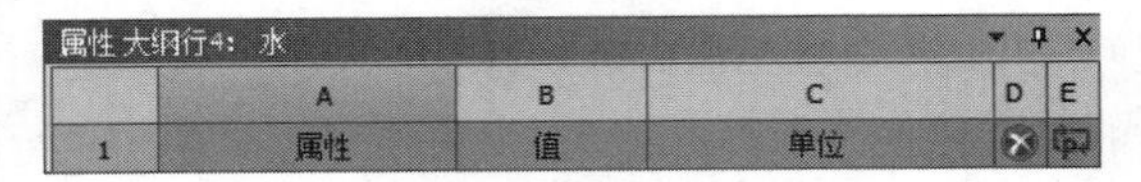

属性 大纲行4：水

	A	B	C	D	E
1	属性	值	单位		

图 15-29 属性大纲行

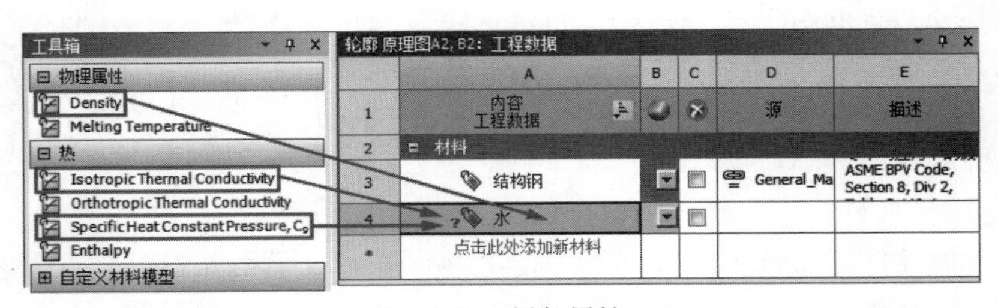

图 15-30 添加属性

方的“属性 大纲行 4：水”中出现了所添加的属性，然后设置“Density”（密度）为 1000kg/m^3，“Isotropic Thermal Conductivity”（各向同性热导率）为 0.61W/(m·℃)，“Specific-Heat Constant Pressure，CQ”（比热恒压，CQ）为 4185J/(kg·℃)，结果如图 15-31 所示，然后单击“A2：工程数据”标签的关闭按钮，返回到 Workbench 界面。

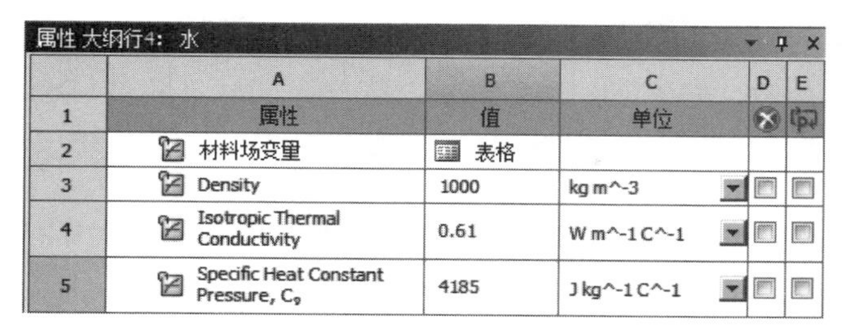

属性 大纲行4：水

	A	B	C	D	E
1	属性	值	单位		
2	材料场变量	表格			
3	Density	1000	kg m^-3		
4	Isotropic Thermal Conductivity	0.61	W m^-1 C^-1		
5	Specific Heat Constant Pressure, Cp	4185	J kg^-1 C^-1		

图 15-31 设置“水”材料属性

Note

03 导入几何模型。右击“项目原理图”中的“几何结构”栏，在弹出的快捷菜单中选择“导入几何模型”下一级菜单中的“浏览……”命令，弹出“打开”对话框，如图 15-32 所示，选择要导入的模型“螺母”，然后单击“打开”按钮 打开(O) 。

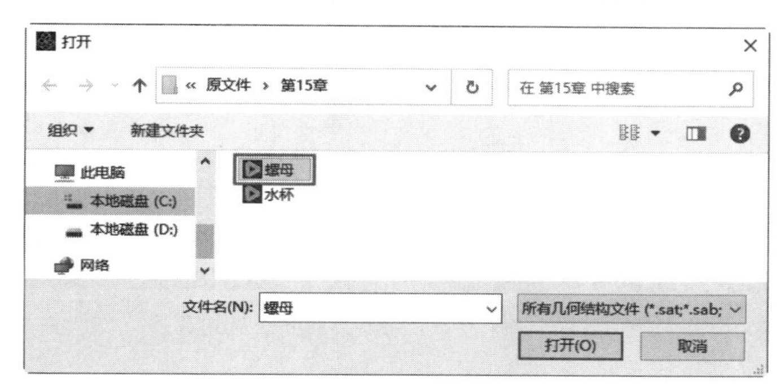

图 15-32 “打开”对话框

04 启动 Mechanical 应用程序。

(1) 启动 Mechanical。在项目原理图中右击“模型”命令，在弹出的快捷菜单中选择“编辑……”命令，如图 15-33 所示，进入“系统 A，B-Mechanical”(机械学)应用程序，如图 15-34 所示。

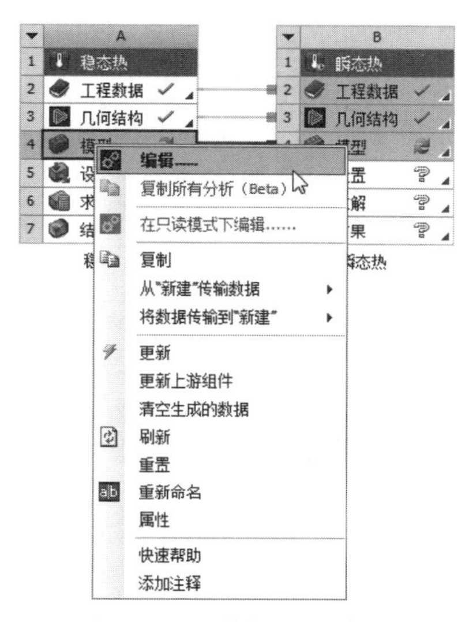

图 15-33 “编辑……”命令

Note

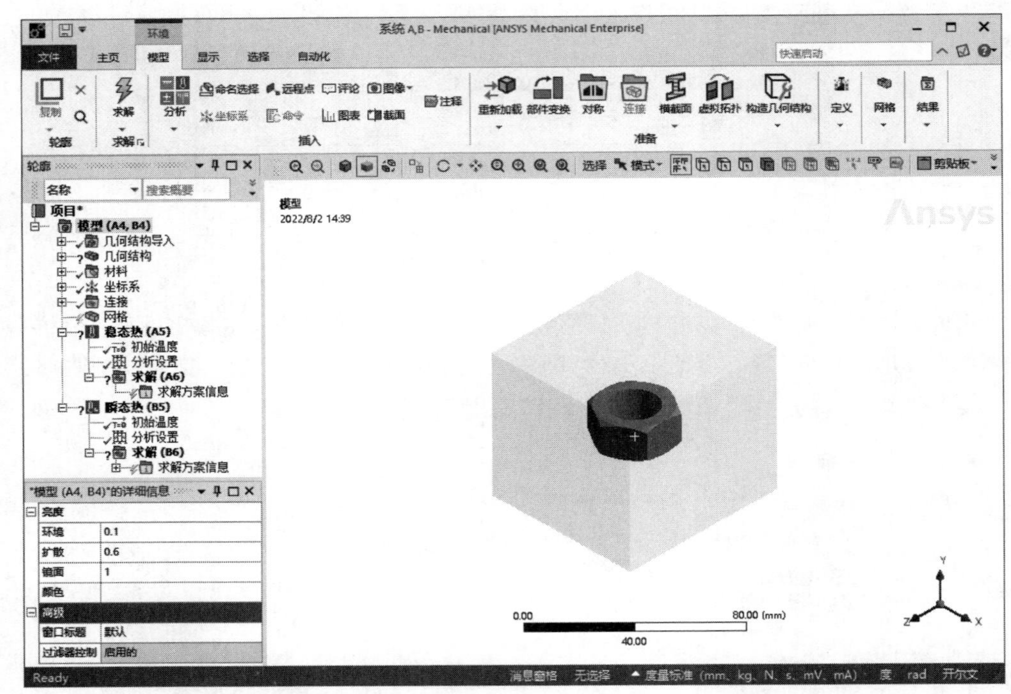

图 15-34 “系统 A,B-Mechanical”应用程序

(2) 设置系统单位。单击“主页”选项卡“工具”面板下拉菜单中的“单位”按钮，弹出“单位系统”下拉菜单，选择“度量标准(mm、kg、N、s、mV、mA)”选项和“摄氏度”，如图 15-35 所示。

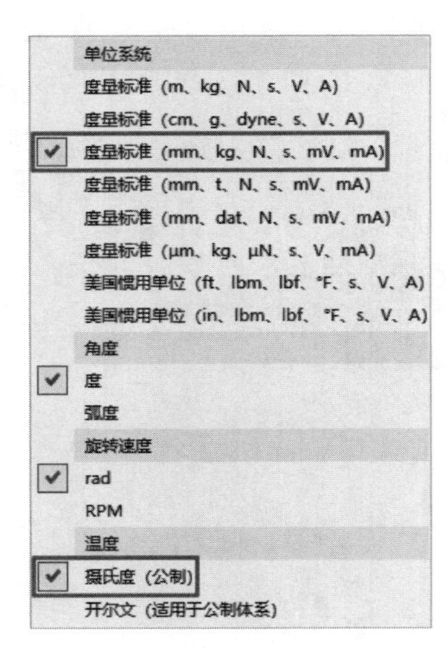

图 15-35 “单位系统”菜单栏

05 赋予模型材料。在轮廓树中展开“几何结构”，选择“外壳\外壳”，在左下角弹出“外壳\外壳”的详细信息，在列表中单击“材料”栏中“任务”栏右侧的三角按钮▶，弹

出“工程数据材料”对话框，如图 15-36 所示，该对话框中选择“水”选项，为“外壳\外壳”赋予“水”材料。

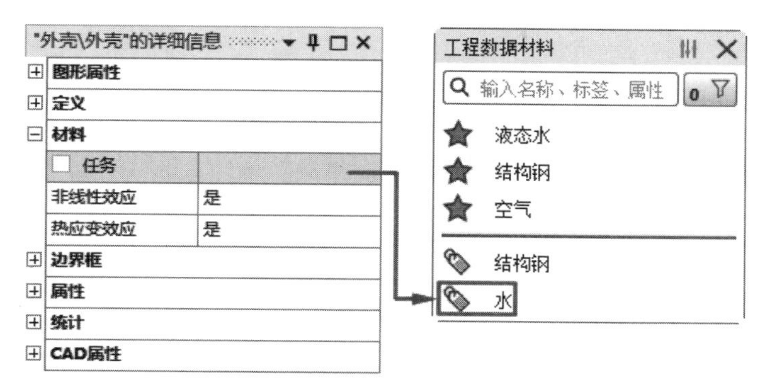

图 15-36 “外壳\外壳”的详细信息

06 划分网格。

（1）尺寸调整。单击“网格”分支，系统切换到“网格”选项卡，单击“网格”选项卡“控制”面板中的“尺寸调整”按钮，左下角弹出“几何体尺寸调整”的详细信息，设置“几何结构”为“外壳”和“螺母”，设置“单元尺寸”为 10.0mm，如图 15-37 所示。

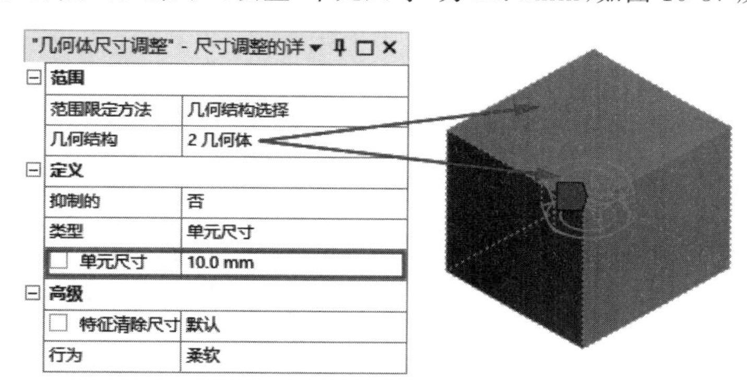

图 15-37 尺寸调整

（2）单击“网格”选项卡“网格”面板中的“生成”按钮，系统自动划分网格，结果如图 15-38 所示。

07 定义热载荷。定义内部温度。在轮廓树中单击“稳态热(A5)”分支，系统切换到“环境”选项卡。单击“环境”选项卡“热”面板中的“温度”按钮温度，左下角弹出“温度”的详细信息，设置“几何结构”为外壳实体，设置“大小”为 20℃，如图 15-39 所示，同理为螺母添加“温度”载荷，设置温度大小为 1000℃。

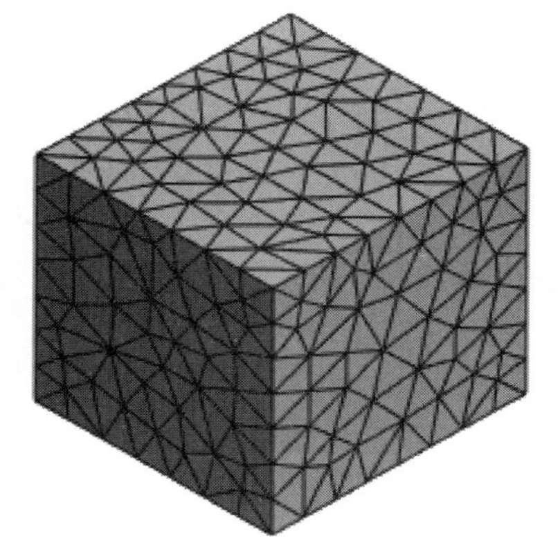

图 15-38 划分网格

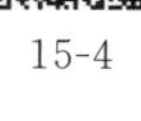

15-4

08 设置稳态求解结果。单击“求解(A6)”分支，系统切换到“求解”选项卡，单击“求解”选项卡“结果”面板“热”下拉菜单中的“温度”按钮温度，

Note

如图 15-40 所示,添加温度。

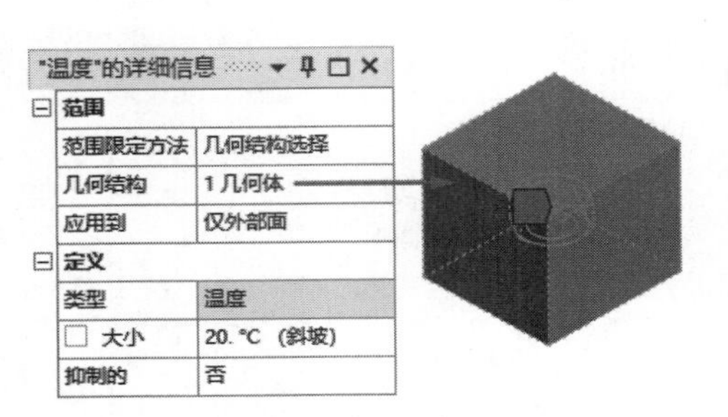

图 15-39 "温度"的详细信息 1

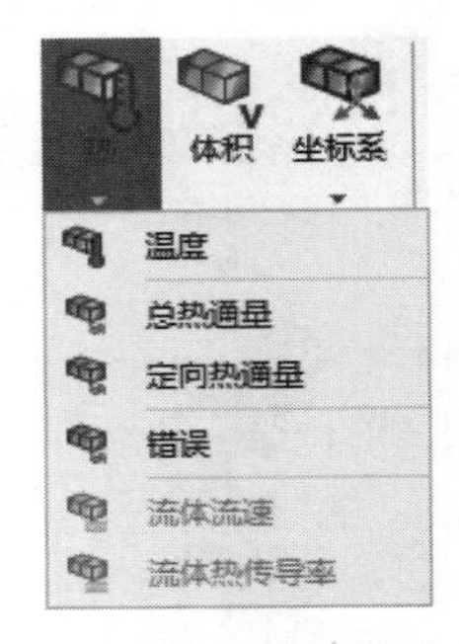

图 15-40 添加温度

09 稳态求解。单击"主页"选项卡"求解"面板中的"求解"按钮,进行求解。

10 后处理。

(1) 查看温度。求解完成后,选择"求解(A6)"分支下的"温度"选项,显示"温度"云图,如图 15-41 所示。

(2) 剖分模型。单击"结果"选项卡"插入"面板中的"截面"按钮截面,在模型的中间部分绘制一条水平直线,如图 15-42 所示,调整视图方向后,如图 15-43 所示。

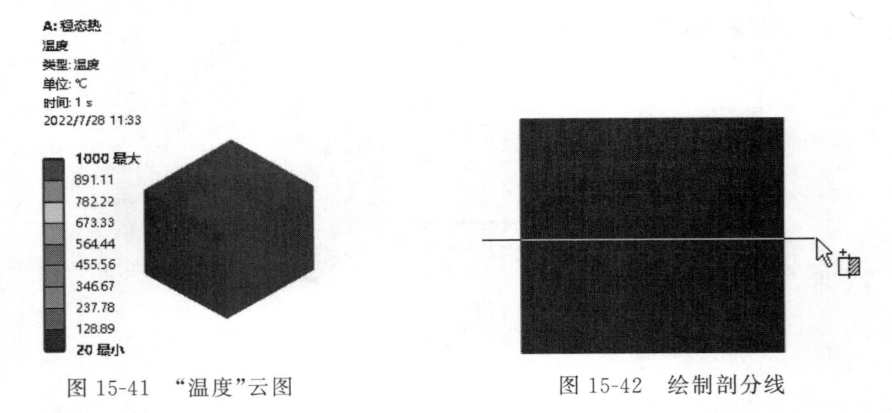

图 15-41 "温度"云图　　图 15-42 绘制剖分线

(3) 退出剖分。取消"截面"面板中"Section Plane1"的勾选,如图 15-44 所示,退出剖分。

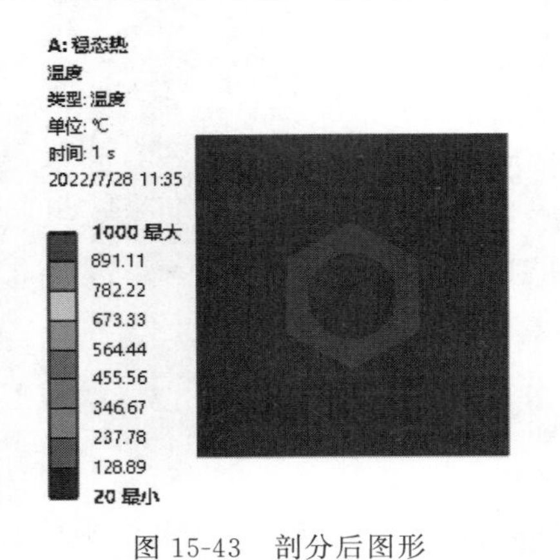

图 15-43 剖分后图形

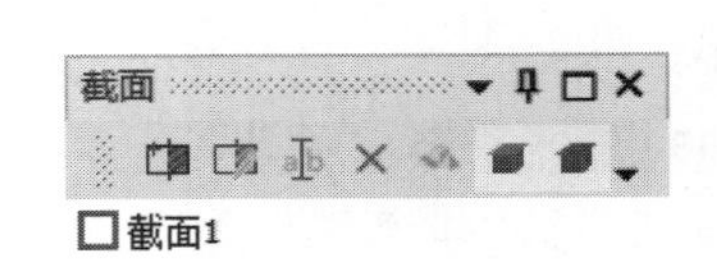

图 15-44 退出剖分

11 瞬态热分析设置。在轮廓树中单击“瞬态热(B5)”分支下的“分析设置”选项，左下角弹出“分析设置”的详细信息，设置“步骤结束时间”为120s，设置“自动时步”为“关闭”，设置“时步”为2s，其余为默认设置，如图15-45所示。

12 添加对流载荷。单击“环境”选项卡“热”面板中的“对流”按钮 对流，左下角弹出“对流”的详细信息，设置“几何结构”为外壳的所有外表面，然后设置“薄膜系数”为 5×10^{-6} W/(mm^2·℃)，如图15-46所示。

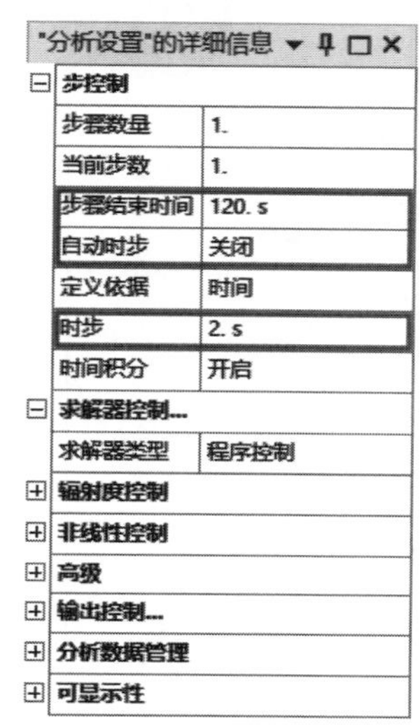

"分析设置"的详细信息

步控制	
步骤数量	1.
当前步数	1.
步骤结束时间	120. s
自动时步	关闭
定义依据	时间
时步	2. s
时间积分	开启
求解器控制...	
求解器类型	程序控制
辐射度控制	
非线性控制	
高级	
输出控制...	
分析数据管理	
可显示性	

图15-45　分析设置

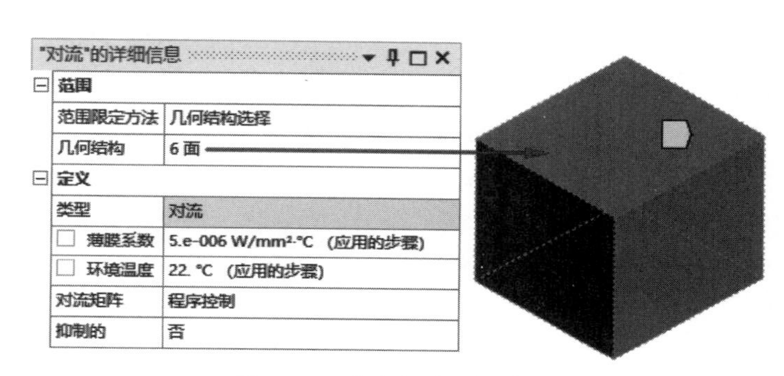

"对流"的详细信息

范围	
范围限定方法	几何结构选择
几何结构	6 面
定义	
类型	对流
薄膜系数	5.e-006 W/mm²·℃ (应用的步骤)
环境温度	22. ℃ (应用的步骤)
对流矩阵	程序控制
抑制的	否

图15-46　“对流”的详细信息

13 设置瞬态求解结果。

(1) 添加温度。单击“求解(B6)”分支，系统切换到“求解”选项卡，单击“求解”选项卡“结果”面板“热”下拉菜单中的“温度”按钮 温度，分析“几何结构”为“螺母”实体，如图15-47所示，为螺母添加温度，同理为外壳添加温度。

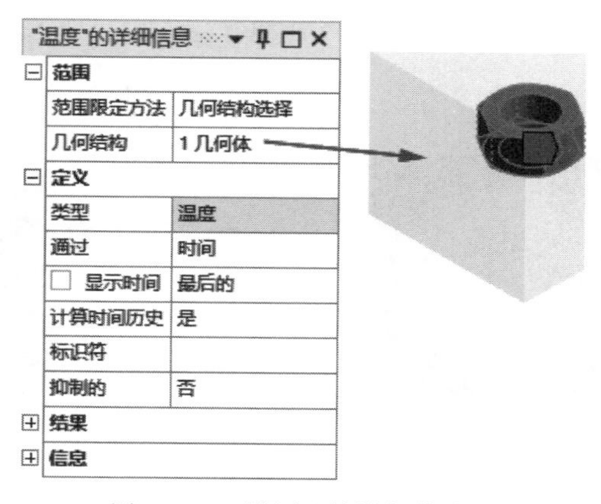

"温度"的详细信息

范围	
范围限定方法	几何结构选择
几何结构	1 几何体
定义	
类型	温度
通过	时间
显示时间	最后的
计算时间历史	是
标识符	
抑制的	否
结果	
信息	

图15-47　“温度”的详细信息2

(2) 添加总热通量。单击“求解”选项卡“结果”面板“热”下拉菜单中的“总热通量”按钮 总热通量，添加总热通量。

14 瞬态求解。单击“主页”选项卡“求解”面板中的“求解”按钮，进行求解。

15 后处理。

(1) 查看螺母温度。求解完成后，选择“求解(A6)”分支下的“温度”选项，显示螺母的“温度”云图，如图 15-48 所示，同时图形区域下方出现螺母的温度曲线图和表格数据，如图 15-49 所示，结合温度曲线图和表格数据可以看到，螺母的温度持续下降，120s 时螺母的平均温度为 179.97℃。

B: 瞬态热
温度
类型: 温度
单位: ℃
时间: 120 s
2022/7/28 11:47
181.47 最大
181.17
180.86
180.55
180.25
179.94
179.63
179.33
179.02
178.72 最小

图 15-48　螺母“温度”云图

(2) 查看水温度。选择“求解(A6)”分支下的“温度2”选项，显示水的“温度”云图，此时看不到内部，需要剖切模型，勾选“截面”面板中“截面 1”选项，剖分模型，此时查看水的“温度”云图如图 15-50 所示。

(3) 查看总热通量。选择“求解(A6)”分支下的“总热通量”选项，显示“总热通量”云图，如图 15-51 所示。

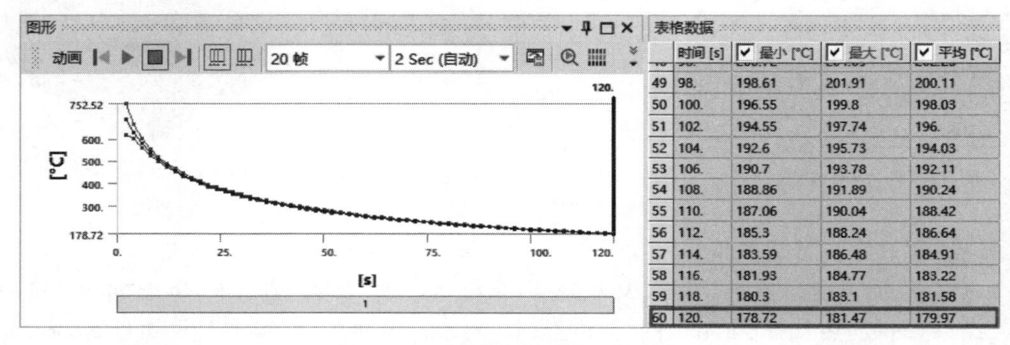

	时间 [s]	最小 [°C]	最大 [°C]	平均 [°C]
49	98.	198.61	201.91	200.11
50	100.	196.55	199.8	198.03
51	102.	194.55	197.74	196.
52	104.	192.6	195.73	194.03
53	106.	190.7	193.78	192.11
54	108.	188.86	191.89	190.24
55	110.	187.06	190.04	188.42
56	112.	185.3	188.24	186.64
57	114.	183.59	186.48	184.91
58	116.	181.93	184.77	183.22
59	118.	180.3	183.1	181.58
60	120.	178.72	181.47	179.97

图 15-49　温度曲线图和表格数据

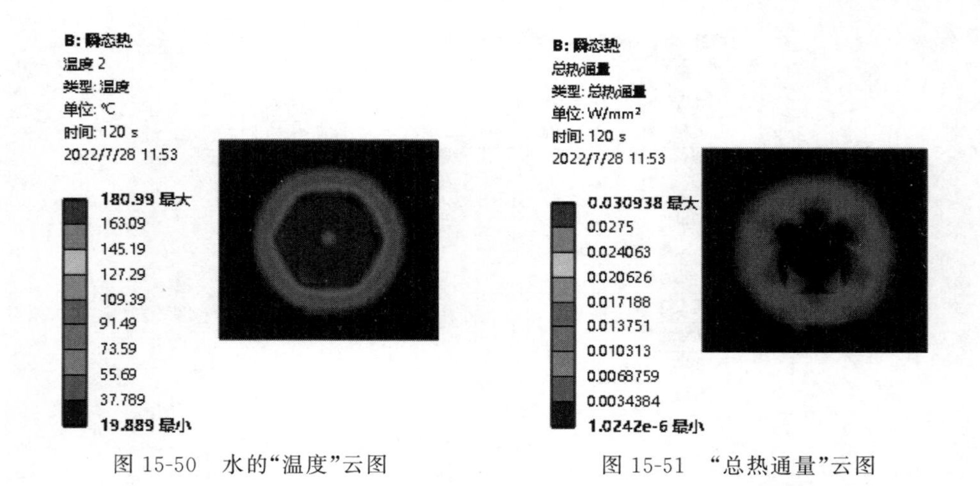

图 15-50　水的“温度”云图

图 15-51　“总热通量”云图

第16章

热-电分析

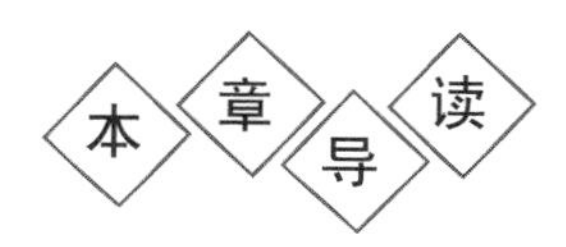

电与热无处不在,与我们的生活和生产息息相关,如利用焦耳加热产生热量;利用塞贝克效应制作温差发电机;利用帕尔贴效应来制冷制热等。Workbench的热-电分析功能可以对焦耳加热、塞贝克效应和帕尔贴效应进行建模和热电效应分析。

第16章

- 热-电分析概述
- 热-电分析流程(创建工程项目、定义接触关系、求解设置、设置载荷与边界条件、热-电分析后处理)
- 综合实例

16.1 热-电分析概述

Note

热电效应是当受热物体中的电子，因随着温度梯度由高温区往低温区移动时，所产生电流或电荷堆积的一种现象。这种效应可以用来产生电能、测量温度、冷却或加热物体。一般来说，热电效应包括塞贝克效应、帕耳贴效应以及汤姆森效应。但在电与热之间还存在焦耳热现象，即将一个电压施加到一个电阻上时会产生热量，但焦耳热的热力学是不可逆的，而塞贝克效应、帕耳贴效应以及汤姆森效应是热力学可逆的。

16.1.1 焦耳热

焦耳热由电流通过导体产生，正比于电阻与电流的平方积，与电流方向无关，其公式为：

$$Q = I^2 R \tag{16-1}$$

式中，Q 为焦耳热，I 为电流，R 为电阻。

16.1.2 塞贝克效应

塞贝克效应，指当有两种不同导体组成的回路中，如果导体的两个结点存在温度差，这回路中将产生电势 V，这就是塞贝克效应，如图 16-1(a)所示。

由塞贝克效应而产生的电势称作温差电势，其公式为：

$$V = \alpha \Delta T \tag{16-2}$$

式中，α 为温差电势率，V/K。

16.1.3 帕尔贴效应

帕尔贴效应，指电流流过两种不同导体的界面时，将从外界吸收热量或向外界放出热量，这是因为不同导体之间的电荷具有不同的能级，当电荷从高能级向低能级运动时，便释放出多余的能量，这一过程会放出热量；当电荷从低能级向高能级运动时，会从外界吸收能量，这一过程会吸收热量。如图 16-1(b)所示。

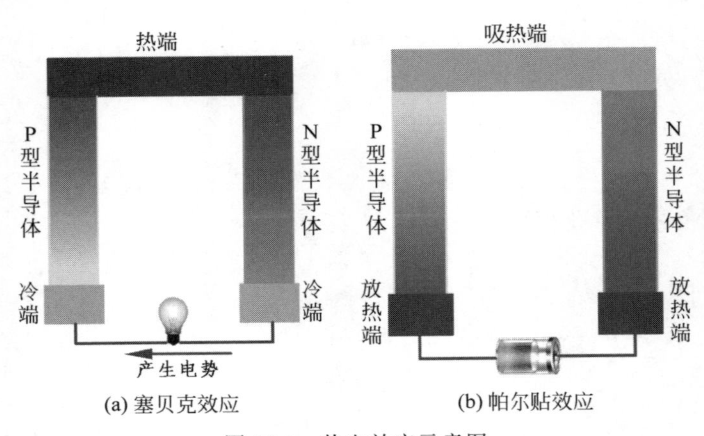

图 16-1　热电效应示意图

16.1.4　汤姆森效应

当电流在温度不均匀的导体中流过时，导体除产生不可逆的焦耳热之外，还要吸收或放出一定的热量，称为汤姆森效应，由汤姆森效应产生的热流量，称汤姆森热，用 Q^{T} 表示，单位为 W，公式为：

$$Q^{\mathrm{T}}=-\tau I\Delta T \tag{16-3}$$

式中，τ 为汤姆森系数，W/(A·K)；ΔT 为温差，K；I 为电流，A。

热电耦合分析有多种应用，如电子元件焦耳热、线圈加热、热熔丝、热电偶以及热电冷却器和温差发电机等。

16.2　热-电分析流程

热-电分析中，热和电载荷要同时施加在零件上，其分析流程主要有以下几个步骤：

(1) 创建工程项目。

(2) 定义材料属性(包括电阻率、热传导率和塞贝克系数等)。

(3) 创建或导入几何模型。

(4) 定义接触关系(接触关系考虑热电效应，也就是零件如果具有热属性，则产生热接触关系，零件如果具有电属性，则产生电接触关系)。

(5) 划分网格(热电分析没有关于网格划分的具体考虑)。

(6) 求解设置。

(7) 设置载荷与边界条件。

(8) 求解。

(9) 热-电分析后处理。

下面就主要的几个方面进行讲解。

16.2.1　创建工程项目

创建“热-电气”分析模块，需要在 Workbench 中将“热-电气”项目模块拖到项目原理图中，如图 16-2 所示，或者双击“热-电气”模块即可。

16.2.2　定义接触关系

在热-电分析期间，部件之间的接触根据相邻部件的材料特性考虑热效应和(或)电效应。也就是说，如果两个部分都具有热属性，则应用热接触，如果两个部分都具有电属性，则应用电接触。

16.2.3　求解设置

对于热-电分析，基本分析设置包括：

(1) 静态和瞬态分析的步长控制用于指定单步或多步分析中某一步的结束时间。如果要在特定步骤中更改负载值、解决方案设置或解决方案输出频率，则需要多个步

Note

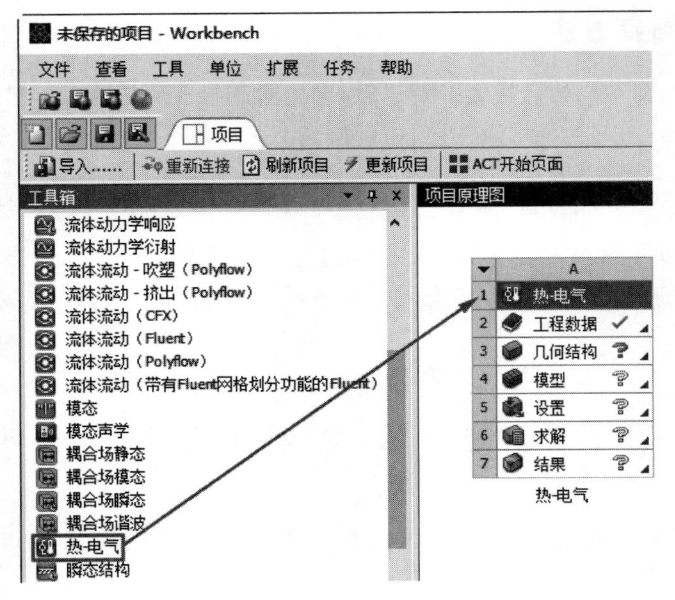

图 16-2　创建工程项目

骤，但通常不需要更改默认值。

（2）非线性控制。典型的热-电问题包含温度相关的材料特性，因此是非线性的。热效应和电效应的非线性控制均可用，包括热效应的热和温度收敛以及电效应的电压和电流收敛。

（3）输出控制。输出控制能够指定结果可用于后处理的时间点。

（4）求解器控制。热-电分析的默认解算器控制设置是直接解算器，可以选择迭代解算器作为替代解算器。如果包含塞贝克效果，解算器将自动设置为“直接”。

16.2.4　设置载荷与边界条件

1. 热-电载荷

对于热-电载荷，除了包括第 15 章中的热载荷（详解见第 15 章热分析），还包括电压和电流两个载荷，如图 16-3 所示。

电压：电压载荷模拟电势对物体的作用。对于每种分析类型，可以根据公式 $V=V_0\cos(\omega t+\varphi)$，在“电压”详细信息中按大小和相角定义电压。

电流：电流载荷模拟电流对物体的作用。对于每种分析类型，可以根据公式 $I=I_0\cos(\omega t+\varphi)$，在“电流”详细信息中按大小和相角定义电流。

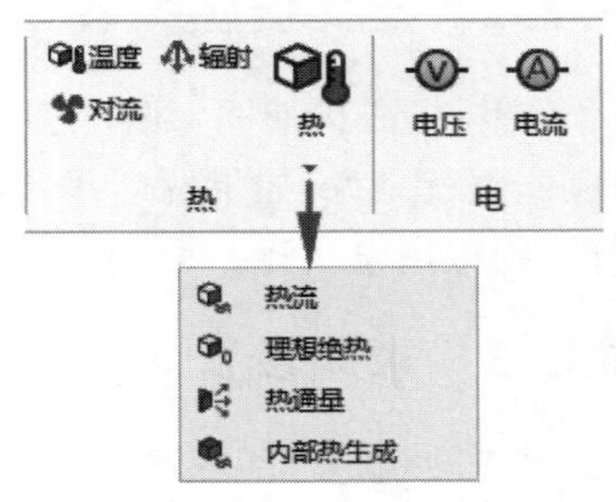

图 16-3　热-电载荷

2. 边界条件

边界条件包括耦合、流体固体界面、系统耦合区域、单元生死和接触步骤控制等，如图 16-4 所示，具体详解见第 15 章热分析，这里不再赘述。

16.2.5　分析后处理

求解完成后就可以进行后处理操作，包括热分析处理结果（详解见第 15 章热分析）和电气分析处理结果，如图 16-5 所示。下面简单介绍常用的几种。

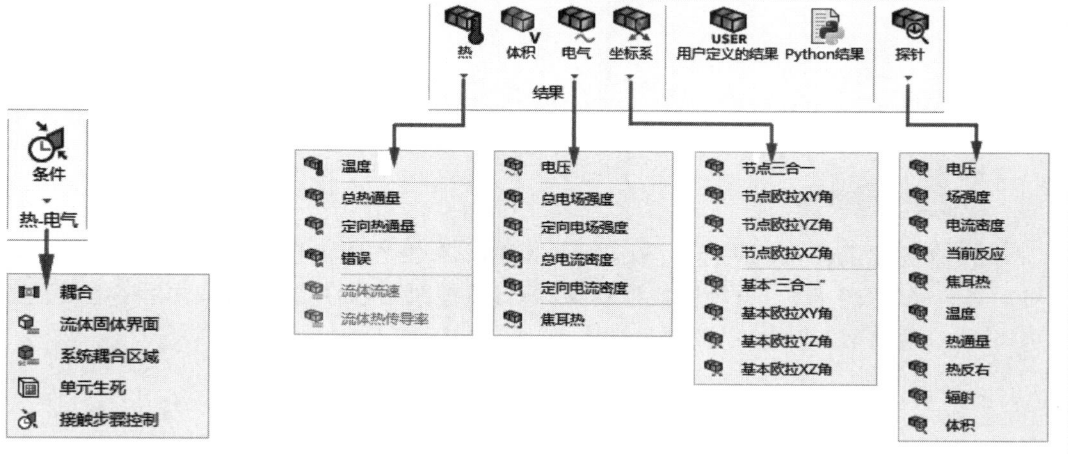

图 16-4　边界条件　　　　图 16-5　后处理

（1）电压：以云图的方式显示导体中恒定电势（电压）的轮廓，是一个标量。

（2）总电场强度：在整个模拟区域中计算，以矢量和的方式显示电场强度，并允许将矢量的总大小视为一个轮廓。

（3）定向电场强度：相对于总电场强度，可以显示单个矢量分量（X、Y、Z）的电场强度。

（4）总电流密度：可以显示任何固态导体的电流密度，显示为矢量，最好以线框模式查看。

（5）定向电流密度：相对于总电流密度，可以显示单个矢量分量（X、Y、Z）的电流密度。

（6）焦耳热：用以查看产生焦耳热的原因，是由经过导体的电流引起还是由带点载体与几何体相互作用引起，焦耳热与电流的平方成正比，且与电流方向无关。

16.3　综合实例

16.3.1　电炉烧水热-电分析

图 16-6 所示为模拟电炉烧水的过程，电炉材质为电热丝，热导率为 60.5W/(m·℃)，电阻率为 0.054Ω·m，施加电流为 0.3A，空气的对流系数为 8W/(m^2·℃)，水的对流系数为 200W/(m^2·℃)，环境温度为 25℃，对此烧水过程进行热电分析。

Note

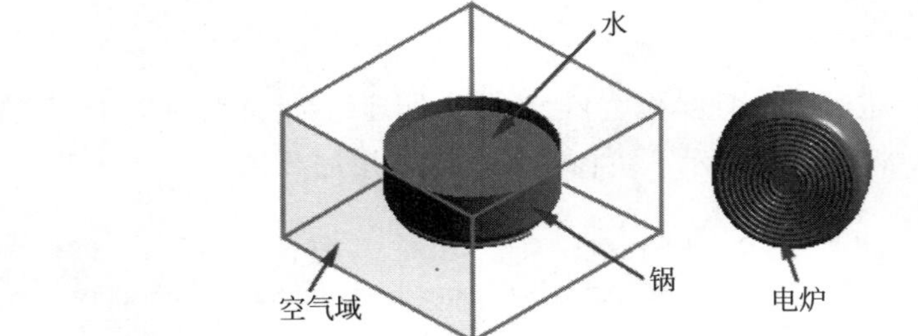

图 16-6　电炉烧水

操作步骤

01 创建工程项目。打开 Workbench 程序，展开左边工具箱中的“分析系统”栏，将工具箱里的“热-电气”选项直接拖动到“项目原理图”界面中或直接双击“热-电气”选项，建立一个含有“热-电气”的项目模块，结果如图 16-7 所示。

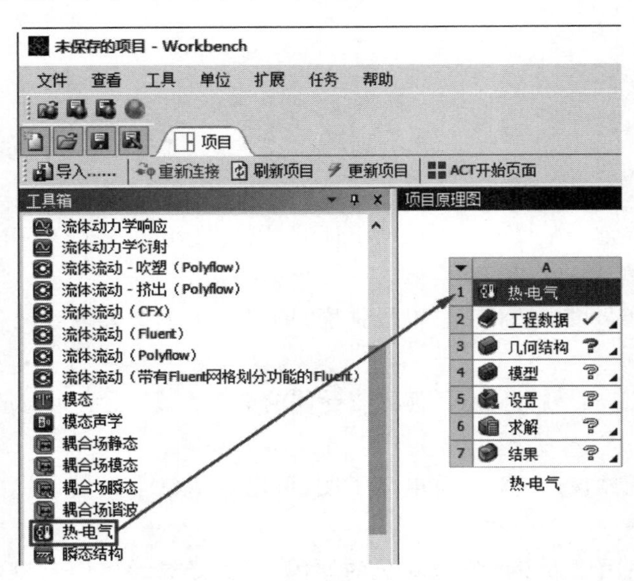

图 16-7　创建工程项目

02 定义材料。

16-1

(1) 自定义材料。双击 A2“工程数据”选项，弹出“A2 工程数据”选项卡，在该选项卡中单击“轮廓 原理图 A2：工程数据”下方的“点击此处添加新材料”栏，如图 16-8 所示，然后在该栏中输入“电热丝”，此时就创建了一个“电热丝”材料，只是此时“电热丝”材料，没有定义属性，下方的“属性　大纲行 4：电热丝”中，没有任何属性定义，如图 16-9 所示。

(2) 设置材料属性。展开左侧“工具箱”中的“热”和“电气”栏，将“Isotropic Thermal Conductivity”(各向同性热导率)和“Isotropic Resistivity”(各向同性电阻率)属性拖放到右侧的“电热丝”材料中，如图 16-10 所示，此时下方的“属性　大纲行 4：电热丝”中出现了所添加的属性，然后设置“各向同性热导率”为 60.5W/(m・℃)，“各向同性电阻率”为 0.054Ω・m，结果如图 16-11 所示。

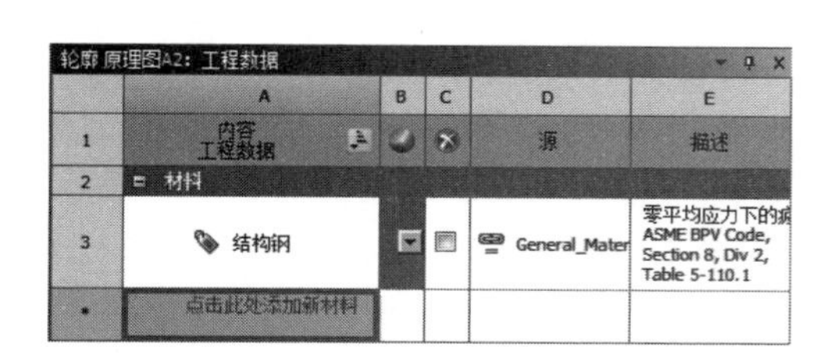

图 16-8　添加材料

图 16-9　属性大纲行

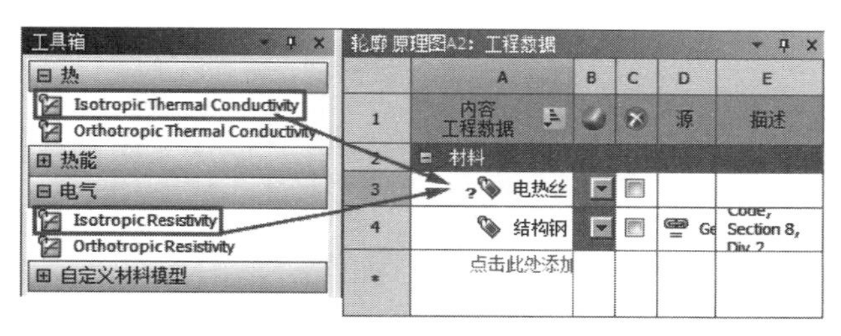

图 16-10　添加属性

属性 大纲行4：电热丝

	A	B	C	D	E
1	属性	值	单位		
2	材料场变量	表格			
3	Isotropic Thermal Conductivity	60.5	W m^-1 C^-1		
4	Isotropic Resistivity	0.054	ohm m		

图 16-11　设置电热丝属性

（3）添加材料。单击应用上方的"工程数据源"标签。如图 16-12 所示，打开左上角的"工程数据源"窗口。单击其中的"热材料"按钮 热材料，使之点亮。在"热材

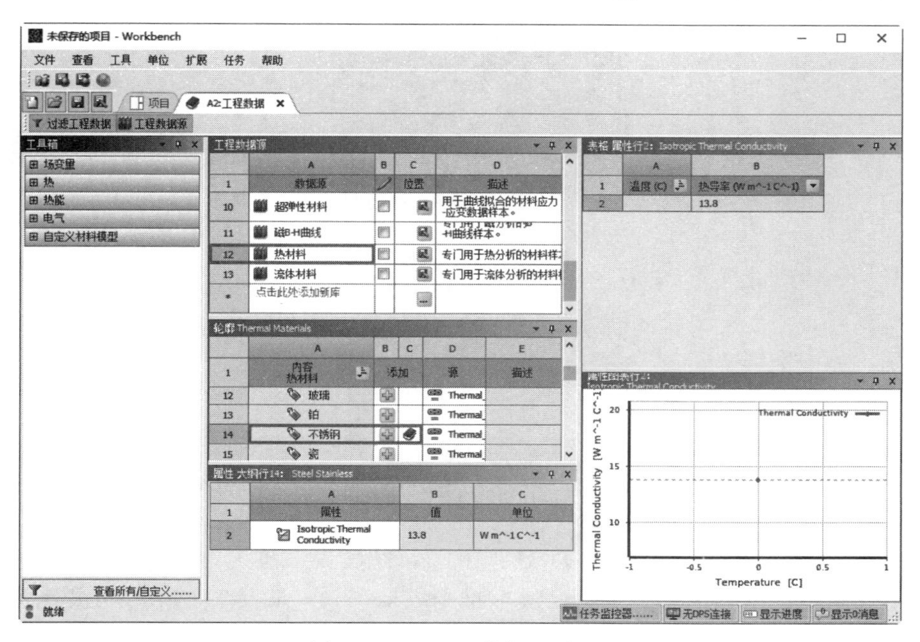

图 16-12　"工程数据源"标签

Note

料”点亮的同时单击“轮廓 Thermal Materials”(热材料概述)窗格中的“不锈钢”旁边的“添加”按钮，将这个材料添加到当前项目中，同理将“空气”和“水清新”材料添加到当前项目中。

03 导入几何模型。右击“项目原理图”中的“几何结构”栏，在弹出的快捷菜单中选择“导入几何模型”下一级菜单中的“浏览”命令，弹出“打开”对话框，如图 16-13 所示，选择要导入的模型“电炉烧水”，然后单击“打开”按钮 打开(O) 。

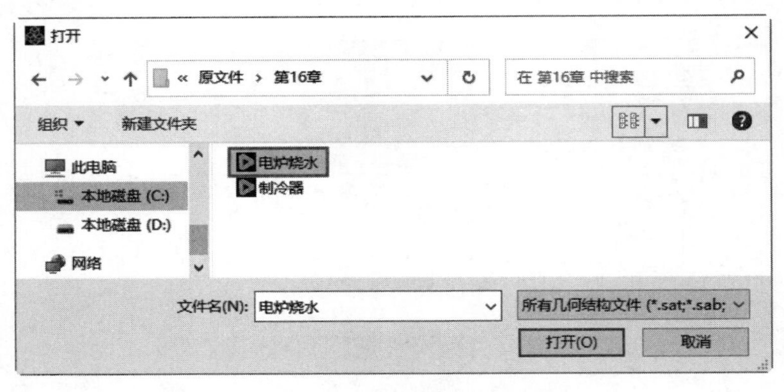

图 16-13 “打开”对话框

04 启动 Mechanical 应用程序。

(1) 启动 Mechanical。在项目原理图中右击“模型”命令，在弹出的快捷菜单中选择“编辑......”命令，如图 16-14 所示，进入“A:热-电气-Mechanical”应用程序，如图 16-15 所示。

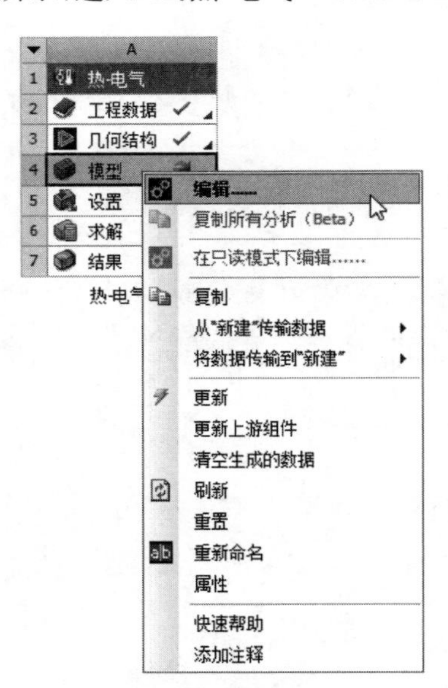

图 16-14 “编辑......”命令

(2) 设置系统单位。单击“主页”选项卡“工具”面板下拉菜单中的“单位”按钮，弹出“单位系统”下拉菜单，选择“度量标准(m、kg、N、s、V、A)”选项和“摄氏度”，如图 16-16 所示。

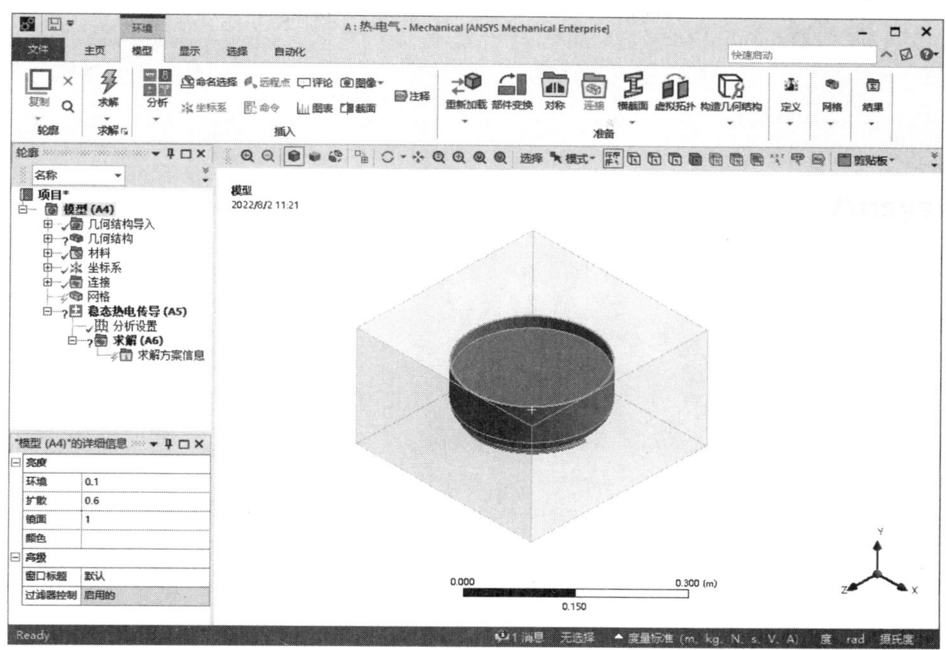

图 16-15 “A:热-电气-Mechanical”应用程序

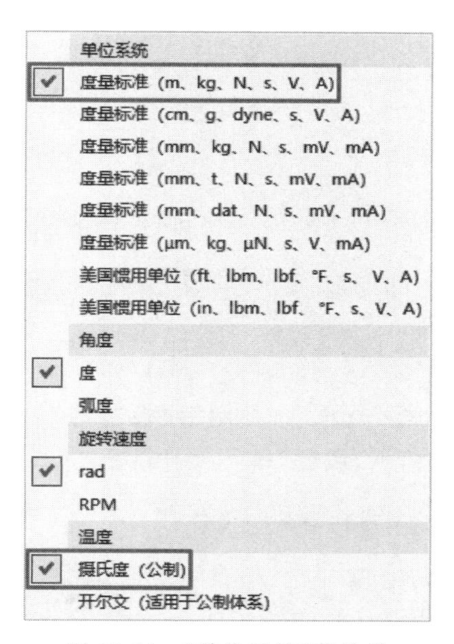

图 16-16 “单位系统”菜单栏

05 模型重命名。在轮廓树中展开“几何结构”，显示模型含有 4 个实体，右击上面的实体，在弹出的快捷菜单中选择“重命名”命令，重新输入名称为“空气域”；同理设置下面的实体分别为“电炉”“锅”“水”，如图 16-17 所示。

06 赋予模型材料。选择“空气域”，在左下角弹出“空气域”的详细信息，在列表中单击“材料”栏中“任务”选项，此时空气域没有定义任何材料，单击“任务”栏右侧的三角按钮▶，弹出“工程数据材料”对话框，如图 16-18 所示，该对话框中选择“空气”选项，

Note

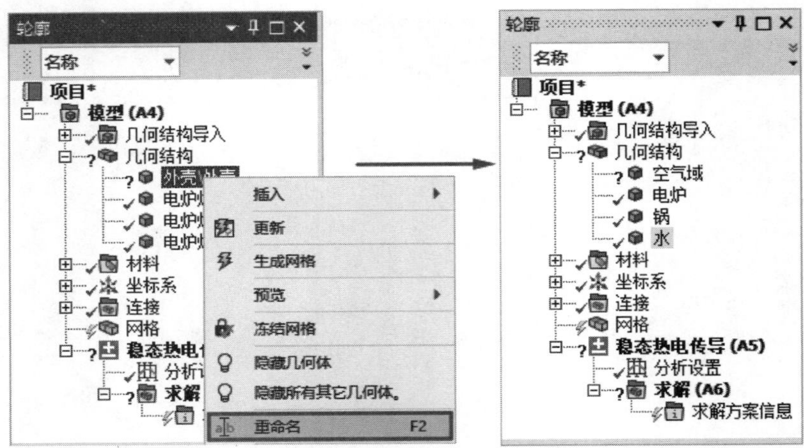

图 16-17　模型重命名

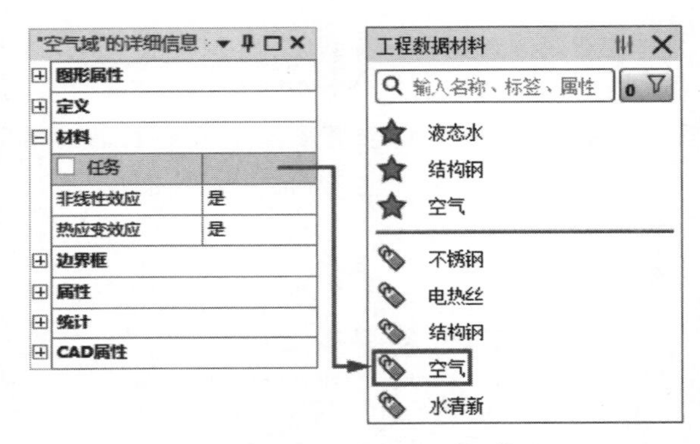

图 16-18　“空气域”的详细信息

为“空气域”赋予“空气”材料，同理为“电炉”赋予“电热丝”材料、为“锅”赋予“不锈钢”材料、为“水”赋予“水清新”材料。

07 划分网格。

(1) 尺寸调整。单击“网格”选项卡“控制”面板中的“尺寸调整”按钮，左下角弹出“几何体尺寸调整”的详细信息，设置“单元尺寸”为 0.02m，如图 16-19 所示。

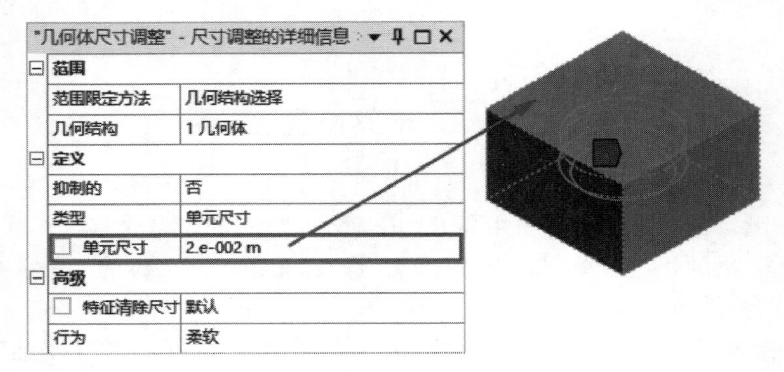

图 16-19　尺寸调整

(2) 设置划分方法。单击“网格”选项卡“控制”面板中的“方法”按钮，设置“几何结构”为“空气域”，设置“方法”为“六面体主导”，如图 16-20 所示。

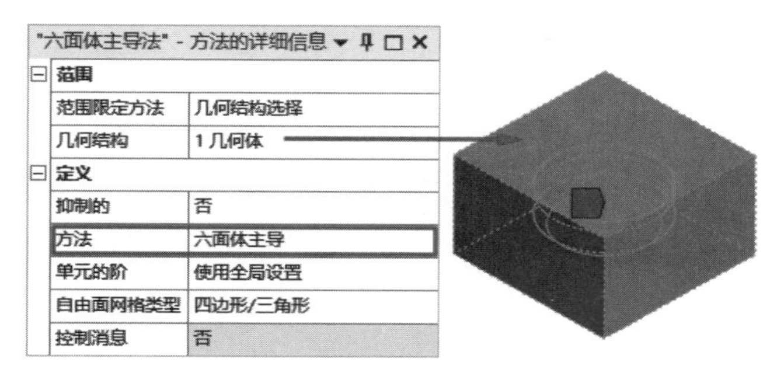

图 16-20　划分方法

(3) 单击“网格”选项卡“网格”面板中的“生成”按钮，系统自动划分网格，结果如图 16-21 所示。

08 定义热载荷。

(1) 定义空气温度。在轮廓树中单击“稳态热电传导(A5)”分支，系统切换到“环境”选项卡。单击“环境”选项卡“热”面板中的“温度”按钮温度，左下角弹出“温度”的详细信息，设置“几何结构”为空气域的外表面，设置“大小”为 25℃，如图 16-22 所示。

16-2

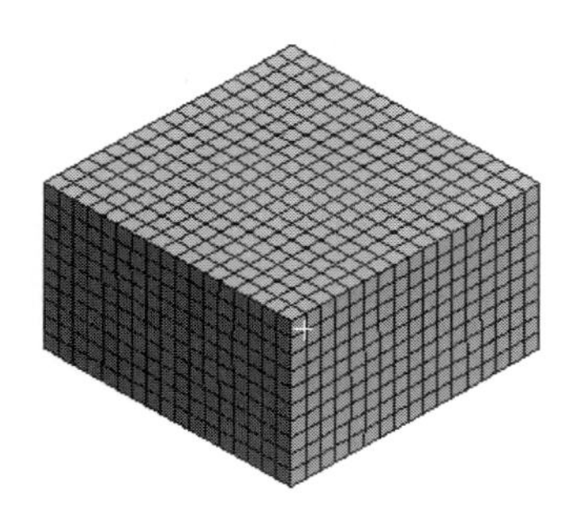

图 16-21　划分网格

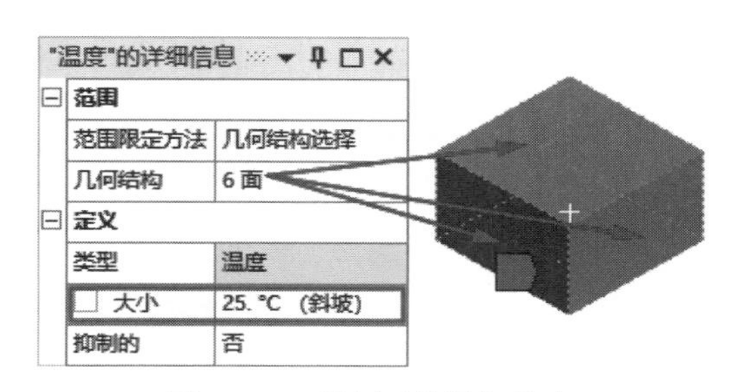

图 16-22　“温度”的详细信息

(2) 添加对流 1。为了方便选择，首先隐藏空气域，然后单击“环境”选项卡“热”面板中的“对流”按钮对流，左下角弹出“对流”的详细信息，设置“几何结构”为电热丝、锅的外表面和水的上表面，设置“薄膜系数”为 8W/(m² · ℃)，如图 16-23 所示。

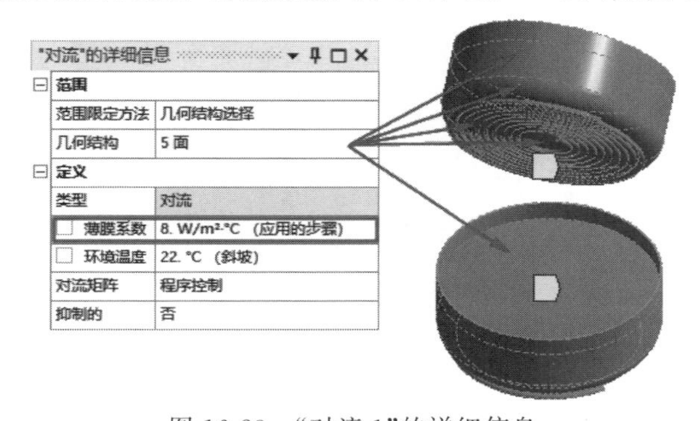

图 16-23　“对流 1”的详细信息

Note

（3）添加对流2。为了方便选择，首先隐藏锅，然后单击“环境”选项卡“热”面板中的“对流”按钮 对流，左下角弹出“对流2”的详细信息，设置“几何结构”为水的外表面，设置“薄膜系数”为200W/(m^2·℃)，如图16-24所示。

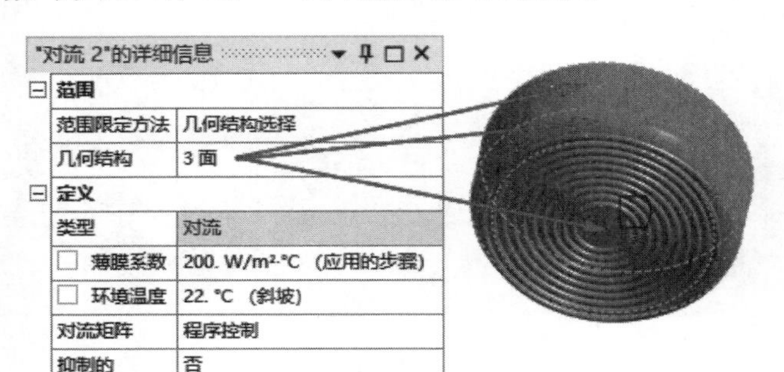

图16-24 “对流2”的详细信息

（4）添加电压。单击“环境”选项卡“电”面板中的“电压”按钮，左下角弹出“电压”的详细信息，设置“几何结构”为电热丝内环端面，设置“大小”为0V，如图16-25所示。

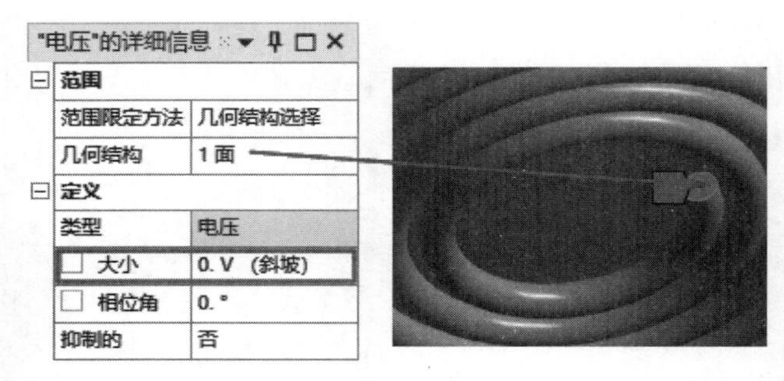

图16-25 “电压”的详细信息

（5）添加电流。单击“环境”选项卡“电”面板中的“电流”按钮，左下角弹出“电流”的详细信息，设置“几何结构”为电热丝外环端面，设置“大小”为0.3A，如图16-26所示。

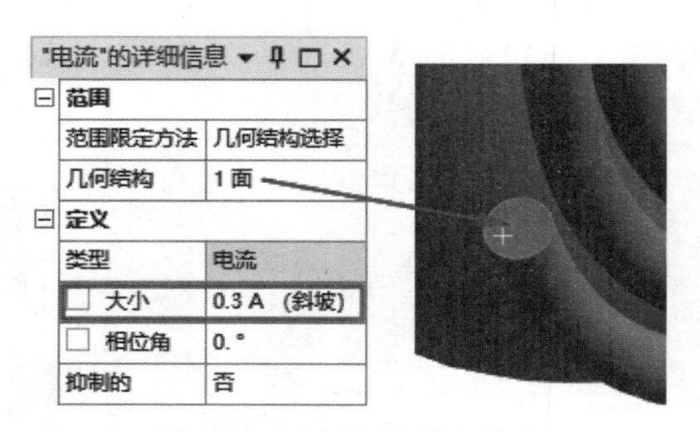

图16-26 “电流”的详细信息

09 设置求解结果。

（1）添加电热丝温度。单击“求解(A6)”分支，系统切换到“求解”选项卡，单击“求

Note

解"选项卡"结果"面板"热"下拉菜单中的"温度"按钮 温度，设置"几何结构"为"电热丝"，如图 16-27 所示，添加电热丝温度。

（2）添加水温度。单击"求解"选项卡"结果"面板"热"下拉菜单中的"温度"按钮 温度，设置"几何结构"为"水"，如图 16-28 所示，添加水温度。

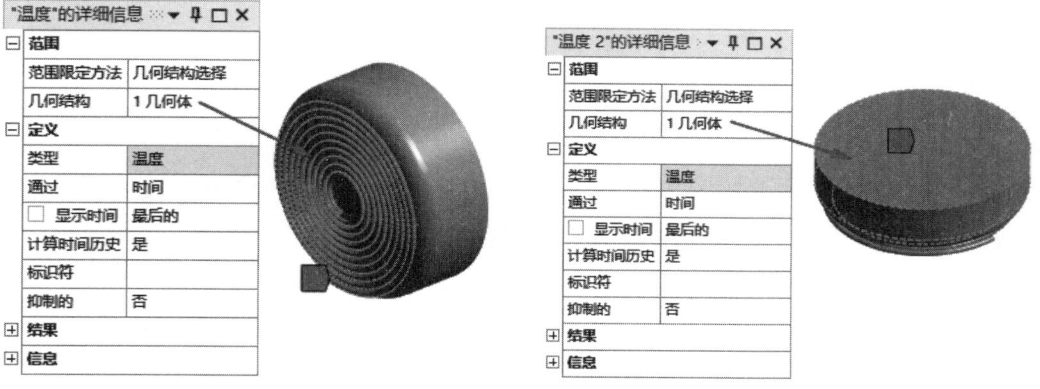

图 16-27 "温度"的详细信息　　图 16-28 "温度 2"的详细信息

（3）添加总电场强度。单击"求解"选项卡"结果"面板"电气"下拉菜单中的"总电场强度"按钮 总电场强度，添加总电场强度。

（4）添加总电流密度。单击"求解"选项卡"结果"面板"电气"下拉菜单中的"总电流密度"按钮 总电流密度，添加总电流密度。

（5）显示空气域和锅。设置完成后重新显示空气域和锅。

10 求解。单击"主页"选项卡"求解"面板中的"求解"按钮，进行求解。

11 后处理。

（1）查看电热丝温度。求解完成后，选择"求解(A6)"分支下的"温度"选项，显示电热丝"温度"云图，如图 16-29 所示，可以看到电热丝温度的分布情况。

（2）查看水温度。选择"求解(A6)"分支下的"温度 2"选项，显示水的"温度"云图，如图 16-30 所示，可以看到水的温度分布情况。

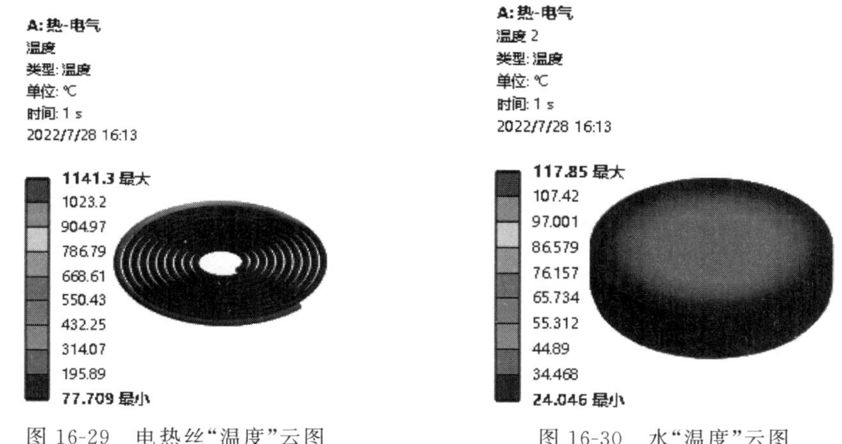

图 16-29 电热丝"温度"云图　　图 16-30 水"温度"云图

（3）查看总电场强度。选择“总电场强度”选项，显示“总电场强度”云图，单击“矢量显示”面板中的“矢量”按钮，显示“总电场强度”矢量图，如图16-31所示。

Note

（4）查看总电流密度。选择“总电流密度”选项，显示“总电流密度”云图，单击“矢量显示”面板中的“矢量”按钮，显示“总电流密度”矢量图，如图16-32所示。

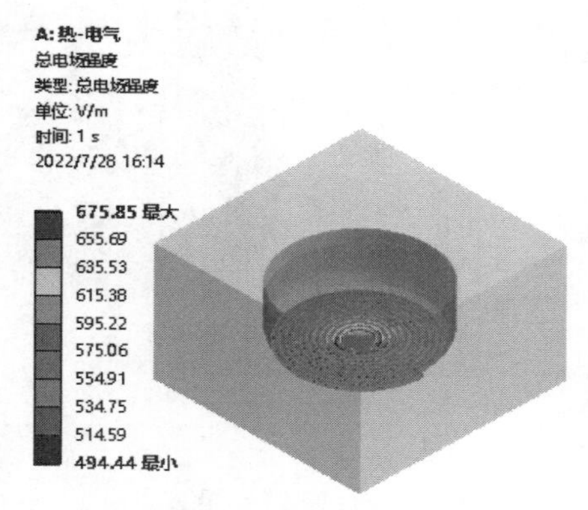

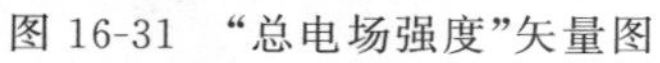
图 16-31 “总电场强度”矢量图

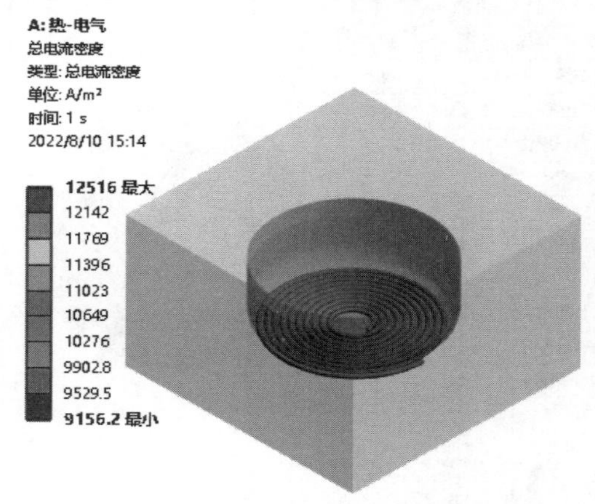

图 16-32 “总电流密度”矢量图

16.3.2 热电制冷器分析

应用Workbench热-电气分析模块对一个热电制冷器进行分析。该制冷器由两个半导体单元组成，两个半导体间由一铜板连接，一块半导体为N型，另一块半导体为P型，制冷器冷端温度为T_c，制冷器热端温度为T_h，在热端通有电流强度为I的电流，分析此状态下系统的温度场分布和电压分布，制冷器几何模型如图16-33所示，材料性能参数见表16-1，分析时，温度采用℃，其他单位采用法定计量单位。

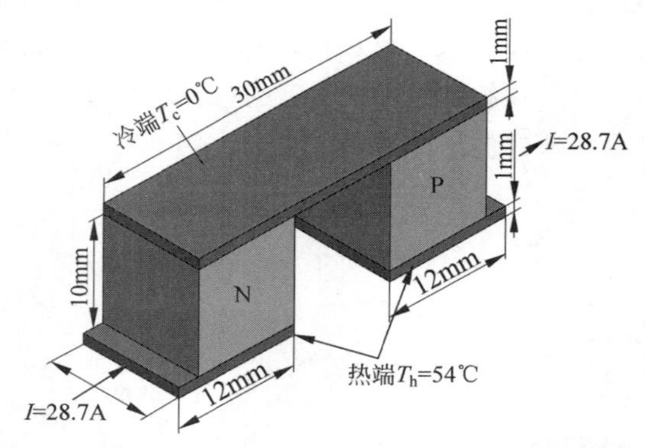

图 16-33 制冷器

表 16-1 材料性能参数

材料名称	电阻率 ρ/(Ω·m)	热导率 λ/[W/m·K)]	塞贝克系数 α/(V/K)
N型半导体	1.05×10^{-5}	1.3	-1.65×10^{-4}
P型半导体	9.8×10^{-6}	1.2	2.10×10^{-4}
铜板	1.7×10^{-8}	400	

操作步骤

01 创建工程项目。

(1) 打开 Workbench 程序，展开左边工具箱中的“分析系统”栏，将工具箱里的“热-电气”选项直接拖动到“项目原理图”界面中或直接双击“热-电气”选项，建立一个含有“热-电气”的项目模块，结果如图 16-34 所示。

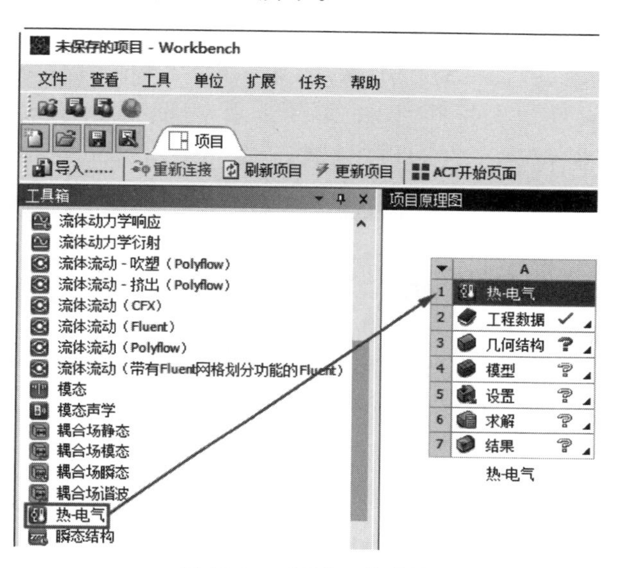

图 16-34　创建工程项目

(2) 设置单位系统。在主菜单中选择“单位”下拉列表中的“SI(kg，m，s，K，A，N，V)”，设置单位为国际单位。

02 定义材料。

(1) 添加材料。在该选项卡中单击“轮廓　原理图 A2：工程数据”下方的“点击此处添加新材料”栏，如图 16-35 所示，然后在该栏中输入“N 型材料”，此时就创建了一个“N 型材料”，只是此时“N 型材料”没有定义属性，下方的“属性　大纲行 4：N 型材料”中，没有任何属性定义，如图 16-36 所示。

16-3

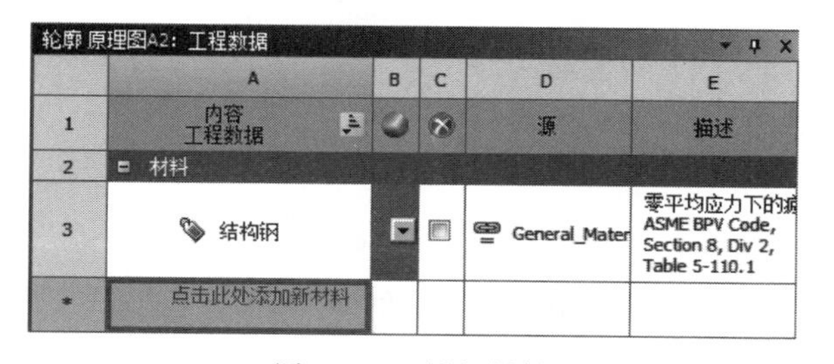

图 16-35　添加材料

(2) 设置材料属性。展开左侧“工具箱”中的“热”“热能”“电气”栏，将“Isotropic Thermal Conductivity”(各项同性热导率)、“Isotropic Seebeck Coefficient”(各项同性塞贝克系数)和“Isotropic Resistivity”(各项同性电阻率)属性拖放到右侧的“N 型材

属性 大纲行4：N型材料

	A	B	C	D	E
1	属性	值	单位		

图 16-36　属性大纲行

Note

料”中，如图 16-37 所示，此时下方的“属性 大纲行 4：N 型材料”中出现了所添加的属性，然后设置“Isotropic Thermal Conductivity”（各项同性热导率）为 1.3W/(m・K)，“Isotropic Seebeck Coefficient”（各项同性塞贝克系数）为－0.000165V/K，“Isotropic Resistivity”（各项同性电阻率）为 $1.05\times10^{-5}\Omega\cdot m$，结果如图 16-38 所示。然后按照同样的方法添加和设置“P 型材料”如图 16-39 所示，再设置“铜”属性，如图 16-40 所示，然后单击“A2：工程数据”标签的关闭按钮，返回到 Workbench 界面。

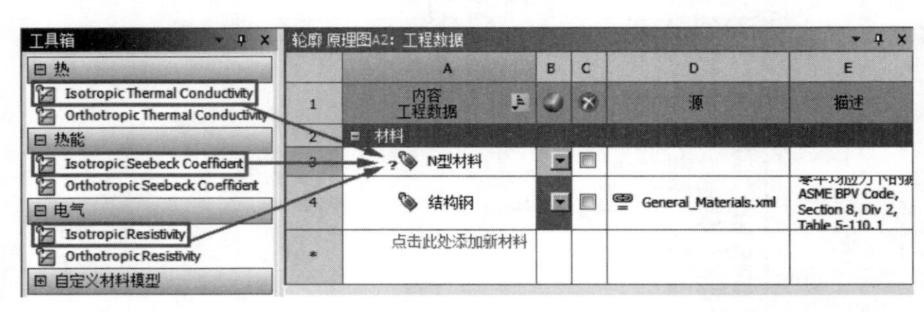

图 16-37　添加属性

属性 大纲行4：N型材料

	A	B	C	D	E
1	属性	值	单位		
2	材料场变量	表格			
3	Isotropic Thermal Conductivity	1.3	W m^-1 K^-1		
4	Isotropic Seebeck Coefficient	-0.000165	V K^-1		
5	Isotropic Resistivity	1.05E-05	ohm m		

图 16-38　设置“N 型材料”属性

属性 大纲行5：P型材料

	A	B	C	D	E
1	属性	值	单位		
2	材料场变量	表格			
3	Isotropic Thermal Conductivity	1.2	W m^-1 K^-1		
4	Isotropic Seebeck Coefficient	0.00021	V K^-1		
5	Isotropic Resistivity	9.8E-06	ohm m		

图 16-39　设置“P 型材料”属性

属性 大纲行6：铜

	A	B	C	D	E
1	属性	值	单位		
2	材料场变量	表格			
3	Isotropic Thermal Conductivity	400	W m^-1 K^-1		
4	Isotropic Resistivity	1.7E-08	ohm m		

图 16-40　设置“铜”属性

16-4

03 导入几何模型。右击"项目原理图"中的"几何结构"栏，在弹出的快捷菜单中选择"导入几何模型"下一级菜单中的"浏览……"命令，弹出"打开"对话框，如图 16-41 所示，选择要导入的模型"制冷器"，然后单击"打开"按钮 打开(O) 。

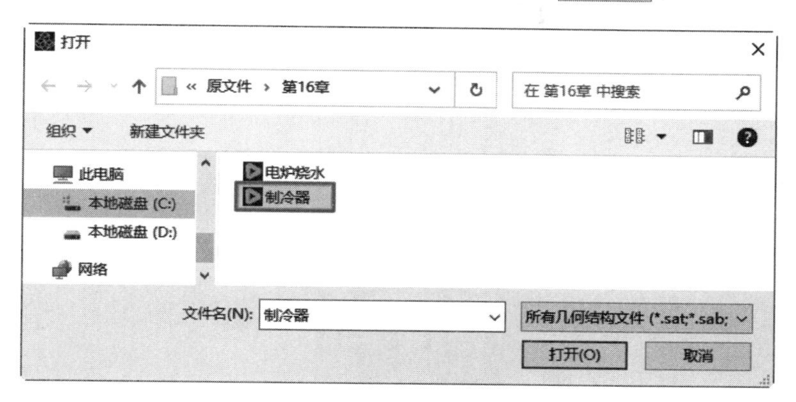

图 16-41　"打开"对话框

04 启动 Mechanical 应用程序。

(1) 启动 Mechanical。在项目原理图中右击"模型"命令，在弹出的快捷菜单中选择"编辑……"命令，如图 16-42 所示，进入"A:热-电气-Mechanical"(机械学)应用程序，如图 16-43 所示。

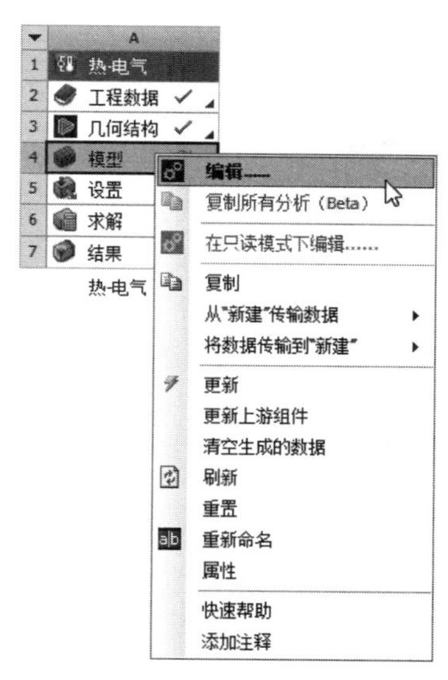

图 16-42　"编辑……"命令

(2) 设置系统单位。单击"主页"选项卡"工具"面板下拉菜单中的"单位"按钮，弹出"单位系统"下拉菜单，选择"度量标准(m、kg、N、s、V、A)"选项，如图 16-44 所示。

05 模型重命名。在轮廓树中展开"几何结构"，显示模型含有 5 个实体，右击最上面的固体，在弹出的快捷菜单中选择"重命名"命令，重新输入名称为"铜板 1"；同理设置下面的 4 个固体为"N 型半导体""P 型半导体""铜板 2""铜板 3"，如图 16-45 所示。

06 赋予模型材料。选择"铜板 1""铜板 2""铜板 3"，在左下角打开"多个选择"

Note

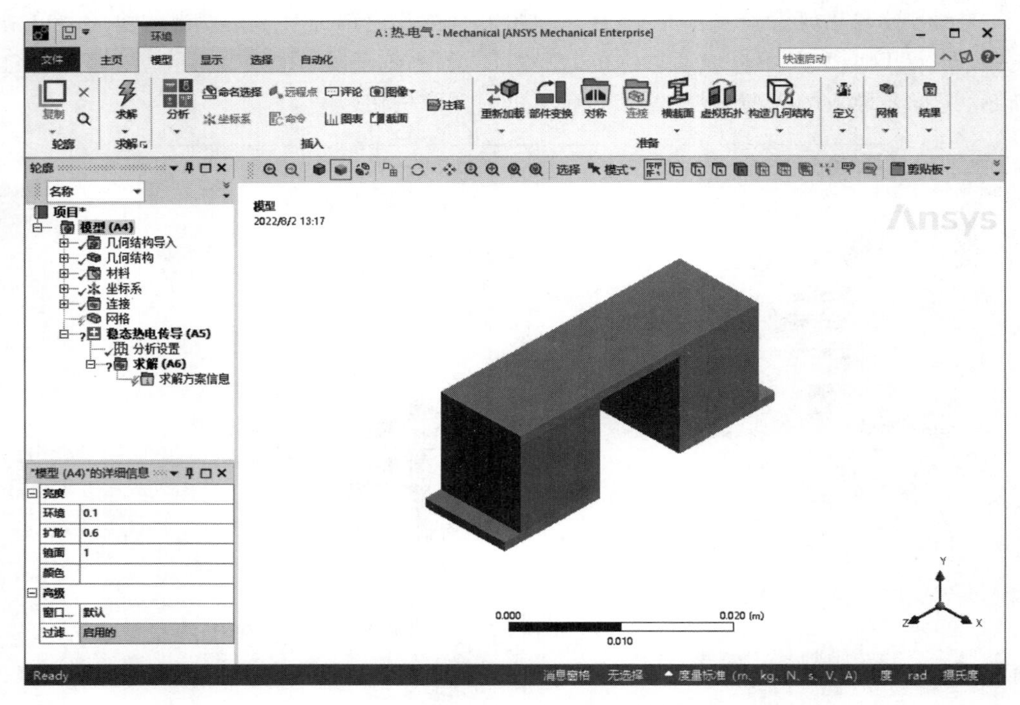

图 16-43 "A:热-电气-Mechanical"(机械学)应用程序

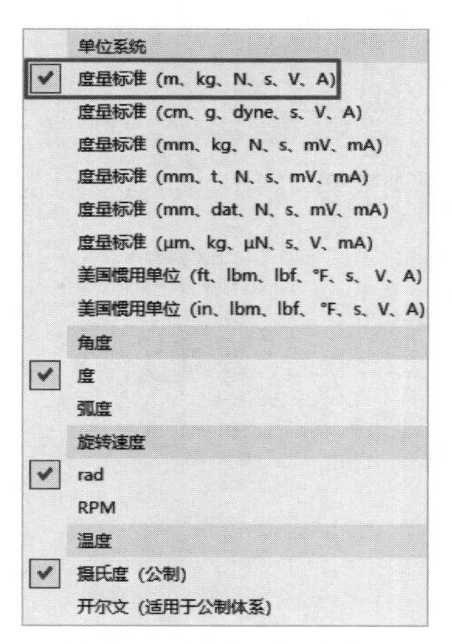

图 16-44 "单位系统"菜单栏

的详细信息列表,在列表中单击"材料"栏中"任务"选项,在弹出的"工程数据材料"对话框中选择"铜"选项,如图 16-46 所示,为"铜板"赋予"铜"材料。同理为"N 型半导体"赋予"N 型材料",为"P 型半导体"赋予"P 型材料"。

07 划分网格。在轮廓树中单击"网格"分支,左下角弹出"网格"的详细信息,采

Note

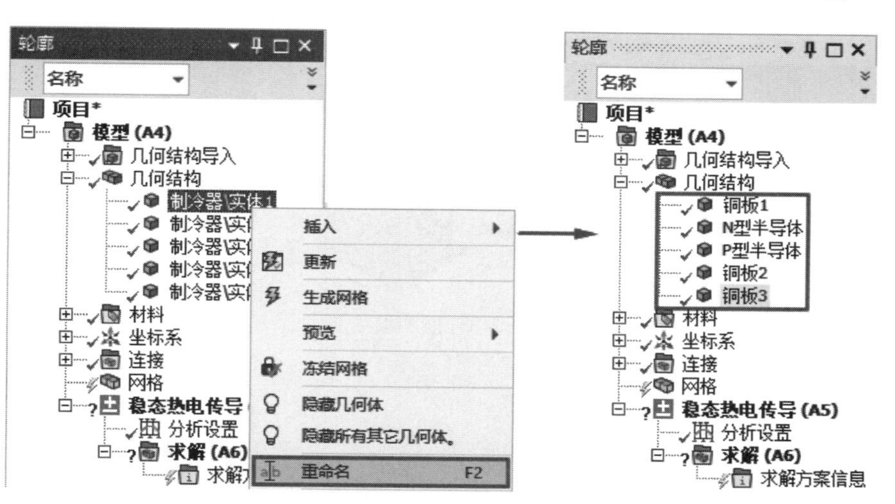

图 16-45　模型重命名

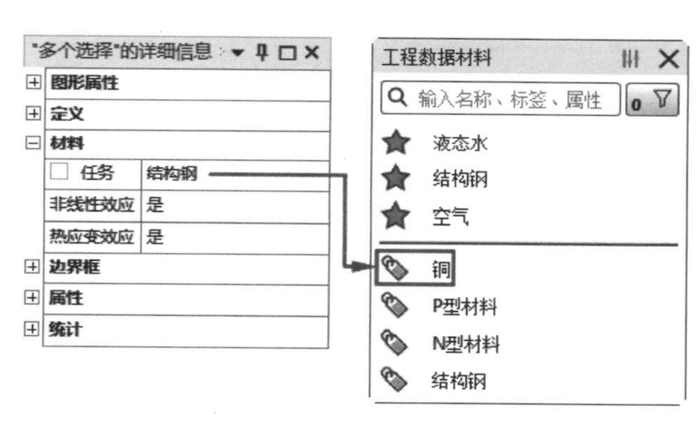

图 16-46　设置模型材料

用默认设置，然后单击"网格"选项卡"网格"面板中的"生成"按钮，系统自动划分网格，结果如图 16-47 所示。

08 定义热载荷。

(1) 添加温度 1。在轮廓树中单击"稳态热电传导(A5)"分支，系统切换到"环境"选项卡。单击"环境"选项卡"热"面板中的"温度"按钮 温度，左下角弹出"温度"的详细信息，设置"几何结构"为"铜板 1"的上表面，设置"大小"为 0℃，如图 16-48 所示。

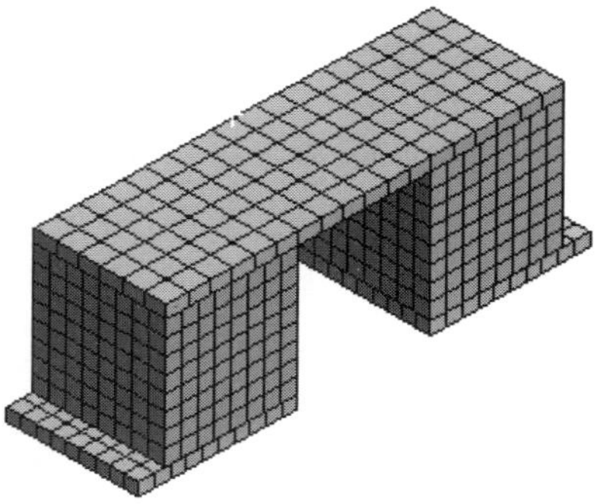

图 16-47　划分网格

(2) 添加电压。单击"环境"选项卡"电"面板中的"电压"按钮，左下角弹出"电压"的详细信息，设置"几何结构"为"铜板 2"的左侧端面，设置"大小"为 0V，如图 16-49 所示。

(3) 添加电流。单击"环境"选项卡"电"面板中的"电流"按钮，左下角弹出"电流"的详细信息，设置"几何结构"为"铜板 3"的右侧端面，设置"大小"为 28.7A，如图 16-50 所示。

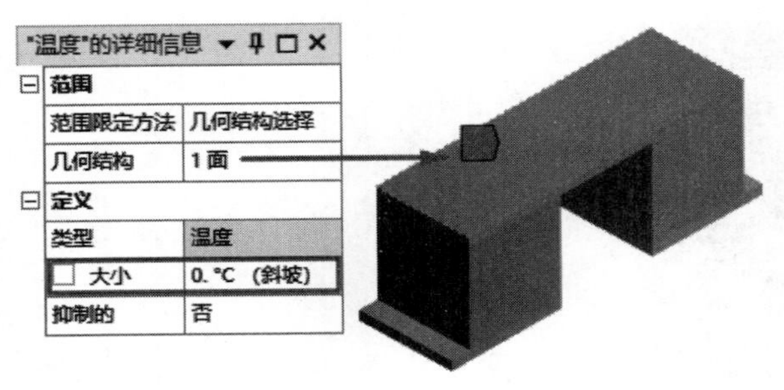

图 16-48　添加温度 1

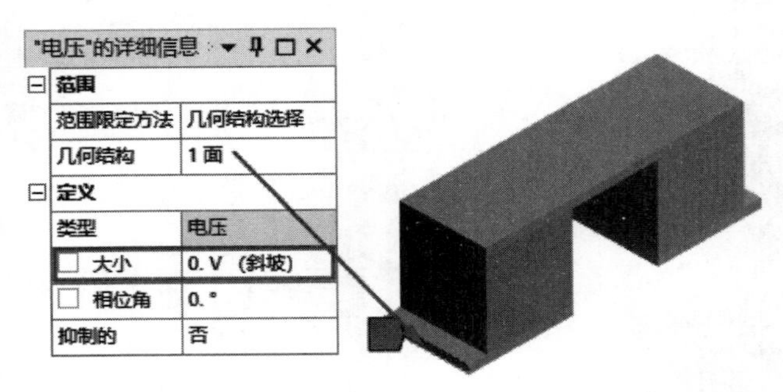

图 16-49　添加电压

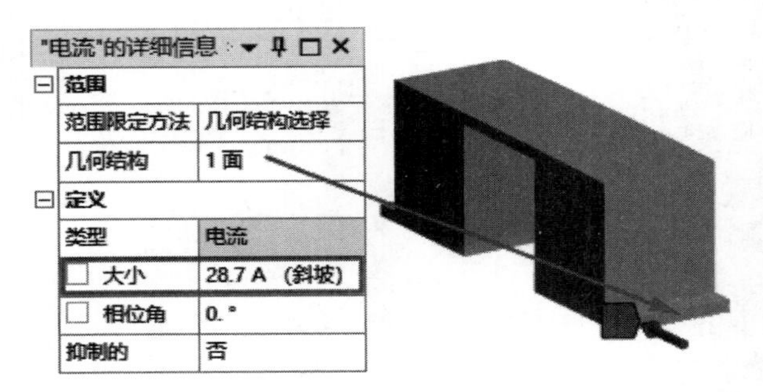

图 16-50　添加电流

(4) 添加温度 2。在轮廓树中单击"稳态热电传导(A5)"分支,系统切换到"环境"选项卡。单击"环境"选项卡"热"面板中的"温度"按钮 温度,左下角弹出"温度 2"的详细信息,设置"几何结构"为"铜板 2"和"铜板 3"的下表面,设置"大小"为 54℃,如图 16-51 所示。

09 设置稳态求解结果。

(1) 添加温度。在轮廓树中单击"求解(A6)"分支,系统切换到"求解"选项卡。单击"求解"选项卡"结果"面板"热"下拉菜单中的"温度"按钮 温度,添加温度。

(2) 添加电压。单击"求解"选项卡"结果"面板"电气"下拉菜单中的"电压"按钮 电压,添加电压。

10 求解。单击"主页"选项卡"求解"面板中的"求解"按钮,进行求解。

11 后处理。

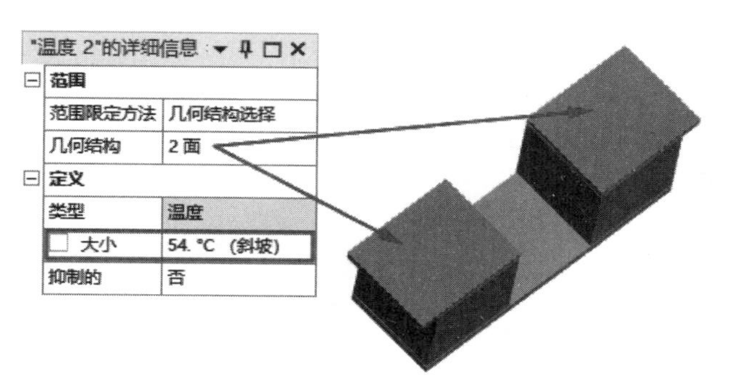

图 16-51　添加温度 2

（1）查看温度。求解完成后，选择“求解（A6）”分支下的“温度”选项，显示“温度”云图，如图 16-52 所示。

（2）查看电压。选择“电压”选项，显示“电压”云图，如图 16-53 所示。

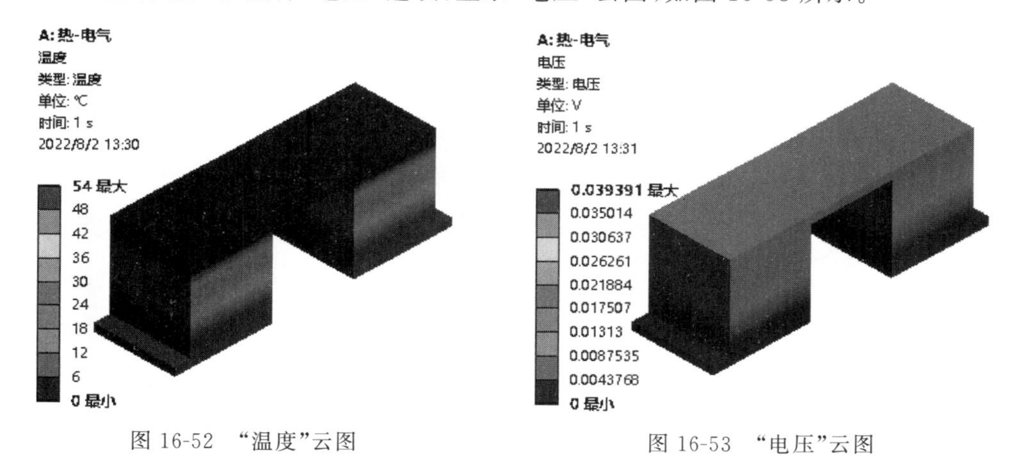

图 16-52　“温度”云图

图 16-53　“电压”云图

第17章

静磁分析

电磁学是研究电和磁的相互作用现象及其规律和应用的物理学分支学科。电磁是能量的反映，是物质所表现的电性和磁性的统称，如电磁感应、电磁波、电磁场等。所有电磁现象都离不开电场，而磁场是由运动电荷（电量）产生的。

第17章

- 电磁场基本理论
- 电磁学分析流程（创建工程项目、定义材料属性、创建或导入几何模型、划分网格、设置载荷与边界条件、电磁学分析后处理）
- 综合实例

17.1　电磁场基本理论

17.1.1　麦克斯韦方程

电磁场理论由一套麦克斯韦方程组描述,分析和研究电磁场的出发点就是麦克斯韦方程组的研究,包括这个方面的求解与试验验证。麦克斯韦方程组实际上是由 4 个定律组成,分别是安培环路定律、法拉第电磁感应定律、高斯电通定律(简称高斯定律)和高斯磁通定律(也称磁通连续性定律)。

1. 安培环路定律

无论介质和磁场强度 $\boldsymbol{H}$ 的分布如何,磁场中的磁场强度沿任何一条闭合路径的线积分等于穿过该积分路径所确定的曲面 Ω 的电流的总和。这里的电流包括传导电流(自由电荷产生)和位移电流(电场变化产生)。用积分表示为:

$$\oint_{\Gamma}\boldsymbol{H}\,\mathrm{d}l=\iint_{\Omega}\left(\boldsymbol{J}+\frac{\partial\boldsymbol{D}}{\partial t}\right)\mathrm{d}S \tag{17-1}$$

式中,$\boldsymbol{J}$ 为传导电流密度矢量,$\mathrm{A/m^2}$;$\dfrac{\partial\boldsymbol{D}}{\partial t}$为位移电流密度;$\boldsymbol{D}$ 为电通密度,$\mathrm{C/m^2}$。

2. 法拉第电磁感应定律

闭合回路中感应电动势与穿过此回路的磁通量随时间变化率成正比。用积分表示为:

$$\oint_{\Gamma}\boldsymbol{E}\,\mathrm{d}l=\iint_{\Omega}\left(\boldsymbol{J}+\frac{\partial\boldsymbol{B}}{\partial t}\right)\mathrm{d}S \tag{17-2}$$

式中,$\boldsymbol{E}$ 为电场强度,$\mathrm{V/m}$;$\boldsymbol{B}$ 为磁感应强度,T 或 $\mathrm{Wb/m^2}$。

3. 高斯电通定律

在电场中,不管电介质与电通密度矢量的分布如何,穿出任何一个闭合曲面的电通量等于这已闭合曲面所包围的电荷量,这里指出电通量也就是电通密度矢量对此闭合曲面的积分,用积分形式表示为:

$$\oiint_{S}D\,\mathrm{d}S=\iiint_{V}\boldsymbol{\rho}\,\mathrm{d}V \tag{17-3}$$

式中,$\boldsymbol{\rho}$ 为电荷体密度,$\mathrm{C/m^3}$;V 为闭合曲面 S 所围成的体积区域。

4. 高斯磁通定律

磁场中,不论磁介质与磁通密度矢量的分布如何,穿出任何一个闭合曲面的磁通量恒等于零,这里指出磁通量即为磁通量矢量对此闭合曲面的有向积分。用积分形式表示为

$$\oiint_{S}\boldsymbol{B}\,\mathrm{d}S=\boldsymbol{0} \tag{17-4}$$

式(17-1)～式(17-4)还分别有自己的微分形式,也就是微分形式的麦克斯韦方程

Note

组，它们分别对应式(17-5)～式(17-8)。

$$\nabla\times \boldsymbol{H} = \boldsymbol{J} + \frac{\partial \boldsymbol{D}}{\partial t} \tag{17-5}$$

$$\nabla\times \boldsymbol{E} = \frac{\partial \boldsymbol{B}}{\partial t} \tag{17-6}$$

$$\nabla\times \boldsymbol{D} = \boldsymbol{\rho} \tag{17-7}$$

$$\nabla\times \boldsymbol{B} = \boldsymbol{0} \tag{17-8}$$

17.1.2 一般形式的电磁场微分方程

电磁场计算中，经常对上述这些偏微分进行简化，以便能够用分离变量法、格林函数法等解得电磁场的解析解，其解的形式为三角函数的指数形式以及一些用特殊函数(如贝塞尔函数、勒让得多项式等)表示的形式。但工程实践中，要精确得到问题的解析解，除了极个别情况，通常是很困难的。于是只能根据具体情况给定的边界条件和初始条件，用数值解法求其数值解，有限元法就是其中最为有效、应用最广的一种数值计算方法。

1. 矢量磁势和标量电势

对于电磁场的计算，为了使问题得到简化，通过定义两个量来把电场和磁场变量分离开来，分别形成一个独立的电场或磁场的偏微分方程，这样便有利于数值求解。这两个量一个是矢量磁势 $\boldsymbol{A}$(也称磁矢位)，另一个是标量电势 ϕ，它们的定义如下：

矢量磁势定义为：

$$\boldsymbol{B} = \nabla\times \boldsymbol{A} \tag{17-9}$$

也就是说磁势的旋度等于磁通量的密度。

而标量电势可定义为：

$$\boldsymbol{E} = -\nabla\phi \tag{17-10}$$

2. 电磁场偏微分方程

按式(17-9)和式(17-10)定义的矢量磁势和标量电势能自动满足法拉第电磁感应定律和高斯磁通定律。然后应用到安培环路定律和高斯电通定律中，经过推导，分别得到了磁场偏微分方程(17-11)和电场偏微分方程(17-12)：

$$\nabla^2\boldsymbol{A} - \mu\varepsilon\frac{\partial^2\boldsymbol{A}}{\partial t^2} = -\mu\boldsymbol{J} \tag{17-11}$$

$$\nabla^2\phi - \mu\varepsilon\frac{\partial^2\phi}{\partial t^2} = -\frac{\boldsymbol{\rho}}{\varepsilon} \tag{17-12}$$

式中，μ 和 ε 分别为介质的磁导率和介电常数，∇^2 为拉普拉斯算子，如式(17-13)所示。

$$\nabla^2 = \left(\frac{\partial^2}{\partial x^2} + \frac{\partial^2}{\partial y^2} + \frac{\partial^2}{\partial z^2}\right) \tag{17-13}$$

很显然，式(17-11)和式(17-12)具有相同的形式，是彼此对称的，这意味着求解它们的方法相同。至此，可以对式(17-11)和式(17-12)进行数值求解，如采用有限元法，解得磁势和电势的场分布值，再经过转化(即后处理)可得到电磁场的各种物理量，如磁感应强度、储能。

17.1.3　电磁场中常见边界条件

电磁场问题实际求解过程中，有各种各样的边界条件，但归结起来可概括为 3 种：狄利克雷(Dirichlet)边界条件、诺依曼(Neumann)边界条件以及它们的组合。

狄利克莱边界条件表示为：

$$\phi\mid_{\Gamma}=g(\Gamma) \tag{17-14}$$

式中，Γ 为狄利克莱边界；$g(\Gamma)$是位置的函数，可以为常数和 0，当为 0 时称此狄利克莱边界为齐次边界条件，如平行板电容器的一个极板电势可假定为 0，而另外一个假定为常数，为 0 的边界条件即为齐次边界条件。

诺依曼边界条件可表示为：

$$\frac{\partial\phi}{\partial \boldsymbol{n}}\mid_{\Gamma}+f(\Gamma)\phi\mid_{\Gamma}=h(\Gamma) \tag{17-15}$$

式中，Γ 为诺依曼边界；$\boldsymbol{n}$ 为边界 Γ 的外法线矢量；$f(\Gamma)$和 $h(\Gamma)$为一般函数(可为常数和 0)，当为 0 时为齐次诺依曼条件。

实际上电磁场微分方程的求解中，只有在边界条件和初始条件的限制时，电磁场才有确定解。鉴于此，我们通常称求解此类问题为边值问题和初值问题。

17.2　电磁学分析流程

电磁学分析流程主要有以下几个步骤：

(1) 创建工程项目。

(2) 定义材料属性(包括残余感应和矫顽力等)。

(3)创建或导入几何模型。

(4) 划分网格(求解时会自动对身体进行网格划分，但在进行网格划分时最好选择电磁物理选项)。

(5) 求解设置。

(6) 设置载荷与边界条件。

(7) 求解。

(8) 电磁学分析后处理。

下面就主要的几个方面进行讲解。

17.2.1　创建工程项目

创建“静磁的”分析模块，需要在 Workbench 中将“静磁的”项目模块拖到项目原理图中，如图 17-1 所示，或者双击“静磁的”模块即可。

17.2.2　定义材料属性

在电磁学有限元分析中，支持 4 种材料特性：

(1) 线性“软”磁性材料：常用于低饱和情况，需要设置相对磁导率。

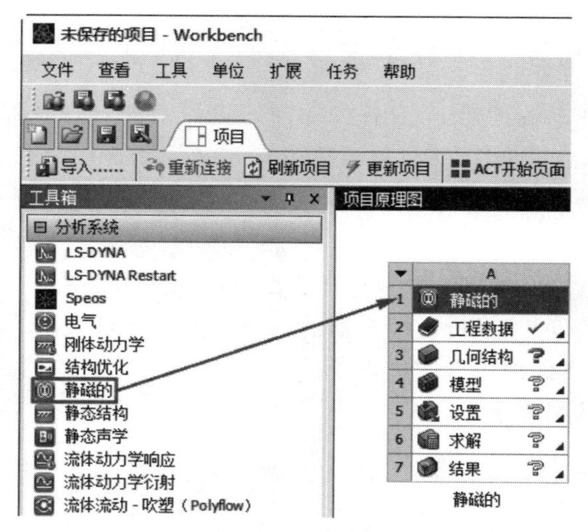

图 17-1　创建工程项目

（2）线性“硬”磁性材料：常用于制作永磁铁模型，需要设置剩余磁感应和矫顽力。

（3）非线性“软”磁性材料：常用于模拟经历磁饱和的器件，需要一个磁化（B-H）曲线。

（4）非线性“硬”磁性材料：常用于建模非线性永磁体，需要对材料退磁曲线进行 B-H 曲线的设置。

17.2.3　创建或导入几何模型

对于几何模型的创建和导入，前面章节有详细介绍，这里不再赘述，但要注意以下几点：

（1）该分析仅适用于三维几何图形。

（2）该分析要求建立的物理几何周围建立空气域，并作为整个几何形状的一部分，可以在 SpaceClaim 建模器中单击“准备”选项卡“分析”面板中的“外壳”按钮来创建空气域，如图 17-2 所示，建模结果如图 17-3 所示。

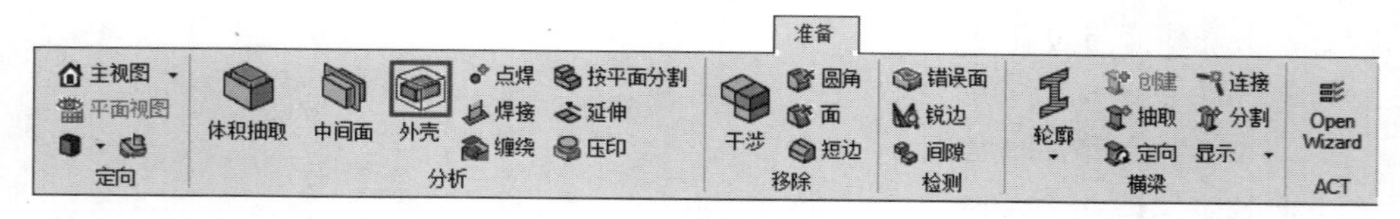

图 17-2　“准备”选项卡

（3）该分析要求创建的几何必须进行共享拓扑，可在 SpaceClaim 建模器中单击“Workbench”选项卡“共享”面板中的“共享”按钮，进行共享操作，如图 17-4 所示。

17.2.4　划分网格

对于网格的划分，前面章节有详细介绍，这里不再赘述，但要注意以下几点：

（1）在“网格”的详细信息中设置“物理偏好”为“电磁”。

（2）对空气域进行精细的网格划分，有利于力或扭矩的精确计算。

Note

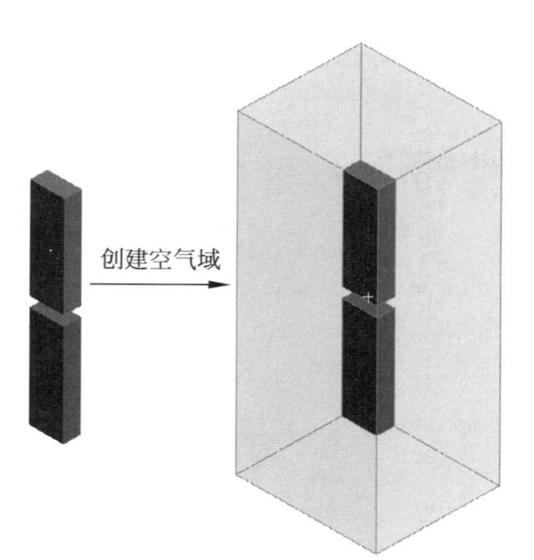

图 17-3 创建空气域

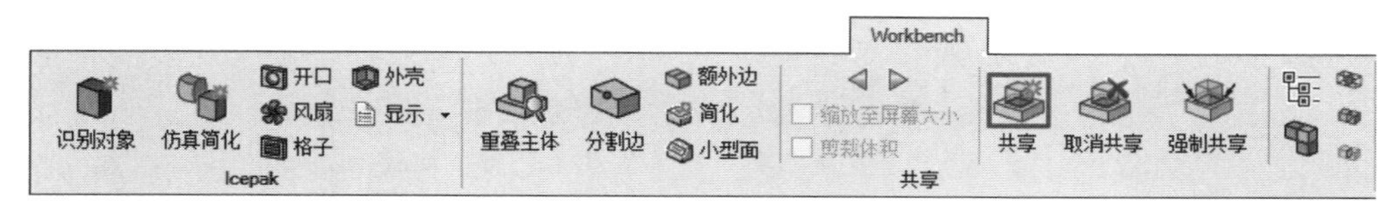

图 17-4 “Workbench”选项卡

17.2.5 设置载荷与边界条件

对于电磁学载荷，主要包括“磁通量并行”和“源导体”载荷，如图 17-5 所示。

（1）磁通量边界条件对模型边界上的磁通量方向施加约束，只能应用于面，通常应用在空气域的外表面上，以将磁通量包含在模拟域内。

（2）源导体：导体的特征是能够将电流和可能的电压传送到系统，在 Workbench 中源导体的类型包括“固体”和“绞合的”两种类型，如图 17-6 所示。

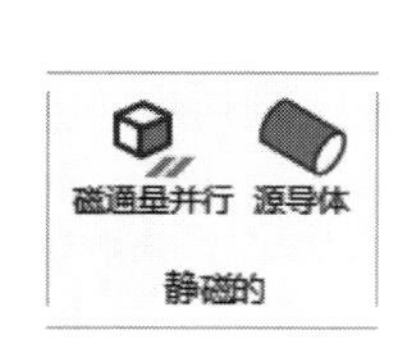

图 17-5 电磁学载荷

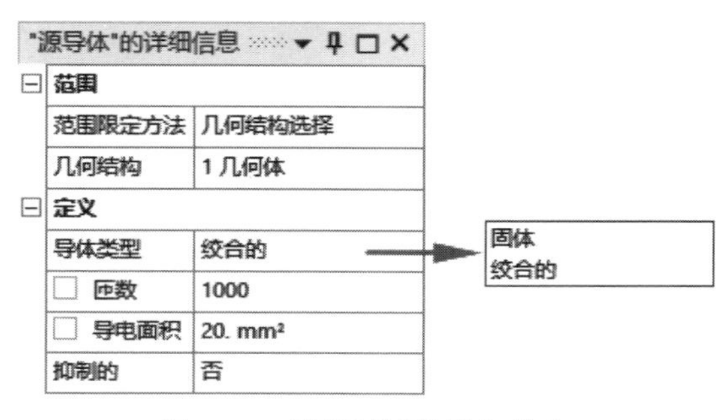

图 17-6 “源导体”的详细信息

① 固体源导体：此导体类型可以将模型视为固体源导体，用于母线、转子笼等的建模。当指定为固体源导线时，会激活“电压”和“电流”载荷，如图 17-7 所示，该类型导体会因为几何形状的不同使得电流分布不均。

② 绞合源导体可用于表示缠绕线圈。缠绕线圈最常用作旋转电机、执行器、传感

Note

器等的电流激励源，因此该类型源导体会激活“电流”载荷，如图 17-8 所示，直接定义每个绞合源导体的电流。

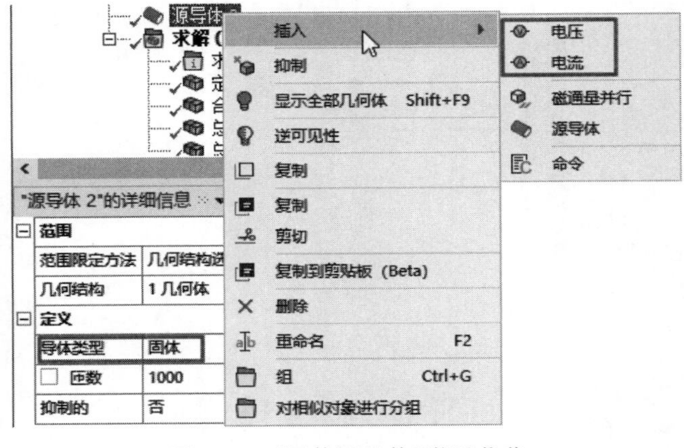

图 17-7 “固体源导体”激活载荷

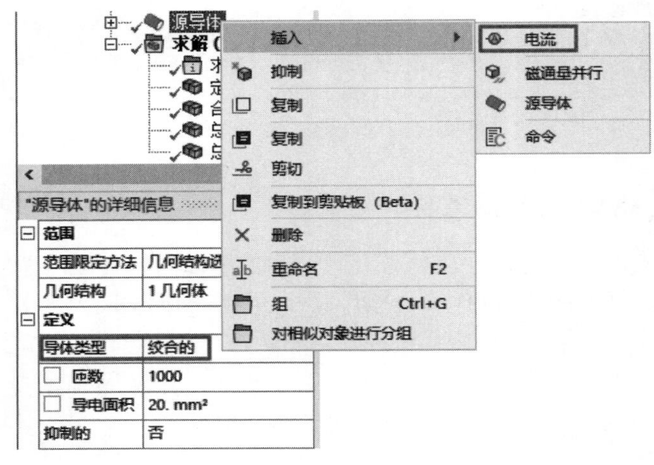

图 17-8 “绞合源导体”激活载荷

17.2.6 电磁学分析后处理

求解完成后就可以进行后处理操作，包括电势、总磁通密度、定向磁通密度、总磁场强度、定向磁场强度、合力、定向力等，如图 17-9 所示，下面简单介绍常用的几种。

（1）电势：以云图的方式显示导体中恒定电势(电压)的轮廓，是一个标量。

（2）总磁通密度：在整个模拟区域中计算，是个矢量，并允许将矢量的总大小视为一个轮廓。

（3）定向磁通密度：相对于总磁通密度，可以显示单个矢量分量(***X***、***Y***、***Z***)的磁通密度。

（4）总磁场强度：在整个模拟区域中计算，是个矢量，并允许将矢量的总大小视为一个轮廓。

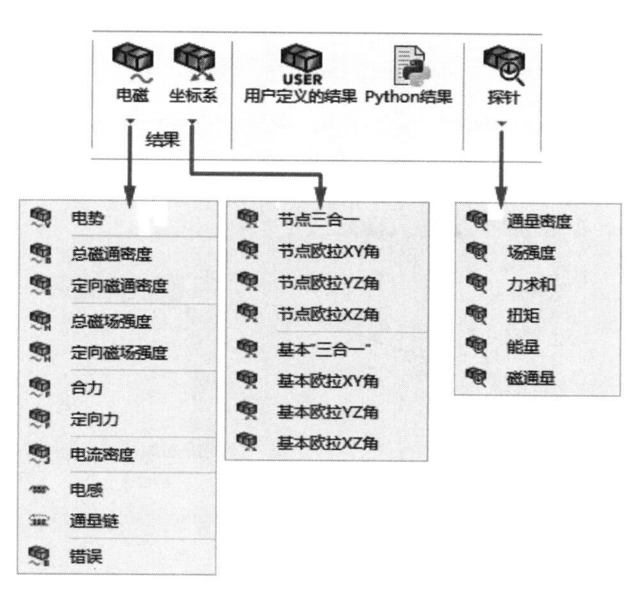

图 17-9 后处理

(5) 定向磁场强度：相对于总磁场强度，可以显示单个矢量分量(***X***、***Y***、***Z***)的磁场强度。

(6) 合力：表示物体收到的总电磁力，是个矢量。

17.3 综合实例

17.3.1 不同磁极下磁铁的静磁分析

如图 17-10 所示，将两块磁铁放到一块，第一种情况是相邻的两磁极为异极，第二种情况是相邻的两磁极为同极，对这两种情况进行静磁分析。

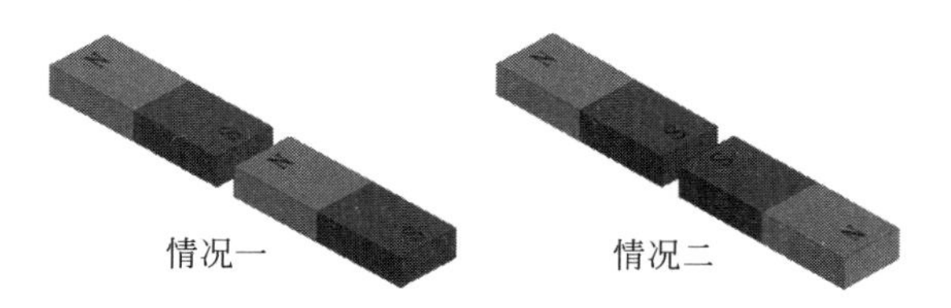

图 17-10 磁铁

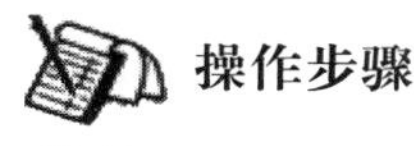

操作步骤

01 创建工程项目。

(1) 打开 Workbench 程序，展开左边工具箱中的"分析系统"栏，将工具箱里的"静磁的"选项直接拖动到"项目原理图"界面中或直接双击"静磁的"选项，建立一个含有"静磁的"的项目模块，结果如图 17-11 所示。

Note

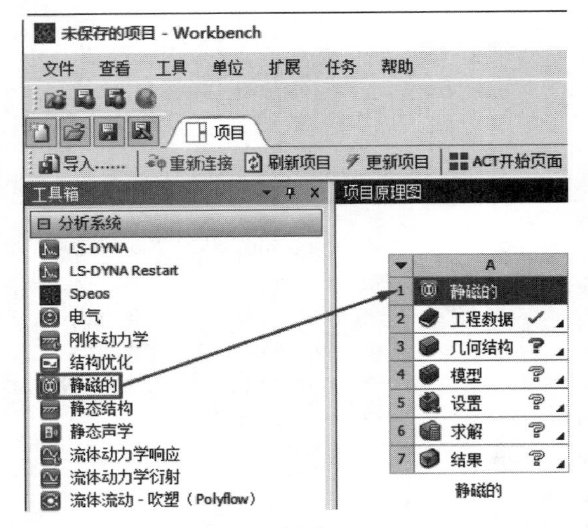

图 17-11　创建工程项目

(2) 设置单位系统。在主菜单中选择"单位"下拉列表中的"度量标准(kg,m,s,K,A,N,V)",设置单位为米。

02 定义材料。

17-1

(1) 自定义材料。双击 A2"工程数据"选项,弹出"A2 工程数据"选项卡,在该选项卡中单击"轮廓 原理图 A2：工程数据"下方的"点击此处添加新材料"栏,如图 17-12 所示,然后在该栏中输入"磁",此时就创建了一个"磁"材料,只是此时"磁"材料,没有定义属性,下方的"属性大纲行 3：磁"中,没有任何属性定义,如图 17-13 所示。

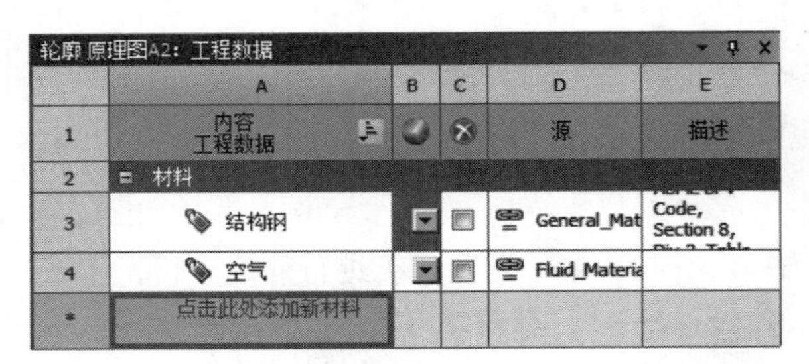
轮廓 原理图A2：工程数据

	A	B	C	D	E
1	内容 工程数据			源	描述
2	⊟ 材料				
3	结构钢			General_Mat	Code, Section 8,
4	空气			Fluid_Materia	
*	点击此处添加新材料				

图 17-12　添加材料

属性 大纲行3：磁

	A	B	C	D	E
1	属性	值	单位		

图 17-13　属性大纲行

(2) 设置材料属性。展开左侧"工具箱"中的"线性'硬'磁性材料"栏,将"Coercive Force&Residual Induction"(矫顽力和剩余感应)属性拖放到右侧的"磁"中,如图 17-14 所示,此时下方的"属性大纲行 3：磁"中出现了所添加的属性,然后设置"矫顽力"为 45000A/m,"残余感应"为 1.26T,结果如图 17-15 所示,然后单击"A2：工程数据"标签的关闭按钮✖,返回到 Workbench 界面。

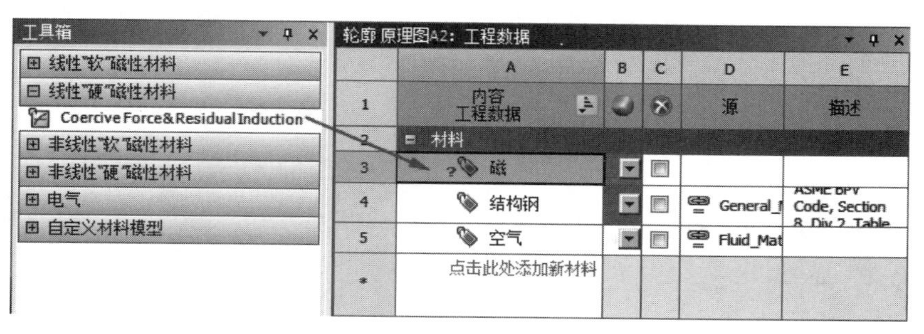

图 17-14　添加属性

属性 大纲行3：磁

	A	B	C	D	E
1	属性	值	单位		
2	Coercive Force & Residual Induction				
3	矫顽力	45000	A m^-1		
4	残余感应	1.26	T		

图 17-15　设置"磁"属性

03 创建几何模型。

(1) 打开 SpaceClaim。右击"静磁的"模块中的"几何结构"栏，在弹出的快捷菜单中选择"新的 SpaceClaim 几何结构"选项，如图 17-16 所示，进入 SpaceClaim 建模系统。

(2) 绘制草图。在草图模式下，单击"选择新草图平面"按钮，然后在原坐标系中选择"Y 轴"，此时系统选择与"Y 轴"垂直的"ZX"平面为草绘平面，然后单击"草图"选项卡"定向"面板中的"平面视图"按钮 平面视图，正视该平面，单击"草图"选项卡"创建"面板中的"矩形"按钮，绘制草图，然后单击"约束"面板中的"尺寸"按钮，标注草图尺寸，结果如图 17-17 所示。

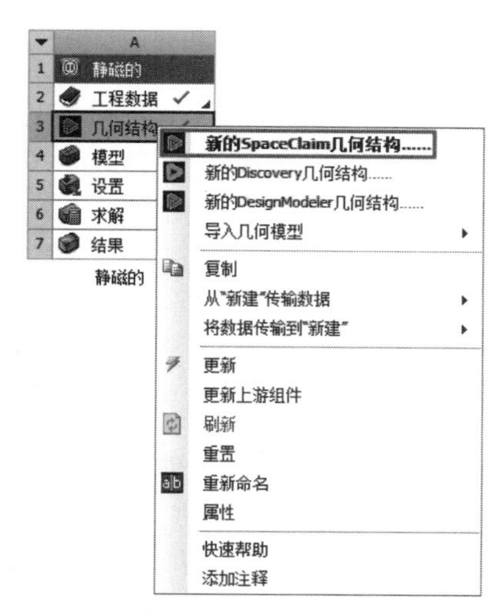

图 17-16　打开 SpaceClaim

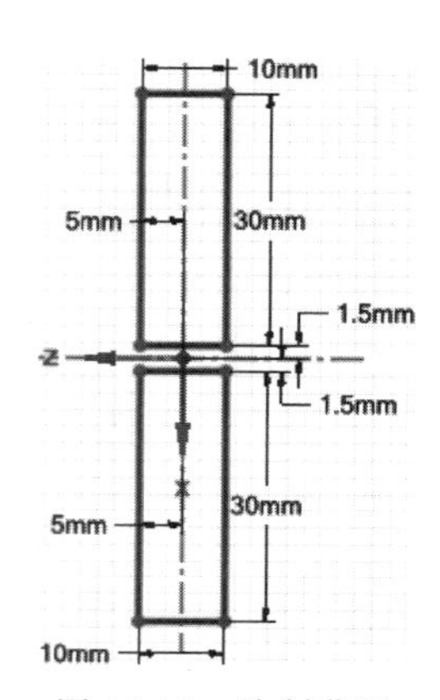

图 17-17　绘制草图

(3) 拉动草图。单击"草图"选项卡"编辑"面板中的"拉动"按钮，选择草图构成的剖面为拉动对象，并在"选项-拉动"面板中选择"同时拉两侧"选项，如图 17-18 所示，

Note

按空格键，在出现的拉伸距离输入框中输入 5mm，按回车键，完成拉伸，单击“定向”面板中的“主视图”按钮，调整视图方向，结果如图 17-19 所示。

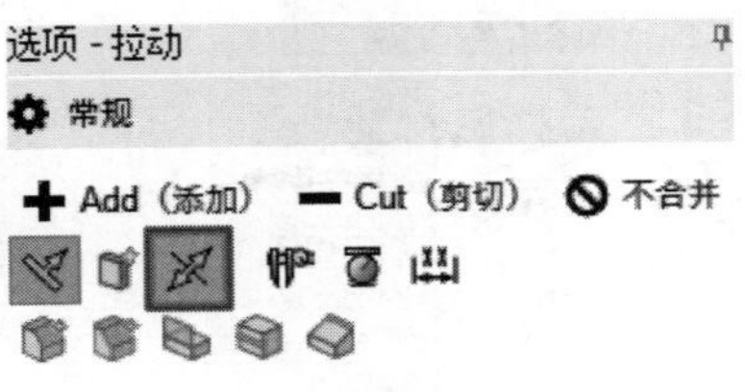

图 17-18　选择拉动方式

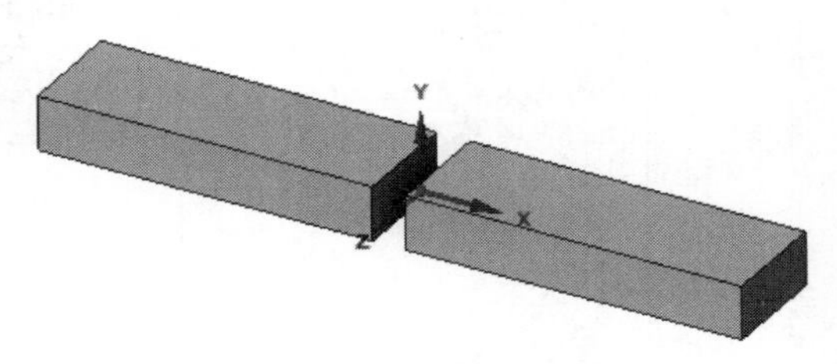

图 17-19　拉伸模型

(4) 创建空气域。单击“准备”选项卡“分析”面板中的“外壳”按钮，选择上步创建的两个实体，然后设置空气域的范围为 15mm，如图 17-20 所示，然后单击向导工具中的“完成”按钮，创建空气域。

(5) 创建共享拓扑。单击“Workbench”选项卡“共享”面板中的“共享”按钮，系统自动识别重合区域，采用默认设置，单击向导工具中的“完成”按钮，完成共享，结果如图 17-21 所示，创建完成后，关闭 SpaceClaim 建模系统。

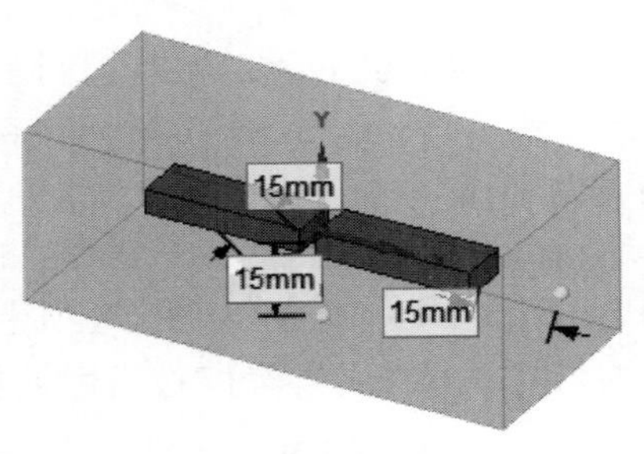

图 17-20　创建空气域

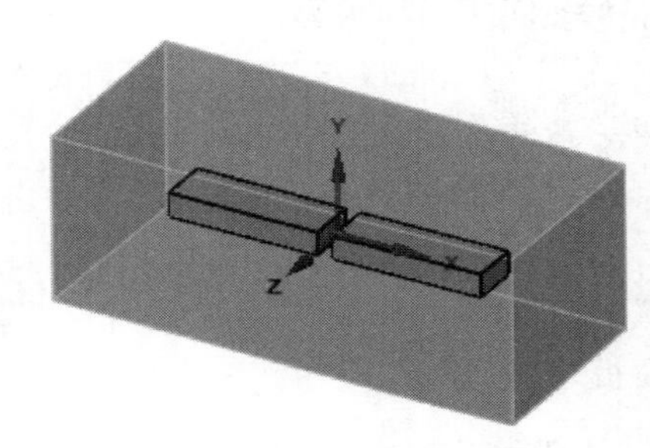

图 17-21　创建共享拓扑

17-2

04 启动 Mechanical 应用程序。

(1) 启动 Mechanical。右击“静磁的”模块中的“模型”栏，在弹出的快捷菜单中选择“编辑”选项，进入“静磁的-Mechanical”(机械学)分析系统。

(2) 设置系统单位。单击“主页”选项卡“工具”面板下拉菜单中的“单位”按钮，弹出“单位系统”下拉菜单，选择“度量标准(mm、kg、N、s、mV、mA)”选项，如图 17-22 所示。

05 模型重命名。在轮廓树中展开“几何结构”下的“SYS”分支，显示模型含有 3 个实体，右击上面的实体，在弹出的快捷菜单中选择“重命名”命令，重新输入名称为“磁铁 1”；同理设置下面的两个固体为“磁铁 2”和“空气域”，如图 17-23 所示。

06 赋予模型材料。选择“磁铁 1”，在左下角打开“磁铁 1”的详细信息列表，在列表中单击“材料”栏中“任务”选项，在弹出的“工程数据材料”对话框中选择“磁”选项，如图 17-24 所示，为磁铁 1 赋予“磁”材料。设置“材料极化”为“+X 方向”，同理为磁铁 2 赋予“磁”材料，设置“材料极化”也为“+X 方向”，此时两块磁铁的磁极方向相同，模拟放置方式为情况一，其余为默认设置。

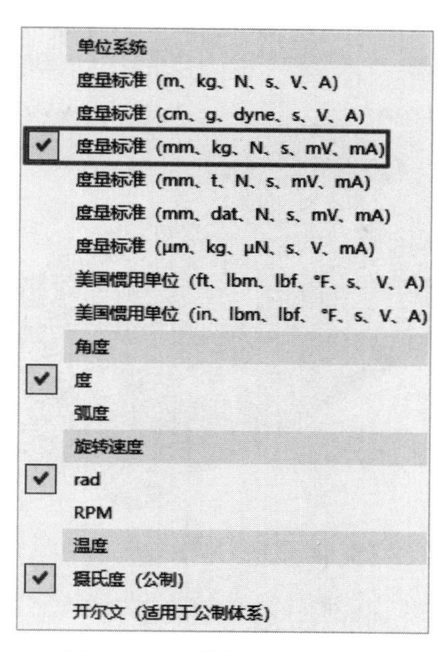

图 17-22　“单位系统”菜单栏

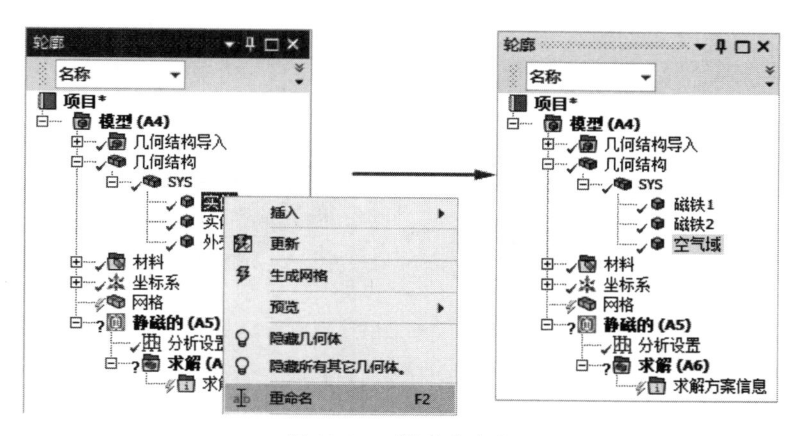

图 17-23　模型重命名

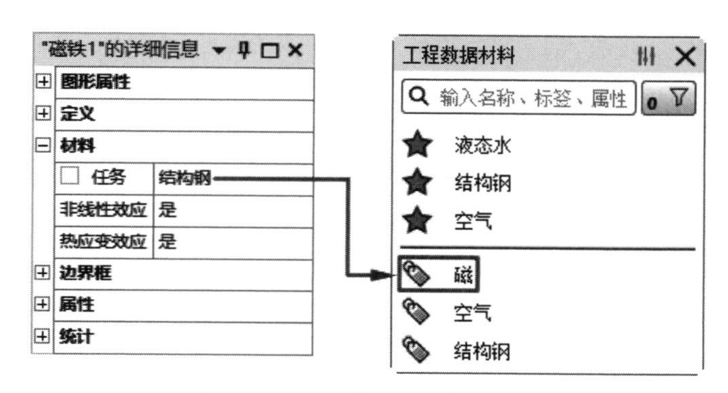

图 17-24　“磁铁 1”的详细信息

Note

07 划分网格。单击“网格”选项卡“网格”面板中的“生成”按钮，系统自动划分网格，结果如图 17-25 所示。

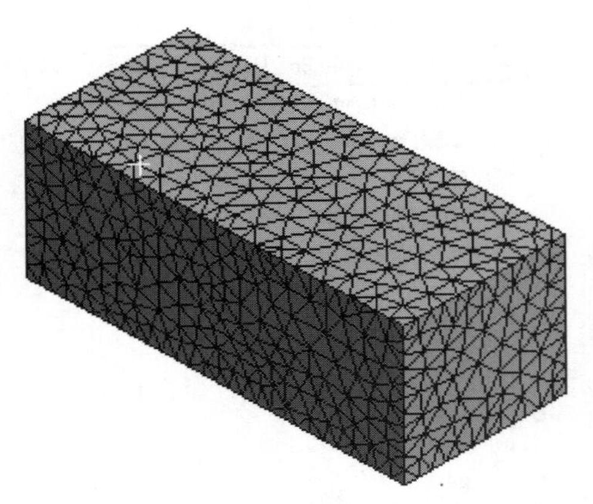

图 17-25 划分网格

08 定义载荷。添加磁通量并行。在轮廓树中单击“静磁的(A5)”分支，系统切换到“环境”选项卡。单击“环境”选项卡“静磁的”面板中的“磁通量并行”按钮，左下角弹出“磁通量并行”的详细信息，设置“几何结构”为“空气域”的 6 个面，如图 17-26 所示。

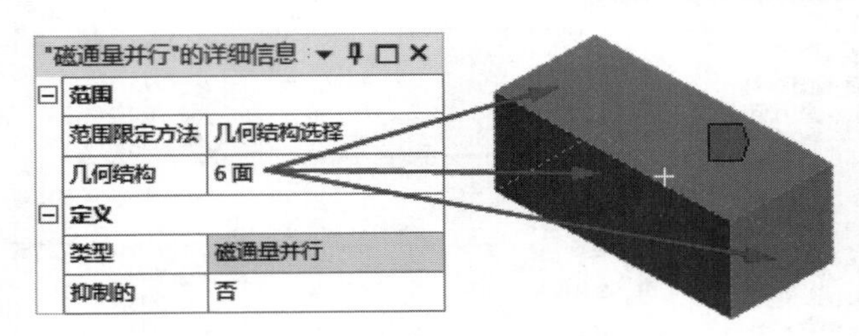

"磁通量并行"的详细信息

范围	
范围限定方法	几何结构选择
几何结构	6 面
定义	
类型	磁通量并行
抑制的	否

图 17-26 添加磁通量并行

09 设置求解结果。

(1) 添加总磁通密度。单击“求解(A6)”分支，系统切换到“求解”选项卡，单击“求解”选项卡“结果”面板“电磁”下拉菜单中的“总磁通密度”按钮 总磁通密度，添加总磁通密度。

(2) 添加总磁场强度。单击“求解”选项卡“结果”面板“电磁”下拉菜单中的“总磁场强度”按钮 总磁场强度，添加总磁场强度。

(3) 添加合力。单击“求解”选项卡“结果”面板“电磁”下拉菜单中的“合力”按钮 合力，添加合力。

10 求解。单击“主页”选项卡“求解”面板中的“求解”按钮，进行求解。

11 后处理。

(1) 查看总磁通密度。求解完成后，选择“求解(A6)”分支下的“总磁通密度”选项，然后单击“工具栏”中的“线框”按钮，设置视图为“线框”模式，单击“矢量显示”面板中的“矢量”按钮，显示“总磁通密度”矢量图 1，调整方向后如图 17-27 所示，可以

通过设置“比例”“均匀”“单元对齐”“网格对齐”来调整矢量图，如图 17-28 所示。

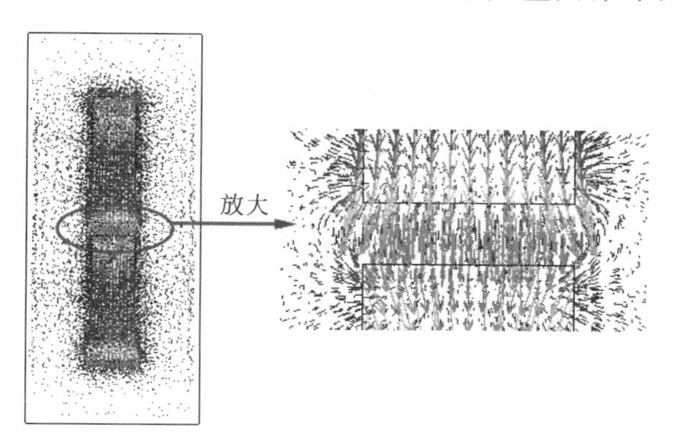

图 17-27　“总磁通密度”矢量图 1

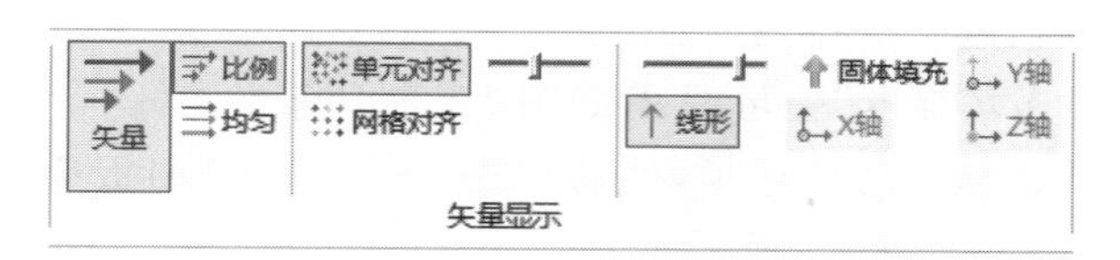

图 17-28　“矢量显示”调整

（2）查看总磁场强度。选择“总磁场强度”选项，然后单击“矢量显示”面板中的“矢量”按钮，显示“总磁场强度”矢量图 1，如图 17-29 所示。

（3）查看合力。选择“合力”选项，然后单击“矢量显示”面板中的“矢量”按钮，显示“合力”矢量图 1，如图 17-30 所示。

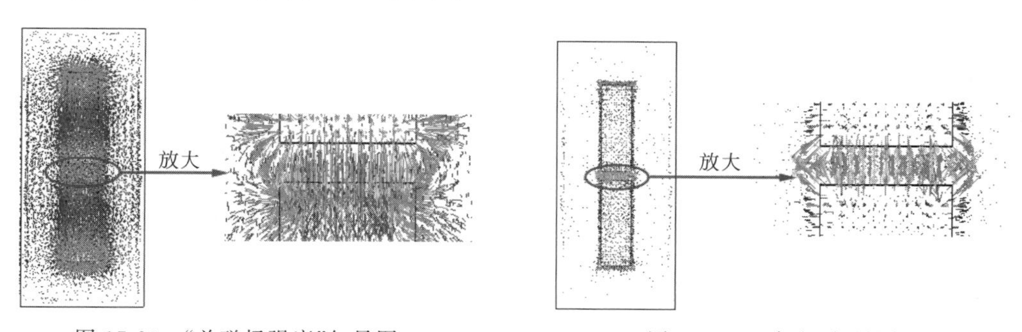

图 17-29　“总磁场强度”矢量图 1

图 17-30　“合力”矢量图 1

通过对磁通密度、磁场强度和合力的查看可以看出此种情况两磁铁相互吸引。

12 调整磁极。在“轮廓树”中选择“几何结构”分支下的“磁铁 1”，左下角弹出“磁铁 1”的详细信息列表，设置“材料极化”为“－X 方向”，如图 17-31 所示。

13 求解。单击“主页”选项卡“求解”面板中的“求解”按钮，进行求解。

14 后处理。

（1）查看总磁通密度。求解完成后，选择“求解（A6）”分支下的“总磁通密度”选项，然后单击“矢量显示”面板中的“矢量”按钮，显示“总磁通密度”矢量图 2，调整方向后如图 17-32 所示。

Note

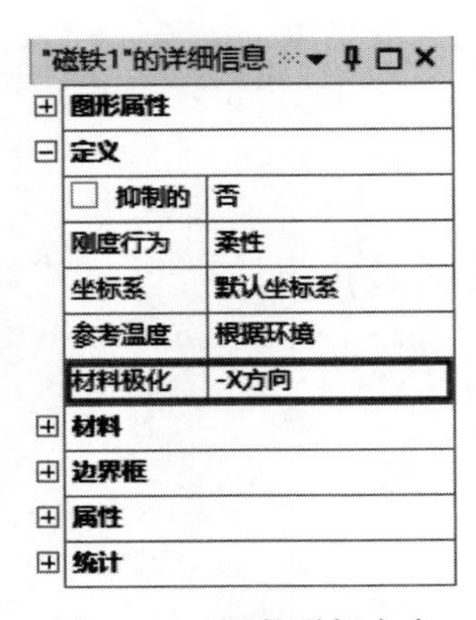

图 17-31　调整磁极方向

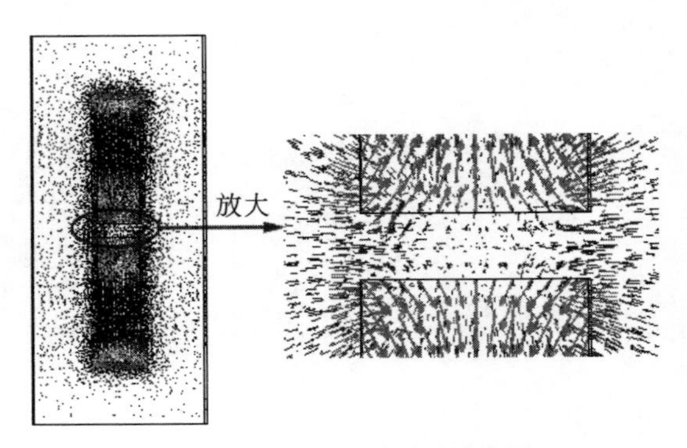

图 17-32　"总磁通密度"矢量图 2

(2) 查看总磁场强度。选择"总磁场强度"选项,然后单击"矢量显示"面板中的"矢量"按钮,显示"总磁场强度"矢量图 2,如图 17-33 所示。

(3) 查看合力。选择"合力"选项,然后单击"矢量显示"面板中的"矢量"按钮,显示"合力"矢量图 2,如图 17-34 所示。

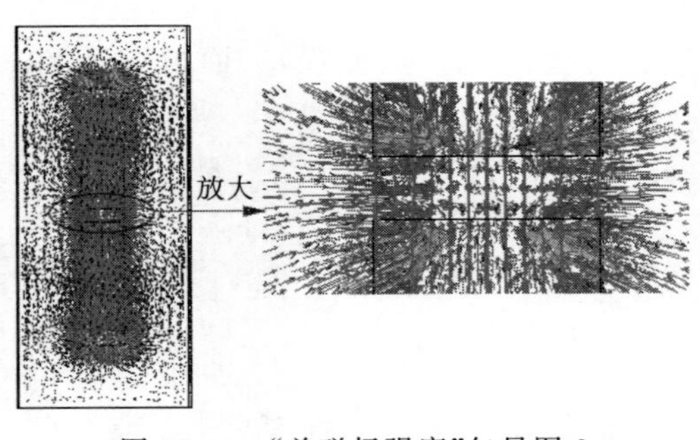

图 17-33　"总磁场强度"矢量图 2

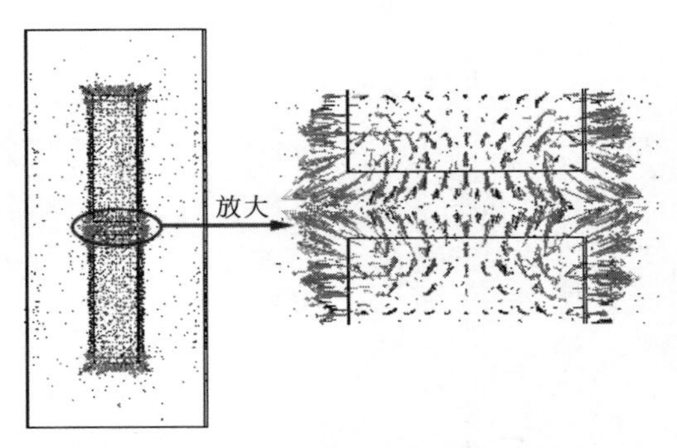

图 17-34　"合力"矢量图 2

通过对磁通密度、磁场强度和合力的查看可以看出此种情况两磁铁相互排斥。

17.3.2　电磁力仿真分析

如图 17-35 所示,一个直径为 10mm 的铁芯,外面包裹有铜线圈,匝数为 1000,导电面积为 20mm^2,当施加 1000mA 的电流时,分析此时产生的电磁对下方衔铁的吸力及此状态下的总磁通密度和总磁场强度的分布情况。

操作步骤

01 创建工程项目。

(1) 打开 Workbench 程序,展开左边工具箱中的"分析系统"栏,将工具箱里的"静磁的"选项直接拖动到"项目原理图"界面中或直接双击"静磁的"选项,建立一个含有"静磁的"的项目模块,结果如图 17-36 所示。

Note

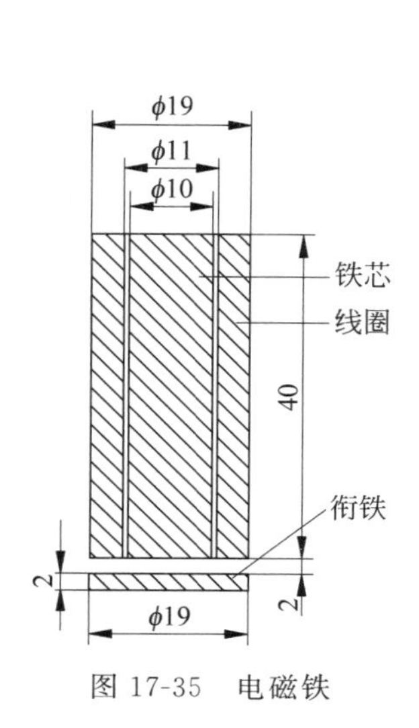

图 17-35　电磁铁

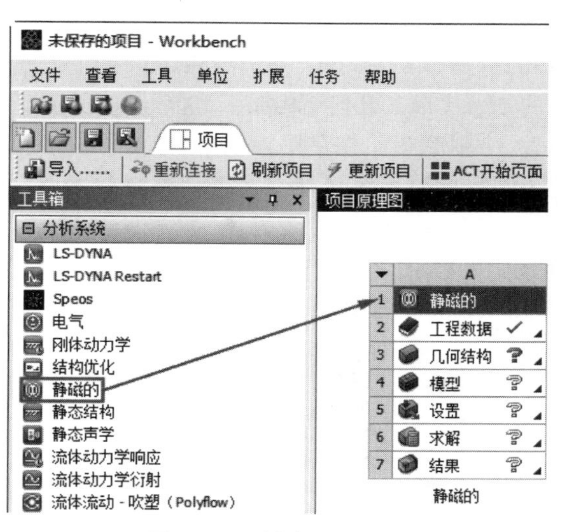

图 17-36　创建工程项目

（2）设置单位系统。在主菜单中选择“单位”下拉列表中的“度量标准(kg,mm,s,℃,mA,N,mV)”，设置单位为毫米。

02 定义材料。双击 A2“工程数据”选项，弹出“A2 工程数据”选项卡，单击应用上方的“工程数据源”标签。如图 17-37 所示，打开左上角的“工程数据源”窗口。单击其中的“一般材料”按钮 一般材料，使之点亮。在“一般材料”点亮的同时单击“轮廓 General Materials”(一般材料概述)窗格中的“铜合金”旁边的“添加”按钮，将这个材料添加到当前项目中，单击“A2:工程数据”标签的关闭按钮，返回到 Workbench 界面。

17-3

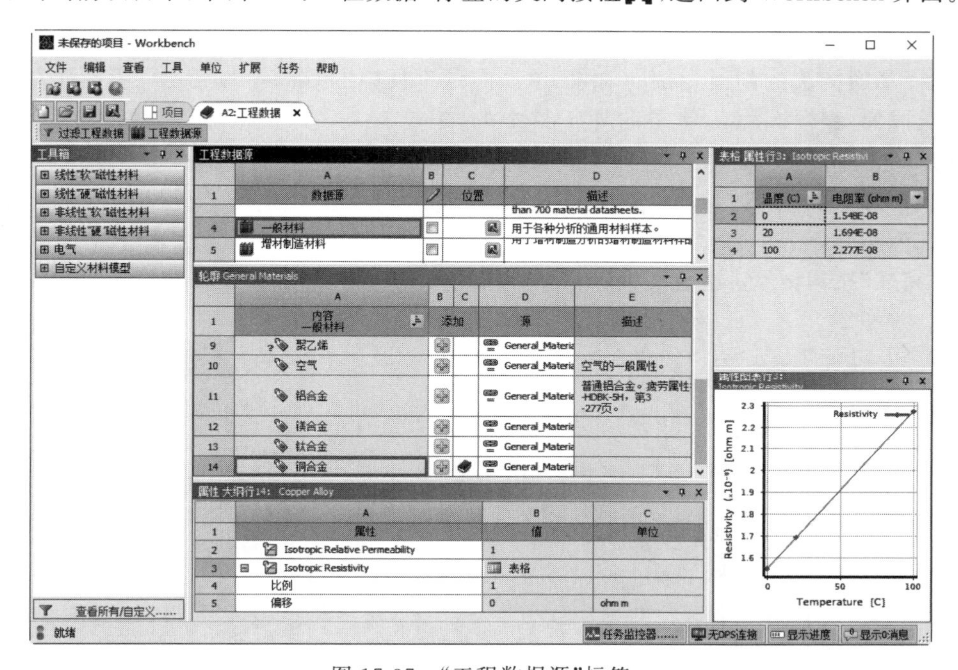

图 17-37　“工程数据源”标签

Note

03 创建几何模型。

(1) 打开 SpaceClaim。右击"静磁的"模块中的"几何结构"栏,在弹出的快捷菜单中选择"新的 SpaceClaim 几何结构……"选项,如图 17-38 所示,进入 SpaceClaim 建模系统。

(2) 绘制草图。在草图模式下,单击"选择新草图平面"按钮,然后在原坐标系中选择"Z 轴",此时系统选择与"Z 轴"垂直的"XY"平面为草绘平面,然后单击"草图"选项卡"定向"面板中的"平面视图"按钮,正视该平面,单击"草图"选项卡"创建"面板中的"矩形"按钮,绘制草图,然后单击"约束"面板中的"尺寸"按钮,标注草图尺寸,结果如图 17-39 所示。

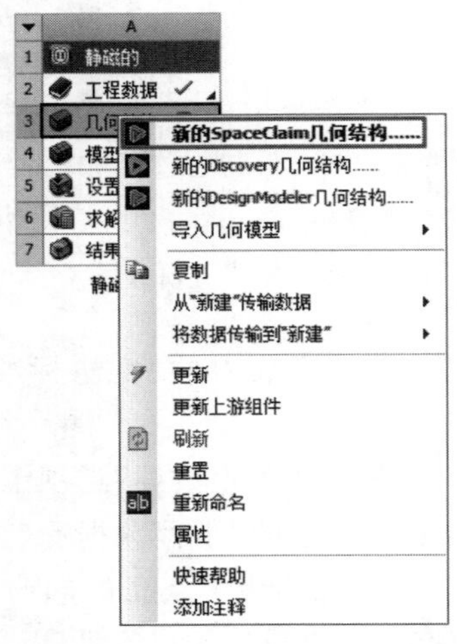

图 17-38 打开 SpaceClaim

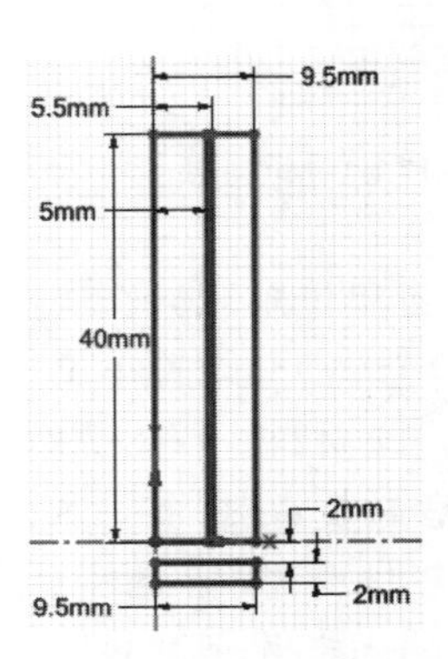

图 17-39 绘制草图

(3) 旋转拉动草图。单击"草图"选项卡"编辑"面板中的"拉动"按钮,按住 Ctrl 键,选择草图构成的剖面为拉动对象,单击向导工具中的"旋转"按钮,选择最左边的竖直线段为旋转轴,然后单击向导工具中的"完全拉动"按钮,完成旋转拉动,单击"定向"面板中的"主视图"按钮,调整视图方向,结果如图 17-40 所示。

(4) 创建空气域。单击"准备"选项卡"分析"面板中的"外壳"按钮,选择上步创建的三个实体,然后设置空气域的范围为 12mm,如图 17-41 所示,然后单击向导工具中的"完成"按钮,创建空气域。

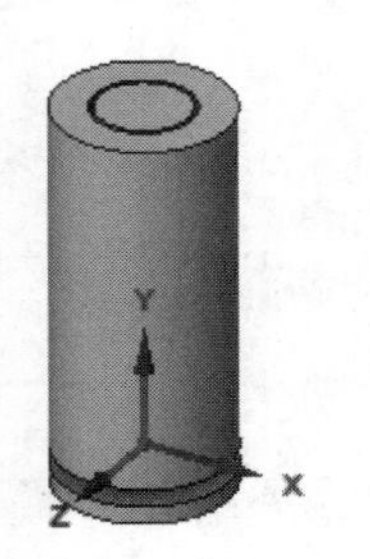

图 17-40 旋转拉伸

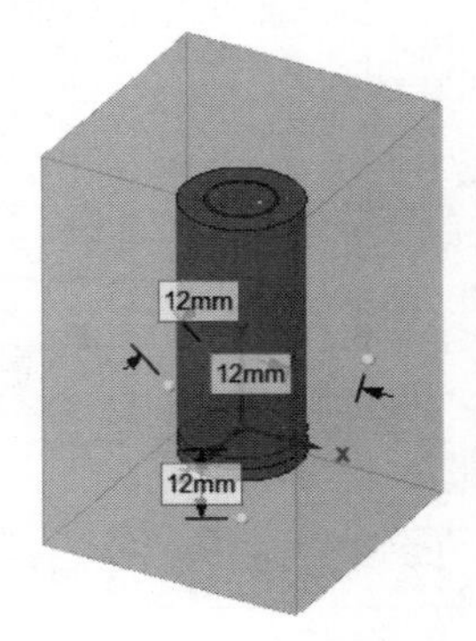

图 17-41 创建空气域

（5）创建共享拓扑。单击“Workbench”选项卡“共享”面板中的“共享”按钮，系统自动识别重合区域，采用默认设置，单击向导工具中的“完成”按钮，完成共享，结果如图 17-42 所示，创建完成后，关闭 SpaceClaim 建模系统。

04 启动 Mechanical 应用程序。

（1）启动 Mechanical。右击“静磁的”模块中的“模型”栏，在弹出的快捷菜单中选择“编辑”选项，进入“静磁的-Mechanical”（机械学）分析系统。

（2）设置系统单位。单击“主页”选项卡“工具”面板下拉菜单中的“单位”按钮，弹出“单位系统”下拉菜单，选择“度量标准（mm、kg、N、s、mV、mA）”选项，如图 17-43 所示。

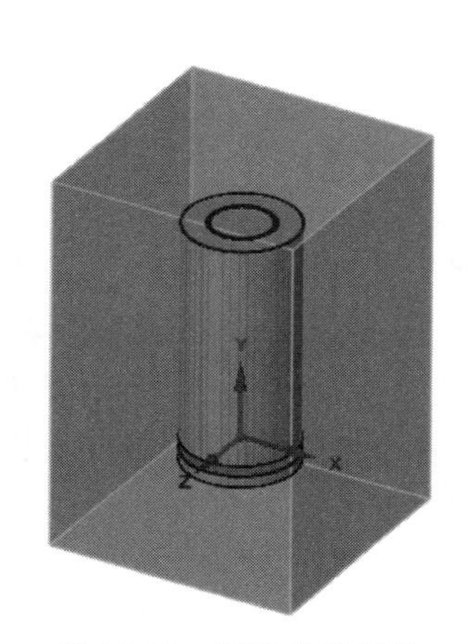

图 17-42　创建共享拓扑

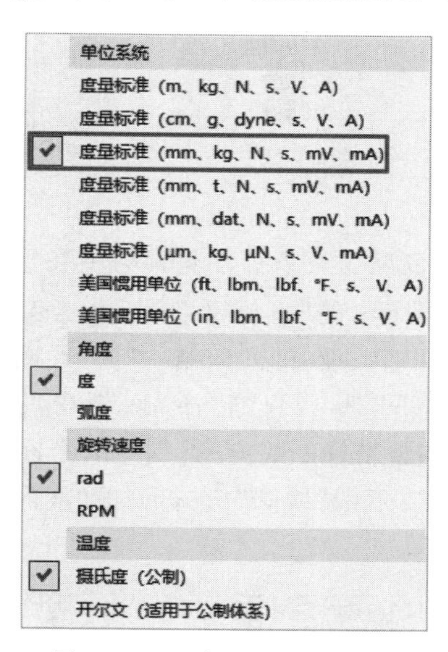

图 17-43　“单位系统”菜单栏

05 模型重命名。在轮廓树中展开“几何结构”下的“SYS”分支，显示模型含有 4 个实体，右击上面的实体，在弹出的快捷菜单中选择“重命名”命令，重新输入名称为“铁芯”；同理设置下面的 3 个实体为“线圈”“衔铁”“空气域”，如图 17-44 所示。

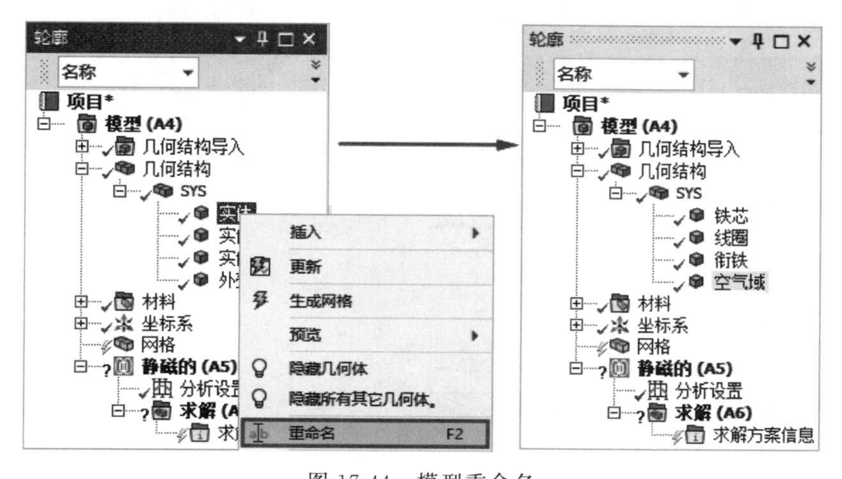

图 17-44　模型重命名

Note

06 赋予模型材料。选择“线圈”，在左下角打开“线圈”的详细信息列表，在列表中单击“材料”栏中“任务”选项，在弹出的“工程数据材料”对话框中选择“铜合金”选项，如图 17-45 所示，为“线圈”赋予“铜合金”材料。其他材料为默认材料。

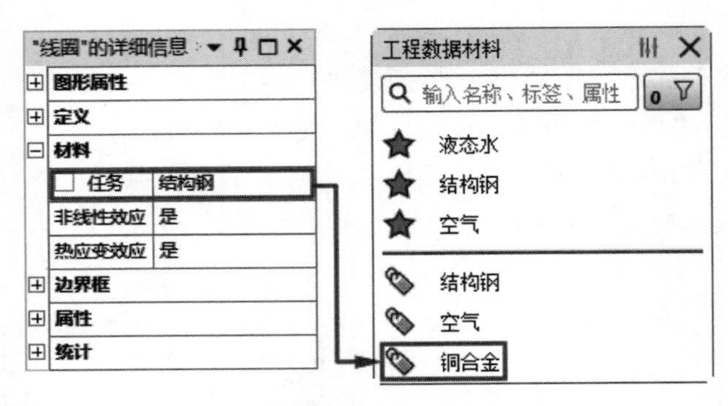

图 17-45 “线圈”的详细信息

07 新建坐标系。在轮廓树中展开“坐标系”分支，系统切换到“坐标系”选项卡，单击该选项卡中的“坐标系”按钮 坐标系，左下角弹出“坐标系”的详细信息，设置“类型”为“圆柱形”，设置“几何结构”为“线圈”，设置“主轴”为“X”，“主轴朝向”为“Y”，然后单击“坐标系”选项卡“转换”面板中的“旋转 X”按钮 旋转X，在设置旋转角度为“−90°”，调整坐标系的方向，创建的坐标系如图 17-46 所示。然后选择“轮廓树”中“几何结构”分支下的“线圈”，在打开的“线圈”的详细信息中，将“线圈”的坐标系设置为新建的坐标系。

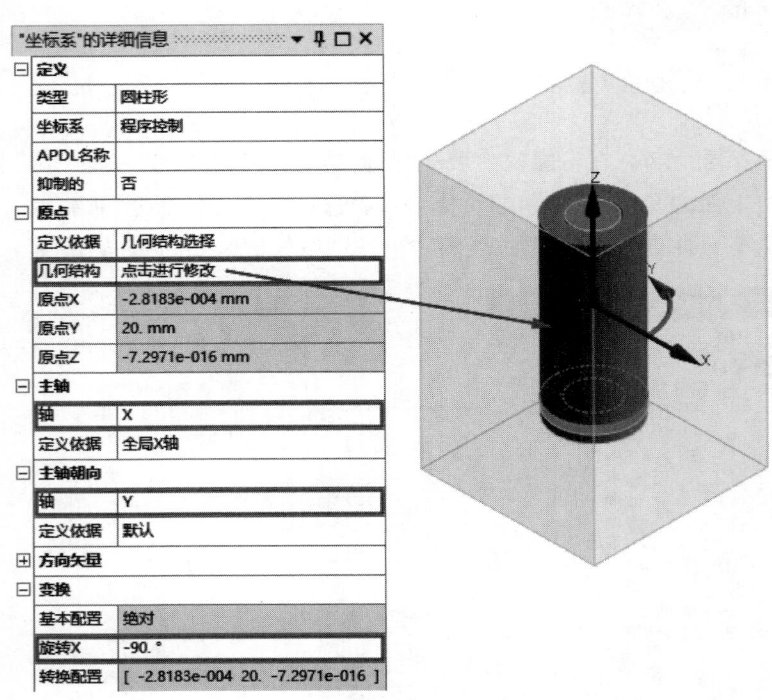

图 17-46 新建坐标系

Note

08 划分网格。单击“网格”选项卡“网格”面板中的“生成”按钮，系统自动划分网格，结果如图 17-47 所示。

09 定义载荷。

（1）在轮廓树中单击“静磁的（A5）”分支，系统切换到“环境”选项卡。单击“环境”选项卡“静磁的”面板中的“磁通量并行”按钮，左下角弹出“磁通量并行”的详细信息，设置“几何结构”为“空气域”的 6 个面，如图 17-48 所示。

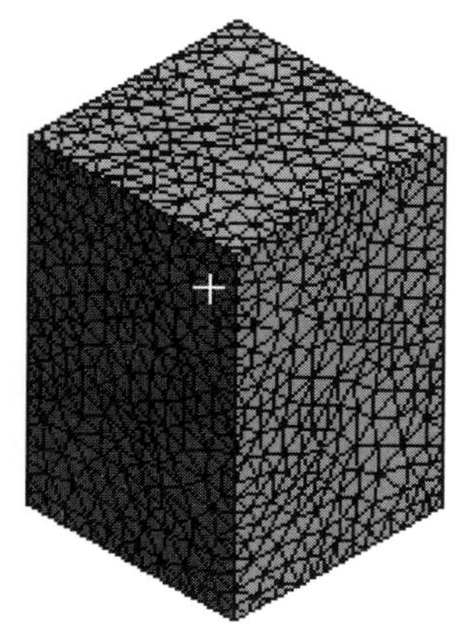

图 17-47 划分网格

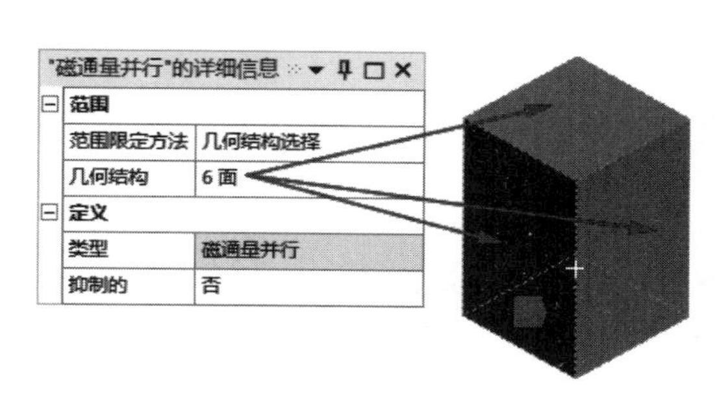

图 17-48 添加磁通量并行

（2）添加源导体。单击“环境”选项卡“静磁的”面板中的“源导体”按钮，左下角弹出“源导体”的详细信息，设置“几何结构”为“线圈”，设置“导体类型”为“绞合的”，设置“匝数”为 1000，设置“导电面积”为 $20mm^2$，如图 17-49 所示。

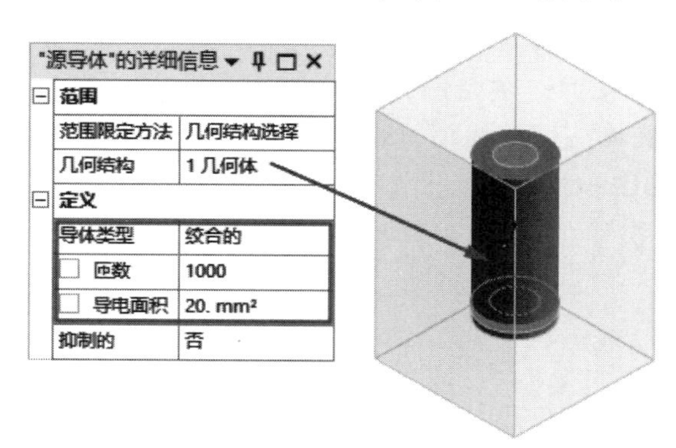

图 17-49 添加源导体

（3）添加电流。单击“环境”选项卡“静磁的”面板中的“电流”按钮，左下角弹出“电流”的详细信息，设置“大小”为“1000mA”，如图 17-50 所示。

10 设置求解结果。

（1）添加总磁通密度。单击“求解（A6）”分支，系统切换到“求解”选项卡，单击“求解”选项卡“结果”面板“电磁”下拉菜单中的“总磁通密度”按钮 总磁通密度，添加总磁通密度。

（2）添加总磁场强度。单击“求解”选项卡“结果”面板“电磁”下拉菜单中的“总磁场强度”按钮 总磁场强度，添加总磁场强度。

Note

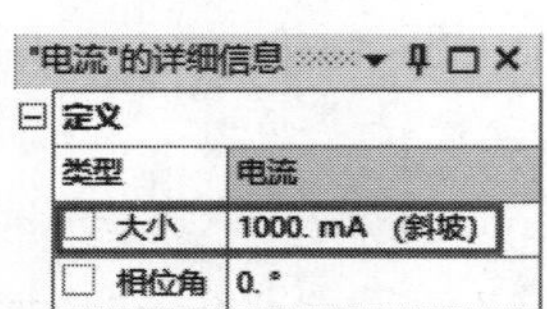

图 17-50　添加电流

(3) 添加合力。单击“求解”选项卡“结果”面板“电磁”下拉菜单中的“合力”按钮 合力，添加合力。

11 求解。单击“主页”选项卡“求解”面板中的“求解”按钮，进行求解。

12 后处理。

(1) 查看总磁通密度。求解完成后，选择“求解(A6)”分支下的“总磁通密度”选项，然后单击“工具栏”中的“线框”按钮，设置视图为“线框”模式，单击“矢量显示”面板中的“矢量”按钮，显示“总磁通密度”矢量图，调整方向后如图 17-51 所示，可以通过设置“比例”“均匀”“单元对齐”“网格对齐”来调整矢量图，如图 17-52 所示。

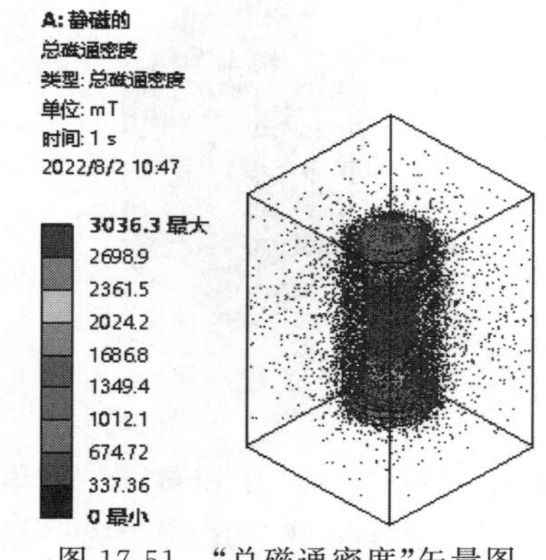

图 17-51　“总磁通密度”矢量图

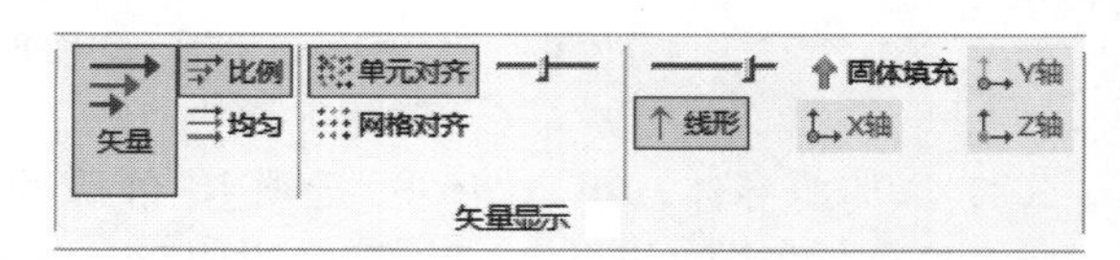

图 17-52　“矢量显示”调整

(2) 查看总磁场强度。选择“总磁场强度”选项，然后单击“矢量显示”面板中的“矢量”按钮，显示“总磁场强度”矢量图，如图 17-53 所示。

(3) 查看合力。选择“合力”选项，然后单击“矢量显示”面板中的“矢量”按钮，显示“合力”矢量图，如图 17-54 所示。

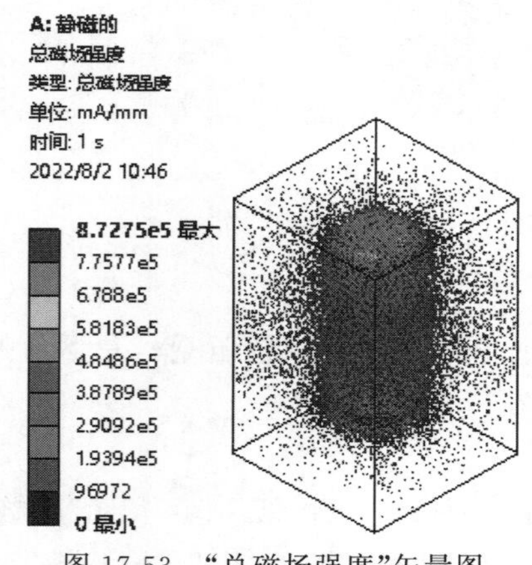

图 17-53　“总磁场强度”矢量图

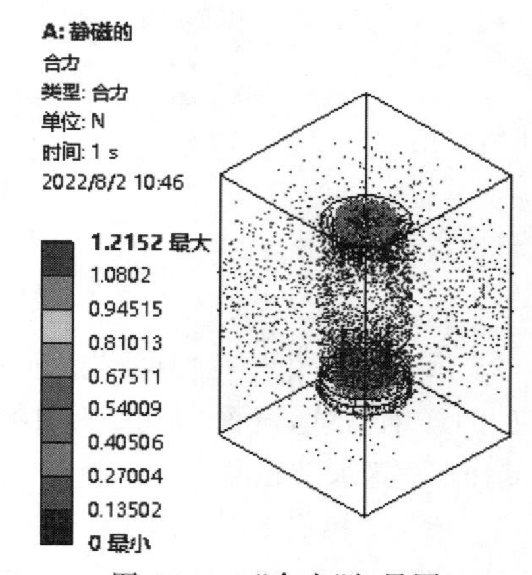

图 17-54　“合力”矢量图

二维码索引

Note